Chronologische Darstellung.

ISBN 978-3-662-42867-2 ISBN 978-3-662-43152-8 (eBook)
DOI 10.1007/978-3-662-43152-8

Softcover reprint of the hardcover 3rd edition 1917

Friedrich Althoff

dem unermüdlichen Förderer der Wissenschaft

in Verehrung zugeeignet.

Wer nicht von dreitausend Jahren
Sich weiß Rechenschaft zu geben,
Bleib im Dunklen, unerfahren,
Mag von Tag zu Tage leben.

West-östlicher Divan.

Vorwort.

In einem im Jahre 1904 unter dem Titel „4000 Jahre Pionier-Arbeit in den exakten Wissenschaften" erschienenen Werke haben wir den Versuch gemacht, einen Abriß der Geschichte der Naturwissenschaften und der Technik in Form einer chronologischen Übersicht zu geben.

Das vorliegende Buch, für dessen Bearbeitung noch ein dritter Mitarbeiter gewonnen worden ist, verfolgt den gleichen Zweck, jedoch in ausführlicherer und umfassenderer Weise.

Die Zahl der Artikel ist von 3600 auf nahezu 13000 gestiegen. Es sind jetzt nicht nur die bahnbrechenden Taten und grundlegenden Ereignisse, sondern auch die einzelnen Stufen der Entwicklung zur Darstellung gelangt, und es ist dadurch der Werdegang einer jeden Schöpfung veranschaulicht worden.

Die einzelnen Artikel sind wesentlich ausgeführt worden, so daß sie einander zu einer auch für den Nichtfachmann verständlichen zusammenhängenden Geschichtsdarstellung ergänzen.

Sämtliche Angaben sind auf Grund zuverlässigster Quellen geprüft, und dazu nicht nur alle in Betracht kommenden Fachwerke, sondern auch die einschlägigen Zeitschriften und wissenschaftlichen Abhandlungen der in- und ausländischen Literatur benutzt worden.

Angesichts dieser Ausgestaltung des Buches dürfen wir hoffen, daß sich dasselbe in immer weiteren Kreisen als ein selten versagendes Nachschlagewerk für alle Tatsachen der Naturwissenschaften und der Technik bewähren, und daß es auch für den Forscher — neben seiner Fachliteratur — von Wert und Interesse sein wird.

Wie bereits im Vorwort zur ersten Auflage erwähnt worden ist, bildete die umfangreiche Autographensammlung des Herausgebers den Grundstock des Werkes.

Diese Entstehung brachte es mit sich, daß nur solche Entdeckungen und Erfindungen Aufnahme fanden, für die ein bestimmter Name nachweisbar war.

Dieser Grundsatz ist auch jetzt beibehalten und nur in den wenigen Fällen davon abgewichen worden, wo es nicht möglich war, den wahren Urheber einer Schöpfung festzustellen, aber unerläßlich schien, die Tatsache selbst zu berücksichtigen.

Noch sei darauf hingewiesen, daß am Schlusse ein Personen- und ein Sachverzeichnis beigefügt sind, und daß es sich empfiehlt, beim Nachschlagen von Artikeln diese Verzeichnisse grundsätzlich zu Rate zu ziehen. Im besonderen wird aus dem Sachverzeichnisse der gesamte Plan und die innere Gliederung eines jeden zur Darstellung gelangten Gebietes erhellen und so rasch erkannt werden, was das Buch in jeder einzelnen Frage zu bieten vermag, während ohne Benutzung des Verzeichnisses manche Angabe des Buches möglicherweise unaufgefunden bleiben würde.

Außer den in der ersten Auflage genannten Herren haben uns auch diesmal zahlreiche Forscher durch Beiträge und durch Bearbeitung ganzer Gebiete gefördert. Es sind dies die Herren:

Dr. Otto Antrick, Berlin.
Sanitätsrat Dr. Berthold, Ronsdorf.
Professor Dr. F. Blumenthal, Berlin.
Privatdozent Dr. J. von Braun, Göttingen.
Professor Dr. Ed. Buchner, Berlin.
Geheimer Regierungsrat Professor Dr. Diels, Berlin.
Professor Dr. Dziobek, Charlottenburg.
Geheimer Regierungsrat Professor Dr. Emil Fischer, Berlin.
Dr. Max Iklé, Berlin.
Eisenbahn-Oberingenieur Ludwig Kohlfürst, Kaplitz i. B.
Professor Dr. Lehmann-Haupt, Berlin.
Dr. K. Löwenfeld, Charlottenburg.
Professor Dr. W. Marckwald, Berlin.
Professor Dr. Möller, Carlshorst.
Dr. Albert Oliven, Berlin.
Dr. Aug. Pfaff, Berlin.
Hüttenmeister Dr. J. Savelsberg, Papenburg.

Kommerzienrat Schleifer, Berlin.
Dr. H. E. Schmidt, Berlin.
Wilh. Schmidt, Helmstedt.
Oberingenieur Schnaubert, Berlin.
Professor Dr. Semmler, Berlin.
Dr. Max Senator, Berlin.
Dr. Robert Stelzner, Berlin.
Dr. P. Wichmann, Hamburg.
Dr. Wohlwill, Hamburg.

Wir verfehlen nicht, ihnen sowie den in der ersten Auflage genannten Herren unseren verbindlichsten Dank auszusprechen.

Für Ergänzungen, Berichtigungen und anderweite Ratschläge sind wir nach wie vor dankbar und bitten, gütige Zuschriften an Professor Dr. L. Darmstaedter, Berlin W. 62, Landgrafenstraße 18a richten zu wollen.

Berlin, im Oktober 1908.

Professor Dr. Ludwig Darmstaedter.
Professor Dr. René du Bois-Reymond.
Oberst z. D. Carl Schaefer.

Inhaltsverzeichnis.

Ludwig Darmstaedters

Handbuch zur Geschichte der Naturwissenschaften und der Technik.

1871 Der norwegische Arzt Armauer **Hansen** entdeckt den Leprabacillus und schafft damit den Boden für die heutigen Anschauungen über die Ursache der Lepraerkrankung.

— Der amerikanische Geolog Ferdinand Vandeveer **Hayden** wird von der nordamerikanischen Bundesregierung zur wissenschaftlichen Durchforschung des Yellowstone Parks entsandt. Auf seine Anregung wird i. J. 1872 das ganze Gebiet unter dem Namen „Yellowstone National-Park" als Staatseigentum erklärt.

— Friedrich **von Hefner-Alteneck** konstruiert das Spindel- oder Einrad-Läutewerk nebst Läutesäule.

— Hermann **von Helmholtz** weist nach, daß, wenn bei nicht geschlossener Induktionsspirale der Strom in der induzierenden Spirale geöffnet oder geschlossen wird, an den Enden der offenen Spirale erhebliche Potentialdifferenzen auftreten, und daß infolgedessen in dieser Spirale elektrische Schwingungen eintreten, die erheblich langsamer vor sich gehen, als die von Feddersen (s. 1858 F.) beobachteten Schwingungen oscillierender Flaschenentladungen.

— Hermann **von Helmholtz** führt die Verbindung eines Elektromagneten mit einer Stimmgabel in die Laboratoriumstechnik ein. Der Apparat kann als Unterbrecher dienen, aber auch zur Erzielung dauernden Tönens der Unterbrechungsgabel oder anderer in den Kreis eingefügter Stimmgabeln benutzt werden, wobei auf die natürliche Schwingungszahl der letzteren bis zu einem gewissen Grade ein Zwang ausgeübt werden kann, der für zahlreiche Untersuchungsmethoden von Wichtigkeit wird.

— August Wilhelm **von Hofmann** stellt als ein Reaktionsprodukt zwischen Ammoniak und Äthylenchlorid das Diäthylendiamin dar, das 1891 von der Chemischen Fabrik auf Aktien (vorm. E. Schering) unter dem Namen „Piperazin" in den Handel gebracht wird.

— **Hollefreund** konstruiert einen Apparat zum Vorbereiten und Zerkleinern der Maischmaterialien für die Branntweinbrennerei, bei welchem zuerst das Prinzip der gespannten Dämpfe benutzt wird.

— Alarik Frithiof **Holmgren** entdeckt die Aktionsströme der Netzhaut, die man am unversehrten Auge sowohl in der Ruhe als auch bei Belichtung beobachten kann, und die von Dewar und Kendrick 1874 und von Kühne und Steiner 1880 noch eingehender studiert werden.

— Felix **Hoppe-Seyler** bearbeitet die Chemie der Zelle und weist zuerst das Nuclein in den Blutkörperchen nach.

— Thomas Henry **Huxley** macht einen Versuch einer allgemeinen Einteilung der Menschheit und unterscheidet vier Typen, den australoiden, den negroiden, den xanthochroiden und den mongoloiden Menschen.

— Oscar **Jacobsen** stellt zuerst das Geraniol aus dem Öl von Andropogon Schoenanthus dar und weist auch sein Vorkommen im Palmarosaöl nach; das Vorkommen im Geraniumöl wird 1879 durch Gintl nachgewiesen. Durch F. W. Semmler wird im Jahre 1890 das Geraniol mit anderen Verbindungen der Bruttoformel $C_{10}H_{20}O$, $C_{10}H_{18}O$, $C_{10}H_{16}O$ usw. als Klasse der olefinischen Campherarten abgetrennt.

— Johann Friedrich **Judeich** in Tharandt tritt für die Bestandswirtschaft im Forstbetrieb ein.

— F. A. **Klusemann** in Sudenburg erfindet die ersten brauchbaren Rübenschnitzelpressen, deren Konstruktion aus der des Schlickeysen'schen Tonschneiders (s. 1854 S.) hervorgegangen ist.

— Friedrich Ludwig **Knapp** und **Wolters** studieren eingehend das Verhalten des Mörtels zur Kohlensäure und finden, daß die Intensität der Absorption der Kohlensäure abhängig ist vom Wassergehalte des Mörtels. Zu Anfang

44*

findet nur Trocknung des Mörtels statt, welche alsbald so weit fortschreitet, daß die Kalkteilchen aneinander haften; der Mörtel zieht an. Erst jetzt beginnt die Aufnahme von Kohlensäure, und das letzte sehr langsame und lange andauernde Stadium der Austrocknung ist zugleich das der eigentlichen Kohlensäuerung und steinigen Erhärtung.

1871 Nachdem schon Wertheim (1844) und Kupfer (1855) erkannt hatten, daß die Temperatur die elastischen Eigenschaften der Körper beeinflußt, zeigen **Kohlrausch** und **Loomis** für Kupfer, Eisen und Messing, daß der Elastizitätskoeffizient zwischen der gewöhnlichen Temperatur und derjenigen des siedenden Wassers stetig abnimmt.

— Alexander **Kowalewsky** macht wichtige entwicklungsgeschichtliche Studien an Würmern und Arthropoden. Er führt den Nachweis, daß bei allen Wirbellosen am Anfang der Entwicklung sich zwei Keimblätter bilden, daß fast überall, wenn der Furchungsprozeß sich abgespielt hat, eine Keimblase entsteht, und daß diese sich in einen Doppelbecher umwandelt, dessen von zwei Keimblättern umgrenzter Hohlraum durch eine Öffnung nach außen kommuniziert. Er weist diese wichtige Becherlarve in vielen Tierstämmen nach.

— Johann **Lehmann** führt die Stannioltekturen in die pharmazeutische Praxis ein.

— Wilhelm **Leube** in Würzburg schlägt den Gebrauch der Magensonde zu diagnostischen Zwecken vor.

— Der Mathematiker Sophus **Lie** in Christiania, später in Leipzig, begründet die Theorie der kontinuierlichen Transformationsgruppen in der Mathematik.

— Adolph **Lieben** und **Rossi** zeigen den Weg, durch Hydrogenation der Säuren zu den Alkoholen zu gelangen, indem sie die Fettsäuren durch Destillation mit Calciumformiat in die Aldehyde verwandeln, diese durch Behandeln mit nascierendem Wasserstoff in die normalen Alkohole überführen, und von diesen durch die Cyanwasserstoffäther zu den höheren homologen Gliedern aufsteigen. (In bezug auf die einzelnen dieser Operationen s. 1831 P., 1848 K., 1856 P. und 1862 W.)

— Berkeley Jacques **Loeb** untersucht den Einfluß erhöhter oder verminderter Salzkonzentration des umgebenden Mediums auf die Wachstumsvorgänge bei Tubularien. (S. a. 1816 B.)

— Maurice **Loewy** gibt das „Equatorial coudé“ an und baut dasselbe zuerst für die Pariser Sternwarte. Die Handhabung des Instrumentes ist eine sehr bequeme, weil der Beobachter — ohne Rücksicht auf die Beobachtungsrichtung — seinen Platz nicht zu wechseln und nicht einmal seine Kopfhaltung oder Augenstellung zu ändern braucht.

— Der Mediziner Richard C. **Maddox** photographiert auf Gelatine-Bromsilber-Emulsion (Trockenplatten-Verfahren).

— Max **Maercker** veranlaßt ausgedehnte Versuche zur Prüfung seiner wissenschaftlich begründeten Düngungs- und Kulturmethoden und errichtet zu diesem Zweck die Versuchswirtschaft Lauchstädt bei Halle.

— Karl **Mauch** entdeckt die schon von den altportugiesischen Schriftstellern de Barros und dos Santos erwähnten, dann wieder vergessenen Ruinen von Simbabye im südafrikanischen Matabele-Lande wieder, in denen er das Ophir Salomo’s gefunden zu haben glaubt.

— Der Naturforscher Karl August **Moebius** fördert die Kenntnis der Perlenbildung und Perlenfischerei, sowie die wissenschaftliche Untersuchung des Tierlebens der Ostsee und der Nordsee, insbesondere der Lebensbedingungen der Auster. Die hierbei angewendeten Methoden werden vorbildlich auch für andere Meeresuntersuchungen.

1871 Nachdem de Saussure bereits beobachtet hatte, daß der Gehalt eines Pflanzenteils an Kali mit der Energie seines Wachstums gleichen Schritt halte, findet Friedrich **Nobbe**, daß außer der Kohlensäure und dem Sauerstoff vor allem das Kali für die Pflanze nötig ist, und daß bei seinem Fehlen in der alle sonstigen Stoffe enthaltenden Nährlösung die Pflanze sich wie in destilliertem Wasser verhält, also weder Assimilation noch Gewichtszunahme zeigt. Natron vermag das Kali nicht zu ersetzen, Lithion wirkt auf die Gewebe zerstörend ein.

— Jean François **Persoz** erzeugt Anilinschwarz auf der Faser, indem er auf derselben eine Lösung von Kaliumbichromat und einem Anilinsalz zerstäubt, und wird damit der Vorläufer des Cadgène'schen Zerstäubungsverfahrens. (S. 1898 C.)

— Max **von Pettenkofer** und Karl **von Voit** sprechen auf Grund von Stoffwechselversuchen die Ansicht aus, daß Eiweiß die Hauptquelle des Körperfettes sei.

— Nachdem Hoppe-Seyler 1866 colorimetrische Bestimmungen des Hämoglobingehaltes des Blutes gemacht hatte, wendet Thierry William **Preyer** die Spektralanalyse zur quantitativen Bestimmung des Blutfarbstoffes an.

— Nachdem über die blaue Farbe des Himmels viele Theorien, zuerst von Leonardo da Vinci, dann von Newton, Clausius, Brücke u. a. aufgestellt worden waren, die aber nie alle Erscheinungen erklären konnten, stellt John William Strutt **Rayleigh** den Satz auf, daß nur die kurzwelligen Lichtstrahlen von einer Atmosphäre ohne stärker kondensierten Wasserdampf ausgiebig reflektiert werden, und daher Rot und Gelb bei heiterem Himmel gar nicht vorkommen, während Blau, und zwar nicht selten mit einem Zusatz von Violett, als die vorherrschende Farbe erscheint.

— **Recklinghausen** und **Waldeyer** finden bei pyämischen Prozessen der verschiedensten Art als Ursache der metastatischen Herde miliare Anhäufungen von Mikroorganismen, die sich durch ihr Verhalten gegen Chemikalien und die Gleichmäßigkeit ihres Korns leicht von gewöhnlichen Detritusmassen unterscheiden lassen.

— Benjamin Ward **Richardson** zeigt, daß die dem Sumpfgas homologen Kohlenwasserstoffe von der Formel $C_n H_{2n} + 2$ bei Inhalation Anästhesie und Schlaf, und bei größerer Dosis Tod durch Asphyxie hervorbringen, und daß die kohlenstoffreicheren Glieder der Reihe kräftiger in ihrer Wirkung sind, und ihre Heftigkeit mit Zunahme des Kohlenstoffgehaltes steigt.

— Friedrich **Rose** lehrt die Hexamin-(Dichrokobaltsalze) und die Octamin-Kobaltverbindungen (Praseokobaltsalze) näher kennen.

— Gustav **Rose** konstatiert am Gips in Kochsalzlösung, daß konzentrierte Salzlösungen auf schon vorhandene Krystalle wasserentziehend wirken können. Der Gips wird zum Anhydrit.

— Carl **Schlickeysen** führt Mörtelmaschinen nach Art seiner horizontal liegenden Tonschneider (s. 1854 S.) aus, die bei Ersparnis von Arbeitslohn einen vorzüglichen Mörtel liefern. Diese Mörtelmaschinen eignen sich namentlich für den Großbetrieb der neuerdings in größeren Städten eingerichteten Zentralmörtelwerke.

— **Schroeter** untersucht die pigmentbildenden Mikroorganismen und weist die biologische Verschiedenheit der mikroskopisch vollkommen ähnlich erscheinenden Bakterienarten nach. Er schafft dadurch die Vorarbeit für die grundlegende Klassifikation seines Lehrers Ferdinand Cohn. (S. 1872 C.)

— Edward **Schunck** untersucht Cellulose mit Rücksicht auf den Bleich- und Färbeprozeß und stellt fest, daß man, der chemischen Zusammensetzung der Cellulose zufolge, das Bleichen in zwei Operationen teilen kann: erstens das Kochen, welches mit Hilfe der Alkalien die Verunreinigungen aus der

Faser entfernt, und zweitens das eigentliche Bleichen, bei welchem der der Faser anhaftende Farbstoff zerstört wird.

1871 L. **Seyß** in Atzgersdorf erfindet eine selbsttätige Münzsortiermaschine, die die Münzplatten in mehrere nach genau festgestellten Gewichtsdifferenzen unterschiedene Sorten sichtet. Beispielsweise werden bei der Justierung deutscher Doppelkronen — Normalgewicht 7,965 g — Stücke über 7,9849 g und unter 7,9252 g ausgeschieden.

— Benjamin Leigh **Smith** erforscht das nördliche Eismeer und erreicht an der Küste von Spitzbergen 81° 24′ nördliche Breite. Er stellt fest, daß das Nordostland von Spitzbergen sich um drei Längengrade weiter nach Osten erstreckt, als bis dahin angenommen worden.

— Gustav **Spoerer** und Angelo **Secchi** stellen unabhängig voneinander fest, daß nicht alle Sonnenprotuberanzen gleichartig sind, sondern daß es flammig-metallische und Wasserstoffprotuberanzen gibt, bei welchen letzteren die Wasserstofflinien augenfällig überwiegen.

— Henry Morton **Stanley,** der 1869 von J. G. Bennett, dem Besitzer des New York Herald zur Aufsuchung von Livingstone (s. 1866 L.) ausgesandt worden ist, langt am 10. November 1871 in Udschidschi an, wo er David **Livingstone** krank und in großer Bedrängnis auffindet. Er erforscht im Verein mit Livingstone das Nordende des Tanganyika und geht mit ihm nach Unianjembe, von wo er im März 1872 nach Europa zurückkehrt. Livingstone zieht von Unianjembe zum Bangweolosee und erliegt dort am 1. Mai 1873 der Dysenterie.

— Josef **Stefan** erklärt aus der kinetischen Gastheorie die Diffusion der Gase, indem er von der Anschauung ausgeht, daß, wenn in einem Raume zwei Gase vorhanden sind, welche noch nicht gleichförmig gemischt sind, jedes nach dem Orte hinströmt, an welchem die Dichtigkeit eben dieses Gases eine geringere ist.

— Johann **Stingl** verbessert die von Clark (s. 1841 C.) und Schulze (s. 1868 S.) angebahnten Methoden der Wasserreinigung, indem er die Anwendung von Ätznatron empfiehlt und gemeinschaftlich mit **Bérenger** statt der bisher angewendeten Kalkmilch klares konzentriertes Kalkwasser verwendet. Er konstruiert einen Apparat, welcher einen kontinuierlichen und automatischen Betrieb ermöglicht.

— William **Thomson** (Lord Kelvin) stellt eine Gleichung für die Fortpflanzungsgeschwindigkeit von Wellen unter dem Einfluß der Schwere und der Oberflächenspannung auf. (Vgl. 1831 F. und 1834 R.) Ludwig Matthießen erbringt 1889 mit Hilfe von Stimmgabeln, durch die er vermittels angesetzter Spitzen in Flüssigkeitsoberflächen Wellen erzeugt, die experimentelle Bestätigung der Thomson'schen Formel.

— Benjamin Chew **Tilghman** erfindet das Sandstrahlgebläse, welches sich sehr rasch in der Glasindustrie zur Erzeugung matter Figuren auf glänzendem Grund oder umgekehrt, und allmählich auch in der Eisen- und Steinindustrie einführt.

— August **Toepler** gibt in Poggendorff's Annalen, Band CXLII, eine allgemeine Behandlung der Kardinalpunkte eines optischen Systems. (S. a. 1845 L.)

— Eduard Burnett **Tylor** fördert durch seine Forschungen und namentlich durch sein Werk „Primitive culture, researches into the development of mythology, philosophy, religion, art and custom“ die wissenschaftliche Ethnologie.

— Nachdem der bergmännische Abbau des galizischen Ozokerits (s. 1833 M.) 1854 von Robert Doms in die Hand genommen, 1856 aber bereits wieder aufgegeben worden war, und die Gewinnung sich auf eine Anzahl ganz kleiner Bauernbetriebe beschränkt hatte, wird ein großer Aufschwung dieser Industrie dadurch hervorgerufen, daß es Heinrich **Ujheli** in Wien gelingt, fabrikmäßig Ceresin aus Ozokerit herzustellen, das schon 1872 von J. C. Field in London zur Kerzenfabrikation benutzt wird und 1873 auf der Weltausstellung in Wien großes Aufsehen erregt.

1871 Hermann Carl **Vogel** bestimmt auf Veranlassung von Zöllner die Rotationsgeschwindigkeit des Sonnenäquators aus der Verschiebung der Spektrallinien unter Anwendung des Doppler'schen Prinzips zu 2 km in der Sekunde, welches Resultat mit den aus Sonnenfleckenbeobachtungen gewonnenen Werte vollkommen übereinstimmt.

— **Weigelin** zeigt, daß das von Caventou und Pelletier und gleichzeitig von Meißner (s. 1819 C.) erhaltene Veratrin ein Gemisch von zwei isomeren Basen, dem Cevadin und dem eigentlichen Veratrin ist. Seine Beobachtungen werden 1876 von Schmidt und Köppen und 1878 von Wright und Luff bestätigt.

— Karl **Weigert** entdeckt die Möglichkeit, Bakterien durch Färbung mit kernfärbendem Carmin mikroskopisch isoliert hervorzuheben.

— Karl **Westphal** beschreibt zuerst den eigentümlichen Zustand, der gewisse Personen befällt, sobald sie einen freien Platz zu überschreiten im Begriff sind, und gibt demselben den Namen Platzfurcht, Platzangst (Agoraphobie).

— Emil Theodor **von Wolff** liefert durch zahlreiche Aschenanalysen von Pflanzen und durch den Nachweis einer Differenz in den Analysen verschiedener, demselben Grund und Boden entstammender Gewächse den Beweis, daß den Pflanzen eine Art von Wahlvermögen bezüglich der Nährstoffe innewohnt.

— Nathan **Zuntz** weist in Gemeinschaft mit **Roehrig** die Muskeln als den Sitz der chemischen Wärmeregulation nach. (Chemischer Muskeltonus.)

1872 Ernst **Abbe** in Jena entwickelt die Gesetze der Abbildung nicht selbstleuchtender Objekte und legt dadurch den Grund zu einer exakten Theorie des Mikroskops.

— Ernst **Abbe** führt ein auch für die stärksten Mikroskopobjektive ausreichendes Beleuchtungssystem ein. Sein Kondensor ist ein umgekehrtes Mikroskopobjektiv, das, mit Immersion benützt, eine hohe Apertur besitzt. Hat die Lichtquelle eine geringe Ausdehnung, so muß ein achromatischer Kondensor verwendet werden.

— H. und E. **Albert** zersetzen zur Herstellung von Phosphorsäure eisen- und tonhaltige Phosphate, welche nicht zu Superphosphat zu verarbeiten sind, in fein gemahlenem Zustand mit verdünnter (10—16%) Schwefelsäure. Die Phosphorsäurelösung wird auf 45 bis 50% Phosphorsäuregehalt eingedampft und findet außer zur Herstellung von Doppelsuperphosphaten und phosphorsauren Düngesalzen auch Verwendung zur Entkalkung von Zuckersäften.

— Adolf **von Baeyer** entdeckt, daß zwei Moleküle eines aromatischen Kohlenwasserstoffs sich mit einem Molekül eines Aldehyds unter Abspaltung von Wasser kondensieren. Das Verfahren, bei dem konzentrierte Schwefelsäure als Kondensationsmittel dient, ist sehr wertvoll zur Herstellung von hochmolekularen Kohlenwasserstoffen. Die erste Reaktion, die von Baeyer auf diese Weise ausführt, ist die Herstellung von Diphenylmethan aus Methylal und Benzol. In ganz gleicher Art erfolgt die ebenfalls 1872 von Baeyer entdeckte Kondensation zwischen Phenolen und Aldehyden.

— **Baxter** konstruiert eine Kleindampfmaschine für den Hausbetrieb, die von der Colts Fire Arms Manufacturing Co. in Hartford in 5 Größen von 2 bis 10 PS als Massenartikel hergestellt wird. Andere Kleindampfmotoren werden seit 1875 von Davey und von Tangye Ltd. in England, seit 1885 von

Altmann & Co. und von J. C. Freund & Co. in Berlin, von Klein, Schanzlin & Becker in Frankenthal u. a. hergestellt.

1872 Rudolf **Böttger** gibt die Nigrosintinte an, eine Lösung von Anilinschwarz, die mit Salzsäure angesäuert wird und sich durch besondere Widerstandsfähigkeit gegen Chemikalien auszeichnet.

— V. J. **Boussinesq** entwickelt in seinem „Essai de la théorie des eaux courantes" die Bewegung des Wassers in offenen Betten und Röhren, und behandelt namentlich auch die ungleichförmige Bewegung, wie sie bei Hochwasser und bei der Einwirkung von Ebbe und Flut eintritt.

— A. **Brandon** in London konstruiert eine Feilenhaumaschine, welche, in Nachahmung der Handarbeit, Meißel und Hammer getrennt anwendet. Die Maschine ist jedoch lediglich für Flachfeilen zu verwenden.

— Der belgische Ingenieur Alphonse **Briart** konstruiert einen für die Grobsortierung der Steinkohle wichtigen, nach ihm benannten Rost. Derselbe besteht aus zwei ineinander geschobenen Einzelrosten aus hochkantigem Flacheisen, die mit bestimmter Voreilung des einen Rostes bewegt werden. Die ersten Apparate werden auf den Gruben Mariemont und Bascoup bei Mons aufgestellt.

— **Bulk** stellt durch gelinde Erwärmung von Anilinblau (s. 1860 G.) mit englischer Schwefelsäure die Monosulfosäure des Triphenylrosanilins dar, deren Natronsalz als Alkaliblau in der Wollfärberei Verwendung findet.

— Thomas **Burlock de Forest** konstruiert eine Stecknadelmaschine, die das Anspitzen der Schäfte Stück für Stück besorgt, und eine Maschine, die das Einbriefen der Nadeln vollständig automatisch besorgt.

— Christophe Henry D. **Buys Ballot** regt ein einheitliches System der Sturmwarnungen an, das nicht allein sich bestrebt, die Stürme vorherzusagen, sondern insbesondere durch geeignete Zeichen den Seemann von der drohenden Gefahr zu verständigen.

— Der Mathematiker Georg **Cantor** in Halle begründet die mathematische Mannigfaltigkeitslehre. (Lehre von den Punktmengen.)

— William Benjamin **Carpenter** bringt mit seinem Werke „On the general oceanic thermal circulation" die Tatsache der Vertikalzirkulation der Ozeane zur allgemeinen Geltung. (S. a. 1792 O.)

— **Champion** und **Pellet** finden, daß unter günstigen Verhältnissen der Schall chemische Kräfte auslöst, und daß z. B. Jodstickstoff durch gewisse hohe Töne zum Explodieren gebracht werden kann.

— Christian **Christiansen** konstruiert eine Wasserluftpumpe, deren Wirkung auf der Geschwindigkeit eines Wasserstrahls, der sich in einer nach unten etwas erweiterten Röhre bewegt, beruht. Diese Pumpe, die nicht, wie die Bunsen'sche Wasserluftpumpe (s. 1869 B.) ein Fallrohr von 10 m Höhe voraussetzt, wird 1875 von Arzberger und Zulkowski noch wesentlich verbessert (Pressions- oder Wasserstrahlpumpe).

— **Clamond** bringt, um eine größere Lichtwirkung zu erzielen, feste Körper aus Magnesia in einer ähnlich dem Bunsenbrenner entleuchteten Flamme zum Glühen. Zum gleichen Zweck wendet 1884 Lewis Gewebe aus Platin an. (S. a. 1846 G. und 1867 T.)

— Edwin **Clark** führt zum Ersatz der Schleusen das erste größere mechanische Schiffshebewerk zu Cheshire bei Anderton aus.

— Ferdinand **Cohn** teilt in seinem Werke „Grundlegende Untersuchungen über Biologie uud Systematik der Bakterien" diese niedrigsten, den niederen Algen nahestehenden Glieder des Pflanzenreichs in Kugelbakterien (Mikrokokken), Stäbchenbakterien (Bacillen), Fadenbakterien und Schraubenbakterien (Spirillen) ein, und gibt durch diese Systematik der Bakteriologie eine sichere Grundlage.

1872 Ferdinand **Cohn** zeigt, daß die Fäulnis ein besonderer, durch das von Ehrenberg (s. 1830 E.) entdeckte „Bacterium termo" zuwege gebrachter Prozeß ist.

— Th. R. **Crampton** konstruiert einen Puddeldrehofen mit Staubkohlenfeuerung (Dust fuel furnace), bei welchem Verbrennungsraum und Schmelzraum getrennt sind. Das Brennmaterial wird zwischen Walzen zerkleinert, mittels eines Injektors zugeführt und zugleich mit der Gebläseluft in den Ofen getrieben. (S. a. 1831 H.) Die Versuche, diese Feuerung für Dampfkessel zu verwerten, geben erst Anfang der neunziger Jahre Resultate, wo Wegener, Schwartzkopff u. a. mit verschiedenen Systemen hervortreten.

— Der Mathematiker Luigi **Cremona** findet die nach ihm benannte, seither in der Baukonstruktionslehre vielfach angewendete Art der Aufzeichnung eines Kräfteplanes.

— **De Hemptinne** konstruiert unter Benutzung eines 1859 von Keller und Kuhlmann gemachten Vorschlages bleierne Vakuumpfannen zur Konzentration von Schwefelsäure, die jedoch unter dem Übelstande leiden, daß das Blei von der siedenden Schwefelsäure stark angegriffen wird. Im allgemeinen ist die Verwendung von Blei zu diesem Zweck jetzt als aufgegeben zu betrachten.

— **Desgoffe** konstruiert ein Manometer, welches das Prinzip der hydraulischen Presse verwendet, um große Drucke, etwa in der hydraulischen Presse, direkt zu messen, und das gewissermaßen eine Umkehr des der hydraulischen Presse zugrunde liegenden Gedankens darstellt. Dies Manometer wird u. a. von Cailletet bei seinen Kompressionsversuchen verwendet.

— **Dingey** konstruiert eine Mineralmühle, die aus einem horizontal langsam umlaufenden, mit Einschnitten versehenen Teller besteht, auf welchem in entgegengesetzter Richtung vier ebenfalls gekerbte Scheiben rasch rotieren. Die Maschine leistet das Doppelte des gewöhnlichen Pochwerks und zeichnet sich durch geräuschlosen Gang aus.

— Nachdem im Kriege 1866 der österreichische Arzt Schrader zuerst Eisenchloridwatte zur Blutstillung benutzt hatte, führt der Mediziner Karl **Ehrle** die Verbandwatte ein, welche rasch die bis dahin gebrauchte Charpie verdrängt. Hiermit erfolgt auch der Einzug der Verbandstoffe als Handverkaufsartikel in die Apotheken.

— Der Engländer Ney **Elias**, welcher bereits i. J. 1868 den Unterlauf des Huangho aufgenommen hatte, erforscht in den Jahren 1872—73 die Wüste Gobi und die westliche Mongolei bis Sibirien.

— **Fabry** konstruiert einen „Fabry'sches Wetterrad" genannten Ventilator, der aus zwei ineinander greifenden Rädern mit Arm- und Kreuzschaufeln besteht. Um den Ventilator saugend wirken zu lassen, ist die Drehung beider Räder einander zugewendet; bei der Drehung werfen die radialen Schaufeln die Luft nach den Seiten heraus.

— Nachdem schon kurz nach dem Aufkommen der Petroleumindustrie die Versuche begonnen hatten, das leichte Petroleumbenzin (Gasolin) zu Beleuchtungszwecken, namentlich zur Carburierung von Luft und Leuchtgas (s. 1826 F.) zu verwenden, konstruiert **Faignot** hierfür einen der erfolgreichsten und verbreitetsten Apparate, der aus einem ähnlich wie eine Saugpumpe arbeitenden Saugapparat, aus einer Glocke zur Aufbewahrung der Luft und einem oder mehreren Carburateurs besteht. Das Gasolin wird in die Carburateurs gefüllt; der Saugapparat drückt die Luft in die Glocke, wo dieselbe mit einem Überdruck von 30—40 mm durch die Carburateurs streicht, sich mit Gasolin sättigt und dann zum Verbrauch fertig ist.

— Am 1. Oktober 1872 beginnen die Arbeiten an der Gotthardbahn mit dem ersten Spatenstich bei Göschenen. Die Ausführung des großen Tunnels, der von Göschenen bis Airolo führt und 14,984 Kilometer lang ist, übernimmt der Ingenieur Louis **Favre** und nach dessen am 19. Juli 1879 im Tunnel erfolgten Tode der Ingenieur **Bossi.** Der Durchschlag des Tunnels erfolgt Ende Februar 1880, die Vollendung Ende 1881. Im Mai 1882 wird der Betrieb der Bahn eröffnet.

1872 Karl F. **Fieber** in Wien wendet zuerst Inhalationen in Staubform an.

— **Fittig** und **Ostermayer** entdecken im Steinkohlenteer das Phenanthren, das fast gleichzeitig auch von Graebe und Glaser und von Hayduck aufgefunden wird. Dasselbe ist dem Anthracen isomer und besteht seiner Struktur nach aus drei Molekülen Benzol, die vier gemeinschaftliche Kohlenstoffatome haben.

— Wilson **Fox** liefert hervorragende Arbeiten über die Diagnose, die pathologische Anatomie und die Behandlung der Magenkrankheiten.

— Der Ingenieur Wilhelm **Fraenkel** erfindet zur Prüfung eiserner Brücken, im besonderen zur Bestimmung der Durchbiegung und der sonstigen Veränderungen bei Belastung, den Durchbiegungszeichner und den Dehnungszeichner.

— William **Froude** tritt energisch für die Wiederaufnahme von Schleppversuchen mit Schiffmodellen ein, und gibt diesen Versuchen den Vorzug vor dem Schleppen wirklicher Schiffe, mit welchen er während des vorhergehenden Jahres (vgl. 1871 F.) Versuche gemacht hat. I. J. 1872 errichtet er mit Unterstützung der englischen Admiralität ein Bassin für Modellschleppversuche von 85 m Länge in Chelston Cross bei Torquay.

— Carl **Gegenbaur** leitet in seinen Untersuchungen über „Das Kopfskelett der Wirbeltiere" den jüngeren Schädel der Tetrapoden aus der ältesten Schädelform der Haifische (Selachier) ab.

— Der Tierarzt Andreas Christian **Gerlach** in Berlin wird durch seine Schriften über Tierseuchen, tierische Parasiten u. dgl., sowie über die gerichtliche Tierheilkunde zu einem der erfolgreichsten Förderer der Veterinärwissenschaft. Er organisiert das preußische Tierarzneiwesen in moderner Weise.

— Ernest **Giles** macht eine Forschungsreise in das Innere Australiens. Er dringt von der Peak-Station des Überlandtelegraphen bis 125° östl. L. vor und entdeckt die Liebig-Mountains und den Amadeussalzsee. Auf einer zweiten großen Reise erforscht er im Jahre 1875 den unbekannten Westen vollständig und konstatiert, daß derselbe meist aus ödem, wasserlosem Gebiet besteht.

— John **Gjers** erfindet den bei Hochofenanlagen vielfach benutzten pneumatischen Aufzug mit Saugwirkung und der ganzen Förderhöhe entsprechendem Luftzylinder.

— Nachdem Th. H. Huxley (s. 1849 H.) die Homologie der beiden primären Keimblätter durch alle Tierklassen nachgewiesen und Kowalewsky (s. 1871 K.) durch embryologische Untersuchungen an wirbellosen Tieren die fundamentale Gleichartigkeit ihrer ersten Anlage mit derjenigen der Wirbeltiere gezeigt hatte, weist Ernst **Haeckel** in seiner „Monographie der Kalkschwämme" die vollkommene Homologie des zweiblättrigen Becherkeims der Gastrula bei allen gewebebildenden Tieren nach und schließt aus dem biogenetischen Grundgesetze (s. 1866 H.) auf eine gemeinsame Abstammung aller Metazoen von einer und derselben gastrulaähnlichen Stammform, Gastraea. Diese Stammform wird 1895 von Monticelli lebend nachgewiesen.

— Jacob Eduard **Hagenbach** untersucht eine große Anzahl von Substanzen auf ihre Fluorescenz und bestätigt vollständig den wichtigen von Stokes (s. 1852 S.) gefundenen Satz, daß jeder Fluorescenz eine Absorption des Lichtes entspricht.

— Henry Charles **Hall** in New York erfindet das auf der direkten Dampfwirkung auf Wasser beruhende, zur Wasserhebung dienende Pulsometer, dessen Prinzip bereits von Savery (s. 1698 S.) angegeben worden war.

1872 Nachdem Berzelius 1840 die Wirkung des Labs auf die Ausscheidung des Käsestoffs dahin erklärt hatte, daß es die Fällung nur mittelbar hervorrufe, indem es Säure entstehen lasse, gelingt es Olof **Hammarsten,** die Meinung, daß das Labenzym mit Pepsin identisch sei, endgültig zu widerlegen und die Wirksamkeit dieser Substanz eingehend festzustellen. (S. a. 1873 B.)

— Der deutsche Ingenieur Paul **Hänlein** in Brünn erreicht mit einem 50 m langen walzenförmigen Luftballon unter Verwendung einer Gasmaschine nach dem System Lenoir (s. 1860 L.) eine Eigenbewegung des Ballons von 5,20 m in der Sekunde.

— Der Astronom und Mathematiker Eduard **Heis** in Münster gibt seinen „Atlas coelestis novus" heraus, in welchem alle mit bloßem Auge sichtbaren Sterne aufgenommen und namentlich mustergültige Zeichnungen der Milchstraße enthalten sind. Zu dieser Leistung war Heis dadurch befähigt, daß er mit außerordentlich scharfem Gesicht begabt war, so daß es ein Zeichen ungewöhnlicher Sehschärfe ist, wenn man die schwächsten Sterne des Heis'schen Atlas mit unbewaffnetem Auge erkennen kann.

— **Hervart** beschreibt die transversal schwingenden Flammen, deren erste Beobachtung auf Mach (1870) zurückgeht. Er erhält sie, indem er vor der Mündung einer horizontal liegenden Orgelpfeife eine schmale Gasflamme anbringt. Die Luftstöße, die aus der Pfeife auf die Flamme treffen, versetzen dieselbe in transversale Schwingungen.

— **Hignette** in Paris gelingt durch seinen „Epierreur-Cribleur" die mechanische Abscheidung der vielfach im Getreide vorkommenden kleinen Steinchen.

— Emil **Holub** macht von Kimberley aus in den Jahren 1872—87 drei größere Expeditionen in die nördlich gelegenen Gebiete und erforscht namentlich Betschuanaland bis über den Sambesi hinaus.

— August **Horstmann** überträgt zuerst den zweiten Hauptsatz der mechanischen Wärmetheorie auf chemische Vorgänge bei gasförmigen Körpern. Er gelangt so zur Ableitung des Massenwirkungsgesetzes, das Guldberg und Waage (s. 1867 G.) auf experimentellem Wege abgeleitet hatten.

— **Howell** konstruiert den nach ihm benannten Torpedo, der schwerere Ladung als der Whitehead-Torpedo (s. 1864 W.) hat, und durch seine stärkere Bauart zum Unterwasserbreitseitschuß, dem schwierigsten Problem der Torpedoballistik, sehr geeignet ist. Ähnliche Torpedos werden von Hall, Peck, Mac Evoy u. a. konstruiert.

— August **von Kekulé** stellt durch Kondensation von Aldehyd mit Salzsäure oder mit Chlorzink synthetisch den Crotonaldehyd und aus diesem die Crotonsäure her. Wurtz zeigt (vgl. 1872 W.), daß zunächst die zwei Aldehydmoleküle ohne Wasseraustritt zu Aldol, dem Aldehyd der β-Oxybuttersäure zusammentreten, und daß erst aus diesem durch Wasseraustritt Crotonaldehyd entsteht. Claisen zeigt 1876 die Allgemeinheit dieser Reaktion.

— Edwin **Klebs** scheidet zuerst die Bakterien von der Bakterienflüssigkeit, indem er die Kultur durch Tonzellen filtriert. Er führt die Züchtung auf festem Nährboden (Hausengallerte) mit fraktionierter Kultur (Überimpfung) ein.

— Der Mathematiker Felix **Klein** weist nach, daß nicht nur die projektive Geometrie ganz unabhängig von der euklidischen aufgebaut, sondern sogar umgekehrt die euklidische Geometrie aus der projektiven abgeleitet werden kann, so daß also die projektive Geometrie in gewissem Sinne die allgemeinste Geometrie ist, die man kennt.

— Der Akustiker Karl Rudolph **König** macht den Schwingungsvorgang und die Knotenpunkte in einer tönenden Orgelpfeife in sinnreicher Weise durch die von ihm erfundenen manometrischen Flammen sichtbar.

1872 Karl Rudolph **König** konstruiert ein Differentialmanometer zur Ermittlung sehr geringer Spannungsunterschiede, das aus einem U-förmigen Rohr mit Erweiterungen an den Schenkelenden besteht. Die Füllung besteht aus zwei verschiedenen nicht mischbaren Flüssigkeiten, deren Trennungsfläche sich innerhalb des engen Rohrteils befindet. Eine geringe Bewegung der Flüssigkeitsoberflächen in den Erweiterungen macht sich in stark vergrößertem Maßstab an der Verschiebung der Trennungsfläche bemerkbar.

— Die Gebrüder **Körting** in Hannover bilden die Strahlapparate aus und machen sie für die verschiedensten Verwendungszwecke dienstbar. Sie konstruieren u. a. einen Dampfstrahlzerstäuber, einen Dampfstrahlelevator zum direkten Füllen der Lokomotivtender, einen Dampfstrahlinjektor, eine Dampfstrahlfeuerspritze. Die letztere eignet sich namentlich für Dampfschiffe, da sie keine beweglichen Teile besitzt, keiner Abnutzung unterworfen ist und deshalb nie in Unordnung geraten kann.

— Sergei Iwanowitsch **Lamansky** gelingt es, in dem dunklen ultraroten Teil des Spektrums Fraunhofer'sche Linien nachzuweisen. Er wendet sehr schmale lineare Thermosäulen an und findet, daß, wenn er sie im Ultrarot von der sichtbaren Grenze des Spektrums weiter und weiter entfernt, an manchen Stellen die Wärmewirkung größer ist als an benachbarten, sowohl dem sichtbaren Spektrum näheren als von ihm entfernteren Stellen.

— G. **Langbein** scheidet aus den Mutterlaugen der Chilisalpeterfabriken von Tarapaca das Jod in Form des unlöslichen, leicht versendbaren Kupfersalzes ab und ermöglicht dadurch den Großversand dieses Fabrikates, der bis dahin mit Schwierigkeiten zu kämpfen hatte.

— **Lawrence** verbessert den von Baudelot (s. 1863 B.) erfundenen Berieselungskühlapparat. Sein Apparat besteht aus zwei Platten gewellten Kupfers, zwischen denen das Kühlwasser hinauffließt, während die zu kühlende Flüssigkeit äußerlich über die Platten hinabströmt und außerordentlich schnell gekühlt wird. Andere zur Kühlung benutzte Systeme sind die Röhrenkühler, als deren erster der nach Liebig benannte Kühler (s. 1771 W.) zu betrachten ist, und die durch Verdunstungskälte wirkenden Kühler, zu denen u. a. der Siemens'sche Treppenkühler gehört. Auch die Wirkung der Alcarrazas (Kühlkrüge) beruht auf der Verdunstungskälte.

— Der amerikanische Kapitän **Lay** erfindet einen Torpedo, bei welchem flüssige Kohlensäure als Motor dient. Ziemlich gleichzeitig wird auch von Smith ein Torpedo konstruiert, zu dessen Fortbewegung flüssige Kohlensäure verwendet wird.

— Wilhelm **Leube** führt das Pankreas in die Therapie ein und benutzt es zu ernährenden Klystieren. Später wird daraus das Pankreatin hergestellt, das bei Krankheiten gegeben wird, bei denen die Bauchspeicheldrüse ungenügend funktioniert.

— **Lewis** findet bei der „Filariasis" genannten Krankheit mikroskopisch kleine Rundwürmer (die Larven der Filaria sanguinis, einer Nematode) im Blut, der Lymphe und dem Urin. Eine andere, die Filariasis Bancrofti hervorrufende Nematode, die Filaria Bancrofti, wird 1876 von Joseph Bancroft in Brisbane aufgefunden.

— Ernst **von Leyden** deutet zuerst auf die Möglichkeit der Operation der Rückenmarksgeschwülste hin, worin ihm 1878 Erb und 1886 Gowers beitreten.

— **Limousin** in Paris fertigt zuerst Einnehmeoblaten, die aus zwei Stücken zusammengepreßt werden und die altgewohnten Tafeloblaten verdrängen.

1872 Johann Benedikt **Listing** begründet im Anschluß an die Arbeiten von Philipp Fischer (1868) die Anschauung von der Erdgestalt als einem hypothetischen Geoid, für dessen sämtliche Punkte das kombinierte Potential der Schwere und Zentrifugalkraft gleiche Werte annimmt.

— Wilhelm **Löhnholdt** in Berlin konstruiert Heizöfen mit Sturzflammenfeuerung, bei welchen er die frisch entwickelten Flammen und Gase zweier getrennter nebeneinander liegender Feuerungen mit Verbrennungsluft gemischt in eine dazwischen liegende Schamotte-Heizkammer stürzen läßt. Die vorzügliche Mischung der Rauchgase mit Luft und die hohe Temperatur in der Verbrennungskammer erzeugen eine gute Verbrennung.

— Nachdem schon Chevreul aus dem sizilianischen Sumach einen gelben Farbstoff erhalten hatte, stellt Julius **Löwe** denselben in reinem Zustande her, doch wird erst von A. G. Perkin und Allen (1896) dessen Identität mit dem Myricetin aus Myrica nagi nachgewiesen. Den Gerbstoff des Sumachs identifiziert Löwe mit Gallussäure.

— Der französische Techniker Eugène **Malhère** entwickelt die Klöppelmaschine so, daß sie nicht nur für Litzen und Bänder, sondern auch für die Spitzenfabrikation verwendbar wird. Er erreicht dies durch eine Vereinigung der Klöppelmaschine mit dem Jacquardstuhl, wobei nunmehr jeder Klöppel für sich unabhängig von den anderen kurze und lange Bahnstrecken durchlaufen kann.

— L. **Marcy** in Philadelphia erfindet das Skioptikon, das sich von den älteren Projektionsapparaten namentlich durch die Konstruktion der mit Petroleum gespeisten Lampe unterscheidet, deren Einrichtung darin besteht, daß zwei breite Dochte nicht, wie dies früher der Fall war, quer zur Apparatachse stehen, sondern mit ihren Schmalseiten gegen die Linsen gerichtet sind. J. Ganz in Zürich verbessert diesen Apparat in seinem „Pinakoskop“, das auch für Gasbrenner, Magnesiumlampen, Knallgasbrenner und elektrisches Licht eingerichtet werden kann.

— Das Blaufarbenwerk **Marienberg** stellt eine Wärmeschutzmasse aus Infusorienerde her. Durch Vermischen der Infusorienerde mit Leim und Kälberhaaren wird eine teigartige Masse erhalten, die mit Stoffbinden an die Wandungen der Dampfrohre befestigt wird. Späterhin werden als Zusätze zur Infusorienerde Ton, Sägespäne, Wasserglas, Korkabfälle, Holzwolle u. a. m. verwendet. (S. a. 1860 L.)

— Johann Heinrich **Meidinger** konstruiert einen besonders in Haushaltungen viel gebrauchten Apparat zur Herstellung von Gefrorenem. Der Apparat besteht aus einem oben ganz offenen zylindrischen Hafen mit Doppelwandung (dem Kühlgefäß), einem konischen Blecheinsatz, der auf dem zylindrischen Gefäß ruht und dasselbe kapselförmig umschließt (dem Friergefäß) und einem ringförmigen siebartigen Salzbehälter, der in den Zwischenraum zwischen Hafen und Friergefäß eingesenkt wird. Als Kältemischung wird konzentrierte Kochsalzlösung und Eis verwendet.

— Die Firma E. **Merck** bringt eine wässerige Methylviolettlösung unter dem Namen „Pyoktanin“ in den Handel. Das Pyoktanin hemmt die Entwicklung der Eiterkokken und wird deswegen als antiseptisches Mittel empfohlen.

— In einer englischen Zeitschrift erschien i. J. 1855 ein anonymer Vorschlag, nach welchem in mechanischer Weise eine Leitung auf mehrere Apparatsätze in schneller Folge nacheinander geschaltet werden sollte, so daß die Zwischenpausen zwischen den einzelnen Zeichen des einen Telegramms, das auf dem einen Apparatsatz-Paare befördert wurde, benutzt werden konnten, um die Zeichen eines oder mehrerer Telegramme auf anderen Apparatsatz-Paaren zu befördern. Die dieser Art der Mehrfach-Telegraphie eigentümlichen Umschalte-Apparate — die Verteiler — erfordern synchronen Gang. Bernhard **Meyer** und Jean Maurice E. **Baudot** geben nach diesem Prinzip konstruierte Apparate zur Mehrfach-Telegraphie an, jener für eine abgeänderte Morseschrift, dieser für Typendruck.

1872 Viktor **Meyer** stellt das Nitromethan aus Silbernitrit und Methyljodid dar und unterwirft dasselbe einer eingehenden Bearbeitung.

— **Miller** verbessert das Six'sche Maximum- und Minimumthermometer (s. 1782 S.) und läßt die von ihm vorgeschlagenen Verbesserungen durch Casella ausführen. Mit diesen Verbesserungen hat sich für Tiefseeforschungen das Miller-Casella'sche Thermometer als ein Instrument bewährt, das selbst dann zuverlässige Angaben liefert, wenn es einem hohen Druck unterworfen wird, wie insbesondere an Bord des „Challenger“ konstatiert wird.

— John **Murray** und Charles Wyville **Thomson** fördern durch die vierjährige Challenger-Expedition, welche von George Strong **Nares** geführt wird, die Ozeanographie und erweitern die Kenntnis der in großen Meerestiefen lebenden Tiere. Bei dieser Expedition wird im Jahre 1873 der antarktische Kreis überschritten und als südlichster Punkt 66° 40′ s. Br. bei 76° 22′ ö. L. erreicht.

— Hermann **von Nathusius** weist die relativ abweichenden physiologischen Eigenschaften der Zuchttiere in bezug auf Futterverwertung und Frühreife nach.

— Henry **Nestle** eröffnet die Reihe der von jetzt ab stark in Aufnahme kommenden Nährpräparate mit seinem aus Milch bereiteten Kindermehl.

— Nachdem schon E. Mulder (1868) und Krecke (1869) Gesetzmäßigkeiten in bezug auf die Zirkularpolarisation organischer Stoffe behauptet hatten, zeigt Jean Abraham Chrétien **Oudemans**, daß die Salze optisch aktiver Alkaloide gleiche Drehung bei äquivalenter Konzentration zeigen.

— Luigi **Palmieri**, Direktor des meteorologischen Observatoriums auf dem Vesuv, liefert die genauesten Beobachtungen der vulkanischen Erscheinungen des Vesuvs und veröffentlicht dieselben in den „Annali dell' osservatorio Vesuviano“. Er konstruiert ein Elektrometer zur Untersuchung der atmosphärischen Elektrizität.

— Louis **Pasteur** empfiehlt, die Bierbereitung unter vollständigem Abschluß der Luft mit Reinhefe vorzunehmen.

— Julius **von Payer** unternimmt, nachdem er sich bei der zweiten deutschen Nordpol-Expedition 1869/70 beteiligt, und dann 1871 mit Karl **Weyprecht** eine Rekognoszierungsfahrt in das Meer zwischen Spitzbergen und Nowaja Semlja gemacht hatte, mit diesem eine zweite Polarreise auf dem „Tegetthoff“. Sie werden unter 76° 30′ vom Eis eingeschlossen und an ein bisher unbekanntes Land, Kaiser-Franz-Josephs-Land, getrieben, das Payer auf einer Schlittenfahrt, 24. März bis 26. April 1874, fast bis 83° nördl. Br. durchzieht. Am 20. Mai wird der „Tegetthoff“ verlassen und in Schlitten und Booten die Rückreise nach Nowaja Semlja angetreten, wo die Mannschaft am 24. August von einem russischen Fahrzeug aufgenommen wird.

— Max **von Pettenkofer** erforscht die Beziehungen des Bodens und des Grundwasserstandes zu Cholera und Typhus. Er betont die Spezifität des Typhusgiftes, sowie seine Keim- und Vermehrungsfähigkeit, und wird damit der Vorläufer der Anschauung vom Contagium vivum. Die Typhusmortalität in München, die vorher sehr hoch war, wird durch die von Pettenkofer vorgeschlagenen Maßregeln bedeutend herabgesetzt.

— Eduard **Pflüger** studiert den Ort und die Gesetze der Oxydationsprozesse im tierischen Organismus und beweist einwandfrei, daß das Blut selbst keine oxydierenden Eigenschaften besitzt. Nach seinen Untersuchungen ist kein Zweifel mehr möglich, daß der Sauerstoff in die Gewebe diffundiert und den Zellen an Ort und Stelle durch Verbrennung der Nahrungsstoffe Energie liefert.

1872 Eduard **Pflüger** konstruiert einen „Aerotonometer“ genannten Apparat zur Messung der Spannung, unter der Sauerstoff und Kohlensäure im Blut gelöst sind. Der Apparat wird von Ludwig 1887 in seinem „Haemataerometer“ wesentlich verbessert.

— R. **Pröll** konstruiert einen Zentrifugal-Gewichtsregulator, der als ein umgekehrter Watt'scher Regulator (s. 1784 W.) betrachtet werden kann und sich von diesem im wesentlichen nur durch die Übertragung der Bewegung auf die Muffe unterscheidet. Andere Zentrifugalregulatoren sind die von Porter (s. 1860 P.), Kley, Tangye, Nicholson usw.

— George **Pullman** führt Speisewagen ein, die bei dem Fernverkehr dienenden Zügen zur Verkürzung der Zugaufenthalte dienen und zu einer wesentlichen Beschleunigung des Verkehrs führen.

— Ferdinand **von Richthofen** bezeichnet die mechanische Aktion der Brandungswellen in denjenigen Fällen als Abrasion, in welchen die Küste von einer maritimen, positiven Verschiebung der Küstenlinie betroffen wird. Der gewalttätig arbeitenden Abrasion steht die geräuschlos, aber stetig tätige Erosion gegenüber, die durch fließendes Wasser, bewegte Luft, Gletschereis eintritt. Beide Arten von Landzerstörung werden erkennbar durch die im Verein mit beiden auftretende Denudation. Für die Erosion durch bewegte Luft schlägt Thoulet 1887 ebenfalls den Namen Abrasion vor, doch wird dafür besser der Ausdruck „Deflation“ gewählt.

— A. **Riebeck** in Halle erkennt den Wert des Trocknens für die Brikettierung der Braunkohle. (S. 1858 F.) Er führt die sogenannten Feuertelleröfen ein, die insbesondere für Kohlen geeignet sind, welche wenig Bitumen enthalten. Für andere Kohlen eignen sich besser die Dampföfen, Heißluftöfen oder diejenigen Öfen, bei welchen, wie z. B. bei den Jacobi'schen und Rowoldt'schen Öfen, die Trocknung durch Dampf und heiße Luft bewirkt wird.

— Während früher hergestellte Pastillen, wie z. B. die englischen Compressed tablets, stets Bindemittel enthielten, gibt M. **Rosenthal** die erste Anregung zur Herstellung der ohne Bindemittel zu bereitenden komprimierten Pastillen, die sich an die 1820 von den Shakern in Libanon-Springs hergestellten komprimierten Kräuter anlehnen. Im Anschluß an die Rosenthal'sche Anregung werden viele Maschinen für die Herstellung solcher Pastillen konstruiert.

— Julius **von Sachs** studiert die Wachstumsbewegung der Pflanze und den Einfluß der Beleuchtung auf die Zuwachsbewegung in Verbindung mit der täglichen Wachstumsperiodizität, auf die er zuerst hinweist. Ähnliche Untersuchungen werden namentlich von Prantl (1873), Reinke (1876), Baranetzky (1879) und vielen anderen gemacht, die auch untersuchen, inwieweit eine Verdunklung oder Erhellung nach kürzerer Zeit eine Beschleunigung oder Verlangsamung der Zuwachsbewegung bewirkt. Zur Messung der Wachstumsbewegung konstruiert Sachs selbstregistrierende Apparate (Auxanometer), die von Wiesner (1876) verbessert werden.

— Julius **von Sachs** studiert eingehend den von Knight (s. 1811 K.) entdeckten Hydrotropismus der Wurzeln, und nennt die dem feuchten Medium zugewendete Krümmungsbewegung positiven, die von ihm abgewendete Bewegung negativen Hydrotropismus. Molisch stellt 1883 fest, daß oberirdische Organe meist nicht auf psychrometrische Differenzen reagieren.

— Julius **von Sachs** vertritt die Ansicht, daß Stärke sich aus der Kohlensäure der Luft unter Abgabe von Sauerstoff und Aufnahme von Wasser bilde, wonach also die Stärke das „erste deutlich sichtbare Assimilationsprodukt der Kohlensäure“ wäre. Tatsächlich sind in den Assimilationsorganen der Pflanzen, den Blättern, falls sie sich am Licht in kohlensäurehaltiger Luft befinden, oft Stärkekörnchen mikroskopisch nachzuweisen, die besonders in den Chlorophyllkörnern eingelagert sind. (Vgl. auch 1865 S. und 1870 S.)

1872 A. **Schmidt** in Zürich konstruiert kleine Wassersäulenmaschinen mit rotierender Bewegung, die für die Kleinindustrie von hervorragender Bedeutung werden. (Schmidt'scher Motor.)

— Gustav Johann Leopold **Schmidt** beschäftigt sich in den Jahren 1872—82 in eingehender Weise mit der Theorie der Dampfmaschine. Er bearbeitet insbesondere die calorimetrischen Untersuchungsmethoden, die physikalischen Konstanten des Wasserdampfs und dessen innere Pressung.

— Nachdem Poggendorff bereits 1826 das Barometer mit einer Registriervorrichtung versehen hatte, bemüht sich namentlich Paul **Schreiber** um die Herstellung von solchen Apparaten und konstruiert ein „Barograph“ genanntes automatisch wirkendes Quecksilberbarometer, das vor den billigeren in die Gruppe der Federbarometer gehörenden Barographen, wie z. B. dem von Richard, viele Vorteile bietet, das aber in neuerer Zeit wieder von dem Rollenbarograph von Sprung überholt ist. (S. 1886 S.)

— William **Sellers & Co.** in Philadelphia bauen eine Schraubenschneidemaschine, bei welcher die Schraubenbolzen mit einem Male geschnitten werden. Die Schneidbacken sind beweglich; das Nähern und Entfernen derselben geschieht automatisch. Bei anderen Maschinen, wie z. B. der von Whitworth stehen die Schneidbacken fest, und es wird die Dreh- und Längsbewegung vom Schraubbolzen ausgeführt.

— **Selling** in Würzburg baut eine Rechenmaschine, die aus einem System von Nürnberger Scheren mit Klaviatur und Zahnstangen und einem Zahnradsystem mit Ziffernrädern besteht. Die Maschine wird von Wetzer in Pfronten dahin verbessert, daß das Resultat sofort auf einen Papierstreifen aufgedruckt wird.

— Der Amerikaner **Shaw** konstruiert eine durch Explosion von Pulver in einem geschlossenen Zylinder wirkende Pulverramme zum Eintreiben von Pfählen. (Vgl. auch 1680 H.)

— Werner **von Siemens** konstruiert den Spiraldeflektor, einen Rußfänger, der auf dem Gedanken beruht, die Rauchgase durch eine Spirale ziehen zu lassen, wodurch sie in eine zentrifugale Bewegung geraten. Die mitgeführten kleinen Rußteilchen vereinigen sich hierbei zu größeren Flocken und fliegen infolge der tangentialen Richtung, mit der sie die Spirale verlassen, gegen das Innere der Wände eines Zylinders, der die Spirale umgibt und als Sammelraum für den Ruß dient. Sie fallen hier zu Boden, während die gereinigten Rauchgase oberhalb des Deflektors ins Freie gehen. Diese Einrichtung wird auch zur Gewinnung von Ruß verwendet.

— Unter den vielen zur Bestimmung des Kohlensäuregehaltes der Luft vorgeschlagenen Methoden ist eine der am schnellsten zum Ziele führenden die von R. Angus **Smith** (minimetrisches Verfahren). Der dazu gehörige Apparat wird von H. Wolpert und von Lunge und Zeckendorf für praktische Zwecke so verbessert, daß er außerordentlich schnell arbeitet.

— Ernest **Solvay** konstruiert zur Fällung des Natriumbicarbonats durch Carbonisation der ammoniakalischen Salzsole den Solvayturm, bei welchem die Ausnützung der Kohlensäure eine fast vollständige ist.

— M. E. **Sonstadt** stellt im Irischen Meer einen Goldgehalt von 0,06 g per Tonne fest. Spätere Forschungen, insbesondere von W. Pack und Liversidge, beweisen, daß in allen Ozeanen ein Goldgehalt existiert, der von 0,03 bis 0,06 in der Tonne wechselt.

— Jean Servais **Stas** findet, daß die Summe der Gewichte vor einer chemischen

Reaktion gleich der Summe nach derselben ist, und zeigt, daß auch bei chemischen Umsetzungen das Gesetz von der Erhaltung der Materie sich vollkommen bewährt. Auch Landolt kommt 1893 zum gleichen Schluß. (Vgl. a. 1770 L.)

1872 **Steenstrup** und **Worsaae** erkennen in den Kjökkenmöddinger, die an den dänischen Ostseeküsten, besonders am Kattegat häufig in einer Mächtigkeit von 3 m vorkommen und die man bis dahin für vom Meer zurückgelassene Muschelbänke hielt, Speisereste eines Volkes aus der Steinzeit.

— Nachdem Gustav Magnus (s. 1860 M.) auf eine Wärmeleitfähigkeit der Gase geschlossen, und Narr (1871) eine Vergleichung der Wärmeleitfähigkeit verschiedener Gase versucht hatte, mißt Josef **Stefan** zuerst die Leitfähigkeit der Luft, die nach ihm von Kundt und Warburg (1875) und von Winkelmann (1875) näher untersucht wird. Die letzteren dehnen ihre Untersuchungen auch auf andere Gase aus und beweisen, daß die Wärmeleitfähigkeit der Gase bis zu sehr kleinen Drucken von der Dichte der Gase unabhängig ist.

— Eduard **Suess** weist auf den engen tektonischen Zusammenhang zwischen dem Verlauf der Bruchlinien und der Verbreitung der Erdbeben hin.

— Die Gebrüder **Sulzer** in Winterthur erwerben sich große Verdienste um den hydraulischen Fernbetrieb unter Anwendung hochgepreßten Wassers (unter Benutzung der Wassersäulenmaschine und wenn nötig von Akkumulatoren). Sie machen die erste Anlage bei Schmid und Heer in Thalweil und später eine solche für die Anglo Swiss Milk Co. in Cham. Von 1877 ab führen sie in Verbindung mit Brandt'schen Bohrmaschinen (s. 1876 B.) Wassersäulenmaschinen zur Hebung des Grubenwassers sowie des Abwassers der Bohrmaschinen aus.

— John E. **Sweet** baut eine schnelllaufende Dampfmaschine, die von der in ihrer Formgebung stets wiederkehrenden geraden Linie den Namen „Straight Line Engine" erhält. Die Maschine wird in stehender Anordnung ausgeführt.

— **Tangye Brothers** konstruieren einen wirksamen Dampfmaschinenkondensator, welcher auf der Benutzung einer dem atmosphärischen Druck das Gleichgewicht haltenden Wassersäule beruht.

— Karl **Thiersch**, der warm für die Lister'sche Wundbehandlung eintritt, empfiehlt zuerst zur Imprägnierung der Verbandstoffe die Salicylsäure an Stelle der von Lister angewendeten Carbolsäure. Für die Desinfektion der Hände und Instrumente bleibt er bei der Carbolsäure.

— Da das Quadrantenelektrometer (s. 1867 T.) nur erlaubt, die Werte von elektrischen Potentialen zu vergleichen, konstruiert William **Thomson** (Lord Kelvin), um den Wert des Potentials direkt in absolutem Maße angeben zu können, das absolute Elektrometer, bei dem zur Messung die Anziehung zweier paralleler Platten benutzt wird, von denen die eine mit der Erde in Verbindung ist, so daß das Potential den Wert Null hat.

— John J. **Thornycroft** in Chiswick konstruiert das erste moderne Torpedoboot „Miranda", welches die bis dahin unerreichte Geschwindigkeit von 16 Seemeilen hat. Im Jahre 1875 baut er das erste für Torpedo-Lancierungen bestimmte Boot von 27 m Länge und 3,2 m Breite, das bei seiner Probefahrt am 9. März 1877 eine Geschwindigkeit von 19,6 Knoten erreicht. Er ist auch der Erfinder einer vierflügeligen Schiffsschraube.

— Otto **Torell** erkennt den glazialen Ursprung der Diluvialablagerungen Schwedens, wie er dies bereits früher (vgl. 1870 T.) für das norddeutsche Diluvium festgestellt hatte. H. Credner, A. Penck u. a. unterstützen diese Ansicht, die dadurch zur herrschenden wird. (S. auch 1875 T.)

— **Vimenet** erfindet für die Filzfabrikation die Fachmaschine, die aus einem

Blaseapparat und dem Fachkegel besteht. Die Haare werden in einer Auflockerungstrommel gelockert und durch den Blaseapparat aus dieser Trommel durch einen Schlitz an den Fachkegel geworfen, auf dessen Oberfläche sie sich zu einem zusammenhängenden Hohlkörper (Fach) vereinigen. Die Fache müssen nun noch gewalkt werden und werden dann zu Hüten verarbeitet.

1872 Emil **Warburg** findet den Elektrizitätsverlust eines geladenen isolierten Körpers (s. 1850 M.) in Wasserstoff nur halb so groß wie in Luft und Kohlensäure, und gleich groß in trockener wie in feuchter Luft. Er bestätigt Matteucci's Ergebnisse hinsichtlich der Abhängigkeit des Verlustes vom Gasdruck und neigt der Ansicht zu, daß der Verlust durch Staub im Gase verursacht werde.

— Rudolph **Weber** gelingt es zuerst, das Salpetersäureanhydrid (s. 1849 S.) durch Wasserabspaltung aus dem Salpetersäurehydrat herzustellen.

— O. **Wolf** in Vöslau erfindet eine Vorrichtung, die den Stillstand des Selfaktors bewirkt, sobald die Spindeln eine vorgeschriebene Fadenlänge aufgenommen haben (Nummer-Kontrollapparat).

— C. H. **Wolff** konstruiert ein zweiröhriges Colorimeter, bei welchem die Flüssigkeitshöhen durch Benutzung der seitlichen Abflußhähne so eingestellt werden, daß beiderseits im Gesichtsfeld gleiche Helligkeit herrscht. Er bereichert die colorimetrische Analyse durch zahlreiche Bestimmungsmethoden, wie die des Kupfers, des Eisens im Ferrum reductum, des Indigos, der Salicylsäure in Verbandwatten usw.

— Adolphe **Wurtz** benutzt die von Chiozza (s. 1856 C.) zuerst angewendete Kondensation mit Salzsäure, um aus Aldehyd das Aldol (Oxybuttersäure-Aldehyd) darzustellen. (Vgl. auch 1872 K.)

— Antoine Joseph François **Yvon-Villarceau** faßt zuerst den Gedanken, das Okular in dem Schnittpunkt der beiden Achsen eines astronomischen Instruments anzubringen. Diese Idee wird praktisch von Merz in München, Schneider in Wien und Secretan in Lima für die Konstruktion großer Kometensucher und später von Archenhold bei dem großen Treptower Reflektor angewendet.

— Karl **von Zittel** begründet durch sein bis 1893 erscheinendes „Handbuch der Palaeontologie" eine den neueren biogenetischen Anschauungen angepaßte Lehre dieser Wissenschaft.

— J. C. Friedrich **Zöllner** findet, daß man beim Durchpressen von Wasser durch capillare Röhren, ähnlich wie beim Strömen desselben durch Diaphragmen, elektrische Ströme erhält, die er Strömungsströme nennt. (S. 1861 Q.) Diese Ströme werden von Edlund (1877), Dorn (1877), Elster (1880) u. a. untersucht und bilden die reziproke Erscheinung der elektrischen Endosmose und elektrischen Überführung. (S. Elektrische Endosmose.)

1873 Frederick Augustus **Abel** in Woolwich erfindet eine Sprenggranate, welche mit einer nur kleinen Schießbaumwoll-Ladung versehen ist, während der innere Hohlraum der Granate im übrigen mit Wasser gefüllt ist. Die Sprengwirkung wird durch diese Wasserbeifüllung erheblich erhöht.

— Der englische Ingenieur **Adamson** baut die erste Vierfach-Expansionsmaschine für die Albert Mills in Hide bei Manchester. Die Maschine ist eine liegende mit zwei gleichmäßig ausgebildeten Maschinenseiten. Auf der einen Seite liegen hintereinander der Hochdruck- und der erste Mitteldruckzylinder, auf der andern der zweite Mitteldruck- und der Niederdruckzylinder. Die Vorteile der Maschine entsprechen nicht ihrem verwickelten Bau.

— J. **Amsler-Laffon** verbessert den Woltmann'schen Flügel (s. 1790 W.). Er ändert den Zählapparat so ab, daß nicht die Zahl der Umdrehungen des Flügels in einer gegebenen Zeit, sondern umgekehrt die Zeit für eine bestimmte Anzahl Umdrehungen (nämlich 100) beobachtet und so das lästige Ausheben des Flügels zum Ablesen der Zahl der Umdrehungen vermieden wird. Diesen Zweck erreicht er durch ein elektromagnetisches Glockenwerk, das nach je 100 Umdrehungen des Flügels läutet.

1873 Jules Gabriel François **Baillarger** setzt die von Falret (s. 1851 F.) begonnenen Untersuchungen über das zirkuläre Irresein (Folie a double forme) fort und ergründet die Ursachen des Kretinismus und dessen Verbreitung.

— Der Ingenieur Johann **Bauschinger** in München stellt ausgedehnte Versuche über die Festigkeit der Baustoffe an, wozu er sich der von Werder (s. 1852 W.) erfundenen Materialprüfungsmaschine bedient, die er mit einem der Gauß'schen Spiegelablesung entsprechenden Spiegelapparate zur genauen Bestimmung der bei den Zug- und Druckbeanspruchungen vor sich gehenden Veränderungen versieht.

— Der amerikanische Kapitän **Belknap** leitet die Tuscarora-Expedition, welche in den Jahren 1873—75 die Kenntnis des Stillen Ozeans nach allen Richtungen fördert und Anlaß gibt zur Entdeckung der großen Meerestiefe von 8513 m westlich von Japan, die allerdings durch die 1899 von Belknap bei der südlichsten Ladroneninsel Guam gefundene Tiefe von 8935 m und die ostsüdöstlich von Guam von M. M. Hodges gefundene Tiefe von 9636 m noch übertroffen wird.

— O. **Beylich** in München verfertigt einen „Histometer" genannten Apparat zur Prüfung von Geweben auf ihre Haltbarkeit in bezug auf Reibung, Zug, Biegung usw.

— Theodor **Billroth** macht die zweite Exstirpation des Kehlkopfs. (S. 1866 W.) Karl Gussenbauer konstruiert für diesen Fall einen künstlichen Kehlkopf.

— Der Apotheker **Blumensaadt** in Odense führt die Labessenzen in die Praxis ein, die fortan in großem Maßstab zur Käsebereitung benutzt werden. (S. a. 1872 H.)

— Der Amerikaner **Brayton** baut eine unter dem Namen „Ready motor" bekannte Gasmaschine, welche mit Petroleum an Stelle von Gas oder Benzin betrieben wird und mit Verdichtung der Ladung und allmählicher Entladung arbeitet.

— Alfred Edmund **Brehm** trägt durch sein „Illustriertes Tierleben" wesentlich zur Popularisierung der Naturbeschreibung bei.

— Die Gebrüder **Brehmer** konstruieren eine Heftmaschine, welche Bücher mit Drahtklammern heftet, die von der Maschine selbst angefertigt werden. Später wird die Maschine auch zum Heften mit Nähfaden eingerichtet. Ähnliche Apparate werden in der Kartonnagen-Industrie angewandt.

— **Brotherhood** erfindet die nach ihm benannte einfach wirkende Dampfmaschine, bestehend aus drei Zylindern, deren Achsen um 120° geneigt sind. Die drei Pleuelstangen greifen an einer gemeinsamen Kurbel an und sind ohne Einschaltung von Kolbenstangen direkt mit dem Trunkkolben verbunden. Infolge der Anordnung der drei Zylinder hat die Maschine keine Totlage und arbeitet sehr gleichmäßig, so daß die Kolbengeschwindigkeit sehr groß sein kann.

— **Brown** und **Sharpe** erfinden die Fräsen mit hinterdrehten Schneidezähnen, deren lange Rücken sogenannte gleichmäßig sinkende Profile darstellen. Diese „hinterdrehten Fräsen" stellen eine Erfindung von großer Wichtigkeit dar.

— Gustav **von Bunge** arbeitet über die Bedeutung des Kochsalzes für die Bedürfnisse des tierischen und menschlichen Organismus und klärt die Gründe auf, warum das Kochsalz als einziges aller anorganischen Salze auch direkt als solches der Nahrung zugesetzt wird. (Vgl. seine Abhandlung „Über

45*

die Bedeutung des Kochsalzes und das Verhalten der Kalisalze im menschlichen Organismus".)

1873 Der englische Reisende Verney Lovett **Cameron** durchquert Afrika von Sansibar aus. Er erreicht 1874 den Tanganyika-See, den er als Quellsee des Kongo anspricht. Im August erreicht er Nyangwe, von wo er südwärts nach Kilemba, der Hauptstadt von Urua zieht. Nach einem Abstecher nach dem Kassali-See zieht er durch Lunda, Lobale und Bihé nach der Westküste, die er am 7. November 1875 bei Benguella erreicht.

— **Cantani** beschreibt eingehend unter dem Namen „Lathyrismus" eine sporadisch, epidemisch und endemisch auftretende Krankheit armer Landleute, deren Nahrung fast ausschließlich aus verschiedenen Arten von Platterbsen besteht.

— Heinrich **Caro** entdeckt die Eosinfarbstoffe, die, wie sich später herausstellt, Derivate des Fluoresceins sind. (Vgl. auch 1876 B.)

— **Croissant** und **Brétonnière** erhalten durch Schmelzen von organischen Substanzen mit Schwefelalkalien schwefelhaltige Farbstoffe, welche vegetabilische Fasern in Braun, Grau und Schwarz färben und sich durch ihre Echtheit auszeichnen (Sulfinfarben).

— Nachdem Mairan und Dufay bereits 1747 eine Lichtmühle konstruiert und Michell, Bennet, Flauguergues, Fresnel u. a. ähnliche Versuche gemacht hatten, konstruiert William **Crookes** eine sehr empfindliche Lichtmühle, auch Radiometer genannt, die aus einem Flügelrädchen besteht, dessen Flügel auf einer Seite geschwärzt sind, und das in einem Vakuumrohr angeordnet ist.

— **Cuignet** gibt zur Bestimmung der Refraktion des Auges eine Methode an, die auf der Beobachtung des ophthalmoskopischen Beleuchtungsbildes auf dem untersuchten Augengrunde beruht und Skiaskopie (Schattenprobe) oder Keratoskopie genannt wird.

— William Frederick **Denning** bereichert die Kenntnis von den Meteoriten dadurch, daß er eine Vielzahl von Radiationspunkten und Radiationsräumen (Ausströmungsstellen) annimmt. Infolgedessen kommen zu den Perseiden und Leoniden die Andromediden, Orioniden, Aquariden, Gemininden, Lyriden und Quadrantiden hinzu.

— Eugen **Dieterich** macht die ersten Versuche, Pflaster zu pressen, und gibt Veranlassung zur Konstruktion von kleinen Pflaster- und Pillenstrangpressen. Er konstruiert auch eine Maschine zur Extinktion des Quecksilbers.

— Simon Emanuel **Duplay** zeigt, daß die als „Mal perforant du pied" bezeichnete Krankheit, die in einer Entzündung der Fußsohle besteht, welche allmählich in die Tiefe greifend Knochen und Gelenke bloßlegt, ohne irgend welche Schmerzen zu verursachen, ihre erste Ursache in einer Erkrankung der Nerven hat.

— Ernst **Ebermayer** arbeitet über die Bedeutung des Waldes für das Klima, über den Sauerstoffgehalt des Waldes und seinen Einfluß auf die Bodenfeuchtigkeit und wird durch seine Arbeiten der eigentliche Begründer der Forstmeteorologie. Ähnliche Arbeiten werden von Lorenz von Liburnau, Woeikoff, E. Brückner u. a. gemacht.

— Friedrich **von Esmarch** gibt nach Einführung der Antiseptik den Anstoß, bei Hämorrhoiden eine Excision mit sorgfältiger Unterbindung der blutenden Gefäße und Vernähung der Wunde vorzunehmen, während die amerikanischen Chirurgen in neuester Zeit die Infektions-Behandlung mit konzentrierter Carbolsäure vorziehen.

— Friedrich **von Esmarch** erfindet das nach ihm benannte Verfahren, die Gliedmaßen vor einer Operation durch Umwickeln mit einer elastischen Binde blutleer zu machen, und durch einen fest umgeschnürten Gummischlauch während der Operation blutleer zu halten. Dies hat den großen Vorzug, daß der Patient kein Blut verliert und der Operateur die Wunde besser übersehen kann. Im Anschluß hieran wird die seit Moore (s. 1784 M.) nach und nach verlassene lokale Anästhetisierung durch Kompression vielfach wieder empfohlen.

1873 Franz **Exner** bringt die verschiedenen Härtegrade, die sich für verschiedene Flächen desselben Krystalles, sowie für krystallographisch verschiedene Richtungen derselben Krystallfläche ergeben, graphisch in Form von Härtekurven zur Darstellung.

— Nachdem dahingehende Versuche schon von Harrison, Blair & Co. in Bolton (1859) und Keßler (1863) gemacht worden waren, bauen **Faure** und **Keßler** zur Konzentration der Schwefelsäure Platinschalen mit Bleihut, die sich der bedeutenden Ersparnisse in den Anschaffungskosten halber schnell einführen, in neuester Zeit aber den wesentlich verbesserten Platinapparaten (System Prentice und System Delplace) wieder weichen müssen.

— B. W. **Feddersen** entdeckt die Thermodiffusion, die darin besteht, daß bei homogenen Gasen, die durch eine poröse, auf beiden Seiten ungleich erwärmte Scheidewand getrennt werden, ein Diffusionsstrom von der kälteren nach der wärmeren Seite geht.

— David **Ferrier** macht wichtige experimentelle Arbeiten über das Gehirn und zeigt, daß die Bewegungen der Organe von bestimmten Bezirken des Gehirns beherrscht werden. Er veröffentlicht diese Arbeiten in seinen „Experimental researches in cerebral physiology and pathology“.

— Der Neurolog Paul Emil **Flechsig** in Leipzig untersucht den Bau des Gehirns in verschiedenen Stadien der Entwicklung, um die Anlage der Leitungsbahnen in Gehirn und Rückenmark zu erforschen.

— H. **Fontaine** und Z. Th. **Gramme** geben das Prinzip der Arbeitsübertragung von einer elektrischen Maschine, die als Stromerzeuger wirkt, zu einer als Triebwerk benutzten Maschine an und führen eine solche Anlage auf der Wiener Ausstellung vor.

— **Fox** weist durch eingehende Untersuchungen nach, daß in der Nähe der See, an der Meeresküste und auf Inseln stets größere Mengen von Ozon in der Luft enthalten sind; auch die Waldluft ist nach Ebermayer stets reich an Ozon. Er macht auf die keimtötende Kraft des Ozons aufmerksam, auf die später (s. 1902 S.) die Bereitung keimfreien Trinkwassers begründet wird.

— Ch. **Friedel** und **da Silva** führen aus Aceton gewonnenes Propylenchlorid in Trichlorhydrin über und wandeln dieses durch Erhitzen mit Wasser in Glycerin um.

— Der Ingenieur **Friedrich** konstruiert einen Achsenregulator, bei welchem durch einen Flachregler das Expansionsexzenter verstellt wird, und der vielfach für schnellaufende Maschinen verwendet wird.

— Johann Gottfried **Galle** weist auf die Planetoiden als Vermittlungsgestirne zur Sonnenparallaxenbestimmung hin und gewinnt mehrere Sternwarten zu Simultanbeobachtungen der Flora, die eine Parallaxe von 8″,873 ergeben.

— Joseph **Gecmen** stellt in Wien die ersten mechanischen Malzdarr- und Keimapparate aus.

— **Godlewski** zeigt, daß die Stärkeeinschlüsse aus dem Chlorophyll nicht nur im Dunkeln (s. 1870 S.), sondern auch dann verschwinden, wenn man die grünen Organe durch Fernhalten der Kohlensäure im Lichte an der Produktionstätigkeit hindert. Das Verschwinden geht hier (der größeren Wärme über Tag wegen) rascher als in der Dunkelheit vor sich.

— C. J. H. **Gravenhorst** auf Storbeckshof bei Glöwen sucht in der Bienenzucht die Vorzüge des Strohkorbes und der Kastenzucht in dem von ihm erfundenen Bogenstülper zu vereinigen, bei welchem der Honigraum durch ein Schiedbrett vom Brutraum getrennt werden kann.

1873 Ernest Howard **Griffiths** zeigt, daß die Strahlen des gelben Spektralbezirkes, innerhalb dessen auch das Maximum der Strahlungsenergie zu suchen ist, die Transpiration und Kohlensäureassimilation der Blätter besonders lebhaft anregen und die Aufnahme von Mineralbestandteilen des Bodens durch die Wurzeln befördern. Ähnliche Untersuchungen werden von Déherain unternommen.

— Frederick **Guthrie** beobachtet die Asymmetrie zwischen positiver und negativer Elektrizität bei der Ionisation durch glühende Metalle. Während eine rotglühende Eisenkugel in Luft eine negative Ladung bewahrt, vermag sie eine positive nicht festzuhalten; eine weißglühende Kugel behält weder positive noch negative Ladung.

— Friedrich **von Hefner-Alteneck** verbessert die Dynamomaschine durch die Konstruktion des Trommelankers an Stelle des Gramme'schen Ringes. Bei dieser Art der Armaturwicklung wird der isolierte Kupferdraht knäuelartig auf eine eiserne Trommel, parallel zu deren Achse gewickelt. Diese Trommelwicklung ist die gegenwärtig am meisten benutzte Bewicklungsart.

— Hermann **von Helmholtz** macht Versuche über die galvanische Polarisation und zeigt, daß der Polarisationsstrom sehr lange, wenn auch ohne sichtbare Gasentwicklung fortdauert und eigentlich nie aufhört. Er erklärt dies durch die elektrolytische Konvektion, die eine Art Diffusionsvorgang darstellt.

— **Henze** zu Weichnitz bei Glogau beobachet, daß eine unter Hochdruck gedämpfte Kartoffelmasse durch Dampfdruck ohne jede mechanische Zerkleinerungsvorrichtung in feinverstäubter Form ausgeblasen werden kann, wenn dies Ausblasen durch eine enge Öffnung mit scharfen Kanten geschieht, und gründet darauf die Konstruktion seines Dämpfapparats, der sich schnell einführt.

— Der französische Mathematiker Charles **Hermite** beweist die Transzendenz der Zahlen e und π und folgert daraus die Unmöglichkeit der Quadratur des Kreises. (S. a. 1863 H. und 1882 L.)

— James **Hobrecht** führt in den Jahren 1873—83 die Kanalisation von Berlin durch. Er zerlegt, um die mit dem Anwachsen der Stadt und der dadurch notwendigen Vergrößerung der Kanäle entstehenden Nachteile zu vermeiden, die Anlage in keilförmige Teilstücke, welche durch strahlenförmig verlaufende Hauptkanäle entwässert werden (Radialsystem). Die Abwässer verwendet er zur Berieselung der zu diesem Zweck angelegten Rieselfelder.

— Julius **Hock** baut eine mit von der Maschine selbst erzeugter, carburierter Luft betriebene, fälschlich „Petroleummotor" genannte Maschine, bei welcher nicht Petroleum, sondern Benzin als Brennstoff dient.

— R. **Hoffmann** beschäftigt sich eingehend mit dem Studium der Bildung des Ultramarins und trägt dadurch zur Förderung der Ultramarinindustrie bei. Er untersucht namentlich auch das von Ritter (s. 1860 R.) zuerst erhaltene weiße Ultramarin, das auch von K. Hermann (1880) näher untersucht wird, und gibt neue analytische Methoden zur Untersuchung des Ultramarins an.

— August Wilhelm **von Hofmann** stellt durch Zusammenbringen der tertiären Phosphine mit Alkyljodiden die Jodide der den Ammoniumbasen analogen Phosphoniumbasen her. Durch Zerlegung dieser Jodide mit Silberoxyd entstehen, wie bei den entsprechenden Stickstoffverbindungen, stark alkalische, nicht flüchtige und in Wasser lösliche Hydroxyde.

1873 A. W. **von Hofmann** und C. A. **Martius** beobachten bei Methylierung von Anilin durch Erhitzen von salzsaurem Anilin mit Methylalkohol unter Druck die Entstehung von Methyl- und Dimethylanilin und liefern dadurch den Anlaß zur sogenannten Hoffmann'schen Synthese aromatischer Amine, die so ausgeführt wird, daß man die salzsauren Salze primärer aromatischer Basen mit Fettalkoholen in verschlossenen Gefäßen etwa zehn Stunden auf 200° und dann ebenso lange auf 300° erhitzt.

— August **Horstmann** gibt im Verlauf seiner Studien (s. 1872 H.) eine allgemeine Theorie der Dissoziation und folgert die Unabhängigkeit der Dampfspannung vom Zersetzungszustande, die er 1876 auch am Chlorsilberammoniak erweisen kann. Späterhin beschäftigen sich namentlich Gibbs (1878) und Helmholtz (1882) mit diesem Gegenstande.

— **House** konstruiert eine geradnadelige Nähmaschine, die von Wheeler und Wilson vertrieben wird und vor der Greifermaschine (s. 1852 W.) den Vorzug hat, daß Stich für Stich gleich fertig gebildet wird. Erreicht wird dies durch die ungleichförmige Bewegung der Greiferwelle unter gleichzeitiger Anwendung eines durch ein Kurvengetriebe bewegten Fadengebers.

— **Hunt** in De Kolb in Illinois erfindet den Stacheldraht, der aus Drahtlitzen oder einfachen Drähten besteht, die in kurzen Abständen mit hervorragenden scharfen Stacheln versehen sind. Der Stacheldraht dient als Einfriedigungsmaterial und auch als Hindernismittel im Festungsbau, wo er in Form von 10—30 cm breiten Drahtnetzen angewendet wird.

— R. **Ilges** konstruiert einen „Automat" genannten Spiritusdestillationsapparat, der alle einzelnen Funktionen, wie die Destillation der Maische, die Rektifikation und Dephlegmation der Destillationsdämpfe, sowie die Entfernung von Schlempe und Lutterwasser selbsttätig besorgt.

— **Jacquet** konstruiert die sogenannten Reflektorkamine, bei denen die Wärme von Leuchtflammen, die in gewisser Höhe unter einer Platte verdeckt brennen, durch ein gebogenes, glänzendes Kupferblech nach dem Boden des Zimmers reflektiert wird. Diese Kaminöfen werden 1878 von Schäffer und Walcker in Deutschland eingeführt und vielfach, wie z. B. von Siemens, Kutscher, Houben, Oechelhäuser u. a. abgeändert.

— **Jagn** konstruiert die nach ihm benannte Pulsierpumpe (Pompe sirène), eine Wasserluftpumpe, deren Wirkung auf der lebendigen Kraft eines stark bewegten abgerissenen Wasserfadens beruht, und deren Prinzip 1872 von Mendelejew, Kirpitschew und Schmidt angegeben worden war.

— Hermann **John** und Alphonse **Custodis** führen die lotrecht gelochten Radialsteine zur Aufmauerung von Schornsteinen ein. Ein Vorteil dieser Steine ist ihre größere Breite, welche einen sehr guten Kopfverband ergibt und daher zur Aufnahme der Ringspannungen viel geeigneter ist als die Anordnung mit abwechselnden Läufern und Bindern.

— Hermann **Kolbe** verbessert den Prozeß der Salicylsäuredarstellung (s. 1860 K.), indem er an Stelle von Phenol und metallischem Natrium Phenolnatrium verwendet. Er entdeckt die antiseptischen und heilkräftigen Wirkungen der Salicylsäure. Nachdem der Darstellungsprozeß noch von R. Schmitt vervollkommnet ist, wird die Salicylsäure in großem Maßstabe dargestellt und zur Konservierung von Nahrungsmitteln, zur Verhinderung von Zersetzungen, sowie als Arzneimittel viel angewendet.

— Woldemar **Kowalewsky** veröffentlicht wichtige Untersuchungen über fossile Huftiere, deren Entwicklung er im Sinne Darwin's studiert.

— Hans **Landolt** zeigt, daß, wie die Salze optisch aktiver Alkaloide, so auch die der optisch aktiven Säuren gleiche Drehung bei äquivalenter Konzentration zeigen. (S. a. 1872 O.)

— **Lartigue** und **Forest** erfinden die automatische elektrische Lokomotiv-Dampfpfeife, bei welcher die Pfeife selbsttätig ausgelöst wird, wenn sich der Zug einem auf „Halt“ stehenden Deckungssignal nähert. Die Konstruktion wird von **Digney Frères** ausgeführt und zuerst auf den Schnellzügen der französischen Nordbahn erprobt.

1873 **Lawson & Sons** konstruieren Seilspinnmaschinen, bei welchen der Hanf in einzelnen Bündeln der Bandmaschine übergeben wird, die ihn in ein endloses Band umwandelt. Mehrere dieser Bänder gehen dann zu einer mit Hechelstäben versehenen Maschine, auf der die Bänder ausgekämmt und ausgezogen werden. Von da geht das Band schließlich auf die Spinnmaschine, wo es durch Spindeln, die mittels Riemchen bis zu 1200 mal in der Minute umgedreht werden, zu Bindfaden versponnen wird.

— Gabriel **Lippmann** konstruiert das nach ihm benannte Capillarelektrometer, das die Veränderung der Oberflächenspannung des Quecksilbers durch die Polarisation zur Messung elektromotorischer Kräfte nutzbar macht.

— Edward **Liveing** gibt in seinem Buche „On megrim sick headache and some allied disorders“ das vollständigste und beste Bild der seit dem Altertum bekannten und zuerst von Aretaeus genauer beschriebenen Migräne und stellt zum erstenmal die Epilepsie und die Migräne nebeneinander.

— **Lowe** und **Dwight** erzeugen durch Einführung von Wasserdampf in einen mit Koks in hoher Schicht gefüllten Generator Wassergas und carburieren dasselbe mit Rohpetroleum, Petroleumdestillaten oder mit Ölen aus der Braunkohlenindustrie.

— Nachdem schon Albertus Magnus den Magneten zu therapeutischen Zwecken herangezogen hatte, verwendet ihn Carlo **Maggiorani** zur Behandlung von Spinalirritationen, von Krämpfen und Kontrakturen, sowie zur Differentialdiagnose zwischen Spinalirritation und beginnenden Formen von Spondylitis.

— Alessio und Secondo **Malinverni** verbessern die Verarbeitung von Reis und führen in ihrer Mühle in Quinto Vercellese die Reibmühlen ein, die sich in jener Gegend schnell auf mehrere Hundert vermehren.

— Robert **Mallet** begründet mit seinem Werke „On volcanic energy“ die von Prévost, Thurmann und Dana vorbereitete moderne Kontraktions- und Fältelungstheorie der Erdbildung.

— James Clerk **Maxwell** zieht aus seiner elektromagnetischen Lichttheorie den Schluß, daß ein bestrahlter Körper einen Druck erleidet, wie schon Euler vermutet hatte. (Vgl. auch 1900 L.)

— James Clerk **Maxwell** gibt in Verbindung mit seiner Behandlung der magnetischen und elektrischen Erscheinungen Meßmethoden für die verschiedenen Arten der Induktion an, die auf der Verwendung der Wheatstone'schen Brücke beruhen.

— Nachdem W. Hittorf (s. 1851 H.) im Anschluß an die Beobachtungen von Knox (s. 1837 K.) festgestellt hatte, daß das Selen ein elektrischer Leiter ist und seine Leitfähigkeit durch Erwärmen erhöht wird, entdeckt **May** in Valencia die elektromotorische Wirkung des Selens bei Belichtung. Die Entdeckung geschah, als bei Prüfung des submarinen Kabels der große elektrische Widerstand des Selens in Anwendung gezogen wurde.

— Dmitrij J. **Mendelejew** beschreibt eine neue Trennungsmethode für Lanthan und Didym (vgl. 1842 M.), bei der er die Ammondoppelnitrate benutzt. Derselbe Gedanke kehrt in den Arbeiten von Carl Auer von Welsbach (vgl. 1884 A. und 1885 A.) wieder.

— Victor **Meyer** und Casimir **Wurster** entdecken, daß Alkohole sich in Gegenwart von Kondensationsmitteln (konzentrierter Schwefelsäure, Chlorzink, Zinntetrachlorid) mit aromatischen Kohlenwasserstoffen kondensieren, und stellen auf diesem Wege aus Benzylalkohol und Benzol mit konzentrierter Schwefelsäure Diphenylmethan dar. Von Schrank und Hemilian wird unter Benutzung der gleichen Reaktion aus Benzhydrol und Benzol Triphenylmethan gewonnen.

1873 Alexander **Müller** weist auf die Bedeutung der biologischen Vorgänge für die Reinigung der Schmutzwässer hin und läßt sich ein Verfahren patentieren, wonach die mit organischen Stoffen imprägnierten Abwässer in Erdgruben nach Erwärmung auf 25—40° C. unter Zusatz von hefeartigen Organismen der Gärung oder Fäulnis überlassen und dann durch Filter von Sand, Kohle usw. filtriert werden sollen.

— Hermann **Müller** bearbeitet von 1873—77 die von Sprengel und Darwin (vgl. 1793 S. und 1862 D.) untersuchten Wechselbeziehungen zwischen Blumen und Insekten. Er zeigt, daß man leicht Fliegen- und Käferblumen, sowie Bienen- und Schmetterlingsblumen unterscheiden kann. Die Fliegen und Käfer können nur offenen Honig erreichen und besuchen meist nur weiße, gelbliche und grünliche Blumen, während die Bienen und Schmetterlinge auch rote, violette und blaue Blumen besuchen, deren Honig tiefer liegt und oft durch besondere Bedeckungen, die nur diese Insekten durchbrechen können, geschützt ist.

— Georg Balthasar **von Neumayer** konstruiert ein Thermometer für Tiefseebestimmungen, bei welchem in der zu versenkenden Kapsel neben dem Thermometer eine Geißler'sche Röhre angebracht ist, in welcher nach dem Belieben des Beobachters jederzeit ein Funke zum Überspringen gebracht werden kann. Hinter dem Thermometer ist rotierendes lichtempfindliches Papier angebracht, das bei jedem Funkenblitz ein Bild des Thermometers liefert.

— Nachdem Billroth 1872 den Nervus ischiadicus bloßgelegt und mit günstigem Erfolg hervorgezogen hatte, führt Johann Nepomuk **von Nußbaum** zu bestimmtem Heilzweck bei funktioneller Störung zuerst die zentripetale Dehnung eines freigelegten Nervenstammes aus. Später wird die Nervendehnung von Langenbuch (1879) zur Heilung der Tabes dorsualis empfohlen. In der neuesten Zeit ist sie aber wieder aufgegeben worden.

— Der Astronom Magnus **Nyrén** in Pulkowa liefert zuerst den Nachweis, daß die Polhöhe eines Ortes nicht unveränderlich ist.

— Der Berliner Arzt Otto Hugo Franz **Obermeier** findet im Blute der an Rückfallfieber Erkrankten einen schraubenförmigen Parasiten, der während der Anfälle stets vorhanden ist und als Erreger der Krankheit angesehen werden muß (Spirillum Obermeieri).

— M. A. **Oppermann** in Charleroi führt Wannen mit Gasfeuerung zur Herstellung des Fensterglases in die Glasindustrie ein und macht die erste derartige Anlage auf der Fabrik von Deulin Père in Jumet.

— Eugène **Pelouze** und **Audouin** erfinden einen „Pelouze“ genannten Apparat zur Gasreinigung, der den Koks-Skrubbern in der Wirkung überlegen ist. Das Gas gelangt in eine Glocke, die mit ihrem unteren Rande in Flüssigkeit eintaucht, also hydraulisch abgeschlossen ist. Die Seitenwandung der Glocke besteht aus 2—4 konzentrischen Blechen, die je um 25 mm voneinander abstehen und fein durchlöchert sind. Die Löcher sind abwechselnd in dem einen Blech kreisförmig, in dem andern spaltenförmig und so angeordnet, daß das durch ein Loch strömende Gas stets beim nächsten Blech auf eine volle Wand stößt. Hierdurch wird der in Form von kleinen Tröpfchen in dem Gas enthaltene Teer vollkommen abgeschieden.

— Der Physiolog James Bell **Pettigrew** gibt eine Theorie des Fluges der Vögel, Fledermäuse und Insekten, und vergleicht damit die Versuche, die bisher mit Flugmaschinen angestellt worden sind.

1873 Nachdem schon Ray 1686 einen Versuch gemacht hatte, die Reizbewegungen bei Mimosa pudica zu erklären, und E. Brücke diese Reizkrümmungen als eine Folge der mit Wasseraustritt verbundenen Erschlaffung der reizbaren Gelenkhälfte bezeichnet hatte, erklärt Wilhelm **Pfeffer** diese Reizbewegungen aus dem Bau der Gelenke und zeigt, wie die Krümmung in dem Gelenk durch den Antagonismus der Gelenkhälften zustande kommt.

— Nachdem Leslie (s. 1813 L.) zu Zwecken der Verdunstungsmessung poröse Gegenstände der Verdunstung ausgesetzt hatte, macht **Piche** dieses Prinzip in vervollkommneter Form der meteorologischen Forschung in seinem Evaporimeter dienstbar, das sich auf den meteorologischen Observatorien Frankreichs und später auch anderer Länder gut bewährt.

— Wilhelm Thierry **Preyer** studiert das Wiederaufleben von Fischen, die längere Zeit im harten Eise eingefroren waren, wie es zuerst John Franklin beobachtet hatte. Er dehnt seine Versuche auf Frösche und Amphibien aus und kommt zu dem Schluß, daß man solche durch Wassermangel oder Kälte in Trockenschlaf oder Starrheit versetzte Tiere weder tot, noch lebendig nennen kann, sondern sie als wiederbelebungsfähig, anabiotisch bezeichnen muß.

— Der Maurermeister **Rabitz** in Berlin verbessert den nach ihm benannten, in den ersten Anfängen bis etwa zum Jahre 1840 zurückreichenden Rabitzbau (Gips-Drahtbau), d. i. die Herstellung von unbelasteten Decken, Zwischenwänden, Gesimsen u. dgl. in Gips mit einer Einlage von Drahtgeweben oder Drahtgespinsten als Träger der Gipsmörtelmasse. Eine besondere Bedeutung hat der Rabitzbau bei der feuersicheren Ummantelung eiserner Säulen und Träger gewonnen.

— Karl **Rosenbusch** trägt durch seine Werke „Mikroskopische Physiographie der Mineralien“ und „Mikroskopische Physiographie der massigen Gesteine“ wesentlich zur Förderung der Mineralogie und Geologie bei.

— Henry Augustus **Rowland** stellt eine mathematische Beziehung zwischen magnetisierender Kraft und Kraftlinienzahl auf, die für die Berechnung der Kraftlinien in einem Elektromagneten wichtig wird. 1884 führt er in seine Formel noch die Länge und den Querschnitt des magnetischen Kreislaufs sowie die Permeabilität des Eisens und auch die Streuung der Kraftlinien ein.

— Frédéric **van Rysselberghe** erfindet den meteorologischen Fern-Registrierapparat.

— Nachdem die Untersuchungen von Knop (1852—60), Rochleder und Kavalier (1858), Hlasiwetz (1867) u. a. ergeben hatten, daß die Galläpfelgerbsäure als eine Digallussäure aufzufassen sei, gelingt es Hugo **Schiff**, dieselbe aus Gallussäure durch Einwirkung wasserentziehender Mittel, wie Phosphoroxychlorid und Arsensäure, synthetisch herzustellen.

— Nachdem Henle schon 1865 die bei der Zellteilung auftretenden Gebilde abgezeichnet hatte, entdeckt **A. Schneider** in Gießen die indirekte Zellteilung „Mitose“, für welche Schleicher 1878 die Bezeichnung „Karyokinese“ einführt. Weitere Forschungen darüber werden von Flemming (s. 1882 F.), Strasburger, Rabl, Boveri u. a. gemacht.

— Die erste größere Verwendung von Stahl an Stelle des Eisens im Schiffbau erfolgt in Frankreich bei dem Bau der Panzerschiffe „Redoutable“, „Tonnerre“ und „Tempête“, zu denen das Stahlmaterial, und zwar für alle Bauteile (Platten, Winkel, Profile), von der Firma **Schneider & Co.** in Creuzot und dem Stahlwerke **Terre-Noire** geliefert wird. In der deutschen Marine wird zuerst i. J. 1880 bei dem Bau der Avisos „Blitz“ und „Pfeil“ der Stahl als Baumaterial vorgeschrieben. (Vgl. auch 1857 S.)

— Ernst August **Schultze** entdeckt bei seinen in Gemeinschaft mit **Ulrich** unternommenen Untersuchungen über den Wollschweiß das Vorkommen des Cholesterins (s. 1775 C.) im Wollschweiß. (S. a. 1853 C.)

1873 Edward **Schunck** stellt aus Indican einen roten, dem Indigoblau isomeren Farbstoff, das Indirubin her. Einen Körper gleicher Zusammensetzung erhielten Baeyer und Emmerling bei Reduktion von Isatinchlorid. (S. 1870 B.)

— Paul **Schützenberger** und M. F. **de Lalande** führen in die Indigofärberei zur Reduktion des Indigblau zu Indigweiß die aus Natriumbisulfit und Zinkstaub bestehende Hydrosulfitküpe ein, die sich dauernd bewährt. (S. a. 1869 S.)

— Hermann **Schwartze** nimmt die von Petit (s. 1736 P.) zuerst ausgeführte, in neuerer Zeit als „typische Aufmeißelung" bezeichnete Operation bei akuten Fällen von Eiterungen im Warzenteil wieder auf und führt damit ein sehr wertvolles Heilverfahren in die Ohrenheilkunde ein.

— Nachdem bereits 1867 ein englisches Patent auf eine Kohlensäureeismaschine genommen, aber nicht weiter verfolgt worden war, stellt L. **Seyboth** auf der Weltausstellung in Wien eine Kohlensäureeismaschine aus, in welcher die Kohlensäure als Kälte erzeugendes Mittel verwendet wird. Später werden diese Maschinen von Windhausen-Riedinger wesentlich vervollkommnet.

— Nachdem zuerst Mauß (s. 1845 M.) und Breguet (s. 1847 B.) versucht hatten, eine automatische Kontrolle des fahrenden Eisenbahnzugs herzustellen, und Du Moncel, Steinheil, Hipp u. a. dahingehende Vorschläge gemacht hatten, gelingt es **Siemens & Halske,** einen Zugkontrollapparat herzustellen, welcher die Fahr- und Aufenthaltszeit auf rein mechanische Weise registriert.

— Von dem **Signal-Service** in Washington wird auf dem Pike's Peak in den Rocky Mountains in einer Seehöhe von 4321 m das erste hochgelegene Observatorium für Meteorologie und Astronomie eingerichtet, welches das Vorbild für die nach und nach auch in Europa entstehenden Bergobservatorien abgibt. Die Beobachtungen dieser Stationen umfassen hauptsächlich: Luftdruck, Temperatur, Feuchtigkeit, Richtung und Stärke des Windes, Bewölkung und Hydrometeore.

— Der österreichische General Karl **von Sonklar,** Edler von Innstädten, verfaßt ein Werk „Allgemeine Orographie. Lehre von den Reliefformen der Erdoberfläche", welches in mehrfacher Hinsicht grundlegend ist.

— Hermann **Sprengel** gibt flüssige und feste Explosivstoffe an, die durch Initialzündung, d. i. unter Einwirkung eines Knallquecksilberzündhütchens, mit großer Kraft explodieren. Die flüssigen werden dargestellt, indem man Nitrokohlenwasserstoff in Salpetersäure löst, bei den festen wird chlorsaures Kali als Sauerstoffkörper benutzt. Es gehören hierzu Roburit, Securit, Carburit usw.

— Hermann **Sprengel** regt die Herstellung von Sicherheitssprengstoffen an, die bei ihrer Explosion die Schlagwetter nicht entzünden. Da die Explosionstemperatur der gewöhnlichen Sprengstoffe weit über der Entzündungstemperatur der Schlagwetter (600—700° C.) liegt, sucht er durch Zusätze die Explosionstemperatur der Sprengstoffmischungen herabzusetzen; doch erfüllen sich die auf diese Methode gesetzten Hoffnungen nicht in der erwarteten Weise.

— Hermann **Sprengel** schlägt statt der Speisung der Schwefelsäurekammer mit Wasserdampf die Speisung mit staubförmig verteiltem Wasser vor. Das Wasser zerstäubt er durch Anwendung von Dampf, indem er einen Dampfstrahl von zwei Atmosphären Druck durch eine Platinspitze inmitten eines Wasserstrahls ausströmen läßt.

— Hermann **Sprengel** konstruiert eine Quecksilberstrahlpumpe, die durch ihren einfachen Bau bemerkenswert ist. Die Pumpe wird später von Neesen verbessert, der das Quecksilber seitlich in das Fallrohr einmünden und eine größere Anzahl von Fallröhren nebeneinander arbeiten läßt, um die Schnelligkeit des Pumpens zu erhöhen.

1873 Da der gegrabene Bernstein dem Seebernstein gegenüber durch die stärkere und undurchsichtige Rinde minderwertig war, erfinden **Stantien** und **Becker** in Palmnicken ein Verfahren, den Stein gleichwertig zu machen, indem sie ihn von der anhaftenden Erde befreien und durch Wasserstrahlen in Behältern, welche Wasser und Sand enthalten und horizontal rotieren, vollständig schleifen, wie dies mit dem Seebernstein auf dem Meeresgrunde mit Hilfe des bewegten Wassers geschieht. Auf diese Weise wird jeder Rest der Rinde entfernt und das Produkt dem Seebernstein vollständig ebenbürtig.

— Wilhelm **Stein** spricht zuerst aus, daß im Cassius'schen Goldpurpur (s. 1685 C.) molekulares (kolloidales) Gold auf Zinnhydroxyd niedergeschlagen sei.

— **Tellier** konstruiert Methyläther-Eismaschinen, die auf dem Prinzip der Perkins'schen Äthereismaschinen (s. 1835 P.) beruhen.

— **Tisley** konstruiert eigentümliche Pendelapparate zur vibrographischen Darstellung von Schwingungskurven und beschreibt zwei solche Apparate unter dem Namen „Compound Pendulum" und „Harmonograph". Einen ähnlichen Pendelapparat zur Darstellung der Lissajous'schen Kurven konstruiert Schönemann (1875) unter dem Namen „Kreuzpendel".

— Karl **Vierordt** stellt die quantitative Spektralanalyse zuerst auf sichere Grundlagen, indem er mit dem nach ihm benannten Doppelspaltspektrometer zwei unmittelbar aneinander grenzende Spektren erzeugt und dadurch wirkliche Messungen der Helligkeit der Absorptionsspektren vornehmen kann.

— Hermann Wilhelm **Vogel** stellt im Anschluß an die Beobachtungen von Schultz-Sellack (s. 1869 S.) das Gesetz auf, daß jeder Farbstoff eine photographische Schicht für diejenige Farbe empfindlich macht, welche er selbst bei durchfallendem Licht absorbiert. Er benutzt dieses Prinzip zur Herstellung von orthochromatischen Platten, d. h. solchen Platten, welche die Farbenwerte des Vorbildes im richtigen Helligkeitsverhältnis wiedergeben.

— Johannes Diderik **van der Waals** verändert die Zustandsgleichung der Gase, wie sie sich nach dem Boyle-Mariotte'schen und dem Henry-Gay-Lussac'schen Gesetz darstellt, so daß sie einerseits den von den Molekülen selbst erfüllten Raum, auf den sich die Ausdehnung und Zusammendrückung nicht erstrecken kann, und andererseits die innere Molekülanziehung, die, wie van der Waals zeigt, dem Quadrat des Volums umgekehrt proportional ist, berücksichtigt. Die Richtigkeit dieser Zustandsgleichung wird namentlich von Sydney Young (1892) geprüft. (Vgl. auch 1860 C.)

— Johannes Diderik **van der Waals** stellt im Anschluß an seine Zustandsgleichung die kinetische Theorie der Flüssigkeiten auf. Er nimmt an, daß auch im flüssigen Zustande die Moleküle Bewegungen wie im Gaszustande ausführen, wobei wegen der großen Dichtigkeit des flüssigen Zustandes die mittleren Weglängen indes erheblich kleiner sind, als im Gaszustand, die Bewegung also eine in kleineren Amplituden schwingende wird. Es besteht hiernach kein qualitativer Unterschied zwischen dem gasförmigen und dem flüssigen Zustande.

— Peter Egerton **Warburton**, der schon 1866 den Eyresee und den unteren Cooper erforscht hatte, macht eine Expedition nach dem zentralen Westaustralien und erreicht unter unsäglichen Beschwerden i. J. 1874 den De Greyfluß an der Nordwestküste von Australien.

— K. W. M. und W. **Wiebel** erklären die von Davy beobachtete Erscheinung in Kephallenia (s. 1835 D.), wo Meerwasser dauernd in eine Erdspalte am Ufer einströmt, aus dem Prinzip vom negativen Seitendruck, der praktisch beim Giffard'schen Injektor, bei der Wasserluftpumpe von Bunsen usw. Anwendung findet.

1873 Julius **Wiesner** zählt in seinem Werke „Die Rohstoffe des Pflanzenreichs" nicht weniger als 24 Pflanzenfamilien auf, deren Arten zur Stärkefabrikation benutzt werden. Von diesen Stärkearten sind von Bedeutung: Kartoffelstärke, Weizenstärke, Reisstärke, Maisstärke, Sagostärke, Marantastärke (Arrowroot), Maniokstärke, Curcumastärke, Cannastärke, Bohnenstärke.

— William **Willis**, der 1864 den sogenannten Anilindruck, ein Lichtpausververfahren mittels Chromalaun und Anilin, erfunden hatte, erfindet die Platinotypie, die er sich als „photochemischen Druck" patentieren läßt, und die darin besteht, daß er Papier mit Mischungen von Ferrioxalat und Platinsalzen überzieht und nach der Belichtung das Bild in Kaliumoxalat entwickelt. Das Verfahren wird u. a. 1887 von Pizzighelli vervollkommnet.

— Johannes **Wislicenus** spricht sich, veranlaßt durch die Entdeckung der isomeren aktiven Äthylidenmilchsäure dahin aus, daß die gewöhnlichen Konstitutionsformeln zur Erklärung der Isomerie nicht ausreichen, und daß es notwendig sei, die ebenen Formelbilder in Raumbilder umzuwandeln. Dies gibt Veranlassung zu van't Hoff's stereochemischer Theorie. (S. 1874 H.)

1874 **Appleby** konstruiert für die East und West India Docks in London einen Schwimmkran (Floating Derrick), der auf einem Ponton montiert ist. Diese Schwimmkrane werden in neuerer Zeit viel gebraucht.

— Gustav **Baumgarten** benutzt die Biegung von Stäben zur Bestimmung einer Anzahl von Elastizitätskoeffizienten. Das Verfahren bietet den Vorteil, daß man bei den Versuchen mit wenig Material (kurzen Stäben) auskommt. Ähnliche Untersuchungen werden von K. R. Koch (1878), Voigt (1882) u. a. gemacht.

— J. **de Baye** findet im Tale des Petit Morin (Departement Marne) eine prähistorische Höhlenstadt auf. Die Höhlen, deren er 120 untersucht, sind in den Kreidefelsen mit Feuersteinwerkzeugen eingearbeitet und haben teils als Wohnungen, teils als Grabstätten gedient. Im Innern fand man Wandgesimse mit Waffen, Gerät und Schmuck aus Stein, Knochen und Muscheln, aber keine Spur von Metallgegenständen.

— **Behr** und **van Dorp** entdecken, daß Homologe des Benzophenons, welche in einem Benzolkern Methyl, im andern Wasserstoff in Orthostellung zum Carbonyl besitzen, durch intramolekulare Wasserabspaltung in Anthracene übergehen und gewinnen aus Phenyl-o-Tolylketon mit Zinkstaub Anthracen. Auf diesem Wege werden eine Anzahl Homologe des Anthracens dargestellt.

— **Behr** und **van Dorp** entdecken, daß aus Benzoyl-o-Benzoesäure durch Kondensation mit Phosphorpentoxyd oder konzentrierter Schwefelsäure Anthrachinon entsteht, und daß zahlreiche Substitutionsprodukte und Homologe dieser Säure sich in gleicher Weise zu Abkömmlingen des Anthrachinons kondensieren.

— F. W. **Beneke** spricht in seinem Buche „Grundlinien der Pathologie des Stoffwechsels" zuerst den Gedanken der Bedeutung der Mineralsalze für gewisse Gebiete des Stoffwechsels und seiner Störungen klar aus.

— Timoteo **Bertelli** konstruiert ein Tromoseismometer, das zu den Pendelapparaten gehört. Es setzt sich zusammen aus einem Orthoseismometer für die vertikale Seitenkraft der Erdstöße und einem Isoseismometer für die horizontale Kraft; letzteres hat als Hauptbestandteil ein Pendel, dessen

Schwingungen mit Hilfe eines total reflektierenden Prismas beobachtet werden.

1874 **Biel** macht eingehende Studien über die chemischen Umwandlungen, welche die Pferdemilch bei der seit alters her von der Steppenbevölkerung des östlichen Rußlands ausgeübten Herstellung von Kumys (Milchwein) durch ihre Gärung erfährt. Auch über die Bereitung des im Kaukasus hergestellten Kefir macht Biel eingehende Forschungen. Die Herstellung besteht ebenfalls in einem Gärungsprozeß der Milch, der aber hier durch einen Pilz eingeleitet wird, welcher 1882 von Kern näher erforscht wird.

— Ludwig **Boltzmann** verwendet zur Bestimmung der Dielektrizitätskonstanten fester Körper (s. 1859 S.) eine neue Methode, indem er die Anziehung beobachtet, welche Kugeln aus isolierendem Material von geladenen Metallkugeln erfahren, hiermit die Anziehungen vergleicht, welche leitende Kugeln unter denselben Umständen erfahren, und aus diesen Beobachtungen und durch Rechnung die Dielektrizitätskonstante herleitet. Nowak und Romich (1875) bestimmen nach dieser Methode zahlreiche Dielektrizitätskonstanten.

— **Boyd-Dawkins** teilt die Höhlen nach den in denselben gemachten Funden in historische, prähistorische und pleistocäne (postpliocäne) Höhlen ein. (Vgl. seine Schrift „Cave hunting".)

— Latimer **Clark** konstruiert das nach ihm benannte Normal-Element, d. i. ein zur Herstellung einer genau bekannten Spannungsdifferenz dienendes umkehrbares Element, dessen wichtigste Formen von Lord Rayleigh, von der Eich-Kommission des Board of Trade und von der Physikalisch-technischen Reichsanstalt in Charlottenburg gegeben werden.

— **Combe** und **Barbour** in Belfast verbessern die Flachshechelmaschine, indem sie bei derselben mechanische Einspanner einführen und sie mit horizontalen Hecheltüchern versehen.

— Der französische Physiker Alfred **Cornu** wiederholt Fizeau's Verfahren der Messung der Lichtgeschwindigkeit (s. 1849 F.), indem er die Lichtstrahlen auf 14 km Entfernung hin- und zurücklaufen, und die Unterbrechungen vermittelst eines Zahnrades von 1600 Umdrehungen in der Sekunde bewirken läßt. Cornu findet die Lichtgeschwindigkeit im luftleeren Raume zu 300400 km, im lufterfüllten Raume zu 300330 km in der Sekunde.

— Im Anschluß an den Perkins'schen Brotbackofen baut der Fabrikant H. **Doberschinsky** in Breslau einen i. J. 1885 noch verbesserten Backofen mit Heißwasserheizung, welcher täglich 2000 Brote von 2 kg Gewicht liefert.

— M. **Dufossé** wiederholt und erweitert Johannes Müller's Forschung (s. 1857 M.) über die Lautäußerungen der Fische durch zahlreiche eigene Beobachtungen und unterscheidet neben ganz unregelmäßigen krampfartigen Geräuschen wirklich expressive Lautäußerungen in Form von knirschenden und blasenden Geräuschen, sowie wirkliche Töne von meßbarer Höhe.

— James B. **Eads** erbaut die St. Louis-Brücke über den Mississippi (3 Spannungen zu je 153 bez. 158,5 m) als erste Bogenbrücke nach der Methode des freischwebenden Vorbaus.

— Thomas Alva **Edison** findet das erste wirklich brauchbare Verfahren zum Doppelsprechen, d. i. zum gleichzeitigen Befördern zweier Telegramme in einem Leitungsdraht nach derselben Richtung hin, indem er den einfachen Arbeitsstrom mit dem Doppelstrombetriebe vereinigt. In Verbindung mit Prescott erweitert er in demselben Jahre das Doppelsprechen mit dem Gegensprechen zur Vierfach- (Quadruplex-) Telegraphie. (S. a. 1853 G., 1854 S.)

— Der Mediziner Paul **Ehrlich** fördert durch Anwendung des Bluttrockenpräparates und der Anilinfarben die moderne Histologie.

1874 John **Elder** erbaut für den Dampfer „Propontis" eine Dreifach-Expansionsmaschine, die als erste Ausführung einer solchen Maschine angesehen wird. Die Maschine arbeitet nur $1^1/_2$ Jahre, da die Wasserrohrkessel sich als ungenügend herausstellen.

— Karl Ludwig Alfred **Fiedler** in Dresden erkennt die Morphiumsucht, die infolge der subcutanen Injektionen aufgekommen war, zuerst in ihrer körperlichen und seelischen Erscheinung, würdigt ihre soziale Gefahr und weist theoretisch die richtigen Wege.

— John und Alexander **Forrest** durchqueren Westaustralien zum erstenmal von Westen nach Osten. Sie brechen von der Championbai nach Osten auf und erreichen nach sechsmonatiger beschwerlicher Wanderung den Überlandtelegraphen bei der Peakestation, von wo sie über Adelaide nach Westaustralien zurückkehren.

— **Friedel** und **Guérin** stellen das Titandichlorid her, indem sie das von Ebelmen (1841) erhaltene Titansesquichlorid im Wasserstoffstrom zur Rotglut erhitzen, wobei außer dem Titandichlorid Titantetrachlorid entsteht. Dieselben Forscher weisen nach, daß das von Ebelmen als Chlorür betrachtete Produkt als ein Titanoxychlorid anzusehen ist.

— Robert **Gill** konstruiert die Ölvakuumpumpe, bei welcher die Luft durch Öl verdrängt wird. Diese Pumpe wird von Fleuß (1900) für die Zwecke der Glühlampenindustrie wesentlich verbessert und als „Gerykpumpe" in den Handel gebracht. Es wird damit leicht eine Luftverdünnung bis zu $^1/_4$ mm Quecksilberdruck erreicht.

— Eugen **von Gorup-Besanez** entdeckt die Malzpeptase, ein Enzym, das imstande ist, Fibrin zu lösen und Peptone zu bilden. Die Wirksamkeit der Malzpeptase wird namentlich von Windisch und Schellhorn näher untersucht. Eine andere Peptase ist die insbesondere von Wills näher untersuchte Hefenpeptase, die ein sehr energisch tryptisch arbeitendes Enzym darstellt und von Hahn und Gerret neuerdings mit dem Namen Endotrypsin belegt worden ist.

— Der Schweizer Ingenieur Philippe **Gosset** macht auf Veranlassung des Schweizer Alpenclubs und des eidgenössischen topographischen Bureaus in den Jahren 1874—82 Vermessungen und photographische Aufnahmen des Rhonegletschers. Die letzteren erstrecken sich namentlich auf die Gletscherstruktur und die Wirkung des Gletschers auf seine Umgebung. Von 1882—84 werden die Messungen vom Ingenieur Held fortgesetzt.

— Karl **Graebe** findet, daß aromatische Kohlenwasserstoffe beim Erhitzen ihrer Dämpfe bis zur Rotglut Wasserstoff unter Verknüpfung zweier oder mehrerer Kohlenstoffkerne abgeben, und stellt so aus Diphenylmethan Fluoren, aus Stilben und Dibenzyl Phenanthren dar.

— Der Amerikaner Elisha **Gray** stellt einen elektro-musikalischen (elektroharmonischen) Apparat zur Übermittelung musikalischer Töne her, dessen Geber als ein- oder zweioktaviges Klavier eingerichtet ist, und mit dem die Hörbarmachung eines Konzerts bis auf eine Entfernung von 457 km gelingt. Die Konstruktion ist indes durch die heutigen lautsprechenden Mikrophone überholt.

— H. **Gruson** in Magdeburg-Buckau stellt in Tegel zum Zwecke der Ausführung von Schießversuchen einen Hartgußpanzerturm auf, welcher für die späteren Beschaffungen des deutschen Festungsbaus in mehrfacher Beziehung eine wertvolle Grundlage bildet.

— Bernhard **Gudden** bildet die Exstirpationsmethode zur Erforschung der Gehirnfunktionen aus und beobachtet die Entwicklungshemmung zentraler Teile nach frühzeitiger Exstirpation einzelner Nervengebiete.

1874 Ernst Karl **Hartig** konstruiert ein Dynamometer mit Registrierapparat für Last- und Arbeitsmaschinen, das mit einem Tourenzähler kombiniert ist, durch den die Zahl der Wellenumläufe in der Minute registriert wird.

— **Hazlehurst** erfindet die zum Pumpen von Salzsäure vielfach und mit Erfolg angewendeten Membranpumpen, bei welchen die bewegten Teile nicht mit der zu pumpenden Flüssigkeit in Berührung kommen, sondern ihr die Bewegung durch eine leicht biegsame Zwischenwand mitteilen.

— Der Mechaniker G. **Hechelmann** in Hamburg verbessert die von William Thomson angegebene Seidenfädenrose des Schiffskompasses durch zweckmäßigere Anordnung der acht Magnete. Der gesamte drehbare Teil des Kompasses wiegt nunmehr einschließlich der Magnete kaum 30 g.

— Der Physiolog Rudolf Peter Heinrich **Heidenhain** in Breslau weist die histologischen Veränderungen in tätigen Drüsen und die Wärmeentwicklung bei Zusammenziehung des Muskels nach.

— Der Mathematiker Ludwig Otto **Hesse** behandelt in seinen verschiedenen Schriften — seit 1861 — die analytische Geometrie, sowie die Determinanten- und Invariantentheorie. Seine Arbeiten sind namentlich durch die Eleganz, die er den Rechnungen zu geben versteht, auf die Weiterentwicklung jener Gebiete von Einfluß.

— Der Chemiker Jacobus Hendrikus **van't Hoff** begründet die Stereochemie der sogenannten optisch aktiven Isomeren, indem er den bis dahin unbestimmten Begriff der molekularen Asymmetrie auf bestimmte Bedingungen der räumlichen Atomgruppierung zurückführt (asymmetrisches Kohlenstoffatom). Ähnliche Ansichten werden gleichzeitig und unabhängig von J. A. **Le Bel** geäußert.

— Joseph Dalton **Hooker** zeigt, daß die Schlauch- und Kannenpflanzen die in ihren Blättern gefangenen Insekten durch ausgesonderte Verdauungsfermente ausziehen. Seine Angaben, die oft bestritten werden, werden 1898 von Clautrian bei Nepenthes melamphora bestätigt.

— Pierre Jules César **Janssen** verwendet zuerst die eben erfundene Chronophotographie (Momentphotographie, s. 1874 M.) zur Darstellung des Durchgangs des Planeten Venus durch die Sonnenscheibe.

— **Johnston** konstruiert eine Luftkompressionsmaschine, die eine Kombination dreier Wassertonnen darstellt, in welchen die Pressung der Luft stufenweise gesteigert wird. Der Apparat, der ganz aus Eisen besteht, ist als eine Abart des alten Wassertonnengebläses anzusehen.

— Karl Ludwig **Kahlbaum** erfaßt zuerst den Symptomenkomplex der Katatonie als einheitliches Krankheitssystem, bei welchem Melancholie, Manie, Verrücktheit, Stupidität, Blödsinn der Reihe nach als Stadien vorkommen können, und das außerdem durch gewisse motorische Krampf- und Hemmungserscheinungen, eben die katatonischen Störungen, gekennzeichnet wird. Neuerdings ist man geneigt, die Katatonie mit der Hebephrenie, einer meist in jugendlichen Jahren vorkommenden Seelenstörung, in nahe Beziehung zu bringen.

— **Kendrick** und **Dewar** weisen zuerst darauf hin, daß durch Einführung von Wasserstoff in die cyclischen Basen die physiologische Wirkung verstärkt, und die Giftigkeit gesteigert wird, oder daß mit anderen Worten hydrierte Basen physiologisch immer stärker wirken als die ihnen entsprechenden nicht hydrierten Basen. Diese Regel, die 1880 von W. **Königs** bestätigt wird, führt den Namen „Kendrick-Dewar-Königs'sche Regel".

— Karl **Kraut** entdeckt ein Verfahren, Glycerin durch Krystallisation zu reinigen, welches in der Fabrik von Sarg in Wien zeitweise angewendet wird.

— O. **Krümmel** empfiehlt das von Ernst **Abbe** zur Bestimmung des Brechungsindex von Flüssigkeiten erfundene Doppelbild-Refraktometer zur Bestimmung des spezifischen Gewichts des Seewassers. Aus dem durch dieses Instrument selbst bei hochgehender See leicht zu ermittelnden Brechungsindex läßt sich auf einfache Weise das spezifische Gewicht berechnen.

1874 **Kubel** und **Tiemann** geben eine Zusammenstellung der Methoden zur quantitativen Analyse des Wassers. Eine genaue Befolgung der von ihnen gegebenen Vorschriften und der Grundsätze, nach welchen man die Analysenresultate zusammenstellt, liefert die Grundlage für die Reinigung des Wassers und die Art und Menge der dazu anzuwendenden chemischen Stoffe.

— August Adolph **Kundt** konstatiert, daß durch Druck oder Zug an gespannten Kautschuk- und Guttaperchaplatten temporärer Dichroismus auftreten kann.

— **Lengeling** erbaut in den Jahren 1874—77 den Kaiser-Wilhelm-Tunnel bei Cochem a. d. Mosel, der mit 4216 m Länge der längste Eisenbahntunnel Deutschlands ist.

— John **Lightfoot** beobachtet, daß eine minimale Menge von vanadinsaurem Ammonium genügt, um bei Gegenwart von chlorsaurem Kalium ein größeres Quantum von salzsaurem Anilin in Anilinschwarz überzuführen. Auf dieser Beobachtung beruht die Anwendung der Vanadiumverbindungen in der Färberei.

— Herbert **Mac Leod** konstruiert einen Apparat zur Messung sehr kleiner Gasdrucke, wie sie beispielsweise bei Quecksilberluftpumpen vorkommen. Das Prinzip der Mac Leod'schen Druckmessung beruht auf einer Anwendung des Boyle-Mariotte'schen Gesetzes der umgekehrten Proportionalität vom Druck und Volumen der Gase.

— Max **Maercker** in Halle gibt durch seine grundlegenden Arbeiten auf dem Gebiete der Spiritusfabrikation Veranlassung zur Gründung des Institutes für Gärungsgewerbe in Berlin.

— Anatole **Mallet,** der seit 1867 die Verbund-Schiffsmaschine auf wissenschaftlicher Grundlage studiert, führt die Verbundwirkung dauernd in den Lokomotivbau ein. Er nimmt im Oktober sein erstes Patent auf eine Verbundlokomotive und sucht gleichzeitig in technischen Zeitschriften Verständnis für seine Idee zu verbreiten. (S. a. 1829 R., 1846 C. und 1860 K.)

— Der Geolog **von Mandach** entdeckt in einer Höhle am Dachsenbühl zwei sehr kleine, aber völlig ausgewachsene Skelette (vielleicht Mann und Frau) einer ausgestorbenen Menschenrasse. Der Anthropolog Julius **Kollmann** erklärt diese fossilen Gebeine für die Überreste eines Zwergvolkes, das in der jüngeren Steinzeit im südwestlichen Deutschland gelebt habe. Von Kollmann rührt auch die Rekonstruktion eines fossilen weiblichen Schädels her, der in Auvernier am Neuenburger See gefunden worden war. Auf Grund zahlreicher Vergleichsmessungen an modernen menschlichen Schädeln ermittelt Kollmann die durchschnittliche Stärke der Muskellagen an den einzelnen Teilen des Kopfes, und stellt an dem fossilen Schädel die Muskulatur und das mutmaßliche äußere Aussehen wieder her. (Die „Frau von Auvernier“.)

— Etienne Jules **Marey** konstruiert einen graphischen Apparat, der die Bewegung in ihrer Abhängigkeit von der Zeit verzeichnet und selbst die schnellsten Gangarten von Pferden, Hunden usw. völlig unabhängig von der Individualität des Beobachters zu verfolgen gestattet. Es gelingt ihm, die erste exakte Darstellung des Galopps zu geben und zu ermitteln, daß beim Trab die Dauer des Auftretens durchschnittlich doppelt so lange währt, wie die Zeit, während welcher der Fuß in der Luft schwebt. Die Marey'sche Methode wird nach kurzem Bestehen durch Muybridge's Momentphotographie (s. 1880 M.) in den Hintergrund gedrängt.

— **Mauget-Lippmann** wendet eine Schachtbohrmethode an, bei welcher der Schacht gleich in voller Weite abgebohrt wird, während Kind und Chaudron erst mit kleinerem Durchmesser vorbohren und dann erst mit größerem Bohrer nacharbeiten, wobei das kleinere Bohrloch immer mindestens 10 m voraus sein muß, um den Bohrschlamm aufzunehmen. (Vgl. 1849 K.) Der erste Schacht nach Mauget-Lippmann's Methode wird auf Grube Rheinelbe bei Gelsenkirchen abgebohrt.

1874 James Clerk **Maxwell** macht einen Versuch zur Bestimmung des absoluten Gewichts der Atome einiger Elemente, und findet, daß 435000 Trillionen Wasserstoffatome 1 g wiegen, während von den schwersten Atomen, denen des Urans, 1800 Trillionen auf 1 g gehen.

— Elie **Metschnikoff** macht wichtige Arbeiten über die Bildung der Leibeshöhle bei Echinodermenlarven und bei Balanoglossus und bahnt durch seine Entdeckung, daß die Wandungen der Leibeshöhle von Ausstülpungen des Darmkanals gebildet werden, das Verständnis der embryonalen Vorgänge bei den Wirbeltieren an.

— Friedrich **Miescher** macht eingehende Untersuchungen über die Nucleoproteide, die aus einem Eiweißanteil und aus Nucleinsäure bestehen, und stellt zuerst durch Abspaltung des Eiweiß aus dem Nucleoproteid das Nuclein dar, das durch aktives Pepsin gespalten werden kann, so daß dann reine Nucleinsäuren übrig bleiben.

— Alexander **Mitscherlich** einerseits und Karl Daniel **Ekman** andrerseits bilden das von Tilghman angegebene Verfahren der Zellstoffdarstellung (s. 1866 T.) zur Vollkommenheit aus. Sie erhitzen das Holz in großen verschlossenen Kesseln unter Druck mit Calciumbisulfit-Lösung und erhalten reinen, weißen Zellstoff, der zur Papierbereitung sehr geeignet ist (Sulfitzellstoff).

— Der Ingenieur Otto **Mohr** in Dresden veröffentlicht ein neues, von ihm gefundenes allgemeines Verfahren zur Berechnung statisch unbestimmter Träger.

— Maurice **Mondon** in London verbessert die Brandon'sche Feilenhaumaschine so, daß sie auch das Hauen der Feilen mit konvexen Flächen gestattet. Eine wesentliche Verbesserung dieser Feilenhaumaschine stellt die Maschine von Disston in Tacony bei Philadelphia dar.

— Der Pundit **Naing Sing** bereist das bis dahin wenig erforschte Tibet, stellt die Ausdehnung der Pangkongseen fest, entdeckt eine Anzahl großer Seen, besucht Lhassa und übersteigt den nördlichen Himalaja.

— Simon **Newcomb** stellt durch genaue Beobachtungen die bedeutenden Neigungen der Bahnen der Uranustrabanten gegen die Ekliptik fest. (S. a. 1787 H. und 1846 L.)

— Andrew **Noble** und Frederick Augustus **Abel** setzen die Versuche von Bunsen und Schischkoff (s. 1857 B.) über die Verbrennung von Schießpulver in eingehender Weise fort und geben ausführliche Tabellen über die gasförmigen und festen Zersetzungsprodukte.

— **Orsat** konstruiert einen zur Analyse der Heizgase (Rauchgase) viel gebrauchten Apparat, der aus zwei Teilen besteht, von denen der eine zum Aufsaugen, der andere zum Analysieren der Gase dient.

— Nachdem Retzius, Broca, Virchow, W. Aker, J. Kollmann u. a. auf den Schädelbau sich gründende Rasseneinteilungen vorgenommen hatten, und nachdem im Anschluß an Linné E. Haeckel die Beschaffenheit der Haare zum Ausgangspunkt einer Einteilung gewählt hatte, stellt Oscar **Peschel** unter Benutzung einer zuerst von F. Müller gemachten Einteilung nach dem Gesichtspunkt der Sprache folgende sieben menschliche Rassen auf: Australier, Papua, Mongolen, Dravida, Hottentotten und Buschmänner, Neger, Mittelländische Rasse.

— Jules **Piccard** erhält synthetisch Anthrachinon durch Erhitzen von Benzol und Phtalylchlorid mit Zinkstaub auf 220°. Schon vorher (1872) hatten Kekulé und Franchimont das Anthracen synthetisch durch Destillation von Benzoesäure mit Phosphorsäureanhydrid und durch Erhitzen von benzoesaurem Kalk gewonnen.

1874 Jules **Piccard** erhält bei der Untersuchung der Nucleine zuerst Verbindungen aus der Gruppe der Purinbasen, deren allgemeine Verbreitung später (1880) namentlich von A. Kossel nachgewiesen wird. Die Purinbasen stehen chemisch und biologisch in sehr naher Beziehung zur Harnsäure.

— Paul **Pogge** dringt mit Homeyer, Soyaux und Lux von Angola aus über Malange bis Kimbundu vor und gelangt, nachdem sich seine Begleiter von ihm getrennt hatten, durch das Lundareich bis Mussumba, der Residenz des Muata Jamvo. Da der Muata Jamvo ihm die Fortsetzung der Reise nicht gestattet, kehrt Pogge i. J. 1876 nach Angola zurück.

— Der Forstmann Max Robert **Preßler** in Tharand erfindet das Richtrohr für das von ihm begründete Richtpunktsverfahren zur Ermittelung der Masse von Baumstämmen, den Meßknecht für forstliche Messungen (namentlich von Baumhöhen), den Zuwachsbohrer zur Untersuchung des Zuwachses lebender Bäume, und das Viehmeßband zur Ermittelung des Lebendgewichts des Rindes ohne direkte Wägung.

— Nathanael **Pringsheim** macht Forschungen über die Wirkung des Lichts auf die Pflanzen und unterscheidet neben dem Chlorophyll noch drei diesem sehr nahestehende gelbe Farbstoffe, deren Spektren dem des Chlorophylls ähnlich sind: das Etiolin — den gelben Farbstoff der im Dunkeln wachsenden Pflanzen —, das Anthoxanthin — den Farbstoff der gelben Blüten — und das Xanthophyll — den Farbstoff der herbstlich gefärbten Blätter. Diese Einteilung ist heute aufgegeben, wennschon keine andere genaue Rubrizierung an ihre Stelle getreten ist.

— Nachdem Fraunhofer zwischen 1810 und 1820 eine Anzahl kleinerer Heliometer für verschiedene deutsche Sternwarten gebaut hatte, gelingt es A. **Repsold,** diese Instrumente derart zu verbessern, daß sie z. B. bei der Beobachtung des Venusdurchgangs i. J. 1874 wesentliche Dienste leisten.

— Der Ingenieur August **Ritter** in Aachen erfindet die Ritter'sche Schnittmethode zur Ermittelung der Stabspannungen in einem statisch bestimmten Fachwerk.

— Der französische Kapitän François Elie **Roudaire** schlägt die Schaffung eines algerisch-tunesischen Binnenmeers, des „Saharameers", zwecks Urbarmachung eines Teils der Saharawüste vor. Als hauptsächlichste Bedingung hierfür fordert er die Durchstechung der Landenge von Gabes. Es ist jedoch nachgewiesen worden, daß sich dieser Plan aus physikalischen Gründen nicht völlig durchführen läßt (allein die Wasserfüllung der einzelnen Becken würde gegen zehn Jahre dauern), und daß jedenfalls der Nutzen des Unternehmens in keinem Verhältnisse zu den aufzuwendenden Kosten stehen würde.

— Marie Philibert Charles **Sappey** macht hervorragende Untersuchungen über die Anatomie des Lymphgefäßsystems.

— Philipp Wilhelm **Schimper** gibt in seinem Werke „Traité de Paléontologie végétale" (1869—74) die erste vollständige Zusammenfassung und Darstellung des gesamten paläophytologischen Materials. Er behandelt seinen Stoff in erster Linie vom Standpunkte des Botanikers, berücksichtigt aber auch die geologischen Verhältnisse der fossilen Pflanzen in eingehender Weise.

— Der Vizeadmiral Georg Gustav Emil **von Schleinitz** leitet die Expedition der Gazelle nach der Südsee, die von 1874—76 dauert und sowohl für die Ozeanographie, als auch für die Ethnographie wichtige Resultate ergibt.

— Emil **Schöne** weist nach, daß Wasserstoffsuperoxyd ein normaler Bestandteil atmosphärischer Niederschläge ist. (S. 1863 M.) Er findet dasselbe im Regen und sehr häufig auch im Schnee. Die Mengen des Wasserstoffsuperoxyds im Regen schwanken zwischen 0,04 und 1 mg im Liter.

1874 Simon **Schwendener** vergleicht die Gefäßbündelanordnung und -bildung mit den Anforderungen der Trag- und Zugfähigkeit der pflanzlichen Organe und zeigt, daß ein Teil der Pflanzenzellen zu einem besonderen System, einem Skelett (Stereom) der Pflanzen entwickelt ist, dessen Aufbau den Gesetzen der Mechanik auf das genaueste entspricht.

— Werner **von Siemens** konstruiert einen Funkenchronographen, bei welchem die Registrierung durch einen elektrischen Funken erfolgt, der aus einer feinen isolierten Metallspitze auf eine rotierende berußte Scheibe überschlägt. Der Apparat wird zur Messung der Geschwindigkeit der Geschosse im Laufe des Gewehres oder des Geschützes, sowie derjenigen des elektrischen Funkens beim Durchlaufen von Telegraphenlinien benutzt.

— Die Firma **Siemens Brothers** legt das erste direkte transatlantische Kabel von Ballins-Kellig-Bai in Irland bis nach Torbay in Neu-Schottland und von da nach Ray-Beach in New Hampshire, wo es sich an die amerikanischen Landlinien anschließt. Die Verlegung geschieht mittels des Kabeldampfers „Faraday". Die bisherigen Linien waren alle indirekt, indem sie bis Canada und von da zu Land nach den Vereinigten Staaten gingen.

— Henry Morton **Stanley** durchquert in den Jahren 1874—78 Afrika von Bagamoyo aus. Er erreicht im Februar 1875 den Victoria-Nyanza, wo er freundliche Aufnahme beim König Mtesa von Uganda findet. Nach einem Abstecher zum Albert-Edward-See zieht er südwärts, entdeckt den Kagera und gelangt im März 1876 nach Udschidschi am Tanganyikasee. Von hier dringt er nach Westen vor und gelangt nach Nyangwe, von wo er am 5. November 1876 seine berühmte Fahrt auf dem Lualaba antritt, auf der er nach vielen Kämpfen mit den Eingeborenen und unter vielen Gefahren am 8. August 1877 Boma an der Kongomündung erreicht. Damit ist die Identität des Kongo mit dem Lualaba festgestellt und eine Wasserstraße von mehr als 4000 km Länge ins Innere von Afrika eröffnet.

— Thomas **Stevenson** gibt in seinem Buche „The design and the construction of harbours" allgemeine Regeln für die Anlage von Hafendämmen (Wellenbrechern) und empfiehlt die konvexe Form derselben, welche die Wirkung des Wellenschlages gegen den Damm von selbst mäßige. (Vgl. 1812 R.)

— An Stelle der bis dahin gebrauchten nassen Luftkompressoren konstruiert **Sturgeon** sogenannte trockene Kompressoren, die insbesondere in Amerika vielfache Verwendung finden und sich namentlich durch sinnreiche Anordnung ihrer Ventile auszeichnen. Die Kühlung wird nur von außen durch Umspülung mit frischem Wasser erzeugt. Fast gleichzeitig konstruiert Daniel **Colladon** (s. 1875 C.) trockene Kompressoren, die beim Bau des Gotthard-Tunnels Verwendung finden.

— Ferdinand **Tiemann** und Wilhelm **Haarmann** erhalten bei Oxydation des von Kubel (s. 1866 K.) zuerst dargestellten Coniferins künstliches Vanillin, das sich als identisch mit dem von Gobley 1858 aus der Vanille erhaltenen Stoff erweist und sich zum Coniferin verhält wie der Benzaldehyd zum Glykozimtalkohol.

— Hermann **Tillmanns** beweist auf experimentellem Wege die nahe Verwandtschaft des Knorpels, auch des hyalinen, mit dem fibrillären Bindegewebe, indem er die Grundsubstanz des Gelenkknorpels durch Behandlung mit übermangansaurem Kali darstellt. (S. a. 1851 V.)

— L. **Troost** und P. **Hautefeuille** stellen im Anschluß an die Beobachtung von Gay-Lussac und Thénard (s. 1811 G.) die Alkalihydrüre dar, die glänzende, spröde, krystallinische Massen bilden.

— Im Bühnenfestspielhause zu Bayreuth wird nach der Idee Richard **Wagner's** ein versenktes Orchester eingerichtet, bei welchem, um die Illusion weniger zu stören, die Musiker vom Zuschauerraum aus nicht zu sehen sind.

1874 H. **Weiske** und E. **Wild** unternehmen Fütterungsversuche, um nachzuweisen, daß die tierische Zelle ebenso wie die Pflanzenzelle fähig ist, Kohlehydrat in Fett überzuführen. Diese Fähigkeit wird namentlich auch durch B. Schulze (1882), E. Meißl und F. Strohmer (1883), K. von Voit (1885), J. Munk (1886) und M. Rubner (1886) erwiesen. (Vgl. auch 1878 R.)

— H. **Wild** einerseits und **Osnaghi** andererseits konstruieren Evaporimeter, die auf dem Wägungsprinzip beruhen und das System der Briefwage (Zeigerwage) benutzen, um die verdunstenden Wassermengen zur automatischen Registrierung zu bringen. (S. a. 1813 L.)

— R. **Wittmann** konstruiert ein Meßrad (Kurvimeter, Kartometer; s. a. 1869 S.), das zur Bestimmung von Längen an Straßen, Eisenbahnen, Flüssen, Kanälen, Grundstücken usw. dient und nicht nur die Meßketten und Meßbänder ersetzt, sondern sie auch darin übertrifft, daß man mit ihm auch die Länge von krummen Linien unmittelbar bestimmen kann. Ähnliche Instrumente werden von Sandoz, Lasailly, E. Kraus, Coradi, Ott, Fleischhauer u. a. hergestellt.

— Emil Theodor **von Wolff** erörtert in seiner Schrift „Die rationelle Fütterung der landwirtschaftlichen Nutztiere“ in leicht verständlicher und praktischer Form die für die Fütterung maßgebenden Normen. Er unterstützt seine Erörterungen durch Tabellen über die Zusammensetzung der Futtermittel und Futterrationen für die verschiedenen Tierarten und Nutzungszwecke.

— Wilhelm **Züblin,** Oberingenieur der Firma Gebrüder Sulzer, vervollkommnet die Verbunddampfmaschine. Er bringt auch am Niederdruckzylinder Expansionssteuerung an und arbeitet mit Dampfdrucken von 5—6,3 Atmosphären und mit Kolbengeschwindigkeiten von 2—2,5 m/sec.

1875 Alexander **Agassiz** nimmt an den drei Expeditionen des Dampfers „Blake“, der von Sigsbee und Bartlett geführt wird, teil und erforscht die Fauna und die Tiefseesedimente des Golfstromgebiets und des Pourtalèsplateaus. Er erkennt die Verbreitung der Glaukonitsande und der Pteropodensedimente.

— John **Attfield** weist in dem von Kemp (s. 1864 K.) aus Portugiesisch Indien nach England gebrachten Goapulver das Chrysarobin nach, das in der Dermatologie Anwendung findet.

— Der Ingenieur **Audouin** verbessert die Einrichtungen zur Feuerung von flüssigem Brennstoff (Petroleum) sowohl für Dampfkessel als auch für Reverberieröfen. Während man bisher den Brennstoff in besonderen Destillationsapparaten erst in Gas verwandelte, erfolgt bei seiner Einrichtung die Verflüchtigung des Brennmaterials im Ofen selbst kurz vor der Entzündung. (S. a. 1862 B.)

— Adolf **von Baeyer** und Heinrich **Caro** stellen das dem Alizarin isomere Chinizarin durch Erhitzen von Hydrochinon und Phtalsäureanhydrid auf 200° her.

— Adolf **von Baeyer** und Heinrich **Caro** stellen durch Oxydation von Alizarin oder von Chinizarin mit Braunstein und Schwefelsäure das als Oxyalizarin anzusehende Purpurin dar, das auch von Lalande gleichzeitig in ähnlicher Weise dargestellt wird.

— Der Mechaniker und Optiker Carl **Bamberg** in Berlin versucht die Nachteile des Trockenkompasses durch den Fluid-Kompaß zu beseitigen. Hierbei schwimmt die Kompaßrose auf einer Flüssigkeit (Alkohol); es wird daher ihr auf der Drehpinne lastendes Gewicht fast ganz aufgehoben, so daß das Instrument mit viel schwereren und daher leistungsfähigeren Magneten ausgestattet werden kann. (Vgl. dagegen 1874 H.)

1875 F. M. **Barber** in New York empfiehlt als Feuerlöschmittel, insbesondere auf Schiffen, die flüssige Kohlensäure. Später werden nach dem Prinzip des Extinkteurs (s. 1864 C.) Kohlensäurespritzen konstruiert, bei welchen die Kohlensäure in gußstählernen Flaschen in tropfbar flüssigem Zustande mitgeführt wird.

— Nachdem frühere Versuche, aus Braunkohle Koks zu erzeugen, ungünstige Resultate gegeben hatten, gelingt es **Barff** in Vordernberg, durch Erhitzen der Kohle mit überhitztem Wasserdampf in Verkokungsöfen guten Braunkohlenkoks zu erzeugen,

— Thomas **Barlow** beschreibt eingehend den nach ihm „Barlow'sche Krankheit" benannten Säuglingsskorbut, welcher insbesondere in den heißen Sommermonaten eine sehr hohe Kinder-Sterblichkeit bedingt.

— Adolf **Bastian** macht in den Jahren 1875—97 mit geringen Unterbrechungen Reisen durch Peru, Ecuador, Persien, Indien, die indischen und ozeanischen Inselgruppen, Zentralasien, Australien, Afrika und nach dem indischen Archipel, die sämtlich den Zweck haben, bei dem drohenden Untergang der Naturvölker möglichst viel von deren Kulturbesitz noch in der letzten Stunde für die Wissenschaft zu retten.

— Alfred Royer **de la Bastie** erfindet das Hartglas. Der fertige Glasartikel wird bis zu schwacher Rotglut erwärmt und in ein 200—300° C. warmes Bad von Fett, Öl oder leichtschmelzendem Metall getaucht, in welchem man ihn langsam erkalten läßt.

— **Beaurepaire** empfiehlt zum Entfuseln des Branntweins die Durchlüftung des heißen Branntweins. Diese Durchlüftung ist es auch, die bei dem 1882 von R. Eisenmann angegebenen Verfahren der Entfuselung mit ozonisierter Luft wirksam ist. Das Ozon hatte bereits 1869 Widemann in Boston für diesen Zweck vorgeschlagen, ohne daß dies praktische Folge hatte, wie überhaupt keines der vielen vorgeschlagenen Verfahren die Filtration über Holzkohle zu ersetzen vermag.

— Edouard **van Beneden** entdeckt die Zentralkörper, welche als Bewegungspunkte (kinetische Zentren) der Zellen angesprochen und vielfach auch „Centrosomen" genannt werden. Boveri bestätigt diese Entdeckung.

— Edouard **van Beneden** bestätigt die Annahme von Hertwig (s. 1875 H.), daß bei den Säugetieren der Furchungskern aus Verschmelzung zweier Kerne entsteht, und spricht die Vermutung aus, daß der eine, zuerst peripherisch gelegene Kern zum Teil von der Substanz der Samenfäden herrühre, welche er in größerer Anzahl mit der Dotterrinde verschmelzen und sich mit ihr vermischen sieht.

— Nachdem sich in der Ziegelfabrikation mehr und mehr das Bedürfnis nach künstlichen Trockenanlagen herausgestellt und Mensing i. J. 1857 eine der ersten Anlagen dieser Art in der Ziegelei von Fr. Chr. Fikentscher in Zwickau konstruiert hatte, erfindet der Ingenieur Otto **Bock** einen Kanaltrockenofen mit Gasfeuerung, der 1896 von Möller und Pfeifer verbessert wird und sich seitdem sehr gut bewährt.

— Ludwig **Boltzmann** ermittelt die Dielektrizitätskonstanten von Gasen und Dämpfen, indem er in sinnreicher Weise die geringen Kapazitätsänderungen eines Kondensators mißt. (Vgl. auch 1859 S.) Er schließt aus seinen Versuchen, daß die Dielektrizitätskonstante mit der Dichtigkeit der Gase proportional zunehme, und nicht, wie Faraday angenommen hatte, für alle Gase gleich sei. Ähnliche Bestimmungen werden von Ayrton und Perry (1875), Klemenčič (1885), Lebedew (1892) u. a. vorgenommen. (Vgl. auch 1874 B.)

— Ludwig **Boltzmann** konstatiert, daß eine Übereinstimmung der Brechungsexponenten mit der Quadratwurzel der Dielektrizitätskonstanten nur bei solchen Substanzen vorhanden ist, welche geringe Dispersion zeigen, also insbesondere bei Gasen; für die Dämpfe zeigt sich die Dielektrizitätskonstante stets größer als das Quadrat des Brechungsexponenten. Diese Beobachtungen werden von Klemenčič (1885) und Lebedew (1892) bestätigt.

1875 **Boulé** baut das erste Schützenwehr mit beweglichen Böcken.

— Paul Emile **le Boulengé** konstruiert ein Telemeter (Distanzmesser), das auf der Beobachtung der Zeitdifferenz zwischen Blitz und Knall eines Geschützes beruht.

— Pierre Savorgnan Graf **de Brazza** erforscht auf seiner Entdeckungsreise im äquatorialen Westafrika den weitverzweigten Flußlauf des Ogowe, entdeckt die Kongozuflüsse Alima und Likona, und erreicht auf einer zweiten Reise (1880) vom oberen Ogowe aus den Kongo.

— R. A. **Chesebrough** stellt aus den Rückständen der Petroleumdestillation das von ihm „Vaseline" genannte Gemenge von höher schmelzenden Kohlenwasserstoffen her.

— Der Schweizer Ingenieur **Colladon** verwendet zum Betriebe der Gesteinsbohrmaschinen auf der Südseite des Gotthard-Tunnels (vgl. 1872 F.) den von ihm erfundenen Luftkompressor, bei welchem zuerst außer der Mantelkühlung eine lebhafte Wasserzirkulation durch die hohle Kolbenstange und den Kolben hindurch zur Luftkühlung angewendet wird. Die Kühlvorrichtung ist das Vorbild aller späteren Kolbenkühlungen für Gasmaschinen geworden. (Vgl. 1874 S.)

— Nachdem im Jahre 1776 durch Chandler, und später durch andere, eine Ausgrabung der Ruinenstätte des alten Olympia angeregt war, beginnt Ernst **Curtius** unter Beteiligung des Baurats Adler und des Architekten Dörpfeld mit Mitteln der deutschen Reichsregierung planmäßige, i. J. 1881 in der Hauptsache abgeschlossene Ausgrabungen an dieser Stelle.

— James Dwight **Dana** erklärt gleichzeitig mit Eduard Suess den architektonischen Aufbau der Erdkruste als das Ergebnis der infolge der Kontraktion des Erdinnern ununterbrochen vor sich gehenden Stauungs- und Faltungsprozesse. (S. a. 1846 D. und 1875 S.)

— Charles Robert **Darwin** lehrt die insektenfressenden Pflanzen (Carnivoren) näher kennen, auf die zuerst John Ellis (s. 1769 E.) aufmerksam gemacht hat. Er untersucht deren komplizierte, mit ernährungsphysiologischen Prozessen verknüpfte Reizbewegungen. (Vgl. auch 1874 H.)

— Henry **Davey** konstruiert die sogenannte „Davey'sche Differentialsteuerung", die namentlich bei Wasserhaltungsmaschinen viel benutzt wird. Er vereinigt dabei in der Steuerwelle zwei Bewegungen, eine, die von der Maschinenbewegung abhängig ist, während die andere von einem kleinen Hilfszylinder aus abgeleitet ist. Beide vereinigen sich in der Ventilbewegung, so daß durch die Dampfverteilung eine etwa entstandene unregelmäßige Maschinenbewegung ausgeglichen wird.

— Anton **Dohrn** studiert die Verhältnisse des Funktionswechsels, wobei ein bestimmtes Organ des Tier- oder Pflanzenkörpers im Laufe der Generationen eine qualitativ andere Funktion übernimmt, als ihm ursprünglich zukam. Die Ursachen sind vor allem in einem Wechsel der Lebensweise zu suchen, der durch Veränderung der Umgebung, des Klimas usw. bedingt sein kann.

— Nachdem die erste Untersuchung des Orleans (Farbstoff aus Bixa orellana) durch Chevreul (1831) vorgenommen worden war, und Preißer (1844) daraus eine krystallisierte Substanz, das Bixin gewonnen hatte, aus dem durch Einwirkung von Ammoniak und Luft der Farbstoff entstehen sollte, gelingt es Carl **Etti,** den Farbstoff rein und in krystallisierter Form zu erhalten. Das Orlean findet vielfach Verwendung zum Färben von Butter.

— J. D. **Everett** publiziert im Auftrag der British Association zu London ein neues absolutes Maßsystem, bei welchem alle Angaben auf Zentimeter, Gramm und Sekunde bezogen werden, und das daher CGS-System heißt. Dieses System ist — mit Ausnahme Englands — in der Wissenschaft fast allgemein angenommen. (S. a. 1833 G.)

1875 Carl Anton **Ewald** empfiehlt zur Magenuntersuchung weiche Schläuche und gibt eine Methode der Expression und Aspiration des Mageninhalts an die einen wesentlichen Aufschwung des Studiums der Physiologie und Pathologie des menschlichen Magens im Gefolge hat.

— Franz **Exner** macht eingehende Untersuchungen über die Diffusion der Gase durch Flüssigkeitsschichten, wobei er die Flüssigkeitshaut der Seifenblase verwendet.

— William **Ferrel** gibt in seinen „Mechanics and general motions of the atmosphere" eine Gesamtdarlegung der allgemeinen Luftbewegung einer Hemisphäre, die nach ihm einen großen atmosphärischen Wirbel repräsentiert, in dem die Zirkulation durch die konstanten Temperaturdifferenzen eingeleitet und unterhalten, durch die Erdrotation aber in bestimmter Weise modifiziert wird. Die Ferrel'schen Lehren werden namentlich von Sprung (1879) verbreitet.

— **Feser** und **Bollinger** entdecken den Bacillus des Rauschbrandes.

— Emil **Fischer** entdeckt das Phenylhydrazin und dessen Einwirkung auf Aldehyde.

— Der Chemiker **Françillon** bemerkt zuerst, daß wollene Gewebe durch Eintauchen in Benzin die Eigenschaft erhalten durch Reiben mit anderen Gegenständen elektrisch zu werden.

— Nachdem man in Manchester i. J. 1873 die ersten Versuche mit Verbrennen der Abfallstoffe gemacht hatte, konstruiert der Ingenieur Alfred **Fryer** von der Firma Manlove und Alliott seinen Verbrennungsofen „Destructor". Der Ofen wird von Jones durch Hinzufügen eines Kremators, in welchem etwaige unverbrannte Gase über glühenden Koks und durch enge Öffnungen stark erhitzten Mauerwerks durchstreichen, und von Darley und Nichols bei der Anlage in Meanwood Road in Leeds wesentlich verbessert.

— Die schon im Mittelalter abgebauten Kalkberge von Rüdersdorf bei Berlin haben zur Erprobung einer großen Reihe von Kalköfen verschiedener Konstruktion Veranlassung gegeben. Die Hauptform ist der sogenannte Rüdersdorfer Ofen, welcher zur Gattung der kontinuierlichen Rumford'schen Kalköfen gehört. Im Jahre 1875 führt der Berginspektor **Gerhardt** einen verbesserten Kalkofen mit Gasfeuerung ein, der wesentlich billiger arbeitet als die älteren Öfen.

— Friedrich **Goppelsroeder** stellt Farbstoffe auf elektrochemischem Wege her und benutzt elektrochemische Methoden für Färberei und Druckerei.

— Franz **Grashof** fördert durch seine theoretische Maschinenlehre und Theorie der Kraftmaschinen den Maschinenbau.

— Frederick **Guthrie** begründet durch umfangreiche Versuche die Theorie der durch bestimmte Erstarrungspunkte ausgezeichneten Salzlösungen. Diese Theorie wird durch Roberts-Austen, Osmond u. a. auf die Metalle angewandt und erlangt für die theoretische Hüttenkunde große Bedeutung. (Vgl. auch den rein empirisch gefundenen Pattinsonprozeß, 1833 P.) Ebenso wird im Anschluß an diese Theorie die Gefügelehre der Metalllegierungen und die für die Praxis wichtige Prüfung durch das Mikroskop in neue Bahnen gelenkt. Guthrie untersucht auch diejenigen Gemische mehrerer Metalle, welche von allen möglichen Legierungen der betreffenden Metalle den niedrigsten Schmelzpunkt haben und gewissermaßen einen Übergangspunkt zwischen mechanischem Gemisch und chemischer Verbindung darstellen, und nennt dieselben eutektische Mischungen. Bei Zinn, Blei, Wismut ist das Rose'sche Metall die eutektische Mischung, eine andere ist Wood's Metall.

1875 Nachdem Reichert (s. 1840 R.), Kölliker (s. 1844 K.) und Leydig (1848) das Verständnis der Furchung angebahnt und gezeigt hatten, daß keine freie Zellbildung stattfinde, sondern alle Elementarteile in ununterbrochener Folge aus der Eizelle hervorgehen, stellt Ernst **Haeckel** in seiner Schrift „Die Gastrula und die Eifurchung" das Furchungsschema auf, nach welchem die Furchung in eine äquale und inäquale, und die partielle in eine diskoidale und superficiale zerfällt.

— Olof **Hammarsten** zeigt, daß entgegen der bis dahin verbreiteten Meinung, daß in der Kuhmilch nur ein einziger Eiweißkörper vorhanden sei, man darin mindestens drei solcher Verbindungen unterscheiden könne: Caseïn, Lactalbumin und Globulin. Das Caseïn macht 80 Prozent der Gesamtmenge der Eiweißkörper aus und fällt bei der Milchgerinnung als „Quark" aus.

— **Hardy** und **Gerard** stellen unabhängig voneinander aus dem 1873 von Coutinho empfohlenen Jaborandi das Pilocarpin dar. Das Pilocarpin ruft Schweißsekretion und Speichelsekretion hervor.

— Der französische Reisende François Jules **Harmand** erforscht Kambodscha und Tonkin.

— Oscar **Hertwig** studiert die Befruchtungserscheinungen am Ei von Toxopneustes lividus und spricht die Vermutung aus, daß die Befruchtung auf der Verschmelzung zweier Zellkerne beruhe.

— Edmund **Heusinger von Waldegg** führt die Eisenbahnwagen mit seitlich abgeschlossenem Gange ein, die lediglich eine Modifikation der von Fischer von Röslerstamm vorgeschlagenen Durchgangswagen (s. 1854 F.) sind.

— William **Hillebrand** und **Norton** erhalten reines metallisches Cerium durch Elektrolyse von geschmolzenem wasserfreiem Kaliumcerchlorid und stellen im gleichen Jahre auch metallisches Lanthan elektrolytisch her.

— Nachdem auf der 1872 in Paris tagenden internationalen Meterkonferenz, an der 20 Kulturstaaten beteiligt waren, beschlossen worden war, neue Prototype von Meter und Kilogramm aus Platiniridium herzustellen, wird 1875 auf Vorstellung von Adolph **Hirsch** die Errichtung eines besonderen internationalen Maß- und Gewichtsbureaus beschlossen, das seit 1876 in Breteuil bei Sèvres in Tätigkeit ist. (S. 1800 P. und 1843 G.)

— G. A. **Jauck** legt sämtliche Ventile einer Pumpe oder Feuerspritze in einen hahnartigen Körper, welcher leicht ausgehoben werden kann. Dieser „Ventilhahn" gibt die Möglichkeit, durch Lösen einer einzigen Schraube die Ventile nachzusehen, wodurch viel Zeit erspart wird, was insbesondere bei der Feuerspritze von großer Bedeutung ist.

— Um den Arbeitern eine unangenehme und ungesunde Arbeit abzunehmen und den Unternehmer weniger von der Geschicklichkeit der Arbeiter abhängig zu machen, bemühte man sich seit längerer Zeit, den Sulfatofenbetrieb mechanisch zu gestalten. Die erste gelungene Lösung dieser Aufgabe ist der von **Jones** und **Walsh** konstruierte Ofen, der, nachdem die erste Konstruktion einer stehenden Pfanne mit rotierendem Rührwerk sich wenig bewährte, nunmehr aus einer rotierenden Pfanne mit feststehendem Rührwerk besteht. (Vgl. auch 1853 E.)

— **Jourdanet** bezeichnet zuerst Sauerstoffmangel als ursächliches Moment der Bergkrankheit. Seine Annahme wird von Paul Bert (s. 1878 B.), sowie von Zuntz, Löwy, Müller und Caspari (s. 1901 Z.) experimentell begründet.

— Der Pianofortefabrikant Ernst **Kaps** in Dresden baut Klaviere (Flügel) von sehr kleiner Form mit Hilfe der doppelten bez. dreifachen Saitenkreuzung.

1875 John **Keats** erfindet eine neues System von Schuhsohlennähmaschinen, bei welchem die Maschinen mit zwei Fäden Doppelsteppstich nähen. (S. 1851 D.)

— Adolf **Keim** sucht durch eine neue Malart, die sich an die Stereochromie (s. 1845 S.) anschließt, und die er Mineralmalerei nennt, die Mängel der Stereochromie in bezug auf Dauerhaftigkeit der damit hergestellten Gemälde zu beseitigen. Er verwendet dabei dieselben Stoffe und erzielt ähnliche chemische Verbindungen, wie sie bei Bildung und in der Zusammensetzung einer Anzahl natürlicher Mineralien, namentlich der Silikate vorkommen.

— John **Kerr** zeigt, daß durch die Drucke, welche infolge der Elektrisierung durchsichtiger Körper im Innern derselben auftreten, die Körper doppelbrechend werden, und weist dies sowohl für feste als auch flüssige Körper nach.

— Adolph **Knop** verwendet zuerst Farbstoffe (Fluorescein) zum Nachweis der Zusammengehörigkeit räumlich getrennter Wasserläufe und weist so eine unterirdische Verbindung zwischen der oberen Donau und dem Oberrhein nach.

— Die Gebrüder **Körting** konstruieren einen Strahlkondensator, in welchen der Abdampf und das Kühlwasser eintreten, und in dessen Mischdüse sich die Kondensation vollzieht. Dabei wird die dem Abdampf noch innewohnende Triebkraft dazu benutzt, dem Mischwasser (kondensierter Dampf und Kühlwasser) eine Geschwindigkeit zu erteilen, die es befähigt, beim Austritt aus dem Apparat den Gegendruck der Atmosphäre zu überwinden.

— Willy **Kühne** und Marcel **von Nencki** entdecken gleichzeitig das Indol (s. 1866 B.) unter den Fäulnisprodukten von Eiweißkörpern und erhalten es auch beim Schmelzen derselben mit Ätzkali. Es findet sich in Darminhalt und Faeces des Menschen fast immer zusammen mit Skatol. (S. 1877 B.)

— A. A. **Kundt** und E. **Warburg** machen eingehende Versuche über die Reibung der Gase und bestimmen deren Reibungskoeffizienten und dessen Beziehungen zur Dichte und zur Temperatur der Gase. Ähnliche Versuche werden von Puluj (1869), von Obermayer (1871), Schumann (1883), E. Wiedemann (1891) u. a. unternommen.

— J. L. **La Cour** gelingt es, die Schwierigkeiten bei der Erzielung des Synchronismus der Verteiler an den absatzweise wirkenden Mehrfach-Telegraphen, die B. Meyer und E. Baudot (s. 1872 M.) nicht recht zu überwinden vermochten, mit Hilfe seines „phonischen Rades" zu beseitigen. Seine Versuche bleiben indes ohne dauernden Erfolg, bis er (1884) in Verbindung mit Patrik B. **Delany** in New York sein System vervollkommnet. Es lassen sich 4, 6 und auch noch mehr Apparatsatz-Paare so miteinander betreiben, als wäre die eine Leitung nur für jedes Apparatsatz-Paar allein vorhanden.

— François **Lecoq de Boisbaudran** entdeckt in der Zinkblende von Pierrefitte das Gallium. Das Vorhandensein dieses Elementes war schon i. J. 1869 von Mendelejew (s. d.) vermutet worden.

— **Ledderhose** erhält beim Kochen von Chitin mit konzentrierter Salzsäure einen amidierten Zucker, dem er den Namen „Glykosamin" (Chitosamin) beilegt.

— Urbain Jean Joseph **Leverrier** setzt seine i. J. 1839 begonnenen Untersuchungen der Bahnelemente der sieben großen Planeten (s. 1839 L.) sein ganzes Leben hindurch fort, so daß die heutige genaue Kenntnis der Bahnen und Bewegungen der Hauptplaneten vornehmlich ihm zu verdanken ist. Die Berechnungen sind in den „Annales de l'observatoire de Paris, vol. IV—XIV" mitgeteilt und behandeln den Merkur in den Jahren 1843 und 1853, Venus 1861, Erde (Sonne) 1853 und 1858, Mars 1861, Jupiter und Saturn 1872 und 1873, Uranus 1846 und 1874, Neptun 1875.

— Karl P. G. **Linde** konstruiert eine Ammoniakeismaschine mit Kompression, bei welcher die Dämpfe des in einem Röhrenapparat (Verdampfer) befindlichen flüssigen Ammoniaks von einer Pumpe angesaugt und in den Kondensator geführt werden, wo sie sich unter Mitwirkung des die Rohrspirale umfließenden Kühlwassers zur Flüssigkeit verdichten, um dann wieder in den Verdampfer zurückzukehren. Die in diesem erforderliche Verdunstungswärme wird den die Rohrspiralen umgebenden Gasen oder Flüssigkeiten entzogen.

1875 F. **Lösch** weist im Darmkanal gesunder Individuen Amöben nach. Diese harmlosen Darmparasiten (Entamoeba coli Lösch) sind durchaus verschieden von der pathogenen Entamoeba histolytica (Schaudinn), welche Dysenterie verursacht. (S. 1860 L. und 1883 K.)

— William **Mac Ewen** in Glasgow beschäftigt sich als erster mit der Hirnchirurgie, die in der operativen Behandlung der Hirnabscesse, Hirntumoren und der Jackson'schen Epilepsie fortan glänzende Erfolge feiert.

— **Mallard** und **Le Chatelier** machen die ersten Versuche über die Zündgeschwindigkeit explosibler Gasmischungen, die von Berthelot und Vieille (1883), sowie von Dixon (1884), Clerk (1886) und Ernst Körting (1886) wiederholt werden. Die Ergebnisse dieser Versuche lassen sich für die Vorgänge in der Gasmaschine nicht verallgemeinern, da sie durch die Form der Versuchsgefäße und der Lage des Zündpunktes im Gefäß in hohem Maße beeinflußt werden.

— Anatole **Mallet** gelingt es, die Bahnverwaltung Bayonne-Biarritz so weit von den Vorteilen seiner Verbundmaschine zu überzeugen, daß sie drei $^2/_3$ gekuppelte Verbund-Tenderlokomotiven nach seiner Konstruktion bei Schneider & Co. in Creuzot bestellt. Eine dieser Lokomotiven, „Bayonne" genannt, wird im Juni 1876 als erste Verbundlokomotive in Betrieb genommen. (Vgl. auch 1874 M.)

— Der Engländer Henry **Mance** verbessert das von Gauß i. J. 1820 angegebene Heliotrop, so daß mit Hilfe eines drehbaren Spiegels Sonnenblitze von kürzerer oder längerer Dauer (entsprechend den Punkten und Strichen der Morseschrift) bis auf 100 km Entfernung entsandt und auf diese Weise telegraphische Nachrichten ohne weiteres übermittelt werden können. Mance nennt sein Instrument „Heliograph". (Über ein anderes Instrument gleichen Namens s. 1858 De la Rue.)

— Adolf **Mayer** und A. **von Wolkoff** stellen die Atmungsintensität der Pflanze in verschiedenen Wachstumsperioden oder unter verschiedenen äußeren Verhältnissen fest und konstruieren zu dem Behuf einen speziellen Apparat.

— Der nordamerikanische General Montgomery Cunningham **Meigs** baut die als Aquädukt dienende, steinerne Cabir-John-Brücke bei Washington mit 69,4 m Spannung, welche, nachdem die 1355—85 erbaute steinerne Brücke über die Adda bei Trezzo, die 72,30 m Spannung hatte, 1427 zerstört worden war, nunmehr die weitest gespannte Steinbrücke darstellt.

— E. **Meusel** macht zuerst darauf aufmerksam, daß die bereits von Davy (s. 1814 D.) beobachtete Denitrifikation (Reduktion von salpetersauren Salzen) ein Werk der Bakterien ist.

— Karl **von Mosengeil** sucht die Wirkungen der einzelnen Manipulationen der Massage experimentell zu begründen und weist u. a. die günstige Wirkung derselben auf den Blutstrom in den Venen nach.

— George Strong **Nares** macht mit den Schiffen „Alert" und „Discovery" eine zweijährige Polarfahrt, bei welcher durch Schlittenreisen Hall- und Grant-Land, der Petermannfjord und Franklin-Land erforscht werden und von dem Kapitän des „Alert", Albert Hastings **Markham,** in Begleitung von Parr auf einer solchen Schlittenreise 83° 20′ 26″ n. Br. erreicht wird. Hierbei ergibt sich, daß ein offenes Polarmeer (vgl. 1820 W. und 1853 K.) nicht existiert.

1875 Marcel **von Nencki** beobachtet die Bildung von Indigo bei Oxydation von in Wasser suspendiertem Indol mittels ozonisierter Luft.

— Alfred **Nobel** erfindet die „Sprenggelatine", ein Sprengmittel aus Nitroglycerin mit 8 Prozent Kollodiumwolle. Die Sprenggelatine bildet eine gummiartige, gelbliche, durchscheinende Masse, die gegen Wasser und mechanische Impulse unempfindlich ist, aber bei raschem Erhitzen auf 240° C. explodiert. Die Sprenggelatine dient auch zur Herstellung von rauchschwachem Pulver. (S. a. 1864 S. und 1866 P.)

— Nachdem mehrere merkwürdige Expeditionen von Fangmännern, wie namentlich von Elling Carlsen (1868), E. H. Johannsen (1870), John Palliser (1869) usw. im Karischen Meere gemacht worden waren, gelingt es Adolf Erik **von Nordenskjöld** mit der Fischerjacht „Pröven", geführt von dem Fangkapitän Isaksen, durch den Ingor-Sund und über das beinahe eisfreie Karische Meer bis nach der Mündung des Jenissei vorzudringen und so zuerst ein Ziel zu erreichen, welches sich die alten Nordostfahrer gesteckt hatten. 1876 führt Nordenskjöld eine zweite Fahrt zum Jenissei auf dem Dampfer „Ymer" aus.

— Jean Abraham Chrétien **Oudemans** fördert durch seine sich über das ganze Gebiet der Pharmakognosie erstreckenden mikroskopischen Untersuchungen die Arzneimittellehre.

— Max **von Pettenkofer** wirkt durch eine Reihe von Vorträgen für die Förderung der hygienischen Einrichtungen (Kanalisation usw.) in den Städten, nachdem er schon vorher (seit 1858) Untersuchungen über die Ventilationsverhältnisse der Wohnungen und die physikalischen Verhältnisse der Kleidung angestellt hatte. (S. auch 1872 P.)

— Eduard **Pflüger** weist zuerst darauf hin, daß es sich bei der Giftwirkung von Bakterien häufig nicht um durch Abbau aus dem Eiweiß hervorgehende Basen, sondern oft auch um wahre Eiweißkörper handelt, die man ihrer spaltenden Kraft wegen als aktive Eiweißkörper bezeichnet.

— Eduard **Pflüger** beobachtet zuerst mit Sicherheit, daß kugelartige Mikroorganismen die Erreger des Leuchtens der Fische sind. Im gleichen Jahre beobachtet Nuesch, daß das Leuchten des Fleisches ebenfalls von Bakterien herrührt, was Lassar (1880), F. Ludwig (1882), B. Fischer (1887) bestätigen. (S. 1592 und 1853 H.)

— **Ponza** empfiehlt die Behandlung der Geisteskranken mit farbigem Licht. Nach seinen Versuchen, die von Davies 1876 nachgeprüft werden, wirkt der Aufenthalt in roten Zimmern auf Melancholische, der in blauen Zimmern auf Tobsüchtige günstig (photochromatische Therapie, Chromophototherapie).

— **Popper** konstruiert einen Etagenkühler, bei welchem das Warmwasser auf die Spitze des Kühlturms in Siebkasten gelangt, in Regenform auf andere darunter befindliche Siebkasten fällt und bei diesem Fallen die äußere Luft ansaugt, die kühlend wirkt und unten in einen Dunstschlot entweicht.

— Der Amerikaner Jacob **Reese** bildet das von Barnes (s. 1823 B.) zuerst versuchte Verfahren weiter aus, Eisen und Stahl durch schnell rotierende Scheiben aus weichem Eisen zu durchschneiden, und konstruiert dazu eine Maschine.

— Franz **Reuleaux** behandelt die Kinematik, unter der er die Theorie der Maschinen (Maschinengetriebelehre) versteht, wesentlich anders als seine Vorgänger. (S. 1834 A. und 1862 R.) Er sucht den Kausalzusammenhang der Bewegungserscheinungen in der Maschine auf und führt ihn auf einige wenige einfache Grundgedanken und kinematische Elemente zurück, welche er zu Elementenpaaren vereinigt, um diese dann zu kinematischen

Ketten zu verbinden. Diejenige Anordnung solcher Ketten, bei der die Stellungsveränderung eines Gliedes gegen das benachbarte eine Stellungsänderung aller anderen Glieder gegen das genannte hervorruft, nennt er eine geschlossene Kette. Ist hierin ein Glied festgestellt und damit eine gezwungene absolute Bewegung erreicht, so entsteht der Mechanismus oder das Getriebe als Grundlage der Maschine.

1875 Nachdem schon Baader (1822) und Henschel (1833) Druckluft zum Betriebe von Fuhrwerken vorgeschlagen hatten, konstruiert **Ribourt** für die Förderung im Gotthardtunnel Lokomotiven mit einem mit Luft von 14 Atmosphären Spannung gefüllten Behälter, aus welchem die Luft mit Hilfe eines selbsttätig wirkenden Regulators bei dauernd erhaltener Pressung von 3 Atmosphären in den Arbeitszylinder tritt. Zwei solche von Schneider & Co. in Creuzot gebaute Maschinen kommen im gleichen Jahre daselbst in Betrieb.

— Charles **Richet** bestätigt in seiner Arbeit „Du somnambulisme provoqué" durchaus die Angaben von James Braid über die hypnotischen Zustände und zieht auch die hypnotischen Erscheinungen bei Hysterischen, auf die bereits 1860 Demarquay und Giraud-Teulon und 1865 Lasègue hingewiesen hatten, in den Kreis seiner Untersuchung.

— Julius **Rieszner** macht am Rangier-Bahnhof Aussig den ersten Versuch, die Wagenverschiebungen bei Nacht durch eine elektrische Lichtanlage zu ermöglichen und zu sichern.

— **Rolls** schlägt Selen zur Konstruktion eines Photometers vor.

— Daniel August **Rosenstiehl** stellt das Nitroalizarin her, aus dem Prudhomme (s. 1877 P.) durch Einwirkung von Schwefelsäure das Alizarinblau gewinnt.

— Nachdem Kratzenstein (1745) zuerst die in der Luft enthaltenen Wasserkugeln als Hohlkugeln (Bläschen) erachtet hatte, und Clausius dieser Ansicht beigetreten war, stellt F. **Roth** die entgegengesetzte Ansicht, daß man es mit Vollkugeln zu tun habe, auf, die durch Aßmann's Mikroskopierung von Tropfen im Momente des Gefrierens (1883) eine wesentliche Stütze findet.

— Henry Augustus **Rowland** erbringt experimentell den Beweis, daß die Bewegung elektrisierter ponderabler Körper elektromagnetisch wirksam ist.

— Der Ingenieur **Sarmenjeat** konstruiert eine Einschienenbahn mit Dampfbetrieb. Sein Versuch wird jedoch aufgegeben, weil der Wagen bei jeder Unebenheit des Bodens so stark schwankt, daß er sich für den Personenbetrieb als ungeeignet erweist.

— Nachdem 1805 Bichat und 1824 Blundell die seit dem Mittelalter aufgegebenen Transfusionsversuche (s. 1666 L. und 1667 D.) wieder aufgenommen und Panum (1863) der Transfusion ebenfalls das Wort geredet hatte, weist Alexander **Schmidt** im Verlauf seiner Studien über die Gerinnung des Blutes (s. 1861 S.) nach, daß auch in dem zur Transfusion aus der Ader gelassenen Blute sich Fibrinferment bildet, das in den Gefäßen Intoxikationen und Gerinnungen und damit große Gefahren herbeiführt. Infolge dieser Arbeiten wird die Anwendung der Transfusion auf ein sehr geringes Maß herabgesetzt.

— **Schmiedeberg** und **Harnack** stellen Cholin aus dem Fliegenschwamm dar. Sie zeigen, daß sich dasselbe in vielen Pflanzensamen findet und wahrscheinlich ein konstant vorkommendes Produkt des Pflanzenlebens und zum Aufbau der Pflanzenzelle notwendig ist. (S. a. 1851 B.)

— **Schofield** konstruiert in Anlehnung an die für metallurgische Zwecke dienenden Öfen mit kreisförmigen rotierenden Herden einen Drehofen für die Sodafabrikation, der schon fast alle Züge der jetzt üblichen Mactear-Öfen (s. 1876 M.) aufweist. (Vgl. auch 1868 St.)

1875 Pëtr **Silow** und gleichzeitig Georg **Quincke** bestimmen eine Anzahl Dielektrizitätskonstanten, insbesondere von Flüssigkeiten, indem sie die Anziehung zweier Kondensatorplatten in verschiedenen dielektrischen Medien messen und nach einer von Helmholtz (1871) gegebenen Formel die Konstante berechnen. E. Cohn und L. Arons (1888) machen durch eine kleine Modifikation dieses Verfahren anwendbar, um auch die Dielektrizitätskonstanten leitender Flüssigkeiten zu bestimmen.

— **Smith** konstruiert eine Vakuumbremse, die auf der ansaugenden Wirkung des Dampfstrahls beruht, der mittels eines sehr einfachen sogenannten Ejektors die Luft aus elastischen Zylindern heraussaugt, die sich nur nach der Längsrichtung zusammenziehen können. Der äußere Luftdruck bewirkt ein Zusammenklappen der Zylinder, und diese Bewegung wird mit an den Zylinderdeckeln befestigten Stangen und Hebeln auf die Bremsklötze übertragen. Diese Bremse ist der Vorläufer der Hardybremse. (S. 1877 H.)

— Der Amerikamer **Steel** konstruiert die erste selbsttätige Zweikammer-Luftdruckbremse, welche i. J. 1877 bei den Bremsversuchen auf der Strecke Guntershausen — Gensungen der Mainz-Weser-Bahn erprobt wird.

— Eduard **Strasburger** trägt durch seine Untersuchung über Zellbildung und Zellteilung wesentlich zur besseren Kenntnis des Furchungsprozesses bei.

— Eduard **Suess** gibt in seinem Buche „Die Entstehung der Alpen" im Anschluß an die zuerst von Mallet 1873 geäußerten Ideen eine Erklärung des Baues der Alpen, nach welcher dieselben, wie die meisten anderen Gebirgszüge, ein durch tangentiale Zusammenschiebung der festen Erdkruste entstandenes Faltungsgebirge sind. (Vgl. 1875 D.)

— William **Thomson** (Lord Kelvin) gibt der Gezeitenlehre diejenige Gestaltung, in welcher sie sich heutzutage als Grundlage für die Berechnung von Fluttafeln außerordentlich bewährt.

— Th. E. **Thorpe** erhält das Phosphorpentafluorid, indem er Fluorarsen tropfenweise in Phosphorpentachlorid einträufeln läßt.

— Otto **Torell** stellt im Verlauf seiner Forschungen über das Norddeutsche Tiefland (vgl. 1870 T. und 1872 T.) seine „Inlandeistheorie" auf. Danach wird es als feststehend betrachtet, daß ein von Skandinavien und Finnland ausgehendes gletscherartiges Inlandeis das ganze norddeutsche Tiefland bis an den Rand der deutschen Mittelgebirge bedeckte. Eine Reihe von Forschern, wie Berendt, Jentzsch, Keilhack, Penck, Wahnschaffe schließen sich dieser Ansicht an.

— Moritz **Traube** gelingt es, seine Entdeckung der Niederschlagsmembranen (s. 1867 T.) dahin zu erweitern, daß er durch Vereinigung verschiedener Flüssigkeiten „künstliche Zellen" erhält, die sich in Bildung und Wachstum ähnlich wie lebende Zellen verhalten.

— **Tweddel** konstruiert eine hydraulische Nietmaschine, deren Kolben durch Wasserdruck angetrieben wird und durch Pressung die Nietung ausführt.

— Der **Verein deutscher Eisenbahnverwaltungen** führt die Sicherheitskuppelung ein, bei der neben der Hauptkuppelung eine zweite Kuppelung vorhanden ist, die von selbst in Wirksamkeit tritt, falls die Hauptkuppelung reißt.

— **Verlinde** in Lille konstruiert einen Schraubenflaschenzug, der 1880 von E. Becker in Berlin verbessert wird. Diese Schraubentriebwerke stehen jedoch den gewöhnlichen Stirnrädertriebwerken an Wirksamkeit nach.

— Jacob **Volhard** zeigt, daß man auf die Anwendung des Rhodanammoniums eine Reihe sehr einfacher und äußerst genauer maßanalytischer Bestimmungen, wie die des Silbers, der Halogene, des Cyans, des Kupfers usw., gründen kann.

— Richard **von Volkmann** wendet die antiseptische Wundbehandlung bei

Schädelverletzung an und beginnt bei allen komplizierten Schädelfrakturen konsequent zu trepanieren. Er verwendet die Trepanation unter antiseptischen Vorsichtsmaßregeln auch zur künstlichen Eröffnung des Schädeldachs wegen Schädeltuberkulose, Schädelsyphilis und Schädeltumoren, worin ihm Socin und die meisten namhaften deutschen Chirurgen folgen.

1875 Louis **Waldenburg** konstruiert einen vorzüglichen transportabeln pneumatischen Apparat und schafft die physiologischen und physikalischen Grundlagen für die pneumatisch-therapeutischen Methoden.

— Carl **Weigert** unterzieht auf Grund der von ihm aufgefundenen Färbungsmethode (s. 1871 W.), die er auch nach der Seite der anzuwendenden Färbungsmittel (Methylviolett, Bismarckbraun usw.) ausbaut, die Frage der spezifischen pathogenen Mikroorganismen einer eingehenden Kritik. Er stellt einwandfrei fest, daß die in den erkrankten Geweben aufgefundenen körnigen Gebilde Bakterienhaufen darstellen, und daß diese die Ursache der Gewebsläsionen sind.

— Der Zoolog August **Weismann** in Freiburg veröffentlicht seine „Studien zur Descendenztheorie“, in denen er die Erblichkeit der erworbenen Eigenschaften verneint und allen Fortschritt der Organismen den im Keimplasma vor sich gehenden (blastogenen) Veränderungen und der Allmacht der Naturzüchtung zuschreibt (Neodarwinismus).

— **Werner** und **Pfleiderer** in Cannstatt verbessern die Knetmaschine. Sie liefern in ihrer „Universal-Knet- und Mischmaschine“ einen Apparat, der sich jedem Bedürfnis der Mischung von Substanzen der verschiedensten Art anpaßt und sich sowohl zur Bereitung der Brotteige, als auch zum Vermengen von trockenen Pulvern in Farbenfabriken, wie für Druckerschwärze, Pillenmasse usw. bewährt. (S. 1810 L.) Die Knetmaschine verdankt ihre hohe Leistungsfähigkeit namentlich dem Reversierapparat, einer Vorrichtung zur bequemen Umkehrung der Bewegungsrichtung der Knetschaufeln.

— Nachdem nach Dingler's polyt. Journal 149, S. 398 schon Mitte der fünfziger Jahre Wellblech in England als Dachdeckmaterial angewendet worden war und John Le Chapelaine 1856 ein Patent auf das Walzen dieses Bleches erhalten hatte, stellt C. L. **Wesenfeld** in Barmen zuerst das eigentliche Trägerwellblech her, bei dem die Wellenhöhe größer ist als die halbe Wellenbreite. Seitdem gewinnt die Wellblechfabrikation rasch an Umfang und Bedeutung.

— George **Westinghouse,** der schon vorher bei mehreren amerikanischen Bahnen eine nicht selbsttätige Luftdruckbremse eingeführt hatte, die jedoch nur geringe Zuverlässigkeit besaß, konstruiert die nach ihm benannte automatische Luftdruckbremse. Diese Bremse entspricht den für den Betrieb der Personenzüge zu stellenden Anforderungen so, daß sie auf fast sämtlichen amerikanischen Bahnen und vielfach auch in Europa eingeführt wird. Im Jahre 1887 wird sie noch wesentlich verbessert (Westinghouse'sche Schnellbremse).

— Nachdem Hittorf das Schwefelsilber und Beetz das Quecksilberjodid im festen Zustande elektrolysiert hatten, weist Eilhard Ernst **Wiedemann** für Chlor-, Brom- und Jodblei die elektrolytische Zersetzung nach.

— Clemens **Winkler** publiziert eine eingehende Arbeit über das Kontaktverfahren zur Erzeugung von Schwefelsäure. Er studiert namentlich die Einwirkung von platiniertem Asbest (s. 1846 J.) auf Gemenge von schwefliger Säure mit Sauerstoff und Luft. Als das geeignetste derartige Gemenge schlägt er die durch Zersetzung konzentrierter Schwefelsäure bei Glühhitze erhaltenen und von Wasser befreiten Gase (schweflige Säure und Sauerstoff) vor.

1875 Otto N. **Witt** führt das von ihm, H. Caro und P. Grieß gleichzeitig entdeckte Chrysoidingelb (salzsaures unsymmetrisches Diamidoazobenzol), den ersten Repräsentanten der mit Hilfe von Diazoverbindungen synthetisch erhaltenen Azofarbstoffe, in die Praxis ein.

— Der Amerikaner **Woodward** in Cleveland stellt Pflastersteine aus Hochofenschlacken dadurch her, daß er die Schlacken in eiserne Formen laufen läßt und die erhaltenen Steine ausglüht. (Vgl. auch 1865 L.)

— Henry Rossiter **Worthington** konstruiert seine Pumpe als Duplex-Verbundmaschine mit Kondensation und erzielt damit einen durchschlagenden Erfolg. Er legt die hintereinander angeordneten Hoch- und Niederdruckzylinder paarweise nebeneinander, so daß jede Maschinenseite aus einer Woolf'schen Maschine besteht, und läßt in beiden Zylindern den Dampf mit voller Füllung arbeiten.

1876 Nachdem Vidal mit dem Dreifarbendruck eine bessere Wirkung als Ducos du Hauron und Cros erzielt hatte, indem er das neutral gefärbte Pigmentbild über einen chromo-lithographischen Unterdruck aufpreßte, gelingt es Joseph **Albert** in München, der sich auf Versuche von Husnik in Prag stützt, nach dem Dreifarbendruckverfahren gute Farbenlichtdrucke zu erhalten.

— Der amerikanische Ingenieur **Allen** stellt zuerst Eisenbahnräder aus Papier her. Die Papierscheibe wird aus 56 Pappbogen zusammengeleimt, scharf getrocknet und gepreßt. Sie ist so hart, daß sie wie Eisen auf Maschinen abgedreht werden kann. In England werden vielfach Holzscheibenräder, nach ihrem Erfinder „Mansell-Räder" genannt, angewendet.

— R. **Anschütz** und G. **Schultz** zeigen zuerst, daß die Fluorenverbindungen mit dem Phenanthren in naher genetischer Beziehung stehen, was später von Baeyer und Caro (1877), Wittenberg und Meyer (1883), Graebe und Aubin (1888) u. a. bestätigt wird.

— Sir William George **Armstrong** konstruiert einen hydraulischen Kran von 100 Tonnen Leistungsfähigkeit für den italienischen Kriegshafen in Spezia. Das mit Rücksicht auf die ungleiche Belastung auf der entgegengesetzten Seite des Auslegers angebrachte verstellbare Gegengewicht repräsentiert 350 Tonnen.

— Adolf **von Baeyer** erhält durch Erhitzen von Resorcin und Phtalsäureanhydrid das Fluorescein, das das wichtigste Ausgangsmaterial zur technischen Darstellung der meisten Phtalsäurefarbstoffe wird. Das Tetrabromfluorescein, sowie die niedrigeren Bromierungsstufen sind die verschiedenen Marken der von Caro entdeckten Eosinfarbstoffe. (S. 1873 C.)

— In Portsmouth erfolgt der Stapellauf des nach den Plänen des Chefkonstrukteurs Nathaniel **Barnaby** erbauten englischen Panzerschiffs „Inflexible" als des ersten Repräsentanten der Citadellschiffe. Nach diesem Typ sind die deutschen Panzer der Sachsenklasse, jedoch als Barbetteschiffe mit festen, oben offenen Türmen gebaut. Der „Inflexible" hat außer dem vertikalen Gürtelpanzer zum erstenmale auch einen Horizontalpanzer, d. i. ein die empfindlichsten Schiffsteile, wie Maschinen u. dgl. überdeckendes, flachgewölbtes, und dadurch senkrechten Treffern entzogenes Panzerdeck.

— E. **Baumann** und E. **Herter** finden, daß Phenole im Organismus als gepaarte Schwefelsäuren ausgeschieden werden, und daß das gleiche bei substituierten Phenolen der Fall ist, wenn in denselben ein Kohlenwasserstoffatom an die Stelle eines Wasserstoffatoms tritt. Sind aber die Wasserstoffatome durch Carboxylgruppen ersetzt, so werden gepaarte Schwefelsäuren nicht gebildet, so lange die substituierten Produkte den Charakter von Säuren haben, wohl aber, wenn dies nicht der Fall ist und z. B. Amide in den Körper eingeführt werden.

1876 **Belani** erfindet den ersten Staubanfeuchter zum Reinigen der Hochofengichtgase von Staub.

— Alexander Graham **Bell** und Elisha **Gray** suchen am 14. Februar Patente nach für Telephon-Apparate, die bei der von den Erfindern unabhängig voneinander betriebenen Verbesserung sehr ähnliche Formen erhalten. Diese Form — der Handfernsprecher von Bell — wird im Mai 1877 bekannt.

— Nachdem von verschiedenen Seiten teils magnetisches Eisenoxyd (von Spencer), teils Eisendraht (von Runge und Medlock) zur Reinigung von Trinkwasser empfohlen worden war, verwendet **Bischof** sogenannten Eisenschwamm, d. h. fein verteiltes metallisches Eisen, welches aus Kiesabbränden nach dem Ausziehen des Kupfers gewonnen wird.

— Der Physiolog Franz **Boll** entdeckt, daß die Netzhaut eines Auges, welches längere Zeit vor Licht geschützt ist, eine purpurrote Farbe hat, die ausschließlich den Außengliedern der Stäbchen angehört (Sehpurpur). Durch Licht wird diese Farbe schnell gebleicht, während des Lebens aber stets wieder regeneriert.

— Alfred **Brandt** in Hamburg erfindet die hydraulische Drehbohrmaschine, bei der keilförmige Schneiden aus Stahl unter sehr hohem Wasserdruck (50—200 Atmosphären) in das Gestein gepreßt und gleichzeitig in langsame, kontinuierlich rotierende Drehbewegung versetzt werden.

— **Bruce** und **Batho** in London konstruieren Baggermaschinen mit Greifer-Apparaten, bei denen der Dampf nicht unmittelbar auf den eigentlichen Baggerapparat wirkt, vielmehr eine Art von hydraulischem Motor in der Gestalt von Druckpumpen eingeschaltet ist (Hydraulic Dredger).

— Heinrich **Bruns** führt grundlegende Arbeiten über die Theorie der Erdfigur aus und stellt die Forderung, daß zu einer Lösung des Problems der Erdgestalt das Zusammenwirken der astronomisch-trigonometrischen Messung, des geodätischen Nivellements und der Bestimmung der Pendelschwere unerläßlich sei.

— J. **Burdon-Sanderson** entdeckt die Existenz eines ableitbaren elektrischen Stromes am unverletzten Blatt von Dionaea muscipula, was von H. Munk bestätigt wird. Später werden solche Ströme von A. J. Kunkel (1881), Müller-Hettlingen (1883), Haake (1892) u. a. an zahlreichen intakten Pflanzen nachgewiesen, und es scheint kaum eine Pflanze zu geben, bei der nicht zwischen irgend zwei Punkten der Oberfläche eine Potentialdifferenz nachweisbar ist.

— Otto **Bütschli** veröffentlicht seine Studien über die ersten Entwicklungsvorgänge der Eizelle, die Zellteilung und Konjugation der Infusorien, und trägt dadurch wesentlich zur genaueren Erkenntnis des Furchungsprozesses bei.

— Nachdem schon De la Rive 1837 und Hankel 1848 Hitzdrahtstrommesser mit Spiegelablesung konstruiert hatten, verfertigt **Cardew** einen Hitzdrahtmesser für Wechselstrom, bei dem die Verlängerung durch die Drehung eines Zeigers gemessen wird. Das Instrument wird 1889 von Paalzow und Rubens, 1891 von Hartmann und Braun noch wesentlich verbessert.

— P. **Chenon** in Paris erfindet das sogenannte Transparentleder, das eine durch Glycerin konservierte und weich erhaltene Hautblöße darstellt, und als Binderiemen vorzügliche Dienste leistet.

— **Classen** erörtert eingehend die künstliche Aufspeicherung des Wassers durch Sammelgräben, Teiche und Talaufstauungen vom technischen und ökonomischen Standpunkte aus und läßt sich über die Prinzipien und die Ausführung solcher Werke aus, worin ihm Schlichting (1883), Wolleg u. a. folgen. Die Herstellung derartiger Ausgleichsbehälter war seit den frühesten

Zeiten in China, Japan, Indien, Assyrien, Ägypten, Peru, Ceylon, der Türkei usw. im Gebrauch.

1876 Alfred **Collmann** in Wien konstruiert eine zwangsläufige Ventilsteuerung für Dampfmaschinen, deren erste Ausführung von der Görlitzer Maschinen-Bauanstalt herrührt.

— Der Amerikaner **Courtenay** erfindet die Heulbojen (Heulpfeifen), bei denen das Ertönen der Pfeife selbsttätig infolge der Schwingbewegungen der Boje auf dem Wasser erfolgt. Courtenay legt die erste Boje dieser Art bei Sandy Hook an der Mündung des New Yorker Hauptfahrwassers aus.

— Der französische Reisende Jules Nicolas **Crevaux** erforscht Guayana, wobei er über die Tumuc-Humacberge vom Maroni zum Jari und zum Amazonenstrome gelangt.

— Camille **Dareste** fördert die Lehre von den Mißbildungen durch Versuche am Hühnerei. Es gelingt ihm, durch vertikale Stellung der Eier, Überziehen der Schale mit impermeabeln Stoffen, abnorm hohe oder abnorm niedere Temperatur Mißbildungen zu erzeugen.

— **Deacon** konstruiert einen Wasserverlustmesser (Deacon's Distriktwassermesser), der größere Wasserverluste in städtischen Rohrleitungen selbsttätig registriert und den Verbrauch des Wassers für jede Stunde angibt.

— **Décauville,** ein Landwirt in Petitbourg, konstruiert das erste transportable Eisenbahn-Oberbausystem. Die sehr bewegliche Schienenbahn besteht aus einzelnen Teilen von 3,25 und 1,25 m Länge, die mit 0,4 m Spurweite aus leichten breitfüßigen Schienen und eisernen an die Schienenfüße angenieteten Querbändern bestehen. Die Gleiseteile werden miteinander verbunden, indem die an einem Ende der Schienen angenieteten Laschen unter die Köpfe der anstoßenden Schienen geschoben werden.

— Peter **Dettweiler** modifiziert die Brehmer'sche Behandlungsmethode der Lungenschwindsucht (s. 1859 B.) und führt in der von ihm gegründeten Heilanstalt Falkenstein im Taunus die Freiluft-Ruhekur ein. Er konstruiert zu dem Behufe den Liegestuhl, durch den die Heilanstaltsbehandlung eine systematische wird. Nachdem durch Koch der Auswurf der Tuberkulösen als Hauptträger der Ansteckung erkannt war, gibt Dettweiler durch die nach ihm benannten Spuckflaschen eine sichere Methode der Auswurfbeseitigung.

— Emerson **Dowson** gewinnt durch gleichzeitiges Überleiten von Luft und Wasserdampf über glühenden Anthrazit oder Koks ein für Krafterzeugung und Heizung verwendbares Gas, das dem jetzt eingeführten Sauggas entspricht (Halbwassergas, Dowsongas, Mischgas). Das Dowsongas besteht in der Hauptsache aus Kohlenoxyd, Stickstoff und Wasserstoff.

— Der Forschungsreisende **Emin Pascha** (Eduard Schnitzer) wird von Gordon Pascha mit politischen Sendungen betraut. Nachdem er 1878 zum Gouverneur der Äquatorialprovinz ernannt worden war, ist er unermüdlich tätig, dieses Gebiet zu organisieren und zu erforschen, wird aber durch den Aufstand des Mahdi in eine äußerst gefährdete Lage gebracht, aus der er erst durch Stanley (s. 1887 S.) befreit wird.

— Emil **Erlenmeyer** schlägt vor, durch Zusammenschmelzen von zwei Äquivalenten metallischen Natriums mit einem Äquivalent Blutlaugensalz den gesamten Cyangehalt des Ferrocyanmoleküls als Cyanid nutzbar zu machen, ein Vorschlag, der zu Anfang der 90er Jahre bei dem anwachsenden Cyankaliumbedarf der Goldindustrie in Transvaal Eingang in die Cyankaliumindustrie findet.

— Hermann **Eulenberg** trägt durch sein Handbuch der Gewerbehygiene zum Schutze der Arbeiter vor Schädigungen ihrer Gesundheit und ihres Lebens durch den Gewerbebetrieb wesentlich bei.

1876 Gustav Theodor **Fechner** stellt merkwürdige Mitempfindungen des Gesichtssinnes bei Reizung anderer Sinne, insbesondere des Gehörsinns, fest und nennt diese Erscheinung das farbige Hören (Audition colorée). Diese Erscheinungen werden von Bleuler und Lehmann (1881), Urbantschitsch, Hensen u. a. näher untersucht (Synaesthesie).

— Wilhelm **Fleischmann,** bekannt durch seine Forschungen auf dem Gebiete der Milchwirtschaft und durch sein Lehrbuch „Das Molkereiwesen", gründet die erste deutsche milchwirtschaftliche Versuchsstation in Raden bei Lalendorf in Mecklenburg.

— Karl **Frischen** konstruiert die sogenannte „mechanische Druckknopfsperre", durch welche an den Siemens und Halske'schen Blockwerken die irrtümliche Wiederholung der Entblockung verhindert wird. 1879 verbessert er diese Druckknopfsperre noch wesentlich.

— Nachdem Louis Pasteur (1856) erkannt hatte, daß aus Milchzucker unter Einwirkung verdünnter Säure Galactose entsteht, weist Hermann **Fudakowski** nach, daß sich bei diesem Vorgang zwei isomere Zuckerarten bilden, deren eine mit Glucose identisch ist, während die zweite Zuckerart die von Pasteur entdeckte Galactose ist.

— Der italienische Afrikaforscher Romolo **Gessi** stellt den Ausfluß des Nils aus dem Albert-Nyanza fest.

— Der französische Techniker Aimé **Girard** entdeckt die Hydrocellulose beim Imprägnieren von Baumwolle mit Schwefelsäure von 49° Bé und Waschen mit Wasser.

— Elisha **Gray** und C. H. **Haskins** versuchen die auf Ruhestrom geschaltete Eisenbahntelegraphenleitung gleichzeitig (simultan) für den Fernsprechdienst mitzuverwenden, indem sie den Unterbrechungskontakt der Morsetaster durch Kondensatoren überbrücken.

— E. **Guimet** stellt kleine Proben von Selenultramarin und Tellurultramarin her und bringt dieselben auf der Weltausstellung zu Philadelphia zur Anschauung.

— Der Amerikaner **Halladay** bringt auf der Weltausstellung zu Philadelphia seine Windräder zuerst zur Anschauung. Die Windräder sind wie bei Medhurst (1799) sternförmig geteilt und um ein Zapfenpaar so drehbar, daß sich die Flügel bei stärkerem Winde durch die schnellere Drehung aus dem Winde heraus drehen, wodurch eine ständige Regulierung bewirkt wird.

— Wilhelm **von Hamm** schlägt vor, hartes Erdreich für den Ackerbau durch Sprengungen mit Dynamit bis in eine Tiefe von 2—3 m zu lockern und dadurch eine leichtere Bearbeitung des Bodens zu ermöglichen (Sprengkultur). Die ersten Versuche werden mit günstigem Erfolge auf der Colloredo-Mansfeld'schen Domäne Dobris ausgeführt.

— Karl **Heumann** arbeitet über die Theorie der leuchtenden Flammen und liefert direkte Beweise für die Anwesenheit von festem Kohlenstoff in denselben, wodurch er die Theorie von Davy (s. 1817 D.) bestätigt.

— Nachdem Leykauf 1859 Proben von violettem Ultramarin dargestellt und Justin Wunder 1872 ebenfalls violettes Ultramarin erhalten hatte, arbeiten R. **Hoffmann** und C. **Grünzweig** ein Verfahren aus, violettes und rotes Ultramarin durch Säure- und Luftwirkung auf Ultramarin herzustellen. Bedeutung für die Praxis erhalten diese Körper nicht.

— Der amerikanische Ingenieur **Isherwood** macht an der Maschine des Dampfers „Michigan" Versuche über den Einfluß verschiedener Zylinder-Füllung auf den Dampfverbrauch.

— Der russische Elektriker Paul **Jablochkoff** erfindet die nach ihm benannte Kerze für Bogenlicht und erzielt dadurch die erste erfolgreiche „Teilung des Lichts".

47*

1876 Der Grieche Konstantin **Karapanos** findet die Ruinenstätte des alten Zeusheiligtums und Orakelortes Dodona wieder auf. (S. Dodone et ses ruines. Paris 1878.)

— Anton **Kerner von Marilaun** studiert die Schutzeinrichtungen der Pflanzen gegen ungebetene Gäste. Solche Schutzeinrichtungen hatte zuerst Erasmus Darwin (vgl. 1788 D.) beschrieben.

— Robert **Koch** züchtet den Milzbrandbacillus auf künstlichen Nährböden, legt seinen Entwicklungsgang in allen Einzelheiten dar und weist die Bildung von Dauerformen (Sporen) und deren Bedeutung für die Verbreitung der Krankheit nach. Hiermit ist der erste sichere Schritt auf dem Wege der Erkenntnis der krankheitserregenden Bakterien gemacht, so daß Koch zuversichtlich den Ausblick für die Erforschung aller anderen Infektionskrankheiten, wie Typhus und Cholera, eröffnen kann.

— Karl Rudolph **König** macht Beobachtungen über den Zusammenklang zweier Töne und die dabei entstehenden primären und sekundären Stoßtöne, sowie über die unabhängig von den Stoßtönen auftretenden Differenz- und Summationstöne.

— Die Maschinenfabrik August **Krull** in Helmstedt führt die ersten schmiedeeisernen Seifenformen ein, welche allmählich die hölzernen Formen aus den Seifenfabriken verdrängen.

— A. A. **Kundt** und E. **Warburg** erfinden eine Methode der Molekulargewichtsbestimmung, die auf dem Verhältnis der spezifischen Wärmen beruht. Hierbei werden die Längen der Kundt'schen Staubfiguren gemessen, die den Schallgeschwindigkeiten direkt proportional sind. Diese letzteren stehen ihrerseits wieder in Beziehung zur spezifischen Wärme.

— A. A. **Kundt** und E. **Warburg** finden für den einatomigen Quecksilberdampf das Verhältnis der spezifischen Wärmen bei konstantem Druck und konstantem Volum zu $^4/_3$ und bestätigen dadurch eine wichtige Folgerung der kinetischen Gastheorie.

— Albert **Ladenburg** und Zygmunt **Wroblewsky** gelingt es, ausgehend von der Vierwertigkeit des Kohlenstoffs, die zwei für die Konstitution des Benzols grundlegenden Sätze zu erweisen: 1. die Gleichwertigkeit der Benzolwasserstoffe, 2. die Symmetrie zweier Wasserstoffatompaare dem dritten Wasserstoffatompaar gegenüber.

— Victor **von Lang** weist nach, daß die Drehung der Polarisationsebene im Quarz mit wachsender Temperatur zunimmt. Dies wird von Sohncke und Joubert bestätigt. (S. a. 1863 D.)

— Charles **Lauth** entdeckt, daß das Para-Phenylendiamin mit der gleichen Menge Schwefel auf 150—180° C. erhitzt einen violetten Farbstoff liefert (Lauth-Violett), der zur Klasse der Thiazime gehört.

— A. **Ledieu** fördert durch sein Werk „Les nouvelles machines marines" die Lehre vom Bau der Maschinen auf den Schnelldampfern der Kriegs- und Handelsmarine.

— J. **Leiter** konstruiert ein von ihm „Rektoskop" benanntes Instrument zur Beleuchtung des Mastdarms mit elektrischem Glühlicht.

— Der Mediziner Ernst **von Leyden** in Berlin fördert die Lehre von den Erkrankungen des Rückenmarks. (Vgl. sein Hauptwerk „Klinik der Rückenmarkskrankheiten".)

— Die Gebrüder **Mac Dougall** in Liverpool erfinden den nach ihnen benannten mechanischen Kiesröstofen für den Bleikammerprozeß, der aus einer Anzahl etagenartig übereinander liegender Röstplatten von kreisförmiger Grundfläche besteht, durch welche eine vertikale Hohlwelle geht, an der Rührarme angebracht sind. Der Ofen wird 1894 von Frasch, 1896 von Herreshoff, 1901 von O'Brien und 1903 von Kauffmann modifiziert und verbessert. Bei den letzteren drei Systemen werden Hohlwelle und Rührarme durch Luft gekühlt. Die neueste Modifikation des Mac Dougall-Ofens ist der sogenannte Klepetkoofen, der alle früheren Konstruktionen in seinen Leistungen übertrifft.

1876 **Mac Ivor** macht sich in Indien um die Kultur des Chinarindenbaums verdient und sucht durch künstliche Eingriffe den Alkaloidgehalt der Pflanzen zu steigern. Die ersten Cinchonensetzlinge waren 1860 durch Markham von Java nach Indien überführt worden.

— James **Mactear** verbessert den Sodacalcinierofen von Schofield (s. 1875 S.), indem er die Entleerung statt in der Peripherie im Zentrum bewirkt. Die kreisförmige Sohle des Ofens rotiert langsam; die Masse wird dabei fortwährend durch einen Rührapparat gewendet. Der Ofen produziert im Durchschnitt 110 Tonnen in einer sechstägigen Kampagne.

— Wilhelm **Michaelis** stellt fest, daß Portlandzemente durch geeignete, verbindungsfähige Kieselsäure enthaltende Zuschläge verbessert werden und gibt dadurch Veranlassung, daß unter Benutzung der von Langen (s. 1862 L.) und Lürmann (s. 1865 L.) gemachten Erfahrungen durch Zusatz von Hochofenschlacke zu Portlandzement Eisen-Portlandzemente in ausgedehntem Maßstabe — zuerst 1885 von Albrecht Steinel in Wetzlar — hergestellt werden.

— **Michler** entdeckt bei der Einwirkung von Chlorkohlenoxyd auf Dimethylanilin das Tetramethyldiaminobenzophenon, das als Ausgangsmaterial für wichtige Triphenylmethanfarbstoffe dient. (S. 1883 C. und 1884 C.)

— Der Mediziner Hermann **Munk** beginnt seine Forschungen über die Lokalisation der Großhirnfunktionen. (Vgl. auch 1871 F. und 1873 F.)

— Unter Oberleitung des Generals John **Newton** wird das in der Hafeneinfahrt von New York liegende Hallett's Point Riff am Hell Gate gesprengt. Die hierzu erforderlichen Minengänge, deren Vortreiben i. J. 1869 begonnen worden war, haben eine Gesamtlänge von $2^1/_4$ km. Die Sprengung erfolgt mit 24000 kg Dynamit in 4000 Bohrlöchern. Sämtliche Ladungen werden gleichzeitig auf elektrischem Wege gezündet. Die weggesprengte Felsmasse beträgt 23000 cbm.

— Albert **Orth** bildet die mechanische Bodenanalyse weiter aus. Er führt die Scheidung der Bodenbestandteile so weit durch, daß diese Art der Analyse ein besser zutreffendes Bild über den Fruchtbarkeitszustand der Ackererde gibt als die chemische Analyse.

— W. **Ostberg** führt den Feuerschutzanzug ein. Dieser besteht in einem Gummianzug, den der Feuerwehrmann, nachdem er zuvor doppelte dicke Winterkleidung angezogen hat, über diese streift, und mit dem er in das Feuer eindringen und es bekämpfen kann, ohne unter der Hitze und dem Rauch zu leiden.

— Nicolaus **Otto** konstruiert eine Viertakt-Gaskraftmaschine, bei welcher das Gasgemenge in vier aufeinander folgenden Hüben des Arbeitskolbens zunächst aufgesaugt, dann verdichtet, darauf entzündet und endlich in verbranntem Zustande hinausbefördert wird. (S. 1862 Beau de Rochas.)

— Louis **Pasteur** untersucht die Ursachen gewisser Veränderungen des Bieres, durch welche dasselbe seinen normalen Geschmack und seine normale physikalische Beschaffenheit einbüßt, und findet, daß die „Krankheiten" des Bieres durch Bakterien hervorgebracht werden. Er sucht vermittels der von ihm konstruierten und nach ihm benannten zweihalsigen Kolben, in denen er die Nährflüssigkeit sterilisiert, reine Hefe zu züchten, ohne jedoch zu praktischen Resultaten zu gelangen.

— Der österreichische Linienschiffsleutnant Josef **Peichl** in Triest stellt einen Kompensationskompaß für eiserne Schiffe her, bei welchem die störende

Einwirkung der den Eisenmassen des Schiffs innewohnenden magnetischen Kräfte durch eine Anzahl um die Kompaßrose gelagerter weicher Eisenkerne beseitigt wird.

1876 John **Percy** stellt zuerst Manganbronze her, indem er der im Tiegel geschmolzenen Bronze unter einer Decke von Holzkohlenpulver und unter Zusatz von Pottasche oder Soda, 0,5 bis 2% Mangankupfer nach und nach in vorgewärmten Stückchen hinzufügt. Cowles empfiehlt 1889, der Manganbronze 5% Aluminium zuzufügen, wodurch sie fester, elastischer, leichter gießbar, widerstandsfähiger und silberweiß werden soll.

— Wilhelm **Pfeffer** zeigt, daß die Schlafbewegungen (nyctinastische Bewegungen) vieler Pflanzen die Nachwirkung der induzierten Tagesperiode sind, und stellt die Ursache und die Mechanik der Tagesbewegungen fest, die nicht nur durch den Beleuchtungswechsel, sondern auch in bestimmten Fällen durch den Temperaturwechsel und den Wechsel der Feuchtigkeit (den Turgescenzzustand) verursacht werden (also nicht nur photonastischer, sondern auch thermonastischer und hydronastischer Natur sind).

— Raoul **Pictet** konstruiert die Schwefligsäureeismaschine, in welcher Wasser durch die rasche Verdunstung von Schwefligsäureanhydrid zum Gefrieren gebracht wird.

— Eduardo **Porro** gibt die nach ihm benannte Operation an, die im Kaiserschnitt mit darauffolgender Amputation der Gebärmutter oberhalb ihres Scheidenteils besteht.

— Telegraphen-Oberinspektor **Pörsch** und Eduard **Zetzsche** versuchen den Bell'schen Fernsprecher in gewöhnlichen Telegraphenleitungen und stellen fest, daß es möglich ist, eine Anzahl Fernsprecher hintereinander in eine Leitung zu schalten und im Wechselverkehr auszunutzen.

— François Marie **Raoult** konstruiert zu Zwecken der Gasanalyse durch direkte Absorption eine Gasbürette, die 1877 von Bunte derart abgeändert wird, daß sie eine größere Reihe aufeinander folgender Absorptionen ermöglicht und auch die Verbrennung von Wasserstoff gestattet. Die Bunte'sche Bürette findet weite Verbreitung.

— Karl **Reimer** stellt die Aldehyde der Oxy- und Dioxybenzoesäuren aus Phenol bez. den Dioxybenzolen durch Behandeln mit Chloroform und Alkali dar. Die Reaktion beruht darauf, daß das aus Chloroform nascierende Formyl an Stelle eines Wasserstoffs des betreffenden Phenols tritt. Die Reaktion wird von Tiemann und Reimer auch bei Darstellung des Vanillin aus Guajacol verwertet. (S. 1876 T.)

— Die Gebrüder **Sachsenberg** in Roßlau verbessern in Gemeinschaft mit **Brückner** die längst bekannte Kugelmühle derart, daß die Absiebung der gemahlenen Materialien gleich in der Mühle vorgenommen wird, wobei eine wesentlich höhere Leistung möglich wird. Eine Abänderung der Kugelmühle ist die viel gebrauchte Kugelfallmühle von Löhnert, die 1887 konstruiert und 1896 noch verbessert und mit Windsichtung versehen wird.

— S. **Schuckert** konstruiert den Flachringanker für dynamoelektrische Maschinen.

— F. **Selmi** zeigt, daß auf Tapeten, die mit arsenhaltigen Farben gefärbt sind, durch das Wachsen von Schimmelpilzen Arsenwasserstoff entsteht, und erklärt damit die Gesundheitschädlichkeit solcher Tapeten.

— Nachdem sich neuerdings eine Bewegung zugunsten der im Altertume gebräuchlichen Feuerbestattung bemerkbar gemacht hatte und auf dem ersten europäischen Kongreß für Feuerbestattung i. J. 1876 die Bedingungen für Krematorien aufgestellt worden waren, entwirft Friedrich **Siemens** eine diesen Bedingungen entsprechende Ofenanlage. Die erste Ausführung einer solchen Anlage erfolgt 1878 in Gotha; in ihr werden Leichen in zwei Stunden ohne Entwicklung von Rauch und üblem Geruche zu weißer Asche ($1^1/_2$—2 kg) verbrannt. Einen verbesserten Verbrennungsofen baut Schneider für das Hamburger Krematorium.

1876 Werner **von Siemens** mißt die Fortpflanzungsgeschwindigkeit der Elektrizität in einem eisernen Telegraphendraht von 23,372 km Länge und findet im Mittel die Fortpflanzungsgeschwindigkeit zu 240000 km in der Sekunde. Theoretisch muß, wie später Kirchhoff lehrt, für eine widerstandsfreie Leitung eine um ein Drittel höhere Geschwindigkeit angenommen werden, die der des Lichtes gleich ist.

— **Siemens** und **Halske** richten unter Anwendung ihrer Blocksignale die erste Drehbrückensicherung bei Zutphen ein.

— Der niederländische Oberingenieur **Tidemann** stellt nach englischem Vorbilde (s. 1872 F.) eine Schleppmodell-Versuchsstrecke her und führt Schleppversuche mit Schiffsmodellen aus Paraffin aus.

— F. **Tiemann** und K. **Reimer** stellen aus Guajacol und Chloroform mit Alkalilauge synthetisch Vanillin her.

— **Tilp** gibt Grundsätze für die Form der Wagen-Schneepflüge zur Beseitigung größerer Schneeverwehungen an. Der Schneepflug muß so gebaut sein, daß der zu beseitigende Schnee ohne plötzliche Richtungsänderungen allmählich auf die Pflugschar gehoben wird und hier gleichzeitig als Belastung gegen das Hochgleiten der Maschine dient.

— Gustav Gabriel **Valentin** studiert die Wirkung des Skorpiongiftes und schließt, wie Paul Bert (s. 1865 B.), auf ein Neurotoxin. Von Calmette wird später (s. 1895 C.) festgestellt, daß das Serum von Pferden, die gegen Cobragift immunisiert sind, gegen das Skorpiongift schützt, was von Metschnikoff bestätigt wird.

— Alfred Russell **Wallace** fördert durch seine Schrift „Geographical distributions of animals“ die Tiergeographie, wobei er für die Landtiere auch die ausgestorbene Fauna in den Bereich seiner Betrachtungen zieht und dadurch für dieses Gebiet neue Perspektiven eröffnet.

— Otto N. **Witt** stellt eine Theorie des Zusammenhangs zwischen der Konstitution und den färbenden Eigenschaften der Farbstoffe auf, wonach die Farbstoffnatur aromatischer Körper durch die gleichzeitige Anwesenheit einer farbstoffgebenden Gruppe (Chromophor) und einer salzbildenden Gruppe bedingt ist.

1877 John **Aitken** spricht im Gegensatz zu der Wells'schen Theorie die Ansicht aus, daß ein großer, ja der entschieden größere Teil des Tauwassers dem Erdboden entstamme. (S. a. 1748 G.)

— Nachdem schon früher einige Messungen von Ausdehnungskoeffizienten von Flüssigkeiten bei höheren Drucken durchgeführt worden waren, untersucht **Amagat** die Frage nach dem Zusammenhang zwischen Ausdehnung und Druck systematisch für Wasser und einige andere Flüssigkeiten. Er veröffentlicht die Resultate seiner seit 1876 fortgesetzten Untersuchungen im Jahre 1893 in den Ann. de chim. et de phys. 6 série T. XXIV.

— Albert **Atterberg** findet im Kienöl das Sylvestren, das eines der stabilsten Terpene ist und in seinem Geruch an Bergamottöl erinnert. Der Körper wird später von Baeyer als m-Cymol-Abkömmling erkannt.

— Adolf **von Baeyer** und Heinrich **Caro** erhalten beim Durchleiten verschiedener aromatischer Amine, namentlich von Methylorthotoluidin, durch glühende Röhren Indol.

— Wilhelm Jakob **van Bebber** faßt sein Urteil über die klimatische Bedeutung des Waldes dahin zusammen, daß größerer Waldbestand eine Annäherung des örtlichen Klimas an das maritime Klima zuwege bringe, und daß durch Entwaldung das kontinentale Klima eine schärfere Ausbreitung erhalte.

Im Anschluß an diese Arbeiten werden von Ärzten die Waldheilstätten ihrer staub- und bakterienfreien Luft halber dringend empfohlen.

1877 Wilhelm Jakob **van Bebber** legt in seiner Schrift „Die Meteorologie im Dienste der Landwirtschaft" die Wichtigkeit der landwirtschaftlichen Wetterprognose dar, und bezeichnet dieselbe als einen besonders nützlichen Teil der allgemeinen Wetterprognose. Im Jahre 1879 arbeiten die Agronomen Thiel und Hausburg in Verbindung mit dem Meteorologen Köppen für die Regierung des Deutschen Reiches ein einschlägiges Regulativ aus.

— Nachdem man schon seit einiger Zeit zur Herstellung der künstlichen Mineralwässer flüssige Kohlensäure verwendet hatte, konstruiert Hendryk **Beins** in Groningen einen Apparat, bei welchem die Darstellung der flüssigen Kohlensäure mit der Fabrikation des Mineralwassers verbunden wird. Die Sättigung des Wassers mit Kohlensäure erfolgt in den Versandflaschen.

— Ernst **von Bergmann** führt die Wundbehandlung mit antiseptischen Tampons (Tamponade) und gleichzeitig die Antisepsis mit Sublimat ein. Er begründet die moderne Chirurgie der knöchernen Schädelkapsel und des Gehirns.

— Emil **Berliner** meldet ein Patent auf einen Transmitter (Mikrophon) an, dessen Prinzip auf der von Du Moncel entdeckten Eigenschaft zweier Leiter, ihren Widerstand bei Druck zu ändern, beruht.

— Claude **Bernard** stellt zuerst fest, daß das Blut beim Stehenlassen seinen Gehalt an Zucker einbüßt; die gleiche Beobachtung wird (1877) von Pavy gemacht und (1891) von Harley dahin ausgedehnt, daß auch zugesetzter Zucker beim Stehenlassen im Blute zerstört wird (Glykolyse).

— Adolph **Bleichert** bringt die Drahtseilbahnen für industrielle Zwecke auf eine sehr hohe Stufe. Er behält das endlose, mit den Förderwagen verbundene Seil bei, läßt es aber nur als Zugseil wirken, während er ein zweites festliegendes Seil als Tragseil hinzufügt und dieses als Laufbahn dienen läßt.

— Otto **Bollinger** stellt zuerst die eigentümliche Erkrankung des Rindes, die später den Namen „Aktinomykose" erhält, als eine Pilzkrankheit fest; 1878 gelingt dieselbe Feststellung James Israel beim Menschen. Der Pilz, dem Harz 1878 den Namen „Actinomyces bovis" (Strahlenpilz) gibt, wird 1890 von Wolff und Israel rein gezüchtet.

— Jean **Bouquet de la Grye** erfindet das Pelometer zur Bestimmung der Menge des in fließendem Wasser vorhandenen Schlammes.

— E. **Bořicky** in Prag veröffentlicht die erste brauchbare Methode für mikrochemische Mineraluntersuchungen. Er benutzt das Auflösungsvermögen von Kieselfluorwasserstoffsäure für Silicate (in der Kälte) und die mit den Alkalien und alkalischen Erden entstehenden krystallographisch charakteristischen Kieselfluoride und arbeitet auf einem mit Canadabalsam überzogenen Objektträger. (S. a. 1866 H.)

— Oscar **Brefeld** findet, daß das Mycelgeflecht von Agaricus melleus (s. 1855 F.) auch in einer Reinkultur (in wässeriger Nährlösung) eine schöne Lichtentwicklung zeigt.

— Ludwig **Brieger** stellt aus dem menschlichen Kote das Skatol her, das sich als β-Methyl-Indol erweist und bei der Fäulnis von Eiweiß neben Indol entsteht. (Vgl. 1875 K.)

— John Young **Buchanan** gibt eine zusammenfassende Übersicht über die je nach der geographischen Lage verschiedene Dichte des Meerwassers. Er gibt an, daß sich im Atlantischen Ozean zwei Gebiete von der Maximaldichte 1,0275, im Pazifischen Ozean ein großes geschlossenes Gebiet von der Maximaldichte 1,027 und im Indischen Ozean zwei Gebiete von der Maximaldichte 1,0275 befinden.

— Louis Paul **Cailletet** zeigt zuerst die Kondensierbarkeit des Sauerstoffs. Er verdichtet das Gas in einer engen dickwandigen Glasröhre mit einer hydraulischen Presse. Wird hierauf rasch der Druck vermindert, so wird infolge der Arbeit, die das sich plötzlich ausdehnende Gas leistet, eine so bedeutende Wärmemenge verbraucht, daß das Gas sich um etwa 200° abkühlt (Expansionskälte). Bei dieser Entspannung bildet sich in der Röhre ein Nebel, der aus feinen Tröpfchen des kondensierten Gases besteht.

1877 Matthew **Carey Lea** erfindet für photographische Zwecke den Eisenoxalatentwickler, der von Eder noch verbessert wird.

— Heinrich **Caro** stellt im Verfolg der Lauth'schen Reaktion (s. 1876 L.) durch Oxydation von Dimethylparaphenylendiamin bei Gegenwart von Schwefelwasserstoff das Methylenblau dar, das späterhin ausschließlich durch das Thiosulfatverfahren (Einwirkung von Thioschwefelsäure auf chinonimidartige Körper) gewonnen wird. Das Methylenblau gehört wie das Lauth-Violett zur Klasse der Thiazime.

— Nachdem Alexander Mitscherlich zuerst (1864) auf die Ähnlichkeit der Spektren von Zink und Cadmium hingewiesen und Lecoq de Boisbaudran auf die große Ähnlichkeit der Formen in den Spektren von Kalium und Rubidium aufmerksam gemacht hatte, zeigt Giacomo **Ciamician,** daß eine Ähnlichkeit zwischen den Emissionsspektren chemisch verwandter Elemente existiert, und teilt mit Rücksicht auf die Anzahl und Lage der Linien in den Emissionsspektren die Elemente in 11 verschiedene Gruppen ein.

— Adolf **Clemm** fabriziert nach einem von Wallace 1876 angegebenen Verfahren rauchende Schwefelsäure durch Erhitzen von Natriumbisulfat in großem Maßstabe. Das Verfahren wird später aufgegeben, weil es mit dem Kontaktverfahren der Badischen Anilin- und Sodafabrik (s. 1897 B.) nicht konkurrieren kann.

— Hermann **Credner** untersucht das Oligocän und das nordische Diluvium und erforscht die permischen Stegocephalen. Diese Untersuchung wird für die Paläontologie bedeutsam.

— Vincenz **von Czerny** lehrt die Exstirpation der Niere und des Uterus, sowie die Radikaloperation der Hernien.

— **Deering** in Chicago baut den ersten Bindemäher (garbenbindende Getreidemähmaschine) mit Knotenknüpfer zum Binden mit Draht. (Vg. 1858 A.)

— **Downes** und **Blunt** veröffentlichen in den „Proceedings of the Royal Society" die erste Arbeit über die bakteriziden Wirkungen des Lichts, wobei sie feststellen, daß das direkte Sonnenlicht am stärksten wirkt, und daß namentlich den kurzwelligen Strahlen diese Wirkungen zukommen. Ähnliche Resultate erhalten Duclaux (1885), Arloing (1885), Janowsky (1890), Dieudonné (1894) und viele andere. Diese Versuche geben dem alten Verfahren, Möbel und Kleidungsstücke an der Sonne zu desinfizieren (Sonnendesinfektion), eine wissenschaftliche Grundlage.

— Thomas Alva **Edison** konstruiert das mit Batterie zu betreibende Carbon-Telephon. Im Stromkreise der Batterie liegt außer dem Kohlenfernsprecher die eine Umwindung eines Induktoriums, dessen zweite Umwindung mit der Fernleitung verbunden ist.

— Der Fabrikant Paul **Ehrlich** in Leipzig-Gohlis erfindet mechanische Musikinstrumente, die mit durchlöcherten Scheiben für beliebige Musikstücke eingestellt werden können (Ariston, Symphonion, Polyphon, mechanische Klaviere, Pianola usw.).

— A. D. **Elbers** verbessert die Fabrikation der Schlackenwolle (s. 1870 P.), indem er die durch Erstarren der Masse beigemengten kleinen und größeren Schlackenkörner von der Wolle auf mechanischem Wege scheidet.

— Friedrich **von Esmarch** gibt zu Verbandzwecken einen schneidbaren Schienenstoff an. Derselbe besteht aus 3 cm breiten, 1,5 mm dicken, parallel nebeneinander liegenden Holzspänen, welche zwischen einer Doppellage

Baumwollstoffs mittels Wasserglas festgeklebt sind. Ähnliche Holzverbände werden von Waltuch, Johnson, Schnyder u. a. angegeben.

1877 Alexandre Leon **Etard** findet ein Verfahren, die Homologen des Benzols mit dem von Berzelius entdeckten Chromsäurechlorid (s. 1827 B.) glatt zu den entsprechenden Aldehyden zu oxydieren. Er stellt so aus Toluol Benzaldehyd, aus Äthylbenzol Phenylacetaldehyd, aus Campher den entsprechenden Aldehyd dar.

— Otto **Fischer** entdeckt, daß aromatische Amine sich mit Aldehyden ähnlich wie die Kohlenwasserstoffe und Phenole (s. 1872 B.) kondensieren, und stellt auf diesem Wege aus Benzaldehyd und Dimethylanilin das Tetramethyldiamidotriphenylmethan (Leukomalachitgrün) dar. Die Methode wird auch für die Technik wertvoll, indem durch Oxydation dieses Körpers das Malachitgrün (s. 1878 D.) gewonnen wird.

— Moritz **Fleischer** organisiert und leitet die erste von der preußischen Zentralmoorkommission gegründete Moorversuchsstation in Bremen, deren Aufgabe darin besteht, Moorversuchsfelder und Musteranlagen zu schaffen, und für jede Moorfläche die erfolgversprechendste Kulturmethode festzusetzen. Als Errungenschaft der fortgesetzten Versuche ergibt sich die Hochmoorkultur, bei der mit gründlicher Bearbeitung und einmaliger leichter Brandkultur der oberen Moorschicht eine energische Kalkzufuhr und reichliche Düngung mit Stickstoff, Kali und Phosphorsäure verbunden wird. (Vgl. auch 1862 R.)

— E. **Forlanini** versucht, den als Spielzeug lange bekannten Schraubenflieger für praktische Zwecke nutzbar zu machen, und konstruiert ein Schraubenfliegermodell, das sich mit Hilfe eines kleinen Dampfmotors in 20 Sekunden bis zu 13 m erhebt.

— Richard **Förster** macht den ersten Versuch, die Beziehungen zwischen den Allgemeinerkrankungen und den Augenaffektionen in ihrer ganzen Ausdehnung zu beleuchten, und bewirkt durch seine Arbeiten, daß dem Zusammenhang von Krankheiten des Sehorgans mit den Allgemeinleiden und Organkrankheiten ein erhöhtes Interesse gewidmet wird.

— Der Ingenieur Sampson **Fox** in Leeds begründet die Fabrikation von Wellrohr (Wellblechrohr), das insbesondere von der Firma Schulz, Knaudt u. Co. zur Herstellung von Flammrohren für Dampfkessel verwendet wird und rasch Verbreitung findet, da die Widerstandsfähigkeit solcher Rohre gegen Außendruck sehr groß ist und dadurch die Betriebssicherheit der Kessel wesentlich erhöht wird.

— C. **Friedel** und M. J. **Crafts** führen mit Hilfe von Aluminiumchlorid in aromatische Körper Gruppen der verschiedensten Art unter Abspaltung von Salzsäure oder Wasser ein. Sie bewirken auf diese Weise die Synthese von Kohlenwasserstoffen, wie z. B. von Amylbenzol (aus Chloramyl und Benzol), Äthylbenzol (aus Jodäthyl und Benzol) und von Acetonen, wie z. B. von Benzophenon (aus Chlorbenzoyl und Benzol) und Phtalophenon (aus Phtalylchlorid und Benzol). Die Wirksamkeit des Aluminiumchlorids bei diesen Synthesen ist als eine katalytische anzusehen.

— **Friese** empfiehlt zuerst den Liquor ferri albuminati, der, nachdem er noch von Drees, Pizzala u. a. verbessert worden ist, von allen Eisenpräparaten fast am meisten verwendet wird. (Vgl. auch 1854 K.)

— Guido **Fuchs** und Eduard **Zetzsche** schlagen unabhängig voneinander vor, anstatt tragbarer Hilfstelegraphen bei den fahrenden Zügen für den gleichen Zweck Fernsprecher anzuwenden.

— Albert **Gaudry** macht ausgedehnte paläontologische Forschungen in Griechenland und im Orient. Namentlich seine Grabungen in Pikermi bereichern die Paläontologie mit der Kenntnis einer Fülle von ausgestorbenen Tierformen.

1877 Lucien **Gaulard** in Paris nimmt am 15. Dezember das erste Patent auf ein Verfahren, Häute unter Mitwirkung des elektrischen Stromes zu gerben und dadurch den Gerbprozeß zu beschleunigen.

— Paul **Glan** konstruiert ein Spektrophotometer, das besonders geeignet ist, die Intensität verschieden gefärbter Flammen dadurch zu vergleichen, daß von jeder ein Spektrum entworfen wird und nun die gleichgefärbten Teile der Spektren miteinander verglichen werden. Das Instrument eignet sich sehr gut für die quantitative Spektralanalyse. Es wird in der Folge von Hüfner, Crova, Glazebrook, Wild und anderen verbessert.

— Paul Albert **Grawitz** gelingt es, die Pilze des Favus (s. 1839 S.), des Herpes (Trichophyton tonsurans) und der Pityriasis versicolor außerhalb des Körpers zu züchten und die Beweise für deren Verschiedenheit beizubringen. Dadurch, daß es ihm gelingt, mit den Kulturen beim Menschen die entsprechenden Hautaffektionen wieder zu erzeugen, stellt er deren äthiologische Bedeutung sicher.

— Edouard **Grimaux** erhält das Allantoin synthetisch durch Erhitzen von Harnstoff mit Glyoxalsäure; später wird es auch von Claus und Fischer und Ach aus Harnsäure durch Oxydation gewonnen.

— Hermann **Grüneberg** konstruiert einen kontinuierlich arbeitenden Destillationsapparat zur Verarbeitung des Gaswassers auf Ammoniak. Aus dem Gaswasser werden erst die flüchtigen Ammoniaksalze abgetrieben und dann durch Zusatz von Kalk das fixe Ammoniak gewonnen. Der Hauptvorteil des Apparats ist, daß er die Anlagerung von Kalkkrusten an der Heizfläche der Kessel verhütet und die Entfernung der Kalkrückstände ohne allen Zeitverlust gestattet. Der Apparat wird im Jahre 1884 von Grüneberg und Blum verbessert. Andere Destillationsapparate für Ammoniak sind der in England gebräuchliche Coffey'sche Apparat (s. 1854 L.), der in der Pariser Gasanstalt gebräuchliche Mallet-Apparat (s. 1854 L.), der Feldmann-Apparat (1883) usw.

— Hermann **Gruson** in Magdeburg konstruiert den Kosinus-Regulator, der seinen Namen von dem in ihm rotierenden Pendel hat, welches die charakteristische Eigenschaft besitzt, daß das in seinem Schwerpunkt auftretende Zentrifugalmoment dem Kosinus des Ausschlagswinkels proportional ist.

— Der Astronom Asaph **Hall** entdeckt am 16./17. August die schon von Kepler gemutmaßten Marstrabanten „Deimos" und „Phobos".

— Gustav **Hambruch** konstruiert unter dem Namen „Siphonoid" ein durch Dampf betriebenes Wasserhebewerk. Der Dampf kommt hierbei nicht, wie beim Pulsometer, direkt mit dem kalten zu hebenden Wasser in Berührung; auch ist es nicht nötig, atmosphärische Luft zur Verlängerung der Saugperiode zuzuführen.

— P. George **Hardy** erfindet die nach ihm benannte einfach wirkende Vakuumbremse und im darauf folgenden Jahre die erste automatische Vakuumbremse, die namentlich in Österreich, England und Schweden eingeführt wird.

— P. **Hautefeuille** gelingt es, durch Zusammenschmelzen eines Gemenges von Tonerde, Kieselsäure und Alkaliwolframiat bei 900—1000° C. künstlichen Feldspat, und durch Zusatz von Kieselfluorkalium Kaliumfeldspat und Quarz in schön ausgebildeten Krystallen nebeneinander zu erhalten.

— Aus den Arbeiten von Eduard Strasburger (s. 1875 S.) über den Furchungsprozeß im Zusammenhang mit den Arbeiten von Bütschli (s. 1876 B.) und den eingehenden Untersuchungen von Oskar **Hertwig** über die Bildung, Befruchtung und Teilung des tierischen Eies ergibt sich der wichtige Satz, daß, wie alle Zellen, so auch alle Kerne des tierischen Organismus von der Eizelle und ihrem Kern in ununterbrochener Folge abzuleiten sind. Hierdurch wird Haeckels Furchungsschema (s. 1875 H.) wesentlich verbessert und ergänzt.

1877 K. **Heumann** stellt Silberultramarin, Kaliumultramarin und Lithiumultramarin her und sucht die Beziehungen dieser Körper zu dem Natriumultramarin festzustellen.

— Nachdem infolge der Reisinger'schen Arbeiten (s. 1818 R.) von Thomé, Königshöfer, Ch. Munk, Feldmann und Desmarres vielfache Versuche, tierische Hornhaut auf Menschen zu verpflanzen, im wesentlichen mit geringem Erfolg, gemacht waren, nimmt Arthur **von Hippel** diese Versuche wieder auf, die indes auch nur in seltenen Fällen zu einer dauernden Erhaltung der Transparenz der transplantierten Haut führen.

— Edward Singleton **Holden** schließt aus einem Vergleich des Omega-Nebels im Schützen mit den aus älterer Zeit vorhandenen Zeichnungen auf eine Veränderlichkeit dieses Nebels. (Vgl. 1852 H.)

— Edmund **Hoppe** macht Versuche über die Leitfähigkeit der Flamme und konstatiert, daß die Leitfähigkeit um so größer ist, je heißer die Flamme ist.

— Nachdem schon Spallanzani den Beweis geführt hatte, daß die Fische Sauerstoff aufnehmen und Kohlensäure abgeben, machen **Jolyet** und **Regnard** exakte Versuche über die Respirationsvorgänge bei den im Wasser lebenden Tieren, indem sie zu diesem Behufe den Respirationsapparat von Regnault und Reiset (s. 1849 R.) entsprechend modifizieren. Der Apparat wird 1901 von N. Zuntz noch verbessert.

— Edwin **Klebs** behauptet auf Grund seiner Untersuchungen mit aller Entschiedenheit, daß das spezifische Virus in bestimmten Bakterien gesucht werden müsse. (Vgl. 1876 Koch.)

— Ludwig Friedrich **Knapp**, der sich seit 1861 mit Mineralgerberei beschäftigt hat, erfindet ein Verfahren, ein dem lohgaren Leder sehr ähnliches Produkt zu erzielen, indem er dem Leder durch Walken eine unlösliche Eisenseife inkorporiert. Ähnliche Versuche waren schon 1794 von Ashton ohne praktische Erfolge unternommen worden.

— Robert **Koch** gibt ein eingehend ausgearbeitetes Verfahren zur Untersuchung, Konservierung und photographischen Abbildung der Bakterien an und trägt dadurch zur endgültigen Ausgestaltung und technischen Vollendung der Methodik der Bakterienfärbung wesentlich bei. Er findet in dem Abbe'schen Kondensor (s. 1872 A.) das Mittel, auch die kleinsten Mikroorganismen in voller Deutlichkeit und Klarheit zur Anschauung zu bringen.

— Friedrich **Kohlrausch** konstruiert das nach ihm benannte Totalreflektometer, bei dem die zu untersuchende Objektplatte, um eine vertikale Achse drehbar, in eine stärker brechende Flüssigkeit gehängt wird. Der Apparat wird 1879 von C. Klein und später von P. v. Groth verbessert.

— L. **Laurent** konstruiert zur Bestimmung des Zuckers einen verbesserten Halbschattenapparat, bei welchem gewöhnlich Natriumlicht verwendet wird. Auch Cornu und Lippich geben ähnliche Apparate an. (Vgl. auch 1860 J.)

— Otto **Lehmann** setzt die von Frankenheim (s. 1836 F.) begonnenen experimentellen Studien über die Polymorphie fort und klärt diese Frage völlig auf. Er unterscheidet zwei Arten von polymorphen Substanzen: 1. die physikalisch polymeren, die er als enantiotrope Modifikationen bezeichnet, und die sich nach beiden Richtungen hin ineinander umwandeln können, also reversibel sind, und 2. die physikalisch metameren oder monotropen

Körper, die stabile und labile Modifikationen besitzen und nicht beliebig ineinander umwandelbar, also irreversibel sind.

1877 Otto **Lehmann** konstruiert ein Krystallisationsmikroskop zur Beobachtung der Krystallbildung, das er 1884 und 1890 noch wesentlich vereinfacht und verbessert.

— Otto **Lehmann** beobachtet, daß die von Rodwell 1874 beschriebene, zähflüssige Modifikation des Jodsilbers unter Umständen oktaedrische Gestalt hat.

— Professor **Letny** nimmt ein Patent zur Gewinnung von aromatischen Kohlenwasserstoffen aus Petroleumrückständen und beginnt als der erste, solche Produkte aus Naphta zu gewinnen. Die Petroleumrückstände werden langsam durch glühende auf 700—800° erhitzte eiserne Röhren geleitet, wobei sich 40—50 % Teer und 50—60 % Gase bilden. Der Teer enthält zirka 17 % Benzol, 0,4 % Anthracen und 7 % Naphtalin. Unabhängig von Letny beschäftigen sich 1879 mit dieser Frage Burg und Liebermann, Wichelhaus u. a.

— Um die Verunreinigung des Glases durch den Ton der Häfen und Wannen zu vermeiden, wendet **Leuffgen** zuerst Metallwannen an, deren Boden und Wandungen durch Wasser gekühlt werden. Das Verfahren wird von A. C. F. Lürmann (1881) weiter ausgebildet.

— Joseph **Lister** züchtet aus saurer Milch einen Spaltpilz in Reinkultur, dem er die Bezeichnung Bacterium lactis beilegt, und der im Jahre 1884 auch von Hueppe gefunden wird. (S. 1857 P. und 1884 H.)

— Nachdem schon John Beavis vorgeschlagen hatte, um längere Drähte ausziehen zu können, den Draht auf mechanischem Wege umzulenken, erfindet William **Mac Callip** in Columbus eine praktisch durchführbare mechanische Umführung, die die Handarbeit überflüssig macht und eine wesentliche Verbesserung des Drahtwalzwerks darstellt.

— Auf Vorschlag von Wilhelm **Michaelis** stellt der Verein deutscher Zementfabriken in Gemeinschaft mit der Königlichen Prüfungsstation für Baumaterialien in Charlottenburg (jetzt Kgl. Materialprüfungsamt in Groß-Lichterfelde) Normen für die einheitliche Lieferung und Prüfung von Portland-Zement auf. Die Normen umfassen: Gewicht des Zements, Bindezeit (wobei man schnell und langsam bindenden Zement unterscheidet), Volumbeständigkeit, Feinheit der Mahlung (wobei ein Sieb mit 900 Maschen auf 1 qcm nur 10 % Rückstand hinterlassen darf), sowie Festigkeitsproben (Druck- und Zerreißproben an reinen und mit Normalsand gemischten Zementkörpern).

— S. Weir **Mitchell** begründet eine „Mastkur" benannte neue diätetische Behandlungsweise schwerer Nervenleiden (Neurasthenie, Hysterie usw.), die später von W. S. Playfair weiter ausgebildet wird.

— **Nagel** und **Kemp** konstruieren für die Getreidemüllerei den Dismembrator (Zerleger). Dieser Apparat unterscheidet sich von dem Disintegrator (s. 1862 C.) dadurch, daß, während sich bei diesem beide Scheiben und zwar in entgegengesetzter Richtung drehen, sich hier nur eine Scheibe, jedoch mit vergrößerter Geschwindigkeit dreht, während die andere Scheibe unbeweglich ist. Diese Maschinen erringen großen Erfolg in der Flach- und Halbhochmüllerei.

— Der Mathematiker Karl Gottfried **Neumann** in Leipzig bildet die Theorie des Potentials weiter aus und muß als der eigentliche Begründer des logarithmischen Potentials bezeichnet werden.

— Rudolf **Nietzki** beobachtet zuerst die Bildung von Farbstoffen durch gemeinsame Oxydation von Paradiaminen mit Monaminen und stellt den ersten Repräsentanten der Indamine aus Paradiamin-o-diphenylamin und

Paraphenylendiamin und Anilin dar. Zu derselben Klasse von Farbstoffen gehören das Bindschedler'sche Grün und das Toluylenblau.

1877 Nachdem schon seit 1874 durch Artemjeff, Ragosin und Schipoff hölzerne Tankschiffe für den Transport von Rohpetroleum und Petroleumrückständen in primitiver Weise aus gewöhnlichen Barken hergerichtet waren, läßt Ludwig **Nobel** in Schweden den ersten Tankdampfer „Zoroaster" bauen, dessen Kielräume er von dem Maschinenraum durch mit Wasser gefüllte Doppelwände trennt, um so das Durchsickern des Öls in den Kessel- und Maschinenraum und die Erwärmung des Öls zu verhindern.

— J. B. **Orr** bringt zuerst das unter dem Namen Lithopon (Zinkolith, Griffith's Weiß) bekannte Gemisch von gefälltem Schwefelzink und Bariumsulfat in den Handel, welches sich als dauerhafte, billige und giftfreie Deckfarbe rasch einführt.

— Wilhelm **Ostwald** zeigt, daß beim Vermischen starker Säuren und Basen in verdünnten Lösungen für alle die gleiche Wärmeveränderung erfolgt.

— Der Mediziner Sir James **Paget** macht sich einen Namen durch die Untersuchung der nach ihm benannten Knochenkrankheit (Osteïtis deformans) und der ekzematösen Entzündung des Warzenhofes mit folgendem Brustkrebs.

— **Parke, Davis & Co.** führen den Extrakt der Cascara sagrada, der Rinde von Rhamnus Purshiana, als Abführmittel in den Arzneischatz ein.

— Louis **Pasteur** bemerkt zuerst, daß, wenn Milzbrandbacillen zusammen mit anderen Bakterien den dafür empfänglichen Tieren eingeimpft werden, der Milzbrand sich nicht entwickelt. Er ist so der erste, der durch Einverleibung von Substanzen, die nicht von denjenigen Bakterien stammen, gegen welche die Immunität erzielt werden soll, eine solche Immunität herstellt (Schutzimpfung mit heterogenen Stoffen).

— Wilhelm **Pfeffer** untersucht mit Hilfe der von Traube (s. 1867 T.) gefundenen Niederschlagsmembranen, die er auf die Innenwand von Tonzellen auflagert, die osmotischen Verhältnisse und findet Beziehungen zwischen dem osmotischen Druck und der Konzentration, sowie zwischen dem osmotischen Druck und der Natur der gelösten Salze.

— Wilhelm **Pfeffer** dehnt seine Versuche über den osmotischen Druck (s. vorstehenden Artikel) auch auf dessen Bestimmung in der Zelle aus und sucht so eine Erklärung für Stoffwechselprozesse in der Pflanze zu geben. Seine Forschungen geben den Anlaß zur Untersuchung des osmotischen Drucks, dessen Gesetze die Grundlage der modernen Theorie der Lösungen bilden. (S. 1884 van't Hoff.)

— Eduard **Pflüger** weist nach, daß nicht, wie man früher annahm, die Atmung den Stoffwechsel, sondern dieser umgekehrt die Atmung beherrscht, und stellt den Satz auf: „Die Atemmechanik hat keinen Einfluß auf die Größe des Gesamt-Stoffwechsels."

— Raoul **Pictet** arbeitet gleichzeitig mit Cailletet (s. 1877 C.) an der Verflüssigung der Gase. Es gelingt ihm, durch hohen Druck (320 Atmosphären) und starke Abkühlung (— 140° C.) größere Mengen von flüssigem Sauerstoff darzustellen und zu Anfang des Jahres 1878 auch den Wasserstoff zu verdichten.

— Julius **Pintsch** in Berlin konstruiert eine Gasboje, deren Vorrat an Fettgas ein ununterbrochenes Brennen auf $^1/_4$ bis $^1/_2$ Jahr gestattet, und die als Seezeichen an den deutschen Küsten vielfach benutzt wird.

— **Prudhomme** stellt durch Einwirkung von Glycerin und Schwefelsäure auf Nitroalizarin das Alizarinblau her, dessen 1880 durch Brunck gewonnene Bisulfitverbindung als Alizarinblau S große technische Bedeutung erlangt. Das Alizarinblau ist, wie Graebe 1879 feststellt, ein Dioxyanthrachinonchinolin, das zum Alizarin in denselben Beziehungen steht, wie das Chinolin zum Benzol. (Vgl. auch 1880 Sk.)

1877 B. **Radziszewski** zeigt, daß zum Leuchten des Phosphors Sauerstoff wesentlich ist, und daß sich in einer Wasserstoffatmosphäre kein Leuchten zeigt. Formaldehyd und Traubenzucker leuchten unter Einwirkung von Kalilauge bei Sauerstoffzutritt und Erwärmung (Chemiluminescenz).

— **Reeve** konstruiert als eines der ersten Beispiele eines Vakuumbaggers den sogenannten pneumatischen Bagger, bei welchem abwechselnd zwei von den vier auf dem Bagger befindlichen Behältern durch Luftpumpen luftleer gemacht werden, worauf dann der Boden mit Wasser vermischt in die Behälter eingesaugt wird. Diese Bagger finden namentlich bei Gründungsarbeiten Anwendung, wenn der gebaggerte Boden unmittelbar neben der Baggerungsstelle wieder abgelagert werden kann. Sie werden zuerst 1878 beim Bau der Taybrücke bei Dundee angewendet.

— W. E. **Sawyer** in New York nimmt am 27. Juni und 10. August Patente auf die Anwendung von Glühlampen aus glühenden Kohlenkörpern, die aus Papier oder Holz hergestellt werden, auf die Parallelschaltung der Lampen und die Verteilung des Stromes. Am 25. Juni 1878 nimmt Sawyer in Gemeinschaft mit Man ein Patent auf Verteilung von elektrischem Licht und Kraft von einer Zentralstation aus.

— Th. **Schlösing** und A. **Müntz** stellen die Behauptung auf, daß der Vorgang der Nitrifikation, d. i. der Überführung der in den Ackerboden gelangenden Ammoniaksalze in salpetersaure Salze, der 1846 von J. B. Dumas als rein chemischer Oxydationsprozeß erklärt worden war, durch organisierte Fermente (Bodenbakterien) bewirkt werde. (Vgl. auch 1881 K.)

— **Schnabel** und **Henning** empfehlen an Stelle von Drahtzügen oder Gestängen für die Fernbedienung von Weichen und Signalen den hydraulischen Betrieb. Im gleichen Jahre wird ihnen eine Vorrichtung patentiert, mit der sich vom Dienstzimmer des Fahrdienstleiters aus Rückstellungen einzelner Hebel des Stellwerkes bewirken lassen.

— Nachdem Rammelsberg (1842) und Hermann (1861) über verschiedene Verbindungen des Urans, wie insbesondere die Oxyd- und Oxydulsalze, die Sulfide und die Stickstoffverbindung berichtet hatten, veröffentlicht R. **Sendtner** eine umfassende Untersuchung über die Uranverbindungen, an die sich 1881 eine Arbeit von Cl. Zimmermann anschließt, der u. a. auch die Brom- und Jodverbindungen in seine Untersuchungen einbezieht.

— **Senlecq d'Ardres** versucht zuerst eine Lösung des Problems der elektrischen Übertragung von Bildern, durch die das Bild — im Gegensatz zur elektrischen Telephotographie (s. 1855 C. und 1903 S.) — ohne Niederzeichnung dem Auge des Empfängers unmittelbar sichtbar wird (Telephanie, elektrisches Fernsehen). Er schlägt hierzu die Verwendung von Selenzellen im Geber der telephonischen Apparate vor. Obwohl u. a. auch Nipkow und Sutton gewisse Erfolge in der Telephanie aufzuweisen hatten, muß das Problem im ganzen als noch nicht endgültig gelöst betrachtet werden.

— Der portugiesische Reisende Alexander Albert de la Rocha **Serpa Pinto** durchquert Afrika von Angola aus. Er zieht mit Capello und Ivens über Bihé zum obern Sambesi, verfolgt diesen bis zu den Viktoriafällen und gelangt 1879 über Pretoria zur Ostküste.

— Augustus Burke **Shepherd** bearbeitet die pathologische Anatomie der Lungenentzündung.

— Friedrich **Siemens** erfindet das Preßhartglas, welches er durch Pressen des rotwarmen Glases zwischen rasch kühlenden Metallplatten herstellt.

— Die Gebrüder **Siemens & Co.** in Charlottenburg erfinden die Dochtkohle für

Bogenlampen, bei welcher die Kohlenstäbe mit einem der Länge nach durchgehenden Loch versehen werden, durch welches die Dochtmasse, die aus feinem Kohlenpulver und den zur Tränkung der Kohle geeigneten Lösungen besteht, eingepreßt wird.

1877 Werner **von Siemens** stellt Bleikabel her, indem er isolierte Drähte in Bleirohre einzieht und die Rohre durch Zieheisen durchzieht.

— William **Siemens** weist in seiner Präsidentenrede im Iron- und Steel-Institute auf die Möglichkeit hin, Wasserkräfte auszunutzen, indem die Energie in Form von Elektrizität auf weite Entfernungen übertragen wird. Er berechnet die Energie des Niagarafalls auf 16800000 Pferdestärken.

— **Siemens** und **Halske** verbessern die „Doppeldrahtzüge" der Mastsignale durch eine Sicherungsanordnung, welche für den Fall, daß der eine oder andere Draht reißt, die Haltlage des zugehörigen Signalflügels verbürgt.

— Christian Ernst **Stahl** entdeckt an einigen Flechten die geschlechtliche Fortpflanzung, die auch den Pilzen zukommt. (Vgl. 1868 S.)

— **Stenberg** erfindet einen hydraulischen Geschwindigkeitsregulator, bei welchem eine Flüssigkeit — Glycerin — als regulierendes Mittel angewendet wird.

— Salomon **Stricker** empfiehlt, bei Gelenkrheumatismen Salicylsäure innerlich anzuwenden.

— **Strong** erzeugt Wassergas, indem er die Wasserzersetzung nicht wie bisher in Retorten, sondern in vertikalen Schachtöfen vornimmt und die Erhitzung der Kohle, des Dampfes und des Gases nicht durch äußere Heizung, sondern durch das Verbrennen der Kohle selbst bewirkt.

— Graf Béla **von Széchényi** macht in Begleitung des Obersten Kreitner und des Geologen L. von Loczy eine Reise nach Asien, auf der er nach längerem Aufenthalt in Indien, Java und Japan von Schanghai aus über Sutschou bis Tun-hwang-hsiën vordringt und über Batang nach Bhamo in Hinterindien zurückkehrt.

— **Tanret** stellt fest, daß die Granatbaumrinde (Punica granatum) vier Alkaloide, das Pelletierin, das Isopelletierin, das Methylpelletierin und das Pseudopelletierin, enthält, denen die Rinde ihre Wirkung als wurmabtreibendes Mittel verdankt.

— Isidor **Trauzl** konstruiert auf Grund der von Hauptmann Beckerhinn gemachten Versuche über die Ausbreitung der Explosionswirkung in verschiedenen Medien die Trauzl'sche Bleiprobe, den für brisante Stoffe am meisten gebrauchten Prüfungsapparat.

— Der Mineralog Gustav **Tschermak** bildet als Ergänzung der Nebularhypothese die Hypothese vom kosmischen Vulkanismus aus.

— **Vincent** sucht zuerst in der Melassebrennerei Courrières die eingedickte Schlempe nutzbar zu machen, indem er dieselbe der trockenen Destillation unterwirft, wobei er Alkohol, Methylamine und Methylalkohol erhält, während die als Rückstand resultierende Schlempekohle, der Kohlenstoff beigemischt ist, als Dünger verwertet wird.

— G. **Vortmann** arbeitet über die ammoniakalischen Kobaltverbindungen und entdeckt die mit den Praseoverbindungen (s. 1871 R.) isomeren Octaminroseoverbindungen und Octaminpurpureoverbindungen. Auch weist er nach, daß die von Frémy entdeckten Oxykobaltiaksalze (Oxyfuskobaltsalze, s. 1850 F.) einen Wasserstoffsuperoxydrest enthalten.

— Hugo **de Vries** arbeitet über das Pflanzenwachstum und untersucht namentlich den Einfluß der Turgescenz (wie der hydrostatische Druck, den der Zellsaft auf die elastische Zellwand ausübt, genannt wird) auf das Flächenwachstum der Zellhaut. Über denselben Gegenstand arbeiten Klebs (1886), Wieler (1887), Stange (1892) und viele andere.

— Johannes Diderik **van der Waals** macht zuerst darauf aufmerksam, daß die

Temperatur des Dichtigkeitsmaximums der Flüssigkeiten sich mit dem Druck ändern muß, was Amagat bestätigt. (Vgl. 1877 A.)

1877 Paul **Wagner** bildet die Methode der sogenannten agrikulturchemischen Düngungsversuche aus, die er in großen Zinktöpfen ausführt. Diese zylindrischen Töpfe werden unten mit losem Kies gefüllt, über den gleichmäßig gemischte Erde geschichtet wird, der die Düngemittel beigefügt sind. Die Methode arbeitet so zuverlässig, daß gleich behandelte Töpfe stets fast genau das gleiche Resultat ergeben.

— Emil **Warburg** gibt eine Methode zur Untersuchung der gleitenden Reibung fester Körper an.

— **Werdermann** konstruiert eine elektrische Lampe, bei der die eine Elektrode eine Kohlenscheibe, die andere ein Kohlenstift ist, der leicht gegen die Scheibe gedrückt wird.

— Alexander **Wilson,** Direktor der Cyclop-Iron-Works in Sheffield, stellt, da Flußstahlplatten ihrer Sprödigkeit wegen sich für Schiffspanzerung nicht bewähren, Verbund-(Compound-)Panzerplatten aus Flußstahl und Eisen her, welche eine erheblich größere Widerstandsfähigkeit als die bisher verwendeten Platten aufweisen. Diese Platten kommen, nachdem sie 1880 von J. H. Ellis von der Firma John Brown & Co. in Sheffield noch verbessert sind, in allgemeine Aufnahme. Der „Inflexible" ist das erste Kriegsschiff, das mit solchen Platten gepanzert wird.

— Adolph August **Winkelmann** stellt für die Siedepunkte gewisser homologer Flüssigkeiten das folgende Gesetz auf: „Geht man bei Reihen homologer Flüssigkeiten von Temperaturen aus, die gleichen Spannkräften angehören, so bilden die Temperaturdifferenzen, welche gleichen Druckdifferenzen entsprechen, eine arithmetische Reihe, welche mit Zunahme des Drucks wächst." Eine der schlagendsten Bestätigungen dieses Gesetzes findet sich nach Schumann (1881) in den Siedepunkten der Fettsäureester bei verschiedenem Druck; doch liefert Kahlbaum (1893) in seinen Studien über Dampfspannkraftmessungen auch widersprechende Daten, z. B. für die Fettsäuren.

— Clemens **Winkler** zeigt, daß man beim Schwefelsäurekontaktverfahren (s. 1875 W.) auch von Röstgasen von Schwefelbrennern, Kiesöfen oder Blendeöfen ausgehen kann, und macht der Freiberger Hüttenverwaltung Vorschläge über die Anwendung von Kiesöfen zu Zwecken des Kontaktverfahrens.

— Der Ingenieur Emil **Winkler** in Wien, später in Berlin, fördert den Eisenbahn- und Brückenbau durch Untersuchungen über die zulässige Beanspruchung der Eisenkonstruktionen und Aufstellung einer neuen Theorie des Erddrucks bei Stützmauern.

— Wilhelm **Winternitz** stellt durch sein Buch „Die Hydrotherapie auf physiologischer und klinischer Grundlage" die Kaltwasserkur in ihren verschiedenen Formen auf eine wissenschaftliche Basis.

— Martin Ewald **Wollny** macht die Beobachtung, daß bei den Pflanzen die dem Boden zugekehrte Blattseite stärkere Taubildung als die nach oben gewendete zeigt und gibt dadurch der Lehre, daß der schon vorher im Boden absorbierte Wasserdampf eine wichtige Rolle bei der Taubildung spiele, eine starke Stütze. (S. a. 1748 G. und 1877 A.) Diese Lehre wird von Alford (1892) und R. Russell (1892) noch erweitert.

— Nathan **Zuntz** beweist durch Versuche, daß die Größe der Oxydation im tierischen Organismus von der Menge und Zufuhr der Nährstoffe unabhängig ist, daß sie dagegen von einzelnen spezifisch wirkenden Stoffen und von der Verdauungsarbeit beeinflußt wird.

1878 Ernst **Abbe** konstruiert auf eine Anregung von J. W. Stephenson hin für das Mikroskop die ersten Systeme mit homogener Immersion, bei welchen Deckglas, Immersionsflüssigkeit und Frontlinse des Objektives gleiche Brechungsexponenten haben, also eine optisch homogene Schicht bilden. Als Immersionsflüssigkeit wird Zedernholzöl gewählt.

1878 Eduard **Albert** führt die Arthrothese in die Chirurgie ein. Dieselbe besteht in einer künstlichen Verödung eines Gelenks, bez. in einer künstlichen Ankylosenbildung (Feststellung, Beweglichkeitsbeschränkung) auf operativem Wege.

— **Auzias-Turenne** veröffentlicht die Resultate seines Studiums der zuerst 1849 von Diday ausgesprochenen Syphilisation, d. i. der Heilung der Syphilis durch bis zur Immunität wiederholte Impfungen desselben erkrankten Individuums mit dem syphilitischen Gift, die zu der Erkenntnis führen, daß Syphilisprodukte nur selten auf den Träger oder andere syphilitische Individuen verimpfbar sind.

— L. **von Babo** konstruiert eine selbsttätige Wasserquecksilberluftpumpe, die eine Kombination der gewöhnlichen Wasserluftpumpe (s. 1869 B.) mit der Sprengel'schen Quecksilberluftpumpe (s. 1855 G. und 1873 S.) darstellt. Die Pumpe wird 1895 von Krafft und Dyes, 1896 von J. Precht noch wesentlich verbessert.

— Adolf **von Baeyer** gelingt es, Orthonitrophenylessigsäure durch Reduktion mit Zinn und Salzsäure in Oxindol, das innere Anhydrid der Orthoamidophenylessigsäure überzuführen. Aus dem Oxindol stellt er das Amidooxindol her und führt dasselbe durch Oxydation in Isatin über. Hiermit ist die vollständige Synthese des Indigblau gelungen, da Isatin nach der 1870 gefundenen Methode (s. 1870 B.) in den Farbstoff übergeführt werden kann.

— Francis Maitland **Balfour,** Schüler Foster's in Cambridge, erforscht die Entwicklung des Eies insbesondere bei den Haifischen und macht wichtige Entdeckungen hinsichtlich der Entstehung des mittleren Keimblattes, über das auch Ray Lankester und Oskar und Richard Hertwig (s. 1879 H.) wichtige Arbeiten publizieren.

— Nachdem 1855 K. Vierordt Versuche gemacht hatte, den Blutdruck beim Menschen zu messen, indem er eine Arterie durch Gewichte komprimierte und den Druck bis zur Wiederkehr des Pulses im peripher gelegenen Teil der Arterie verminderte, gelingt es Samuel Siegfried Karl **von Basch,** durch sein Sphygmomanometer, in welchem eine Gummipelotte den Druck ausübt, der darauf an einem Bourdon'schen Manometer abgelesen wird, ein für den Arzt brauchbares Verfahren der Blutdruckmessung einzuführen.

— Johann **Bauschinger** findet bei Versuchen, die er an der Bamberger Kettenbrücke vornimmt, daß sich für die Verminderung der Festigkeit des Eisens und für die Änderung seiner Struktur oder Elastizität während eines fast fünfzigjährigen Gebrauchs keine Anhaltspunkte ergeben. Eine im gleichen Jahr vorgenommene Untersuchung von eisernen Hängebolzen der Gitterbrücken der Algäubahn, die 25 Jahre im Gebrauch waren, führt zu gleichen Resultaten. Indes ist auch damit die Frage, ob das Eisen durch den längeren Gebrauch krystallinisch werde und infolgedessen an Festigkeit verliere, noch nicht entschieden. (Vgl. a. 1854 P. und 1870 W.)

— **Bechem** und **Post** verwenden zuerst in Zentralheizungsanlagen sehr niedrig gespannten Dampf von 0,3 Atmosphären Überdruck, wodurch ein großer Fortschritt in der Konstruktion der Niederdruckdampfheizung bedingt wird.

— Nachdem Reuleaux 1868 die Benutzung der Lösungsbremse (s. 1852 R.) zur Konstruktion von Sperrradbremsen empfohlen hatte, konstruiert E. **Becker** in Berlin eine Sperrradbremse, die er als Festbremse bezeichnet.

Bremsscheiben und Sperrrad sind unmittelbar nebeneinander auf derselben Welle angeordnet, das Sperrrad fest auf der Welle, die Bremsscheibe lose.

1878 Edmond **Bequerel** stellt metallisches Kobalt auf elektrolytischem Wege in blendend weißen, zusammenhängenden Schichten her, indem er durch Ammoniak oder Ätzkali neutralisiertes Kobaltchlorür der Wirkung des elektrischen Stroms aussetzt.

— Alexander Graham **Bell** und Sumner **Tainter** erfinden das Photophon, bei dem die Funktionen der Leitungsdrähte einem Lichtstrahl übertragen werden, durch dessen Einwirkung auf eine Selenzelle die auf einer Geberstation hervorgerufenen Schallwellen auf einer Empfangsstation zum Wiedererklingen gebracht werden.

— Charles **Bennet** findet, daß eine Gelatineemulsion durch andauernde Digestion bei 32° C. wesentlich an Lichtempfindlichkeit zunimmt. Die nach seiner Vorschrift hergestellten Emulsionstrockenplatten haben die 4—10fache Empfindlichkeit der nassen Kollodiumplatte.

— Paul **Bert** untersucht, ausgehend von Jourdanet's Arbeiten (s. 1875 J.), den Einfluß der Luftdruckverminderung auf den Organismus und zeigt, daß, wenn der Luftdruck auf zwei Drittel des normalen herabsinkt, eine erhebliche Verminderung des Sauerstoffgehaltes des arteriellen Blutes eintritt, und daß diese Verminderung bei weiterer Abnahme des Luftdrucks eine mit der Fortdauer des Lebens nicht mehr verträgliche Grenze erreicht. Er macht die mit der Höhe wachsende Verminderung des Sauerstoffgehaltes für die Erscheinungen der Bergkrankheit verantwortlich. Andererseits konstatiert er bei seinen Versuchen, daß viele Organismen das Leben in komprimiertem Sauerstoff nicht vertragen.

— Marcelin **Berthelot** erhält durch Einwirkung der stillen elektrischen Entladung auf Gemenge von Schwefligsäureanhydrid und Sauerstoff Überschwefelsäureanhydrid (Schwefelheptoxyd) und stellt auch Überschwefelsäure (Perschwefelsäure) in unreinem Zustande her.

— Nachdem die pneumatische (atmosphärische) Schachtförderung im Prinzip zuerst von Papin (s. 1687 P.) und später von Gruner und Cavé (1855), Alison und Shaw (1864) und von Evrard (1867) in Vorschlag gebracht worden war, wendet sie Zulma **Blanchet** tatsächlich zuerst im Bergbau an. Die von Blanchet angegebene Maschine kann zugleich als kräftige Unterstützung des Wetterzuges dienen.

— Otto **Bollinger** weist nach, daß die bei Hirschen, Rehen und Wildschweinen beobachtete Wildseuche, welche früher dem Milzbrande beigezählt wurde, durch ein besonderes, mit dem Milzbrandbacillus nicht identisches Bakterium hervorgerufen wird. Er stellt die Beziehungen des Wurmaneurismas zur Kolik des Pferdes fest.

— François **Borel** in Cortaillod bei Neuchâtel verbessert die Herstellung der Bleikabel (vgl. 1877 S.), indem er den Bleimantel auf die Kabel mittels einer Bleirohrpresse auflegt. Die erste Bleipresse für diese Zwecke wird 1879 bei der Firma Berthoud Borel & Co. aufgestellt. Verbesserte Pressen werden 1879 von Bror, Hemming, Weßlau und 1881 von Carl Huber konstruiert.

— Max **von dem Borne** erfindet den sogenannten tiefen kalifornischen Bruttrog für künstliche Fischzucht, welcher — bei einer Kastengröße von 20 zu 30 cm Grundfläche — 5000 bis 10 000 Forelleneier aufzunehmen und auszubrüten vermag. Auch gibt von dem Borne einen Selbstausleser für abgestorbene Fischeier an.

— Louis **Brennan** konstruiert den nach ihm benannten lenkbaren elektrischen Torpedo, der durch zwei sich abrollende Drähte von einer an Land oder auf dem Schiff befindlichen Dynamomaschine seine Triebkraft erhält.

48*

1878 Hans **Buchner** stellt experimentell fest, daß die Fähigkeit der pathogenen Bakterien, krankheitserregend zu wirken, keine konstante, sondern eine beeinflußbare, veränderliche Eigenschaft ist.

— August **Burow** führt die essigsaure Tonerde in den Arzneischatz ein, die in Lösung unter dem Namen „Burow'sche Lösung" ausgedehnte ärztliche Verwendung findet.

— Louis Paul **Cailletet** gelingt es, durch sein für Sauerstoff angewendetes Entspannungsverfahren auch Stickstoff und atmosphärische Luft zu verflüssigen.

— **Chameroi** kommt auf den Gedanken, die Widerstandskraft der bis dahin wegen der leichten Deformation wenig verwendeten Asphaltröhren durch Einlegen eines schwachen Kerns von Eisenblech, auf welchen die geschmolzene Asphaltmasse aufgetragen wird, zu erhöhen. Die Röhren, die erst nur für die Gasleitungsstränge gebraucht werden, werden später durch Einlagen von Stahl derart verbessert, daß sie einen Druck von 12—20 Atmosphären widerstehen und sich auch für Wasserleitungen eignen.

— J. Lucas **Championnière** wendet die Lehre von der Hirnlokalisation auf die Chirurgie des Gehirns und die Trepanation an und gibt derselben dadurch eine sichere Grundlage.

— Jean Martin **Charcot** bestätigt die von Burcq (s. 1860 B.) gemachten Beobachtungen und vervollkommnet die Metallotherapie, die er insbesondere bei Lähmungen der Bewegungsmuskeln und der Sinnesnerven empfiehlt.

— Jean Martin **Charcot** und seine Schüler, insbesondere Pitres und Ballet, und gleichzeitig A. **Forel** untersuchen eingehend die Suggestion bei hysterischen und sonst abnormen Individuen und deren Zusammenhang mit dem Hypnotismus.

— Die **Chemische Fabrik Griesheim** verbessert das von Sprengel angegebene Verfahren der Anwendung von zerstäubtem Wasser zur Speisung der Schwefelsäurekammer (s. 1873 S.), indem sie die Zerstäubung des Wassers nicht durch einen Dampfstrahl, sondern dadurch hervorbringt, daß sie das Wasser unter mindestens zwei Atmosphären Druck aus einer Platinspitze ausströmen und gegen ein Platinscheibchen anprallen läßt. Später werden zu gleichem Zweck vielfach die Zentrifugal-Streudüsen von Gebr. Körting angewendet.

— Marc A. **Delafontaine** isoliert aus dem Samarskit (vgl. 1879 L.) ein neues Element, das er „Decipium" nennt.

— **Delbrück** und **Stumpf** untersuchen das Verhalten des Stärkekleisters gegen Hochdruck und zeigen, daß der Kleister sich bei dreistündiger Erhitzung auf 125° C. verflüssigt, und daß sich bei der Abkühlung nicht wieder der charakteristische elastische Zustand des Stärkekleisters zeigt, sondern sich Stärke in krystallähnlichen Körnern (lösliche Stärke) abscheidet, über denen eine klare Flüssigkeit steht. Auf diesen Versuchen beruht die Anwendung des Hochdrucks zur Vorbereitung stärkehaltiger Materialien für die Maischung.

— James **Dewar** gelingt es, Luft zu verflüssigen, indem er sie durch feste Kohlensäure abkühlt, auf 100 Atmosphären komprimiert und sie sich dann plötzlich ausdehnen läßt, so daß die Temperatur durch die rasche Verdunstung noch erheblich tiefer sinkt. (Vgl. a. 1877 C.)

— Oskar **Doebner** entdeckt bei Einwirkung von Benzotrichlorid auf Dimethylamin in Gegenwart von Chlorzink einen grünen Farbstoff, der sehr beständig ist und den Namen „Malachitgrün" erhält. (S. a. 1877 F.)

— Emerson **Dowson** schafft eine Anlage, die jetzt unter dem Namen „Dowson- oder Druckgasanlage" im wesentlichen seiner Anordnung gemäß — d. h.

mit Generator, Dampfkessel, Injektor, der gleichzeitig Luft und Dampf in den Generator einführt, Wasservorlage zur Abscheidung, Wasser zur Kühlung und Reinigung, Sägemehlreiniger zur Feinreinigung und Gasbehälter zum Aufspeichern des Gases — gebaut wird. 1879 wird die erste Anlage in England errichtet, 1886 die erste in Deutschland von der Gasmotorenfabrik Deutz. (S. 1876 D.)

1878 **Dreyer, Rosenkranz** und **Droop** konstruieren einen Plattenfeder-Indikator, der namentlich für Eismaschinen bestimmt ist, ausnahmsweise jedoch auch bei Dampfmaschinen Verwendung findet.

— Eugen **Dühring** setzt an die Stelle des Dalton'schen Gesetzes (s. 1804 D.) der Dampfspannungen ein anderes Gesetz, welches nicht nur die homologen Reihen berücksichtigt, sondern ganz allgemein aus der Kenntnis einer Spannungskurve alle übrigen aus wenigen Beobachtungen ableiten will. Aber auch dieses Gesetz bewährt sich nicht vollständig, da die Quotienten nicht konstant sind, sondern sich mit der Temperatur ändern. Auch Ramsay und Young geben Beziehungen zwischen den gleicher Spannkraft entsprechenden Temperaturen an, die sie indes selbst als nur annähernd richtig ansehen.

— Der Mediziner Wilhelm **Ebstein** in Göttingen erfindet die Ebstein'sche Kur gegen Fettleibigkeit, bei welcher er zwar ziemlich reichliche Fettmengen als Nahrung gestattet, die Zufuhr von Eiweiß und Kohlehydraten aber stark beschränkt. Durch diese Kur werden gewisse Nachteile der Banting- und der Örtel-Kur (Hungergefühl, Schwächezustände u. dgl.) vermieden.

— Josef Maria **Eder** erforscht die chemischen Grundlagen des Pigmentverfahrens, sowie der anderen auf der Lichtempfindlichkeit der chromsauren Salze beruhenden photographischen und photomechanischen Methoden.

— Thomas Alva **Edison** führt den von ihm das Jahr zuvor erfundenen Phonographen, ein Instrument, welches auf dem Prinzip des Phonautographs (s. 1859 S.) beruht und Töne und artikulierte Laute fixiert und später deutlich wiedergibt, der Académie française vor.

— Thomas Alva **Edison** erfindet die Bleisicherung zur Verhütung des Kurzschlusses in elektrischen Beleuchtungsanlagen.

— **Ehrhard** in Rom konstruiert einen „Dermatmometer" genannten Apparat zur Bestimmung der Größe der Verdunstung der Haut, bei welchem zu dieser Bestimmung die Größe der Krümmung eines Gelatineblättchens benutzt wird. Der Apparat wird später von Kohlschütter und von Francke verbessert.

— Adolph **Engler** verwertet zuerst in seinem Werke „Versuch einer Entwicklungsgeschichte der Pflanzenwelt" die bis dahin gefundenen pflanzenpaläontologischen Tatsachen für die Pflanzengeographie.

— Constantin **Fahlberg** endeckt das Saccharin (Benzoesäure-Sulfinid) und veröffentlicht im Jahre darauf mit Ira **Remsen** eine wissenschaftliche Abhandlung über die Eigenschaften und das Verhalten dieses Körpers.

— Emil und Otto **Fischer** führen die Anilinfarbstoffe auf das Triphenylmethan als Grundsubstanz zurück und erkennen die Leukoverbindung des Fuchsins als Triamidophenylmethan. Damit ist, da das Triamidophenylmethan drei Anilinreste enthält, die durch ein neues Kohlenstoffatom miteinander verbunden sind, die Erklärung gegeben, warum nach Hofmann's Beobachtung (s. 1863 H.) Fuchsin nicht aus chemisch reinem Anilin, sondern nur aus Mischungen desselben mit seinem um ein Kohlenstoffatom reicheren Homologen, dem Toluidin, dargestellt werden kann.

— Theodor **Fleitmann** macht die Entdeckung der Walz- und Schweißbarkeit des Nickels durch Zusatz von Magnesium, wodurch es ihm gelingt, Bleche aus Eisen, Stahl und Nickelkupfer herzustellen, die auf einer oder beiden Seiten durch Schweißprozesse mit Nickel plattiert sind und bald eine ausgedehnte Anwendung in der Industrie finden.

1878 Edmond **Frémy** und **Feil** gelingt es, in der Hitze des Porzellanofens gewisse Fluorverbindungen der Tonerde ganz allmählich zu zersetzen, wobei sich krystallisiertes Aluminiumoxyd ausscheidet, dem durch einen geringen Zusatz von Chrom die Farbe des Rubins gegeben werden kann. Auf diese Weise hergestellte Rubine werden von Feil auf der Pariser Weltausstellung gezeigt. (S. 1860 Wi.)

— Der Mediziner Wilhelm Alexander **Freund** nimmt die fast ganz vergessene Totalexstirpation des Uterus, und zwar im wesentlichen nach Delpech's Methode (s. 1826 D.) wieder auf. Nach mehreren ungünstigen Resultaten wird sie, unter Hinzufügung der von Bardenheuer damit verbundenen Drainage der Bauchhöhle, öfters mit Erfolg ausgeübt.

— A. **Fricke** in Berlin konstruiert für die Fettindustrie einen Extraktionsapparat, bei dem das Extraktionsmittel in kontinuierlichem Strahl durch den Extraktor fließt, wobei das Extraktionsmaterial den entgegengesetzten Weg nimmt. Der Apparat wird 1889 von A. S. Dombrain wesentlich verbessert. Auch Hirzel tritt 1890 mit einem derartigen Apparat auf.

— Carl **Frommann** entdeckt das Verfahren, die Binde- und Nervensubstanz mit salpetersaurem Quecksilber zu färben, und macht dadurch die feinere Struktur der Nervenzellen erkennbar.

— Der Amerikaner Meritt **Gally** konstruiert seine Universaltiegeldruckpresse, die erste Tiegeldruckpresse, die einen parallelen Druck auszuüben imstande ist. Das Farbewerk gleicht dem einer Schnellpresse. (S. auch 1870 D.)

— Josiah Willard **Gibbs** liefert durch seine Phasenregel ein Schema, dem sich die Zustände des chemischen Gleichgewichts in heterogenen Systemen unterordnen müssen.

— **Gröbe** und **Lürmann** konstruieren einen Generator, bei welchem sie den Entgasungs- und Vergasungsraum trennen. Die durch die Abhitze entgasten rohen Brennmaterialien gelangen im verkohlten Zustand zur Vergasung in den Generator. Auf ähnlichem Prinzip beruht Nehse's Generator 1878.

— Der Hüttenbaumeister **Hagen** in Halsbrucke bei Freiberg führt die Hartbleiventilatoren zur mechanischen Zugbeförderung in den Bleikammern ein. Diese Ventilatoren werden neuerdings meist durch Elektromotoren betrieben. In neuester Zeit werden von Ernst March Söhne in Charlottenburg auch Steinzeugventilatoren fabriziert, die jedoch nur da anzubringen sind, wo die Temperatur nicht über 70° steigt. Von anderer Seite wird als Erfinder des Schwefelsäure-Ventilators Paul Kestner in Lille bezeichnet.

— Emil Christian **Hansen** untersucht die Essigbakterien (s. 1837 K. und 1864 P.), stellt verschiedene Arten derselben in Reinzucht her, erforscht deren Morphologie und ihre Bedeutung für die Gärungsphysiologie.

— Friedrich **von Hefner-Alteneck** erfindet die Differentiallampe für Bogenlicht, welche eine ebenso erfolgreiche Teilung des Lichts bedeutet wie die Jablochkoff'sche Kerze. Das Prinzip der Differentialregulierung durch Haupt- und Nebenstrom war bereits 1873 von Werner von Siemens angegeben worden.

— Christian **Heinzerling** nimmt ein Patent auf ein Verfahren der Chromgerbung, in welchem die Grundlage des Zweibadverfahrens bereits gegeben ist, da er Chromsäure und Chromate als Gerbmittel verwendet. Die Reduktion zu Chromoxydverbindungen wird hier durch die Hautfaser selbst besorgt, die dabei jedoch erheblich angegriffen wird, so daß ein wenig dauerhaftes Leder erzielt wird. (Vgl. 1858 K.)

— Hermann **von Helmholtz** gelingt es, auf Grund der mechanischen Wärmetheorie die elektromotorische Kraft der sogenannten Konzentrationselemente zu berechnen.

1878 Franz **Hofmeister** macht eine eingehende Untersuchung über das Kollagen (leimgebende Substanz), das ein Hauptbestandteil des Bindegewebes, der Sehnen und des organischen Substrates der Knochen ist und bei andauerndem Kochen in Knochenleim (Glutin) übergeht.

— Alarik Frithiof **Holmgren** stellt Untersuchungen über die Farbenblindheit (s. 1794 D.) an und lenkt die Aufmerksamkeit der Behörden auf dieselbe. Er gibt ein einfaches Verfahren an, sie zu erkennen, das insbesondere für den Eisenbahndienst wichtig wird, wo die Erkennung der Farbensignale durch die Beamten geboten ist. Er konstruiert für diese Zwecke das Chromasciameter.

— David Edward **Hughes** erfindet das Mikrophon, das er in drei verschiedenen Formen konstruiert.

— Der Ingenieur Karl **Humann** in Smyrna leitet im Auftrage der preußischen Regierung in den Jahren 1878—86 die Ausgrabungen der Akropolis von Pergamon, deren wesentlichste Ergebnisse sich im Pergamon-Museum in Berlin befinden.

— **Hunt** und **Putnam** konstruieren zur Fabrikation des Stacheldrahtes (s. 1873 H.) eine Stacheldrahtflechtmaschine.

— **Jarisch** führt die Pyrogallussäure als Arzneimittel ein.

— Philipp **von Jolly** macht Bestimmungen der Erddichte nach dem Wägungsverfahren und bedient sich dazu einer von ihm erfundenen Wägevorrichtung, die er im Treppenhaus des Münchener Universitätsgebäudes aufstellt. Er findet die Dichte zu 5,692 mit einem Fehler von ±0,068. Poynting, der 1891 Jolly's Apparat verbessert und die moderne Präzisionstechnik für die Steigerung der Genauigkeit aller Messungen ausnutzt, findet einen Wert von 5,4934.

— Philipp **von Jolly** konstruiert eine sehr empfindliche Federwage, die sehr genaue Resultate ergibt, wenn man sich nicht auf die Skala verläßt, sondern, wie bei der Borda'schen Wägemethode (s. 1788 B.), zuerst den Körper und nach Abnahme desselben so viel Gewichte auflegt, daß der Zeiger wieder dieselbe Stellung einnimmt. (S. a. 1864 J.)

— **Kallab** wendet zuerst die hydroschweflige Säure (s. 1869 S.) zum Bleichen animalischer Fasern an.

— **Kanonnikoff** und **Saytzeff** gewinnen Essigsäureanhydrid auf leichte Weise durch Einwirkung von Acetylchlorid auf reine Essigsäure (Eisessig). Dies Verfahren ist dem von Gerhardt befolgten (s. 1852 G.) weit vorzuziehen.

— J. **Kerr** findet, daß, wenn Licht, das parallel oder senkrecht zur Einfallsebene polarisiert ist, von einem magnetisierten Eisenspiegel reflektiert wird, der zurückgeworfene Strahl sich in zwei zueinander senkrecht stehende Komponenten zerlegt (Kerr'sches Phänomen).

— F. L. **Knapp** und **Ebell** machen zahlreiche, systematisch angeordnete Glühversuche zur Ermittlung der Bedingungen für die Entstehung des „Ultramarinmutter" genannten Gemenges von geschwefelten Tonverbindungen und für dessen Übergang in Ultramarinblau durch das Blaubrennen mit verschiedenen Bläuungsmitteln.

— Robert **Koch** weist nach, daß bei jeder einzelnen Wundinfektionskrankheit eine bestimmte, durch physiologische Wirkung, Wachstumsverhältnisse, Größe und Gestalt genau charakterisierte, pathogene Bakterienform in Betracht kommt.

— Nachdem die erste Totalexstirpation des Kropfes unter streng antiseptischen Kautelen am 18. Mai 1878 von Ernst Küster ausgeführt worden war, stellt Theodor **Kocher** die Indikationen für die Kropfexstirpation fest und bildet deren Technik aus, indem er die topographisch-anatomischen Verhältnisse genau untersucht.

1878 Der Bergwerksdirektor **Köpe** führt die Förderung vermittels Treibscheibe aus. Im Gegensatz zu den gewönlichen Treibkörben ist bei seiner Konstruktion nur eine einzige, ganz schmale Trommel (Treibscheibe) vorhanden, über welche ein Seil gelegt ist, an dessen beiden Enden die Fördergefäße hängen. Je nach der Auffahrt oder Niederfahrt wechselt die Drehrichtung der Scheibe.

— Die Firma **Krigar & Ihssen** in Hannover führt zuerst ein rotierendes Kolbengebläse mit schraubenförmig um die horizontalen Trommeln gewundenen Zähnen aus, welches hohe Pressungen liefert und geräuschlos arbeitet.

— Willy **Kühne** empfiehlt im Verlauf seiner Arbeiten über Fermente (s. 1867 K.), die löslichen (chemischen) ungeformten Fermente, zu denen u. a. die Diastase, das Pepsin, das Invertin gehören, als „Enzyme" zu bezeichnen und sie so den organisierten (geformten) Fermenten, wie Hefe, Milchsäurebacillen u. a. gegenüberzustellen.

— Nachdem durch das Gas und insbesondere das elektrische Licht sich das Bedürfnis herausgestellt hatte, auch Petroleumlampen von hoher Leuchtkraft zu erzeugen, geht die Firma **Lempereur & Bernard** zuerst dazu über, Brenner zu konstruieren, die bis 100 Lichtstärken und darüber entwickeln, worin ihr die Firmen Wild & Wessel, Schuster & Baer u. a. bald nachfolgen.

— **Leroux** konstruiert die Soleillampe, deren Licht von einem durch den Lichtbogen zur Weißglut gebrachten Kreidekörper ausgeht.

— Robert **Lüdtge** in Berlin konstruiert einen Kohlen-Fernsprecher, den er „Universal-Telephon" nennt. Der Apparat hat eine so große Empfindlichkeit, daß es der Einschaltung eines Induktoriums nicht bedarf. Auch braucht man keinen besonderen Anrufapparat, da durch Aufsetzen des Hörtelephons auf die Membran des Gebers ein durchdringender Ton auf beiden Endstationen erzeugt wird.

— Nachdem das 1878 von Luck in die Alkalimetrie eingeführte Phenolphtalein wegen seiner Kohlensäureempfindlichkeit aufgegeben worden war, und auch das von W. von Miller vorgeschlagene Tropäolin 00 sich nicht bewährt hatte, führt Georg **Lunge** mit gutem Erfolge das Methylorange ein.

— James **Mactear** verbessert die Arbeit im rotierenden Sodaofen. (Vgl. 1876 M.) Während man bisher erst die Kreide und zwei Drittel der Kohle eingefüllt und zu Ätzkalk gebrannt und dann erst die übrige Beschickung eingebracht hatte, beschickt er den Ofen sofort mit Sulfat, Kohle und Kreide (oder Kalkstein) und nimmt von letzterer nur soviel, als dem chemischen Äquivalent entspricht. Die Operation wird dann ohne Unterbrechung fortgesetzt, bis sie fast zu Ende geführt ist. Schließlich wird noch eine kleine Menge grob gepulverten kaustischen Kalks zugesetzt, der die Masse lockerer macht und die Überhitzung am Schluß der Operation verhindert.

— Jean Charles Galissard **de Marignac** isoliert aus der Erbinerde eine neue farblose Erde von höherem Atomgewicht, die er „Ytterbinerde" nennt, und die kein Absorptionsspektrum zeigt.

— Nachdem Sorby (s. 1864 S.) schon früher auf die Wichtigkeit der mikroskopischen Untersuchung der Metalle für die Feststellung ihrer technischen Eigenschaften hingewiesen hatte, führt Adolf **Martens** die mikroskopische Untersuchung lichtbestrahlter Eisenschliffe in Deutschland ein und trägt wesentlich zum Aufblühen der fortan „Metallographie" genannten Metallmikroskopie bei.

— Die **Maschinenfabrik Augsburg** macht zuerst die Schnellpresse für den Illustrationsdruck brauchbar und erzielt mit ihrer Maschine glänzende Erfolge. Eine gleichzeitig von Middleton & Co. für die Illustrated London News hergestellte Maschine dieser Art erweist sich nicht als voll arbeitsfähig.

1878 Ernst **von Meyer** untersucht die zuerst von Proust (1801) und Döbereiner (1822) durch Zersetzung von Platinsalmiak mit Kalilauge erhaltenen Knallplatine und stellt vier verschiedene Verbindungen dar, die sich durch ihren Chlorgehalt unterscheiden und sämtlich beim Erhitzen über 50° explodieren. Er nennt die vier Verbindungen Tetrachlorknallplatin, Trichloroxyknallplatin, Dichlorknallplatin und Chloroxyknallplatin.

— G. Fr. **Meyer** schlägt die Kiesfiltration für die Zuckerfabrikation vor. 1879 wird dieselbe von Wöhler in Gronau und von Reinecke in Gandersheim eingeführt. Sie kann sich, nachdem die Saturation mit schwefliger Säure hinzugekommen ist, siegreich gegen die Knochenkohlenfiltration behaupten, zumal dadurch der Betrieb der Zuckerfabriken wesentlich einfacher wird.

— Victor **Meyer** erfindet die nach ihm benannte Methode der Dampfdichtebestimmung, bei welcher das durch Verdrängung erhaltene Luftvolum gemessen wird. Mit dieser Methode ist der Molekularzustand der Körper bis zu den höchsten erreichbaren Temperaturgraden mit großer Leichtigkeit zu ermitteln. Die Dampfdichten der Elemente, wie Schwefel, Chlor, Brom, Jod usw. zeigen unerwartete Atomverkettungen an, die in theoretischer Hinsicht von dem größten Interesse sind.

— Karl August **Moebius** kommt bei Beobachtung der fliegenden Fische zu dem Resultat, daß es sich nicht um ein wirkliches Fliegen handelt, sondern nur um ein Springen und Herabgleiten, wobei die Flossen drachen- oder fallschirmartig wirken.

— Simon **Newcomb** gibt den bis jetzt genauesten Wert für die jährliche Größe der Präzession. Dieselbe beträgt auf das Jahr 1900 berechnet 50,2564″ und nimmt jährlich um 0,000222″ zu.

— Adolf Erik **von Nordenskjöld** fährt mit den Schiffen „Vega“ und „Lena“ am 4. Juli 1878 von Gotenburg ab und gelangt durch das Karische Meer und um die Nordspitze Asiens herum am 27. August vor das Lenadelta, wo die „Lena“ die Expedition verläßt. Die „Vega“ setzt die Fahrt weiter fort, friert aber nordwestlich der Beringstraße ein. Im folgenden Jahre gelingt die Umsegelung von Asien, womit das alte Problem der nordöstlichen Durchfahrt gelöst ist. Die Heimkehr erfolgt über Yokohama und durch den Suezkanal.

— Nachdem schon William Gull 1874 bei Erkrankungen der Schilddrüse eigentümliche Veränderungen, namentlich eine Verdickung der Haut konstatiert hatte, beschreibt William M. **Ord** die, wie sich später (s. 1883 S.) herausstellt, durch Verfall der Schilddrüse eintretende Krankheit unter dem Namen Myxoedema.

— Nachdem schon 1875 die Photogrammetrie zur Aufnahme der Hochalpen von dem italienischen Offizier Michele Manzi versucht worden war, gelingt es Luigi Pio **Paganini** mit einem selbsterfundenen Apparat, der eine Kombination von Theodolit und photographischer Camera darstellt, die Phototopographie so auszugestalten, daß sie ein sehr wertvolles Mittel zur Herstellung von Gebirgskarten wird.

— Nachdem Donders die Aufmerksamkeit auf die von Hippokrates und seinen Nachfolgern und später von Paulus von Aegina geübte Augenmassage gelenkt hatte, wendet sich Alexander **Pagenstecher** in Wiesbaden dieser Art der Massage mit Erfolg zu.

— A. C. **Peale** unternimmt eine genaue Durchforschung verschiedener Einzelgebiete des Yellowstone National Parks. Er erwähnt gegen 700 heiße Quellen und Geysire. (Vgl. a. 1899 H.)

— Jacob **Philippsohn** und Wilhelm **Leschziner** erfinden eine Zuschneidemaschine, mit welcher Stoffe in mehreren Lagen übereinander mit einem rotierenden, an mehrfach gelenktem Arm geführten Kreismesser geschnitten werden.

1878 Philipp **Plantamour** stellt durch äußerst genaue Beobachtungen fest, daß die Erdrinde außer den plötzlichen Erschütterungen durch Erdbeben noch zwei andern Bewegungen unterliegt, den Erderzitterungen, die durch mikroseismische Instrumente angezeigt werden, und den Erdpulsierungen, die sich durch leise Bewegungen der Libelle verraten. Diese Beobachtungen werden durch Nyren, George Darwin und namentlich durch J. Milne (1886) bestätigt. Der letztere bringt diese Niveauschwankungen mit den Erdbeben in ursächlichen Zusammenhang.

— Nachdem die Wasserstrahlsandpumpe für pneumatische Fundierungen erstmalig beim Bau der Missouribrücke bei St. Joseph angewendet worden war, konstruieren **Plocq** und **Guillain**, Ingenieure der Fabrik Fives Lilles, den Wasserstrahlpumpenbagger Fives Lilles. Dieser Apparat besteht aus zwei Teilen, einem Injektor und einem Aspirator. Der letztere kommt erst zur Wirkung, nachdem die unter Druck aus dem Injektor austretenden Wasserstrahlen den Sand genügend gelockert haben.

— Alessandro **Portis** findet in Taubach bei Weimar kleinere Feuersteingeräte, wie Messer und dgl., in ziemlicher Häufigkeit neben ansehnlichen Mengen von Knochenresten diluvialer Säugetiere. Auf Taubach, als einen Punkt, wo Spuren des prähistorischen Menschen vorkommen, hatten zuerst Virchow und Klopfleisch hingewiesen.

— Georg Friedrich **Recknagel** konstruiert ein Anemometer, das sich besonders dazu eignet, die gesetzmäßige Abhängigkeit der Windstärke von der Windgeschwindigkeit festzustellen.

— Louis Charles **Renard** und Charles Marius **De la Haye** konstruieren eine pneumatische Getreide- und Saatförderungsvorrichtung, die namentlich von Duckham (vgl. 1882 D.) verbessert wird. Die Saat wird hierbei durch Luftströme in Röhren eingesaugt oder fortgepreßt.

— Theodor **Richter** bereichert die Lötrohr-Analyse durch besondere Untersuchungsmethoden, sowie durch neue Reagentien und Gerätschaften. Auch Roß und Hirschwald sind in der Lötrohr-Probierkunde hervorragend tätig.

— A. **Roussille** zeigt durch seine an reifenden Oliven ausgeführten Versuche, daß die Pflanzenzelle fähig ist, aus Kohlehydraten Fett zu produzieren. Seine Versuchsergebnisse werden 1897 von C. Gerber bestätigt.

— **Roussin** verwendet zuerst zur Herstellung der sauren Azofarbstoffe die Naphtole. Die so hergestellten Naphtolazofarbstoffe erlangen durch ihre Farbenschönheit und ihr starkes Färbevermögen eine große Bedeutung für die Färberei. (S. a. 1879 B.)

— **Schaffner** und **Helbig** erfinden ein Verfahren zur Gewinnung des Sulfidschwefels aus den Sodarückständen in Form von Schwefelwasserstoff, das von A. M. Chance in Oldbury in großem Maßstabe durchgeführt wird. Das Verfahren besteht darin, daß die Rückstände mit Chlormagnesium zersetzt werden und der entweichende Schwefelwasserstoff zur Schwefelsäurefabrikation verwendet wird.

— Giovanni Virginio **Schiaparelli** gelangt durch mehrjährige Beobachtungen zu dem Schluß, daß die Verteilung des flüssigen und festen Elementes auf der Oberfläche des Mars verschieden von derjenigen auf der Erde ist. Er bestätigt die zuerst von W. Herschel 1784 wahrgenommene Erscheinung der Änderung der Polarkappen (Abschmelzen im Sommer, Zunahme im Winter) und entdeckt die Marskanäle, deren Verdoppelung er 1882 findet. Er verfertigt die erste genaue Marskarte. (S. 1646 F.)

— Th. **Schlösing** erfindet ein neues Verfahren der Ammoniaksodafabrikation, das von fertigem Ammoniumbicarbonat ausgeht, dessen Lösung er in einem Koksturme herabrieseln läßt, während Kalkofen-Kohlensäure von oben nach unten streicht.

1878 J. F. J. **Schmidt** veröffentlicht die in den Jahren 1821—36 von Lohrmann in Dresden geschaffene Mondkarte, von der Lohrmann selbst nur vier Sektionen publiziert hatte. Er gibt im gleichen Jahre eine auf langjährigen Beobachtungen in Bonn, Olmütz und Athen beruhende „Karte der Gebirge des Mondes" heraus, die gegen 40000 einzelne Objekte, d. i. ungefähr fünfmal soviel, als die Karte von Lohrmann und die im Jahre 1836 erschienene Karte von W. Beer und J. H. Mädler enthält.

— **Schnabel** und **Henning** richten Doppeldrahtzugsanordnungen für Weichen- und Signalstellwerke derart ein, daß bei Drahtbrüchen die selbsttätige Sperrung der abhängigen Signale eintritt, und benützen in den Drahtzügen die ersten „selbsttätigen" Spannvorrichtungen zum Ausgleich der durch Wärmeunterschiede verursachten Längenänderungen.

— Nachdem bei Palmöl die Luftbleiche bereits seit Jahrzehnten angewendet worden war, empfehlen E. **Schrader** und O. **Dumcke** hierzu die Verwendung von ozonisierter Luft. Ozon selbst wird zum Bleichen von Palmöl, Leinöl usw. 1886 von A. Brin empfohlen.

— **Schreiber** und **Salomon** in Wien, **Gunzburger** in St. Denis und **Perrier** in Paris konstruieren gleichzeitig Federmotoren aus aufziehbaren Spiralfedern mit Räderwerk zum Betrieb von Nähmaschinen.

— Charles **Sédillot** führt für die Mikroorganismen in die naturwissenschaftliche Sprache den Namen „Mikroben" ein.

— Wenzel **Sedlaczek** konstruiert eine elektrische Lokomotivlampe, deren Erzeugung später Schuckert & Co. in Nürnberg übernehmen. Eine ähnliche Lampe, die etwa die Hälfte ihres Lichts auf die Fahrstrecke, die andere Hälfte senkrecht nach aufwärts wirft, mithin sowohl zum Vorleuchten als zur Signalisierung dient, wird 1894 von C. M. Georg Pyll konstruiert.

— Nachdem es Marcel von Nencki 1876 gelungen war, aus Eiweißgiften den ersten reinen Körper in Form eines Alkaloides, des Collidins (Trimethylpyridins) herzustellen, belegt F. **Selmi** die Fäulnis-Alkaloide mit Rücksicht auf ihr Vorkommen bei der Fäulnis des menschlichen Leichnams (Ptoma) mit dem gemeinsamen Namen Ptomaine. (S. a. 1856 P. und 1868 B.)

— **Semmer** und **Perroncito** gelingt es, den Erreger der Hühnercholera im Blute der Hühner aufzufinden.

— Die Gebrüder **Siemens & Co.** in Charlottenburg konstruieren einen Spiritusdestillierapparat, bei dem die Flüssigkeiten und Dämpfe gezwungen werden, einen sehr langen Weg zurückzulegen, wodurch der gegenseitige Austausch der Wärme in hohem Grade gefördert wird. Zu diesem Zweck wird der innere Teil des Apparates in schraubenförmig um einen gemeinsamen Kern gewundene Kanäle geteilt, welche die Flüssigkeit und die Dämpfe aufnehmen. Äußerlich besteht der Apparat aus einer aus gußeisernen Ringen zusammengesetzten Säule, von welcher der untere Teil als Vorwärmer, der mittlere als Destillierraum, der obere als Rektifikator dient.

— William **Siemens** gelingt es zuerst, Eisen im elektrischen Lichtbogen aus den Erzen auszuschmelzen; das Eisen ist jedoch durch andere Stoffe, insbesondere durch Kohlenstoff so stark verunreinigt, daß es sich für technische Zwecke als unbrauchbar erweist.

— **Simon** erbaut die erste betriebsfähige Gas-Dampfmaschine, bei welcher der durch die Abgase der Maschine erzeugte Wasserdampf zur Verdünnung des Gemisches und zur Schmierung in den Arbeitsraum der Maschine eingeführt wird. Es gelingt ihm jedoch nicht, dauernden Erfolg damit zu erzielen.

— Carl **Steffen** in Wien erfindet das Substitutionsverfahren zur Entzuckerung der Melasse, welches er 1883 durch das Ausscheidungsverfahren ersetzt.

— **Steinle** und **Hartung** in Quedlinburg machen die Unveränderlichkeit des

Graphits in der Wärme und die dadurch bedingte Erscheinung, daß ein Graphitstab beim Erwärmen fast keine Verlängerung zeigt, pyrometrischen Messungen dienstbar. (S. 1800 B.)

1878 Johann **Thelen** schlägt eine mechanische Verdampfpfanne für Sulfatlaugen und Sodalaugen vor, die mit Bootpfannen-Unterfeuerung und beweglichen Schaufeln zum Aussoggen des Salzes versehen ist und sich sehr gut bewährt.

— William **Thomas** in Dover stellt auf der Pariser Weltausstellung das erste Phenosafranin aus. Die Safranine entstehen durch gemeinsame Oxydation von 1 Molekül eines Paradiamins mit 2 Molekülen eines Monamins in der Hitze; sie sind meist rot gefärbt und zeigen in alkoholischer Lösung eine starke Fluorescenz.

— **Thomasset** konstruiert die erste Festigkeits-Probiermaschine, die mit einer Meßdose ausgestattet ist. Hierbei wird die zu messende Kraft in Flüssigkeitsdruck umgesetzt, der durch ein Manometer angezeigt wird. Die Meßdose wird später von Emery und namentlich von Martens vervollkommnet.

— **Thomson Sterne & Co.** konstruieren eine Zahnräderschleifmaschine, welche die Zahnflanken nach Art der Fräsen mit Schleifscheiben glättet.

— Jules **Violle** stellt fest, daß Porzellantiegel, in Graphit erhitzt, nach einer gewissen Zeit merkliche Mengen von Kohlenstoff einschließen.

— Albert **Voigt** in Kappel bei Chemnitz konstruiert eine Fädeneinzieh- und Knüpfmaschine für Strickmaschinen, bei der ein feines Häkchen den Faden durch das Öhr zieht, ihn verknüpft und abschneidet.

— Wells David **Walbridge** in London nimmt das erste Patent zur Wiedergewinnung des Zinns von Weißblechabfällen auf galvanischem Wege.

— S. **Walker & Co.** konstruieren eine Schnurmaschine zur Erzeugung des Spagats, die auf der Pariser Weltausstellung von P. Motiron in Lille vorgeführt wird und sich sehr gut bewährt.

— Augustus **Waller** der Jüngere weist die Muskelströme des lebenden Herzens bei Mensch und Tier mit dem Capillarelektrometer nach. (S. a. 1848 D.)

— **Weinhart** in München konstruiert die Balancefeuerleiter, eine Schiebleiter, welche unter der Radachse eines Transportwagens horizontal angebracht und durch ein an ihrem Fußende befindliches Gewicht ausbalanciert ist. Ein geringer Druck auf das Gewicht genügt, um die Leiter aufzurichten.

— Emil **Wohlwill** führt ein elektrolytisches, als Wohlwillprozeß bezeichnetes Goldscheideverfahren in die Praxis ein. Durch dieses Verfahren wird aus unvollständig gereinigtem Gold und goldreichen Legierungen, die als Anoden dienen, unter Anwendung einer heißen, mit Salzsäure oder Chlornatrium versetzten Goldchloridlösung als Elektrolyt an der Kathode chemisch reines Gold, an der Anode Silber und Iridium gewonnen, während sich alles vorhandene Platin und Palladium in der Lösung ansammelt.

— Adolf **Wolpert** in Kaiserslautern erfindet einen verbesserten Stubenofen unter dem Namen „Strahlenraum-Ofen". (Vgl. 1873 J.)

— J. A. **Yeadon** in Leeds konstruiert eine Brikettpresse für Steinkohlenbriketts, die 1902 von Busse wesentlich verbessert und von der Zeitzer Eisengießerei und Maschinenbau-Aktiengesellschaft gebaut wird.

— Karl **Zoeppritz** beweist in seinen „Hydrodynamischen Problemen zur Theorie der Meeresströmungen" auf analytischem Wege, daß durch Adhäsion der in regelmäßiger und gleichgerichteter Bewegung begriffenen Luft — Passate — an der Wasserfläche, diese in Mitleidenschaft gezogen wird, und daß dieser Impuls, falls nur genügend Zeit gegeben ist, sich durch innere Reibung bis in beliebige Tiefen fortpflanzt. Diese Windtheorie der Meeresströmungen wird von Krümmel, Mohn u. a. ausgebaut und durchaus zutreffend befunden.

1879 Frederick Augustus **Abel** erfindet den nach ihm benannten Petroleumprüfer, in welchem die Verhältnisse in dem Bassin einer Petroleumlampe künstlich nachgeahmt werden, wobei gleichzeitig Vorkehrungen getroffen sind, die Temperatur zu messen. Der Entflammungspunkt des Öles wird bestimmt, indem man von Zeit zu Zeit eine Gasflamme über das erhitzte Petroleum bringt und die Temperatur feststellt, bei der explosible Gase entstehen.

— **Alexander** und **Mac Cosh** erfinden den sogenannten Gartsherrie-Prozeß zur Gewinnung von Ammoniak und Teer aus Hochofengasen. Die Gase werden durch eine der Temperatur und dem Volum der Gase angepaßte Anzahl von Röhren in die Kühler geleitet, die durch Luft gekühlt werden und deren untere Enden durch ein Rohr verbunden sind, das zum Sammeln des Ammoniakwassers und Teeres dient.

— J. F. **Allen** in New York konstruiert eine Nietmaschine, die mit komprimierter Luft arbeitet und im Gegensatz zur hydraulischen Nietmaschine (s. 1875 T.) nicht durch Druck, sondern durch Stöße auf den Nietkopf wirkt.

— E. **André** schlägt zuerst vor, Nickel und Kobalt auf elektrolytischem Wege aus den Erzen zu gewinnen.

— Der Mediziner **von Anrep** untersucht zuerst die lokale Einwirkung des Cocains auf die Haut und das Auge und konstatiert bei subcutaner Injektion Unempfindlichkeit der Haut gegen Nadelstiche, bei Einträufelung in das Auge von Tieren jedoch nur die schon früher bekannte mydriatische Wirkung.

— Adolf **von Baeyer** gelingt es, aus Hydrocarbostyril mit Phosphoroxychlorid und Phosphorpentachlorid Dichlorchinolin und aus diesem durch Natriumamalgam Chinolin synthetisch zu erzeugen.

— Der französische Artillerieoffizier Valérien **de Bange,** Direktor des Atelier de précision in Paris, führt das von ihm konstruierte De-Bange-Geschütz in die französische Feldartillerie ein. Das Geschütz ist ein gezogener Hinterlader mit Schraubenverschluß und einer aus Fett und Asbest hergestellten plastischen Liderung. Das später auch auf die Belagerungs- und Küstenartillerie übertragene und in verschiedenen Staaten angenommene System hat sich den Krupp'schen Geschützen nicht ebenbürtig erwiesen.

— H. **Baum** stellt durch Einwirkung der Disulfosäuren des Beta-Naphtols auf Diazoverbindungen Scharlachfarbstoffe her, welche allmählich die Cochenille fast vollständig aus der Wollfärberei verdrängen.

— E. **Baumann** und L. **Brieger** erkennen, daß das Orthokresol und Parakresol als Produkte der Fäulnis entstehen, wie dies schon zwei Jahre vorher für das Phenol von E. Baumann erkannt worden war.

— E. **Baumann** und F. **Tiemann** entdecken in dem Hundeharn das Indoxyl und stellen dessen leichte Überführbarkeit in Indigblau fest.

— Friedrich **Beilstein** und A. **Kurbatow** zeigen, daß entsprechend der Voraussicht, daß durch Vertretung des Benzolwasserstoffs in Kekulé's Benzolring (s. 1865 K.) durch ein bestimmtes Element im ganzen 12 Körper entstehen können, tatsächlich 12 gechlorte Benzole, nämlich 1 monosubstituiertes, 3 disubstituierte, 3 trisubstituierte, 3 tetrasubstituierte, 1 pentasubstituiertes und 1 hexasubstituiertes existieren.

— Marcelin **Berthelot** konstruiert zur Bestimmung der Verbrennungswärme organischer Körper die calorimetrische Bombe, worin die Substanzen unter hohem Druck durch Sauerstoff verbrannt werden.

— Der Schriftgießer Hermann **Berthold** in Berlin konstruiert ein Instrument zur genauen Feststellung der Kegelstärke der Buchdruckertypen (Typometer), das seit dem Jahre 1879 die Norm für die Schriftgrößen in den deutschen Schriftgießereien bildet. (System Berthold. — Vgl. auch 1764 F.)

— Nachdem die Königliche Gesellschaft in Kopenhagen schon 1809 den Plan angeregt hatte, durch kleine unbemannte Luftballons die Gesetze der Elektrizität der oberen Atmosphäre, das Quantum des Sauerstoffs, des Stickstoffs und der Kohlensäure, die Richtung der Winde u. a. zu erforschen, läßt **Brissonet** zuerst kleine Pilotballons ohne Instrumente, aber mit Fragezettel über Ort und Zeit des Auffindens steigen.

1879 Nachdem M. J. Holway 1877—78 im Anschluß an Semennikoff (s. 1866 S.) Versuche mit dem Bessemern von Kupfererzen angestellt hatte, die aber erfolglos blieben, gelingt es dem Stahlwerk M. J. **Brown** in Sheffield, Riotinto-Erze in der Bessemerbirne auf Kupfer zu verblasen.

— Der amerikanische Ingenieur **Brush** konstruiert Gleichstrommaschinen mit gemischter Bewickelung der Feldmagnete (Compound- oder Verbundmaschine).

— Thomas **Carnelley** untersucht die Schmelzpunkte chemischer Elemente und einfacher Verbindungen, wie z. B. der Halogenverbindungen, insbesondere auch solcher Elemente und Verbindungen, die erst oberhalb der Thermometergrenze schmelzen, und stellt gesetzmäßige Beziehungen zwischen den Schmelzpunkten der Elemente und denjenigen ihrer Verbindungen fest.

— Der italienische Ingenieur Alberto **Castigliano** behandelt die bei der Formveränderung elastischer Körper geleistete Arbeit (Deformationsarbeit) und dehnt den Satz der kleinsten Arbeit auf die gesamte Festigkeitslehre aus.

— Pierre **Chappuis** untersucht die Gasverdichtung an der Oberfläche fester Körper, die von H. Kayser nach einem Vorschlag von du Bois-Reymond Adsorption der Gase genannt wird. Ein Beispiel einer solchen Adsorption ist die große Verdichtung des Sauerstoffs der Luft in Platinschwamm und überhaupt die Fähigkeit des Platins, Wasserstoff und Sauerstoff zu Wasser zu verbinden.

— **Chrétien** und **Felix** in Sermaize benutzen die elektrische Arbeitsübertragung zuerst zum Pflügen. Auch benutzen sie dieselbe zum Ausladen der Zuckerrüben aus den für die Zuckerfabrik in Sermaize auf dem Marne-Rhein-Kanal ankommenden Schiffen. Sie bedienen sich dabei des von Fontaine und Gramme angegebenen Prinzips. (Vgl. 1873 F.)

— **Claisen** und **Shadwell** stellen aus synthetisch gewonnenem Orthonitro-Benzoylcyanid Orthonitrophenylglyoxylsäure und durch deren Reduktion Isatinsäure dar, aus der sie Isatin erhalten.

— Alexander **Classen** fördert nach jeder Richtung die Elektroanalyse. Seine 1882 erschienene „Quantitative Analyse auf elektrolytischem Wege" ist das erste Werk über diesen Gegenstand. Die hohe Bedeutung dieser Art der Analyse legt 1883 Heinrich Kiliani klar.

— Der Engländer **Clerk** baut die erste Gasmaschine mit einer besonderen Kompressionspumpe, welche die Ladung in den Arbeitszylinder schafft und dadurch zugleich die Verbrennungsprodukte austreibt, worauf die Ladung nochmals komprimiert wird. Diese Maschine ist die erste Zweitakt-Gasmaschine.

— Per Teodor **Cleve** findet, daß nach Abscheidung der Oxyde des Ytterbiums und Scandiums (vgl. 1865 D. und 1879 N.) der Rückstand der Erbinerde (vgl. 1843 M.) in 3 Oxyde gespalten werden kann, die er Thulinerde (Radikal = Thulium) Holminerde (Radikal = Holmium) und Erbinerde nennt. In demselben Jahre hatte schon vorher unabhängig Soret auf Grund spektralanalytischer Untersuchungen in der Erbinerde eine neue Erde angenommen und einzelne Banden und Linien der späteren Elemente Holmium und Thulium gemessen. (Vgl. auch 1886 L.)

— Nachdem Schiel im Jahre 1875 die erste Beobachtung über die Einwirkung der Elektrizität auf Bakterien gemacht hatte, stellen F. **Cohn** und B. **Mendelssohn** die erste eingehende Untersuchung hierüber an und finden, daß zwar die Keime nicht getötet werden, daß aber der Nährboden für fernere Züchtung untauglich wird. Die Bestätigung dieser Arbeiten durch Apostoli und Laguerrière (1890), Duclaux (1890) u. a. führt zu dem elektrischen Verfahren der Wasserreinigung von Webster. (S. 1888 W.)

1879 William **Crookes** beobachtet die Phosphorescenzermüdung des Glases bei längerer Exposition gegen Kathodenstrahlen.

— William **Crookes** zeigt an dem nach ihm benannten Radiometer (s. 1873 C.) die mechanische Wirkung der Kathodenstrahlen.

— **Cutler** baut eine radiale vielstufige Dampfturbine.

— Vincenz **von Czerny** bildet die von Sauter (s. 1822 S.) ausgeführte vaginale Totalexstirpation des Uterus zu einer erfolgreichen Operation aus.

— Tellef **Dahll** beschreibt ein neues Metall, das er aus einem auf der Insel Osterö vorkommenden Nickelglanz erhält und Norwegium nennt, und das dem Wismut sehr nahe steht; der wesentliche Unterschied ist der, daß das Hydroxyd des neuen Metalls in Kalilauge, sowie in einem großen Überschuß von Ammoniumcarbonat und Natriumcarbonat löslich ist.

— Der Nordpolfahrer George Washington **De Long** entdeckt auf der von Bennett ausgerüsteten Jeanette-Expedition, an der unter anderen auch G. W. Melville teilnimmt, die Jeanette- und Henrietta-Inseln, und, nachdem die Jeanette i. J. 1881 vom Eise zerdrückt war, bei dem Versuche, die Nordküste von Sibirien mit Booten zu erreichen, die Bennettinsel. Er erliegt alsdann mit der Mehrzahl seiner Begleiter dem Hungertode.

— Marcel **Déprez** baut die erste Gasmaschine für Lokomotiven, bei welcher das in einem Behälter aufgespeicherte komprimierte Gas zunächst, wie bei der Dampfmaschine, durch seine Expansion allein wirksam ist und nachher, mit Luft gemischt zur Explosion gebracht, nochmals Arbeit leistet.

— **Diehl** und **Miller** konstruieren die Ringschiffchennähmaschine mit oszillierendem Greiferschiffchen, die von der Singer Co. in den Handel gebracht wird und sich für gewerbliche Zwecke gut bewährt. Infolge der Konkurrenz dieser Maschine legt auch die Wheeler & Wilson Co. bei ihrer von House konstruierten Maschine (s. 1873 H.) jetzt den Fadengeber vorn in den Arm.

— J. N. **Douglas** bringt bei dem in den Jahren 1878—82 erfolgenden Neubau des Eddystone-Leuchtturmes (s. 1757 S.) den Kettenaufzug als eine neue Methode des Transports schwerer Baustoffe in Anwendung. Douglas war zu dieser Konstruktion durch den Umstand veranlaßt worden, daß der starke Wellenschlag eine unmittelbare Annäherung der Transportschiffe an die Baustelle nicht gestattete.

— Edmund **Drechsel** macht, ohne von de la Rive's und Kohlrausch's Versuchen (s. 1837 R.) Kenntnis zu haben, Untersuchungen über die chemische Wirkung von Wechselströmen. Er geht von der Idee aus, daß gewisse im lebenden Organismus beobachtete chemische Umwandlungen durch nebeneinander vor sich gehende Oxydations- und Reduktionsprozesse hervorgebracht werden und sucht solche Vorgänge mit Hilfe von Wechselströmen nachzuahmen. Er zeigt, daß man in der Tat durch Elektrolyse von carbaminsaurem Ammoniak zum Harnstoff gelangen kann, und bewirkt auch durch Elektrolyse von Phenolschwefelsäurelösungen den systematischen Abbau der Glieder der Benzolreihe bis zu den niedrigsten Gliedern der Sumpfgasreihe.

— R. **Dyckerhoff** erbringt den wichtigen Nachweis, daß dem aus Portlandzement und Sand bereiteten Zementmörtel ein Kalkzusatz nicht, wie man bis dahin annahm, nachteilig ist, daß vielmehr magere Zementmörtel durch Zusatz von Kalkhydrat bis zu einer gewissen Grenze an Festigkeit und Adhäsion zunehmen.

1879 Thomas Alva **Edison** bringt die elektrische Glühlampe zur praktischen Anwendbarkeit, indem er die harte Retortenkohle, sowie die brüchige Papierkohle (s. 1845 K. und 1879 S.) durch verkohlte Bambusfaser (s. a. 1846 S.) ersetzt. Er erkennt, daß man dem Glühkörper einen möglichst hohen Widerstand geben muß, um unter Erhöhung der Spannung am Glühkörper die für das Erglühen nötige Stromstärke zu verringern. Seine 115 Glühlampen umfassende Installation auf dem Dampfer „Columbia" ist als die erste praktische Beleuchtungsanlage anzusehen; die allgemeine Einführung des Glühlichts beginnt jedoch erst mit seiner Vorführung durch Edison auf der Elektrischen Ausstellung in Paris (1881).

— Der Ingenieur **Escherich** führt analog der vom Erfinder des Ringofens (s. 1857 H.) gewählten direkten Feuerung die Heizung des Ringofens mit Gas ein, indem er an Stelle der Heizschächte oder Schürböcke Schamotteröhren mit einer großen Anzahl kleiner Löcher einsetzt, durch welche das Gas in das Innere des Ofens tritt, so daß eine gleichmäßige Erhitzung des ganzen Ofenquerschnittes erreicht wird.

— Alexander **Forrest** (s. 1874 F.) erforscht mit seinem Bruder Matthew **Forrest** und dem Feldmesser Hill das Tasmanland in Nordwestaustralien. Sie verfolgen den Fitzroyfluß 400 km aufwärts und gelangen dann nordostwärts unter großen Beschwerden zum Überlandtelegraphen. Durch ihre Reise wird der Kimberleydistrikt der Besiedelung erschlossen.

— Ferdinand André **Fouqué** verwendet den Elektromagneten zur magnetischen Scheidung von Mineralien und zur Ermittelung des Mengenverhältnisses, in welchem dieselben in den Gesteinen, besonders in Eruptivgesteinen, vorkommen.

— Anton Johann **Fric** studiert die Cephalopoden, Fische und Reptile der Kreideformation und die Fauna der Kohlen- und Kalkschichten der Permformation.

— Charles **Friedel** und Edouard **Sarasin** erzeugen nach der von Sénarmont angegebenen Methode (s. 1851 S.), aber bei noch höhern Temperaturen und in noch widerstandsfähigeren Metallgefäßen aus Alkalisilikat und Aluminiumsilikat in Gegenwart von Wasser Aggregate von Alkalifeldspaten und Quarz oder Tridymit. Erhebliche Fortschritte auf diesem Gebiete werden in der Folge namentlich durch die umfassenden Arbeiten von J. Morozewicz gemacht.

— Percy C. **Gilchrist** und Sidney G. **Thomas** erfinden das nach ihnen benannte Verfahren der Entphosphorung des Eisens durch Ausfütterung der Bessemerbirnen mit basischem Futter (Dolomit) und Zuschlägen von gebranntem Kalk während des Prozesses. Daß eine basische Ausfütterung zu einer Abscheidung des Phosphors führen werde, hatte zuerst Snelus (1872) erkannt; die erste Idee, Dolomit als Ausfütterung zu verwenden, äußerte 1875 Gruner.

— Karl **Graebe** stellt im Verlauf seiner Kohlenwasserstoffsynthesen durch Abspaltung von Wasserstoff (s. 1874 G.) aus Benzylnaphtylmethan das Chrysen dar, das 1805 von Vogel in den Destillationsprodukten des Bernsteins aufgefunden worden war, und das nach dieser Darstellung ein Phenanthren ist, in dem eine Phenylengruppe durch eine Naphtylengruppe ersetzt ist.

— Hermann **Gruson** in Magdeburg erfindet eine Sprenggranate, in der sich ein mit einer Säure gefülltes Glasgefäß befindet, während der übrige Hohlraum der Granate mit einem porösen Stoffe ausgefüllt ist. Das Glasgefäß soll bei dem Schusse zerbrechen und sein Inhalt sich mit dem porösen Stoffe mischen, so daß sich erst während des Fluges durch die Luft ein Explosivstoff bildet. Der Vorschlag hat keine weitergehende praktische Verwendung gefunden, ist aber von entwicklungsgeschichtlicher Bedeutung.

1879 Albert **Gutzmann** erfindet eine Methode zur Heilung des Stotterns, die auf streng physiologischer Grundlage durchgeführt ist und dem Stotterer durch Übung der Atmung, der Stimme und der Artikulation zum Bewußtsein bringt, daß er die für das normale Sprechen nötigen Muskelbewegungen in der Gewalt hat und ausführen kann. Die bewußt physiologische Übung auf phonetischer Grundlage sichert ein fließendes mechanisches Sprechen.

— Albin **Haller** gewinnt synthetischen Campher durch trockene Destillation des Bleisalzes der Homocamphorsäure.

— Daniel **Hanbury** fördert durch seine Untersuchungen und Publikationen die Arzneimittellehre und wirkt bahnbrechend namentlich durch seine „Pharmacographia".

— Emil Christian **Hansen** schließt daraus, daß Hefe, die sich bei der mykologischen Untersuchung als gut erweist, schlechtes Bier gibt, und daß umgekehrt bei dieser Untersuchung als ungenügend erkannte Hefe gutes Bier gibt, daß die scheinbar gleichartigen Hefen verschiedenen Arten angehören können und beginnt unter diesem Gesichtspunkt seine Untersuchungen über die Saccharomyceten. Es gelingt ihm, bestimmt zu erweisen, daß einige der schlimmsten Krankheiten des Bieres, wie unangenehme Geschmacksänderung und Hefetrübung, nicht, wie Pasteur (s. 1876 P.) annahm, von Bakterien, sondern von echten Hefearten herrühren. Infolge dieser Untersuchung stellt er die Forderung auf, die Stellhefe dürfe nur aus einer einzigen Art bestehen, und zwar aus der für die betreffende Brauerei günstigsten.

— Karl **Hasse** ersinnt zum Behuf einer anatomisch genauen Bestimmung der äußeren Körperform ein Verfahren, das erlaubt, an einer Versuchsperson das Lageverhältnis der verschiedenen Stellen der Körperoberfläche zur Mittelebene des Stammes durch das Maß mit großer Genauigkeit festzustellen. Er weist nach, daß eine vollkommene bilaterale Symmetrie der äußeren Form des menschlichen Körpers nicht besteht, und daß besonders das Gesicht auffallende Asymmetrien zeigt.

— Oskar und Richard **Hertwig** machen in den Jahren 1879—83 umfassende Studien über die Entwicklung des mittleren Keimblatts der Wirbeltiere und über die embryonalen Zellen, die durch Auswanderung in dem von den Keimblättern begrenzten Zwischenraum gebildet werden. Sie nennen diese Zellen Mesenchymkeime und das von ihnen gelieferte Gewebe Mesenchym und zeigen, daß daraus die knorpeligen und knöchernen Skelettteile, die Sehnen, Blutgefäße, Lymphdrüsen usw. entstehen.

— J. **Hirschwald** konstruiert für feine Kristallmessungen das Mikroskopgoniometer (Mikrogoniometer), das eine genaue Messung selbst dann gestattet, wenn die Krystallflächen nicht mehr spiegeln, sondern korrumpiert und erblindet sind.

— Johann Wilhelm **Hittorf** zeigt, daß die Leitfähigkeit der Flamme durch Kalisalze erhöht wird. Natriumsalze sind von geringerem Einfluß; die Salze der übrigen Metalle verändern den Flammenwiderstand sehr wenig. Diese Versuche werden 1888 von Wiedemann und Ebert noch vervollständigt.

— David Edward **Hughes** konstruiert einen mit dem späteren Kohärer identischen Apparat und überträgt mit demselben Signale bis auf 500 m Entfernung, wie er auch das Wesen und die Ursache des Vorganges richtig erkennt, ohne daß seine Versuche jedoch irgend ein praktisches Ergebnis zeitigen.

— David Edward **Hughes** und B. W. **Richardson** konstruieren ein Sonometer (Audiometer), einen Apparat, der zur Bestimmung der Empfindlichkeit des menschlichen Ohres dient.

1879 Der spanische Geodät Carlos **Ibañez,** Marquis von Mulhacén, führt gemäß dem Beschlusse der europäischen Gradmessung (s. 1861 B.) gemeinsam mit François **Perrier** die berühmte Verlängerung der großen französischen Meridianmessung bis nach Algerien aus. Hierbei werden zur Verbindung der spanischen Triangulationsbasis Mulhacén-Tetica mit der algerischen Dreieckslinie Filhaoussen-M'Sabiha elektrische Lichtsignale bis auf Entfernungen von 270 km mit Erfolg verwendet.

— Der **Internationale Kongreß der Blindenlehrer** in Berlin nimmt die Braille'sche Punktierschrift (s. 1829 B.) als Weltschrift für Blinde an.

— Emil **Jacobsen** stellt Bittermandelöl aus Benzolchlorid durch Erhitzen mit organischen Säuren (Essigsäure usw.) bei Gegenwart von Metallchloriden her. Auch die Umwandlung des Benzolchlorids durch Erhitzen mit Basen, insbesondere mit Kalkmilch, wird zur technischen Darstellung von Bittermandelöl verwertet.

— Nachdem Franz Obernier 1867 experimentelle Studien über den Hitzschlag veröffentlicht hatte, tritt **Jacubasch** für die Notwendigkeit einer vollkommenen Trennung des bis dahin zusammengeworfenen Sonnenstiches und Hitzschlages als zweier pathogenetisch vollkommen verschiedener Formen ein. Diese Arbeiten führen zu der Maßnahme, den Soldaten, bei denen diese Affektionen am häufigsten auftreten, während des Marschierens das Wassertrinken zu erlauben, was bisher — wenigstens bei heißem Wetter — für bedenklich erachtet worden war.

— Gustav **Jäger** in Stuttgart veröffentlicht, in Zusammenfassung mehrerer von ihm schon vorher verfaßter Einzelschriften, sein Buch „Die Entdeckung der Seele", in welchem er nachzuweisen sucht, daß die spezifischen Duftstoffe in den tierischen Ausdünstungen die Erzeuger der Affekte und Triebe sind, und daß somit den Äußerungen der Affekte usw. chemische, im Organismus sich abspielende Vorgänge zugrunde liegen. Jägers Lehre findet jedoch keine Anerkennung.

— Sophus Mads **Jörgensen** entdeckt die Decaminpurpureokobalt-Verbindungen und zeigt, in welchem Zusammenhang die Decaminroseo-Kobaltsalze zu den Purpureo- und Luteoverbindungen stehen.

— John Prescott **Joule** mißt neuerdings die durch Reibung des Wassers erzeugte Wärmemenge und findet 423,852 Meterkilogramm, wobei diejenige Wärmemenge als Einheit gesetzt ist, welche ein Kilogramm Wasser von 15,5° C. auf 16,5° C. erwärmt. (S. a. 1842 J. und 1850 J.)

— Wilhelm **Junker,** der schon 1876 Reisen im Gebiet des oberen Uëlle unternommen hatte, macht eine Forschungsreise in das Gebiet der Niam-Niam und Monbuttu zur Erforschung des Uëlle und des Nepoko, den er als Oberlauf des Aruwimi erkennt. Er wird 1883 durch den Aufstand des Mahdi gezwungen, bei Emin Pascha in Lado eine Zuflucht zu suchen, von wo es ihm erst 1886 gelingt, mit Umgehung von Uganda über Karagwe nach Sansibar zu gelangen.

— Karl **Klič** in Wien überträgt die nach dem Pigmentverfahren (s. 1855 P.) gewonnene Chromgelatineschicht auf gekörnte Platten, ätzt mit Eisenchlorid und erzielt so reich abgestufte Tonbilder. Er begründet damit die moderne Heliogravüre.

— Friedrich **Kohlrausch** arbeitet ein Verfahren zur leichten und genauen Messung der Leitfähigkeit der Elektrolyte aus und findet das Gesetz von der unabhängigen Wanderungsgeschwindigkeit der Ionen: „Die Geschwindigkeit jeder Art von Ionen ist unabhängig von den anderen Ionen, mit denen sie Salze bilden."

— Friedrich **Kohlrausch** gebraucht das Bell'sche Telephon als Reagens auf Wechselströme.

1879 Wilhelm **Königs** führt die Synthese des Chinolins durch, indem er Dämpfe von Allylanilin über rotglühendes Bleioxyd leitet.

— Wilhelm **Königs** erkennt das Piperidin, das Spaltungsprodukt des Piperins, als das Hydrierungsprodukt des Pyridins. Es gelingt ihm, das Piperidin durch Erhitzen mit konzentrierter Schwefelsäure auf 300° in Pyridin überzuführen. (Vgl. 1867 H.)

— Richard **von Krafft-Ebing** führt in seinem „Lehrbuch der Psychiatrie" eine Verbindung des ätiologischen und klinischen Standpunktes durch und begründet darauf eine Einteilung der Geisteskrankheiten. Er führt für gewisse formale Störungen im Ablauf der Vorstellungen den später vielgebrauchten Namen „Zwangsvorstellungen" ein.

— **Kwaisser** und **Husak** erfinden die Hektographentinte, die sie zuerst aus Methylviolett herstellen.

— Albert **Ladenburg** führt die teilweise Synthese des Atropins durch Erhitzen von tropasaurem Tropin mit verdünnter Salzsäure auf dem Wasserbad aus. Da Tropidin später von Willstätter (vgl. 1901 W.) aus Suberon erhalten wird, das auch synthetisch erzeugt werden kann, da andererseits die Tropasäure synthetisch erhalten werden kann, ist mit der Überführung des Tropidin in Tropin (s. nachstehenden Artikel) die Totalsynthese des Atropins möglich. Bei diesen Arbeiten entdeckt Ladenburg das Homatropin, das durch Völckers in Kiel als Mydriaticum in den Arzneischatz eingeführt wird.

— **Ladenburg, Merling** und **Willstätter** gelingt es, unabhängig voneinander, durch eine Reihe hervorragender, von 1879 länger als zwanzig Jahre fortgesetzter Untersuchungen die Konstitution des Tropins aufzuklären. Unter anderem zeigen sie, daß Tropin beim Erhitzen mit Salzsäure oder Jodwasserstoffsäure auf 150—180° ein Molekül Wasser verliert und in Tropidin übergeht, und daß dieses durch Kochen mit Ätzalkalien in Tropin übergeführt werden kann. (Vgl. auch 1889 H. und 1901 W.)

— Hans **Landolt** macht eingehende Untersuchungen über die Änderung des spezifischen Drehungsvermögens mit der Menge und Natur des Lösungsmittels, wesentlich um zu sehen, ob die Änderung eine kontinuierliche ist, was sich tatsächlich ergibt. (S. a. 1832 B.)

— **Lartigue** auf der Französischen Nordbahn und Julius **Rieszner** auf der Aussig-Teplitzer-Eisenbahn führen Fernsprechanlagen als Ersatz für Verkehrstelegraphen ein, und zwar vorerst im Stations- und Werkstättendienste, bald aber auch im Streckendienste.

— Nachdem Ebelmen (1847—52) in Sèvres die ersten Versuche zur Herstellung von Porzellanglasuren mit Ausscheidung von Krystallen gemacht hatte, gelingt es **Lauth** und **Dutailly,** diese Krystallglasuren betriebsmäßig zu verwerten. Die besten Glasuren entstehen durch Einführung von Titansäure; von Wichtigkeit ist eine sehr lange dauernde Abkühlung.

— Gustaf **de Laval** in Stockholm erfindet die kontinuierliche Milchzentrifuge, welche den Namen „Separator" erhält. (S. a. 1864 P.)

— H. J. **Lawson** konstruiert das niedrige oder Sicherheitszweirad mit Hinterradantrieb durch Kettenübersetzung (Bicyclette, Safety-Bicycle), das 1885 von der Firma Starley & Sutton unter der Bezeichnung „Rover Safety Bicycle" (auch „Niederrad" genannt) auf den Markt gebracht wird und viel zur Verbreitung des Fahrrads beiträgt.

— Paul Emile **Lecoq de Boisbaudran** isoliert aus dem Didym (vgl. 1842 M.) des Samarskits eine neue Erde, der er den Namen „Samarerde" beilegt.

— Der Waffenfabrikant **Lee** zu Bridgeport in Connecticut konstruiert eine Schnellladeeinrichtung für Hinterladergewehre in der Weise, daß er die Patronen zu je fünf in packschachtelähnlichen Stahlkästchen verpackt. Zum Füllen des Magazins wird das ganze Kästchen durch einen kurzen

49*

Druck in das Schloßgehäuse eingeschoben. Obwohl die Konstruktion anfänglich nicht befriedigt, bildet sie dennoch die Grundlage der heutigen Kastenmagazin-Schnelllader (deutsches Infanteriegewehr 88, österreichisches Mannlichergewehr M/86 und M/88, Schweizer Repetiergewehr M/89, englisches Lee-Metford-Gewehr M/89, deutsches Gewehr 98 mit unten geschlossenem Mausermagazin).

1879 Eduard **Lucas** lehrt die Anwendung der Kohle zur Kultur zarter Obstpflanzen, erfindet neue Veredelungsarten und gibt zahlreiche Verbesserungen in der Baumpflege und der Zucht junger Obstbäume an.

— James **Mactear** führt einen rotierenden Sulfatofen ein, der wenig verschieden von seinem Sodacalcinierofen ist und aus einem Drehherd besteht, dessen Untergestell mit Rädern auf einer kreisförmigen Schiene läuft. Eigentümlich ist die kontinuierliche zentrale Speisung. Der Ofen produziert im Durchschnitt 1000 kg Sulfat in der Stunde.

— Raphael **Meldola** erhält durch Erhitzen von β-Naphtol mit salzsaurem Nitrosodimethylanilin das Meldola'sche Naphtol-Blau, den ersten Repräsentanten der Farbstoffklasse der Oxazine. Das Aminoderivat des Naphtolblaus wird unter dem Namen „Nilblau“ von der Badischen Anilin- und Sodafabrik in den Handel gebracht.

— A. **Michael** gelingt es, aus Acetochlorhydrose und Kaliumphenolat das erste künstliche Glucosid herzustellen und durch Ersatz des Phenolats durch das Kaliumsalz des Salicylaldehyds ein anderes mit Helicin identisches Glucosid herzustellen.

— **Van Monckhoven** entdeckt, daß das Bromsilber durch Ammoniak eine molekulare Umwandlung erleidet, und daß die dadurch erhaltene „grüne“ Modifikation sich durch wesentlich erhöhte Lichtempfindlichkeit auszeichnet. Auch tritt hierbei eine Vergrößerung des Korns der Bromsilberteilchen ein. Eine solche Modifikation des Bromsilbers war schon 1874 von Stas beschrieben worden, der jedoch die Beziehungen zur Photographie nicht erwähnte.

— Jean Louis **Mouton** gelingt es zuerst, die Brechungsexponenten ganz bestimmter Strahlen des ultraroten Spektrums und gleichzeitig deren Wellenlängen zu messen. Sein Verfahren beruht auf den Gesetzen der Interferenz des polarisierten Lichts und wird 1892 von Rubens wesentlich vereinfacht.

— Fritz **Müller** gibt eine Klasseneinteilung des Menschen, die sich insbesondere auf die Sprache sowie auf die Beschaffenheit der Haare stützt, und die später von Ernst Haeckel und namentlich von Deniker in dessen Werk „The races of men“ (1900) weiter ausgeführt wird.

— Albert **Neißer** entdeckt den Gonococcus als einzigen Erreger der Gonorrhöe. Durch seine Entdeckung wird die Prognose und die Feststellung der endgültigen Heilung der Gonorrhöe, deren Ätiologie vorher unsicher war, ermöglicht. Der Gonococcus wird 1885 von Bumm in Reinzucht erhalten.

— Georg Balthasar **von Neumayer** richtet seine und der von ihm geleiteten deutschen Seewarte Bemühungen darauf, für die einzelnen Meere und Meeresteile Segelhandbücher und Segelanweisungen zu geben, welche zur Abkürzung der Fahrtdauer wesentlich beitragen. Auch seine Aufzeichnungen über Wärme, Luftdruck, Bewölkung, Wind, Seegang usw. sind für die Schiffahrt von hervorragendem Wert.

— Bei seinen Arbeiten über Ytterbium (vgl. 1878 M.) isoliert Lars Fredrik **Nilson** eine Erde, deren Radikal er „Scandium“ nennt. Das Element hat besonderes wissenschaftliches Interesse, da es das von Mendelejew nach seinem periodischen System (vgl. 1869 M.) vorausgesagte Ekabor repräsentiert.

1879 Nachdem Trouvé in Paris zuerst 1870 die Elektrizität zur Beleuchtung von Körperhöhlen verwandt hatte, gelingt es Max **Nitze** aus Berlin mit Hilfe des Wiener Hofinstrumentenmachers Leiter, das elektrische Glühlicht als Lichtquelle direkt in die zu untersuchenden Körperhöhlen einzuführen. Sein erster Apparat, das Cystoskop, besteht aus einem gewöhnlichen Metallkatheter, an dessen Spitze ein Glühlämpchen sitzt, und in dessen hohlen Schaft ein Fernrohr eingeschoben ist, welches dem Beobachter das Bild der erleuchteten Höhle vor Augen führt. Von dieser Erfindung datiert die Entwicklung einer neuen Lehre der Harn- und Blasenkrankheiten. Dem Cystoskop folgen bald andere Apparate zur Beleuchtung von Körperhöhlen, wie das Vaginoskop usw.

— Wilhelm **Ostwald** äußert die Idee eines praktisch brauchbaren Knallgas-Voltameters mit manometrischer Ablesung, das späterhin von Bredig und Hahn (1900) ausgeführt wird.

— Edward Charles **Pickering** konstruiert für astrophotometrische Zwecke ein Meridian-Photometer, bei welchem die Polarisation des Lichts zur Abschwächung der Intensität verwendet und jeder Stern, wenn er im Meridian oder dessen Nähe steht, bezüglich der Lichtstärke mit dem Polarstern verglichen wird. Es gelingt ihm, mit diesem Instrument in Cambridge (Massachusetts) in den Jahren 1879—82 die Helligkeit von 4260 mit bloßem Auge sichtbaren Sternen zu messen.

— Edward Charles **Pickering** berechnet den Durchmesser der von Hall (s. 1877 H.) entdeckten beiden Marstrabanten auf Grund von Helligkeitsbeobachtungen auf 10 km. (Vgl. auch den vorstehenden Artikel.)

— Nachdem die Entphosphorung des Roheisens durch das basische Futter des Konverters (s. 1879 G.) bekannt geworden war, wird durch M. A. **Pourcel** auch der Martinprozeß durch Anwendung dolomitischer Masse oder von Magnesitsteinen zur Ausfütterung des Flammofens für solche phosphorhaltigen Rohmaterialien anwendbar gemacht, die für die Thomasbirne zu arm, für die Bessemerbirne zu reich an Phosphor sind (basischer Martinprozeß). Zwischen das saure und basische Ofenmaterial schiebt Pourcel eine Isolierschicht von Chromeisenstein ein, die sich sehr gut bewährt. Daß Martinstahl sich zu Stahlformguß eigne, war schon im Jahre vorher von Pourcel erwiesen worden.

— Nathanael **Pringsheim** weist nach, daß nicht das Chlorophyll für sich die Reduktion der Kohlensäure und die Synthese organischer Substanz in der Pflanze vermittelt, sondern daß dies namentlich durch das Protoplasma geschieht, und daß die Rolle des Chlorophylls hierbei eine indirekte ist, indem es die Atmung der Pflanze, die Sauerstoffaufnahme, vermittelt. (S. 1824 D.)

— Nachdem Nikolai Michailowitsch **von Przewalskij** in den Jahren 1876—77 von Kuldscha aus den Lob-Nor und Altyn-Tag erforscht hatte, zieht er in den Jahren 1879—80 von Saissan über den Thianschan und Nanschan nach Tibet. 200 km vor Lhassa zur Umkehr genötigt, wendet er sich zum Kuku-Nor und erforscht von da das Quellgebiet des Huangho.

— Nachdem Friedrich Mohr in einem Artikel in der Kölnischen Zeitung am 23. Februar 1870 auf die große Bedeutung der flüssigen Kohlensäure für die Industrie und Technik hingewiesen und Hendryk Beins in Groningen am 14. August 1877 das erste Patent auf Darstellung von flüssiger Kohlensäure beliebiger Spannung genommen hatte, erzeugt Wilhelm **Raydt** zum ersten Male ein größeres Quantum flüssiger Kohlensäure.

— **Redfield** und **Loomis** führen für alle theoretischen Erörterungen, welche darauf abzielen, das Wechselspiel der atmosphärischen Ereignisse als

Konsequenz feststehender Sätze der Physik zu begreifen, die Bezeichnung „dynamische Meteorologie" ein.

1879 W. **Richman** konstruiert ein Preßluftwerkzeug mit Steuerkolben, das als Grundform für die gesteuerten Preßluftwerkzeuge anzusehen ist.

— Der Ingenieur **Risbec** im Arsenal zu Brest stellt Experimentalversuche über die Widerstandsbestimmung der Schiffe mit Hilfe hölzerner Schleppmodelle an, die mit Stanniol bekleidet sind.

— John **Ritty** in Dayton erfindet die durch Tastenhebel eingestellte, mit Addierrädern versehene Registrierkasse, die später durch die National Cash Register Co. in Dayton noch wesentlich verbessert wird.

— F. M. **Rogers** baut einen Stationsanzeiger, d. i. eine im Eisenbahnwagen anzubringende Vorrichtung, welche jeweilig den Namen der nächstfolgenden Station ersichtlich macht.

— **Roland**, Chefingenieur der normannischen Genossenschaft, regt zuerst die Verwendung von weichem Stahl zur Konstruktion von Dampfkesseln an, die namentlich auch von Cornu (1881), Vincotte (1882), Schmidt (1884) befürwortet wird und sich allmählich Bahn bricht. (S. a. 1855 J.)

— Francesco **Rossetti** mißt die Temperatur des zwischen Kohlenspitzen erzeugten Lichtbogens, indem er denselben gegen eine Thermosäule strahlen läßt und aus der beobachteten Strahlung die Temperatur berechnet. Er erhält so für den Lichtbogen den Wert von 4800—4844^{0} C., und zwar unabhängig von der Stromstärke.

— Edouard **Sarasin** untersucht die periodischen Schwankungen des Neuenburger Sees und konstruiert für die Messungen des Wasserstandes ein „Limnimètre enregistreur transportable", das 1901 von Ebert wesentlich verbessert wird.

— Der Norweger G. O. **Sars** macht die erste Andeutung über den Wert der infolge ihrer pflanzlichen Natur (Besitz von Chlorophyll und Assimilation im Lichte) an die Oberfläche des Meeres gebundenen Diatomeen für die Stoffproduktion und den Stoffwechsel des Meeres.

— Der Pfarrer Johann Martin **Schleyer** ersinnt in Verfolg einer von Leibniz (s. 1666 L.) geäußerten Idee eine Weltsprache (Volapük, a. d. engl. world und speak), welche er als Universalsprache, namentlich für den internationalen Handelsverkehr empfiehlt. Der Wortschatz des Volapük umfaßt etwa 14000 Wörter mit 1300 Wurzelwörtern. (Vgl. 1887 S.)

— Der Mathematiker Hermann **Schubert** ist neben H. G. Zeuthen der Begründer der sogenannten abzählenden Geometrie.

— Charles Ezra **Scribner** nimmt am 29. November das erste Patent auf einen Vielfachumschalter, der telephonische Gespräche zwischen einer großen Anzahl von Teilnehmern mit Hilfe eines Vermittlungsamtes ermöglichen soll.

— W. **Sellers & Co.** in Philadelphia konstruieren eine Pendelsicherheitsvorrichtung für Fahrstühle in Hotels und Fabriken, die mit gutem Erfolg arbeitet.

— Friedrich **Siemens** konstruiert eine Lampe, bei welcher die Wärmegeneration auf die Beleuchtungstechnik angewendet wird, und die insbesondere für Straßenbeleuchtung vielfach eingeführt wird (Regenerativlampe). Auf die Vorteile einer solchen Vorwärmung hatte bereits 1819 Faraday hingewiesen und die Luft durch einen zweiten Zylinder vorgewärmt. Die Lampe wird u. a. auch vertikal abwärts hängend verwendet und stellt somit die erste Invertlampe dar.

— Werner **von Siemens** konstruiert für die Berliner Gewerbeausstellung eine elektrische Eisenbahn, bei der zum ersten Male der Strom durch einen längs der Bahnlinie liegenden Leiter von einer feststehenden Stromquelle aus zugeführt wird.

1879 Leonhard **Sohncke** stellt eine Theorie der Krystallstruktur auf. Von dem Grundsatze ausgehend, daß entsprechend der Homogenität der Krystallsubstanz die Krystallbausteine um jeden einzelnen Krystall stets in gleicher Weise angeordnet sind, leitet er 65 Arten von regelmäßigen Punktsystemen her, welche ihren Symmetrieverhältnissen nach schon mit 24 von den 32 möglichen Krystallsystemen übereinstimmen. Nur bei den 8 übrigen Klassen wäre es nötig, eine Hilfshypothese über die Symmetrie der Krystallbausteine selbst hinzuzufügen. (S. a. 1830 H.)

— Henry Morton **Stanley** geht im Auftrag des Comité d'études du Haut-Congo in Brüssel nach dem Kongo, legt längs des Stromes eine Reihe von Stationen an, entdeckt den großen Leopoldsee und kehrt erst 1884 nach Europa zurück, um an der Kongokonferenz in Berlin teilzunehmen und in England die Bildung einer Gesellschaft zur Erbauung einer Eisenbahn von der Kongomündung zum Stanley Pool zu veranlassen.

— Josef **Stefan** stellt das nach ihm benannte Gesetz auf, daß die Strahlungsenergie des schwarzen Körpers proportional mit der vierten Potenz der absoluten Temperatur wächst. Dieses Gesetz wird später experimentell bestätigt.

— Joseph Wilson **Swan** stellt unabhängig von Edison eine brauchbare elektrische Glühlampe mit verkohlter Rohrfaser in luftleerer Birne her und führt dieselbe bei Gelegenheit eines öffentlichen Vortrages in Newcastle vor.

— In früheren Zeiten geschah die Gewinnung des Lampenrußes einfach in der Weise, daß man metallene Deckel über den rußenden Flammen aufhing. Noch heute ist diese Art der Darstellung im Gebrauch, doch sind auch Apparate konstruiert worden, die auf dem auch bei der Herstellung des Flammrußes (Kienrußes) mehr und mehr zur Geltung kommenden Kammersystem zur Kondensation des Rußes beruhen. So ist in England der Apparat von Martin und Grafton eingeführt, in Deutschland namentlich der von Otto **Thalwitzer,** der jetzt an erster Stelle steht und neuerdings für Gasruß, sogenanntes Diamantschwarz, umkonstruiert worden ist. Die Kondensation des Rußes erfolgt dabei auf einer rotierenden mit Wasser gekühlten Platte.

— Joseph **Thomson** erforscht das Gebiet zwischen Tanganyika und Nyassa und entdeckt 1880 den Rikwasee. Auf einer spätern Reise erforscht er den Kilimandscharo und entdeckt 1884 das Aberdaregebirge.

— Nachdem schon Béclard (1822) und Lisfranc (1833) für die Exstirpation des unteren Segmentes des Mastdarmes bei Mastdarmkrebs eingetreten waren, und Velpeau und Dieffenbach sich diesem Vorgehen angeschlossen hatten, gelingt es Richard **von Volkmann**, unter Benutzung der Hilfsmittel der Antiseptik selbst bei hochsitzenden Carcinomen die Exstirpation und Resektion des Mastdarms mit günstigem Erfolge vorzunehmen.

— **Weidel** zeigt, daß das Picolin von Anderson (s. 1847 A.) kein einheitliches Produkt ist, sondern aus mindestens drei isomeren Basen besteht, was von Obst (1882) und Lange (1885) bestätigt wird. Diese drei Picoline werden später synthetisch dargestellt.

— G. **Wellner** in Brünn erhält ein Patent auf ein Zellenradgebläse, bei welchem am Umfange eines stehenden Rades beiderseits Zellen befestigt sind, welche Luft aufnehmen und unter Wasser ausleeren. Das Gebläse hat jedoch lediglich entwicklungsgeschichtlichen Wert.

— Eilhard Ernst **Wiedemann** gelingt es, durch Messungen der entwickelten

Wärme nachzuweisen, daß unter dem Einfluß elektrischer Entladungen Gase bei Temperaturen, die weit unter 100° liegen, leuchten können.

1879 **Will** und **Laubenheimer** entdecken das Sinalbin im weißen Senf, dessen Konstitution namentlich durch Gadamer aufgeklärt wird.

— Clemens **Winkler** fördert die 1845 von Bunsen eingeleitete chemische Untersuchung der Industriegase, indem er sie durch planmäßige Anwendung von Absorptionsmitteln, mit welchen sie nacheinander in Berührung gebracht werden, in verschiedene Gruppen teilt.

— Alexej **Wischnegradski** konstruiert eine Presse zur Herstellung von prismatischem Pulver. Im Grusonwerk in Buckau wird diese Presse unter Verbindung von hydraulischem Druck mit mechanischer Arbeit so betrieben, daß sie sich selbst ladet und entleert und zugleich den Druck selbsttätig reguliert.

— Otto N. **Witt** entdeckt beim Erhitzen des als amidiertes Indamin aufzufassenden Toluylenblaus das Toluylenrot, den ersten Repräsentanten der Farbstoffklasse der Eurhodine, und führt es unter dem Namen „Neutralrot“ in die Technik ein. Die Eurhodine stehen in naher Beziehung zu den Safraninen. (S. 1878 T.)

— J. C. Friedrich **Zöllner** erfindet das Skalenphotometer, das auf den Radiometererscheinungen in luftverdünnten Räumen beruht, und bei welchem ein sehr empfindliches Radiometerkreuz von Glimmer, dessen Flächen einseitig mit Ruß überzogen sind, als Maß für die Intensität des wirksamen Lichtes dient.

— **Zorn** gelingt es, Hyponitrite durch Elektrolyse von Alkalinitrat und Alkalinitrit herzustellen, indem er am negativen Pol eine Quecksilberelektrode anwendet und den Strom unterbricht, sobald Ammoniakentwicklung auftritt. (Vgl. a. 1871 D.)

1880 William de W. **Abney** gelingt es mit Hilfe von photographischen Trockenplatten, die für die langen Lichtwellen ebenso empfindlich sind, wie für die kurzen, das ultrarote Spektrum zu photographieren und bis zu einer Wellenlänge von $\lambda = 2700\ \mu\mu$ photographische Einwirkungen zu erhalten. Durch die photographische Platte, die auch die Existenz der Fraunhofer'schen Linien in diesem Teil des Spektrums dartut, werden die Lamansky'schen Beobachtungen (s. 1872 L.) voll bestätigt.

— William de W. **Abney** empfiehlt als neuen organischen Entwickler das Hydrochinon, das zu den meist gebrauchten photographischen Entwicklern gehört. An das Hydrochinon schließt sich eine große Reihe organischer Entwickler an, wie Eikonogen (Andresen 1889), Rodinal (Andresen 1891) Metol (Bogisch 1891), Glycin (Bogisch 1891), Amidol (Hauff 1891), Diphenol (Cassella 1897) und viele andere.

— John **Aitken** bemüht sich, die Bedeutung der in der Luft schwebenden Staubpartikelchen nicht bloß für die Gesundheitspflege, sondern auch für die Meteorologie zu erweisen, worin ihm Tissandier, Aßmann (1882) und andere Forscher folgen. Er konstruiert 1882 einen tragbaren Staubzähler, mit dessen Hilfe er an verschiedenen Orten die Anzahl der in einem gegebenen Luftquantum enthaltenen Staubkörner ermittelt. Er findet im Verlauf seiner Untersuchung, daß Wolken oder Nebelkügelchen nicht ohne feste Kerne entstehen können, daß sich also in vollkommen klarer und staubfreier Luft Wasserdampf nicht zu Nebel verdichtet.

— Der französische Physiker Emile Hilaire **Amagat** beobachtet die Raumverhältnisse der Gase unter hohem Drucke und erzeugt zu diesem Zwecke einen Druck von 430 Atmosphären dadurch, daß er eine 327 m hohe Quecksilberdruckröhre in einem Bergwerksschachte (zu Méons bei St. Etienne) aufstellt.

1880 Der Maschinenfabrikant **Anthon** in Flensburg konstruiert eine Maschine zur Massenherstellung von Holzwolle, welche in ihrer später noch verbesserten Form als vierfach wirkende Maschine gegen 1000 kg Holzwolle täglich liefert.

— **Arloing, Cornerin** und **Thomas** finden eine Schutzimpfung gegen den Rauschbrand, die in der Einimpfung abgeschwächter Rauschbrandkulturen besteht.

— **Ayrton** und **Perry** versuchen praktisch eine Lösung des Problems des elektrischen Fernsehens.

— Adolf **von Baeyer** findet als Ergebnis einer langen Reihe von Untersuchungen die künstliche Darstellung des Indigoblaus aus orthonitrierten Derivaten der Zimtsäure, womit ein gangbarer technischer Weg zur Erzeugung des künstlichen Indigos gezeigt ist.

— Friedrich **Becker** erhält ein Patent auf eine Kondensations-Luftpumpe mit getrennter Luft- und Wasserabsaugung, welche vorbildlich für zahlreiche neuere Ausführungen wird.

— J. M. **van Bemmelen** zeigt, ausgehend von Untersuchungen über das Absorptionsvermögen der Ackererde und der Kieselsäure, daß die Erscheinungen der physikalischen Adhäsion oft nur als ein Grad von loser chemischer Bindung aufzufassen sind. So stellt sich z. B. die Bindung von Hydratwasser durch Oxydhydrate als ein Übergang dar zwischen der Bildung von starken Verbindungen nach einfachen Proportionen und der Bindung von sehr losen, kolloidalen Molekularverbindungen (Hydrogelen). W. Fischer kommt 1907 zu ganz gleichen Resultaten.

— Henri **Béraud** in London stellt zuerst aus Torf ein Produkt für Spinn- und Webezwecke unter dem Namen Béraudine her und gibt den Anstoß zur Verarbeitung des Torfs nach dieser Richtung, in der später Karl A. Tzschörner nennenswerte Erfolge mit seiner Torfwolle erzielt.

— August **von Borries** veröffentlicht eine Kritik der Mallet'schen Verbundlokomotive (s. 1874 M.), die viele neue Gedanken über die Weiterentwicklung der Verbundlokomotive enthält. Er macht darauf aufmerksam, daß gerade bei den stärksten Kraftleistungen, also beim größten Dampfverbrauch, die Mallet'sche Lokomotive nicht mit Verbundwirkung arbeite. Er entwirft eine Lokomotive, die stets mit Verbundwirkung arbeitet. Die erste Verbundlokomotive nach seinem Sytem wird 1880 von F. Schichau in Elbing ausgeführt. 1884 erfindet Borries ein selbsttätiges Anfahrventil und vereinigt sich mit W. Worsdell und Richard H. Lapage zu gemeinsamem Schaffen.

— Oskar **Brefeld** fördert die Lehre von den Pilzen durch Anwendung bakteriologischer Methodik.

— Der Generalinspekteur des italienischen Marine-Geniekorps Benedetto **Brin** steigert bei dem im Castellamare erbauten Panzerschiffe „Italia" die bis dahin übliche Geschwindigkeit der großen Panzer (14—15 Knoten) mit einem Male auf 18 Knoten, wobei das Deplacement auf 14000 Tonnen, und die Maschinenstärke, bisher nicht über 8000 Pferdekräfte, auf 18000 Pferdekräfte vergrößert wird. Brin begründet damit einen mächtigen Fortschritt in der Entwicklung der großen Schlachtschiffe.

— Julius Wilhelm **Brühl** beginnt umfassende Arbeiten auf dem Gebiete der Spektrochemie (Erforschung der Konstitution chemischer Verbindungen mit Hilfe ihrer Refraktion und Dispersion). Es gelingt ihm der Nachweis, daß die bisher beobachteten Abweichungen chemischer Körper von dem Gesetz von Gladstone (s. 1858 G.) stets in gesetzmäßigem Zusammenhang mit mehrfacher Bindung im Molekül stehen. Er kann eine einfache Beziehung zwischen Refraktion und Dispersion nicht feststellen; hingegen erscheinen Molekularvolumen und Molekularrefraktion als nahe verwandte

Größen, indem beide dem von den Molekülen erfüllten Raume proportional zu setzen sind. Diese Arbeiten tragen viel zur Erkenntnis der Terpene ein.

1880 J. D. **Brunton** und F. H. **Trier** in Battersea erfinden Steinbearbeitungsmaschinen mit schneideartigen, rotierenden Messerscheiben, die aus Stahl oder Hartguß hergestellt werden und sowohl als Drehwerkzeug, als auch zur Bearbeitung ebener Flächen dienen. (Vgl. a. 1829 M. und 1852 A.)

— Jesse Fairfield **Carpenter** erfindet die nach ihm benannte selbsttätige Zweikammer-Luftdruckbremse mit selbsttätiger Bremsklotz - Nachstell - Vorrichtung.

— **Cash** und unabhängig von ihm **Ogata** (1881) bestätigen die Angabe von Marcet (s. 1858 M.), indem auch sie nach Fett- bez. Ölfütterung bei Hunden im Mageninhalt freie Fettsäuren nachweisen können.

— Alexander Ross **Clarke** berechnet aus neueren Gradbestimmungen die Dimensionen des abgeplatteten Erdellipsoids wie folgt: Äquatorialhalbmesser: 6378249,17 m; Polarhalbmesser: 6356514,99 m; Abplattung: 1 : 293,4663; Meridianquadrant: 10001867,67 m. Hieraus folgt die Länge des Erdäquators zu 40075719 m, die Oberfläche der Erde zu 510 Millionen qkm, das Volum zu 1,083 Billionen ckm.

— **Comstock** beschreibt und benennt mit dem Namen „Aspidiosus perniciosus Comstock" die San José-Schildlaus, die etwa im Jahre 1870 angeblich aus Japan nach Kalifornien eingeschleppt wurde und darauf mit amerikanischem Obst nach Europa gelangte. 1898 werden vom Deutschen Reiche wegen der der deutschen Obstkultur drohenden Gefahr Maßregeln gegen die Zufuhr amerikanischen Obstes ergriffen.

— F. **Crane** in Short Hills bringt unter dem Namen „Zaponlack" eine Auflösung von Nitrocellulose in Amylacetat in den Handel, die vielfach zu Konservierungszwecken dient und unter anderem Metalle vor Oxydation und vor der Schwärzung durch Schwefelwasserstoff schützt.

— Jules Nicolas **Crevaux** (s. 1876 C.), der auf einer zweiten Reise (1878—79) den Amazonenstrom und den Iça erforscht hatte, befährt den Magdalenenstrom bis in die Nähe von Bogota, kreuzt die Kordillere und folgt dem Guaviare zum Orinoko. Auf einer 1881 unternommenen Expedition in den Gran Chaco wird er bei Ipantipucu am Pilcomayo von Indianern ermordet.

— Nachdem von Hales einzelne ephemere Krümmungsbewegungen der Pflanzen beobachtet worden waren, und Mohl (s. 1827 M.) und Palm (1827) die Circumnutation der Schlingpflanzen, Dutrochet (1844) die der Ranken studiert hatten, zeigt Charles Robert **Darwin**, daß alle wachsenden Organe spontane (autogene), periodische Nutationsbewegungen ausführen, die in vielen Fällen freilich erst bei Vergrößerung sichtbar werden. Bei Schlingpflanzen und Ranken kann Darwin eine sehr erhebliche Circumnutation nachweisen.

— Auguste **Daubrée** macht im Anschluß an seine Versuche über die Einwirkung von erhitztem Wasserdampf auf Gesteine (s. 1860 D.) die mannigfaltigsten Druckversuche in bezug auf Gebirgsbildung und Tektonik zu dem Zweck, die Naturbildungen im Kleinen nachzuahmen. Es gelingt ihm, auf synthetischem Wege Mineralverbindungen herzustellen, die den natürlichen Meteoriten vollkommen gleichen.

— P. **Desains** und P. **Curie** bestimmen die Dispersion eines Steinsalzprismas im Ultrarot bis $\lambda = 7\ \mu$. Sie isolieren mit Hilfe eines Diaphragmas eine Reihe ultraroter Spektrallinien und messen deren Wellenlängen mittels eines Gitters und einer Thermosäule.

— **Designolle** schlägt zuerst die Gewinnung der Edelmetalle durch Amalgamation unter Zuhilfenahme der Elektrolyse vor (Elektroamalgamation). Andere Verfahren rühren von R. Barker (1882), B. Molloy (1884) u. a. her.

1880 Der nordamerikanische Naturforscher Henry **Draper** stellt mit seinem astrophotographischen Teleskop eine Photographie des Mondes von 1,30 m Durchmesser her und photographiert den Orionnebel.

— Karl Joseph **Eberth** entdeckt den heute allgemein als Typhuserreger festgestellten Bacillus.

— Ferdinand **Fischer** zieht als Endergebnis einer eingehenden Besprechung der für die Vermeidung von Kesselstein bei Dampfkesselanlagen vorgeschlagenen Mittel den Schluß, daß jedes Fällungsmittel, das im Kessel selbst angewendet wird, mangelhaft ist. Er bezeichnet es als notwendig, das Speisewasser, bevor es in den Kessel kommt, von den kesselsteinbildenden Bestandteilen zu befreien und die Wahl des Fällungsmittels nur von Fall zu Fall und auf Grund einer chemischen Analyse zu treffen.

— Rudolph **Fittig** erhält das Fluoren durch Destillation von Diphenylenketon mit Zinkstaub, und erweist dasselbe dadurch definitiv als Diphenylenmethan. (S. a. 1874 G.) Das Fluoren war 1864 von Berthelot im Steinkohlenteer entdeckt worden.

— Robert **Flegel**, der 1879 das Kamerungebirge erforscht hatte, begibt sich nach dem Niger, wo er sich in Sokoto vom Sultan einen Geleitsbrief für die Reise nach Adamaua holt. Er erreicht auf neuem Wege am 31. Juli Jola und am 18. August die Quellen des Binuë, die er im Jahre 1884 zum zweiten Male besucht.

— Henry Albert **Fleuß** in London konstruiert den ersten Sauerstoffrettungsapparat, bei welchem die Ausatmungsprodukte durch kaustische Soda absorbiert werden, und aus einem Sauerstoffbehälter frischer Sauerstoff zugeführt wird.

— Der Ingenieur A. **Foeppl** veröffentlicht eine Reihe grundlegender Untersuchungen zur Lehre vom Fachwerk.

— Die **Französische Nordbahn** führt bei ihren Zügen einen elektrisch eingerichteten „Meßwagen“ ein, welcher fortlaufend die Zugkraft und Fahrgeschwindigkeit des Zuges auf einem Papierstreifen niederschreibt.

— Oskar **Frölich** konstruiert ein Galvanometer mit direkter Ablesung und absoluten Angaben, bei welchem die Torsion einer Spiralfeder als Richtkraft benutzt und das infolgedessen Torsionsgalvanometer genannt wird. Das Instrument wird von Siemens und Halske fabrikmäßig hergestellt.

— Oskar **Frölich** stellt eine Theorie der dynamoelektrischen Maschine auf, welche die Vorausberechnung der Strom-, Widerstands- und Güteverhältnisse gestattet.

— Karl **Frommann** weist zuerst feinere Strukturen im Protoplasma und im Zellkern nach und sucht die Lebens- und Reaktionserscheinungen tierischer und pflanzlicher Zellen zu ergründen.

— **Fuller** baut eine Nagelmaschine, welche die Verfertigung der Nägel in einer dem Schmieden ähnlichen Art, namentlich auch unter Anwendung von Hitze bewerkstelligt.

— Lucien **Gaulard** ermöglicht im Verein mit **Gibbs** durch die Benutzung von Induktionsspulen, die er „Sekundär-Generatoren“ nennt, die Verwendung von Wechselströmen hoher Spannung in Verteilungssystemen für elektrische Energie und damit eine große Steigerung der wirtschaftlich zulässigen Entfernungen zwischen Erzeugungs- und Verbrauchsstation.

— F. A. **Gooch** schlägt eine neue Methode vor, Niederschläge abzufiltrieren und zu wägen. Er sammelt den Niederschlag auf einem Asbestfilter, welches sich auf dem durchlöcherten Boden eines Platintiegels befindet. Der ausgewaschene Niederschlag wird samt Tiegel und Asbestfilter geglüht und gewogen und das Gewicht des Niederschlages durch Abziehen des Gewichts von Tiegel und Asbestfilter ermittelt (Goochtiegel).

1880 Friedrich **Goppelsröder** baut die von ihm vorgeschlagene Methode der Capillaranalyse (vgl. 1861 G. und 1861 Sch.) in den Jahren von 1880—1907 weiter aus und macht dieselbe für die anorganische und pharmazeutische Chemie, für die Prüfung der Nahrungsmittel, die Harnanalyse, sowie insbesondere auch für die Zwecke der Tier- und Pflanzenphysiologie nutzbar.

— C. **Grünzweig** stellt aus gemahlenem Kork, dem er anfangs Ton und Kalk und später eine Mischung von Ton und Teer als Bindemittel zusetzt, den Korkstein her, der in der Bau- und Maschinentechnik rasch Anklang findet.

— Karl Wilhelm von **Gümbel,** Geolog in München, macht umfassende Analysen der Steinmeteorite und sucht die Vorgänge zu erklären, die zur Bildung des Gneißes und der sogenannten krystallinischen Schiefer führen. (Diagenese oder Gesteinsmetamorphose).

— E. H. **Hall** bemerkt, daß die Kraftlinien eine Drehung erfahren, wenn sie in ein hinlänglich starkes Magnetfeld gebracht werden (Hall'sches Phänomen).

— Karl **Haushofer** einerseits und Heinrich **Behrens** (1881) andrerseits vervollkommnen durch ihre Arbeiten die von Bořický begründete und für die Mineralogie bedeutungsvolle mikrochemische Analyse.

— Die Ingenieure Thomas **Hawksley** und Georg **Deacon** schaffen in den Jahren 1880—89 für Liverpool eine Wasserversorgungsanlage, welche die großartigste Schöpfung dieser Art darstellt. Das hierzu im Vyrnwy-Tale mittels einer Talsperre geschaffene Staubecken hat eine Wasseroberfläche von 470 ha. (Vgl. 1903 I.)

— Friedrich **von Hefner-Alteneck** erfindet ein Dynamometer zur Messung von Drehmomenten. Das Dynamometer wird direkt in den Riemen eingeschaltet, welcher Kraft und Arbeitsmaschine verbindet.

— Albert **Heim** untersucht den Mechanismus der Gebirgsbildung und macht namentlich auf die Überschiebungen (verkehrte Lagerung) und das mechanische Verhalten der verschiedenen Gesteine gegenüber dem Gebirgsdruck aufmerksam, wobei er auch insbesondere die latente Plastizität der Gebirgsmassen klarlegt. (S. 1868 T. und 1884 K.)

— Nachdem H. u. A. v. Schlagintweit, J. Coaz und andere auf das Wesen und die geologische Bedeutung der Lawinen hingewiesen hatten, wird die Lawinenkunde von Albert **Heim** auf das Eingehendste bearbeitet.

— Der deutsche Kaufmann Franz **Hernsheim** gibt die ersten genaueren Nachrichten über das östliche Polynesien und namentlich die Marshallinseln.

— Nachdem bei den französischen Genietruppen im Jahre 1879 eine aus dünnen, mit Schießbaumwolle gefüllten Bleiröhren bestehende Schnellzündschnur eingeführt worden war, empfiehlt der österreichische Oberst Philipp **Hess** i. J. 1880 die Verwendung von Knallquecksilber als detonierenden Zündstoff. Die Schnellzündschnur der deutschen Pioniere, bei welcher die Zündfäden mit Kautschuk umhüllt und mit einer Garnumspinnung versehen sind, schlägt mit einer Geschwindigkeit von 100 m in einer Sekunde durch. Doch zeigen neuerdings mit detonierenden Zündschnüren angestellte Versuche, daß sich Durchschlagsgeschwindigkeiten von 5000 m in 1 Sekunde erreichen lassen.

— Der Mechaniker und Orthopäd Friedrich **Hessing** in Göggingen bei Augsburg konstruiert Gehverbände (Hülsenschienenverbände) zur Heilung von Knochenbrüchen, Verrenkungen, Gelenkentzündungen usw., welche den erkrankten bez. verletzten Körperteil so vollkommen entlasten, daß der Kranke imstande ist, sofort nach Anlegung des Verbandes zu stehen und zu gehen. Aus diesem Verband entwickeln sich die Bruns'sche Geh- und Lagerungsschiene (1893), die Liermann-Harbordt'sche Schiene (1893) und der Gipsgehverband von F. Krause (1894).

1880 **Heurtebise** konstruiert einen hydraulischen Aufzug, bei welchem er das wirksame Druckwasser nicht direkt auf den Treibkolben, sondern auf einen eingeschalteten Kompensator in Gestalt eines Plungerkolbens wirken läßt, wobei das zwischen diesem Kolben und dem Treibkolben eingeschlossene Wasser ein hydraulisches Gestänge bildet. Er konstruiert für seinen Aufzug eine selbsttätige hydraulische Bremse, durch die der zu schnelle Fall des Fördergefäßes verhindert wird.

— Read **Holliday & Soehne** geben die Grundlage der Methode zur Erzeugung unlöslicher Farbstoffe in und auf der Faser, indem sie die Faser mit der heißen, wässerigen Lösung eines Naphtols sättigen und nach dem Erkalten durch eine Lösung einer Diazoverbindung und hierauf durch verdünnte Natronlauge ziehen, um die Färbung hervorzurufen. Ähnliche Verfahren werden von Gräßler (1880), H. Schmid (1881), B. Fischer und H. Michaelis (1886) gegeben. Die Farbenfabriken vorm. Fr. Bayer & Co. weisen 1887 darauf hin, daß mit gewissen Modifikationen das Holliday'sche Verfahren sich auch für die Zeugdruckerei eignet (Eisfarben).

— Der Ingenieur **Holly** zu Lockport stellt die ersten Dampffernheizwerke dar, indem er eine Anzahl von Wohnhäusern von einem entfernt liegenden Kesselhause aus mit Kraft und Wärme versorgt. Es gelingt ihm, durch besondere technische Einrichtungen die Hauptübelstände, die durch den Einfluß der Ausdehnung der Dampfleitungsrohre hervorgerufen werden, zu beseitigen.

— Wilhelm **Holmann** in Wolfenbüttel erfindet die Präparierung des Moostorfes durch Zerreißen und Pressen des Torfes. Er macht darauf aufmerksam, daß der Torf als Streumittel (Torfstreu) gebraucht werden kann, wofür später namentlich der Landwirt Vibrans in Windhausen eintritt, der die Fasertorfstreu für Ställe und für die zum Viehtransport dienenden Eisenbahnwagen empfiehlt.

— Der englische Ingenieur John **Hopkinson** erfindet das sogenannte Dreileitersystem, durch das er die wirtschaftliche Verteilung von elektrischer Energie von einer Zentrale aus auf größere Entfernungen möglich macht.

— Xaver **Imfeld** verfertigt ein Relief der Gotthardbahn, das sich durch die kunstvolle Herstellung, sowie die getreue Wiedergabe des Terrains auszeichnet. Andere hervorragende in der Schweiz angefertigte Reliefkarten sind die von Simon in Interlaken hergestellte Karte der Jungfraugruppe und das Perron'sche Relief der Gesamtschweiz.

— John Hughlings **Jackson** macht seit 1861 eingehende Untersuchungen über die Epilepsie, die schon seit dem Altertum bekannt und vielfach untersucht war, und zeigt, daß bei konvulsivischen Krämpfen die Ursache oft in Verletzungen bestimmter Stellen der Hirnrinde oder in einer Druckwirkung zu suchen ist, die von benachbarten Teilen auf diese Stellen ausgeübt wird. Diese Beobachtungen bilden nächst der Entdeckung des Sprachzentrums (s. 1861 B.) eine Hauptstütze für die Lehre von der Lokalisation der Hirnfunktionen.

— Rudolf **von Jaksch** zeigt, daß das Aceton in geringer Menge (bis 0,01 g) in jedem normalen Harn vorkommt (physiologische Acetonurie), daß unter dem Einfluß gewisser Krankheitsprozesse aber eine sehr beträchtliche Vermehrung der Acetonausscheidung eintreten kann (pathologische Acetonurie). (Vgl. a. 1857 P.)

— Samuel H. **James** konstruiert für die Seeschiffahrt einen von ihm „Submarine sentry" genannten Tiefenmelder zum selbsttätigen Anzeigen gefährlicher Untiefen. Der Apparat besteht aus einem vom Schiffe an einer Lotleine nachgeschleppten flachen Lotscheite, welches nach dem Prinzip des Drachenflugs während der Fahrt in das Wasser hinabschneidet und sich auf eine bestimmte regulierbare Tiefe einstellt. Beim Aufstoßen auf eine Untiefe setzt der Apparat ein Läutewerk in Bewegung.

1880 Der Ingenieur **Jarolimek** schlägt zu Transmissionszwecken die Verwendung von Schnüren vor, die aus spiralig gedrehten, gehärteten und dann angelassenen Stahldrähten bestehen (Stahlschnurbetrieb).

— Karl Hermann **Knoblauch** weist durch seine seit dem Jahre 1845 fortgesetzten Arbeiten nach, daß die strahlende Wärme alle integrierenden Eigenschaften, wie Brechung, Beugung, Polarisation, Doppelbrechung, mit dem Lichte gemein hat. (Vgl. auch 1831 M.)

— Nachdem schon seit längerer Zeit in Amerika die Fabrikation konzentrierter Extrakte von Gerbstoffmaterialien betrieben worden war, erfindet Otto **Kohlrausch** hierfür ein neues Verfahren, daß dem in der Rübenzuckerfabrikation zur Saftgewinnung dienenden Diffusionsverfahren nachgebildet ist und sich im Großbetriebe vollständig bewährt. Die Verdampfung der Extrakte wird im Vakuum vorgenommen. Das Kohlrausch'sche Verfahren wird von A. Zwergel auch für die Fabrikation von Farbholzextrakten empfohlen.

— Rudolph Karl **König** verbessert das Vibrationsmikroskop. (Vgl. 1855 L.) Bei diesem Apparat wird die das Okular tragende Stimmgabel durch den elektrischen Strom in Schwingung erhalten.

— Leopold **Kronecker** in Berlin wendet die Theorie der elliptischen Funktionen auf die Zahlentheorie an. Vgl. auch seine Schrift „Grundzüge einer rein arithmetischen Theorie der algebraischen Größen".

— **Ladenburg** und **Rügheimer** stellen die bisher nur als Spaltungsprodukt von Atropamin und Belladonnin bekannte Atropasäure synthetisch dar. Sie führen Dichloräthylbenzol mit Cyankalium in ein Nitril über, verseifen dieses und erhalten durch Erhitzen der entstehenden Äthylatrolactinsäure mit Salzsäure Alkohol und Atropasäure.

— **Ladenburg** und **Rügheimer** führen die Atropasäure in Chlortropasäure und diese durch Reduktion in Tropasäure über.

— Der Mechaniker Wilhelm **Lambrecht** konstruiert eigenartige meteorologische Instrumente zur Voraussage des Wetters auf wissenschaftlicher, aber auch dem Nichtfachmann verständlicher Basis. Hierher gehören sein Wettertelegraph, das Thermohygroskop, das Polymeter, das Patenthygrometer mit gleichteiliger Prozentskala, der Taupunktspiegel und sein Aspirationspsychrometer. Zusammenstellungen dieser Instrumente gibt er in den Wettersäulen, die in weiten Kreisen Anerkennung gefunden haben. Er verbessert die Hygrometer, die er auch zu handlichem Gebrauch im Zimmer für hygienische Zwecke gestaltet.

— J. A. **Landa** konstruiert einen „Schriftengraviermaschine" genannten Pantographen für lithographische Zwecke, der zwar den allgemeinen Prinzipien des Pantographen (s. 1631 S.) entspricht, jedoch zur Gravierung von Schriften mit neuen speziellen Eigenschaften ausgestattet ist.

— Howard **Lane** und Richard **Taunton** in Birmingham stellen zuerst nahtlose Stahlflaschen für flüssige Kohlensäure durch Pressen und Ziehen her.

— Der französische Ingenieur **Lartigue** stellt die nach ihm benannte einschienige Spurbahn her, bei welcher die im Querschnitte zweiteiligen Fahrzeuge an der auf hohen Gestellböcken schwebebahnartig verlegten Mittelschiene rittlings so aufgehängt sind, daß der Schwerpunkt der Fahrzeuge tiefer als die Schiene liegt. Gegen Seitenschwankungen werden nötigenfalls Seitenschienen angebracht. (Vgl. 1821 P. und 1875 S.) Dieser Versuch bewährt sich derart, daß 1893 zwischen den Orten Feurs und

Pannisière im Departement Loire eine 19 km lange Bahn gebaut wird, die in regelmäßigem Betriebe ist.

1880 Der französische Mediziner Alphonse **Laveran** findet die Erreger der Malaria im Blute von Wechselfieberkranken.

— L. **Lorenz** in Kopenhagen und H. A. **Lorentz** in Leiden führen für die spezifische Refraktion den Ausdruck $(n^2 - 1 : n^2 + 1) \cdot 1 : d$, der von dem Aggregatzustand unabhängig ist, an Stelle des Gladstone'schen (s. 1858 G.) ein. Der auf Grund theoretischer Betrachtungen unter Anwendung der Clausius-Mossotti'schen Theorie der Dielektrica (s. 1850 M.) ermittelte Ausdruck zeigt volle praktische Brauchbarkeit.

— Carlo **Maggiorani** verwertet zuerst Erschütterungen und Vibrationen zu therapeutischen Zwecken, indem er die anästhetischen oder in Kontrakturstellung befindlichen Glieder Hysterischer in einen Holzkasten einführt, auf dem eine Stimmgabel befestigt ist, welche vibriert (Vibrationsmassage). Dieser „Stimmgabelvibrator" genannte Apparat wird im gleichen Jahre von Boudet und Mortimer-Granville verbessert. (S. a. 1888 K.)

— **Manhès** gelingt es, auf seiner Kupferhütte zu Vedènes bei Vaucluse das Bessemern des Kupfers in großem Maßstabe mit vollem Erfolge durchzuführen. Der Konverter wird mit 1000 kg geschmolzenem Kupferstein beschickt; dann wird Wind mit Überdruck gegeben und die Operation wie in den Stahlhütten durchgeführt. Man erhält Metall mit 98—99% Kupfergehalt und Schlacken von 3—5% Kupfer, die im Schachtofen wieder durchgesetzt werden. (S. a. 1866 S. und 1879 B.)

— Jean Charles Galissard **de Marignac** studiert die Fraktionierung der Erden, die das Terbium und Yttrium (vgl. 1879 C.) begleiten, und findet zwei neue Erden, die er vorläufig $Y\alpha$ und $Y\beta$ benennt. Lecoq de Boisbaudran setzt 1886 diese Arbeiten fort und findet, daß das $Y\alpha$ mit Terbinerde zusammen das von L. Smith 1878 irrtümlich als Element angesprochene Mosandrium bildet, und nennt $Y\alpha$ Gadolinium nach dem berühmten Chemiker Gadolin. $Y\beta$ erweist sich mit Samarium (vgl. 1879 L.) identisch.

— Der Ingenieur **Mayrhofer** erfindet die pneumatischen Uhren, die von einer Zentralstelle aus durch Luftdruck bewegt werden.

— Nikolai **Menschutkin** bestimmt die Grenzen der Esterbildung beim Zusammenbringen äquimolekularer Mengen der verschiedensten Alkohole und Säuren und stellt Versuche über die Geschwindigkeit an, mit der der Grenzzustand erreicht wird.

— Nachdem William Henry in Manchester zuerst (s. 1831 H.) Kleider und andere Gegenstände, die mit Scharlachkranken in Berührung gekommen waren, durch Hitze desinfiziert hatte, macht **Merke** in Berlin die ersten Versuche, Dampf auf pathogene Lebewesen einwirken zu lassen.

— Der Wiener Arzt Theodor **Meynert** gibt eine physiologische Theorie für die Anordnung der Faserzüge im Gehirn und versucht, die Geisteskrankheiten anatomisch zu begründen, indem er sie als Krankheiten des Vorderhirns betrachtet, die auf Störungen in dessen Leistung und Ernährung bestehen.

— Arnold August **Michaelis** entdeckt die Chlorphosphine der aliphatischen Reihe, die 1899 von F. Guichard näher untersucht werden.

— Wilhelm **Michaelis** findet, daß ein inniges Gemenge von Kalkhydrat und Sand, zu Ziegeln geformt, unter der Einwirkung von Wasserdampf erhärtet, und daß die Dauer des Erhärtungsprozesses abhängig ist von der Höhe der Spannung des Wasserdampfes. Er gründet darauf ein Verfahren zur Herstellung des Kalksandsteins, das alle bisherigen Methoden verdrängt. (Vgl. a. 1852 B.)

— Der Italiener **Michela** erfindet eine Stenographiermaschine, welche seit dem

Jahre 1880 im italienischen Senat in Gebrauch ist. Sie beruht auf dem Prinzip der Schreibmaschine, schreibt aber mit besonderen Zeichen und gestattet, einer Rede mit Bequemlichkeit wörtlich zu folgen.

1880 **Millardet** gelingt es, die Peronospora viticola, welche die Blattfallkrankheit der Reben verursacht, durch Bespritzen der Reben mit Kupfervitriol und Kalk erfolgreich zu bekämpfen.

— Der Mediziner Albrecht **von Mosetig-Moorhof** führt den Jodoform-Verband ein, der fortan in der antiseptischen Wundbehandlung eine große Rolle spielt.

— Der Ingenieur Heinrich **Müller-Breslau** bearbeitet seit 1880 die Theorie des Brückenbaus und der Baukonstruktionen und veröffentlicht u. a. die Werke „Theorie und Berechnung der Bogenbrücken", „Die neueren Methoden der Festigkeitslehre und der Statik der Baukonstruktionen" und „Die graphische Statik der Baukonstruktionen".

— H. **Müller-Thurgau** untersucht das Gefrieren der Pflanzen. Er stellt fest, daß die Eisbildung in gefrorenen Pflanzenteilen nicht in den Zellen vor sich geht, sondern daß sie in den Interzellularräumen beginnt, und daß die linsenförmigen aus reinem Wasser bestehenden Eiskörper auf Kosten des Zellsaftes und in der Richtung des kleinsten Widerstandes anwachsen. Hierbei können Zerreißungen von Zellen stattfinden, ohne daß dadurch der Erfrierungstod eintritt. Die Ursache des Erfrierungstodes ist vielmehr das plötzliche Herausreißen von viel Wasser aus dem Protoplasma.

— Th. H. **Mullings** nimmt ein Patent auf eine Zentrifugalentfettungsmaschine, bei welcher Schwefelkohlenstoff verwendet und die Fettlösung aus dem zu entölenden Material ausgeschleudert wird.

— Der Amerikaner **Muybridge** konstruiert einen elektrophotographischen Apparat, der Erscheinungen von nur $^1/_{2000}$ Sekunde Dauer zu fixieren imstande ist (Momentphotographie). Unter anderem gelingt es ihm, mit seinem Apparat das Studium der Gangarten des Pferdes zu fördern (Serienphotographie). (Vgl. auch 1874 M.)

— **Negretti** und **Zambra** konstruieren einen Thermometrographen zum Zweck der Temperaturmessung in großen Meerestiefen, der erfolgreich neben dem Miller-Casella'schen Instrument (s. 1872 M.) und zu dessen Kontrollierung benutzt wird.

— Georg Balthasar **von Neumayer** gibt drei erdmagnetische Karten heraus, welche die Linien gleicher Deklination, gleicher Inklination und gleicher Horizontalintensität für 1880 enthalten. G. von Quintus Icilius benutzt (1881) dieses Beobachtungsmaterial, um daraus das erdmagnetische Potential für 1880 zu berechnen.

— Rudolf **Nietzki** stellt das Natriumsalz der Beta-Naphtoldisazobenzoldisulfosäure dar, das unter der Bezeichnung „Biebricher Scharlach" in den Handel gebracht wird. Eine isomere Verbindung wird seit 1881 unter dem Namen „Croceinscharlach" von den Farbwerken vorm. Fr. Bayer u. Co. fabriziert. Der Biebricher Scharlach ist der erste Tetrazofarbstoff.

— Domingo Emilio **Noelting** demonstriert durch eine Serie von Arbeiten die Gleichwertigkeit der sechs Wasserstoffatome des Benzols. Er geht dabei von den drei stellungsisomeren Nitrotoluidinen aus und stellt die entsprechenden Aniline her, die sich unter sich als identisch erweisen.

— Eugen **Ostermayer** stellt die Dijodparaphenolsulfosäure her, die unter dem Namen „Sozojodol" von der Firma H. Trommsdorf als Ersatzmittel für Jodoform in die Therapie eingeführt wird.

— Wilhelm **Ostwald** macht umfassende Studien über die Affinitätsverhältnisse zwischen Säuren und Basen und führt den Begriff der Avidität ein, worunter er das Teilungsverhältnis zweier Körper in einen dritten, dessen

Menge zur vollständigen Sättigung der beiden ersten nicht genügt, versteht. Ostwald sowohl wie Thomsen, der sich mit ähnlichen Fragen beschäftigt (s. a. 1882 T.), suchen ein Maß dieser Avidität zu finden, und untersuchen u. a. die Beschleunigung mancher chemischer Prozesse durch die Gegenwart einer Säure, um daraus Reihen für die Avidität der Säuren abzuleiten.

1880 C. **Otto** in Dahlhausen verbessert den Bauer-Hoffmann'schen Koksofen (vgl. 1864 C.) und errichtet die erste Anlage mit solchen nunmehr nach ihm benannten Öfen auf der Zeche Holland bei Wattenscheid. Er hat das Verdienst, die Gewinnung der Nebenprodukte in Deutschland wie im Ausland zu großer Verbreitung gebracht zu haben.

— **Pabst** in Gotha fördert die Kenntnis der Gangfährten von Tieren und findet im Perm in Thüringen Fährten der ausgestorbenen nur aus ihren Fußspuren bekannten Chirotherien. (S. 1834 S. und 1878 P.)

— Louis **Pasteur** entdeckt bei Untersuchung des Hühner-Cholerabacillus die Möglichkeit, durch Einverleibung abgeschwächter Bakterien (s. 1878 B.) einen sichern Schutz gegen vollvirulente Mikroben zu erreichen und begründet damit die wissenschaftliche Erforschung der erworbenen Immunität.

— Louis **Pasteur** weist die von Semmer und Perroncito (s. 1878 S.) beobachteten Bakterien der Hühnercholera im Blute, den Organen und den Abgängen der befallenen Tiere nach, züchtet sie außerhalb des Körpers und erbringt, indem er mit deren Kulturen die Krankheit aufs neue erzeugt, den unumstößlichen Beweis für die ursächliche Bedeutung dieser Mikroorganismen.

— Nachdem die bisherigen Versuche zur Herstellung einer Schnellpresse für den Druck von mehr als zwei Farben nicht zu Resultaten geführt hatten, gelingt es zuerst A. H. **Payne,** eine leistungsfähige Schnellpresse für den Vielfarbendruck zu erfinden, die von König und Bauer in Oberzell ausgeführt wird.

— Franz **Penzoldt** empfiehlt die Quebrachorinde, die nach Hesse nicht weniger als sechs Alkaloide enthält und von dem „Aspidosperma Quebracho Schlechtd." genannten Baume stammt, als ein Palliativmittel bei verschiedenen Arten von Engbrüstigkeit. (Vgl. auch 1882 H.)

— **Polster-Schapier** konstruiert die pneumatische oder Luftdruckleiter, die auf einem vierräderigen Wagen mit eisernem Untergestell montiert ist, auf dem sich ein stehender Kessel mit komprimierter Luft befindet. Die komprimierte Luft strömt beim Öffnen des Hahns in den Hebezylinder und treibt nicht allein die horizontal liegende Leiter in senkrechte oder schräge Stellung, sondern auch ein teleskopartiges Röhrensystem auseinander, an dem die eisernen Leitern befestigt sind (daher auch öfters Teleskopleiter genannt).

— Der russische Admiral Wassilie Iwanowitsch **Popoff** erbaut die Kaiserjacht „Livadia", das erste mit drei Schrauben ausgerüstete Schiff. 1882 werden alsdann bei Janssen und Schmilinsky in Hamburg zwei für die Flußschiffahrt in Kamerun bestimmte Dreischraubendampfer gebaut, die, wie auch die Livadia, sehr flach gehen.

— Der Ingenieur F. H. **Poetsch** in Berlin erfindet das nach ihm benannte Gefrierverfahren zum Abteufen von Schächten im schwimmenden Boden, welches darin besteht, daß das Erdreich in der Umgebung des beabsichtigten Schachtes durch Kältewirkung (Chlorcalcium-Lösung) zum Gefrieren gebracht und in dem nunmehr steinharten Frostboden der Schacht wie in festem Erdreich vorgetrieben wird. Das Verfahren eignet sich namentlich zu Gründungen.

1880 Nachdem schon von Grüneberg (1869), Wünsche (1873), den Vereinigten chemischen Fabriken zu Leopoldshall und von Dupré und Hake Methoden zur Verarbeitung des Kainits auf Kaliummagnesiumsulfat angegeben worden waren, erfindet Heinrich **Precht** ein Verfahren, Kainit mit Lauge von der eigenen Arbeit unter einem Dampfdruck von 2 bis 4 Atmosphären in kurzer Zeit in Kaliummagnesiumsulfat umzusetzen. Das entstandene Salz geht, wenn es mit ungenügenden Mengen Wasser gewaschen wird, in Schönit über, aus welchem durch Behandlung mit überschüssigem Chlorkalium Kaliumsulfat gewonnen wird.

— **Prudhomme** erfindet ein Verfahren, das Anilinschwarz weiß oder farbig zu mustern. Die Methode beruht darauf, daß Anilinschwarz zu seiner Entstehung Mineralsäure braucht, und daß sich, wenn diese abgestumpft wird, kein Schwarz entwickeln kann. An der Ausarbeitung dieses Verfahrens für Zeugdruck und Färberei beteiligen sich Kertesz, Kallab u. a.

— Nachdem Fritzsche (1868) und Oudemans (1872) beobachtet hatten, daß Blöcke von Bankazinn in strenger Winterkälte eine stängelige Struktur annahmen und zum Teil sogar zu Pulver zerfielen, und nachdem es in der Folge Fritzsche gelungen war, diese Umwandlung bei — 39° C. durchzuführen, unterscheidet Karl Friedrich **Rammelsberg** drei Modifikationen des Zinns, graues vom spezifischen Gewicht 5,8, tetragonales vom spezifischen Gewicht 7,0 und zuvor geschmolzenes vom spezifischen Gewicht 7,3.

— Louis Antoine **Ranvier,** der sich vorzugsweise mit histologischen Untersuchungen beschäftigt, fördert durch seine „Leçons d'anatomie générale sur le système musculaire" die Anatomie der Muskeln.

— Friedrich **Ratzel** unterscheidet neben der klimatischen Schneegrenze (dem Höhengürtel, in dem die Schneedecke im Sommer nicht verschwindet) eine orographische Schneegrenze, d. i. eine Linie, bis zu der herab in Schluchten und schattigen Tälern Schneemassen sich jahrelang erhalten können.

— Wilhelm **Raydt** begründet die Anwendung der komprimierten Kohlensäure als Druckmittel für Bierleitungen. Der erste Bierdruckapparat wird 1881 in der Fabrik von Dreyer, Rosenkranz u. Droop in Hannover fertiggestellt.

— F. **Ricard** deutet die Konstruktion eines Klaviers mit drei Tastenreihen an, das die gleichschwebende Tonleiter besser wiedergeben soll.

— **Roeckner** erfindet ein Verfahren zum Klären von Abwässern, das er im Verein mit Wilhelm **Rothe** ausführt. Die Abwässer werden nach diesem „Rothe-Roeckner-System" genannten Verfahren auf kleinstem Raum mittels in flache Brunnen eingesenkter Eisentürme filtriert. Sie treten unten in den Brunnen ein und werden in den luftleer gemachten Turm eingesaugt, in welchem sie von unten nach oben durch den eigenen Schlamm hindurch filtriert werden.

— Ottomar **Rosenbach** erkennt, daß bei progressiven organischen Lähmungen des Kehlkopfes zuerst die Fasern der Glottiserweiterer erkranken; sein Befund wird durch Felix **Semon** bestätigt (Rosenbach-Semon'sches Gesetz).

— Henry Augustus **Rowland** bestimmt die von Joule (s. 1879 J.) gemessene, durch Reibung des Wassers erzeugte Wärmemenge mit viel großartigeren Mitteln, indem er die Reibung des Wassers durch ein mittels einer Dampfmaschine getriebenes Schaufelrad bewirkt. Er findet für Baltimore den Wert von 427,4, während Joule für Greenwich 423,852 gefunden hatte, Werte, die unter Berücksichtigung der für Baltimore und Greenwich verschiedenen Schwere bis auf etwa 0,1% miteinander übereinstimmen.

— Carl **Scheibler** nimmt ein Patent auf das in Dessau seit 1871 (s. 1867 F.)

geübte Strontianbisaccharatverfahren, wodurch dies bisher von der Zuckerfabrik Dessau geheim gehaltene Verfahren allgemein bekannt und zugänglich gemacht wird.

1880 Oskar **Schimmel** und **Co.** in Chemnitz konstruieren für die Desinfektion mit Wasserdampf (s. 1880 M.) Apparate, bei welchen für die Vorwärmung und Nachtrocknung der zu desinfizierenden Gegenstände Rippenheizröhren angebracht sind. Andere Desinfektionsapparate, bei welchen der Dampf aus dem Kessel unmittelbar in den Desinfektionsraum strömt, werden 1883 von Lorenz angegeben und von Rietschel & Henneberg gebaut.

— Nachdem schon v. Bauernfeind auf den Zusammenhang zwischen Höhenunterschied, Temperatur und Druck in einer ruhenden nicht bestrahlten Atmosphäre hingewiesen hatte, leitet W. **Schlemüller** aus den Prinzipien der mechanischen Wärmetheorie den Satz ab, daß in zwei verschieden weit von der Erdoberfläche abstehenden Punkten der dort herrschende Druck der sechsten Potenz der absoluten Temperatur proportional ist.

— Der bayerische Ingenieur Wolfgang **Schmidt** erfindet die nach ihm benannte selbsttätige Reibungsbremse, welche er im Jahre 1898 dahin verbessert, daß sie sowohl durch Preßluft als auch durch Luftleere betrieben werden kann.

— Rudolf **Schrödter** in Hamburg lernt auf einer Reise in Seefeld bei Innsbruck ein Öl kennen, das dort in primitiver Weise aus bituminösem Schiefer hergestellt wird, in welchem Reste von Fischen eingeschlossen sind. Er führt dieses Öl durch Behandeln mit Schwefelsäure in eine Sulfosäure über, die er Ichthyol nennt.

— Eduard **Schunck** untersucht den von Schnecken der Gattungen Purpura und Murex (s. a. 1870 L.) stammenden Purpurfarbstoff und stellt daraus ein krystallinisches purpurnes Pulver dar, das er „Punicin“ nennt. Nach Witt (1888) enthält der Farbstoff der Purpurschnecken Indigblau und einen roten Farbstoff von geringerer Lichtbeständigkeit. Auch A. und G. de Negri hatten in einer Murexart 1877 Indigo neben einem andern Farbstoff gefunden.

— Der Technolog Hermann **Seger** in Berlin ändert das Wedgwood'sche Pyrometer (s. 1782 W.) dahin ab, daß er Brennkegel aus Kaolin mit verschiedenen Mengen von Feldspat, Marmor und Quarz herstellt, die je nach ihrer Zusammensetzung leichter oder schwerer schmelzen und eine — wenn auch nicht ganz genaue — Bestimmung der Ofentemperatur ermöglichen. (Seger'sche Normalbrennkegel.)

— Friedrich **Seltsam** in Forchheim wendet das von Deiß (s. 1856 D.) und Richardson, Irving und Lundy (s. 1863 R.) zur Extraktion von Fetten empfohlene Benzin zur Entfettung von Knochen zwecks Herstellung von Knochenmehl an und arbeitet zuerst unter Druck. Das Verfahren wird von Th. Richters, Leuner, Merz u. a. verbessert.

— Karl **Semper** behandelt in seinem Werke „Die natürlichen Existenzbedingungen der Tiere“ die Anpassungsverhältnisse, d. i. die Fähigkeit der lebenden Wesen, ihren Körperbau und ihre Lebenstätigkeit den veränderten Bedingungen von Ernährung, Klima, Bodenbeschaffenheit, Zusammenleben mit anderen Tieren anzubequemen.

— Der französische Ingenieur **Serpollet** konstruiert einen Dampfmotor für Straßenfahrzeuge (s. a. 1831 G.), der auf dem Prinzip beruht, daß für jeden Kolbenhub gerade nur so viel Dampf erzeugt wird, wie für das Vortreiben des Kolbens nötig ist. Der Dampferzeuger besteht aus Stahlröhren mit nur wenige Millimeter weiter Dampföffnung. Sie werden zum Glühen erhitzt, so daß die hineingespritzten Wassermengen augen-

50*

blicklich in Dampf von hoher Spannung verwandelt werden. Außer solchen Einspritzkesseln werden für Dampfautomobile auch Röhrenkessel verwendet, für welche der Amerikaner Stanley den Urtypus geschaffen hat, und die nach ihm „Stanley-Kessel" heißen. Ein Mittelding zwischen Einspritz- und Röhrenkessel ist der von dem Amerikaner White konstruierte „Semi flash steam generator".

1880 **Shields** aus Perth in Schottland stellt in dem brandungsreichen Hafen von Peterhead gelungene Versuche zur Wellenberuhigung mit Öl an, die er später noch dahin erweitert, daß er auf dem Meeresboden ein System metallener Röhren mit brausenartigen Öffnungen anbringt, die im Bedarfsfalle eine entsprechende Ölmenge in das Meerwasser ausstoßen. (Vgl. 77 und 1774 F.)

— Werner **von Siemens** erfindet die „Dynamo-Kurzschlußbremse" für elektrisch angetriebene Fahrzeuge und Züge.

— Werner **von Siemens** gibt die Anregung, elektrische Energie zum Antrieb von Fahrstühlen nutzbar zu machen, und führt auf der in Mannheim veranstalteten Industrieausstellung den ersten nach dem Prinzip der Kletteraufzüge konstruierten Fahrstuhl vor. Es ist dies als der erste Versuch anzusehen, eine Hebemaschine elektrisch zu betreiben.

— T. G. **Silber** stellt durch Einwirkung von Chlorwasserstoff auf Ultramarin bei höherer Temperatur violettes, rotes und gelbes Ultramarin her und reduziert das letztere durch Wasserstoff oder Leuchtgas zu einem blauen Ultramarin. (S. a. 1876 H.)

— Zdenko **Skraup** entdeckt, daß aus Anilin beim Kochen mit Glycerin unter Zusatz von Nitrobenzol und konzentrierter Schwefelsäure Chinolin entsteht, und entdeckt damit die außerordentlich fruchtbare Reaktion der Kondensation primärer aromatischer Amine mit Glycerin, deren erstes Beispiel die Herstellung des Alizarinblaus (s. 1877 P.) ist, die von Graebe (1879) richtig gedeutet worden war. (S. a. 1834 R. und 1842 G.)

— Friedrich Moritz **Stapff** macht außerordentlich genaue Temperaturbeobachtungen im Gotthardtunnel und stellt ein vollständiges Temperaturprofil des durchbohrten Gebirgsstockes auf, aus dem sich eine geothermische Tiefenstufe von 20,5 bis 62,3 m ergibt.

— A. **Theisen** in Leipzig konstruiert einen Trockenapparat, der sich zur Trocknung der Biertreber, der Samenrückstände bei der Fabrikation ätherischer Öle usw. ausgezeichnet bewährt. Andere Apparate für den gleichen Zweck werden 1885 von Paßburg konstruiert.

— Johann **Thelen** erfindet zur Trocknung von Salzen einen mechanischen Trockenapparat aus Gußeisen, der in der Mitte eine Achse mit frei hängenden Schaufeln hat, die oszillieren und dabei das Salz von einem Ende des Apparats zum andern schieben. Der Apparat wird in der Sodaindustrie vielfach angewendet und später von Solvay auch für die Zwecke der Ammoniaksodafabrikation umkonstruiert.

— Der holländische Botaniker Melchior **Treub,** Verfasser von wichtigen Arbeiten zur Entwicklungsgeschichte der Pflanzen, verschafft dem botanischen Garten zu Buitenzorg auf Java einen Weltruf.

— **Trowbridge** telegraphiert mittels elektrodynamischer Induktion ohne direkte Verbindung zwischen zwei 1600 m voneinander entfernten Drahtleitungen. Die Versuche werden in Cambridge (Vereinigte Staaten) angestellt.

— Der Physiker Adalbert **von Waltenhofen** erfindet ein Induktionspendel mit kupferner Linse, das, sobald ein magnetisches Feld erregt wird, durch die in der Linse entstehenden Wirbelströme rasch zur Ruhe gebracht wird, also dazu dienen kann, das bei Galvanometern, Magnetometern usw. verwertete Prinzip der Kupferdämpfung sowie das der Wirbelstrombremsung für die Effektbestimmung von Motoren zu erläutern.

1880 Nachdem schon mehrfach, wie insbesondere von Grove (1849), Edlund (1864) beobachtet worden war, daß das Ansteigen der magnetischen Kraft eines Elektromagneten bei der allmählichen Steigerung des Stromes mit dieser Steigerung nicht gleichen Schritt hält, sondern etwas zurückbleibt, falls derselbe zuvor entgegengesetzt erregt war, gelingt es Emil **Warburg**, diese magnetische Trägheit (magnetische Molekularreibung) einwandfrei nachzuweisen, zu messen und die theoretische Formulierung dafür abzuleiten. (S. a. 1881 E.)

— Der dänische Botaniker Johannes Eugenius **Warming** fördert durch seine Arbeiten die Biologie der Pflanzen und begründet die Pflanzenökologie.

— Die **Wickersham Nail Co.** in Boston konstruiert eine Blechnägelmaschine, die nahezu ohne Abfall aus Blechtafeln Nägel mit Köpfen und Spitzen erzeugt.

— Der Konservator **Wickersheimer** in Berlin gibt die nach ihm benannte Wickersheimer'sche Flüssigkeit an, die zur Konservierung tierischer und menschlicher Leichen, sowie anatomischer Präparate dient und aus einer Glycerin und Methylalkohol enthaltenden Lösung von Alaun, Kochsalz, Salpeter, Pottasche und arseniger Säure besteht.

— Der Ingenieur Julius **Wickfeld** erhält ein Patent auf den ersten Kohlenstaubmotor, bei welchem durch Entzündung fein pulverisierten Kohlenstaubs Luft erhitzt und ausgedehnt wird und als treibende Kraft wirkt.

— Peter W. **Willans** baut eine einfach wirkende, stehende, schnelllaufende Dampfmaschine, die mit einem oder mehreren Zylindern mit ein- oder mehrstufiger Expansion ausgeführt wird und bei Größen von 500 bis 800 Pferdestärken noch mit 300 bis 400 Umdrehungen in der Minute läuft.

— Alexander Iwanowitsch **Woeikoff** unterwirft die Verteilung des atmosphärischen Wasserdampfes und die davon abhängenden Regenverhältnisse einer eingehenden Bearbeitung und gibt danach eine Klassifikation der ombrischen Gebiete.

— Emil Theodor **von Wolff** liefert im Verfolg seiner Aschenanalysen von Pflanzen (vgl. 1871 W.) auch zahlreiche Aschenanalysen von Nahrungsmitteln, die eine wichtige Unterlage für Stoffwechseluntersuchungen bilden. Späterhin beschäftigen sich mit solchen Analysen Voit, Forster, Bunge u. a.

1881 George L. **Anders** gibt eine Schaltung an, um die Teilnehmerstellen eines Fernsprechamtes vom Amte aus mit Strom zu versehen, wobei Hörer, Mikrophon und Amtsbatterie hintereinander geschaltet sind. Zu jeder Verbindung gehört eine Batterie.

— A. **d'Arsonval** konstruiert unter Verwendung des „Thomson'schen Rähmchens", d. i. einer im magnetischen Felde beweglichen Drehspule, die Thomson zuerst im Siphonrekorder (s. 1867 T.) angewendet hatte, das sogenannte Drehspul-Spiegelgalvanometer, das auch Déprez-d'Arsonval'sches Galvanometer genannt wird, weil die erste Idee, diese Spule im Galvanometer zu verwenden, von Marcel Déprez herrührt.

— Wilhelm Jakob **van Bebber** gibt die Zugstraßen der barometrischen Minima an.

— G. **Berthold** macht im Golf von Neapel wertvolle Untersuchungen über die Verteilung der Pflanzenwelt des Meeres, und die Abhängigkeit der Arten von den Standortsbedingungen, insbesondere von Licht und Wasserbewegung.

— Shelford **Bidwell** konstruiert zuerst einen Gebeapparat für telephotographische Zwecke. Er verwendet die Lichtempfindlichkeit des Selens. Die Bildelemente sind bei seinem Apparat noch 16 qmm groß.

— Nachdem Péan 1879 und Rydgier 1880 die ersten Magenresektionen, jedoch mit unglücklichem Ausgang, vorgenommen hatten, unternimmt Theodor **Billroth** eine Magenresektion mit glücklichem Erfolg und die erste glückliche Pylorusresektion (Gastrektomie).

1881 Th. **Blell** konserviert antike Eisenfunde in der Weise, daß er die eisernen Gegenstände bis zur Rotglut erhitzt und durch Abschrecken in Wasser und Behandlung mit verdünnter Schwefelsäure allen Rost entfernt. Die entsäuerten Objekte werden alsdann mit einer Paraffinbenzinlösung dünn bestrichen.

— Waldemar Christopher **Brögger** bildet die mikroskopische Krystallmessung aus und ordnet dieselbe dem allgemeinen Grundsatze der Schimmermessung unter, wobei man sich, da ein eigentliches Spiegelbild nicht existiert, mit der „Einstellung auf den allgemeinen Reflex" begnügt, die allerdings nur bei sehr geübten Beobachtern hinreichend genau ist.

— **Brotherhood** konstruiert im Anschluß an seine Dreizylindermaschine (s. 1873 B.) eine dreizylindrische Luftkompressionspumpe mit Wasserkühlung, deren Zylinder im Winkel von 120° zueinander stehen und einfachwirkend sind. Die Maschine dient zur Erzeugung der komprimierten Luft zum Auffüllen der Torpedoluftkessel, zum Lancieren der Torpedos, sowie zum Betrieb anderer Hilfsmaschinen der Torpedoboote.

— L. E. **Buell** verwendet bei Fernsprechämtern an Stelle von Primär-Elementen bei den Teilnehmern Sekundär-Elemente, die vom Amt aus geladen werden.

— Gaetano **Casati** zieht von Chartum den obern Nil hinauf und besucht das Stromgebiet des Uëlle, wo er Junker begegnet. 1883 trifft er mit Emin Pascha in Lado zusammen, geht von da nach dem Uëlle zurück, wird aber durch den Aufstand des Mahdi genötigt, bei Emin Pascha Zuflucht zu suchen. Mitte Mai 1886 wird er von Emin Pascha zum König Kabrega von Unyoro gesandt, von diesem jedoch gefangen gehalten, bis es ihm gelingt, nach schweren Mißhandlungen und unter Verlust seiner Tagebücher nach Wadelai zu entkommen, wo ihn Stanley (s. 1887 St.) antrifft und mit Emin Pascha zusammen nach Bagamoyo mitnimmt.

— **Ciamician** und **Dennstedt** entdecken, daß sich durch Erhitzung von Pyrrolkalium mit Chloroform Chlorpyridin bildet, daß also aus einem fünfgliedrigen Ring ein sechsgliedriger entsteht. Eine analoge Reaktion ist die 1887 von E. Fischer und Steche entdeckte Überführung von Indolen in Dihydrochinoline.

— **Clamond** regt zuerst den Gedanken an, an einer Invertlampe (s. 1879 S.) einen aus einem Magnesiakorb bestehenden Glühkörper (s. 1872 C.) hängend anzuordnen, und zeigt 1882 solche Lampen auf der internationalen Gasausstellung im Londoner Krystallpalast.

— George H. **Crosby** konstruiert einen Indikator mit angenähertem Ellipsenlenker und doppelt gewundener Feder.

— Charles Robert **Darwin** zeigt zuerst, daß bei der Pflanze typische tropische Reizleitungen (Fernreizungen) existieren, und daß die Perzeption des Reizes räumlich von der Aktionszone getrennt sein kann, daß z. B. die Wurzel den geotropischen Reiz perzipiert, während die selbst nicht perzeptionsfähige Streckungszone veranlaßt wird, die geotropische Krümmung auszuführen. Eingehende Untersuchungen hierüber werden von Rothert (1894) ausgeführt.

— Charles Robert **Darwin** zeigt, daß die Regenwürmer eine sehr nützliche Wirkung auf die Mischung der Ackererde ausüben, indem sie ungeheure Mengen an sich wenig nahrhafter Pflanzenreste verzehren und sie in einem sehr fein verteilten Zustand wiedergeben, daß sie somit die Umsetzung von Pflanzenresten in Humus und Pflanzennahrung beschleunigen. Er zeigt ferner, daß sie durch ihr unausgesetztes Ziehen von Höhlungen die Erde bearbeiten und lockern, und so zu den von Neßler (s. 1860 N.) geschilderten Vorteilen eines leichten Eindringens des Wassers einerseits und einer geringeren Verdunstung andererseits beitragen.

1881 Marcel **Déprez** führt auf der Elektrizitäts-Ausstellung in Paris unter Verwendung des von Fontaine und Gramme (s. 1873 F.) angegebenen Prinzips eine Kraftübertragungsanlage vor, die jedoch wegen unzweckmäßiger Maschinen keinen vollen Erfolg hat.

— **Doebner** und **von Miller** suchen in der Chinolinsynthese (s. 1880 S.) das Glycerin durch andere mehrwertige Alkohole zu ersetzen, und erhalten aus Anilin, Glykol, Nitrobenzol und Schwefelsäure das Chinaldin, das noch leichter entsteht, wenn statt Glykol Acetaldehyd angewendet wird. Die Verallgemeinerung dieser Reaktion unter Anwendung von Aldehyden erschließt ein ungemein fruchtbares Gebiet.

— **Eder** und **Pizzighelli** erfinden das Chlorsilbergelatinepapier als Positivpapier und den Chlorsilbergelatineemulsionsprozeß, bei welchem das Bild während der Belichtung vollständig in der Emulsion erscheint, so daß es nicht mehr entwickelt, sondern nur getont und fixiert zu werden braucht.

— John **Elder** baut die ersten dreizylindrigen Verbundmaschinen von 5800 PSi für den Schnelldampfer „Elbe“ des Norddeutschen Lloyd. Diese Art von Maschinen bildet den Übergang zur allgemeinen Anwendung der später den Schiffsmaschinenbau völlig beherrschenden Dreifach-Expansionsmaschinen, deren erste auch von Elder (s. 1874 E.) ausgeführt worden war.

— G. **Engel** läßt von Appun ein Harmonium bauen, welches jeden Ton dreimal, und zwar in einer je um ein Komma verschiedenen Stimmung enthält. Auf diesem Instrument lassen sich Terzen und Quinten nahezu rein spielen, während Helmholtz (s. 1861 H.) nur reine Terzen erzielt hatte. Engel empfiehlt weiter ein noch genaueres Instrument mit 53 Tönen in der Oktave.

— Wilhelm **Engelmann** entdeckt die chemotaktische Reizung von Bakterien durch Sauerstoff, die sich durch die in Sauerstoff auftretende Schwärmbewegung zu erkennen gibt, und benutzt diese Schwärmbewegungen zum Nachweis kleinster Mengen von freiem Sauerstoff. Chemotaxis ist nach Verworn die Erscheinung, daß mit aktiver Bewegungsfähigkeit begabte Organismen sich unter dem Einfluß einseitig wirkender chemischer Reize entweder zu der Reizquelle hin oder von ihr fort bewegen.

— James Alfred **Ewing** gibt der von Warburg (s. 1880 W.) zuerst bestimmt nachgewiesenen Energiewandelung beim Ummagnetisieren des Eisens den Namen Hysteresis.

— Sigmund **Exner** macht wichtige Untersuchungen über die Lokalisation des Gehirns, die er in seiner Arbeit „Die Lokalisation der Funktionen in der Großhirnrinde des Menschen“ veröffentlicht.

— Charles **Finlay** entdeckt, daß das gelbe Fieber durch eine Mückenart, Stegomyia fasciata, übertragbar ist. (Vgl. a. 1899 R.)

— Rudolph **Fittig** studiert eingehend die Bildung der Anhydride einbasischer Oxysäuren, der Lactone und Lactonsäuren und faßt diese Bildung als eine innere Kondensation auf, d. i. eine Reaktion, die sich im Innern eines Moleküls abspielt, und bei welcher sich die Atome dichter, d. i. durch mehrfache Valenzen, binden. Von früher bekannten Vorgängen gehören u. a. dazu die Bildung von Äthylenoxyd aus Glykol (s. 1859 W.), die von Anhydriden aus mehrbasischen Säuren usw.

— François Alphonse **Forel** macht in den Jahren 1881—98 bahnbrechende Arbeiten über die Bewegung der Gletscher und sammelt Nachrichten über die gegenwärtigen und vergangenen Gletscherschwankungen, die zu dem

Ergebnis führen, daß bei diesen Schwankungsperioden nicht von Jahrhunderten, sondern nur von Jahrzehnten die Rede sein kann.

1881 Antoine **Franchimont** stellt durch langandauerndes Erhitzen von Cellulose mit Essigsäureanhydrid bei höherer Temperatur Celluloseacetat dar.

— Charles **Friedel** entdeckt den salzsauren Methyläther, das erste Präparat, in welchem der Sauerstoff vierwertig fungiert.

— Oskar **Frölich** konstruiert auf Grund der von ihm bereits 1871 entwickelten Theorie ein kugelförmiges Elektrodynamometer, bei welchem die feste und die bewegliche Rolle des Weber'schen Instruments (s. 1846 W.) durch bewickelte Kugelflächen ersetzt werden. Fast gleichzeitig baut F. Kohlrausch ein ähnliches Instrument. Noch empfindlicher ist das von Bellati und Giltay 1888 hergestellte Elektrodynamometer.

— Georg Theodor August **Gaffky** entdeckt den Bacillus der Kaninchenseptichämie und züchtet ihn in Reinkultur.

— Nachdem Karl Ritter 1833 bereits den Gedanken einer Isochronenkarte (d. i. einer Karte mit Linien gleicher Reisedauer) geäußert hatte, macht Francis **Galton** den ersten Versuch einer praktischen Ausführung, indem er eine Isochronenkarte der Erde für den Mittelpunkt London herausgibt.

— Der Nordpolfahrer Adolphus Washington **Greely** errichtet eine bis 1883 besetzt gehaltene wissenschaftliche Beobachtungsstation in der Lady Franklin Bay auf Grantland. Sein von hier aus entsandter Begleiter Lockwood gelangt bis zu der bis dahin noch nicht erreichten Breite von 83° 30'.

— Edouard **Grimaux** gelingt es, das Morphin durch Behandlung mit Jodmethyl und Ätzkali oder Natriumäthylat in Codein überzuführen.

— E. **Grimaux** und P. **Adam** stellen aus symmetrischem dichloroxyisobuttersaurem Natrium und Cyankalium das Nitril der Citronensäure her und führen dieses durch konzentrierte Salzsäure in Citronensäure über.

— Nachdem sich schon Hasse (1785) und Trommsdorf (1835) mit dem Korianderöl beschäftigt hatten, gelingt es gleichzeitig **Grosser** und **Morin**, den charakteristischen Alkohol dieses Öls, das Linalool, zu isolieren, dessen Konstitution dann in den folgenden 20 Jahren durch Semmler, Tiemann und Harries festgestellt wird.

— Nachdem Robert Hinrichsen in Hamburg bereits im Jahre 1866 eine verbesserte Briefstempelmaschine (s. 1826 W.) konstruiert hatte, bauen **Haller** und **Löffelhardt** daselbst die erste vollkommene Maschine dieser Art, aber nur für das Aufdrucken des Ankunftsstempels, nicht für das Bedrucken der Freimarken mit dem Aufgabestempel. Leistung bis 400 Stempelungen in einer Minute. (Vgl. 1884 B.)

— Im Auftrage der durch französisches Gesetz vom 26. März 1877 eingesetzten Kommission zum Studium der Mittel zur Verhütung schlagender Wetter, der Daubrée, Haton de la Goupillière, Pernolet, Aguillon, Mallard und Le Chatelier angehören, erstattet **Haton de la Goupillière** einen eingehenden Bericht, in dem die Grundsätze niedergelegt werden, welche die Kommission beim Betrieb von Gruben mit schlagenden Wettern beobachtet wissen will. Dies gibt Veranlassung, daß auch in anderen Ländern, wie in England durch Verordnung vom 12. Februar 1879, in Belgien durch Verordnung vom 28. Juni 1879, in Sachsen 1880, in Preußen am 18. Oktober 1880, Wetterkommissionen eingesetzt werden und der Frage der Sicherheitslampen, der Ventilation und des Einflusses des Kohlenstaubs auf die Explosionen eine erhöhte Aufmerksamkeit geschenkt wird.

— Max **Hayduck** zeigt die Möglichkeit der Verwendung von Milchsäure, Schwefelsäure und Phosphorsäure als Antiseptika in der Brennerei. Unter dem Schutze dieser Säuren kann sich das Hefegut ungestört und unbehelligt von Spaltpilzen entwickeln. (S. a. 1896 L.)

1881 Friedrich **von Hefner-Alteneck** schlägt einen Maschinen- und Kesseltelegraphen zur Befehlsübermittlung an Bord vor, der 1890 unter Verwendung des Sechsrollenmotors (s. 1854 S.) von Siemens und Halske gebaut und als Kommandoapparat vielfach angewendet wird. 1894 wird der Apparat in die deutsche Kriegsmarine eingeführt.

— **Heilmann** und **Delette** erfinden ein System zur Vorbearbeitung und Kämmerei der Ramiefaser, das sich als sehr brauchbar erweist und im Gegensatz zu der früheren Verarbeitung (s. 1850 M.) durchaus gleichmäßige Garne liefert.

— Hermann **von Helmholtz** zeigt, daß sich Glas, in den elektrischen Strom geschaltet, wie ein Elektrolyt verhält, daß also das Durchgehen des Stromes von einer Bewegung des Stoffes begleitet ist. Warburg zeigt (1889), daß diese Elektrolyse des Glases dem Faraday'schen Gesetze folgt, und daß hierbei die Natriumionen mit der größten Geschwindigkeit wandern.

— **Henkels** und **Hedtmann** in Barmen verbessern die Klöppelmaschine und tragen dadurch zur Entwicklung der Torchonspitzenfabrikation wesentlich bei.

— Oskar und Richard **Hertwig** veröffentlichen die Gastraeatheorie des mittleren Keimblatts und des Coeloms, wodurch die Entstehung der Chorda dorsalis und der serösen Höhlen (Pleura, Pericardial-, Peritonialhöhlen) erklärt wird.

— H. **Hoffmann** macht den ersten Versuch einer phänologischen Karte und verwirklicht damit den von Quetelet (s. 1842 Q.) im Anschluß an Linné gemachten Vorschlag. Er führt für die Linien gleicher zeitlicher Verschiebungen des Phaseneintrittes den Namen Isophanen ein. Das Isophanenprinzip stiftet viel Nutzen auf dem Gebiet der Erntestatistik.

— August Wilhelm **von Hofmann** studiert die Einwirkung von Brom in alkalischer Lösung auf Säureamide und gelangt dadurch auf neuem Wege zu Harnstoffen. So ergibt beispielsweise Acetamid Methylacetylharnstoff, Propionamid Äthylpropionylharnstoff usw.

— August Wilhelm **von Hofmann** macht in den Jahren 1881—84 eine eingehende Untersuchung des Coniins und stellt dessen Zusammensetzung zu $C_8H_{17}N$ fest. Er ermittelt seine Konstitution, zu deren Aufklärung ihm namentlich die bei Destillation mit Zinkstaub entstehende Base Conyrin dient, die er als Propylpyridin erkennt, und die zur Auffassung des Coniins als Propylpiperidin führt.

— David Edward **Hughes** konstruiert die Induktionswage, ein äußerst empfindliches Instrument zur Prüfung der Molekularkonstitution der Metalle.

— **Hunnings** konstruiert das erste Kohlenkörner-Mikrophon.

— Der **Internationale Elektrizitäts-Kongreß** zu Paris beschließt am 21. September, für elektrische Messungen die absoluten elektromagnetischen CGS-(Zentimeter-Gramm-Sekunden-)Einheiten (s. 1875 E.) einzuführen. Dieselben werden von internationalen Kongressen in Paris (1884) und Chicago (1893) festgesetzt und daraus die folgenden praktischen Einheiten abgeleitet: Ohm = Einheit des Widerstandes = 10^9 CGS-Einheiten, Volt = Einheit der elektrischen Spannung = 10^8 CGS-Einheiten, Ampere = Einheit der Intensität = 10^{-1} CGS-Einheiten, Coulomb = der Elektrizitätsmenge, welche in der Sekunde ein Ampere liefert, Watt = Volt $\times$ Ampere.

— Pierre Jules César **Janssen** gelingt die erste photographische Aufnahme eines Kometen bei dem Kometen 1881/III.

— Alexander C. **Kirk** konstruiert nach dem Vorbild der Elder'schen Propontis-Maschine (vgl. 1874 E.) eine dreizylindrige Dreifach-Expansionsmaschine, die auf dem Dampfer „Aberdeen" aufgestellt wird und so erfolgreich arbeitet, daß diese Art von Maschinen sich rasch weiterverbreitet, zumal jetzt haltbare stählerne Kessel fabriziert werden, und somit die Hauptschwierigkeiten, an der die früheren Maschinen gescheitert waren, überwunden sind.

1881 Robert **Koch** führt die Nährgelatine als einen Nährboden für Keime ein, der fest und zugleich durchsichtig ist.

— Robert **Koch** macht Beobachtungen über die im Boden vorkommenden bei dessen Umbildung tätigen Bodenbakterien. (Vgl. 1877 Sch.)

— Robert **Koch** begründet die Methoden zur Untersuchung der Desinfektionsmittel, führt Sublimat in die Desinfektionspraxis ein und vervollkommnet die Merke'sche Desinfektionsmethode (s. 1880 M.), indem er strömenden Wasserdampf verwendet. Er konstruiert für die Desinfektion im strömenden Dampf mit Gaffky und Löffler den sogenannten Koch'schen Desinfektor oder Dampftopf.

— **Koch** und **Wolffhügel** unterziehen die zuerst von Pasteur empfohlene Desinfektion mittels trockener heißer Luft einer eingehenden Untersuchung und finden, daß sie, wenn nicht Temperaturen über 140° angewendet werden, sehr unsicher wirkt, und daß dabei die meisten zu sterilisierenden Stoffe unbrauchbar werden.

— Theodor **Kocher** führt in die antiseptische Wundbehandlung das Chlorzink ein und empfiehlt die Sekundärnaht, die gewissermaßen die Vorteile der offenen und der antiseptischen Okklusivbehandlung verbindet.

— Horace **Koechlin** erhält durch Einwirkung von Nitrosodimethylanilin auf Gallussäure das Gallocyanin, das in der Färberei und Druckerei vielfach verwendet wird.

— Ernst **Krause** zeigt, daß die leuchtenden Organe der Leuchtfische, von denen namentlich durch die Tiefsee-Expeditionen zahlreiche Arten nachgewiesen werden, nicht, wie man früher glaubte, Augen sind, sondern daß sie den Bau eines Projektionsapparates besitzen. Diese Auffassung wird 1887 durch R. von Lendenfeld bestätigt, der diese Leuchtorgane für umgewandelte Drüsen hält, die sich durch Anpassung aus dem Schleimkanalsystem entwickelt haben.

— Samuel Pierpont **Langley** konstruiert zur Messung sehr kleiner Wärmemengen das Bolometer, welches auf demselben Prinzip beruht wie das elektrische Differentialthermometer von Svanberg (s. 1857 S.), von dem indes Langley keine Kenntnis gehabt hat. Ein fast gleiches Instrument erfindet, ebenfalls unabhängig, im folgenden Jahre Baur.

— **Lehmann** konstruiert einen Backofen, der auf das Perkins'sche System der Zirkulationsröhren (s. 1835 P.) zurückgreift, aber nicht mit überhitztem Wasser, sondern mit überhitztem Dampf arbeitet.

— Nachdem die Durchstechung der Landenge von Panama zuerst i. J. 1551 erwogen, und diese Frage auf Anregung A. von Humboldt's i. J. 1829 wieder aufgenommen worden war, beginnt der französische Vicomte Ferdinand **von Lesseps** i. J. 1881 den Bau des Panamakanals zwischen Colon und Panama als Niveaukanal mit einer geplanten Länge von 75 km. Da die Kosten auf nur 674 Mill. Mark angenommen worden waren, sich aber als viel höher herausstellen, wird der Bau i. J. 1889 eingestellt. I. J. 1905 wird der Weiterbau auf Veranlassung der Vereinigten Staaten, und zwar als Schleusenkanal, wieder aufgenommen.

— Anton **Mandersbach** und Alfred **Siersch** erbauen in Reschitza in Siebenbürgen den ersten Ofen zur Verkokung von Braunkohlen mit Gewinnung der Nebenprodukte, den sie mit Regenerativfeuerung betreiben.

— **Mariot** verbessert die Photogalvanographie (Heliographie) und verwendet sie in großem Maßstabe zur Anfertigung von Karten und Plänen für das K. K. Militärgeographische Institut in Wien.

1881 R. Sidney **Marsten** bestätigt die Violle'schen Beobachtungen (s. 1878 V.) und zeigt, daß bei einer Temperatur hoch über Rotglut, doch unter Schmelzhitze, die Kohle das Porzellan durchwandert, wenn sie mehrere Stunden damit in Kontakt bleibt.

— Der Nürnberger Kunstanstaltsbesitzer Georg **Meisenbach** nimmt ein Patent auf die Autotypie, ein photographisches Reproduktionsverfahren, bei dem die photographischen vollen Flächen in Linien und Punkte zerlegt und die Bilder dadurch zum Stein-, Zink- und Kupferdrucke, und durch Hochätzung (Autotypographie) auch zum Buchdrucke geeignet gemacht werden. Die ersten Versuche mit der Autotypie machte Talbot i. J. 1852. (Erste Anfänge s. 1782 S. Vgl. auch 1855 P.)

— Louis H. F, **Melsens** macht ausgedehnte Versuche über Blitzableiter und findet, daß vereinzelte Stangen niemals ausreichenden Schutz gewähren, eine solche vielmehr nur dadurch erzielt wird, daß das zu schützende Objekt in ein zusammenhängendes Drahtsystem eingeschlossen wird.

— Der Hamburger Laryngolog Isaac **Michael** erfindet einen von ihm „Psychrophos“ benannten Beleuchtungsapparat mit kaltem Licht für Chirurgie und innere Medizin. Der Apparat besteht aus einem kleinen olivenförmigen Crookes'schen Röhrchen, welches eine phosphoreszierende Substanz enthält und von einem doppelten Stiel gehalten wird, durch welchen die Aluminiumdrähte vom Induktorium zu den Elektroden des Röhrchens isoliert hindurchgeführt sind.

— Johann von Radecki **Mikulicz** versucht die Innenfläche der menschlichen Speiseröhre durch lange gerade Röhren vom Munde aus sichtbar zu machen, ohne zu wesentlich brauchbaren Resultaten zu kommen. Erst 1895 gelingt es Rosenheim (s. d.), eine praktische Methode zu finden.

— Der Techniker Alexander **Moncrieff** konstruiert nach Biancardi's Vorschlage eine hydropneumatische Verschwindelafette, indem er den zum Wiederheben des Geschützrohres erforderlichen Kraftüberschuß nicht in Gegengewichten aufspeichert (vgl. 1855 M.), sondern beim Rückstoße die Glycerinfüllung eines Bremszylinders auf eine Luftkammer wirken läßt. Nach Auslösung einer Hemmung treibt die bis auf 60 Atmosphären zusammengepreßte Luft das Glycerin zurück, wodurch das Geschützrohr wieder in die Feuerstellung gehoben wird. Verschwindelafetten ähnlicher Art sind von Armstrong, Razkazoff u. a. hergestellt. (Vgl. auch 1901 K.)

— Gustav **Neuber** führt nach eingehenden Versuchen in der Kieler chirurgischen Klinik den Torfmull als aseptisches Verbandmaterial ein.

— A. **Oberbeck** benutzt zur Messung von Schallintensitäten ein Mikrophon, das er in einen Zweig der Wheatstone'schen Brücke einschaltet. Die Widerstandsänderung an der Kontaktstelle ist von der Schallstärke abhängig.

— Nachdem Knop und Richter festgestellt hatten, daß die Alkalimolybdate mit kieselsauren Alkalien bei Gegenwart von freier Salpetersäure gelbe Niederschläge geben, untersucht **Parmentier** diese Verbindungen näher und stellt auch die freie Säure her, die er als Kieseldodekamolybdänsäure bestimmt.

— Der französische Ingenieur **Philippart** macht Versuche mit einer elektrischen Straßendroschke, erzielt damit jedoch ebensowenig Erfolg wie Davidsohn mit seinem elektrischen Automobil. (Vgl. 1854 D.)

— Henri **Poincaré** begründet die Theorie der automorphen Funktionen.

— Im Jahre 1881 erfolgt der Stapellauf des nach den Plänen des englischen Admirals G. **Sartorius** gebauten Torpedorammschiffes „Polyphemus“, welches abweichend von allen bisherigen Formen auf das Geschütz als Offensivwaffe völlig verzichtet, und — neben seiner Torpedoausrüstung — in erster Linie durch den Rammstoß wirken soll. Die in diesen Typ gesetzten Erwartungen haben sich indessen nicht erfüllt.

1881 **Schlieper** und **Baum** erfinden den Glucoseprozeß, der es ermöglicht, mit Indigo ein sehr gutes Druckblau von beliebiger Tiefe zu erhalten. Die Reduktion des Indigo wird hier durch Glucose und Natronlauge unter Mitwirkung von Wasserdampf bewerkstelligt. Das Indigweiß verbindet sich mit der Faser und wird durch Oxydation in Blau übergeführt.

— Simon **Schwendener** untersucht das Winden der Schlingpflanzen und findet, daß es durch Greifbewegungen, d. h. dadurch zustande kommt, daß der circumnutierende Teil des Sprosses jedesmal dann, wenn er sich gegen die Stütze preßt, einen mechanischen Zug auf die anschließenden Stengelteile ausübt, durch den diese herbei- und um die Stütze gezogen werden.

— **Schultz,** Hauptmann der preußischen Verkehrstruppen, erfindet eine Kriegsbrücke für Eisenbahnvollbetrieb, welche in Stücke zerlegt in das Feld mitgeführt und an Ort und Stelle zu beliebigen Brückenlängen rasch zusammengefügt werden kann. Eine ähnliche Konstruktion rührt von dem Major **Lübbecke** her. Mit dem Lübbecke'schen Material wird — nach Angabe des Majors Schmiedecke „Die Verkehrsmittel im Kriege" — i. J. 1904 bei einem kriegsmäßigen Brückenschlage bei Dommitzsch a. d. Elbe für normalspurigen Eisenbahnvollbetrieb eine freie Tragweite von 60 m erreicht.

— Der Astronom Hugo **Seeliger** in München unterwirft als erster die Bewegungsverhältnisse eines mehrfachen Sternsystems, der ζ Cancri, der analytischen Behandlung, die er i. J. 1894 in seiner Schrift „Über den vierfachen Stern ζ Cancri" ergänzt.

— Hermann **Seger** stellt eine neue Art von Weichporzellan aus Ton, Quarz und Feldspat her, die Segerporzellan genannt wird.

— Max **Sembritzki** erfindet eine Schöpfpapiermaschine (Rahmenformmaschine). die sich durchaus bewährt.

— **Setterberg** gelingt es, das metallische Caesium, das als das elektropositivste Metall (s. 1862 B.) der Isolierung hartnäckigen Widerstand entgegengesetzt hatte, in reinem Zustande darzustellen.

— Werner **von Siemens** führt auf der Pariser Elektrizitätsausstellung die von ihm 1879 erfundene Solenoid-Stoßbohrmaschine praktisch vor. Die eigentliche Arbeitsmaschine ist von dem Elektromotor getrennt und die Drehbewegung des letzteren auf die Hebedaumenwelle der Bohrmaschine durch eine gelenkige Welle und Kegelrädergetriebe übertragen. Die Übertragung der Bewegung auf den Bohrer wird 1891 von Karl Hoffmann wesentlich vervollkommnet.

— **Siemens & Halske** bauen die erste, dem öffentlichen Verkehr zugängliche elektrische Bahn vom Anhalter Bahnhof in Berlin nach der Hauptkadettenanstalt in Lichterfelde und übergeben sie am 12. Mai dem Betrieb.

— **Smith** schlägt ein System zum telephonischen Verkehr mit einem fahrenden Eisenbahnzuge vor, welches auf elektrostatischer Induktion beruht. Parallel zur Linie nahe dem Dache des Wagens läuft eine Drahtleitung. Auf dem Wagendache ist eine isolierte Metallbelegung angebracht, von welcher eine Leitung durch ein im Wagen befindliches Telephon zur Schiene führt. Ein auf dem gleichen Prinzipe beruhendes System wird von Edison 1885 zum Patent angemeldet und 1889 auf einer 86 km langen Linie der Lehigh Valley Railroad erprobt.

— Franz **Soxhlet** konstruiert ein Lactodensimeter (Senkwage) zur Bestimmung des spezifischen Gewichts der Milch, bei welchem die Zahlen von 1,023—1,038 reichen und mit dem es noch möglich ist, die Zehntausendstel des spezifischen Gewichts zu schätzen.

1881 Adolf **von Steinheil** konstruiert den Antiplanet, ein zweiteiliges Objektiv von großer Lichtstärke, Randschärfe und genügender Orthoskopie.

— **Stolze** konstruiert zu photogrammetrischen Zwecken, namentlich zur Aufnahme archäologischer Monumentalbilder, einen mit Fernrohr, Vertikalkreis, Horizontalkreis, Libellen und einem Sucher ausgestatteten photographischen Apparat, der den Namen „Phototheodolit" erhält und von Koppe 1889 für photographische Ortsbestimmungen eingerichtet wird.

— Der isländische Geolog und Geograph Thorvaldur **Thoroddsen** durchforscht in den Jahren 1881—98 das gesamte Island, verbessert die Karte von Björn Gunlaugsson und sammelt Material für eine große geologische Karte der Insel.

— Nicolas Auguste **Tissot** fördert durch seine Behandlung des Abbildungsproblems, dessen Theorie zuerst von Gauß 1822 entwickelt worden ist, die theoretische und praktische Kartographie. Seine Untersuchungen werden durch E. Hammer und Zöppritz weiter geführt. (S. a. 1772 L.)

— G. **Trouvé** führt auf der Pariser Ausstellung das erste Akkumulatorenboot vor, das am 26. Mai mit dem Generaldirektor der Ausstellung, M. Berger, und dem Herausgeber der Revue scientifique, Antoine Briquet, eine Probefahrt macht und gegen den Strom 5,4 km, mit dem Strom 9 km in der Stunde zurücklegt.

— John **Tyndall** weist durch den Sonnenstrahl die Existenz von ultramikroskopischen Keimen in der Luft und in jedem Wasser nach und zeigt, daß die Keime klare, sterilisierte Lösungen trüben und zersetzbare Flüssigkeiten zersetzen. Er publiziert seine Erfahrungen in seinen „Essays on floating matter of the air in relation to putrefaction and infection".

— Die Regierung der **Vereinigten Staaten** erbaut zur Umgehung des Niagarafalles einen Seitenkanal mit 25 Schleusen, der 4,27 m Wassertiefe hat und für Schiffe bis 4500 t fahrbar ist (Wellandkanal).

— Magnus **Volk** in England konstruiert das erste praktische Elektromobil (Dreirad mit Akkumulatorenbetrieb — vgl. auch 1854 D. und 1881 P.).

— Der Ingenieur **Waring** in New York erfindet ein Kanalisationssystem zur Entwässerung der Großstädte, das als ein vereinfachtes Trennsystem mit natürlichem Gefälle gedacht ist.

— Karl **Wernicke** gibt sein „Lehrbuch der Gehirnkrankheiten" heraus, durch welches er ebenso wie durch seinen 1900 erscheinenden „Grundriß der Psychiatrie" wesentlich zur Förderung der Irrenpflege beiträgt.

— Frederick **Weston** konstruiert seine zu den Lastdruckbremsen gehörende Klemmbremse, die von Tangye brothers und Holmann ausgeführt wird. Die Bremse ist eine Seitendruckbremse mit Ringflächenreibung und selbsttätiger Anpassung durch den Lastzug. Der Weston'schen Bremse folgen eine Anzahl ähnlicher Konstruktionen, wie die von Hopmann, Mohr, Gebrüder Bolzani u. a.

— **Widmark** macht die Durchlässigkeit des Bergkrystalls für ultraviolette Strahlen (s. 1852 S.) für die Lichttherapie nutzbar.

— Julius **Wiesner** macht Beobachtungen über das Brechungsvermögen der Pflanzen, insbesondere die Stellungsveränderung der Organe zum Licht.

— Hermann **von Wißmann** bricht mit Paul Pogge von Angola auf und gelangt im April 1882 nach Nyangwe, wo sich Pogge (vgl. 1882 P.) von ihm trennt, während er allein die Durchquerung des Kontinents bis nach Sansibar vollendet.

— Otto N. **Witt** und Horace **Koechlin** entdecken die Farbstoffklasse der Indophenole und führen das aus Nitrosodimethylanilin und α-Naphtol erhaltene Indophenolblau in die Praxis ein.

— Der Chirurg Anton **Wölfler** führt die Gastro-Anastomose und die Gastro-Enterostomie (Anlegung einer Magen-Dünndarmfistel) aus.

1881 Wilhelm **Wundt** liefert eine genaue Analyse der Reaktionszeiten, d. i. der Intervalle, die von dem Moment eines Sinneseindruckes bis zu dessen Beantwortung mit einer schnellen, den Eindruck signalisierenden Bewegung verfließen. Er unterscheidet die Präsentationszeit, die Perzeptionszeit und die Apperzeptionszeit.

1882 Roman **Abt** bewirkt einen erheblichen Fortschritt in der Herstellung von Zahnradbahnen durch Konstruktion einer Lokomotive, die auf der Zahnstrecke kräftig zu arbeiten, auf der Reibungsstrecke schnell zu fahren vermag.

— Ottomar **Anschütz** in Lissa vereinigt die Serienphotographie Muybridge's (s. 1880 M.) mit dem Stroboskop und gelangt dadurch zu einer vollständigen Reproduktion der Bewegung.

— **Ayrton** und **Perry** nehmen ein Patent auf einen Elektrizitätszähler, in welchem der Strom auf eines von zwei gleichgehenden Uhrpendeln wirkt, und der entstehende Gangunterschied abgelesen wird. Nach diesem Prinzip von Shoolbred konstruierte Zähler erweisen sich indes als unbrauchbar.

— **Baerlein** in Manchester bringt in seiner Heißluftschlichtmaschine mit patentiertem Schlichttrog und Bürstvorrichtung eine der vollkommensten Schlichtmaschinen zur Ausführung.

— Adolf **von Baeyer** und **Drewsen** stellen aus Orthonitrobenzaldehyd, das sie in viel Aceton lösen, durch Hinzufügung von überschüssiger verdünnter Natronlauge Indigblau her. Es bildet sich hierbei zuerst der Aldehyd der Orthonitrophenylmilchsäure.

— Alphonse **Bertillon** veröffentlicht seine anthropometrischen Versuche zur Feststellung der Identität von Personen für die Zwecke der Strafrechtspflege, auf Grund deren zuerst in Paris, dann in den Hauptstaaten Europas ein polizeilicher Erkennungsdienst organisiert wird, wozu er auch die Anlage von Verbrecheralbums anregt.

— Giulio **Bizzozzero** erkennt neben den beiden schon bekannten Formbestandteilen des Blutes (rote und weiße Blutkörperchen) noch einen dritten Bestandteil. Es sind dies kleine, platte, homogene, farblose Gebilde, welche er als Blutplättchen bezeichnet und als identisch mit den von Hayem beschriebenen Hämatoblasten betrachtet.

— **Blas** und **Miest** schlagen zuerst vor, Blei aus Erzen auf elektrolytischem Wege zu gewinnen.

— Titus **Blathy,** Karl **Déri** und Karl **Zipernowsky** zeigen, daß durch Parallelschaltung der Gaulard'schen Sekundärgeneratoren, welche sie „Transformatoren" nennen, sowie durch eine verbesserte Anordnung der Wicklungen und Eisenmassen, diese Sekundärgeneratoren den praktischen Bedürfnissen jedes Verteilungssystems angepaßt werden können. (S. 1880 G.) Die Transformatoren bedeuten für die Wechselstromtechnik einen Umschwung und eröffnen derselben ein neues Feld, indem die Anpassungsfähigkeit des Wechselstromsystems an beliebige Änderungen der Spannung in einfachen, nicht rotierenden Apparaten für lange Fernübertragungen große Vorteile bietet.

— Ludwig **Boltzmann** zeichnet die Schwingungen der Phonographenmembran photographisch auf einer bewegten Platte auf. Zu diesem Zwecke befestigt er auf der Membran einen kleinen Spiegel und konzentriert das von diesem reflektierte Licht durch eine Linse auf die photographische Platte. Die Methode wird später von L. Hermann (s. 1889 H.) zu eingehenden phonophotographischen Untersuchungen benutzt.

— August **von Borries** erfindet eine nach ihm benannte Gewichtsbremse für Eisenbahnzüge.

— Nachdem Partsch und Haidinger (1846) in dem Meteoreisen von Arva in

Ungarn kleine Graphitkrystalle entdeckt hatten, gelingt es Aristide **Březina,** in denselben Meteoriten kleine Diamanten aufzufinden. Seine Entdeckung wird 1891 bestätigt, indem man in den im Canon del Diablo in Arizona aufgefundenen Meteoriten ebenfalls Diamanten findet.

1882 **Brotherhood** konstruiert im Anschluß an seine Dreizylindermaschine (s. 1873 B.) das erste hydraulische Spill (Dreizylinderspill), bei welchem die Zylinder wagerecht unter 120° gegeneinander liegen und mit einfach wirkenden Druckkolben ausgestattet sind. Die Einfachheit der Maschine verschafft ihr sehr große Verbreitung.

— Andrews **Campbell, Wolesley** und **Lyon** bringen an Unterseebooten zum Zwecke des Tauchens und Wiederemporsteigens äußerlich vier metallene Zylinder an, welche teleskopartig nach Bedarf ausgezogen oder eingeholt werden können. Hierdurch läßt sich die von dem Fahrzeug verdrängte Wassermenge nach Belieben vermindern oder vergrößern, was ein Sinken oder Steigen des Bootes zur Folge hat.

— Stanislao **Cannizzaro** und seine Schüler, insbesondere Amerigo **Andreocci,** L. **Francesconi** und Clemente **Montemartini** durchforschen in den Jahren 1882—1904 die Santoningruppe nach allen Richtungen und tragen zur Aufklärung der Konstitution des Santonins nnd seiner Derivate bei.

— **Carpené** gibt ein Verfahren zur Herstellung künstlicher Schaumweine an, nach welchem der Wein auf — 6° C. abgekühlt und die Kohlensäure bei einem Überdruck von nur einer Atmosphäre eingepumpt wird.

— **Chenailler** baut einen Abdampfapparat, der namentlich in der Farbholzextraktfabrikation eine große Rolle spielt. Eine Mulde enthält die einzudampfende Flüssigkeit; in ihr bewegen sich in langsamen Umdrehungen eine Reihe von doppeltkonvexen Dampfplatten, die auf einer gemeinsamen Achse sitzen und an der Seite eine Art Eimer haben, die beim Durchgang durch die Flüssigkeit diese in sich aufnehmen und sie in dünner Schicht über die erhitzten Dampfplatten gießen, wodurch das Eindampfen sehr beschleunigt wird.

— Da das gewöhnliche Bessemerverfahren die Herstellung kleiner Blöcke von 200 bis 300 kg nicht gestattet, mußte bei der steigenden Bedeutung der Flußmetalle für kleine Werke ein Verfahren gesucht werden, mit kleineren Convertern unter günstigen ökonomischen Bedingungen zu arbeiten. Der erste dieser Prozesse war der 1879 zu Avesta in Schweden ausgeführte Avestaprozeß, der sich jedoch nicht bewährte; dagegen hat sich der von **Clapp** und **Griffith** erfundene Clapp-Griffith-Prozeß mit feststehenden $1^1/_2$ bis 3-Tonnen-Öfen mit kontinuierlichem Schlackenabfluß und Anwendung von wechselbaren Böden gut bewährt. Bei diesem Verfahren wird mit geringer Windpressung gearbeitet.

— Julius **Cohnheim** sondert, einem früheren Vorschlage von Klebs entsprechend, aus der Reihe der aus formativen pathologischen Prozessen entstandenen Geschwülste (s. 1863 V.) die durch Übertragung eines Virus (Tuberkulose, Syphilis, Lepra usw.) erzeugten Geschwülste unter dem Begriffe der Infektionsgeschwülste ab. Mit dem Nachweis der spezifisch pathogenen Mikroorganismen wird die vollständige Erkenntnis der Genese dieser Geschwülste erreicht.

— A. **Colson** zeigt, daß, wenn Eisenstäbe in Kohlenstoff auf nur 250° C. erhitzt werden, der Kohlenstoff schon mit sehr großer Geschwindigkeit in das Eisen diffundiert.

— Die **Compagnie générale des Kaolins d'Auvergne** errichtet an Stelle der bisherigen Naßschlämmung eine Kaolinschlämmung mittels Luftstroms (Windseparator). Diese Windseparation führt sich allmählich in den Porzellanfabriken ein; einer der besten neueren Windseparatoren wird von Mumford und Moodie 1890 konstruiert.

1882 Der nordamerikanische Paläontolog Edward Drinker **Cope** gibt auf Grund langjähriger Studien an fossilen Wirbeltieren eine geistvolle Erklärung der „Kinetogenese“, d. h. der allmählichen Entwicklung und Umgestaltung des inneren Skeletts und des Gebisses der Wirbeltiere.

— Marcel **Déprez** stellt in München einen Dampfhammer aus, der durch die Wirkung elektrischer Spiralen gehoben wird, deren Zahl je nach der zu entwickelnden Kraft nach Belieben geändert werden kann.

— Alexander **Dick** stellt eine Legierung aus 56 Teilen Kupfer, 49 Teilen Zink und je 1 Teil Eisen, Mangan und Blei dar, die goldgelb ist, sich heiß und kalt walzen, zu Draht ziehen, in Rotglut schmieden, ausstanzen und pressen läßt und auch für kleine Güsse brauchbar ist. Wegen ihrer Widerstandsfähigkeit gegen saure Grubenwässer und Seewasser wird diese „Deltametall“ genannte Legierung zu Schiffsbeschlägen, Schiffsschrauben, Maschinenteilen usw. viel angewandt.

— Cornelio August **Dölter** macht zu wissenschaftlichen Zwecken Versuche mit elektrischer Scheidung von Mineralien und sucht durch Permeabilitätsbestimmungen eine Gruppierung der Mineralien nach ihrer Magnetisierbarkeit zu ermöglichen.

— Georg **Dragendorff** arbeitet über die Beziehungen zwischen den chemischen Bestandteilen und den botanischen Eigentümlichkeiten der Pflanzen und ist insbesondere auch auf dem Gebiete der Pflanzenanalyse tätig. Seine Erfahrungen hierüber faßt er in dem Werke „Qualitative und Quantitative Analyse von Pflanzen und Pflanzenteilen“ zusammen.

— Frederick E. **Duckham** verbessert die pneumatische Getreide- und Saatförderungsvorrichtung. (S. 1878 R.) Er konstruiert einen pneumatischen Elevator mit biegsamen, innen mit einer gelenkartig gegliederten Blechhaut ausgefütterten Schläuchen, in welchen das Getreide aus Schiffen zum Speicher befördert wird. Der Elevator erlangt für Seehäfen große Bedeutung.

— Emile **Duclaux** arbeitet über die Mikroorganismen der Käsereifung, welche in Aerobien, die zu ihrem Wachstum den Zutritt der Luft bedürfen, und in Anaerobien, die bei Luftabschluß vegetieren, unterschieden werden. (S. a. 1861 P.) Er stellt eine Theorie über die Käsebildung auf.

— **Durham** konstruiert einen Regulator für Schiffsmaschinen, der von Durham, Churchill & Co. 1891 wesentlich verbessert wird und dem Maschinisten die Veränderung des Ganges der Maschine so rechtzeitig angibt, daß er sofort eingreifen kann. Andere gute Regulatoren für Hilfsmaschinen sind die von Dunlop und Brown brothers & Co.

— Thomas Alva **Edison** konstruiert unterirdische Verteilungsnetze für elektrische Beleuchtung durch Einbetten des blanken Kupferleiters in Kanäle, die mit Asphalt ausgegossen werden.

— George **Elliot** in Newcastle schlägt zur Steingewinnung das Absprengen mit ungelöschtem, fein gepulvertem, unter bedeutendem Druck zu Patronen gepreßtem Kalk vor, wobei nach dem Einbringen der Kalkpatronen Wasser in das Bohrloch geleitet wird.

— James Alfred **Ewing** konstruiert, nachdem er 1879 ein Vertikalpendel mit Astasierung als Seismographen angegeben hatte, einen Doppelpendel-Seismographen, der von John Milne (s. 1885 M.) noch verbessert wird. (S. 1841 F.)

— Karl **Exner** erklärt das Funkeln der Sterne durch die unregelmäßigen Brechungen, welche die von einem Fixstern ausgehenden Lichtstrahlen in den verschiedenen Teilen der Atmosphäre erfahren, die infolge der beständig wechselnden Dichte, Temperatur und Feuchtigkeit verschiedenes Lichtbrechungsvermögen haben.

1882 Camille **Faure** verbessert den Planté'schen Akkumulator, indem er das Bleisuperoxyd, das sich bei Planté (s. 1859 P.) erst nach der Ladung bildet, schon beim Aufbau der Zellen in Form der billigen Mennige (Verbindung von Bleioxyd und Bleisuperoxyd) auf die negative Elektrode aufstreicht. Er überträgt sein Patent der Electrical Power Storage Company, die fortan diese Akkumulatoren fabrikmäßig erzeugt.

— K. **Feußner** macht das Wollaston'sche Verfahren (s. 1802 W.) zur Untersuchung doppeltbrechender Krystalle verwendbar und zwar durch eine Vorrichtung, welche gestattet, die mit dem Prisma in Berührung gebrachte Krystallplatte in ihrer eigenen Ebene meßbar zu drehen. Der Feußner'sche Apparat wird 1884 von Liebisch vervollkommnet.

— Da die von Bunsen gefundene Methode (s. 1851 B.), Magnesium aus dem geschmolzenen Chlorid herzustellen, sich praktisch nicht bewährt, schlägt Ferdinand **Fischer** vor, das Metall aus einer Schmelze von Carnallit (Magnesium-Kalium-Doppelchlorid) elektrolytisch zu gewinnen. Die Methode wird 1883 von Graetzel, namentlich in bezug auf die Apparate, vervollkommnet.

— Walter **Flemming** in Kiel untersucht die von Schneider entdeckten, bei Vermehrung und Teilung des Zellkerns auftretenden eigenartigen und typischen Veränderungen und faßt dieselben als Kernsegmentierung auf. Die Bilder der Verwandlung in den verschiedenen Phasen geben eine Anschauung von dem Wirken der mechanischen Kräfte auch im kleinsten biologischen Komplex.

— F. A. **Fouqué** und **Michel-Lévy** erzeugen verschiedene in Eruptiv-Gesteinen vorkommende Mineralien, wie Feldspat, Augit, Leucit, Nephelin, Granat auf künstlichem Wege, und zwar in einer bis auf die mikroskopische Struktur mit den natürlichen Gesteinen übereinstimmenden Beschaffenheit, indem sie Gemenge der chemischen Bestandteile der betreffenden Mineralien zusammenschmelzen.

— **Friedel** und **Ladenburg** erhalten durch Zerlegung des Siliciumhexajodürs mit Wasser die Siliciumoxalsäure $Si_2O_4H_2$, die einen weißen amorphen Körper darstellt.

— Konrad **Gautsch** in München erfindet ein Imprägnierungsverfahren, um das Holz bis auf den Kern absolut feuerfest zu machen. Bei den angestellten Versuchen zeigt sich, daß das präparierte Holz nicht einmal unter der Hitzentwicklung eines Bunsen'schen Dreilochbrenners zum Entflammen gebracht werden kann.

— **Gayon** und **Dupetit** studieren eingehend den Prozeß der Denitrifikation (s. 1814 D.) und erkennen, daß die Stickstoffbildung aus den Nitraten erfolgt. Sie züchten aus der Ackererde zwei anaerobe Bakterien, die diese Denitrifikation bewirken: Bacterium denitrificans α und β.

— John **Gjers** erfindet die Ausgleichgräben (Soaking pits) ohne oder mit Zufeuerung, durch welche ein Teil der Hitze der Flußstahlblöcke für die Weiterverarbeitung nutzbar gemacht wird, und durch welche bei starkem und regelmäßigem Betrieb die Zwischen-Wärmöfen überflüssig gemacht werden.

— Themistokles **Gluck** fördert die Chirurgie der obern Luftwege durch Resektion, Exstirpation und Plastik bei bösartigen Geschwülsten, Tuberkulose und Syphilis. Er erfindet den Ersatz von Defekten der Nerven und besonders der Sehnen durch implantierte Fremdkörper (seidene Sehnen).

— Eugen **Goldstein** beobachtet die Reflexion der Kathodenstrahlen an der Oberfläche von Isolatoren und Leitern. Diese Reflexion wird später von Campbell Swinton (1899), Hermann Starke (1900) und Austin und Starke (1902) quantitativ untersucht.

1882 Paul **Güßfeldt** lernt auf einer Expedition nach dem zentralen Andesgebiet, dessen tätige und erloschene Vulkane er besucht, den Büßerschnee (Nieve penitente) kennen, eine den europäischen Gletscherphänomenen entsprechende Bildung, die durch Längs- und Querfurchung infolge heftiger über die Schneefläche wehender Winde entsteht.

— August **Haarmann** verbessert die Querschwellenanordnung des Eisenbahnoberbaus durch die Einführung der nach ihm benannten Hakenplatte, die eine sehr einfache Befestigung der Schienen mit der Schwelle gestattet.

— Walter Noel **Hartley** wendet Wasserstoffsuperoxyd als Reagens auf Cerionen an, wodurch ein unschätzbares Hilfsmittel für die qualitative Analyse der seltenen Erden gegeben wird.

— **Hautefeuille** und **Chappuis** stellen mittels flüssigen Äthylens das Ozon in flüssigem Zustande dar. Später gelingt es, diesen Körper durch flüssige Luft in genügend reinem Zustande zu erhalten, um seinen Siedepunkt (Troost 1898) und seine Dichte (Ladenburg 1899) zu bestimmen. Ladenburg leitet aus der von ihm gefundenen Dichte das Molekulargewicht O_3 ab.

— **Haycraft** untersucht die Beziehungen zwischen den Geschmacksempfindungen und der chemischen Konstitution der anorganischen und organischen Körper. Er findet, daß die Kohlenstoffverbindungen, welche übereinstimmende Geschmacksempfindungen hervorrufen, einer Gruppierung der Elemente angehören, und daß bei süßschmeckenden Substanzen namentlich die Gruppe CH_2OH in Betracht kommt.

— Max **Hayduck** zeigt, daß es möglich ist, durch Steigerung der Stickstoffgabe in den Nährflüssigkeiten, gegeben in der Form von Asparagin, den Stickstoffgehalt der Hefe ungemein zu erhöhen, daß weiter die Gärkraft, d. h. die ohne Vermehrung der Hefezellen in einer Zuckerlösung in der Zeiteinheit hervorgerufene Gärung, proportional dem Stickstoffgehalt steigt und fällt.

— Hermann **von Helmholtz** nimmt seine früheren Versuche über die chemischen Erscheinungen in galvanischen Elementen (s. 1847 H.) wieder auf und ergänzt den von Thomson (s. 1850 T.) aufgestellten Satz dahin, daß, wenn die Stromwärme größer ist als die chemische Wärme, die elektromotorische Kraft mit steigender Temperatur wachsen muß, daß hingegen, wenn die Stromwärme kleiner ist, die elektromotorische Kraft mit steigender Temperatur abnehmen muß. Jahn (1886) weist die Richtigkeit dieses Satzes nach.

— Heinrich **Hertz** sucht ein absolutes Maß für die Härte zu entwickeln, indem er von den Spannungen ausgeht, welche an der Berührungsstelle elastischer Körper entstehen, wenn man eine kugelförmig begrenzte Linse auf die Fläche eines Körpers legt und nun auf die Linse einen Druck ausübt. (Vgl. auch 1894 A.)

— Oswald **Hesse** macht eingehende Mitteilungen über das aus Argentinien wegen seines beträchtlichen Gerbstoffgehaltes vielfach importierte Quebrachoholz, von dem zwei Sorten, Quebracho blanco und Quebracho colorado, in den Handel kommen. Die erste Sorte stammt von Aspidosperma Quebracho Schlechtd., die letztere von Loxopterygium Lorentzii Gr. (Vgl. auch 1880 P.)

— Friedrich **Hohmann** führt gewisse Organe des Linearplanimeters (s. 1814 H.) in den Mechanismus des Polarplanimeters ein und konstruiert das sogenannte Präzisions-Polarplanimeter, das die einfache Bauart des Polarplanimeters mit der Genauigkeit des Linearplanimeters verbindet. Das Instrument wird von Coradi in Zürich hergestellt.

— Johann **Horbaczewski** stellt, auf Streckers Beobachtungen (s. 1868 St.) fußend, durch Zusammenschmelzen von Glykokoll und Harnstoff bei 220°

bis 230° C. Harnsäure synthetisch dar. 1885 erhält er die Säure auch durch Erhitzen von Trichlormilchsäureamid und Harnstoff.

1882 James **Howden** richtet auf dem Dampfer „New York City" eine Feuerung ein, bei welcher er den Unterwind durch die den Kessel verlassenden Heizgase vorwärmt und erzielt damit so günstige Resultate, daß seine Feuerung sich vielfach einführt. In Deutschland wird dieselbe durch die Gebrüder Sachsenberg in Roßlau verbreitet. Ähnliche Vorwärmeanlagen werden von Wyllie, Green, Hoadley, Spence u. a. ausgeführt.

— Frank **Jacob** in London nimmt ein Patent auf ein Verfahren zur Mehrfach-Telephonie, wonach es möglich ist, zwei Fernsprech-Doppel-Leitungen zu einem dritten, und unter Benutzung der Erde als Rückleitung sogar zu einem vierten Fernsprech-Kreise zu benutzen.

— Der ungarische Musiker Paul **von Jankó** erfindet die nach ihm benannte Klaviatur für das Pianoforte, welche aus sechs übereinander liegenden Tastenreihen besteht.

— Paul **Jeserich** und C. A. **Meinert** gewinnen aus Kokos- und Palmkernöl ein Speisefett, indem sie diese Öle mit überhitztem Wasserdampf behandeln und darauf zur Bindung freier Fettsäuren mit 0,25% Magnesia versetzen. Das Verfahren wird später von Schlieck verbessert; die nach dem verbesserten Verfahren gewonnenen Fette „Kokosnußbutter" und „Palmin" finden weite Verbreitung für Speisezwecke.

— Der Berliner Astronom Otto **Jesse** erklärt die leuchtenden oder irisierenden Nachtwolken. Er findet, daß dieselben in sehr beträchtlicher Höhe schweben, wenn er auch nicht, wie Henrik Mohn im gleichen Jahre, Höhen von 100—140 km annimmt.

— **Keith** arbeitet eine Methode aus, um Werkblei auf elektrolytischem Wege zu entsilbern und zu raffinieren. Doch dürfte diese Methode gegenüber dem einfachen Prozeß der Werkbleientsilberung durch Zink (s. 1850 P.) in den Hintergrund treten.

— August **von Kekulé** klärt bei weiterer Ausarbeitung seiner Hypothese (s. 1865 K.) die Konstitution der von Mitscherlich (s. 1834 M.) entdeckten Azoverbindungen, sowie die der von Grieß (s. 1857 G.) entdeckten Diazoverbindungen auf.

— Der Zivilingenieur C. **Kley** in Bonn konstruiert einen Ventilator, bei welchem die Einführung der Luft in die Saugkanäle durch einen spiralförmigen Einlaufsraum erfolgt.

— Nachdem schon Klencke (s. 1843 K.) und Villemin (s. 1867 V.) die Möglichkeit der Übertragung der Tuberkulose durch Überimpfung konstatiert und Cohnheim und Salomonsen (1877) die Wahrscheinlichkeit eines spezifischen Mikroorganismus bei Tuberkulose betont hatten, gelingt es Robert **Koch**, den Tuberkelbacillus zu entdecken und rein zu züchten. Er zieht aus seinen Untersuchungen den Schluß: „Wir können mit Fug und Recht sagen, daß die Tuberkelbacillen nicht bloß eine Ursache der Tuberkulose, sondern die einzige Ursache derselben sind, und daß es ohne Tuberkelbacillen keine Tuberkulose gibt."

— Robert **Koch** weist in skrofulösen Drüsen den Tuberkelbacillus nach, womit die Drüsenskrofulose endgültig in den Bereich der Tuberkulose eingereiht wird. (S. 1867 V.)

— Horace **Koechlin** verbessert die Bleicherei der Baumwollzeuge, indem er an Stelle des einfachen Auskochens der Baumwolle mit Natronlauge das Dämpfen der mit Natronlauge imprägnierten Gewebe einführt, wobei, um die Oxydation der Cellulose zu vermeiden, reduzierende Mittel und Arbeit in geschlossenem Kessel bei mäßigem Druck und steter Feuchthaltung der Ware benutzt werden. Die Apparate für diese Art der Bleicherei werden

51*

von Mather und Platt gebaut, wie z. B. der sogenannte Mather-Kier, in dem das Dämpfen der Ware erfolgt. Das von Thompson 1884 angegebene Bleichverfahren ist lediglich eine Modifikation obiger Methode.

1882 Wilhelm **Kress** empfiehlt an Stelle des Pilotballons (s. 1879 B.) den Drachenflieger und begründet seine Ansicht in Wort und Schrift, sowie auch praktisch durch den Bau kleiner freifliegender Modelle.

— Karl Johann August **Langenbuch** führt zuerst die Exstirpation der Gallenblase mit Erfolg durch. Bereits 1667 hatte Teckop in Leiden die Gallenblase bei einem Hunde exstirpiert.

— William Clement **Ley** beschäftigt sich mit Beobachtung der Wolken und vervollkommnet die Howard'sche Nomenklatur. (S. 1802 H.) Für die Zwecke des Fachmanns wird von den Meteorologen aller Länder eine Einteilung vereinbart, welche höchste Wolken, wozu Cirrus und Cirrostratus gehören, mittelhohe Wolken mit Cirrocumulus, Altocumulus und Altostratus, niedrige Wolken mit Stratocumulus und Nimbus, Wolken des aufsteigenden Luftstroms mit Cumulus und Cumulonimbus und endlich Stratus, d. i. Wolken horizontaler dünner Wolkenlage, unterscheidet.

— Oskar **Liebreich** entdeckt, daß reines Wollfett, welches er durch Zentrifugieren der Wollwaschwässer herstellt, durch Kneten mit Wasser andere physikalische Eigenschaften annimmt, die es zur Salbengrundlage geeignet machen, und führt ein solches Gemenge unter dem Namen „Lanolin" in die Therapie ein. Er überträgt sein Patent der Firma **Jaffé & Darmstaedter,** der es gelingt, das Lanolin auch als Basis für Parfümerien populär zu machen.

— Nachdem die Pariser Akademie bereits im Jahre 1773 beschlossen hatte, die ihr zugehenden angeblichen Lösungen des Problems der Quadratur des Zirkels nicht mehr zu prüfen, bringt der Mathematiker Ferdinand **Lindemann** in Freiburg, auf Untersuchungen von Hermite (s. 1863 H.) gestützt, den Nachweis der Transcendenz der Zahl π und damit den endgültigen Beweis, daß die Quadratur des Kreises mit alleiniger Anwendung von Zirkel und Lineal und mit einer endlichen Zahl von Prozessen unmöglich ist.

— David **Lindsay** macht auf Veranlassung von Sir Thomas Elder in den Jahren 1882—91 ausgedehnte Fahrten in Australien. Er erforscht 1882/83 Arnhemsland, 1886 den Mac Arthurfluß und 1891 in Gesellschaft von R. Browne Westaustralien.

— Friedrich August J. **Löffler** beschreibt den Bacillus des Schweinerotlaufs und den Erreger der deutschen Schweineseuche und erzielt deren Reinzüchtung.

— Friedrich August J. **Löffler** und W. **Schütz** entdecken den Rotzbacillus, züchten ihn außerhalb des Organismus, übertragen ihn von den künstlichen Kulturen aus mit Erfolg auf Tiere und erbringen so den Beweis für seine besondere Bedeutung.

— Victor **Meyer** erhält aus Aldehyden und Ketonen durch Hydroxylamin Isonitrosoverbindungen, die er als Oxime bezeichnet und mit Rücksicht auf ihre Herkunft in Aldoxime und Ketoxime unterscheidet. Die Gruppe der Oxime wird namentlich von Beckmann und von Victor Meyer selbst mit K. Auwers weiter ausgebaut. Mit Schwefelsäure und Salzsäure erleiden nach Beckmann die Oxime eine Umlagerung in Säureamide.

— Der bayrische Major Armand **Mieg** und der Chemiker Hugo **Bischoff** nehmen ein Patent auf die Herstellung von Wolframgeschossen, indem sie Wolframpulver in eine der äußeren Geschoßform entsprechende Metallhülse einpressen. Die Idee ist in Anbetracht des hohen spezifischen Gewichts des Wolframs (19,13 gegenüber Blei 11,35) möglicherweise berufen, einschneidende Umwälzungen auf dem Gebiete des Waffenwesens hervorzurufen. Zurzeit stehen der praktischen Verwertung noch die hohen Herstellungskosten entgegen.

1882 H. **Müller-Thurgau** beobachtet, daß die in den Chlorophyllkörnern der Blätter gebildete Stärke in Form von Zucker in die Pflanze einwandert, was von J. von Sachs bestätigt wird.

— Gustav **Neuber** entwickelt die aseptische Wundbehandlung und erbaut dafür 1885 in Kiel ein besonders eingerichtetes Hospital, in welchem vor allem die Erreichung vollständiger Keimfreiheit (Sterilität) aller Gegenstände, die mit der Wunde in Kontakt kommen, sowie auch die Keimfreiheit der Hand des Operateurs angestrebt werden. (S. a. 1847 S.)

— Georg Balthasar **von Neumayer,** der es sich zur Lebensaufgabe gemacht hat, die magnetische Erforschung der Erde zu vervollständigen, und dem es zu verdanken ist, daß auf allen Forschungsreisen der Erdmagnetismus einen wesentlichen Teil des Arbeitsplanes bildet, organisiert das erste internationale Polarjahr 1882/83 zur magnetischen Erforschung der Nordpolargegenden und späterhin das zweite Polarjahr 1902/03 zur Erforschung der Antarktis organisiert.

— Nachdem Drebbel (s. 1622 D.) das erste Unterwasserboot und Bushnell (s. 1776 B.), Fulton (s. 1801 F.) und Wilhelm Bauer (1851) ähnliche Boote gebaut hatten, die jedoch nur kurze Zeit unter Wasser bleiben konnten, gelingt es dem schwedischen Ingenieur Thorsten **Nordenfelt,** Unterseeboote in der Form von Fischtorpedos zu konstruieren, welche durch das wechselnde Spiel von Wasserballast gesenkt und gehoben werden können. (Vgl. auch 1882 C.) Neuerdings arbeiten an Lösung dieses Problems namentlich Goubet, Gustave Zédé, Romazotti (s. 1896 R.), Maugas, Bertin u. a (Vgl. auch 1906 G.)

— Joseph Franz Maria **Partsch** untersucht eine größere Anzahl von Bergen, die einst Gletscher trugen, um das Minimum und Maximum der Firngrenze zur Eiszeit zu finden, und bestimmt deren Höhe im mittleren Deutschland zwischen 1000 und 1200 m, d. i. rund 1000 m tiefer, als die Schneegrenze heute liegt.

— Paul **Pogge,** der sich im April von Wißmann (s. 1881 W.) getrennt hat, zieht nach dem Lualaba und von da nach Mukenge am Kassai, wo er eine wissenschaftliche Station errichtet. Von hier kehrt er nach Loanda zurück, um sich nach Europa einzuschiffen, stirbt aber dort kurz nach seiner Ankunft.

— **Prim** sucht die Herstellung von Salpetersäure aus dem Stickstoff der Luft technisch auszugestalten. Er verwendet als Elektrizitätsquelle einen Funkeninduktor und läßt Funkenentladungen und dunkle Entladungen gleichzeitig auf die Luft einwirken.

— Der Geograph Friedrich **Ratzel** begründet die Anthropogeographie, d. i. die Wissenschaft vom Einfluß des Wohnorts bez. Klimas auf die Entwicklung des Menschen.

— Anthony **Reckenzaun** konstruiert das erste erfolgreiche Akkumulatorenboot „Electricity", das bei Yarrow in Millwall gebaut und von der Electric Power Storage Company ausgerüstet wird und bei der Probefahrt am 28. September von Millwall nach London 14,4 km Schnelligkeit erreicht. (S. a. 1881 T.) Er macht auch die ersten Versuche, Straßenbahnwagen mit Akkumulatoren zu betreiben. (S. 1834 J.)

— Die **Reichseisenbahnen** in Elsaß-Lothringen machen die ersten Versuche mit der elektrischen Beleuchtung der Eisenbahnwagen. Die Dynamomaschine wird durch eine auf der Lokomotive bez. dem Tender untergebrachte schnelllaufende Brotherhood-Maschine angetrieben.

1882 Jacques L. **Reverdin** und A. **Reverdin** verfolgen die Symptome, die der Totalexstirpation der Schilddrüse folgen, und weisen auf deren Ähnlichkeit mit dem Myxoedem (s. 1878 O.) hin. Sie stellen im Verein mit M. Schiff auch die Bedeutung der Schilddrüse für die innere Sekretion fest.

— Bernhard **Riedel** gelingt als erstem die blutige Reposition des spontan luxierten Hüftgelenks und 1884 auch die des traumatisch luxierten Hüftgelenks.

— Alois **Riedler** baut das erste größere Bessemer-Gebläse mit gesteuerten Ventilen für das Stahlwerk Heft bei Hüttenberg in Kärnten.

— Henry Augustus **Rowland** stellt eine Teilmaschine her, die mit einer bisher unübertroffenen Genauigkeit arbeitet und einen englischen Zoll (26,1378 mm) in 43000 Teile teilt.

— Henry Augustus **Rowland** stellt Beugungsgitter auf zylindrischen, konkaven Flächen her, welche die Beugungsspektra ohne weiteres objektiv darstellen, so daß man sie auf einen Schirm werfen kann. Er bewirkt hierdurch einen wesentlichen Fortschritt in der Messung der unsichtbaren Wellen. Die Theorie dieser Konkavgitter gibt Mascart 1883.

— Leopold **Rügheimer** gelingt es, das Piperin aus seinen Spaltungsprodukten, dem Piperidin und der Piperinsäure, synthetisch zu erhalten. Die Piperinsäure wird 1894 von Ladenburg und Scholz durch Kondensation von Piperonal mit verdünnter Sodalösung und Erhitzen des entstandenen Piperonylacroleins mit Essigsäureanhydrid und Natriumacetat synthetisiert.

— Frédéric **van Rysselberghe** bekämpft die schädlichen Induktionen in Fernsprechlinien nicht in den Drähten, wo sie sich geltend machen, sondern in jenen Drähten, von denen sie ausgehen, und macht hierdurch die gleichzeitige (simultane) Benutzung langer Leitungen für Morsetelegraphie und Telephonie möglich.

— Carl **Scheibler** erfindet das Strontianmonosaccharatverfahren, das eine Zeitlang im Fabrikbetrieb besteht, dann aber wieder gänzlich aufgegeben wird.

— **Schlör** in Barth an der Ostsee erfindet eine Düngerstreumaschine, bei welcher über dem oben offenen und in Führungen vertikal verschiebbaren Düngerkasten sich eine schnell rotierende, mit radialen Zähnen besetzte Walze befindet, die den Dünger von der Oberfläche des Düngerkastens abstreicht und nach hinten auswirft. Die Ausstreumenge wird durch die Geschwindigkeit bestimmt, mit welcher der Kasten sich während der Fahrt nach aufwärts bewegt.

— Wilhelm **Schmidt** beschäftigt sich mit der Konstruktion von kleinen Dampfmaschinen bis herunter zu 1 PS und benutzt für dieselben das Verfahren der plötzlichen Dampfentwicklung.

— C. **Schraube** entdeckt im Laboratorium der Badischen Anilin- und Sodafabrik das Phenylrosindulin, das unter dem Namen Azocarmin G. große Bedeutung erlangt und den ersten Repräsentanten der später von O. Fischer und E. Hepp näher untersuchten und charakterisierten Farbstoffe der Rosinduline darstellt.

— Alois **Schuller** weist durch Versuche einwandfrei nach, daß das „gelbe Arsen" von Bettendorf (vgl. 1867 B.) reines, schwefelfreies Arsen ist und somit eine wohldefinierte dritte Modifikation des Arsens (vgl. 1867 H.) darstellt.

— H. **Schulz** berichtet über die therapeutischen Wirkungen der Kakodylsäure, die in neuerer Zeit insbesondere in Frankreich unter dem Namen Arsycodile vielfach als Ersatz der arsenigen Säure verwendet wird.

— Maximilian **Schumann** (s. 1866 S.) konstruiert die erste Panzerlafette (den sogenannten 1. Cummersdorfer Versuchsbau) und gibt damit einen wichtigen Anstoß zur Weiterentwicklung des Panzergeschützwesens.

1882 Friedrich **Siemens** verbindet sein Regenerativprinzip (s. 1856 S.) mit dem Reflektorprinzip (s. 1873 J.) und konstruiert daraufhin einen Reflektorofen, der das Vorbild für viele ähnliche Konstruktionen abgibt.

— Nachdem schon 1868 Tschernoff und kurz darauf Stubbs darauf hingewiesen hatte, daß geschmolzene Stahlmassen nicht gleichmäßig erstarren, weist George J. **Snelus** durch Versuche und Analysen nach, daß die Nebenbestandteile des Eisens sich mehr in der Mitte und am Kopfe der Stahlmassen als am Boden und am Rande finden. Diese Wahrnehmungen weisen erneut auf die Wichtigkeit einer raschen Abkühlung der Stahlgüsse hin.

— Walther **Spring** zeigt, daß sich schon durch bloßes Zusammenpressen gepulverter Metalle Legierungen erhalten lassen, eine Beobachtung, die für die Theorie der Legierungen von großer Wichtigkeit ist. So erhält er durch Zusammenpressen von Wismut, Cadmium und Zinn im Verhältnis der Wood'schen Legierung bei 7500 Atmosphären, Pulvern des Metallblocks durch Feilen und abermaliges Pressen die Wood'sche Legierung mit allen ihren Eigenschaften. In ähnlicher Weise stellt er auch Rose's Legierung dar.

— **Stanley** erfindet das Chronothermometer (thermometrische Uhr). Das Pendel dieses Apparates ist eine Art Luftthermometer und so eingerichtet, daß bei Ausdehnung oder Kontraktion der Luft Quecksilber aus einem niedrigen Gefäß in ein höheres gezwängt oder ihm der Zutritt aus dem höheren in das niedrigere gestattet wird. Dadurch wird der Massenmittelpunkt des Pendels entsprechend der Temperaturänderung verschoben, so daß das Pendel bei Zunahme der Temperatur schneller, bei Abnahme langsamer schwingt. Die Pendelschwingungen übertragen sich auf ein Zifferblatt.

— Isidore **Straus** fördert durch seine Arbeiten über die Entzündung, die Übertragung von Krankheiten von der Mutter auf den Foetus und über die bösartigen Geschwüre die pathologische Anatomie.

— Julius **Thomsen** veröffentlicht seine Messungen der Lösungs- und Bindungswärme chemischer Verbindungen.

— Sophus **Tromholt** stellt in den Jahren 1882—84 wertvolle Nordlichtforschungen an, zunächst in Koutokeino, demnächst in Russisch-Lappland, Schottland und England.

— Vincenz **Wartha** gibt eine titrimetrische Methode für die Bestimmung der Härte des Wassers, die 1902 von Pfeifer noch vervollkommnet wird und als Wartha-Pfeifer'sche Methode bekannt ist.

— George **Westinghouse** konstruiert seine mit Preßluft angetriebenen und elektrisch gesteuerten Weichen- und Signal-Stellwerke und Streckenblocksignale, welche zuerst auf der Pittsburg Railroad in Amerika eingeführt werden, 1901 aber auch den Weg nach England und Deutschland finden. (S. a. 1875 W.)

— O. **Wetter** in St. Gallen erfindet die Luftstickerei, die darauf beruht, daß nach Ausführung der Stickerei der Grundstoff auf chemischem Wege aufgelöst bez. zerstört wird, so daß die spitzenartige Stickerei zurückbleibt (Ätzspitzen.).

— Robert **Wiedersheim** fördert durch sein Lehrbuch über die Anatomie der Wirbeltiere die vergleichende Anatomie.

— C. **Wolf** in Zwickau konstruiert eine Sicherheitslampe zur Schlagwetteranzeige, die mit Benzin gespeist wird, und bei der die Flamme soweit verkleinert wird, daß nur ein kleines Küppchen übrig bleibt. Bei einem Gehalt von 1% Grubengas verlängert sich die Flamme und bildet eine sogenannten Aureole. 1884 bringt Wolf an der Lampe einen Magnetverschluß an, der ein Öffnen der Lampe in der Grube unmöglich macht.

1883 Edmund Douglas **Archibald** in London nimmt die Methode von Wilson (s. 1749 W.) wieder auf, um mit dem Drachen kleine Anemometer in Höhen von 300 bis 500 m zu heben. (S. a. 1882 K.)

— Adolf **von Baeyer** stellt die Konstitutionsformel des Indigblaus auf.

— Friedrich **Becke** bildet die sogenannte Ätzmethode, d. i. die Beobachtung der auf den Flächen von Krystallen unter der Einwirkung lösender oder zersetzender Agentien (Salzsäure, Flußsäure usw.) entstehenden regelmäßigen, meist mikroskopischen Vertiefungen, der sogenannten Ätzfiguren aus, die in Form und Lage der Symmetrie der Krystallflächen entsprechen.

— Nachdem mehrfach, zuerst 1878 von J. P. Rickman, versucht worden war, Ammoniak durch Behandlung glühender Kohle mit Wasserdampf zu erhalten, gelingt es **Beilby,** die Verkokung von Kohle in Wasserdampf auf den Oakbank-Works in großem Maßstabe erfolgreich durchzuführen.

— Edouard **van Beneden** fördert durch seine Arbeiten über das Wachstum der Eizelle und deren Befruchtung und Teilung wertvolle Tatsachen über die Entwicklung des mittleren Keimblattes in den einzelnen Klassen der Wirbeltiere zutage.

— Nachdem Maisonneuve zuerst den Vorschlag gemacht hatte, bei innerem Darmverschluß eine Anastomose herzustellen, und Hacken unter Adelmann's Leitung dies an Tieren ausprobiert hatte, gelingt es Theodor **Billroth** und gleichzeitig Nicolaus **Senn**, die erste Darmanastomose am Menschen zwischen Ileum und Colon ascendens herzustellen.

— **Blackman** konstruiert ein mit schaufelförmig gestalteten Flügeln versehenes, zur Klasse der Schraubengebläse gehöriges Gebläse, das zur Förderung großer Luftmengen bei geringer Spannungsänderung geeignet ist.

— Auf der **Brighton Railway** in England werden Versuche zur Beleuchtung der Eisenbahnzüge mit elektrischem Glühlicht vorgenommen. Die dazu verwendeten Dynamomaschinen werden von den Wagenachsen angetrieben. Eine ganz ähnliche Einrichtung wird im gleichen Jahre auf den zwischen Wien und Triest verkehrenden Zügen von De Calo getroffen. (S. a. 1882 R.)

— Die Brüder Léon, Quentin und Arthur **Brin** stellen synthetisch Ammoniak dar, indem sie feuchten Stickstoff über erhitztes Barytkohlegemisch leiten.

— Carl **Busley** veranlaßt durch sein Werk „Die Schiffsmaschinen" einen wesentlichen Fortschritt in der Einrichtung der Kessel- und Maschinenanlagen von Kriegs- und Handelsschiffen.

— **Calberla** in Hirschfeld benutzt zum Buttern zuerst die Zentrifugalkraft. Apparate zu gleichem Zweck werden unter der Bezeichnung Delaiteuse oder Butterschleuder von 1884 an vielfach gebaut. Wer die Butterknetbretter (Butterknettische) zuerst eingeführt hat, ist nicht festzustellen.

— Der englische Ingenieur George M. **Capell** in Pattenham nimmt ein Patent auf den nach ihm benannten Ventilator mit Doppelschaufelkränzen, welcher sowohl in England als auch in Deutschland zur Grubenbewetterung vielfach verwendet wird.

— Heinrich **Caro** erhält durch Erhitzen des aus Orthophenylendiamin entstehenden roten Oxydationsproduktes mit salzsaurem Orthophenylendiamin das Fluorindin, das von Witt gleichzeitig durch Erhitzen von Apophenin gewonnen und 1890 von O. Fischer und E. Hepp eingehend untersucht wird. Das Fluorindin zeichnet sich durch prachtvolle Fluorescenz aus.

— H. **Caro** und A. **Kern** erhalten durch Einwirkung von Ammoniak auf Tetramethyldiaminbenzophenon (s. 1876 M.) das Auramin, das zu den basischen gelben Farbstoffen gehört und sowohl in der Baumwollfärberei als im Zeugdruck viel gebraucht wird.

— H. **Caro** und A. **Kern** führen die Synthese der Triphenylmethanfarbstoffe mit Chlorkohlenoxyd in die Technik ein.

1883 Nachdem schon L. Playfair 1882 versucht hatte, entsprechend der Will-Varrentrapp'schen Methode (s. 1842 W.) die Ammoniakausbeute bei der Leuchtgasbereitung durch Zusatz von Natronkalk zur Steinkohle zu erhöhen, führt W. J. **Cooper** statt des Natronkalkes die Mischung mit Kalk ein. Sein Verfahren wird von den Tunbridge Wells Gaswerken angewendet und ergibt in der Tat 30% Mehrausbeute an Ammoniak. Mit dieser Mehrausbeute geht jedoch eine Verschlechterung des Gases Hand in Hand, welche die weitere Einführung verhindert.

— G. J. P. **Couffinhal** baut eine Steinkohlenbrikettpresse, die einen horizontal rotierenden Formtisch mit 12 Formen besitzt, von denen immer 3 gleichzeitig mit Masse gefüllt werden. Die Pressung geschieht von oben und unten mit einem Druck, der je nach dem Material bis 300 Atmosphären beträgt.

— Nachdem 1879 Wittig und Hees einen Benzinmotor konstruiert hatten (s. a. 1863 M.), dessen Flammenzündung jedoch häufigen Störungen ausgesetzt war, gelingt es Gottlieb **Daimler**, durch die von ihm erfundene selbsttätige Glührohrzündung einen großen Aufschwung im Benzin- und Gasmotorenbau und im Zusammenhang damit auch im Bau von schnelllaufenden Motorfahrzeugen (Automobilen) herbeizuführen. (S. a. 1880 S.)

— Heinrich **Debus** untersucht die Vorgänge bei der Explosion des Pulvers und erkennt, daß dieselben in einem Oxydationsprozeß, dem eigentlichen Explosionsvorgang, und einem Reduktionprozeß bestehen.

— Karl **Dietzsch** in Saarbrücken baut einen kontinuierlichen Schachtofen zum Brennen von Kalk und Zement, welcher als Etagenofen konstruiert ist und eine Dreiteilung (Vorwärmung — eigentlicher Brennraum — Abkühlungszone) zeigt. Der Ofen ist in der Ausnutzung des Brennmaterials fast unübertroffen.

— Der dänische Rittmeister **Döcker** stellt auf der Berliner Hygieneausstellung eine, später auch auf dem Antwerpener Wettbewerb als sehr zweckmäßig anerkannte transportable Krankenbaracke für Kriegszwecke aus. Sie ist zusammenlegbar und versendbar und ist für ähnliche Konstruktionen vorbildlich geworden.

— W. Friedrich **Dünkelberg** fördert die Landwirtschaft durch sein Werk „Encyclopaedie und Methodologie der Kulturtechnik".

— J. **Edmonson** von Halifax verbessert die Thomas'sche Rechenmaschine (s. 1818 T.) so, daß Fehler sofort durch Zurückdrehen der Kurbel korrigiert werden können. Andere Verbesserungen der Thomas'schen Maschine werden von Tate und von Grimme & Natalis (Modell Brunsviga) vorgenommen.

— Josef **von Ehrenwerth** schlägt im Anschluß an die von Faber du Faur (s. 1837 F.) angebahnte Verwendung der Gichtgase vor, die Hochofengichtgase durch glühende Kohlen zu leiten und alsdann zur Krafterzeugung zu verwenden. (S. a. 1887 L.)

— Wilhelm **Engelmann** stellt durch seine Untersuchungen an Vorticellen die Existenz von Tieren fest, welche mittels eines an ihr eigenes lebendiges Plasma gebundenen, von Chlorophyll nicht zu unterscheidenden Farbstoffes im Licht wie grüne Pflanzen Sauerstoff zu assimilieren vermögen. Wahrscheinlich gibt es außer den Vorticellen noch andere assimilierende Tiere.

— Emil **Erlenmeyer** und A. **Lipp** stellen durch Behandlung von Para-Aminophenylalanin mit salpetriger Säure das zuerst von Liebig (1846) erhaltene Tyrosin synthetisch her.

— Nachdem Karl Hueter als erster einen Spaltpilz als Ursache des Erysipels angesprochen hatte, und Orth, Billroth, Ehrlich u. a. sich in gleicher Richtung ausgesprochen hatten, glückt Friedrich **Fehleisen** der Nachweis, daß

Streptococcen die Erreger des Erysipels sind. Es gelingt ihm, bei der Impfung von Reinkulturen auf Tiere das typische Krankheitsbild des Erysipels wieder zu erzeugen.

1883 Emil **Fischer** entdeckt, daß die Kondensationsprodukte von Aldehyden, Ketonen und Ketoncarbonsäuren mit Hydrazinen sich in Indolderivate überführen lassen und erschließt damit das ungemein fruchtbare Gebiet der Indole. So wird beispielsweise aus Propionaldehydphenylhydrazon durch Schmelzen mit Chlorzink β-Methylindol (Skatol) gebildet.

— Otto **Fischer** stellt das Kairin (Oxychinolinmethylhydrür) dar, das erste künstliche Fiebermittel, welches jedoch nur einen vorübergehenden Erfolg hat.

— John **Fowler** erbaut mit Benjamin **Baker** die nach dem System der Auslegerbrücken konstruierte Forthbrücke über den Firth of Forth, deren zwei Hauptspannungen je 521,2 m Spannweite haben. (Vgl. auch 1866 Ge.)

— C. **Fruwirth** in Wien und später E. A. **Martel** in Paris entwickeln die Höhlenforschung unter dem Namen „Speläologie" zu einem selbständigen Zweige der wissenschaftlichen Erdkunde. Die Höhlenkunde war bis dahin lediglich eine beschreibende Wissenschaft, die als solche namentlich von Adolf Schmidl in den Jahren 1850—63 gefördert worden war.

— Der Zivilingenieur A. **Geisler** in Düsseldorf erhält ein Patent auf einen Ventilator mit schwach vorwärts gekrümmten, radial auslaufenden Schaufeln mit Einlaufkonus und erweitertem Diffusor, welcher in zahlreichen Ausführungen zur Grubenventilation benutzt wird.

— Karl **Goebel** fördert durch seine Beobachtungen die vergleichende Entwicklungsgeschichte der Pflanzenorgane.

— Camillo **Golgi** entdeckt die Darstellung der Ganglienzellen und ihrer Ausläufer im Zentralnervensystem durch Imprägnierung mit Chromsilber.

— Der Engländer **Griffin** erbaut die erste im Sechstakt arbeitende Gaskraftmaschine, welche in England längere Zeit hindurch gebraucht wird.

— Karl Wilhelm **von Gümbel** weist durch Behandlung der Steinkohle mit oxydierenden Substanzen und auf dem Wege der langsamen Einäscherung nicht nur unzweifelhafte Reste von Zellgewebe nach, sondern zeigt auch, daß Holzzellen (Parenchym) mit Blattzellen (Prosenchym) deutlich abwechseln und so das abwechselnde Vorkommen von Glanz- und Mattkohle bedingen.

— Julius **Hann** vertieft durch sein „Handbuch der Klimatologie" diese Wissenschaft und gibt in demselben das in den letzten Jahrzehnten sehr umfangreich gewordene wissenschaftliche Material in systematischer Verarbeitung wieder. Er teilt die Lehre vom Klima in einen allgemeinen und einen speziellen Teil, welch letzteren er Klimatographie nennt. Die Klimatographie gipfelt in der Beschreibung der Klimate einzelner Ländergebiete und deren Vergleichung untereinander.

— Emil Christian **Hansen** lehrt als Frucht seiner seit 1879 unternommenen Arbeiten (s. 1879 H.) die verschiedenen Hefearten, ihre Form, ihre Entwicklung und ihr Verhalten bei der Gärung kennen und führt die erste reingezüchtete Stellhefe in der Brauerei Alt-Karlsberg ein. Durch die Anwendung der Reinzuchthefe gelingt es nunmehr, der Gärung einen ganz bestimmten Verlauf zu erteilen und stets vollkommen gleichbleibende Gärungsprodukte zu erhalten. Auch für die Brennerei führt Hansen die Reinzuchthefe ein.

— Friedrich **von Hefner-Alteneck** konstruiert die nach ihm benannte Hefnerlampe (Amylacetatlampe), deren Lichtstrahlung auf Grund der Untersuchung der physikalischen Versuchsanstalt als „Hefnerkerze" in Deutschland als elektrische Lichteinheit angenommen wird.

— Der französische Techniker **Hermite** erfindet gleichzeitig mit Lidoff und

Tichomiroff die Herstellung von Bleichflüssigkeiten durch elektrolytische Zersetzung von Chloralkali- und Chlorcalciumlösungen und konstruiert für diese Zwecke den nach ihm benannten Elektrolyseur.

1883 Moritz **Honigmann** erfindet eine Lokomotive mit feuerlosem Natronkessel, die darauf beruht, daß Dampf, in konzentrierte Natronlauge eingeführt, sich zu Wasser kondensiert und mit dem Natron verbindet, und daß durch die bei beiden Prozessen freiwerdende Wärme eine den Siedepunkt des Wassers übersteigende Temperatur entsteht. Da die Lokomotive keine Feuerung enthält und weder Rauch abgibt noch Dampf ausstößt, wird sie zur Verwendung im Bergwerksbetrieb empfohlen.

— **Jacobson** und **Reimer** stellen durch Einwirkung von Benzotrichlorid auf ein Gemisch von Chinolin und Alpha-Methylchinolin bei Gegenwart von Chlorzink das Chinolinrot her, dessen Bildung von Hofmann 1887 aufgeklärt wird. Im gleichen Jahre erhalten sie durch Einwirkung von Phtalsäureanhydrid auf Chinaldin das Chinolingelb.

— Fleeming **Jenkin, Perry** und E. W. **Ayrton** erfinden die elektrische Telpherbahn (Telpherage), deren zum Transport von Lasten dienende Wagen nach Art der Seilbahn an Drahtseilen entlang laufen, wobei jedoch die Fortbewegung durch elektrische Kraft erfolgt.

— W. L. B. **Jenney** in Chicago entwirft ein Gebäude von 10 Geschossen, bei dem zuerst die eigentliche Eisengerippekonstruktion (Skeleton construction) angewendet wird (Beginn der Wolkenkratzer).

— Inokentij Iwanowitsch **Kanonnikoff** faßt auf Grund der Molekularrefraktion den Campher als ein bicyclisches System auf und fördert hierdurch die Chemie des Camphers, die insbesondere auch durch die auf Grund der Kanonnikoff'schen Arbeit aufgestellte Bredt'sche Formel (s. 1893 B.) weitergebracht wird.

— J. **Karlik** führt zur trockenen Separation der Braunkohlen den auf dem Prinzip der Handsiebbewegung beruhenden, rotierenden und nach dem Vorbilde der zur Steinkohlen-Aufbereitung dienenden Stoß- und Schüttelrätter konstruierten Pendelrätter ein, der zuerst auf dem Mayrauschacht bei Kladno aufgestellt wird. Im gleichen Jahr wird das Spiralsieb von Adolf Schmidt konstruiert und 1886 Klönne's Kreiselrätter in den Handel gebracht.

— Nachdem schon Celsus die günstige Heilwirkung der Seefahrten gerühmt hatte, tritt in der Neuzeit wieder Ernst Heinrich **Kisch** in seinem Werke „Grundriß der klinischen Balneotherapie einschließlich der Klimatotherapie" für die Seefahrten ein, weil sie anregen und den Stoffwechsel fördern.

— **Kjeldahl** erfindet eine neue Stickstoffbestimmungsmethode, die alle früheren Methoden verdrängt, und bei welcher der Stickstoff durch Erhitzen mit konzentrierter Schwefelsäure und Oxydation der entstandenen Lösung durch Kaliumpermanganat in Ammoniak übergeführt und als solches bestimmt wird.

— Robert **Koch** entdeckt den Erreger der asiatischen Cholera (Vibrio Cholerae asiaticae), der ein kurzes, plumpes Stäbchen mit deutlich abgestumpften Ecken darstellt und namentlich durch eine auffällige Biegung gekennzeichnet ist, wegen deren Koch ihm den Namen Kommabacillus beilegt.

— Robert **Koch** weist bei ägyptischer Ruhr an mikroskopischen Schnitten Amöben nach. **Kartulis** (1886) findet bei 500 Fällen dieser Erkrankung dieselben Parasiten in den Darmgeschwüren, sowie den sekundären Entzündungen (Leberabscessen) und spricht sie daher als die Erreger der tropischen „Amöbendysenterie" an. (Vgl. auch 1903 Sch.)

— Theodor **Kocher** behandelt die Basedow'sche Krankheit erfolgreich auf operativem Wege, indem er meist die partielle Excision und Ligatur der zuführenden Arterien kombiniert.

— Theodor **Kocher** faßt den ganzen Symptomkomplex, der sich bei Totalexstirpation der Schilddrüse zeigt (s. 1882 R.), unter den Namen „Cachexia strumipriva" zusammen. Es zeigt sich namentlich ein auffallendes Zurückbleiben des Längenwachstums der Knochen ähnlich wie beim Kretinismus und schließlich totale Verblödung. Die Folgen der Schilddrüsenexstirpation bei Tieren hatte Moritz Schiff schon 1859 beschrieben.

1883 Friedrich **Kohlrausch** benutzt das Bifilarmagnetometer, um mit demselben nicht nur die Änderung der Horizontalkomponente des Erdmagnetismus, sondern auch diese selbst zu bestimmen.

— Gerhard **Krüss** sucht durch genaue Messung der Absorptionsspektren einer ziemlich großen Anzahl zueinander in Beziehung stehender organischer Verbindungen dem Zusammenhang zwischen sichtbarem Spektrum und chemischer Zusammensetzung nachzugehen, und weist gewisse gesetzmäßige Änderungen bei Eintritt von CH_3, CH_3O, COOH, NO_2, NH_2, Br an Stelle von Wasserstoff nach. Ähnliche Beobachtungen werden von C. Liebermann und Kostanecki (1886), Bernthsen und Goske (1887) u. a. gemacht. Jene Beziehungen fallen zusammen mit der Beziehung zwischen Farbe und chemischer Zusammensetzung, da Farbe einer Substanz die Resultante des von der betreffenden Verbindung nicht absorbierten Lichts ist.

— W. **Kühne** und R. H. **Chittenden** stellen die wichtige Rolle des Trypsins bei der durch Pankreasferment (vgl. 1857 C.) bewirkten Verdauung der Eiweißstoffe, die dadurch in Peptone übergehen, fest. Sie untersuchen die Peptone und die Zwischenstufen zwischen dem Ursprungseiweiß und den Peptonen, denen sie den Namen Albumosen geben, und scheiden die letzteren in Proto- und Deuteroalbumosen (jetzt primäre und sekundäre Proteosen genannt).

— W. **Lahmeyer** baut die ersten Gleichstrommaschinen mit magnetischem Rückschluß.

— Samuel Pierpont **Langley** bestimmt mit dem Bolometer (s. 1881 L.) die Solarkonstante im Mittel zu etwa 3 Calorien, woraus sich die Temperatur der Sonne zu 6427° C. berechnet. (S. a. 1838 P.) Er findet, daß die Energie der Sonnenstrahlung ungleichmäßig über das Spektrum verteilt ist und im Gelbgrün ein Maximum aufweist.

— K. S. **Lemström**, der sich eingehend mit der Forschung über die Polarlichter befaßt, gelingt es, auf dem Berge Oratunturi durch eine sinnvolle Blitzableiterkomposition einen Lichtschimmer zu erzeugen, der ein, wenn auch schwaches künstliches Nordlicht darstellt und auch im Spektroskop die charakteristische Nordlichtlinie gibt. Der Versuch wird von S. Tromholt erfolgreich wiederholt und berechtigt zu der Ansicht, daß die auslösende Ursache der Polarlichter elektrische Ströme sind.

— Paul **Liechti** und Wilhelm **Suida** stellen umfassende Versuche über die Chemie der Beizen an. Durch Dissoziation der Tonerde-, Eisen- und Chromverbindungen bilden sich unter Mitwirkung der Faser stark basische Verbindungen, welche durch chemische und mechanische Vereinigung mit den Farbstoffen eine Färbung der Faser ermöglichen.

— Paul **Liechti** und Wilhelm **Suida** machen wichtige Versuche über Zusammensetzung und Wirkungsweise des Türkischrotöls.

— Josef **Liznar** gibt wertvolle Anleitungen zur Messung und Berechnung der magnetischen Deklination und zur Korrektur der infolge der Torsion der Aufhängungsfäden abgelesenen Mißweisung.

— Hendrik Antoon **Lorentz** in Leiden entwickelt seine Elektronentheorie, nach welcher submaterielle Teilchen Träger der elektrischen Ladungen sind. Die Bezeichnung „Elektronen" für elektrische Elementarquanta (elektrische Atome) rührt von Stoney (1881) her.

— Georg **Lunge** macht den Vorschlag, Schwefelsäuremonohydrat durch Ausfrieren aus möglichst hochgradiger Schwefelsäure zu gewinnen. Das Verfahren wird von J. Stroof in Griesheim einige Jahre durchgeführt, 1900 aber als unrentabel aufgegeben.

1883 E. **Marchese** und G. **Badia** geben die erste praktische elektrolytische Methode zur Gewinnung von Kupfer aus Kupfererzen an. Als lösliche Anoden dienen gegossene Kupfersteinplatten, als Elektrolyt wird eine mit Schwefelsäure angesäuerte Kupferlösung angewendet.

— Nach einer schon 1854 von Henry Bessemer angeregten Idee gelingt es dem amerikanischen Ingenieur Hiram Stevens **Maxim,** ein automatisches (Selbstlader-) Gewehr in kriegsbrauchbarer Gestalt herzustellen, indem er die in dem Rückstoß des Schusses enthaltene Arbeit zum selbsttätigen Wiederladen sowie zum selbsttätigen Wiederabfeuern ausnutzt. Zur Klasse der Maxim-Gewehre gehört das deutsche 8 mm-Maschinengewehr mit einer Feuergeschwindigkeit bis zu 500 Schuß in der Minute. Entsprechende Maschinenkanonen, welche — im Gegensatz zu den Schnellfeuerkanonen — nach Abgabe des ersten Schusses automatisch weiterfeuern, sind gleichfalls von Maxim sowie von Nordenfelt u. a. konstruiert worden.

— Elie **Metschnikoff** vertritt die Auffassung, daß sich die intracellulare Verdauung der einzelligen Organismen durch Heredität auch bei den amöboiden Zellen (Leukocyten oder weißen Blutkörperchen) der Vertebraten erhalten hat, die deswegen als Phagocyten (Freßzellen) bezeichnet werden dürfen. Seine Phagocytentheorie der Immunität besagt, daß die Krankheit erregenden Bacillen von den Phagocyten aufgefressen werden.

— Gaspard **Meyer** in Paris stellt ein aus Asbestfasern und Papiermasse bestehendes, mit Natronwasserglas geleimtes Asbestpapier von hoher Feuerbeständigkeit her, welches für feuerfeste Dokumente, Tapeten u. dgl. benutzt wird. Eine von ihm erfundene feuerfeste Schreibtinte besteht aus Ultramarin, Glycerin und Wasserglaslösung.

— Victor **Meyer** entdeckt das Thiophen als Gemengteil des aus Steinkohlenteer gewonnenen Benzols, in welchem es zu etwa 0,5 % enthalten ist. Das Thiophen wird als geschwefeltes Furfuran (s. 1870 L.) angesehen und erlangt durch seine zahlreichen Abkömmlinge große Wichtigkeit. Bemerkenswert ist die Ähnlichkeit, die es selbst und seine Abkömmlinge mit Benzol zeigen.

— John **Milne** teilt in seiner Schrift „Earthquakes“ die inneren Erdbewegungen in 4 Kategorien ein: Erdbeben (im engeren Sinne), Erdpulsationen (Nachwirkungen eigentlicher Beben), Erderzitterungen, mikroseismische Oszillationen des Bodens.

— **Möhlau** erhält durch Einwirkung von Nitrosodimethylanilin auf Dimethylanilin in salzsaurer Lösung das Rubifuscin, den ersten Repräsentanten der Klasse der Azomethine, die bis jetzt hervorragende Bedeutung noch nicht erlangt haben.

— Ludwig **Mond** gewinnt Bariumsuperoxyd, indem er aus kohlensaurem Barium mit Pech, Kohle und etwas Magnesia bei 1200° gewonnenen Ätzbaryt bei etwa 500° einem erwärmten Luftstrom aussetzt. Er benutzt das Bariumsuperoxyd zur Herstellung von Calciumsuperoxyd, welches den Chlorkalk in der Bleicherei ersetzen soll.

— J. **Neßler** und **Barth** geben ein Verfahren zur Bestimmung des Glycerins im Weine an. 50 ccm Wein werden mit Sand und gelöschtem Kalk erwärmt; nach dem Erkalten wird mit 100 ccm 96 % Alkohol versetzt, filtriert, das Filtrat zur zähen Flüssigkeit eingedampft, diese in 10 ccm Alkohol gelöst, mit 15 ccm Äther gefällt, die ätherische Lösung eingedampft und der Rückstand — das Glycerin — getrocknet. Große Quantitäten von Glycerin deuten auf künstlichen Zusatz von Glycerin, „Scheelisieren“, wie diese Art der Weinverbesserung nach Scheele, dem Entdecker des Glycerins, genannt wird.

1883 Die **Northern Pacific Railroad Co.** eröffnet ihren Betrieb. Die Bahn führt von Duluth am Obern See bis zum Columbiafluß bei Pasco, wo sie sich in zwei Stränge teilt, von denen der eine nach Portland, der andere nach Tacoma am Pugetsund führt. Das Bahnnetz hat eine Länge von 8700 km.

— Karl **Olszewski** und Zygmunt Florenty **von Wroblewski** machen Bestimmungen der kritischen Temperatur an einer Anzahl von verflüssigten Gasen, wie Sauerstoff, Stickstoff und Kohlenoxyd.

— Freemann **Payzant** in Locke Port schlägt zuerst zum Ausschmelzen des Fetts von Fischlebern die Trockenschmelze mit heißem Wasser vor, die 1891 von Pfützner in Leipzig in seinem Schmelzapparat vorzüglich ausgebildet wird. Auf dem gleichen Prinzip beruht auch der 1893 von O. Hentschel in Grimma konstruierte Schmelzapparat.

— William Matthew Flinders **Petrie** weist in seinem Werke „The pyramids and temples of Gizeh“ an der Hand von Pyramidenbausteinen, namentlich an den vorgefundenen Resten halbfertiger, in der Arbeit mißglückter Werkstücke nach, daß die Ägypter hartes Gestein, wie Diorit, Basalt und Granit, nicht nur mit Sägen zu bearbeiten verstanden, sondern auch mit hohlen Bohrern, deren Schneiden mit Edelsteinen (vielleicht Korund) besetzt waren.

— Wilhelm **Pfeffer** zeigt im Anschluß an die Versuche von Engelmann (s. 1881 E.), daß bei genügender Konzentration eine Repulsion niederer Pflanzen durch mancherlei Stoffe verursacht wird. Dabei stellt sich heraus, daß diese Repulsion entweder auf einer typischen, negativen Chemotaxis beruht oder schlechthin durch die Konzentration bewirkt ist.

— Nikolai Michailowitsch **von Przewalskij** zieht von Kiachta über Urga zum Kuku-Nor und durch das Quellgebiet des Huangho (vgl. auch 1879 P.) zu dem des Yangtsekiang und kehrt von da durch das Tarimbecken nach Karakol zurück.

— Alois **Riedler** erhält sein erstes Patent auf Gebläse und Pumpenventile mit gezwungener (gesteuerter) Schlußbewegung und selbsttätiger Eröffnung.

— **Sachsse** in Orzesche in Oberschlesien verdichtet die Steinkohle vor der Verkokung, indem er dieselbe in der Verkokungskammer einstampft und die Kohlensäule mit schweren Platten belegt. Namentlich bei schwer backenden Kohlen werden durch diese Methode gute Erfolge erzielt.

— **Saint-Cyr Radisson** führt Ölsäure durch Erhitzen mit einem Gemisch von Alkali- und Kalkhydrat in Palmitinsäure und Essigsäure über. Die Methode wird in Marseille fabrikmäßig durchgeführt.

— **Santel** verbessert die Quecksilberstrahlpumpe, indem er das seitliche Luftzuführungsrohr durch ein feines Löchlein im Steigrohr ersetzt. Diese Vereinfachung wird 1891 von G. W. A. Kahlbaum, nach dem die so konstruierte Pumpe gewöhnlich benannt wird, in die Technik eingeführt.

— Nachdem Wilhelmy 1863 zuerst einige Beziehungen zwischen den Capillaritätskonstanten angegeben hatte, gelingt es Hugo **Schiff**, aus seiner Untersuchung von weit über 100 Substanzen sehr interessante Beziehungen zwischen den Capillaritätskonstanten und der chemischen Zusammensetzung der Flüssigkeiten abzuleiten.

— Der Ingenieur C. C. **Schneider** erbaut die Niagara-Brücke als freischwebend vorgebaute Balkenbrücke (Cantileverbrücke. — Vgl. 1866 Ge. und 1883 F.). Die größte Spannweite der Brücke beträgt 144,77 m.

— Augustus **Schultz** verbessert die Chromgerbung (s. 1878 H.), bei welcher sich im wesentlichen dieselben Vorgänge abspielen wie beim Beizen der Wolle mit Chromsalzen, indem es sich hier wie dort um die Reduktion der von der tierischen Faser aufgenommenen Chromsalze handelt. Er führt die Gerbung in der Weise aus, daß zunächst die Häute und Felle mit Chromsäure oder chromsauren Salzen behandelt werden und dann in einem zweiten Bade die Reduktion mit Natriumthiosulfat erfolgt.

1883 Albert **Schultz-Lupitz** stellt fest, daß Kaliumsalze die Zuführung des Stickstoffs beim Anbau von Leguminosen, Lupinen und Hackfrüchten befördern.

— Maximilian **Schumann** und Hermann **Gruson** zu Magdeburg, welche sich zu gemeinschaftlichem Schaffen vereinigt haben, konstruieren ein Panzergeschütz unter dem Namen „Verbesserte Cummersdorfer Panzer-Lafette". (S. 1882 S.)

— Richard **Schwartzkopff** in Berlin erfindet den später noch verbesserten Universal-Kontroll- und Sicherheitsapparat für Dampfkessel, bei welchem durch Schmelzpfropfen und Schmelzringe aus einer leichtflüssigen Metalllegierung (vgl. 1862 B.), deren Abschmelzen ein elektrisches Signalwerk in Tätigkeit setzt, alle gefährlichen Vorgänge im Dampfkessel (zu großer Dampfdruck, zu niedriger Wasserstand, irrtümliches Anheizen bei völligem Wassermangel usw.) angezeigt werden.

— Felix **Semon** in London weist nach, daß das Myxoedem (s. 1878 O.) auf den Ausfall der Funktion der Schilddrüse zurückzuführen ist. (S. a. 1882 R.)

— **Seyrig** entwickelt den Gedanken, für Schiffsaufzüge den Schleusentrog auf Schwimmer zu setzen, die sich unter Wasser in versenkten Brunnenschächten bewegen, und deren Auftrieb gleich oder nahezu gleich dem Gesamtgewicht des gefüllten Schleusentroges ist.

— William **Siemens** und **Hutington** wenden zuerst einen elektrischen Ofen für technische Zwecke an. Der Schmelztiegel (Kohlentiegel) bildet eine der Elektroden, und der Strom geht durch die schmelzende Masse hindurch. Es läßt sich hierbei leicht feststellen, welchen Anteil an der Reaktion die Wirkung des Stromes und welchen die durch den Bogen erzeugte Wärme hatte.

— **Singleton** verbessert die Schermaschine, die seinem Patente gemäß von Howard und Bullough in Accrington gebaut wird.

— Zdenko Hanns **Skraup** untersucht die Körper der Pyridinreihe und macht Ortsbestimmungen für zahlreiche Glieder dieser Reihe.

— Julius Heinrich **Sommerbrodt** weist zuerst auf die günstigen Wirkungen des Buchenholzteerkreosots bei der Behandlung der Lungentuberkulose hin. Später tritt an Stelle des Kreosots das Guajacol, dem neben seinen antituberkulösen auch erhebliche antiseptische Wirkungen zukommen. Diese Wirkungen führen auch zur Anwendung des Guajacols bei Typhus.

— Nach vielen vergeblichen Versuchen, Falzziegeln auf Strangpressen herzustellen, gelingt dem Fabrikanten **Stadler** die Fabrikation von Strangfalzziegeln, die, weil das Patent auf den Namen Schmidt-Kerez genommen ist, vielfach mit diesem Namen bezeichnet werden.

— Ernst **Stahl** untersucht die Schutzvorrichtungen der Pflanzen gegen klimatische Einflüsse. Derartige Schutzvorrichtungen sind bei den Wüsten- und Seestrandpflanzen die gegen Austrocknung schützenden Organe, bei den Pflanzen der Regenzonen die Träufelspitzen der Blätter, die den Regen schnell herabführen, bei den Alpenpflanzen die tiefgehenden Wurzeln und dichten Blattpolster, die gegen starken Temperaturwechsel schützen, bei den Kompaßpflanzen die Eigentümlichkeit, ihre Blätter zum Schutz gegen die Mittagsonne senkrecht in die Meridianebene zu stellen.

— Eduard **Suess** gibt durch sein Buch „Das Antlitz der Erde" und seine

Abhandlung „Über unterbrochene Gebirgsfaltung“ der Kontraktionshypothese ihre vollständige Abrundung.

1883 Gaston **Tissandier** in Paris benutzt zuerst die Elektrizität zum Antriebe eines Luftballons. Der Ballon wird durch einen von Chromsäure-Batterien getriebenen Motor bewegt.

— August **Toepler** bringt durch die Verwendung der Wage zur Bestimmung der magnetischen Horizontal-Intensität ein völlig neues Prinzip in die Methoden zur Bestimmung der Konstanten des Erdmagnetismus.

— Paul G. **Unna** führt die Sulfosäure, die durch Einwirkung konzentrierter Schwefelsäure auf das durch trockene Destillation der bituminösen Schiefer von Seefeld in Tirol gewonnene Öl entsteht, unter dem Namen „Ichthyol“ in den Arzneischatz ein. (Vgl. a. 1880 S.)

— Die **Vapor Fuel Company** zu Washington führt einen „Thermogen“ genannten Apparat zur Verfeuerung von Petroleum auf den Norway Iron Works ein. Der Apparat findet Verwendung zur Kesselheizung, zum Puddeln, sowie für Stahl- und Schweißöfen. In Schmelzöfen werden flüssige Brennstoffe zuerst 1885 von C. G. Wittenström benutzt. Der sogenannte Schalenbrenner für derartige Öfen ist von Ludwig Nobel konstruiert.

— Wilhelm **Waldeyer** bearbeitet die mikroskopische Anatomie der Nervenfasern, des Gehörorgans, der Augenbindehaut und Hornhaut, der Eierstöcke, über welche er bereits 1870 eine größere Abhandlung publiziert hat, sowie die Entwicklungsgeschichte der Geschlechtsorgane und der Zähne.

1884 Das von dem Chef-Ingenieur **Adams** der London and South Western Railway erfundene, „Vortex blast pipe“ genannte Lokomotivblasrohr mit Ringdüse und doppelter Dampfansaugung wird zuerst in England angewendet.

— Svante **Arrhenius** findet den Parallelismus zwischen elektrischer Leitfähigkeit und chemisch-katalytischer Wirkung sowie Stärke der Säuren und Basen. Auch Wilhelm Ostwald beschäftigt sich mit ähnlichen Untersuchungen.

— Carl **Auer von Welsbach** gibt eine für die Technik noch heute maßgebende Methode zur Gewinnung reiner Cerpräparate an und benutzt dazu das Ceriammoniumnitrat.

— Karl **von Bach** stellt experimentell die Größen fest, welche auf die Bewegungsverhältnisse der einsitzigen Hubventile entscheidenden Einfluß haben, wie insbesondere die Ventilbelastung und den Ventilwiderstand.

— Die **Barrow-Schiffbaugesellschaft** in Barrow-in-Furness baut eine Vierfach-Expansionsmaschine, die auf dem Dampfer „County of York“ aufgestellt wird. Die Maschine arbeitet unvorteilhaft, da der Kesseldruck zu niedrig ist.

— Anton **de Bary** sucht die Fruchtbildung als Grundlage für ein naturwissenschaftlich aufgebautes System der Bakterien zu benutzen und teilt sie nach der Ausbildung der Sporen innerhalb des Zellleibes oder aus ganzen Zellen in Endospore und Arthrospore ein.

— **Basse** und **Selve** in Altena konstruieren einen Metall-Tiegelschmelzofen, bei welchem der Tiegel mit seinem oberen Rande aus dem Mauerwerk des Ofens herausragt, wodurch man Füllung und Nachfüllung jederzeit vornehmen kann, ohne den Tiegel aus dem Ofen zu nehmen.

— Eugen **Baumann** entdeckt das Sulfonal (Diäthylsulfondimethylamin), welches 1888 von Alfred **Kast** physiologisch geprüft und als Schlafmittel empfohlen wird.

— Johann **Bauschinger** regt die Einführung eines einheitlichen internationalen Prüfungsverfahrens für die wichtigeren in der Bau- und Maschinentechnik verwendeten Baustoffe an, und veranlaßt dadurch das Zusammentreten der ersten „Konferenz für die Feststellung einheitlicher Prüfungsmethoden" in München.

1884 Hippolyte **Bernheim** begründet durch sein Buch „De la suggestion et ses applications à la thérapeutique" gleichzeitig mit Beaunis und Liégois die Suggestionstherapie, deren Grundzüge für die suggestive Behandlung oder Psychotherapie bei nervösen Erkrankungen maßgebend sind.

— Magnus **Blix** in Schweden und Alfred **Goldscheider** in Berlin finden unabhängig voneinander, daß die Fähigkeit, Temperaturreize zu empfinden, nicht der Haut überhaupt zukommt, sondern auf bestimmte Stellen beschränkt ist, und zwar so, daß die einen Stellen nur der Kälteempfindung, die anderen nur der Wärmeempfindung dienen (Kälte- und Wärmepunkte). Außerdem finden sie Stellen besonderer Druckempfindlichkeit, „Druckpunkte" in der Haut. Die Tatsache, daß die Kälte- und Wärmeempfindung auf verschiedene Nervenleitungen verteilt ist, bildet eine mächtige Stütze für die von Johannes Müller zuerst ausgesprochene Lehre von den spezifischen Energien der Sinnesorgane. (S. 1826 M.)

— Georg Heinrich **von Boguslawski** unterscheidet fünf Hauptabteilungen der Tiefseeablagerungen (Sedimente), nämlich die Küstenablagerungen, den Globigerinenschlamm, der in Tiefen zwischen 450 und 3500 m vorkommt und aus den Schalen kleiner zu den Protisten gehörigen Tiere besteht, den Radiolarienschlamm, den Diatomeenschlamm und den Tiefenton. Eine feste untere Grenze des organischen Lebens scheint nicht zu existieren; selbst aus Tiefen von 2400 m sind noch Lebewesen heraufgeholt worden.

— Ludwig **Boltzmann** gelangt auf theoretischem Wege zu dem von Stefan (s. 1879 S.) experimentell gefundenen Gesetze, daß die von einem Körper bei verschiedenen Temperaturen ausgestrahlten Energiemengen sich verhalten wie die vierten Potenzen dieser Temperaturen vom absoluten Nullpunkt gerechnet, mit der Einschränkung, daß dieser Satz nur für den absolut schwarzen Körper gilt (Stefan-Boltzmann'sches Gesetz).

— Wilhelm **Borchers** zeigt, daß alle Metalloxyde durch elektrisch erhitzten Kohlenstoff reduzierbar sind, und gelangt bei seinen Versuchen zu zahlreichen Metallcarbiden.

— Paul **Böttiger** entdeckt das Kongorot, den ersten Repräsentanten einer Reihe von Farbstoffen, welche die praktisch wichtige Eigenschaft haben, Baumwolle ohne Fixationsmittel intensiv zu färben (Benzidinfarbstoffe, Salzfarben). Die Darstellung erfolgt aus Tetrazodiphenyl und Naphtionsäure.

— Edmond **Bouty** stellt fest, daß, wenn gleiche Gewichtsmengen ähnlicher Salze, wie Kalium- und Rubidiumsulfat, Chlorkalium und Bromkalium usw. in gleichen Wassermengen gelöst werden, die Leitungswiderstände dieser Lösungen proportional den Molekulargewichten der gelösten Salze sind. Er gründet 1887 hierauf eine sehr bequeme Methode zur schnellen Gehaltsbestimmung von Gemischen, welche ausschließlich aus zwei solchen analytisch schwer zu scheidenden Salzen bestehen. Da bei der Bestimmung der Leitfähigkeit das Telephon als Indikator dient, hat die Methode den Namen „Telephonanalyse" erhalten.

— Der portugiesische Reisende Hermenegildo Augusto **de Brito Capello** macht mit dem Leutnant **Ivens** eine Durchquerung Südafrikas von Mossamedes bis Mozambique. Die Forscher durchziehen hierbei die größtenteils noch unbekannten Quellgebiete des Kongo, Sambesi, Lualaba und Luapula.

— J. **Brooks-Young** in Montreal (Kanada) stellt zuerst eine auch zum Bedrucken der Freimarken mit dem Aufgabestempel geeignete Briefstempelmaschine her. (Vgl. 1826 W. und 1881 H.) Die Stempelung besteht bei dieser Maschine (Bickerdike genannt) aus dem runden Tagesstempel und dem fahnenartig gestreiften Entwertungsstempel.

1884 Andrew Betts **Brown** in London konstruiert an Stelle der bis dahin meist gebräuchlichen Armstrong'schen Druckwasserakkumulatoren Dampfdruckakkumulatoren, die ihres geringeren Gewichtes und Raumbedarfes halber sowohl für Hebewerke als auch zum Betrieb von hydraulischen Kranen und von Aufzügen verwendet werden.

— Der Zoolog **Caldwell** macht die Entdeckung, daß das Schnabeltier (Ornithorhynchus paradoxus) Eier legt, obwohl es ein Säugetier ist. (S. a. 1884 H.)

— H. **Caro** und A. **Kern** erhalten durch Einwirkung von Phenyl-α-Naphtylamin auf Tetramethyldiaminobenzophenon (s. 1876 M.) unter dem Einfluß wasserentziehender Mittel das Viktoriablau, das in großem Maßstabe zur Färbung tannierter Baumwolle verwendet wird. Ähnliche Konstitution wie das Viktoriablau haben das Nachtblau und das Naphtalingrün der Höchster Farbwerke.

— Charles **Chamberland** konstruiert in Anlehnung an einen Vorschlag von Tiegel ein Bakterienfilter, dessen wirksamer Bestandteil ein kerzenförmiger, hohler und an einem Ende mit einer Abflußöffnung versehener Zylinder aus Porzellanbiskuit ist, der vor der Benutzung sterilisiert wird. Die Kerze ist in einen etwas weiteren Metallzylinder eingeschlossen. In den Zwischenraum füllt man die zu entkeimende Flüssigkeit und treibt sie durch die Poren der Kerze hindurch. H. Nordtmeyer (s. 1891 N.) verwendet zur Bereitung der Kerze Kieselgur, Berkefeld desgleichen, G. Garros (1892) feinfaserigen Asbest.

— Die **Chemische Fabrik auf Aktien vorm. E. Schering** nimmt ein Patent auf Darstellung von Chloroform durch Elektrolyse. In einer wässerigen Lösung von Chlorkalium, welcher Alkohol zugefügt wird, befinden sich die Elektroden. Bei Schließung des Stromes wird das Chlorkalium zersetzt, wobei das freiwerdende Chlor auf den Alkohol wirkt und ihn in Chloroform verwandelt.

— Die Waffenfabrik **Colts Armory** verbessert die Gallydruckpresse (s. 1878 G.) derart, daß sie sich für die feinsten Bilderdrucke und den Druck großer Tonflächen eignet. In Deutschland wird diese Presse von Rockstroh und Schneider unter dem Namen „Viktoriapresse“ gebaut.

— André **Coze** in Reims erbaut für die Leuchtgasfabrikation einen Ofen mit schrägliegenden Retorten, dessen Ergebnisse so gut sind, daß der Ofen fortan vielfache Verwendung findet.

— Karl Sigmund Franz **Credé** führt die prophylaktische Behandlung der Ophthalmoblennorrhoea neonatorum (der Augenkrankheit der Neugeborenen) mit Höllensteinlösung ein.

— **De la Croix** in Antwerpen führt zur Fettgewinnung aus Kadavern den sogenannten Kafill-Desinfektor ein, der von R. Henneberg verbessert wird. Auch Venuleth und Ellenberger, Podewils, Wheelwright, Fiske jr. u. a. konstruieren Apparate für diesen Zweck.

— William **Denny** erkennt die Wichtigkeit der von Froude (s. 1872 F.), Tidemann (s. 1876 T.), Risbec (s. 1879 R.) u. a. angestellten Experimente für die Formgebung der Handelsschiffe und errichtet in Dumbarton eine große Schleppstation, die durch Versuche mit Modellschiffen und durch Progressivfahrten mit den fertiggestellten Fahrzeugen große Erfolge auf dem Gebiete des Schiffbaus erzielt.

— **Depêret** und **Boinet** gelingt es, die Aleppobeule (s. 1750 R.) auf Gesunde zu übertragen und damit ihren kontagiösen Charakter zu erweisen. 1903 gelingt es Wright, in Zellbestandteilen der Beulen parasitäre Gebilde aufzufinden, die den von Leishman und Donovan bei Kala-azar (s. 1904 L.) gefundenen Körperchen gleichen.

1884 P. und Ch. **Depoully** in Lyon erzeugen unter Benutzung des von Mercer (s. 1844 M.) erfundenen Verfahrens gekräuselte Stoffe (Tissus bosselés), indem sie Seidengewebe in bestimmten Abständen mit Baumwollfäden untermischen und mit kalter Natronlauge behandeln, wobei die Baumwollfäden einlaufen und der Seidenstoff, der seine Länge beibehält, sich in Falten legt (sich kräuselt).

— Oskar **Drude** macht den Versuch, den sich immer mehrenden Stoff der Pflanzengeographie nach systematischen Gesichtspunkten durchzuarbeiten und in kartographischer Form niederzulegen. Den zwei Karten, die er seinen „Florenreichen" beigibt, reiht er 1887 den in acht Karten erscheinenden „Atlas der Pflanzengeographie" an.

— Wilhelm **Ebstein** entdeckt, daß die Harnsteine stets eine organische, eiweißartige Substanz als Stützgerüst für die krystallinischen Elemente enthalten. Es gelingt ihm und Nicolaier, durch Verfütterung von Oxamid bei mehreren Tierarten experimentell Harnsteine zur Ausbildung zu bringen.

— Alexander John **Ellis** ermittelt zuerst die Tonsysteme durch Tonmessungen an Instrumenten mit fester Abstimmung. Seine Methode wird von Land, Stumpf u. a. ausgebaut und später (vgl. 1901 S.) durch die Messung von Phonographentönen ergänzt.

— **Eser** unterzieht den Einfluß der Lage des Ackerbodens zur Himmelsrichtung (Exposition) und den Einfluß der Neigung des Bodens gegen die Erdoberfläche (Inklination) einer eingehenden Untersuchung. Ähnliche Forschungen werden 1887 von Wollny, 1895 von Bühler und später von Ramann gemacht.

— Der Schwede **Fahnehjelm** erfindet das Magnesiakammlicht. Bei dieser Beleuchtungsart sind aus gebrannter Magnesia mit Gummizusatz hergestellte Stäbchen in einem Metallrahmen montiert und so befestigt, daß sie sich in der heißesten Zone einer durch Aufsatz verbreiterten Bunsenflamme befinden.

— S. Z. **de Ferranti** erfindet die Doppelleitungskabel, bei denen die eine Leitung den zentralen Kern des Kabels bildet, während die zweite um die isolierte erste Leitung gesponnen ist, mit ihr also konzentrisch liegt (konzentrische Kabel). Um die gleiche Zeit ungefähr werden solche Kabel auch von **Siemens & Halske** hergestellt.

— Rogers **Field** erfindet einen selbsttätigen Spülapparat zur Reinhaltung der Straßenkanäle, der von Böcking & Co. noch verbessert wird. Andere selbsttätige Spülvorrichtungen werden von Kuntz, Frühling u. a. konstruiert. Sie beruhen im wesentlichen wie der Field'sche Apparat auf Ansammlung des Spülwassers in einem Behälter, der, sobald der Wasserstand eine bestimmte Höhe erreicht hat, sich durch einen Heber entleert.

— Otto **Finsch** erforscht im Auftrage der Neu-Guinea-Compagnie die Nordostküste von Neu-Guinea, was zur Erwerbung derselben als deutsches Schutzland (Kaiser-Wilhelms-Land) führt.

— O. **Fischer** und G. **Körner** klären die Konstitution des Chrysanilins (Phosphins) dahin auf, daß dasselbe als Diamidophenylacridin zu betrachten ist, und geben durch diese Untersuchung Anlaß zur Synthese von Acridinfarbstoffen, die namentlich von den Höchster Farbwerken, von Terrisse und Darier, F. Ullmann u. a. bearbeitet werden.

— Nachdem man 1821 in Fredonia im Staate New York zuerst Erdgas für die Stadtbeleuchtung benutzt hatte, errichten die **Fuel Gas Co.** und die **Pennsylvania Fuel Company** eine große Anlage für Beleuchtungs- und Industriezwecke in Pittsburg. Bemerkenswert ist daselbst die von Geo Westinghouse

52*

eingerichtete Regulierung, die nicht allein den Gasdruck in den Privatleitungen bis zu einer bestimmten, ökonomischen Grenze herabsetzt, sondern auch im Fall einer Störung in der Hauptleitung die Verbindung zwischen Hauptleitung und Privatleitung automatisch aufhebt.

1884 Georg Theodor August **Gaffky** isoliert die von Eberth (s. 1880 E.) und nach diesem von Koch (1880) und Klebs (1881) bei Typhuskranken aufgefundenen Bacillen, züchtet sie in Reinkultur und weist so mit Sicherheit nach, daß sie die wirklichen Erreger des Unterleibstyphus sind.

— David **Gill** und W. L. **Elkin** führen am Kap der Guten Hoffnung und in Newhaven eine größere Anzahl von Fixsternparallaxenbestimmungen aus, wobei sie sich zur Messung von Positionswinkel und Distanz eines Heliometers bedienen.

— Nachdem bisher der Mais zur Verwendung in der Spiritusbrennerei nur gemahlen und ohne Anwendung von Hochdruck verwendet wurde, führen **Gontard, Delbrück** und **d'Heureuse** auch dafür das Hochdruckverfahren (s. 1873 H.) ein, das quantitativ wesentlich bessere Resultate liefert.

— Der Zoolog Wilhelm **Haacke,** Direktor des Museums in Adelaide, stellt die bis dahin unbekannte bez. bestrittene Tatsache fest, daß der Ameisenigel (Echidna hystrix), obwohl ein Säugetier, dennoch Eier legt. Es gelingt ihm, dies an einem Ei nachzuweisen, das er dem Brustbeutel eines Ameisenigelweibchens entnommen hatte. (S. 1884 C.)

— **Haase** erfindet ein Verfahren zur Verspundung von Schächten in schwimmendem Gebirge, welches darin besteht, daß zunächst ein Getriebe von 107 mm weiten, unter sich verbundenen Röhren mittels Wasserspülung niedergebracht wird. Demnächst wird der Inhalt der auf diese Weise geschaffenen Spundwand ausgefördert und gleichzeitig der Schachtbau eingebracht. Die erste Abteufung eines Schachtes nach diesem Verfahren mit 88 Röhren geschieht in dem Grubenfeld Soeßen bei Weißenfels.

— Nachdem die flüssige schweflige Säure schon seit längerer Zeit in geringeren Mengen in den Handel gebracht worden war, machen **Hänisch** und **Schröder** dieselbe für die Großindustrie nutzbar und bringen sie zumeist in eisernen Flaschen von 50—100 kg Inhalt in den Handel.

— Hermann **Hellriegel** und H. **Wilfarth** gelangen bei Untersuchung der Leguminosen Knöllchen (s. 1853 T.) zu dem unanfechtbaren Schlusse, daß die Aufnahme atmosphärischen Stickstoffs durch die Papilionaceen an die Anwesenheit und Tätigkeit dieser Knöllchen ursächlich geknüpft ist, die ihrerseits nur durch die Einwirkung gewisser Bakterien auf die Wurzeln entstehen.

— Hermann **von Helmholtz** versucht in seinen „Studien zur Statik monocyclischer Systeme“ und in seiner Abhandlung „Über die physikalische Bedeutung des Prinzips der kleinsten Wirkung“ zu zeigen, daß sehr mannigfache Arten innerer Bewegung dem Gesetz der kleinsten Wirkung folgen müssen.

— Otto **Hinsberg** stellt aus Orthophenylendiamin und Glyoxal das Chinoxalin dar, das der einfachste Repräsentant der Chinoxalinfarbstoffe ist, zu denen auch das technisch öfters verwendete Flavindulin gehört.

— R. **Hoe** erhöht die Leistungsfähigkeit der Schnellpresse durch die Erfindung des Falztrichters, der zur Erzeugung des Falzes dient und so schnell arbeitet, daß die Grenze der Leistungsfähigkeit nur durch das Papier selbst und durch die Bänder gegeben ist, mit deren Hilfe das Papier über eine stählerne Unterlage gleitet.

— J. H. **van't Hoff** verwertet die kinetische Auffassung der Flüssigkeiten (s. 1873 W.) für die Theorie der Lösungen und publiziert seine Untersuchungen über die Analogie der Materie in gasförmigem und aufgelöstem

Zustande. Durch diese Arbeiten wird die neuere Entwicklung der physikalischen Chemie bedingt und das bis dahin dunkle Gebiet der Lösungen, auf welches nun die Gasgesetze und das Avogadro'sche Gesetz angewendet werden können, mit einem Schlage der Forschung zugänglich. Auch die von Raoult (s. 1884 R.) festgestellten Beziehungen zwischen Schmelzpunktserniedrigung und Molekulargewicht der gelösten Substanz finden dadurch ihre theoretische Deutung (Theorie des osmotischen Drucks).

1884 C. **Hoepfner** gibt durch sein Patent auf „Neuerungen in der Elektrolyse von Halogensalzen der Leicht- und Schwermetalle" den Anstoß zur fabrikmäßigen elektrolytischen Herstellung von Ätzalkali und Chlor aus Alkalichloriden.

— John **Hopkinson** macht seine klassischen Versuche mit Parallelschaltungen an Wechselstrommaschinen des Leuchtturms South-Foreland und bespricht ausführlich die Bedingungen, die es ermöglichen, zwei Alternatoren in Synchronismus zu bringen.

— Der Physiolog Victor **Horsley** in London fördert die Lehre von der Gehirnlokalisation.

— Victor **Horsley** stellt durch Tierversuche und klinische Beobachtungen fest, daß die Schilddrüse schädliche Substanzen, die im Blut zirkulieren, zerstört und Substanzen secerniert, die zum Stoffwechsel nötig sind, daß dieselbe somit eine Drüse mit einer spezifisch inneren Sekretion ist.

— **Howard** und **Bullough** verbessern die Zylinderschlichtmaschine und bringen Kombinationen dieser Maschine mit der von Singleton konstruierten Schermaschine (vgl. 1883 S.) in den Handel.

— A. **von Hübl** empfiehlt eine allgemein anwendbare Methode zur Untersuchung der Fette durch Addition von Jod an die in ihnen enthaltenen ungesättigten Säuren. In Prozenten des Fettes ausgedrückt (Jodzahl) lassen sich in Verbindung mit Schmelz- und Erstarrungspunkt und Verseifungszahl die verschiedenen Fette genau charakterisieren. Das Fett wird in Chloroform gelöst, mit Jodquecksilberchloridlösung bis zur bleibenden Braunfärbung versetzt und das überschüssige Jod zurücktitriert.

— Ferdinand **Hueppe** bestätigt das Vorkommen des Bacterium lactis in saurer Milch. (S. 1877 L.) Er weist zuerst nach, daß es verschiedene Milchsäurebakterien gibt und stellt deren fünf dar. Von Maddox werden (1885) noch mehrere Milchsäurebakterien entdeckt.

— **Immendorf** gelingt es, Campher mit Natrium und Alkohol zu Borneol zu reduzieren. Diese Reaktion wird für die ganze Terpenchemie von einschneidender Wichtigkeit. Die Oxydation von Borneol zu Campher war bereits 1842 von Pelouze ausgeführt worden.

— Otto **Intze** konstruiert zweckmäßige Gasometer (Gasbehälter) aus Eisenblech mit ringförmiger Unterstützung und freistehendem zugänglichem Boden, der bei kleineren Gasometern halbkugelförmig gestaltet ist, bei größeren dagegen durch Säulen unterstützte Kegel- und Kugelflächen hat. Größere Behälter stellt er als Teleskopbehälter her, um bei gleicher Grundfläche ein größeres Volum Gas aufnehmen zu können und an Bassintiefe zu sparen.

— **Jull** konstruiert die erste brauchbare Schneeschleuder (Schneeräumungsmaschine), die auch dann zu benutzen ist, wenn die Verwehungen der Eisenbahnstrecke aus schwerem Schnee mit Eis bestehen und so stark sind, daß die Schneepflüge (s. 1876 T.) nicht mehr ausreichen. Diese Schneeschleuder wirkt durch Abschneiden und Fortschleudern des Schnees.

— Der Physiker Heinrich **Kayser** nimmt Photographien von Blitzen auf und stellt fest, daß der Verlauf der Blitze gewöhnlich ein stark verästelter, krummliniger, mit einem Baum oder einem Strom vergleichbarer ist. Mehrfache Blitze zeigen gewöhnlich parallele Bahnen der Funken.

1884 Der französische Chemiker L. **Keßler** erfindet das Härten der Bausteine (Sandstein, Zementstein usw.), indem er die Steinmasse mit Kieselfluormetallsalzlösungen („Keßler'sches Fluat") in festen Flußspat umsetzt, wobei gleichzeitig in den Steinporen unlösliche Kieselsäure (Quarz) zurückbleibt.

— Dem Prager Techniker Friedrich **Kick** gelingt es, Gesteine unter hermetischem Verschluß und starkem kontinuierlichem Druck ohne Bruch und Lösung des molekularen Zusammenhangs, dem Gletschereis vergleichbar, in Formen zu pressen. (S. 1868 T.)

— Ludwig **Knorr** entdeckt das Antipyrin (Phenyl-Dimethyl-Pyrazolon), ein Fiebermittel, das im Gegensatz zum Kairin (s. 1883 F.) einen dauernden Erfolg erzielt.

— G. **von Koch** und **Adamy** in Darmstadt nehmen ein Patent auf ein Verfahren, Zementputz für stereochromatische Bemalung tauglich zu machen.

— Nachdem Auspitz (1864) und Benno Friedländer (1875) im Anschluß an Virchow's Beobachtungen (s. 1863 V.) die Lupusefflorescenz direkt für einen miliaren Tuberkel der Haut erklärt hatten, gelingt es Robert **Koch,** den positiven Beweis der Identität beider Gebilde zu erbringen, indem er Tuberkelbacillen in den Lupusknötchen auffindet und durch Überimpfen von Lupusgeweben auf Tiere echte bacilläre Tuberkulose erzeugt.

— Theodor **Kocher** weist zuerst auf die günstigen Wirkungen des altbekannten Magisterium bismuthi, des basisch salpetersauren Wismuts, in der Wundbehandlung hin. Hans Meyer schreibt diese austrocknende Wirkung der physikalischen Beschaffenheit des außerordentlich feinen Pulvers zu, das mit Wasser zu einem homogenen Brei angerührt, nach dem Trocknen eine dicke zusammenhängende Kruste über der Wunde bildet.

— **Koller** und unmittelbar darauf Leopold **Königstein** zeigen, daß an dem durch Einträufelung von $2^0/_0$ Cocainlösung unempfindlich gemachten Auge alle Operationen schmerzlos vorgenommen werden können.

— Auf dem im Oktober zu Washington abgehaltenen **Kongreß** einigen sich fast alle Nationen der Erde, in Zukunft ausschließlich den Meridian von Greenwich als den Anfang für die Zählung nicht bloß der geographischen Längen, sondern auch der Zeiten für den Weltverkehr zu benutzen, und beide in Zusammenhang stehenden Größen von 0^0 bis 360^0 und von 0^h bis 24^h zu zählen.

— Nachdem bereits Wagenmann und Krug Versuche gemacht hatten, die Paraffinmasse im luftverdünnten Raume zu destillieren, gelingt es **Krey,** die Vakuumdestillation für die Paraffinfabrikation nutzbar zu machen. Er ändert zuerst die Destillationsanlagen der Riebeck'schen Montanwerke für diese Art der Destillation um.

— O. **Krümmel** führt eine planimetrische Bestimmung der Verteilung von Wasser und Land auf der Erde aus, die beweist, daß das von Rigaud gefundene Verhältnis des Landes zum Wasser = 1 : 2,76 der Wahrheit sehr nahe kommt.

— Die Afrikareisenden Richard **Kund** und Hans **Tappenbeck** erforschen das südliche Kongobecken, indem sie von Stanley Pool über den Kuango und Kassai bis zum Lukenje (Mfimi) vordringen und denselben bis $21^0 30'$ östl. L. verfolgen. Hier werden sie durch die feindselige Haltung der Eingeborenen zur Umkehr genötigt und erreichen 1886 die Heimat wieder.

— August Adolph **Kundt** lehrt ein bequemes Verfahren, durch welches die Verteilung der Elektrizität auf der ganzen Oberfläche eines Krystalles gleichzeitig übersehen werden kann. (S. a. 1777 L.)

— August Adolph **Kundt** macht Untersuchungen über die von Kerr (s. 1878 K.)

nachgewiesene Drehung der Polarisationsebene bei Reflexion an magnetischen Spiegeln und mißt zuerst die Größe dieser Drehung.

1884 Oskar **Lenz**, der in den Jahren 1874—77 den Ogowe erforscht und i. J. 1880 Marokko durchquert hatte, übernimmt die Leitung einer Expedition, die Junker, Casati und Lupton, die durch den Aufstand des Mahdi abgeschnitten waren, befreien sollte. Er kann indes sein Ziel nicht erreichen und muß über den Tanganyika- und Nyassasee zur Ostküste zurückkehren, die er 1886 bei Quilimane erreicht.

— **Linkenbach** konstruiert einen Schlammrundherd, der selbsttätig und ununterbrochen arbeitet, und auf dem sich die drei Stadien der Herdarbeit, das Überleiten der Trübe, das Abtrennen des Erzes von mittlerem spezifischem Gewicht und das Abkehren des schwersten Erzes, welche bei den alten Kehrherden nacheinander vorgenommen wurden, auf verschiedenen Teilen der Herdfläche gleichzeitig ausführen lassen. Ein anderes Beispiel eines neuerdings viel gebrauchten selbsttätigen Herdes ist der Stein'sche Stoßherd. (S. a. 1858 R.)

— Friedrich August J. **Löffler** entdeckt den Bacillus der menschlichen Diphtherie, welchen er züchtet und erfolgreich überimpft.

— Nachdem Hannoteau schon 1754 den Vorschlag gemacht hatte, kupferne Geschützrohre durch eine Eisendrahtumwicklung widerstandsfähiger zu machen (s. auch 1625 W.), versucht **Longridge** in England (seit 1855) die Umwicklung des stählernen Kernrohrs mit mehreren Lagen von stark gespanntem Bandstahl oder Stahldraht. Der Vorschlag ist neuerdings für die Geschütze C 84—95 der englischen reitenden Artillerie nutzbar gemacht worden. Die Überlegenheit der Konstruktion über Krupp's Ringrohre und Mantelringrohre (s. 1859 A.) ist noch nicht dargetan. Jedenfalls ist die Anfertigung der Drahtrohre ungemein umständlich; beispielsweise sind zu einem 15 cm-Rohr 68500 m Stahldraht erforderlich.

— Otto **Lummer** gibt eine Methode an, um mittels der Fizeau'schen Interferenzstreifen die Dickenabweichungen planparalleler Platten zu bestimmen. Diese Methode wird 1905 von Otto Schönrock zu hoher Vollkommenheit ausgebildet.

— Georg **Lunge** und **Naef** untersuchen den Bleikammerprozeß und führen zuerst den Nachweis, daß wirklich, wie früher schon angenommen worden war, salpetrige Säure als Überträger des Sauerstoffs dient.

— Nachdem zuerst in Woolwich (1866) der Versuch gemacht worden war, Geschosse während des Fluges zu photographieren, wobei das Sonnenlicht als Lichtquelle benutzt worden war, macht der österreichische Physiker Ernst **Mach** die ersten guten Momentphotographien von Geschossen unter Verwendung des elektrischen Funkens als Lichtquelle.

— Frederick Akbar **Mahomed** in London bewirkt zuerst die operative Behandlung und Entfernung des Wurmfortsatzes im freien Intervall (in anfallfreiem Zustand). Ihm folgen 1886 Marsy in Boston, 1888 Treves in London und Nicolaus Senn in New York, 1890 Hermann Kümmell, Eduard Sonnenburg u. a. (S. a. 1827 M.)

— Paul **Mann** bewirkt die elektromagnetische Scheidung von Mineralgemengen im Laboratorium und zeigt, daß hierzu eine Konzentration der Kraftlinien nötig ist. Er gibt den Weg an, wie sich verschieden magnetisierbare Mineralien durch verschieden starke Erregerströme trennen lassen.

— **Mendelejew** und **Kirpitschow** machen Versuche über das Verhalten der Gase bei Drucken, die kleiner sind als der Druck einer Atmosphäre, und finden, daß die Gase hierbei nicht streng dem Mariotte'schen Gesetz folgen, sondern daß die Produkte aus Druck und Volum in einem davon abweichenden Verhältnis abnehmen, was Van der Ven 1890 bestätigt.

1884 Nachdem keine der vielen seit dem Anfange des 19. Jahrhunderts aufgetauchten Letternsetzmaschinen (s. 1822 C. und 1851 S.) dauernde Erfolge zu verzeichnen gehabt hatte, löst der aus Württemberg gebürtige Uhrmacher Ottomar **Mergenthaler** in Cincinnati das Problem des mechanischen Schriftsetzens in vollendeter Weise. Seine „Linotype" setzt nicht Typen, sondern Matrizen, vereinigt sie zu Zeilen, schließt diese mit federnden Keilen mechanisch aus und führt sie vor den Gießkessel, wo die ganze Zeile mit einem Male gegossen, auf die richtige Höhe gebracht und auf ein Sammelschiff geschoben wird. Nach erfolgtem Guß werden die Matrizen durch eine sinnreiche Einrichtung in ihre Fächer zurücksortiert. Der Schriftsatz wird nach erfolgtem Druck jedesmal wieder eingeschmolzen. Auf die Linotype folgen der „Typograph" von J. R. Rogers und F. E. Bright (s. 1895 R.), sowie die „Monoline" von W. S. Scudder. (S. 1901 S.) Ähnliche Konstruktionen sind die „Monotype" von Lanston, die „Graphotype" von Goodson, der „Electrotypograph" von Méray und Rozác, die „Dyotype" von J. Pinel und die Gieß- und Setzmaschine von H. G. Stringer.

— **Moebius** gibt ein elektrolytisches Scheidungsverfahren für Goldsilberlegierungen an, das die Affination (s. 1802 A.) völlig verdrängt. Als Elektrolyt dient anfangs verdünnte Salpetersäure, später Silbernitratlösung, als Anode die Goldsilberlegierung in dünnen Platten, als Kathode dünnes Silberblech. Das Silber fällt an der Kathode krystallinisch aus. Das Gold, das sich an der Anode pulverförmig abscheidet, wird durch Erhitzen mit Salpetersäure gereinigt, gewaschen, getrocknet und mit Sand oder Borax verschmolzen.

— H. **Möller** wendet zuerst zur Reinigung der Hochofengase die Filtration durch Schlackenwolle an.

— Immanuel **Munk** erbringt den Nachweis, daß in der Darmwand eine Synthese der Fette durch Fermente stattfindet, und daß sich verfütterte Fettsäuren im Chylus nicht mehr als solche, sondern zum größten Teil in Form von Neutralfett vorfinden. Die Menge des Neutralfettes im Chylus ist 10, meist aber 40mal größer als die der Fettsäuren. Das zu dieser reversibeln Synthese nötige Glycerin liefert der Körper (vielleicht aus Traubenzucker). Walther (1890) und Frank (1892) bestätigen diesen Befund.

— Gustav **Nachtigal** bereist im Auftrage der Deutschen Regierung die Westküste Afrikas, um die Küstenstrecke, an denen deutsche Interessen des Schutzes bedürftig sind, unter die deutsche Reichshoheit zu stellen. Er löst seine Aufgabe in Togo, Kamerun und Lüderitzland mit Erfolg. Auf dem Heimwege erkrankt er und stirbt an Bord der „Möwe" auf der Höhe von Kap Palmas, wo er auch bestattet wird.

— Nachdem Carle und Rattone (1884) nachgewiesen hatten, daß der bereits dem Hippokrates bekannte Wundstarrkrampf (Tetanus) vom Menschen durch Impfung von Körpersubstanz aus der Umgebung der Wunde auf das Tier übertragen werden kann, daß er also eine Infektionskrankheit ist, gelingt Arthur **Nicolaier** die Entdeckung des spezifischen Tetanusbacillus, den S. Kitasato (1889) in Reinkultur züchtet.

— H. **Ost** einerseits und L. **Haitinger** und A. **Lieben** andrerseits stellen das Pyron dar, der erstere aus Komansäure, die letzteren durch trockene Destillation der Chelidonsäure. Haitinger und Lieben stellen im Anschluß an ihre Arbeit Konstitutionsformeln für das Pyron und die Chelidonsäure auf.

— Charles Algernon **Parsons** in Newcastle on Tyne erfindet eine mehrzellige Dampfturbine, welche zuerst die Aktions- und dann die Reaktionswirkung des Dampfes ausnutzt und infolge der totalen Beaufschlagung der Laufradschaufeln keiner besonderen Einströmdüsen bedarf. Er führt damit zum ersten Male eine Dampfturbine praktisch aus, die zur direkten Kuppelung mit Dynamomaschinen geeignet ist.

1884 **Paul** und **Cownley** entdecken in gewissen Chinarinden das Cuprein, das sich zum Chinin, wie ein Phenol zu seinem Ester verhält. Das Cuprein wird 1891 von Grimaux und Arnaud durch Erhitzen mit Natriummethylat und Methyljodid in Chinin übergeführt.

— Adam **Paulsen** beschäftigt sich eingehend mit allen die Nordlichter betreffenden Verhältnissen und zieht aus den in dem grönländischen Küstenplatze Godthaab angestellten Messungen den Schluß, daß die Entfernung der Nordlichter von der Erdoberfläche zwischen den weiten Grenzen von 0,61 und 68 km schwanken könne.

— Der Amerikaner **Pelton** erfindet eine Aktionsturbine (Peltonrad), bei welcher an Stelle der Radschaufeln becherartige Gefäße angebracht sind, deren Form gestattet, die Kraft des Wasserstrahls möglichst vollkommen auszunutzen.

— W. H. **Perkin** stellt Untersuchungen an, die ergeben, daß das elektromagnetische Drehungsvermögen mit der chemischen Konstitution im Zusammenhang steht. Um eine Größe zu erhalten, die diese Beziehungen erkennen läßt, führt er das molekulare Drehungsvermögen M ein, das gleich ist den für die Längeneinheit erhaltenen Drehungen, dividiert durch die Dichte und multipliziert mit dem Molekulargewicht.

— **Phelps** telegraphiert auf einer 20 km langen Eisenbahnstrecke mittels elektrodynamischer Induktion von einem Draht, der längs der Linie in einer zwischen den Schienen liegenden Röhre isoliert angebracht ist, auf einen im Zuge befindlichen Stromkreis.

— **Pieler** konstruiert eine Lampe, um schlagende Wetter anzuzeigen. Die Lampe zeigt 0,25 % Grubengasgehalt mit Sicherheit an und gibt bei 0,5 % eine deutlich erkennbare Aureole, die bei 1 % auf 10 cm Länge heranwächst. Die wenig leuchtende Alkoholflamme ist von einem Hohlkegel eingeschlossen, um dem Auge das Erkennen der blauen Schlagwetterflamme zu erleichtern. (S. a. 1882 W.)

— **Pieniazek** führt zur Untersuchung des oberen Teiles der menschlichen Luftröhre bei Tracheotomierten durch die Operationsöffnung trichterförmige Instrumente ein und benutzt reflektiertes Licht. Ähnliche Versuche machen Landgraf (s. 1886 L.), Seiffert (1895), Schrötter (s. 1896 S.). Diese Bestrebungen im Verein mit der Mikulicz-Rosenheim'schen Speiseröhrenuntersuchung führen sowohl Kirstein zur Entdeckung der Autoskopie (s. 1895 K.) wie Killian zur Ausgestaltung der Bronchoskopie. (S. 1898 K.)

— R. **Proell** konstruiert eine schnelllaufende Dampfmaschine und verwendet dafür einen Achsen-Regulator mit Federbelastung, der, im Schwungrade montiert, unmittelbar um die Welle kreist. Der Apparat eignet sich auch zur Anwendung bei Schiffsmaschinen. An der für die Maschine neu konstruierten Expansionssteuerung ist auch **Dörfel** beteiligt.

— Georg **Quincke** bestimmt die magnetische Feldstärke aus der Steighöhe paramagnetischer Flüssigkeiten in engen Röhren.

— François Marie **Raoult** stellt wichtige Beziehungen zwischen der Schmelzpunktserniedrigung und dem Molekulargewicht der gelösten Substanz experimentell fest und stellt die Regel auf: „Löst man 1 Molekül einer Substanz in 100 Molekülen eines beliebigen Lösungsmittels, so wird der Gefrierpunkt des letztern um 0,63° C. herabgedrückt." Diese Regel dient häufig (s. 1888 B.) als Mittel zur Bestimmung der Größe des Molekulargewichts (Erstarrungsgesetz).

— Edward James **Reed** führt ausgedehnte Berechnungen über die Normierung der Abmessungen der Konstruktionsteile des Schiffsrumpfes, namentlich für Panzerschiffe aus; für Handelsschiffe werden entsprechende Berechnungen von John ausgeführt.

— Die Gebrüder **Renard** und Kapitän **Krebs** konstruieren einen Luftballon mit

Propellerschraube, die durch eine Dynamomaschine betrieben wird. Es gelingt ihnen am 9. August in Meudon, nach 25 Minuten dauernder Fahrt zu ihrem Ausgangspunkt zurückzukehren. Bei einer zweiten Fahrt im September wird die Maschine schadhaft.

1884 Die Firma J. D. **Riedel** bringt eine Verbindung von Antipyrin mit Salicylsäure unter dem Namen Salipyrin in den Handel. Das Salipyrin wird u. a. auch als Spezifikum gegen Influenza angewendet.

— Augusto **Righi** findet, daß Wismut seinen Leitungswiderstand ändert, wenn es zwischen den Polen eines Elektromagneten von dessen Kraftlinien geschnitten wird. Hartmann und Braun konstruieren einen auf diesem Righi'schen Phänomen beruhenden Apparat zur Messung der Feldstärke.

— Ottomar **Rosenbach** stellt fest, daß das Bacterium termo (s. 1830 E. und 1872 C.) aus einer Reihe von Arten bestehe, und beschreibt drei dieser ausgeprägten Fäulniserreger unter der Bezeichnung Bacillus saprogenes I—III. Noch eingehendere Studien hierüber werden 1885 von Gustav Hauser veröffentlicht, der diesen wandelbaren Spaltpilzen den Namen „Proteus" gibt.

— Ottomar **Rosenbach** entdeckt die bei der Wundinfektion (s. 1878 K.) auftretenden Bakterien, den Staphylococcus aureus und albus und den Streptococcus pyogenes und züchtet sie in Reinkultur.

— Karl **Roth** erfindet das Roburit, einen brisanten Sprengstoff, das aus 10 Teilen Dinitrochlorobenzol und 90 Teilen salpetersaurem Ammoniak bestehen soll. Das Roburit soll ziemlich unempfindlich gegen Stoß und Schlag sein und an der freien Luft verbrennen, ohne zu explodieren. Inwieweit die Roburitexplosion in Annen im Jahre 1906 dazu angetan ist, diese Annahme zu widerlegen, ist zurzeit noch nicht zu übersehen.

— Ephraim Hyde **Rust** in Boston nimmt ein Patent auf eine Maschine zum Spinnen von Asbest.

— **Sandmeyer** findet eine allgemein gangbare Synthese zur Substituierung der Amidogruppe in aromatischer Bindung durch die Cyangruppe und stellt als erstes Beispiel das Benzonitril aus Diazobenzolchlorid und aus Anilin dar. Die rohen Diazochloridlösungen, wie man sie erhält, wenn man die saure Aminlösung in Natriumnitritlösung einträgt, werden mit Kaliumkupfercyanürlösung auf 90° C. erwärmt und tüchtig umgeschüttelt.

— Karl Eduard **Schering** und Heinrich **Wild** erkennen gleichzeitig die Unregelmäßigkeit des Erdstromes. Sie finden durchweg eine zeitliche Inkongruenz zwischen den magnetischen Variationsinstrumenten und den für die Erdströme aufgestellten Galvanometern und nehmen an, daß der Erdstrom zuerst gewisse Teile des Erdbodens magnetisiere und durch diesen Magnetismus indirekt auf die Apparate einwirke. Ihrer Ansicht nach sind noch weitere Arbeiten nötig, um ein richtiges Bild von dem wahren elektrischen Zustand der Außenschichten der Erde zu liefern.

— Der bayerische Ingenieur Michael **Schleifer** konstruiert die nach ihm benannte selbsttätige Zweikammer-Luftdruck-Schnellbremse mit in die Rohrleitung eingeschalteten selbsttätigen Luftauslaßventilen zur schnelleren Intätigkeitssetzung der Bremsen bei langen Zügen.

— Nachdem infolge der Versuche von Hirn (s. 1857 H.), Zeuner (s. 1859 Z.) u. a. namentlich Walther Meunier in Mülhausen auf die ökonomische Bedeutung des überhitzten Dampfes hingewiesen hatte, zeigt Wilhelm **Schmidt**, daß der größte Erfolg der Dampfüberhitzung erst bei Temperaturen über 300° C. einsetzt, und ersinnt Konstruktionen, welche die praktische Anwendung solcher Temperaturen ermöglichen.

— Otto **Schott** gelingt es, im Jenenser Normalglas ein Material zu finden, das in bezug auf die sogenannten thermischen Nachwirkungen äußerst indifferent ist und die Herstellung dauernd brauchbarer Thermometer für wissenschaftliche Zwecke gestattet.

1884 Nachdem schon Rudolf Wolf die Erscheinungen bezeichnet hatte, aus denen hervorgeht, daß ein magnetischer Einfluß der Sonne auf die Erde besteht, weist Arthur **Schuster** den Zusammenhang zwischen den beiden Magnetfeldern durch Rechnung nach.

— Nachdem Gussenbauer 1882 die Kenntnis der Bauchspeicheldrüse gefördert hatte, veröffentlicht Nicolaus **Senn** seine auf Versuche und klinische Beobachtungen gestützte Operationsmethode des Pankreas. Diese wird insbesondere von Werner Körte vervollkommnet.

— L. **Ser** konstruiert einen Ventilator mit vorwärts gekrümmten Schaufeln und doppelseitigen Saugkanälen, der zuerst auf den Gruben der Compagnie d'Anzin aufgestellt wird.

— Friedrich **Siemens** erfindet das Verbrennungs- und Heizungssystem mit freier Flammenentfaltung, durch welches eine weit vollkommenere Verbrennung erzielt, unter Erhöhung der Ofentemperatur die Leistung gesteigert und eine erheblich längere Dauer der Öfen gesichert wird.

— **Spiel** baut einen sehr praktischen Benzinmotor, bei welchem das flüssige Benzin durch eine kleine Pumpe auf den Einlaßventilkegel gespritzt und gleichzeitig mit der Luft in den Zylinder gesaugt wird.

— **Springmühl** nimmt zuerst die Konzentration des Mostes in großem Maßstabe in die Hand und erfindet verschiedene Apparate für diesen Zweck. Er errichtet die erste Fabrik in der Nähe von Mailand, die mit 3 Vakuumapparaten täglich 500 hl Most einzudampfen imstande ist. Den konzentrierten Most läßt man entweder für sich vergären oder benutzt ihn auch zur Verbesserung schwacher Moste. 1887 wird das Springmühl'sche Verfahren auch in Kalifornien eingeführt, und 1888 wird die erste Sendung „Condensed must“ aus Kalifornien nach London gebracht.

— Christian Ernst **Stahl** erweist die chemotropische Reizbarkeit der Plasmodien von Myxomyceten (Schleimpilzen), welche durch Loheauszug zu einer positiv chemotaktischen Kriechbewegung veranlaßt werden. Eine stark saure Lösung, sowie konzentrierte Lösungen üben auf die Plasmodien eine repulsive Wirkung aus.

— Eduard **Strasburger** einerseits und **Guignard** andererseits beweisen durch eine Reihe vortrefflicher Untersuchungen die Identität der Befruchtungsvorgänge im Tier- und Pflanzenreich.

— Alexander **Supan** führt den Namen „Klimaprovinz“ für umgrenzte Erdgebiete ein, für welche gewisse maßgebende Eigentümlichkeiten des Klimas übereinstimmen, während in den angrenzenden Territorien wesentlich andere klimatische Züge erkennbar sind. Er teilt die Erde in solche Provinzen, von denen 21 auf die Alte Welt (nebst Australien), 12 auf Amerika entfallen, während die Polarkalotten für sich zählen.

— Nachdem Audemars aus Lausanne 1855 einen Seidenersatz aus Nitrocellulose angegeben hatte, der jedoch nicht zur praktischen Verwertung gelangte, stellt Joseph Wilson **Swan** seidenähnliche Fäden aus Kollodium her und legt der Hauptversammlung der Society of Chemical Industry in London die ersten Proben dieser künstlichen Seide vor. Die technische Ausnutzung seiner Idee scheitert indes an den hohen Alkohol- und Ätherpreisen. Ebensowenig erfolgreich ist Wilson, der sich die Verwendung von Cellulose in Kupferoxydammoniak, und Wyne und Powell, die sich die Verwendung von Cellulose in Chlorzinklösung (1884) patentieren lassen.

— **Tannett** und **Walker** in Leeds bilden die Schmiedepresse zu so großer Vollkommenheit aus, daß es mit ihr gelingt, die größten Flußstahlblöcke zu bearbeiten.

1884 Elihu **Thomson** bespricht die elektroinduktive Repulsion, welche Wechselstrommagnete auf Kupferscheiben ausüben, und baut 1886 einen Repulsionsmotor.

— William **Thomson** (Lord Kelvin) nimmt an, daß der ganze Weltenraum mit einer feinen Materie, dem Äther, erfüllt sei, auf dessen Vorhandensein die Erscheinungen des Lichts, der Wärme und der Elektrizität hinweisen.

— Isidor **Traube** untersucht die Capillaritätserscheinungen in ihrer Beziehung zur Konstitution und zum Molekulargewicht. Er zeigt, daß die Steighöhe der Lösung eines Körpers mit wachsender Konzentration abnimmt, daß bei homologen Reihen die Steighöhe mit wachsendem Molekulargewicht abnimmt, und daß isomere Körper in gleich konzentrierten Lösungen nicht immer gleiche Steighöhen haben. (S. a. 1883 Sch.)

— Frederick Thomas **Trouton** stellt die Regel auf, daß der Quotient aus der molekularen Verdampfungswärme und der von dem absoluten Nullpunkt an gezählten Siedetemperatur annähernd für alle Substanzen gleich ist. Der Quotient schwankt zwischen 20 und 25 Schiff (1890) findet für eine große Zahl von Estern und Kohlenwasserstoffen diesen Quotienten zwischen 19,8 und 21,1. Ähnliche Zahlen erhält Chappuis (1888).

— Paul Gerson **Unna** wendet mit Keratin (Hornstoff) überzogene Pillen für solche Stoffe an, die erst im Dünndarm resorbiert werden sollen.

— Victor **Urbantschitsch** empfiehlt gegen Ohrenleiden Streichungen und Erschütterungen der Tuba Eustachii mit einem in die Tuba eingeführten Bougie (Ohrenmassage). Die Vibrationsmassage des Trommelfells wird von Delstanche empfohlen, der zu diesem Zweck seinen Raréfacteur und seinen Masseur du Tympan konstruiert.

— Johannes **Veit** behandelt in seinem Werke „Die Eileiterschwangerschaft" eingehend die Tubenschwangerschaft, die er in den meisten Fällen auf die Haematocele retrouterina zurückführt. Er führt die Exstirpation des noch nicht geborstenen Fruchtsackes in einer Anzahl von Fällen mit Glück aus.

— Jules **Violle** schlägt als Lichtmaß die Violle'sche Platineinheit vor, die aus derjenigen Lichtmenge besteht, welche von einem Quadratzentimeter von erstarrendem Platin in normaler Richtung ausgestrahlt wird. Werner von Siemens schlägt vor, nicht das Licht des erstarrenden, sondern das des schmelzenden Platins zu benutzen.

— **Volhard** und **Erdmann** stellen das Thiophen (s. 1883 M.) synthetisch aus Bernsteinsäure und Schwefelphosphor dar.

— Johannes Diderik **van der Waals** erklärt die Erscheinung, daß die Gase bei fortschreitender Verdichtung oder Abkühlung in ihrem Verhalten nicht mehr den allgemeinen Gesetzen (Mariotte, Gay-Lussac usw.) folgen, durch die Annahme einer räumlichen Ausdehnung der einzelnen Moleküle und ihre gegenseitige Anziehung.

— **Walrand** und **Delattre** richten den Gilchrist-Thomas-Prozeß (s. 1879 G.) auch für den Kleinbetrieb ein (Kleinbessemerei).

— Nachdem schon Weldon (s. 1867 W.) vorgeschlagen hatte, bei Regeneration des Braunsteins statt Kalk Magnesia anzuwenden und so statt Chlorcalcium Chlormagnesium zu erhalten, aus dem man durch Erhitzen Salzsäure gewinnen könne, nachdem er dann 1871 sein Magnesiummanganitverfahren ersonnen und 1881 erkannt hatte, daß man dabei mit Magnesium allein arbeiten könne, kommen **Weldon** und **Pechiney** darauf, für die Chlorkalkfabrikation Chlor aus Chlormagnesium herzustellen. Sie verwandeln wasserhaltiges Chlormagnesium mit Magnesia in ein Oxychlorid, das, bei Luftzutritt erhitzt, Chlor und Salzsäure abspaltet, während Magnesia zurückbleibt, die mit Salzsäure behandelt und in den Kreislauf der Fabrikation zurückgeführt wird.

1884 **Wilcox** und **Gibbs** versehen ihre Nähmaschine zur Erhöhung der Nähgeschwindigkeit mit einem rotierenden Fadengeber, der bald auch an anderen Nähmaschinen benutzt wird.

— Hermann **von Wissmann**, Ludwig **Wolf** und Kurt **von François** erforschen das Gebiet des Kassai und der Nebenflüsse desselben und stellen den Zusammenhang des Kassai mit dem Kongo fest.

— Walter Bentley **Woodbury** erfindet den Photoreliefdruck, Woodbury-Druck, der als eine Abart des Pigmentdruckes zu bezeichnen ist.

— Charles Campbell **Worthington** verwendet bei den Worthington'schen Verbundpumpen (s. 1875 W.) den hydraulischen Kraftausgleicher, der 1880 von J. D. Davies erfunden ist und höhere Expansion ermöglicht.

— Zygmunt Florenty **Wroblewski** benutzt zur Messung sehr tiefer Temperaturen Thermoelemente aus Kupfer und Neusilber. Um die Ablesung von Graden des Luftthermometers zu ermöglichen, bestimmt er die elektromotorische Kraft des Elements, wenn die eine Lötstelle auf die Temperatur des schmelzenden Eises und die andere auf die Temperatur des siedenden Wassers oder auf die nach dem Wasserstoffthermometer gemessenen Temperaturen — 102,9° und — 131° gebracht wird. Diese Temperaturen werden mit flüssigem Äthylen hervorgebracht.

— Der nordamerikanische Artillerieoffizier **Zalinski** konstruiert ein Dynamitgeschütz, bei welchem ein mit Dynamit geladenes Geschoss durch Druckluft fortgetrieben wird. Eine ähnliche Konstruktion stammt von Graydon in Birmingham, dessen Dynamitkanone ein 1,90 m langes, mit 272 kg Dynamit gefülltes Stahlgeschoß aus einem 9,14 m langen Stahlrohre von 38 cm Seelenweite schleudert. Die Achsendrehung des Geschosses wird, da das Rohr glatt ist, durch schraubenförmige Leisten an der Geschoßspitze bewirkt. Zu voller Kriegsbrauchbarkeit ist diese mit Dampfwerk arbeitende Geschützkonstruktion ebenso wie die Zalinski'sche bis jetzt noch nicht gediehen. (Vgl. 1824 P.)

— Emanuel **Zaufal** vervollkommnet die radikale Aufmeißelung der Mittelohrräume durch eine neue Operationsmethode, klärt die Äthiologie der akuten Mittelohrentzündung durch den Nachweis der wichtigsten Erreger dieser Entzündung auf und betont die Wichtigkeit der ophthalmoskopischen Untersuchung als integrierenden Bestandteil der klinischen Untersuchung des Gehörorgans.

1885 Carl **Auer von Welsbach** stellt das hervorragende Lichtstrahlungsvermögen der seltenen Erden (Cerium, Thorium usw.) fest und schafft in dem Glühstrumpf (s. folgenden Artikel) die passende Form, um diese Erden in einer nicht leuchtenden Flamme zum Leuchten zu bringen (Gasglühlicht).

— Carl **Auer von Welsbach** stellt Glühstrümpfe aus Geweben von möglichst reiner aschenfreier Pflanzenfaser her, die mit den Leuchtsalzen getränkt und dann über einer Bunsenflamme erhitzt werden, wobei das Gewebe verglimmt und ein weißes Aschenskelett zurückbleibt, das in der Preßgasflamme geformt und gehärtet wird.

— Nachdem schon Cleve (1878) und Delafontaine (1878) die Einheitlichkeit des Didyms (vgl. 1842 M.) bezweifelt hatten, gelingt es Carl **Auer von Welsbach**, das Didym in zwei Bestandteile, Praseodym und Neodym, zu zerlegen. Diese beiden Körper halten einige Forscher wiederum für aus mehreren Elementen zusammengesetzt, ohne daß sich bisher Abschließendes sagen ließe.

— Adolf **von Baeyer** stellt, von der van't Hoff'schen Anschauung über die Kohlenstoffvalenzen ausgehend, eine Theorie der Ringschließung und der doppelten Bindung auf, die zunächst die Explosivität der von ihm untersuchten Acetylenverbindungen erklären soll. Er nimmt an, daß bei den ringförmig und mehrfach gebundenen Kohlenstoffatomen die Richtung der Anziehung eine Ablenkung erfahren kann, mit deren Zunahme die Spannung wächst und die Unbeständigkeit der betreffenden Bindung immer mehr hervortritt (Baeyer'sche Spannungstheorie). Durch Annahme dieser Theorie wird der Unterschied zwischen Fettkörpern (aliphatischen Verbindungen) und Benzolderivaten (aromatischen Verbindungen) aufgehoben. Die Fettkörper bilden offene ringförmige Gebilde und gehen in Benzolderivate über, indem sich die endständigen Kohlenstoffatome unter Ringschließung verbinden. Solche Übergänge werden auch in immer größerer Zahl aufgefunden.

1885 Der Ingenieur Karl **Benz** in Mannheim baut einen mit einem Viertakt-Benzinmotor und elektrischer Zündung ausgestatteten dreirädrigen Motorwagen, welcher für die Konstruktion der Explosions-Benzin-Automobile vorbildlich wird. Der Wagen wird zuerst auf der Münchener Industrieausstellung i. J. 1888 vorgeführt.

— Marcelin **Berthelot** bemerkt, daß im unbebauten Ackerboden eine Bindung von freiem atmosphärischem Stickstoff vor sich geht, und weist nach, daß diese Erscheinung die Äußerung der Tätigkeit kleiner Lebewesen ist, die S. Winogradsky 1893 rein darstellt, und von denen er als das hauptsächliche „Clostridium Pasteurianum" beschreibt.

— Georg Gustav **Bischof** erfindet den sogenannten Bischofprozeß der Bleiweißfabrikation, der erst nach seinem Tode von Ludwig Mond in Brimsdown durchgeführt wird. Der Prozeß besteht darin, daß metallisches Blei unter Einwirkung der Luft in Glätte (Bleioxyd) umgewandelt wird, und daß diese bei 250—300° unter der Einwirkung eines Gemisches von Wasserstoff und Kohlenoxyd [im großen wird dazu Mondgas (s. 1889 M.) verwendet] in Bleisuboxyd verwandelt wird. Das Suboxyd wird mit Wasser in Bleihydrat übergeführt, das unter der Einwirkung von Kohlensäure basisches Bleicarbonat liefert. Der Betrieb geht vollständig staubfrei vor sich.

— James **Bobson** erfindet den Gashammer, einen mechanischen Hammer, bei welchem der Hammerbär durch Gasexplosion bewegt wird.

— Der Astronom Karl Nikolaus Jensen **Börgen**, ein Hauptvertreter der Wellentheorie Airy's (s. 1847 A.), bildet die Lehre von Ebbe und Flut als hydrodynamisches Problem aus. Vgl. seine Schrift „Die harmonische Analyse der Gezeitenbeobachtungen".

— E. **Brauer** in Berlin gibt eine einfache Methode zur graphischen Darstellung der Wärmezustandsänderungen, speziell der polytropischen Kurven an.

— Die Gebrüder **Brehmer** ändern ihre Heftmaschine für die Buchbinderei (vgl. 1873 B.) in der Weise um, daß dieselbe statt mit Draht mit Faden heftet. Die Maschine wird indes so vervollkommnet, daß sie auch mit Doppelfaden heftet, wodurch die bisherigen Schwierigkeiten der Heftung mit Einzelfaden beseitigt werden.

— Ludwig **Brieger** gelingt es, durch neue Methoden zur Abscheidung der Gifte aus faulendem Fleisch, Fibrin, Käse eine größere Anzahl von Ptomainen, wie Saprin, Cholin, Putrescin, Neuridin, Cadaverin zu erzeugen. Letzteres wird von Ladenburg als Pentamethylendiamin erkannt und synthetisch dargestellt.

— Nachdem im Anschluß an die Sella'sche Maschine (s. 1858 S.) von Wassermann (1880) und von Werner von Siemens (1880) verbesserte Maschinen zur Trennung magnetischer und unmagnetischer Erze gebaut worden waren, konstruiert **Buchanan** in New York einen magnetischen Separator, in dem zum ersten Male zu praktischen Zwecken ein hochkonzentriertes magnetisches Feld zur Trennung magnetisierbarer Stoffe von anderen mit geringer Leitfähigkeit angewendet wird. (Vgl. a. 1884 M.)

1885 Gustav **von Bunge** versucht zuerst, eine Verbindung, die organisches Nahrungseisen enthält, aus dem Eidotter zu erhalten. Er gibt dem erhaltenen Präparat, das 0,29% Eisen enthält, den Namen „Haematogen". Dieser Name wird später von Hommel einem aus Tierblut gewonnenen, in der Hauptsache Haemoglobin enthaltenden Präparat gegeben, wie überhaupt die Bunge'sche Arbeit Veranlassung zur Herstellung einer großen Anzahl ähnlicher Präparate, wie Haemol, Haematol, Haemogallol, Sanguinal, Ferratin, Blutacidalbumin usw., gibt.

— **Cailletet** und **Bouty** einerseits und **Wroblewsky** andererseits untersuchen das Leitvermögen von Metallen bei sehr tiefen Temperaturen und finden, daß die Widerstandskurven der verschiedensten Metalle bei wachsender Abnahme der Temperatur gegen den Wert Null (des elektrischen Leiterwiderstandes) konvergieren bei einer in der Nähe von — 273° C. gelegenen Temperatur.

— George William **Chambers** sucht in Verbesserung des Appleby'schen Verfahrens (vgl. 1860 A.) das Glätten von Geweben zur Erzielung von Seidenglanz durch Aufprägen von $1/_2$ mm breiten, das Licht reflektierenden Rillen mit Hilfe geriffelter Walzen zu erreichen. Dies Verfahren wird von Schreiner, J. Eck & Söhne, W. J. Pope und J. Hübner und namentlich von A. Keller Dorian verbessert.

— Der Vicomte St. Hilaire **de Chardonnet** stellt zuerst erfolgreich Kunstseide her. Seine Methode beruht darauf, daß Lösungen von Nitrocellulose, die unter Druck aus einer sehr feinen Öffnung in Wasser, Alkohol, Chloroform oder ähnliche Stoffe ausfließen, sofort in Form eines Fadens erstarren. Auf demselben Prinzip beruhen die Verfahren von Du Vivier (1889), Lehner (1889), Cadoret und Langhans (1896). Die Kunstseide führt sich, insbesondere, nachdem ihr durch Denitrierung mit Alkalisulfhydrat die Feuergefährlichkeit genommen worden war, rasch in der Damenkonfektion ein.

— Nachdem Tobias Mayer schon 1754 eine Beziehung zwischen Sehschärfe und Lichtintensität aufgestellt hatte, macht Hermann Ludwig **Cohn** eingehende Untersuchungen über die Sehschärfe in ihrer Beziehung zur Helligkeit, namentlich in bezug auf das Wohl der Schuljugend, und gibt damit den Anstoß zur Hygiene des Auges in den Schulen.

— **Councler** erstattet den Bericht der 1884 in Berlin zusammengetretenen Kommission zur Feststellung einer einheitlichen Methode der Gerbstoffbestimmung der Gerbmaterialien, die in Titrierung mit übermangansaurem Kali unter Verwendung von Indigolösung als Indikator und Kontrollbestimmung des Gerbstoffs durch Ausfällen und nochmaliges Titrieren besteht.

— Nachdem man in neuerer Zeit begonnen hatte, Ziegeln, sowie Fußboden- und Wandplatten hydraulisch zu pressen, und insbesondere Mitzlaff sich um die Einführung hydraulischer Trockenpressen bemüht hatte, gelingt es **Czerny,** eine hydraulische Trockenpresse zu konstruieren, die mit einfachem Formkasten bis 5000 Stück Ziegeln täglich liefert.

— **De Glehn,** Direktor der Elsässischen Maschinenbau-Aktiengesellschaft, baut für die Französische Nordbahn, die Badische Bahn und die Gotthardbahn vierzylindrige Verbundlokomotiven, bei denen die beiden Hochdruckzylinder innerhalb des Rahmens, die zwei Niederdruckzylinder außerhalb desselben neben jenen liegen. Die Lokomotiven entwickeln bis zu 1200 Pferdestärken, wiegen ohne Tender 65000 kg, mit Tender 102000 kg.

— Der schwedische Altertumsforscher **Ekhoff** empfiehlt zur Konservierung antiker Eisenfunde, die eisernen Gegenstände auszulaugen und in ein auf

150° C. erhitztes Solarölbad zu bringen und dieselben demnächst mit einem Wachs- oder Paraffinüberzug zu versehen.

1885 Der Ingenieur Carl **Enke** in Leipzig-Schkeuditz erhält ein Patent auf das nach ihm benannte Präzisionsgebläse mit vier umlaufenden Flügeln und einer dreikammerigen Durchgangstrommel, welches 1886 zur ersten Ausführung kommt.

— P. **Everitt** in London konstruiert Verkaufsautomaten, bei welchen durch ein hineingeworfenes Geldstück von bestimmtem Gewicht eine Sperrung ausgelöst wird, und der in Tätigkeit tretende Mechanismus ein Stück der zu verkaufenden Ware auswirft. (S. a. 100 H.) Diese Verkaufsautomaten erlangen mit der Zeit kommerzielle Wichtigkeit. (S. a. 1887 B.)

— **Ewald** und **Boas** geben zum ersten Male eine über die ganze Zeit der Verdauung fortgeführte Kurve des Ablaufs der Sekretion der Magensäure und des Pepsins beim Menschen und führen zum Studium der krankhaften Prozesse das sogenannte „Probefrühstück" ein.

— S. **Finsterwalder** in München beschäftigt sich eingehend mit der Photogrammetrie für topographische Zwecke, die durch ihn wesentlich gefördert wird. Er benutzt dieselbe namentlich zu Aufnahmen von Gletschern und zum Studium ihrer Bewegungen. (S. a. 1878 P.)

— Albert Bernhard **Frank** weist nach, daß die Wurzeln vieler grüner Pflanzen (waldbildender Laubbäume, Orchideen, Erikaceen) mit Pilzen in Symbiose leben (sog. Mykorrhiza), wobei die Pilzhyphen im Humus die Funktion der Wurzelhaare für die Pflanze ausüben.

— Die **Französische Nordbahn** verwendet auf ihrem Pariser Bahnhof zuerst aus Akkumulatoren gespeiste Elektromotore zum Betriebe von Winden, Hebewerken aller Art, zur Bewegung der Drehscheiben und der Aufzüge. Auch auf dem 1887 eröffneten Frankfurter Hauptbahnhof wird die elektrische Kraft der Lichtmaschinen am Tage in gleicher Weise ausgenützt, sonst aber hydraulischer Betrieb angewendet.

— Thomas Richard **Fraser** in Edinburg führt Strophantus, das 1878 von Christy, Holmes und Bradford untersucht worden war, als Ersatz für Digitalis in die ärztliche Praxis ein.

— Die Firma **Ganz & Co.** führt auf der Ungarischen Landesausstellung zu Budapest eine Wechselstrommaschine mit Zackenanker und rotierendem Innenpolkranz (Patent Déri-Zipernowski) vor, welche die erste Wechselstrommaschine darstellt, die für Zentralenbetriebe parallel geschaltet wird. Das Parallelschalten war 1868 schon von Wilde und später von Marcel Déprez und insbesondere von Hopkinson (s. 1884 H.) bewirkt worden.

— Camillo **Golgi** entdeckt den Entwicklungsgang der Malariaparasiten im menschlichen Blut.

— Friedrich **Hahn** regt in seinen „Bemerkungen über einige Aufgaben der Verkehrsgeographie" das lange vernachlässigte Studium der Küsten aufs neue an, worin ihm von Richthofen (1886), Penck (1886), Weule (1891), A. Philippson (1893) folgen.

— Olof **Hammarsten** führt den Nachweis, daß das sogenannte Mucin, dem der Schleim der Schnecken seine zähe, fadenziehende Beschaffenheit verdankt, kein einheitlicher Körper ist, sondern außer zwei eigentlichen Mucinen noch ein Glykoproteid und ein Nucleoalbumin enthält.

— Albert **Heim** erklärt, daß die Gletscher nicht nur fließen, sondern zugleich auch gleiten, und daß diese vereinte Bewegung den komplizierten Erscheinungen gerecht wird.

— Robert **von Helmholtz** macht Untersuchungen über den Wasserdampf in der Atmosphäre und kommt zu dem Schluß, daß, um Dampf und Nebelbildung zu ermöglichen, die Luft sich adiabatisch (d. h. ohne Wärmezuführung) ausdehnen müsse, und daß fein verteilte Festkörper sich darin finden müssen, deren jeder ein Zentrum für das sich konzentrisch um ihn lagernde Wasserkügelchen darstellen könne. (Vgl. 1880 A. und 1887 T.)

1885 J. H. **van't Hoff** führt in die Chemie den Begriff der festen Lösung ein, die nach ihm ein fester homogener Komplex von mehreren Körpern ist, deren Mengenverhältnis unter Beibehaltung der Homogenität wechseln kann. Er erhält solche feste Lösungen durch gleichzeitiges Fällen zweier Salze aus einer Lösung, in der eines dieser Salze stark im Überschuß ist.

— **Hoogewerff** und **van Dorp** finden im Steinkohlenteer das Isochinolin auf, das sich darin in geringer Menge neben dem Chinolin findet.

— John **Hopkinson** bildet die viel gebräuchliche Schluß-Joch-Methode zur Aufnahme der Magnetisierungskurven aus.

— W. **Huggins** und S. P. **Langley** gelingt es, die Wärme der Fixsterne und anderer Weltkörper auf der Erde experimentell nachzuweisen. Hierdurch gewinnt die von Thomson ausgesprochene Hypothese von der Existenz des Weltäthers (vgl. 1884 T.) an Wahrscheinlichkeit, da kaum anzunehmen ist, daß die Wärmeschwingungen sich ohne ein permeables Medium bis zur Erde fortpflanzen.

— Die Firma **Humber** trägt wesentlich zur Vervollkommnung des Fahrrades bei, indem sie an Stelle des anfänglich gebrauchten Rahmens mit gekrümmten Seiten den von ihr ausgebildeten geradlinigen Parallelogrammrahmen einführt.

— **Jäderin** in Stockholm führt für die geodätischen Längenmessungen die Methode der Drahtmessung an Stelle des Messens mit Basisapparaten ein, wobei als Maßstäbe 24 m lange Nickelstahldrähte verwendet werden. Das Verfahren hat sich gut bewährt und große Genauigkeit, sowie Ersparnis an Zeit und Personal ergeben.

— Rudolf **von Jaksch** beschreibt unter dem Namen „Diaceturie" einen Zustand, bei welchem im Harn Acetessigsäure auftritt. Hierbei zeigt der Harn mit Eisenchlorid eine intensive Rotfärbung. Das Auftreten der Acetessigsäure hat stets eine ernstere pathologische Bedeutung als die Acetonurie. (Vgl. 1880 J.)

— **Jellinek** wendet zuerst das Cocain in der Laryngologie zur Anästhesierung der Schleimhäute an; in der Rhinologie wird es zuerst durch Bosworth benutzt.

— Gisbert **Kapp** führt in die Rowland'sche Formel (s. 1873 R.) magnetische Widerstandskoeffizienten ein und ermöglicht es dadurch, den vollständigen magnetischen Stromkreis zu berechnen.

— Der Farbstoff des Safrans (der getrockneten Narben von Crocus sativus) ist vielfach, so von Quadrat (1852), von Rochleder und Mayer (1857) u. a. untersucht worden, doch gelingt es erst **Kayser**, den Farbstoff, das Crocin, das ein Glucosid darstellt, in reinem Zustande zu erhalten und durch Spaltung desselben das Crocetin darzustellen. Außerdem enthält das Safran ein gewürzhaft riechendes Öl, das Safranöl, und einen Bitterstoff, das Picrocrocin.

— Heinrich **Kiliani** zeigt, wie auf synthetischem Wege aus kohlenstoffärmerem Zucker ein kohlenstoffreicherer erhalten wird. Er stellt durch Bindung der Aldehydgruppe des Zuckers mit Blausäure ein Cyanhydrin her, verseift dieses und unterwirft das Reaktionsprodukt der Reduktion, die einen Zucker liefert, der ein Kohlenstoffatom mehr als das Ausgangsmaterial enthält.

— **Köbrich** und **Zobel** kombinieren unter Beibehaltung des Bohrschwengels das einfache Spülbohren mit der Diamantbohrung so, daß jederzeit ohne viel Zeitverlust von dem einen System aufs andere übergegangen werden kann, und zwar vom drehenden Bohren mit der Schappe zum stoßenden

Bohren mit dem Meißel und von diesem zum Diamantbohren (Deutsches Bohrverfahren).

1885 Albrecht **Kossel** stellt das Adenin aus dem Ochsenpankreas dar. Später findet er es auch in Tee, wie im Zuckerrübensaft und bei der Zersetzung des Nucleins mit verdünnter Schwefelsäure. Er ermittelt seine Konstitution als Sechsfach-Aminopurin.

— Peter Konrad **Laar** führt für die subtilen, zuerst am Isatin genau studierten Isomerieerscheinungen, bei denen die Isomeren leicht ineinander übergehen und häufig nur eine Form isoliert werden kann, den Ausdruck „Tautomerie“ oder „Desmotropie“ ein.

— **Lacombe** und **Mathieu** erhalten terrestrische Fernphotographien, indem sie das Verfahren der Himmelsphotographie auf irdische Gegenstände anwenden. (Vgl. 1851 P. und 1891 M.)

— Albert **Ladenburg** stellt das Piperidin synthetisch durch Reduktion von Trimethylencyanid und rasches Erhitzen des salzsauren Salzes des entstehenden Pentamethylendiamins dar, wobei er Salmiak und salzsaures Piperidin erhält.

— Heinrich **Lahmann** versucht das Luftbad (s. 1865 R.) theoretisch zu begründen und benutzt es in umfangreichem Maßstab in seiner auf dem Weißen Hirsch in Dresden errichteten Heilanstalt.

— Samuel Pierpont **Langley** findet auf Grund seiner 1880 begonnenen Untersuchungen, daß die Maximaltemperatur der von der Sonne bestrahlten Mondoberfläche nicht höher als 50° C. sein könne.

— K. S. **Lemström** untersucht den Einfluß der Elektrizität auf das Wachstum der Pflanzen und konstatiert eine deutliche Ertragssteigerung infolge der elektrischen Behandlung. Auch bei späteren in den Jahren 1900 bis 1901 in Gemeinschaft mit Bengelsdorff und Laine gemachten Versuchen wird das gleiche Resultat erzielt.

— Oskar **Loew** erkennt die bakterientötende Eigenschaft des von Hofmann (s. 1867 H.) entdeckten Formaldehyds und führt denselben unter dem Namen „Formalin“ als Desinfiziens ein. Apparate zur Desinfektion mit Formalin werden namentlich von Trillat, von der Chemischen Fabrik auf Aktien vormals E. Schering, von C. Flügge und B. Proskauer angegeben.

— Oscar **Loew** verdichtet den Formaldehyd zu einem süßschmeckenden, zuckerartigen, von ihm „Formose“ genannten Stoffe.

— G. **Lunge** und H. **Landolt** untersuchen die zuerst von Claussen (s. 1866 C.) vorgeschlagene Magnesiableichflüssigkeit sowie die von Orioli (1860) empfohlene Tonerdebleichflüssigkeit und finden, daß die erstere bei Lichtabschluß als Bleichlösung sehr gut zu verwenden ist, daß die letztere jedoch selbst bei Ausschluß des Lichts allmählich an Bleichfähigkeit abnimmt.

— Der Architekt **Mack** in Ludwigsburg erfindet die Gipsdielen, welche aus einer besonders präparierten Gipsmasse hergestellt und durch Einlage von Binsen oder Bambusrohr versteift sind. Sie werden zu Decken, Zwischenwänden, Schiebetüren und dgl. verwendet und sind leicht, feuersicher und schalldämpfend. Eine besondere Bedeutung haben die Gipsdielen in neuerer Zeit für Bauten in heißen Klimaten erlangt.

— Die Brüder Reinhard und Max **Mannesmann** in Remscheid erfinden ein Verfahren, durch Schrägwalzen aus vollen Blöcken nahtlose Röhren zu erzeugen und konstruieren ein hierzu taugliches Walzwerk. Hierauf wird an Fritz Koegel in Staßfurt ein deutsches Patent erteilt.

— Eduardo **Maragliano** fördert durch sein Werk „Über die Physiopathologie des Fiebers und die Lehre der Antipyrese“ die pathologische Anatomie des Fiebers. Seit 1895 beschäftigt er sich eingehend mit der Serumtherapie bei Tuberkulose.

1885 Nachdem Paul und Einhorn festgestellt hatten, daß das Cocain ein Ester ist, der beim Kochen mit Wasser in seine Bestandteile Benzoylecgonin und Methylalkohol zerfällt, gelingt es E. **Merck**, das Cocain künstlich aus Benzoylecgonin und Jodmethyl zu erzeugen und weiterhin das Ecgonin durch eine einzige Operation (Erhitzen mit Benzoesäureanhydrid und Jod methyl im geschlossenen Rohr bei 100° C.) in Cocain überzuführen.

— John **Milne** konstruiert zum Nachweise der mikroseismischen Bewegungen des Erdbodens einen Pulsationsmesser, der einen nach Art des Morse-Telegraphen abrollenden Papiersteifen trägt, auf dem die Zeitabschnitte durch Punkte bezeichnet werden, während bei jeder noch so geringen Erschütterung des Bodens ein Strom unterbrochen wird, wobei in dem Papier feine Durchbohrungen entstehen. Durch den Apparat wird festgestellt, daß ein schwacher Pulsationszustand die Regel, absolute Ruhe des Erdbodens eine Ausnahme darstellt.

— **Miltimore** ersinnt ein Verfahren zur Fertigbearbeitung von Wagenrädern aus Eisenguß, dem ein ähnlicher Gedanke wie dem Kaltschneideverfahren (s. 1823 B. und 1875 R.) zugrunde liegt. Hierbei wird eine rasch rotierende Scheibe aus weichem Metall der äußeren Oberfläche der Räder soweit genähert, daß durch die Reibung eine oberflächliche Schmelzung erfolgt, durch welche die Räder eine größere Härte erlangen.

— Hermann **Müller** konstruiert den Doppelzellenschalter, um die Spannung im Entladekreise von Akkumulatorenanlagen während der Ladung konstant zu halten.

— Hermann **Müller** konstruiert Minimalautomaten zur selbsttätigen Ausschaltung des Ladestromes bei Akkumulatorenanlagen.

— Hermann **Müller** konstruiert einen automatisch wirkenden Spannungsregulator für Dynamomaschinen, welcher darauf beruht, daß durch ein Kontakt-Voltmeter ein Klinkwerk eingeschaltet wird, welches die Kurbel des Nebenschluß-Regulators in dem einen oder andern Sinne bewegt.

— R. **Nietzki** und Th. **Benckiser** zeigen, daß der bisher als Kohlenoxydkalium bezeichnete Körper (s. 1834 L. und 1862 L.) ein Benzolderivat des Hexaoxybenzolkaliums ist, und klären die Natur der von Lerch erhaltenen Körper dahin auf, daß die Trihydrocarboxylsäure mit Hexaoxybenzol, die Dihydrocarboxylsäure mit Tetraoxychinon und die Carboxylsäure mit Rhodizonsäure identisch ist.

— R. **Nietzki** und Th. **Benckiser** stellen aus salzsaurem Diamidotetraoxybenzol mit Kalilauge eine schwarze krystallinische Substanz her, die noch Kalium und Stickstoff enthält und beim Kochen mit Wasser eine gelbrote Lösung ergibt, aus der beim Eindampfen reichliche Mengen von krokonsaurem Kali erhalten werden. Es ist dies das erste Beispiel der Umwandlung eines sechsgliedrigen Ringes in einen fünfgliedrigen.

— Thorsten **Nordenfelt** erfindet den sogenannten Mitisguß, ein in Tiegeln unter Aluminiumzusatz geschmolzenes und in Formen gegossenes weiches Eisen, das ein Ersatz für schmiedbaren (Temper-) Guß sein soll. Der mit Petroleum geheizte Schmelzofen wird von C. G. Wittenström konstruiert. (Vgl. auch 1883 V.)

— Louis **Pasteur** erfindet auf Grund seiner Entdeckungen über die präventive Impfung mit abgeschwächten Bakterienkulturen (s. 1880 P.) eine Methode, um von wutkranken Hunden gebissenen Menschen und Tieren einen sicheren Schutz zu verleihen.

— Nachdem von den verschiedensten Forschern, wie Ott (s. 1763 O.), Gersanne, Fantonetti, A. von Humboldt, Erman (s. 1831 E.), Lamont (s. 1845 L.), Stapff (s. 1880 S.) planmäßige Temperaturbeobachtungen in Gruben gemacht worden waren, um das Verhältnis der Temperaturerhöhung zur

53*

Tiefenzunahme zu erforschen, macht Josef **Prestwich** solche Temperaturbeobachtungen in Kohlengruben und Bergwerken unter Anwendung aller möglichen Vorsichtsmaßregeln und erhält für Kohlengruben 27,5 m, für andere Bergwerke 23,6 m Tiefenzunahme für 1° Temperaturveränderung.

1885 **Pritchard** konstruiert sein Keilphotometer, dessen Idee 1843 von Piazzi, Smyth uud E. Kayser entwickelt worden war. Dasselbe besteht aus einem keilförmigen, alle Farben gleichmäßig absorbierenden Glas, das in den Weg der Lichtstrahlen eines zu beobachtenden Sterns so weit eingeschoben wird, bis derselbe erlischt. Pritchard beschreibt in der „Uranometria nova Oxoniensis" 2786 mit diesem Instrument ausgeführte Lichtmessungen an mit bloßem Auge sichtbaren Sternen. (S. a. 1861 Z. und 1879 P.)

— Der Kopenhagener Physiker **Prytz** konstruiert ein Planimeter, bestehend aus einem einfachen Stahldraht, der an einem Ende zu einer Spitze, am andern zu einer stumpfen Schneide umgebogen ist. Man setzt die Spitze auf einen Punkt im Innern der zu messenden Fläche, führt sie zu einem Punkte des Umfanges, umfährt mit ihr den Umfang und kehrt zum Ausgangspunkt im Innern zurück. Das Produkt aus dem Abstand von Anfangs- und Endort der Schneide einerseits und der Entfernung zwischen Schneide und Spitze andererseits gibt den Inhalt der Fläche.

— B. **Rösing** gibt eine elektrolytische Methode zur Raffination und Entsilberung des Zinkschaumes (einer Bleisilberlegierung, die sich beim Abkühlen des zwecks Raffinierens geschmolzenen Bleis auf dessen Oberfläche absetzt) an.

— Wilhelm **Roux** macht in den Jahren 1885—98 Untersuchungen über die mechanischen Bedingungen der Kräfte oder Energien, durch welche die Entstehung der Form der Organismen veranlaßt wird, und sucht die Gestaltungsvorgänge der Entwicklung auf bestimmte molekular-mechanische Gesetze zurückzuführen. Er wendet die Entwicklungsmechanik auch auf die Lehre von den Mißbildungen an.

— Max **Rubner** empfiehlt, zur Konservierung das Fleisch in Salzlösung unter hohem Druck einzulegen. Das Salz verteilt sich rasch und gleichmäßig im Fleisch. Hierbei werden demselben nur geringe Mengen von Extraktivstoffen, aber kein Eiweiß, entzogen, dagegen etwa 11 % phosphorsaures Kali.

— **Rung** in Kopenhagen konstruiert einen automatischen Ombrographen, der sich zur Regenmessung sehr gut bewährt.

— Nachdem Maercker schon 1881 auf die beim Gilchrist-Thomas-Verfahren (s. 1879 G.) abfallende Entphosphorungsschlacke als neue Phosphorquelle für Düngezwecke aufmerksam gemacht hatte, verwendet Carl **Scheibler** zuerst diese Schlacke in Mehlform zur Düngung und erfindet ein Verfahren, sie mit Phosphorsäure anzureichern (Thomasphosphatmehl).

— J. **Schenkel** stellt, nachdem er schon das Jahr zuvor eine Lösung von Kresol in Kaliseife zu Desinfektionszwecken als Sapocarbol I in den Handel gebracht hat, ein Sapocarbol 00 für chirurgische Zwecke her, das eine Lösung von reiner krystallisierter Carbolsäure in reiner Kaliseife darstellt. Eine gleiche Lösung wird später von Pearson unter dem Namen „Creolin" in den Handel gebracht. Auch das von Dammann dargestellte und von Schülke & Mayr vertriebene Lysol ist nichts anderes als eine Lösung von Teeröl in Kaliseife.

— Der Botaniker Hans **Schinz** erforscht das afrikanische Nama-, Herero- und Amboland.

— **Schüchtermann & Kremer** in Dortmund stellen — nach einem amerikanischen Vorbilde — das sogenannte Streckmetall her, ein aus weichem Stahl, auch Messing und Kupfer, mittels eines eigentümlichen Schnittverfahrens hergestelltes Netz- und Gitterwerk, das in Verbindung mit Gips oder Zement in ähnlicher Weise wie der Rabitzbau (s. 1873 R.) zur Herstellung feuersicherer Wände, Decken, Dächer, bombensicherer Gewölbe u. dgl. verwendet wird.

1885 **Seger** und **Aron** konstruieren für die Tonindustrie einen Zugmesser, der den Heizern gestattet, mit großer Schärfe die Stärke des Zuges abzulesen und ihn diesen Ablesungen gemäß zu regeln.

— Friedrich **Siemens** konstruiert einen Regenerativ-Gasofen, an welchem er eine Regenerativleuchtflamme anbringt, durch welche eine vollkommen geruchlose Verbrennung des Gases und eine starke Erwärmung des Fußbodens durch Strahlung erreicht werden soll.

— **Siemens Brothers** in London stellen in ihrer Werkstatt den ersten elektrisch betriebenen Drehkran auf. Ein ähnlicher Kran wird 1886 von Hopkinson gebaut.

— Walther Victor **Spring** zeigt, daß beim Komprimieren eines Gemisches von festem Bariumsulfat und Natriumcarbonat oder des reziproken Salzpaares ein teilweiser doppelter Umsatz stattfindet, was natürlich nur bei Diffusion der festen Körper denkbar ist.

— William **Thomson** (Lord Kelvin) erfindet die als Thomson'sche Doppelbrücke bezeichnete Meßbrücke zur Bestimmung sehr kleiner Widerstände, die von Matthiessen und Hockin noch verbessert wird. (S. a. 1843 W.) Er gibt ferner die Stromwage an, die zur Messung der Stromstärke vielfach verwendet wird.

— Die **Thomson Houston International Electric Co.** führt den Controller (Steuerschalter) und die Serienparallelschaltung der Wagenmotoren zur Geschwindigkeitsregulierung der elektrischen Bahnen ein.

— Die **Thomson Houston International Electric Co.** führt die oberirdische Stromzuführung mit Kontaktrolle und Schienenrückleitung für elektrische Bahnen ein.

— Gaston **Tissandier** in Paris regt den Gedanken internationaler meteorologischer Ballonfahrten an, der im Jahre 1896 zum ersten Male verwirklicht wird und wertvolle Aufschlüsse über die Temperaturverhältnisse in den höheren Luftschichten liefert.

— R. **Ulbricht** in Dresden stellt sogenannte Meisner'sche Blitzplatten aus Kohle her und führt damit die Kohle als Material für Blitzableiter ein.

— **Verdol** in Lyon baut eine Jacquardmaschine, die mit endloser Papierkarte arbeitet und die Arbeit wesentlich verbilligt.

— Hugo **de Vries** zeigt, daß die Protoplasmabewegung in den Zellen eine allgemein verbreitete Erscheinung in der Pflanzenwelt ist, und nimmt diese Bewegung für das Problem des Stofftransports in der Pflanze in Anspruch, wobei die Tatsache in Betracht kommt, daß die Protoplasmamassen vielfach durch die Zellwände miteinander in Verbindung treten. Bei dieser Wanderung wird das Stärkemehl vorübergehend in einen im protoplasmatischen Zellsaft löslichen, wahrscheinlich zuckerartigen Stoff verwandelt. Diese Hypothese ist indes nicht unbestritten.

— Otto **Wallach** untersucht in den Jahren 1885—1908 die ätherischen Öle, isoliert deren Bestandteile, stellt zahlreiche Übergänge und Umlagerungen im Terpengebiet fest und gibt, gestützt auf seine Untersuchungen, eine Einteilung der Terpene (der Kohlenwasserstoffe von der Formel $C_{10}H_{16}$), die im wesentlichen auf ihrer Vereinigungsfähigkeit mit Chlorwasserstoff und salpetriger Säure beruht. Die Einreihung der Terpene und Campherarten in eine neue große Körperklasse, die eine Zwischenstellung zwischen den aliphatischen und den aromatischen Körpern einnimmt und die Kluft zwischen diesen Gebieten überbrückt, ist zum großen Teil den Baeyer'schen Forschungen (s. 1885 B.) zu verdanken.

1885 Francis William **Webb** in Crewe baut die erste dreizylindrige Verbundlokomotive, bei der die beiden Hochdruckzylinder außen, der Niederdruckzylinder innerhalb des Rahmengestells unter der Rauchkammer liegen. Solche Lokomotiven werden für die London und North Western Railway und die Jura-Simplonbahn gebaut; die für die letztere Bahn gebauten Lokomotiven haben drei Treibachsen und eine vordere verstellbare Laufachse.

— Leonhard **Weber** macht eine große Anzahl von Messungen der durch das diffus reflektierte Himmelslicht bedingten allgemeinen Tageshelle und stellt fest, daß um die Zeit des Sommersolstitiums die allgemeine Tageshelle um das 11fache die Helligkeit um die Zeit des Wintersolstitiums übertrifft.

— Karl **Weigert** entdeckt die Darstellung der markhaltigen Nervenfasern im Zentralnervensystem durch Färbung mit Hämatoxylin. Diese Methode wird grundlegend für die Kenntnis des Faserverlaufs im Zentralnervensystem. Sie wird später namentlich von Gudden und Flechsig angewendet.

— F. J. **Weiß** in Basel bildet die Gegenstromkondensation für Dampfmaschinen aus, bei welcher sich Wasser und Dampf im Kondensator entgegengesetzt bewegen, und das warme Wasser und die Luft getrennt an verschiedenen Stellen des Kondensators durch gesonderte Pumpen abgeführt werden.

— Clemens **Winkler** erhält durch Reduktion von Platinlösungen mit Natriumformiat das Platinhydrosol.

1886 Ernst **Abbe** führt für mikrophotographische Zwecke die sogenannten Projektionsokulare ein, die aus einer Kollektivlinse und einem sphärisch und chromatisch korrigierten Objektiv bestehen, an dessen Austrittspupille eine reelle Blende angebracht wird, um das beim Photographieren störende Nebenlicht zu vermeiden.

— E. **Abbe** und L. **Sohnke** ziehen auf Grund der modernen Anschauungen über das Licht den Schluß, daß auch das natürliche Licht in aktiven Substanzen und im magnetischen Felde eine Drehung erfahren müsse, und erbringen den experimentellen Beweis, daß dies tatsächlich der Fall ist. Dem entsprechend würde das natürliche Licht als polarisiertes Licht anzusehen sein, das seine Polarisationsebene auf kurze Strecken behält, dann aber wechselt, so daß in jeder meßbaren Zeit alle Polarisationsebenen gleichmäßig vertreten sind.

— Ernst **Abbe**, Otto **Schott**, C. und R. **Zeiß** gelingt es, durch Herstellung neuer Glasflüsse, zu welchen namentlich auch Borsäure und Phosphorsäure verwendet werden, Linsen für Mikroskope zu fertigen, welche alle bisherigen weit übertreffen, indem sie das sekundäre Spektrum praktisch unmerklich machen und die chromatische Differenz der sphärischen Aberration beseitigen (Apochromate).

— **Albert I.**, Fürst von Monaco, verwendet zuerst feststehende Fallenreusen zum Fang von Meerestieren. Dieselben bestehen aus drei durch Eisenstangen miteinander verbundenen und mit Netzgarn überspannten quadratischen Holzrahmen, von denen einer, an den vier Ecken beschwert, auf dem Boden ruht. Er macht von 1887 bis 1890 auf der „Hirondelle" Tiefseeforschungen im Atlantischen Ozean.

— Nachdem infolge der Appert'schen Versuche über Milchkonservierung (s. 1827 A.) eine Anzahl Apparate zu diesem Zweck von Fesca (1882), Thiel (1884), Fjord (1886) u. a. konstruiert worden waren, tritt **Arnold** von der Firma Lefeldt & Lentsch mit einer Konstruktion in die Öffentlichkeit, die vor den vorgenannten den Vorzug hat, daß die Milch infolge der zentrifugalen Verteilung in äußerst dünne Schichten darin weniger leicht anbrennt. Ein anderer sehr leistungsfähiger Milcherhitzungsapparat ist der von Kleemann & Co.

1886 **Ashley** und **Arnell** konstruieren unter Benutzung der Farthing'schen Ideen (s. 1846 F.) eine sehr leistungsfähige Glasblasemaschine, mit der in zehn Stunden bis zu 1000 Flaschen angeferigt werden können, während die höchste Leistung des Glasmachers kaum die Hälfte beträgt.

— Adolf **von Baeyer** erschließt das Gebiet der hydrocyclischen (s. 1894 P.) Carbonsäuren, deren bekanntester Vertreter die Chinasäure ist, durch eine allgemeine Darstellungsmethode, die auf Reduktion der aromatischen Säuren (Benzoesäure, Phtalsäure, Terephtalsäure) durch Natriumamalgam beruht.

— Nach dem Entwurf des Bildhauers Friedrich August **Bartholdi** wird im Hafen von New York eine als Leuchtturm dienende Statue der Freiheitsgöttin errichtet, welche 46 m Höhe hat und im Verein mit ihrem Granitsockel den Meeresspiegel um 93 m überragt. Zu ihrer Herstellung werden 80000 kg Kupfer und 120000 kg Eisen verbraucht.

— **Bender** und **Schultz** erhalten durch Behandlung von Paranitrotoluol-Orthosulfosäure mit Alkalilauge gelbe Farbstoffe, die der Klasse der Stilbenfarbstoffe angehören und als Sonnengelb und Mikadogelb in den Handel kommen.

— Nachdem Schlange die im Handel befindlichen Verbandstoffe bakteriologisch untersucht und nachgewiesen hatte, daß sie fast sämtlich infiziert seien, führt Ernst **von Bergmann** in seiner Klinik die Sterilisation sämtlicher Verbandmaterialien mit strömendem Dampf durch. Diese Methode verbreitet sich rasch durch die chirurgischen Kliniken.

— Rudolf **Boehm** gelingt es, die wirksame Substanz des Curare in reinem Zustande als amorphen, gelben, leicht in Wasser und Weingeist löslichen Körper darzustellen. Er zeigt, daß der von Preyer 1865 hergestellte krystallisierte Körper keine reine Substanz ist.

— Nachdem schon W. His 1880 die graphische oder zweidimensionale Rekonstruktionsmethode geschaffen hatte, mittels deren sich die aus den mikroskopischen Betrachtungen der einzelnen Serienschnitte resultierenden Ermittelungen zu einem allerdings nur flächenhaften Gesamtbild vereinigen lassen, gelingt es Gustav Jakob **Born**, durch seine Plattenmodelliermethode eine in allen drei Dimensionen richtig vergrößerte plastische Rekonstruktion zu erzielen. Diese Methode wird von den Embryologen in ausgedehntem Maße angewendet.

— **Bréant** erzeugt einen dem echten orientalischen, indischen oder persischen Damaststahl (Wootzstahl) sehr ähnliches Produkt durch Schmelzen von 100 Teilen Stabeisen mit 2 Teilen Lampenruß oder durch Zusammenschmelzen von Roheisen mit oxydierten Eisenfeilspänen.

— **Cahn** und **Hepp** beobachten, daß Acetanilid (s. 1843 G.) ein starkes Entfieberungsmittel ist, dem auch vorzügliche antineuralgische Effekte zukommen, und führen es unter dem Namen „Antifebrin" in den Arzneischatz ein. Gleichzeitig entdeckt auch Adolph **Kopp** die antipyretischen Eigenschaften dieses Körpers.

— Die **Canada Pacific Bahn**, die in einer Länge von 3070 km von Montreal bis Port Moody führt, wird dem Verkehr eröffnet. Die Bahn hat außerdem 8900 km Seitenlinien.

— Eugène H. und Alfred H. **Cowles** erfinden ein praktisches Verfahren für metallurgische Operationen, welches darauf beruht, daß ein zerteiltes, elektrisch leitendes, aber mit starkem Widerstand behaftetes Material (granulierter Koks), welches mit dem chemisch zu verändernden Material in Berührung gebracht, beim Durchgang des Stromes glühend wird.

— Eugène H. und Alfred H. **Cowles** stellen auf metallurgischem Wege Ferroaluminium und Aluminiumbronze her, indem sie in einem nach ihrem neuen Prinzip (s. 1886 C.) konstruierten Ofen elektrisch erhitzten Kohlenstoff bei Gegenwart von Eisen oder Kupfer auf Aluminiumoxyd einwirken lassen.

1886 William **Crookes** entdeckt die Eigenschaft einiger Oxyde und Salze der seltenen Erden, speziell der Erbinerde, unter dem Einfluß der Kathodenstrahlen zu leuchten und hierbei linienreiche Spektra zu geben.

— Gottlieb **Daimler** richtet ein Motorboot mit einem von ihm eigens für diesen Zweck gebauten Zwillingsmotor von 2 Pferdekräften aus, der sich vollkommen bewährt und zum Bau eines eigenen Typs von Schiffs-Benzinmotoren Veranlassung gibt.

— Max **Delbrück** konstatiert, daß für die reine Züchtung des Hefepilzes das „Klima“ in der passenden Nährlösung hergestellt werden muß, welches der Hefe günstig, den Spaltpilzen aber schädlich ist. Er versteht unter „Klima“ Temperatur, Konzentration, Säure- und Alkoholgehalt und Luftzufuhr. Er stellt ferner fest, daß durch die Einführung einer mechanischen Bewegung in das Nährmedium nicht nur das Sproßvermögen der Hefezellen vergrößert, sondern auch die Vergärung des Zuckers bedeutend gefördert wird. Er erkennt die Kohlensäure als Gift für die Hefe.

— Der Architekt Wilhelm **Dörpfeld,** Direktor des Deutschen archäologischen Instituts in Athen, unternimmt Ausgrabungen daselbst, welche besonders für die Erforschung des altgriechischen Theaters wichtig geworden sind. Dörpfeld war auch bei den Ausgrabungen von Olympia, Tiryns, Troja (Hissarlik), Pergamon und auf der Insel Leukas (nach seiner Annahme der Wohnsitz des Odysseus) beteiligt.

— Emile **Duclaux** beobachtet, daß Glucose und Lactose in steriler alkalischer Lösung im Sonnenlicht langsam in Alkohol und Kohlensäure zerfallen, daß also gärungsähnliche Zersetzungen auch durch das Sonnenlicht bewirkt werden. (S. a. 1869 L. und B.)

— J. M. **Eder** und E. **Valenta** zeigen, daß nicht alle dunkelen Farbstoffe sensibilisieren, sondern nur solche, die sich innig mit dem Bromsilberkorn vereinigen und dieses wirklich färben. (Vgl. a. 1869 Sch.)

— Francis **Elgar** macht ausgedehnte Berechnungen über die Stabilität von Kriegsschiffen bei verschiedenen Neigungen und versucht, eine Stabilitätskurve zur Ermittlung der Stabilitätsgrenze zu konstruiren.

— Roland **von Eötvös** gibt auf Anregung von van der Waals eine rationelle Begründung des Zusammenhanges zwischen Oberflächenspannung und Molekularvolumen und gibt dadurch der Bestimmung der Capillarkonstanten eine erhöhte wissenschaftliche Bedeutung. Er stellt eine Formel für die Berechnung des Molekulargewichts unvermischter Flüssigkeiten aus der Oberflächenspannung auf.

— **Erban** und **Specht** erfinden eine Methode zum Färben von Baumwolle mit Beizenfarbstoffen. Die Methode besteht darin, daß sie den Stoff zunächst mit ammoniakalischer Farbstofflösung klotzen, dann trocknen, durch die Lösung einer Beize passieren lassen, wieder trocknen und nun die Verbindung des Farbstoffs mit der Beize durch Dämpfen bewirken. Dies Verfahren wird zuerst für Türkischrot empfohlen, eignet sich aber überhaupt für lichte Färbungen.

— Theodor **Escherich** findet im normalen Säuglingskot in überwiegender Menge eine in ihren Eigenschaften genügend scharf charakterisierte Bakterienspezies „Bacterium coli commune“. Spätere Untersuchungen von Kohler, Baginsky u. a. zeigen, daß diese Spezies der Repräsentant einer großen Gruppe, der Colonbacillen ist, welche als die typischen Darmbakterien gelten müssen. Gewisse tierpathogene Bakterien, wie die Bacillen der Kälberruhr, der Schweineseuche, des Mäusetyphus und der menschenpathogene Bacillus enteritilis Gärtner gehören dieser Gruppe an.

1886 S. Z. **de Ferranti** errichtet die erste Wechselstrom-Zentrale in London, die durch die Vorzüglichkeit ihrer gesamten Apparate, Dynamomaschinen, Transformatoren, Ferranti'schen Elektrizitätszähler, sowie durch ihr Verteilungssystem vorbildlich für solche Anlagen wird.

— Reginald **Fitz** wendet zuerst in einer Veröffentlichung über die Perforation des „Appendix vermiformis" die Bezeichnung „Appendicitis" für die Erkrankung des Wurmfortsatzes an.

— Der französische Admiral **Fleurials** erfindet das Kollimator-Gyroskop, einen Kreisel, dessen Körper wulstartig geformt ist, und dessen Spitze sich in einer Kugelschale als Pfanne so dreht, daß er sich aus jeder beliebigen Anfangsstellung nach einiger Zeit von selbst aufrichtet und seine Achse eine vertikale Stellung einnimmt. In Verbindung mit einem Sextanten wird das Instrument als Kreissextant zur Ortsbestimmung auf See in der französischen Marine verwendet.

— Jean Alfred **Fournier** macht wichtige Arbeiten über die Syphilis hereditaria tarda (s. a. 1750 S.) und spricht die Ansicht aus, daß die Tabes dorsalis meist durch syphilitische Infektion hervorgerufen werde.

— Albert **Fränkel** in Berlin entdeckt den Pneumonie-Mikrococcus (Diplococcus pneumoniae Fränkel).

— Nachdem schon Klebs (1875) und Eberth (1880) auf das Vorkommen von Diplococcen bei der Meningitis hingewiesen hatten, findet Albert **Fränkel** und unabhängig von ihm Anton **Weichselbaum** einen Diplococcus, den sie für identisch mit dem Diplococcus pneumoniae Fränkel (s. 1886 F.) halten, der aber später als eine besondere Art erkannt wird (1899 W.). Der Diplococcus dringt von der Nasenschleimhaut in die Schädelhöhle ein.

— Eugen **Goldstein** entdeckt die „Kanalstrahlen", welche bei Verwendung einer durchlöcherten Kathode in einer Vakuumröhre durch die Löcher dieser Kathode hindurchgehend auf der von der Anode abgewendeten Seite der Kathode geradlinig fortschreiten und beim Auftreffen auf die Glaswand Fluorescenz erregen. Wien untersucht diese Strahlen 1898 und findet, daß ihre Geschwindigkeit nur $^1/_{10}$ von derjenigen des Lichtes ist.

— Der englische Ingenieur **Greathead** vervollkommnet den zuerst von Brunel (s. 1825 B.) projektierten und dann praktisch von Beach und von Barlow angewendeten Bohrschild und verwendet ihn zum ersten Male für einen Tunnel von größerem Durchmesser unter dem St. Clair-Fluß, dem Abfluß des Huronsees nach dem Eriesee (Greathead Shield).

— **Gresley** und **Ruge** erfinden eine sehr leistungsfähige und viel verbreitete Waschmaschine zum Waschen des zur Zementmörtelbereitung erforderlichen Sandes, welche nach dem Gegenstromprinzip konstruiert ist.

— Die **Große Berliner Pferdebahn - Gesellschaft** macht Versuche, Straßenbahnwagen mit einem Reckenzaun'schen Elektromotor, der einen Strom von einer auf dem Wagen aufgestellten Akkumulatorenbatterie erhält, zu betreiben.

— Hermann **Gruson** stellt vermittels des von ihm seit bereits 30 Jahren ausgebildeten Hartgußverfahrens (Schalen- oder Kokillenguß) für die Hafenbefestigung von Spezia einen Panzerturm her, dessen einzelne Panzerplatten ein Gewicht bis zu 87950 kg aufweisen. (S. 1874 G.)

— Gottlieb **Haberlandt** stellt fest, daß das Gift der Brennnessel (Urtica dioica) nicht, wie man bisher glaubte, Ameisensäure ist, sondern eine Substanz, die sich hinsichtlich mancher ihrer Eigenschaften den ungeformten Enzymen anschließt. Auch bezüglich des Ameisengiftes darf man annehmen, daß es nicht allein aus Ameisensäure besteht.

1886 **Haedicke** konstruiert den Submarinegucker, der dazu dienen soll, die Taucherarbeiten von oben zu beaufsichtigen und aus einem weiten Zylinder mit einem Glasboden besteht, welcher mit dem Boden nach unten in das Wasser getaucht wird. Der Blick dringt frei in das Wasser und reicht so tief, wie es die Beleuchtungsverhältnisse und die Klarheit des Wassers gestatten.

— Charles M. **Hall** findet in dem natürlichen Kryolith das geeignete Fluß- und Lösungsmittel für die Tonerde und erzeugt mit dem Strom von 7 Grove-Elementen zwischen Kohlenelektroden die ersten Stücke Aluminium aus dieser Schmelze.

— **Hallwell** empfiehlt für die Superphosphatfabrikation als Zersetzungsmittel für Knochenphosphate an Stelle der Schwefelsäure eine 45 bis 50° Bé starke Lösung von Bisulfat in Wasser, für härtere Phosphate eine solche von Bisulfat in Schwefelsäure.

— J. B. **Hannay** konstruiert die Lucigenlampe, die dazu dient, durch eine mächtige 1 m hohe Flamme, welche eine Leuchtkraft von 10000 Kerzen besitzt, große Räume zu erhellen, und die sich infolge ihrer Unempfindlichkeit gegen Witterungseinflüsse auch zur Beleuchtung freier Plätze eignet. Die schweren Öle, die als Brennstoff dienen, werden mit gepreßter Luft der Brenneröffnung zugeführt und daselbst verstäubt.

— **Heer** berichtet zuerst über die therapeutische Wirksamkeit der Bierhefe bei Masern, Scharlach, Diphtherie, Purpura, Kinderdiarrhöen, Tuberkulose und Krebsleiden.

— Gustav **Hellmann** konstruiert einen Regenmesser, der billig, einfach zu bedienen und leicht transportabel ist. Ein mechanisch selbsttätiger Apparat wird nach Hellmann's Angaben von dem Mechaniker Fueß verfertigt, der auch elektrisch registrierende Regenmesser nach Sprung's Angaben konstruiert. (Vgl. auch 1885 R.)

— Gustav **Hermann** macht zuerst auf die Wichtigkeit des graphischen Verfahrens für die Untersuchung der Zentrifugalregulatoren aufmerksam, das seine volle Bedeutung jedoch erst durch die von Rittershaus und M. Tolle (1895) eingeführten Reglerdiagramme erhält.

— August **Hirsch** macht in seinem „Handbuch der historisch-geographischen Pathologie“ eingehende Angaben über die in Niederländisch-Indien, auf Malabar, Ceylon, sowie in Australien, Brasilien und Japan, namentlich an den Küsten endemisch vorkommende Gliederhypertrophie „Beri-Beri“, die später namentlich von Bentley (1893), Scheube (1894) und Grimm (1897) näher behandelt wird.

— Wie August **Hirsch** in seinem Handbuch (s. vorigen Artikel) mitteilt, ist die Ursprungsstätte der Schlafkrankheit die westafrikanische Küste von Senegambien bis südlich vom Kongo. Von hier wurde sie durch den gesteigerten Verkehr in das Kongogebiet eingeschleppt und verbreitete sich dann weiter an den Rändern des Victoria Nyanza.

— J. H. **van't Hoff** und Ch. M. **van Deventer** zeigen, daß es chemische Reaktionen gibt, die dem Schmelzprozeß vergleichbar sind, und bei denen ein fester Temperaturpunkt die Scheide bildet zwischen zwei chemisch verschiedenen Zuständen. Diesen fixen Temperaturpunkt nennen sie Umwandlungstemperatur. Sie zeigen die Richtigkeit dieser Auffassung bei der Entstehung von Doppelsalzen, der Bildung allotroper Modifikationen und der Spaltung von Racemkörpern.

— **Holm** und **Poulsen** arbeiten auf Veranlassung von Emil Christian Hansen eine Methode aus, die die Prüfung der Reinzuchthefe auf Gegenwart oder Abwesenheit von den wichtigsten drei Arten der wilden Hefen gestattet. Diese sogenannte „Analyse der Hefe“ beruht auf der Ascosporenbildung.

Eine Verunreinigung der Stellhefe selbst mit einem halben Prozent der Krankheitshefen wird durch diese Methode noch erkannt.

1886 John und Edward **Hopkinson** entwickeln, ausgehend von theoretischen Betrachtungen über die Induktion des Magnetismus in einem magnetischen Kreise von gegebener Form und gegebenem Material, eine Theorie der Dynamomaschine, die gestattet, die Leistung einer Maschine aus den Werkzeichnungen genau vorher zu bestimmen.

— **Imbert** und **Leger** erzeugen aus Stahl gegossene Ketten. Sie verwenden gußeiserne Kokillen, welche unmittelbar nach dem Gusse auseinandergenommen werden, so daß das Schwinden des Gußstückes ungehindert erfolgen kann.

— Nachdem schon im Jahre 1883 Edouard Heckel und Schlagdenhauffen auf den Caffein- und Theobromingehalt der Kolanuß hingewiesen und Th. Christy diese Nuß zuerst nach London importiert hatte, unternehmen F. **von Jobst** und O. **Hesse** die ersten praktischen Versuche, die Kolanuß als Nahrungs- und Genußmittel (namentlich zur Chokoladefabrikation) nutzbar zu machen.

— J. **Joly** konstruiert zur Bestimmung der spezifischen Wärme ein Wasserdampfcalorimeter und weist dessen Anwendbarkeit durch eine Anzahl von Versuchen nach. Gleichzeitig und unabhängig konstruiert auch Bunsen ein Dampfcalorimeter, dessen Anordnung er erst auf Veranlassung der Arbeit von Joly mitteilt.

— Sophus Mads **Jörgensen** arbeitet über die Konstitution der ammoniakalischen Platinbasen (s. 1828 M.), die er als gepaarte Ammoniakverbindungen betrachtet, wie dies vor ihm Claus (1854) und Blomstrand (1869) bereits ausgesprochen hatten.

— **Kennedy** und **Scott** führen den ersten doppelten Gichtgasverschluß bei den Lucy-Hochöfen bei Pittsburg in Pennsylvania aus.

— C. **Klément** und A. **Rénard** geben in ihrem Buche „Réactions microchimiques des cristaux et leur application en analyse qualitative" eine wertvolle Übersicht über die mikrochemischen Reaktionen und deren Anwendung auf die Untersuchung gemengter Verbindungen.

— **Knublauch** schlägt zur Absorption des Cyanwasserstoffs im Leuchtgas eine Waschflüssigkeit vor, die neben Basen Oxyde oder Hydrate von Schwermetallen enthält. Dieser Vorschlag bildet die Grundlage des Bueb'schen Verfahrens. (S. 1900 B.)

— F. **Koch** stellt aus Holzgummi eine „Xylose" genannte Zuckerart dar, die von Wiehler und Tollens 1887 als Pentose erwiesen wird.

— Gerhard **Krüss** trägt durch seine Arbeiten zur besseren Kenntnis der von der Molybdänsäure abgeleiteten Sulfosäuren bei, denen er mehrere von ihm entdeckte Verbindungen hinzufügt. Auch die vollständig geschwefelten Molybdate, die Sulfomolybdänsäure und das schon von Berzelius dargestellte Molybdäntetrasulfid werden von ihm untersucht.

— J. L. **La Cour** erfindet eine von ihm „Spektrotelegraph" genannte optische Signaleinrichtung. Der Gebeapparat besteht aus einem System von Linsen und Prismen, sowie einer Reihe von Blenden, durch welche einzelne Farben des Spektrums ausgeschaltet werden können. Das Farbenspektrum im Empfangsapparat zeigt infolgedessen eine Anzahl den Blenden entsprechende Unterbrechungen, welche die Bedeutung der einzelnen Buchstaben des Alphabets haben.

— Albert **Ladenburg** erhält durch Reduktion des α-Allylpyridins durch Natrium in alkoholischer Lösung bei Siedetemperatur ein Coniin, das er für identisch mit dem natürlichen Coniin hält, das sich aber später (s. 1906 L.) als Isoconiin herausstellt.

1886 Wilhelm **Landgraf** bougiert in methodischer Weise in einem Falle von Verengerung der menschlichen Luftröhre durch Einführung eines Katheters vom Munde aus. (Vgl. 1884 P.) Bereits 1875 berichtete L. von Schrötter in Wien über ähnliche Eingriffe. 1895 wird das Verfahren von Seiffert in Würzburg aufs neue erprobt.

— Ludwig **Lange** entdeckt den fundamentalen Unterschied zwischen muskulärer und sensorieller Reaktion und trägt dadurch zur Entwicklung der Psychometrie bei.

— Samuel Pierpont **Langley** mißt die Brechungsexponenten und die Wellenlängen bestimmter Strahlen des ultraroten Spektrums mit Hilfe des von ihm zur Untersuchung der strahlenden Wärme benutzten Bolometers. (S. 1881 L.) Zur Bestimmung der Wellenlängen wendet er die Beugung durch die von ihm hergestellten Beugungsgitter an.

— Der Chemiker Joseph **Lauff** erfindet das Plastomenit, eine durch Auflösung von Nitrocellulose in Nitrotoluol hergestellte, schmelzbare, beim Erstarren knochenähnliche Masse, welche sich wie Elfenbein bearbeiten und verwenden läßt. Durch Zusatz eines Sauerstoffträgers (z. B. in der Verbindung von Dinitrotoluol mit Kollodiumwolle und einem salpetersauren Salze) entsteht ein sehr wirksamer Explosivstoff, der in Körnerform namentlich als rauchschwaches Jagdpulver beliebt ist. Das Plastomenit wird von H. Güttler in Reichenstein fabrikmäßig hergestellt.

— Nachdem an die Stelle des französischen Chassepotgewehres im Jahre 1874 das Grasgewehr und bei der französischen Marine im Jahre 1878 das Gras-Kropatschek-Repetiergewehr getreten war, wird im Jahre 1886 das von dem Oberst Nicolas **Lebel** bereits im Jahre 1870 entworfene, nach ihm benannte Gewehr (von 8 mm Kaliber, mit Vorderschaftmagazin, 15 g schwerem Geschoß, 2,8 g Vieille-Pulver und 632 m Mündungsgeschwindigkeit) in Frankreich eingeführt.

— Paul Emile **Lecoq de Boisbaudran** zerlegt das Cleve'sche Holmium (vgl. 1879 C.) in das eigentliche Holmium und das Dysprosium.

— Karl Bernhard **Lehmann** untersucht den Einfluß gewerblicher Gifte auf den menschlichen Organismus und trägt dadurch zur Förderung der Gewerbehygiene bei.

— **Leitgeb** erbringt in seinen „Beiträgen zur Physiologie der Spaltöffnungsapparate" den Beweis, daß die Wasserverdampfung der Pflanze durch die Spaltöffnungen reguliert wird, und daß der Schluß der Spaltöffnungen nicht, wie man bisher annahm, vom Lichte abhängig ist. Der Schluß erfolgt aber sicher, wenn die Bodenfeuchtigkeit zu gering wird und zwar noch bevor die Pflanze anfängt zu welken.

— Philipp **Lenard** verwendet Wismut-Spiralen zur Messung magnetischer Felder. (S. 1884 R.)

— O. K. **Lenz** in Baku konstruiert den Rückstandsbrenner (Forsunka), eine Vorrichtung zur Einführung flüssiger Brennstoffe in die Kesselfeuerung. Hierbei wird das Öl durch gespannten Wasserdampf zerstäubt. Andere Zerstäuber werden von Lawrow, Schuchoff und Dander, Brandt, Sandgren, Tarbutt u. a. konstruiert.

— **Leslie** verbessert die Jull'sche Schneeschleuder. (S. 1884 J.) Seine als Dampfschneeschaufel bekannt gewordene Maschine besteht aus einer in einem fahrbaren Wagenkasten gelagerten Zwillingsdampfmaschine mit Kessel und einem vor der vorderen Stirnwand drehbaren, etwa 3 m großen Schaufelrade. Das Rad ist mit zehn eisernen Tüten besetzt, die in voller Länge einen breiten Schlitz haben, in dem sich eine Messerschneide bewegt, die in die Schneemasse einschneidet, und eine Schicht Schnee in das Tüteninnere schiebt, von wo sie dann durch die Schleuderkraft des Rades kräftig nach der Seite geworfen wird.

1886 Eduard **Linnemann** gelingt es, durch Verbesserung der Zirkonplatten die von Tessié du Motay (s. 1867 T.) erfundene Beleuchtungsart praktisch verwendbar zu gestalten (Linnemann-Brenner). Der Brenner wird später von Max Wolz in Bonn durch Einführung von Zirkonstäben an Stelle der Platten bedeutend verbessert.

— Adolf **Loehle** gibt im Anschluß an Lingg's Entwurf eines Meridianabschnitts durch Europa ein Erdprofil der Zone von 31° bis 65° n. Br. heraus, das von Tripolis im Süden über den Ätna und Vesuv, die Alpen, den Böhmerwald, das Erzgebirge und durch die Ostsee nordwärts bis über Drontheim hinausgeht. Da alle Maße dieses Profils in richtigem Verhältnis dargestellt sind, gibt dasselbe ein vortreffliches Lehrmittel zur Demonstration des Reliefs der Erde ab.

— Georg **Lunge** und L. **Rohrmann** konstruieren Reaktionstürme für die Säurefabrikation. Sie gehen von dem Prinzip aus, den Gasen und Dämpfen, um die Reaktion oder auch die Kondensation zu beschleunigen, eine möglichst große Oberfläche darzubieten und ersetzen die früher gebrauchte Koksfüllung durch geometrisch entworfene, den höchsten Wirkungsgrad verbürgende Tonplatten. Ende 1887 werden diese „Rohrmann-Lunge'sche Plattentürme" genannten Apparate in die Salpetersäurefabrikation eingeführt, von 1891 ab gelangen sie in der Schwefelsäurefabrikation zur Anwendung und von 1893 ab führen sie sich auch in der Salzsäurekondensation an Stelle der Kokstürme ein.

— Fritz W. **Lürmann** konstruiert Winderhitzer, die sich vor den Cowper'schen Apparaten (s. 1859 C.) durch Raumersparung, größere Wärmeaufspeicherung, vollkommenere Verbrennung der Gase und gleichmäßigere Verteilung der heißen Verbrennungsprodukte auszeichnen.

— Fritz W. **Lürmann** schlägt zuerst vor, durch Überleiten von Luft und Wasserdampf über glühenden Koks erhaltene Gase als Kraftgas zu benutzen. (Vgl. auch 1883 E.)

— Ernst **Mach** stellt fest, daß rasch hintereinander folgende Eindrücke von den Sinnesorganen nur dann als Einzelvorgänge unterschieden werden, wenn zwischen je zwei aufeinanderfolgenden Eindrücken ein Zeitraum liegt, der beim Gesichtssinn mindestens 0,047, beim Tastsinn (der Finger) mindestens 0,028 und beim Gehör mindestens 0,016 Sekunden betragen muß.

— Der Archäolog Teobert **Maler** erforscht die bis dahin noch wenig bekannte mexikanische Halbinsel Yukatan und entdeckt dort gegen 100 bisher unbekannte Ruinenstätten.

— Pierre **Marie** beschreibt unter dem Namen Akromegalie eine mit übermäßigem Wachstum der Finger und Zehen, sowie der vorspringenden Teile des Kopfes (Kinn, Nase, Ohren, Lippen, Wangen) einhergehende Krankheit, bei der gleichzeitig eine Hypertrophie der Knochen stattfindet.

— Johann Heinrich **Meidinger** konstruiert einen sehr einfachen Gasofen, der aus einem gußeisernen Sockel und einem gußeisernen Kopf besteht, welche durch zwei konzentrische, einen Schlitzkanal bildende Blechzylinder verbunden sind. Der Sockel des Ofens ist weit und hoch, so daß die Flammen sich frei, ohne anzustoßen und zu rußen, entwickeln können.

— **Mitchell** und **Reichert** zeigen, daß die Wirkung der Schlangengifte auf den Gehalt an aktiven Eiweißstoffen zurückzuführen ist. Diese Eiweißstoffe verhalten sich ähnlich den Enzymen und sind durch die Labilität ihrer Atome imstande, eine verhältnismäßig ungeheure Menge von zersetzbarem Material zum Zerfall zu bringen. (S. 1875 P.)

1886 Marcel **von Nencki** stellt aus salicylsaurem Natron und Natriumphenylat mit Chlorkohlenoxyd das Phenylsalicylat dar und führt dasselbe unter dem Namen „Salol“ in den Arzneischatz ein.

— Eduard **Pflüger** macht eingehende Untersuchungen über die Wärmeregulation bei Warmblütern und zeigt, daß diese Regulation durch sehr starke Kälte oder Hitze gestört werden kann.

— **Piutti** entdeckt das Rechts-Asparagin in den Wickenkeimlingen und erkennt es als Monamid der Asparaginsäure, aus der er auf synthetischem Wege zu einem inaktiven Asparagin gelangt.

— Gaston **Planté** gelingt es, die Rotation der Stürme zu veranschaulichen, indem er einen elektrischen Strom durch Wasser gehen läßt.

— Die **Preußische Regierung** kanalisiert den Main von seiner Mündung bis Frankfurt a. M. und übergibt die regulierte Strecke am 16. Oktober dem Verkehr. Die durchschnittliche Wassertiefe beträgt 2 m und ermöglicht den Rheinschiffen bis etwa 1000 t Tragfähigkeit die Fahrt bis Frankfurt.

— **Prothoroff** und **Müller** stellen durch Behandlung von Rhodankalium mit chlorsaurem Kali bei Gegenwart von Salzsäure einen Körper dar, den sie „Canarin“ nennen. Dieser Körper, dessen alkalische Lösung ungebeizte Baumwolle direkt anfärbt, stellt sich den Schwefelfarbstoffen (s. 1873 C.) zur Seite.

— Carl **Pulfrich** macht die Methode der Totalreflexion für kleine und mangelhafte Krystallflächen nutzbar, indem er einen um seine Achse drehbaren Rotationskörper einführt, auf welchen ein mit einer stark brechenden planparallelen Bodenplatte versehenes Flüssigkeitsgefäß aufgesetzt wird. Die „Zylinderapparat“ genannte Vorrichtung wird von Max Wolz in Bonn gebaut.

— J. W. S. **Rayleigh** und C. V. **Boys** machen unter Zuhilfenahme photographischer Methoden in den Jahren 1886—92 klassische Untersuchungen über die Gestalt der Flüssigkeitsstrahlen. Sie führen den Nachweis, daß es kaum eine vergänglichere Erscheinung gibt, als den freifließenden Strahl einer Flüssigkeit, und daß er selbst da, wo wir ihn noch zusammenhängend zu sehen glauben, schon infolge der Oberflächenspannung der Flüssigkeiten in Tropfen aufgelöst ist.

— Ferdinand **von Richthofen** trennt die im Relief ursprünglich begründeten oder nachher tektonisch selbständig entstandenen Thäler von den Skulpturthälern, welche durch erosive Agentien aus dem vorhandenen Relief herausgearbeitet werden.

— Ferdinand **von Richthofen** teilt in seinem „Führer für Forschungsreisende“ die Seen nach ihrer Entstehung ein in 1. tektonische Seen, 2. Einbruchseen, 3. Explosionsseen, 4. Ausräumungsseen, 5. Abgliederungsseen, 6. Abdämmungsseen, 7. Seen unebener Ablagerungen.

— Ferdinand **von Richthofen** spricht zuerst aus, daß Klima und Bodenbildung im Zusammenhang stehen. Diese Auffassung wird 1889 auch von J. R. Russel ausgesprochen und von Sibirzew in seiner „Bodenkunde“, sowie von E. W. Hilgard (1893) eingehend begründet.

— **Röntgen** und **Schneider** finden, daß die Kompressionskoeffizienten der Salzlösungen kleiner sind als der des Wassers, daß also im allgemeinen der Kompressionskoeffizient mit wachsendem Salzgehalt der Lösung abnimmt.

— Adolf **Schmidt** berechnet nach neuen Methoden das von Gauß aufgestellte erdmagnetische Potential, aus dem sich sämtliche drei Elemente des Erdmagnetismus (Deklination, Inklination und Intensität) leicht berechnen lassen, sobald von acht über die Erdoberfläche verteilten Orten die Werte dieser drei Elemente durch direkte Bestimmungen bekannt sind. Er fördert durch diese bis zum Jahre 1896 fortgesetzten Arbeiten wesentlich die Entwicklung der von G. B. von Neumayer (s. 1880 N.) herausgegebenen Karten der magnetischen Gleichgewichtslinien, d. h. der Linien gleichen Potentials.

1886 Nachdem der französische Genieoberst Mangin und der Ingenieur Sautter den Scheinwerfer durch Abänderung des Fresnel'schen Linsensystems wesentlich verbessert hatten, gelingt es der Firma **Schuckert & Co.,** durch Glasparabolspiegel, die aus einem Stück gefertigt werden, einen sich in der Praxis bewährenden Scheinwerfer herzustellen.

— Bernhard **Schwalbe** macht ausgedehnte Forschungen über Eishöhlen und teilt dieselben in seinem Buche „Eishöhlen und Eislöcher" in Ventarolen, Eislöcher und Eishöhlen ein. Er stützt sich zur Erklärung der Entstehung des Eises auf Versuche, nach denen Wasser unter 4° beim Durchsickern durch poröses Gestein infolge Verdichtung an der Oberfläche des festen Körpers eine Abkühlung erfährt, die sich bis zur Überkaltung steigern kann.

— **Schwedoff** konstruiert eine pyromagnetische Maschine, die sich darauf gründet, daß die Leitfähigkeit des Eisens für die magnetischen Kraftlinien mit steigender Temperatur abnimmt. Eine ähnliche Maschine wird 1887 von Edison konstruiert; beide Maschinen sind bis jetzt aber noch nicht zu praktischer Anwendung gekommen.

— Friedrich Wilhelm **Semmler** arbeitet über ätherische Öle, erkennt die Bedeutung der olefinischen Bestandteile derselben und verweist in diese Klasse sowohl Terpene wie Campherarten, so das Geraniol, Citral, Citronellol, Citronellal usw. Semmler klärt die Konstitution dieser Verbindungen auf, so daß sich diese Einteilung als richtig erweist. Weiterhin gelingt es Semmler, die Konstitution einer großen Anzahl von Bestandteilen ätherischer Öle aufzuklären.

— Friedrich **Siemens** erfindet das Drahtglas, das aus Glasplatten besteht, in die ein weitmaschiges Eisendrahtgewebe eingebettet ist. Das Drahtglas findet vielfach Verwendung zur Herstellung feuersicherer Oberlichter, Fenster usw.

— **Siemens & Halske** arbeiten eine elektrolytische Methode zur Gewinnung des Zinks aus Zinkerzen aus, die jedoch ebensowenig wie ähnliche Verfahren von Luckow (1880), Hermann (1881), Kiliani (1884) u. a. genügende praktische Erfolge gibt.

— **Siemens & Halske** geben eine Methode zur Kupfergewinnung aus Erzen und kupferhaltigen Materialien an, bei welcher Eisenoxydsulfat als Lösungsmittel dient. Die schwach gerösteten Schwefelkuptererze werden damit ausgelaugt, wobei Eisenoxydsulfat zu Eisenoxydulsulfat reduziert wird. Die Lösung wird unter Anwendung einer unlöslichen Kohlenanode und einer Kathode aus Kupferblech der Elektrolyse unterworfen.

— Franz **Soxhlet** bildet das nach ihm benannte Verfahren der Säuglingsernährung mit sterilisierter Milch aus.

— Adolph **Sprung** konstruiert einen Thermobarographen, welcher, ohne daß die beiden kombinierten Instrumente einer gegenseitigen Störung unterliegen, die Veränderungen der Luftschwere und Lufttemperatur automatisch aufzeichnet.

— **Tainter** gibt einen Phonographen mit Wachszylinder und Fußbetrieb an, der den Namen „Graphophon" erhält.

— Karl **Thiersch** verbessert die von Reverdin (s. 1869 R.) geübte Epidermispfropfung, indem er an Stelle der kleinen Läppchen, die Reverdin verpflanzte, große Hautlappen überträgt.

— Nachdem Sprengel im Verlauf seiner Arbeiten über Explosionsstoffe (s. 1873 S.) gefunden hatte, daß Pikrinsäure bei Knallquecksilber-Initialzündung die Eigenschaften eines äußerst wirksamen Sprengstoffes aufweist, benutzt Eugène **Turpin** die Pikrinsäure in gepreßtem und geschmolzenem Zustand, sowie in Verbindung mit Kollodium unter dem Namen „Melinit" zur Füllung von Granaten. Pikrinsäure mit schwefliger oder salpetriger Säure gibt den Sprengstoff „Lyddit", so genannt nach dem Städtchen Lydd in der Grafschaft Kent, wo derselbe zuerst hergestellt wird. (Vgl. auch 1886 V.)

1886 Paul Gerson **Unna** veröffentlicht Vorschriften für eine Anzahl neuer Arzneiformen, wie Pasten, Leime, Salbenstifte, Salbenmullen, die bald, von Spezialfabriken dargestellt, Handverkaufsartikel in den Apotheken werden.

— Nachdem das 1885 erfundene und beim Lebel-Gewehr 1886 eingeführte Pikratpulver von Brugère seiner Unbeständigkeit wegen aufgegeben worden war, gelingt es J. M. L. **Vieille,** ein rauchschwaches Pulver herzustellen, dessen Grundstoff in Äther aufgelöste Schießbaumwolle ist, und bei dessen Zusammensetzung die Pikrinsäure ebenfalls eine Rolle spielt. (S. a. 1875 N. und 1886 T.)

— G. W. **Wade** in Hansea in England erhält ein Patent auf einen Ventilator mit beiderseitig auf der Ventilatorachse sitzenden Einlaufspiralen zum Zwecke, der eingesaugten Luft die richtige Eintrittsgeschwindigkeit in den Ventilator zu geben.

— Clemens **Winkler** entdeckt im Argyrodit der Grube Himmelsfürst bei Freiberg i. S. ein neues Element, das Germanium. (Vgl. auch 1869 M.)

— Hermann **von Wißmann** durchquert zum zweiten Male (vgl. 1881 W.) von Stanley Pool aus den afrikanischen Kontinent, wobei er das Land der Baluba gründlich durchforscht.

— Otto N. **Witt** schlägt an Stelle des in der Analyse viel verwendeten, zuerst von Bunsen vorgeschlagenen Platinkonus runde durchlöcherte Platten von Nickel oder auf der oberen Seite glasiertem Porzellan vor, die sich dem Trichter genau anpassen und mit Papierscheiben belegt werden. Die Filtration durch diese sogenannten Witt'schen Saugplatten geht mit Hilfe der Wasserluftpumpe sehr rasch von statten.

— Nachdem Dubrunfaut schon 1850 Dibleisaccharat hergestellt und versucht hatte, Melasse mit Bleioxyd zu entzuckern, gelingt dies A. **Wohl** in Charlottenburg unter Verwendung der gelben Modifikation des Bleioxyds.

— Martin Ewald **Wollny** unterzieht das physikalische Verhalten des Bodens gegenüber der ihm zugeführten Wärme und den Einfluß der Bodenwärme auf die Menge und Gleichmäßigkeit des Pflanzenwachstums einer eingehenden Untersuchung. (S. a. 1817 S.)

— C. **Wurster** zeigt, daß das Tetramethylparaphenylendiamin ein sehr scharfes Reagens auf Ozon und Wasserstoffsuperoxyd ist. Es gelingt damit leicht, die Anwesenheit des aktiven Sauerstoffs in der Luft, in der Nähe von Flammen, in den Pflanzensäften und sogar auf der menschlichen Haut nachzuweisen. Ein mit der Lösung der Base in Essigsäure getränktes Papier färbt sich durch Ozon sofort blauviolett.

— Theodor **Zincke** und seine Schüler studieren eingehend die Umwandlungen, durch welche Indenderivate aus Naphtalinkörpern entstehen, also die Verengerung eines der beiden, den Naphtalinkomplex bildenden Sechsringe zum Fünfring bewirkt wird.

— Nathan **Zuntz** weist mit **Geppert** nach, daß nicht die Blutgase, sondern andere im Atmungszentrum angreifende chemische Reize bei der Muskelarbeit regulierend wirken.

1887 Der amerikanische Ingenieur W. H. **Adams** wendet zuerst zur Konzentration der Schwefelsäure stufenweise angeordnete Porzellanschalen an

Dieses Verfahren wird 1889 von F. Négrier & Co. und 1903 von F. Benker wesentlich verbessert.

1887 Der Tierarzt Saturnin **Arloing** in Lyon fördert die vergleichende Anatomie der Haustiere, namentlich hinsichtlich der Unterschiede des Beckens beim männlichen und weiblichen Tier, sowie bezüglich der Unterschiede im Bau des Knochengerüstes vom Esel, Pferde und deren Bastarden. Er stellt eingehende Untersuchungen über die Wirkung des Chlorals, Chloroforms und Cocains auf den tierischen Organismus an.

— Svante **Arrhenius** mißt die innere Reibung einer großen Zahl von Flüssigkeiten und Mischungen und untersucht namentlich die Abhängigkeit der Reibungskoeffizienten von der Temperatur. Seine Untersuchungen werden von Reyher (1888) und Julius Wagner (1889) in bezug auf verdünnte Salzlösungen ergänzt. Insbesondere aus Wagner's Arbeit scheint sich zu ergeben, daß die innere Reibung sich als periodische Funktion des Atomgewichts darstellt.

— Nachdem Rudolph Clausius (1857) es wahrscheinlich gemacht hatte, daß vereinzelte Moleküle der Elektrolyte in „Teilmoleküle“ zerfallen sind, begründet Svante **Arrhenius** die elektrolytische Dissoziationstheorie, wonach der größere Teil der Salze in wässeriger Lösung in Ionen zerfallen ist, und erklärt auf diese Weise die Abweichung der Elektrolyte vom van't Hoff'schen Gesetz.

— A. **d'Arsonval** regt auf Grund ausgedehnter physikalisch-physiologischer Untersuchungen die Benutzung hochgespannter Ströme zu Heilzwecken an. Das Verfahren wird von Apostoli (1897), Oudin (1898) und Doumer (1900) unter dem Namen „Arsonvalisation“ bei Erkrankungen der Haut und der Schleimhäute in die Praxis eingeführt.

— Richard **Aßmann** erfindet von neuem (s. 1852 W.) das Aspirationsthermometer, das unter Ausschließung des Einflusses der Sonnenstrahlen stets die wahre Temperatur der Luft anzeigt. Berson und Süring finden bei ihrer Ballonfahrt am 3. Oktober 1898, bei der sie dies Instrument mit älteren, nach Glaisher'scher Art angeordneten Thermometern vergleichen, Aßmann's Voraussetzungen bestätigt. (S. a. 1825 A.)

— Nach den Plänen von Friedrich Bernhard Otto **Baensch** wird in den Jahren 1887—95 der Nordostseekanal (Kaiser-Wilhelm-Kanal) in einer Länge von 98,65 km und einer Spiegelbreite von 60 m von Brunsbüttel an der Nordsee bis nach Holtenau an der Ostsee gebaut.

— K. J. **Bayer** führt eine neue Verarbeitung der Natriumaluminatlaugen ein, die er nicht, wie dies früher geschah (s. 1850 T. und 1857 L.), mit Kohlensäure zersetzt, sondern nach dem Zusatz von etwas Tonerde durch besonders konstruierte, mit Rührvorrichtungen versehene Apparate hindurchschickt, wobei sich bis 70% der Tonerde krystallinisch ausscheiden. Die zurückbleibenden Laugen, die Ätznatron und Aluminat enthalten, werden zur Aufschließung neuer Mengen von Bauxit benutzt.

— Nicolaus **de Benardos** erfindet ein elektrisches Schweißverfahren, bei welchem das Werkstück mit dem negativen Pol, die Kohle mit dem positiven Pol in Verbindung gebracht wird und der entstehende Lichtbogen als Stichflamme dient. Hugo Zerener verbessert dieses Verfahren, indem er den Lichtbogen durch einen Magneten ablenkt. (S. auch 1867 T.)

— Edouard **von Beneden** und **Neyt** arbeiten über das Ei von Ascaris megalocephala und fördern durch diese Arbeit das Verständnis des Befruchtungsvorgangs auch in anderen Stämmen des Tierreichs. Die Resultate ihrer Untersuchungen werden von Theodor Boveri bestätigt.

— Emil **Berliner** konstruiert das Grammophon. Dasselbe unterscheidet sich von dem Edison'schen Phonographen durch die Verwendung einer horizontalen

Platte an Stelle der Walze und durch die Art der Aufzeichnung. Der Schreibstift gräbt die Schallwellen in Spirallinien auf die rotierende Platte, von der vermittels einer auf galvanoplastischem Wege gefertigten Matrize die Abzüge hergestellt werden, die zur Reproduktion des aufgenommenen Musikstücks dienen. (S. a. 1859 S. und 1878 E.)

1887 Gustav Adolf **Blümcke** zeigt durch seine Studien über „die Frostbeständigkeit der Mineralien", wie die Sprengwirkung des gefrierenden Wassers noch weit energischer wirkt, als es die chemische Verwitterung zu tun vermag, und wie dieser Vorgang die Bodenbildung beeinflußt.

— Die elektrolytische Gewinnung von Antimon aus seinen Erzen wird zuerst von Wilhelm **Borchers** in Angriff genommen.

— August **von Borries,** W. **Worsdell** und Richard H. **Lapage** bauen vierzylindrige Verbundlokomotiven, bei welchen die beiden innenliegenden Hochdruckzylinder und die beiden außenliegenden Niederdruckzylinder auf eine Triebachse wirken. Die Steuerungen von Hoch- und Niederdruckzylinder sind derart zwangsläufig miteinander verbunden, daß die Niederdruckzylinder bis 20% größere Füllungen als die Hochdruckzylinder erhalten. Die später von J. A. Maffei gebauten vierzylindrigen Verbundlokomotiven haben eine ähnliche Zylinderanordnung. (S. a. 1880 B. und 1905 M.)

— Theodor **Boveri** beschäftigt sich vom Jahre 1887 ab mit der Erforschung des Lebens tierischer Zellen, speziell der Morphologie des Zellkerns und der Centrosomen, der Vorgänge der Zellteilung und der Befruchtung.

— V. C. **Boys** gibt das Radiomikrometer, ein empfindliches Instrument zum Nachweis und zur Messung geringer Wärmestrahlungen, an. Das Instrument ist so empfindlich, daß Boys damit die Strahlung des Mondes in ihrer Veränderlichkeit nachweisen kann, dagegen gelingt es ihm nicht, die Strahlung der Sterne damit festzustellen.

— **Brock,** Konstrukteur der Firma Denny in Dumbarton, nimmt ein Patent auf eine vorteilhafte Anordnung der Vierfach-Expansionsmaschine mit nur einem Schieber für jedes Zylinderpaar für Kesselspannungen bis zu 16 Atmosphären.

— **Brownhill** in Birmingham konstruiert nach dem Everitt'schen System (s. 1885 E.) einen Gasautomaten (Münzgasmesser), der gestattet, nach Einwerfen einer Münze eine entsprechende Menge Leuchtgas zu entnehmen.

— David **Bruce** entdeckt in dem Bacillus melitensis den spezifischen Erreger des Maltafiebers (Mittelmeerfiebers), einer an den Küsten und auf den Inseln des Mittelmeers, am Roten Meer und im nördlichen Indien endemisch oder auch epidemisch auftretenden typhusähnlichen Erkrankung.

— Die **Central-Pacific-Bahn** errichtet bei San Francisco die Solanofähre, die einen 1600 m breiten Meeresarm übersetzt und auf ihren vier Gleisen einen ganzen Eisenbahnzug, bestehend aus Lokomotive nebst Tender und 24 Personen- oder 48 Güterwagen aufnehmen kann. Sie ist zurzeit die größte Trajektanstalt der Welt.

— A. M. **Chance** und C. F. **Claus** gewinnen aus den Sodarückständen des Leblanc-Prozesses 95% des Schwefels, indem sie durch Kohlensäure sämtlichen Schwefelwasserstoff austreiben und diesen in dem von Claus angegebenen Ofen bei beschränkter Luftzufuhr zu Wasser und Schwefel verbrennen. Durch dieses Verfahren ist die Möglichkeit gegeben, den Schwefel im Leblanc-Prozeß einen fortwährenden Kreislauf beschreiben zu lassen. (S. 1837 G.)

— L. **Claisen** wendet Natriumäthylat — alkoholfrei oder auch in alkoholischer Lösung — an, um die Säureradikale aus Säureestern in andere Verbindungen einzuführen. Die Wirkung ist wahrscheinlich die, daß die Ester mit Natriumäthylat zu losen Doppelverbindungen zusammentreten, die dann unter Alkoholabspaltung reagieren.

1887 Theodor **Curtius** entdeckt bei Reduktion von untersalpetriger Säure das Hydrazin oder Diamid, welches, wie das Ammoniak, basische Eigenschaften hat. Er erhält es indes nur in Form seiner Salze und des Hydrats, während das freie Hydrazin erst von Lobry de Bruyn (s. 1895 L.) dargestellt wird. Das Hydrazin wird vorteilhaft auch aus diazodimethansulfosaurem Kalium mit Kaliumsulfit hergestellt.

— Auguste **Daubrée** stellt fest, daß auch das Wasser der heißen Quellen ausnahmslos meteorischen Ursprungs ist; es sickert seiner Ansicht nach in die oberen Schichten der Erdkruste ein und nimmt hier die Temperatur der Umgebung an. Unterirdische Quellen von sehr beträchtlicher Eigenwärme weisen aber auf die Tätigkeit vulkanischer Kräfte hin, und zwar kommen diese Quellen häufiger in jungvulkanischen als in altvulkanischen Gebieten vor.

— Edward K. **Dunham** entdeckt die Reaktion auf Cholerabacillen, die darin besteht, daß man eine Kultur von Bacillen, die man in Pepton-Kochsalzlösung züchtet, mit konzentrierter Schwefelsäure unterschichtet. Es bildet sich ein rotes Band, das von Nitrosoindol herrührt.

— **Duwelius** verbessert die elektrische sogenannte Waldamer-Bremse und bringt sie versuchsweise auf einigen Zügen der Cincinnati- und Washington-Baltimore-Bahn in Anwendung.

— Thomas Alva **Edison** gibt die Idee einer Eisenbahnbremse bekannt, welche mittels Foucault'scher Kupferscheiben wirken soll.

— Die Amerikaner **Fayette** und **Brown** führen auf dem Riverside-Eisenwerk zu Steuberville in Ohio die von ihnen erfundene maschinelle Hochofenbeschickungsvorrichtung aus. Hierbei werden die Wagen auf einer schiefen Ebene zur Gicht geführt, wo sie sich selbsttätig entleeren. (S. 1830 H.)

— Emil **Fischer** und Franz **Penzoldt** zeigen die Empfindlichkeit des Geruchssinnes am Merkaptan, von dem der vierhundertsechzigste Teil eines millionstel Milligramms die Geruchsnerven zu erregen vermag.

— Im Verfolg der von Hagen (s. 1805 H.) zuerst gemachten Beobachtung, wonach zur Auflösung des Goldes Cyankalium allein ausreichend ist, finden Robert William **Forrest,** William **Forrest** und John **Mac Arthur,** daß die Wirkung des Cyankaliums um so besser ist, je verdünnter die Lösung desselben ist. Sie gründen hierauf den in der Goldindustrie Transvaals vielfach angewendeten Mac-Arthur-Forrest-Prozeß. (S. a. 1867 R.)

— J. **Forster** macht zuerst darauf aufmerksam, daß es Bakterienarten gibt, welche bei der Temperatur von 0° nicht nur leben bleiben, sondern sich sogar eifrig vermehren. Diese Beobachtungen werden 1888 von Bernhard Fischer, P. Miquel u. a. bestätigt und erweitert. Miquel beschreibt sogar einen Bacillus termophilus, der bei — 70° C. gedeiht und sich lebhaft vermehrt. Auch Globig (1888), Lydia Rabinowicz (1895) u. a. lehren mehrere solche kälteliebende Bacillenarten kennen.

— J. **Fraipont** in Lüttich findet in der Tiefe einer Knochenschicht am Eingang einer Kalkhöhle von Spy d'Orneau bei Namur die Teile zweier menschlicher Skelette, deren Schädeldach den Neanderthaltypus (s. 1856 F.) mit den mächtigen Augenwulsten zeigt und die gleichaltrig mit den Resten des Höhlenbären, Rhinozeros und Mammuts sind, die ebenfalls in der Höhle gefunden werden.

— Hermann **Fritz** stellt fest, daß es bestimmte Perioden in der Erscheinung der Nordlichter gibt, und daß die Nordlichtperioden in unverkennbarem, zweifellos innerlich begründetem Zusammenhang mit den Perioden des Erdmagnetismus stehen. Er zeigt, daß das Nordlicht an den Sonnen-

54*

fleckenwechsel geknüpft ist und die Zahl und Größe der Erscheinungen in etwas mehr als elfjährigen Zeiträumen zu- und abnimmt. (S. 1825 S. und 1852 S.) Er verzeichnet kartographisch die Linien gleicher Polarlichthäufigkeit, die er mit dem Namen „Isochasmen" belegt.

1887 Hermann **Fritz** zieht aus seinen eigenen Untersuchungen, wie aus denen von Hahn (1877) und Schuster (1885) den Schluß, daß die Weinerträge an ziemlich regelmäßige, durchschnittlich elf Jahre umfassende Perioden gebunden sind, welche denen der Sonnentätigkeit (s. 1852 W.) nahezu parallel gehen.

— **Globig** weist nach, daß dem gespannten, unter Druck stehenden Dampfe eine viel intensivere Wirkung zur Abtötung von Sporen als dem strömenden ungespannten Dampfe (s. 1881 K.) zukommt und gründet darauf ein Verfahren der Desinfektion, das vielfach angewendet wird.

— **Gowers** und **Horsley** führen die erste Operation einer Rückenmarksgeschwulst aus und zeigen den Weg, wie eine sichere Diagnose der Natur und des Sitzes der Erkrankung möglich ist. (S. a. 1872 L.)

— **Gram** führt das Diuretin (Theobromin-Natrium mit salicylsaurem Natron) als kräftiges Diuretikum ein.

— Thomas **Gray** konstruiert einen Pendelseismographen, bei dem die Einrichtung getroffen ist, daß lediglich die Erdbewegung registriert und die störende Mitaufzeichnung der Pendelbewegung vermieden wird.

— Arthur G. **Green**, Chemiker der Firma Brooke, Simpson und Spiller in London, entdeckt beim Erhitzen von Paratoluidin mit Schwefel das Primulingelb, den ersten Repräsentanten der Ingrainfarben, welche direkt auf der Faser entwickelte Azofarben darstellen.

— W. **Grosse** konstruiert mit Hilfe der von ihm angegebenen Prismenkombination ein Polarisationscolorimeter, das im Gegensatz zu den mit den gewöhnlichen Colorimetern erhaltenen Resultaten exakte Messungen zuläßt.

— August **Haarmann** bildet den Blattstoß für Schienen mit einseitig zum Kopf sitzendem Steg durch und bringt denselben namentlich für Kleinbahnen zur Anwendung (Wechselstegblattstoß). Doch ist dieser Stoß auch für Hauptbahnen brauchbar.

— Karl **Haggenmacher** in Budapest führt den Plansichter in die Müllerei ein.

— Der Geodät E. **Hammer** organisiert Korrespondenznachrichten zur steten Kontrolle der Bodenstörungen, um hierdurch ein übersichtliches Bild von dem Verlaufe von Erderschütterungen, sowie von deren mutmaßlichem Entstehungsorte zu gewinnen.

— Der Engländer **Hargreaves** baut die ersten größeren Ölmotoren mit Selbstzündung und Regeneration der Ölgaswärme.

— Die **Helios Elektrizitäts-Aktien-Gesellschaft** bildet zuerst den Anker der Gleichstrommaschine als Schwungrad aus.

— Robert **von Helmholtz** findet, daß die aus einer Spitzenelektrode entweichenden Ionen auf einen unter hohem Druck nahe der Elektrode vorübergehenden Dampfstrahl einen kondensierenden Einfluß ausüben („Dampfstrahlphänomen"). Er setzt die Untersuchungen in Gemeinschaft mit Franz Richarz fort. An der Erforschung dieses Phänomens beteiligen sich dann weiter J. S. Townsend, Lenard und Wolff, Aitken, Kießling u. a.

— Die Brüder Prosper und Paul **Henry** konstruieren Instrumente, durch welche die Himmelsphotographie so große Fortschritte macht, daß es gelingt, Gegenstände von nur 2,3 Kilometer Länge auf Mondphotographien noch erkennbar darzustellen. Sie entdecken auf photographischem Wege den Majanebel in den Plejaden.

— Nachdem Johannes Müller 1832 zuerst das von ihm „Auftrieb" genannte Plankton mikroskopisch untersucht hatte, gibt Victor **Hensen** in seiner grundlegenden Arbeit „Über die Bestimmung des Plankton oder des im

Meere treibenden Materials an Pflanzen und Tieren" eine exakte Methode zur Bestimmung des Auftriebs. Er spricht zuerst den Gedanken aus, daß man das Plankton, weil es horizontal ziemlich gleichmäßig, vertikal aber sehr ungleichmäßig verteilt sei, nicht horizontal, sondern vertikal fischen müsse, und konstruiert ein für diesen Zweck geeignetes Netz, das von Apstein noch verbessert wird.

1887 F. A. **Herberts** konstruiert einen Schmelzofen, bei welchem er die Hitze des Ofenschachtes zur Erhitzung von Luft, die er durch einen Dampfstrahlapparat ansaugt, nutzbar macht.

— Paul **Héroult** konstruiert den Kathodenofen für ununterbrochenen Betrieb und wird der Begründer der Elektrometallurgie des Aluminiums nach der Schmelzmethode.

— Heinrich Rudolf **Hertz** stellt zuerst einen Einfluß des Lichts auf die Funkenbildung fest, der auch von Wiedemann und Franz (1888) und von Elster und Geitel (1890) bestätigt wird. Das ultraviolette Licht, wie es in reichem Maße von primären Funken ausgesandt wird, befördert die Funkenbildung, doch beobachten Elster und Geitel auch Fälle, wo das Licht hemmend auf die Funkenbildung wirkt (Hertz'sches Phänomen).

— Heinrich Rudolf **Hertz** erbringt durch seine Versuche den endgültigen Beweis für die Existenz der schon von Maxwell aus theoretischen Gründen angenommenen sehr raschen regelmäßigen elektromagnetischen Schwingungen, sowie den Nachweis, daß solche elektromagnetische Schwingungen sich mit endlicher Geschwindigkeit an leitenden Drähten ausbreiten. Zum Nachweis der Wellen dienen sekundäre Leiter von kondensatorähnlicher Anordnung (Hertz'sche Resonatoren).

— C. **Hochenegg** gibt Methoden zur graphischen Untersuchung und Berechnung elektrischer Leitungen an.

— C. **Hochenegg** gibt Formeln für die Dimensionierung der Schmelzstreifen aus reinem Blei (Bleisicherungen für Starkstromanlagen) an. (Vgl. 1878 E.)

— Albert **Hüssener** sucht Benzol aus den Gasen der Koksöfen zu gewinnen und nimmt zwei Jahre darauf die erste Benzolgewinnungsanlage in Bulmcke in Betrieb, der bald eine größere Anlage auf Zeche Anna des Kölner Bergwerkvereins in Altenessen folgt. (S. a. 1856 C. und 1880 O.) Das Benzol wird fortan infolge des durch diese Art der Gewinnung verbilligten Preises viel als Carburierungsmittel benutzt.

— Otto **Intze** untersucht die Statik der Staumauern und kennzeichnet die Bedeutung der Thalsperren für industrielle Anlagen. Die größte von ihm ausgeführte Thalsperre ist die Urftthalsperre in der Eifel mit $52^1/_2$ m Stauhöhe und 45 Millionen Kubikmeter Inhalt.

— Julius **Kalb** in Leipzig fabriziert einen automatischen Nebenschlußregulator für Dynamomaschinen. Derselbe beruht darauf, daß ein an einem Wagebalken ausbalanciertes Quecksilbergefäß durch die Einwirkung eines an die zu regulierende Spannung angeschlossenen Solenoids gehoben oder gesenkt wird, wodurch Teile des Nebenschluß-Regulators kurz geschlossen oder eingeschaltet werden.

— Alfred **Kast** und Otto **Hinsberg** entdecken das Phenacetin (Acetyl-Para-Phenetidin), welches als Fiebermittel gebraucht wird.

— **Kauffmann** bringt das Petroleum, um es leicht transportieren zu können, durch einen Verseifungsprozeß in halbfeste Form, indem er es eine halbe Stunde lang mit 1—3 % gewöhnlicher Seife erhitzt, wobei die Masse talgartige Konsistenz annimmt.

— Friedrich **Kohlrausch** ergänzt seine Untersuchungen über das elektrische Leitvermögen der Flüssigkeiten und prüft wiederholt das Gesetz der unabhängigen Wanderung der Ionen. Er bestimmt die relative Geschwindigkeit der Ionen für Haloidsalze und einwertige Säuren. Als molekulares Leitvermögen nimmt er hierbei den Wert an, der sich aus dem Leitvermögen von Lösungen ergibt, in denen 0,1 Grammäquivalent im Liter gelöst ist. Aus den relativen Geschwindigkeiten der Ionen lassen sich auch die einer bestimmten elektromotorischen Kraft entsprechenden absoluten Geschwindigkeiten der Ionen berechnen.

1887 J. **Kolb**, Direktor der Kuhlmann'schen Schwefelsäurefabriken, führt zur Hebung von Säuren die „Emulseure" und „Pulsometer" ein, die gegenüber den Druckkesseln mit Luftpumpen (s. 1838 H.) Vorteile gewähren. Vielfach angewendet wird das Laurent'sche Pulsometer, das für Schwefelsäure aus Gußeisenkessel und Bleiröhren, für Salpetersäure und Salzsäure aus Tongefäß und Tonröhren konstruiert wird. Die Pulsometer werden 1893 von Paul Kestner und von Ulrich wesentlich verbessert.

— Walther **König** bestimmt die Reibungskoeffizienten tropfbarer Flüssigkeiten mittels drehender Schwingungen.

— R. **von Kövesligethy** fördert theoretisch den von H. F. **Weber** (s. 1887 W.) experimentell gefundenen, vom Draper'schon Gesetz (s. 1847 D.) abweichenden Verlauf der Lichtemission.

— Nachdem Williams bereits 1860 bituminöse Rohstoffe zum Zweck der Gewinnung einer größeren Menge fester und flüssiger Produkte unter Druck destilliert hatte und Young (1865) und Peckham (1869) ähnliche Versuche unternommen hatten, erfindet **Krey** ein Verfahren der Destillation unter Druck, das sich zur Herstellung von Leuchtölen aus schweren Braunkohlenteerölen, Erdölrückständen, Stearinpech u. a. eignet.

— Gerhard **Krüss** weist nach, daß die durch Erhitzen der Goldchloridverbindungen dargestellten Chlorürverbindungen stets unzersetztes Goldchlorid und metallisches Gold enthalten. Er trägt durch seine Untersuchungen zur bessern Kenntnis der Goldhalogenverbindungen, sowie der Goldschwefelverbindungen bei und weist u. a. auch nach, daß die von verschiedenen Forschern (Buchner, Proust u. a.) unter dem Namen „Purpurnes Goldoxyd" beschriebene Oxydationsstufe des Goldes nichts anderes als metallisches Gold ist.

— Richard **Kund** und Hans **Tappenbeck** erforschen das südliche Kamerungebiet und entdecken bei einem Vorstoß von der Kribimündung zum Oberlauf des Sannaga die Nachtigalfälle. Sie geraten hier in Kämpfe mit den Eingeborenen und kehren 1888 nach dem Sannaga zurück, wo sie die Jaunde-Station gründen. Kund kehrt 1890 krank nach Deutschland zurück, während Tappenbeck auf der Jaunde-Station verbleibt, wo er indes bald dem Einfluß des Klimas erliegt.

— Gustaf **de Laval** erfindet eine reine Aktionsdampfturbine, in der die potentielle Energie des unter Spannung stehenden Dampfes in einer Stufe in kinetische Energie umgesetzt und auf das Laufrad übertragen wird.

— Gustaf **de Laval** konstruiert einen als „Lactokrit" bezeichneten Apparat zur Bestimmung des Fettgehaltes von Vollmilch. Der Apparat beruht auf der Anwendung der Zentrifugalkraft und gibt Resultate, die mit den gewichtsanalytischen Werten gut übereinstimmen.

— William **Leader** erbaut in den Jahren 1887—94 den Manchester Seekanal, der bei Eastham in den Mersey mündet und Manchester unter Umgehung von Liverpool dem direkten Seeverkehr erschließt. Die Sohlenbreite des Kanals beträgt 36,6 m, die Wassertiefe 7,93 m. Die Kosten belaufen sich auf 340 Millionen Mark.

— Henry Louis **Le Chatelier** stellt das Prinzip vom Widerstand der Rückwirkung gegen die Wirkung auf, das ein bequemes Mittel ist, um vorauszusagen, in welchem Sinne in manchen Fällen eine Reaktion erfolgen wird. Er gibt demselben folgenden Ausdruck: „Jedes System, welches in physikalischem oder chemischem Gleichgewicht ist, erleidet durch die Veränderung von einem seiner Gleichgewichtsfaktoren eine Veränderung in dem Sinne, daß sie, wenn diese letzte Veränderung primär erfolgte, die Veränderung des betreffenden Gleichgewichtsfaktors im entgegengesetzten Sinn bewirken würde.“ (Le Chatelier'sche Regel.)

1887 Henry Louis **Le Chatelier** konstruiert ein aus einem Thermoelement bestehendes Pyrometer. Das Thermoelement wird aus einem Draht aus vollkommen reinem Platin und einem solchen aus einer 10 Prozent Rhodium enthaltenden Platinlegierung gebildet. Die Drähte sind an dem einen Ende zu einem Kügelchen von etwa 1 mm Durchmesser zusammengeschmolzen, an den anderen Enden mit einem Galvanometer verbunden. Wird das Kügelchen erhitzt, so entsteht ein schwacher elektrischer Strom, der mit der Temperatur steigt und einen entsprechenden Ausschlag am Galvanometer bewirkt. Zum Schutz und zur Isolierung beider Drähte werden sie in ein Porzellanrohr eingelegt. Das Galvanometer kann in beliebiger Entfernung vom Ofen aufgestellt werden.

— M. **Litten** entdeckt die respiratorische Verschieblichkeit der Nieren, die zu großen Fortschritten in der Erkenntnis der Nierenpathologie führt und vielfach zu diagnostischen Zwecken verwendet wird.

— **Marchi** erfindet eine Methode, frische Degenerationen des Zentralnervensystems durch Behandlung mit doppeltchromsaurem Kalium und Osmiumsäure nachzuweisen.

— Der englische Ingenieur **Martin** erhöht mittels eines Flügelrades, das er im Schornsteinhals anbringt, den Zug für Schiffskessel und erzielt dadurch, nach Mitteilungen der englischen Admiralität, eine wesentlich bessere Verdampfung als bisher (Induced draught).

— Adolph **Miethe** konstruiert durch Rechnung einen anastigmatischen Aplanaten.

— Nachdem man lange Zeit geglaubt hatte, daß Fluor bei seiner großen Neigung, Verbindungen mit andern Körpern einzugehen, in freiem Zustand nicht darstellbar sei (s. 1813 D. und 1856 F.), gelingt Henri **Moissan** dessen Isolierung durch elektrolytische Zersetzung reiner wasserfreier Flußsäure.

— Ludwig **Mond** und die **Deutschen Solvaywerke** erfinden fast gleichzeitig Verfahren zur Erzeugung von Chlor und Salzsäure, die auf der Zersetzung des bei der Ammoniaksodafabrikation gewonnenen Chlorammoniums durch Magnesiakugeln in der Hitze beruhen. Es entsteht zuerst Chlormagnesium, das mit erhitzter Luft von 800—1000° C. Magnesiumoxyd und Chlor liefert.

— Der Astronom Ernest Amédée Barthélemy **Mouchez** regt eine internationale astronomische Konferenz in Paris an, welche die Herstellung einer photographischen Himmelskarte unter Mitwirkung von 18 Sternwarten beschließt. Der erste Teil des Unternehmens bezweckt die photographische Festlegung aller Sterne bis zur 11. Klasse (etwa 2 Millionen), der zweite Teil bis zur 14. Klasse (etwa 30 Millionen), wozu über 20000 photographische Platten erforderlich sind.

— William **Muthmann** zeigt, daß die von Wöhler (s. 1839 W.) erhaltene rotbraune Lösung, in der Wöhler Silberoxydulsalz vermutete, kolloidales Silber enthält.

— Wilhelm **Nagel** studiert eingehend das menschliche Ei und gibt Abbildungen desselben in den verschiedenen Stadien seiner Entwicklung.

— **Nieske** in Dresden konstruiert Öfen, die mit einem künstlichen Brennmaterial (Carbon) beschickt werden, das unter starkem Druck zu etwa 9 cm langen Zylindern geformt ist. Eine Füllung des Ofens brennt etwa

24 Stunden. Die Öfen eignen sich für Räume ohne Schornsteinanlage, da es genügt, die Verbrennungsgase durch ein Rohr ins Freie abzuleiten (Natroncarbonöfen).

1887 Rudolf **Nietzki** erhält durch Kombination von Nitrodiazobenzol mit Salicylsäure das Alizaringelb, den ersten Repräsentanten der Salicylazofarbstoffe, die sich durch ihre beizenziehenden Eigenschaften auszeichnen und dadurch dem Gelbsalz und dem Kreuzbeerenfarbstoff im Kattundruck erfolgreiche Konkurrenz machen.

— Edouard **Nocard** und Pierre Paul Emile **Roux** züchten die Tuberkelbacillen auf glycerinhaltigem Nährboden.

— Nachdem die elektrische Potentialdifferenz zwischen Metallen und Wasser von vielen Forschern, wie Kohlrausch, Hankel, Gerland, Ayrton und Perry usw. meist unter Anwendung des Kondensators gemessen worden war, wenden Wilhelm **Ostwald** und Friedrich **Paschen** zu solchen Bestimmungen gleichzeitig entweder das von Lippmann (s. 1873 L.) konstruierte Capillarelektrometer oder die Methode der Tropfelektroden an, die einem 1881 von Helmholtz gemachten Vorschlage entspricht.

— William Matthew Flinders **Petrie** entdeckt in der ägyptischen Landschaft des Fayûm bei der alten Stadt Kerke eine Anzahl Mumienbildnisse von hohem kulturgeschichtlichem Werte, bei denen die Figuren auf Sykomorenholztafeln mit Wachsfarben eingebrannt sind. (S. 350 v. Chr.)

— H. **Plath** stellt fest, daß bei Ausschluß aller Organismen (Bakterien) weder die Ackererde als Ganzes, noch auch irgend einer ihrer Bestandteile fähig ist, unter Zuziehung von Luftsauerstoff Ammoniak in Salpetersäure überzuführen, daß also die Rolle des Sauerstoffüberträgers belebten Wesen zukommt, und daß die Nitrifikation ein physiologischer Prozeß ist. (S. a. 1877 S.)

— Die **Preußische Regierung** läßt die von Cornelius, Overbeck u. a. für die Casa Bartholdy in Rom geschaffenen Fresken nach der Nationalgalerie in Berlin überführen. Das dabei beobachtete Verfahren besteht im Aufleimen eines Leinwandüberzugs auf die Bildfläche, Ablösen der ganzen Mörtelschicht von der Mauer, Wiederanbringen am neuen Aufstellungsorte, sowie Ausbesserung der beschädigten Stellen. Ein ähnliches Verfahren war bereits 1817 von Filippo Balbi in Venedig angegeben worden.

— **Prött** und **Seelhoff** konstruieren als Ersatz der Dampfdruckakkumulatoren (s. 1884 B.) Luftdruckakkumulatoren, die von L. W. Breuer und Schuhmacher & Co. in Kalk bei Cöln ausgeführt werden, und die nicht nur wie die Dampfdruckakkumulatoren wesentlich leichter als die gewöhnlichen Druckwasserakkumulatoren sind, sondern namentlich auch hohe Führungsgerüste entbehrlich machen und wenig umfangreiche Fundamente beanspruchen.

— George **Pullman** baut den ersten Luxuszug, der aus zusammenhängenden Salon-, Speise-, Schlaf- und Rauchwagen besteht. In Europa werden solche Züge erst 1890 (s. 1890 N.) eingeführt.

— Friedrich **Raschig** untersucht die zuerst von Frémy (s. 1844 F.) dargestellten Schwefelstickstoffsäuren, deren Entstehung aus salpetriger Säure und schwefliger Säure er auf Kondensationsvorgänge zurückführt. Er findet bei dieser Untersuchung die jetzt allgemein benutzte Methode der Darstellung des Hydroxylamins aus der Hydroxylaminsulfosäure (Frémy's Sulfazidinsäure) durch Erwärmen mit Säuren oder mit Wasser.

— Der Oberst Charles **Renard** legt der Pariser Akademie einen Plan zur methodischen Ausführung meteorologischer Beobachtungen durch Pilotballons (s. 1879 B.) vor. Sein Vorschlag wird 1892 von Hermite und Besançon und 1894 von Léon Teisserenc de Bort in vervollkommneter Form ausgeführt.

1887 K. H. A. **Rosenbusch** führt, nachdem er 1877 die massigen Gesteine nach ihrem Feldspatgehalt eingeteilt hatte, eine neue Einteilung in Tiefengestein (Ganggestein) und in — an der Luft erstarrtes — Ergußgestein im engen Sinn durch.

— Henry Augustus **Rowland** veröffentlicht einen mit feinen Konkavgittern photographierten Atlas des Sonnenspektrums, der von 7594 Ångström-Einheiten bis zu 2947 Ångström-Einheiten geht.

— Emil **Rudolph** macht grundlegende Arbeiten über die Seebeben, die er grundsätzlich von den Erdbeben scheidet und als solche Erschütterungen charakterisiert, deren Ursprung im Meeresboden liegt, und die sich in der ozeanischen Wassermasse als Elastizitätswellen fortpflanzen.

— P. A. **Saccardo** gibt in seinem bis zum Jahre 1907 schon 19 Bände umfassenden, dem Abschluß nahen Werk „Sylloge fungorum“ eine diagnostische Sammlung des großen Reiches der Pilze.

— Ernst **Salkowski** entdeckt, daß alle pflanzlichen Fette kleine Mengen (0,2 bis 1 %) eines zwischen 132° und 136° schmelzenden Alkohols enthalten, den er Phytosterin nennt und der ein Isomeres des in den tierischen Fetten enthaltenen Cholesterins ist.

— Neben den Versuchen zur Schaffung einer Weltsprache, wie sie u. a. in der „Pasilingua“ von Lenz, der „Gemeinsprache“ von Liptay, und namentlich dem „Volapük“ von Schleyer (s. d. 1879) vorliegen, wird von dem Mediziner L. **Samenhof** in Warschau eine neue Universalsprache „Esperanto“ in Vorschlag gebracht. Die Sprache enthält etwa 1900 Sprachelemente (Wurzeln), die hauptsächlich aus den romanischen und germanischen Sprachen ausgewählt sind.

— Der schwedische Ingenieur **Sandberg** konstruiert die sogenannte Goliathschiene, die eine Höhe von 145 mm, eine Kopfbreite von 72 mm hat, im Fuß 135 mm breit und im Steg 17 mm dick ist.

— Anknüpfend an die von Engler eingehend studierte Eigenschaft des Erdöls und seiner Destillate, Sauerstoff aufnehmen zu können, erfindet E. **Schaal** ein Verfahren, Erdöl in Gegenwart alkalischer Substanzen durch den Sauerstoff der Luft in Fettsäuren überzuführen. Das Verfahren hat bis jetzt noch keine Bedeutung für die Praxis erlangt.

— August **Schmidt** einerseits und Albert **Helm** andererseits erklären die Nebelbilder (Brockengespenst) aus Reflexion und Refraktion, indem sie dieselben teils als echte Regenbogen, teils als Halos (Lichtringe) ansehen.

— Oswald **Schmiedeberg** arbeitet über die physiologische Wirksamkeit der organischen Körper der aliphatischen Reihe und stellt fest, daß die Resorbierbarkeit, die Löslichkeit in Wasser, die große Flüchtigkeit bei gewöhnlicher Temperatur für die Wirkung maßgebend sind, und daß die narkotische Wirkung im wesentlichen durch die Anzahl der im Molekül enthaltenen Sauerstoffatome bedingt ist.

— Br. **Schneider** konstruiert den Wiesenkultivator (Skarifikator), ein Gerät zum Verjüngen der Wiesen, das durch Ritzen der Grasnarbe den Wurzeln Luft und Wärme zuführen soll.

— Der Fabrikbesitzer Ferdinand **Schrey** vereinigt die Vorzüge der stenographischen Systeme von Gabelsberger (1817), Stolze (1841) und Faulmann (1866). Hieraus hat sich, unter Berücksichtigung der Vorschläge von Merkes und Velten, seit 1897 das Einigungssystem Stolze-Schrey entwickelt.

— M. **Schroeder** und W. **Grillo** erfinden ein Verfahren zur Herstellung von Kontaktschwefelsäure, bei dem sie die aus Röstgasen hergestellte reine schweflige Säure als Ausgangsmaterial zur Herstellung eines Gasgemisches von 25 Vol. schwefliger Säure mit 75 Vol. Luft benutzen. Sie treiben zur

Erzeugung der Schwefelsäure diese Mischung mittels Kompressoren durch schmiedeeiserne, mit Platinasbest gefüllte Kontaktrohre bei 400—420° C. Ihr Verfahren wird 10 Jahre lang von der Badischen Anilin- und Sodafabrik angewendet, die dann die Knietsch'sche Methode (s. 1897 K.) einführt.

1887 E. **Schulze** und E. **Steiger** entdecken das Arginin in den Kotyledonen der Lupinensamen und in Kürbiskeimlingen. Die Konstitution dieses Körpers, der aus Ornithin und Cyanamid besteht, wird von E. Schulze und E. Winterstein und endgültig von Emil Fischer (1900) aufgeklärt, die das Ornithin als α-δ-Diaminovaleriansäure erkennen.

— **Sewall** zeigt zuerst in einer Arbeit über das Klapperschlangengift, daß man Tauben durch Injektion von anfangs kleinen, dann stärkeren Dosen Gift nach und nach widerstandsfähiger machen kann. Kaufmann gelangt 1889 zu ähnlichen Ergebnissen.

— Werner **von Siemens** konstruiert einen Ozonapparat, die sogenannte Ozonröhre. Dieselbe besteht aus zwei konzentrisch ineinander geschobenen Glasröhren, von denen die engere innen, die weitere außen mit Metall bebelegt ist. Nachdem beide Metallbeläge mit den Polen eines Induktionsapparates verbunden sind, wird durch den Zwischenraum zwischen beiden Röhren trockner Sauerstoff durchgeleitet, der durch den Induktionsstrom teilweise in Ozon umgewandelt wird.

— Werner **von Siemens** konstruiert ein Selen-Photometer, das auf der Eigenschaft des Selens beruht, bei Belichtung seinen elektrischen Widerstand zu ändern. Der die Selenzelle enthaltende Apparat wird abwechselnd auf eine normale Lichteinheit und auf die zu messende Lichtquelle gerichtet, während der jeweilig die Zelle durchfließende Strom beobachtet wird.

— Werner **von Siemens** verwendet für die anläßlich der Pariser Weltausstellung erbaute elektrische Bahn von der Place de la Concorde nach dem Palais de l'Industrie, welche oberirdische Stromzuführung (s. 1885 T.) hat, zum ersten Male den Gleitbügel als Stromabnehmer. Der Bügel wird im gleichen Jahre von Siemens & Halske auch für die elektrische Bahn vom Anhalter Bahnhof in Berlin nach der Hauptkadettenanstalt in Lichterfelde verwendet.

— W. **Siepermann** gewinnt auf synthetischem Wege Cyankalium, indem er mit Pottasche getränkte und vorgetrocknete Holzkohle in stehenden Retorten bei Rotglut einem Ammoniakstrom aussetzt. Durch erhöhte Temperatur im unteren Teil der Retorten wird das zunächst gebildete Cyanat zu Cyanid reduziert.

— Walther Victor **Spring** und **de Boeck** gelingt es, das Kupfersulfid in kolloidaler Form als Hydrosol zu gewinnen. Das Hydrosol ist haltbar, wenn nicht mehr als 5 g Kupfersulfid im Liter enthalten sind, wird jedoch durch alle Elektrolyten in das Hydrogel übergeführt. Ähnliche Verhältnisse stellt E. Prost für das Kadmiumsulfid fest.

— Henry Morton **Stanley** übernimmt die Führung einer Expedition zum Entsatz von Emin Pascha. Er fährt auf dem Kongo zur Mündung des Aruwimi und erreicht am 18. Juni die Jambujafälle desselben. Von hier zieht er ostwärts längs des Aruwimi und des Ituri und erreicht am 14. Dezember den Albert Nyanza, wo er am 29. April 1888 Emin Pascha (vgl. 1876 E.) und Casati trifft, die er aber nicht bewegen kann, mit ihm nach Europa zurückzukehren. Nach seiner Rückkehr von einem Abstecher zum Aruwimi gelingt es ihm, Emin Pascha zu bestimmen, ihm zu folgen. Sie brechen am 8. Mai 1889 nach Süden auf, folgen dem Semliki, den sie als Ausfluß des Albert-Edward-Sees erkennen, ziehen zum Viktoria Nyanza und erreichen Anfang Dezember 1889 Bagamoyo an der Ostküste.

— Apotheker **Stephan** in Treuen erfindet die Antrophore. Dieselben bestehen aus elastischen Metalldrahtspiralen, die mit Gelatine und dem Medikament überzogen sind und zum Einführen von Medikamenten besonders in die Harnröhre als Ersatz der alten Cereoli dienen.

1887 Ludwig **Stuckenholz** in Wetter a. d. Ruhr baut den ersten elektrischen Laufkran für eine Hamburger Schiffswerft. Ein ebenfalls elektrisch betriebener Laufkran wird 1889 von Anderson für eine Gießerei in Erith geliefert. (Vgl. auch 1885 S.)

— Die österreichische Expedition unter Graf Samuel **Teleki** und Ludwig **von Höhnel** erforscht das Gebiet des Kenia und entdeckt den Rudolfsee und den Stephaniesee.

— Nikola **Tesla** erfindet den mehrphasigen Wechselstrommotor und fördert dadurch die ökonomische Übertragung von Arbeit auf große Entfernungen.

— Nachdem J. Aitken (vgl. 1880 A.) und R. von Helmholtz (vgl. 1885 H.) experimentell nachgewiesen hatten, daß aus gesättigtem Wasserdampf nur dann Nebel entstehen kann, wenn die Luft staubhaltig ist, gibt William **Thomson** (Lord Kelvin) die Erklärung für dies Verhalten des Wasserdampfes. Sehr kleine Wassertropfen besitzen an ihrer Oberfläche vermöge der stark konvexen Krümmung erheblichen Dampfüberdruck; infolgedessen strömt der Dampf von ihrer Oberfläche ab und sie haben große Tendenz zu verdampfen. An den Stäubchen dagegen, die eckig und flächenreich sind, kann sich das Wasser in Schichten ablagern, die geringe Krümmung besitzen. Hier ist also der Dampfdruck kleiner und die Tendenz zu verdampfen geringer.

— John. J. **Thornycroft & Co.** bauen Wasserrohrkessel für Dampfschiffe unter Verwendung gekrümmter Rohre. Die Kessel bestehen aus einem oberen, horizontalen, zylindrischen Dampfsammler, der mit zwei unten zu beiden Seiten der Feuerung liegenden Wasserzylindern durch zwei größere Fallrohre und eine große Anzahl enger, gekrümmter Wasserrohre verbunden ist. Ein ähnlicher Kessel wird 1894 von R. Schulz konstruiert.

— Claude **Vautin** schlägt zuerst vor, flüssiges Chlor industriell darzustellen und nimmt ein Patent auf dessen Verflüssigung. Sein Verfahren besteht darin, daß er einen sehr widerstandsfähigen Rezipienten mit Chlorgas füllt und durch einen Luftkompressor Luft hineinpreßt, bis das Chlor verflüssigt ist. In großem Maßstabe wird flüssiges Chlor seit 1889 von der Badischen Anilin- und Sodafabrik in den Handel gebracht. Die Eigenschaften des verflüssigten Chlors werden 1890 von R. Knietsch beschrieben.

— **Webb** und **Thomson** erfinden eine elektrische Zugstabeinrichtung und bringen dieselbe zuerst auf den eingleisigen Nebenstrecken der London- and North-Western-Railway zur praktischen Anwendung.

— H. F. **Weber** findet, daß das Draper'sche Gesetz (s. 1847 D.) nicht streng gültig ist, daß vielmehr bereits bei ungefähr 400° C. eine „Grauglut" auftritt, die von Strahlen mittlerer Wellenlänge herrührt, daß dann bei zunehmender Temperatur eine Verbreiterung des Spektrums nach beiden Seiten eintritt, und zwar derart, daß die roten Strahlen zuerst den Schwellenwert überschreiten. (S. 1887 K.)

— August **Weismann** entdeckt, daß bei der Parthenogenesis oft die Bildung der zweiten Polzelle unterbleibt, was nach Blochmann (1887) in allen denjenigen Fällen geschieht, wo aus den unbefruchteten Eiern Weibchen hervorgehen.

— **Welte** führt bei den Musikwerken mit Metallkämmen oder Zungenpfeifen und insbesondere für die mechanischen Klavierspielapparate (Pianola, Phonola) die Pneumatik ein, um einen tadellosen Gang zu erzielen.

— Richard **Werth** veröffentlicht seine Studien über die Extrauterinschwangerschaft, die er einer bösartigen Neubildung gleichstellt. Er rät, dieselbe in jedem Entwicklungsstadium operativ möglichst radikal anzugreifen.

1887 Nachdem u. a. F. Reich (s. 1852 R.) mit der Drehwage und G. B. Airy (s. 1855 A.) mit dem Pendel Bestimmungen der Dichte der Erde vorgenommen, und Philipp von Jolly und Poynting (s. 1878 J.) dazu die Wägungsmethode benutzt hatten, gelingt es J. **Wilsing** in Potsdam, diese Bestimmung mit einem Pendelapparate (Vertikalwage) in sehr genauer Weise auszuführen. Er findet aus 68 Beobachtungen den Wert von 5,595 + 0,032. Bemerkenswert ist, daß schon Isaac Newton 1687 in seinen „Principia" ausgesprochen hatte, daß die Dichte der gesamten Erde wahrscheinlich 5—6 mal größer sei, als wenn sie ganz aus Wasser bestehe.

— Clemens **Winkler** stellt das Germaniumdioxyd dar, das saure Eigenschaften hat und der Kieselsäure entspricht, desgleichen das Disulfit, das eine ausgesprochene Sulfosäure ist. Außerdem gelingt es ihm, Germaniumtetrachlorid, Germaniumtetrafluorid und unter anderem auch das dem Chloroform analoge Germaniumchloroform zu erhalten, das bei 72° C. siedet und durch den Luftsauerstoff in das dem Phosgen entsprechende Germaniumoxychlorid übergeführt wird.

— Sergius **Winogradsky** zeigt, daß die an Schwefelquellen vorkommenden Schwefelbakterien den Schwefelwasserstoff oxydieren und den daraus abgespaltenen Schwefel in ihren Zellen aufspeichern. Die am meisten verbreitete Schwefelbakterie „Beggiatoa" war schon 1842 von Trevisani in den Schwefelquellen der Euganei'schen Hügel aufgefunden und zu Ehren des italienischen Arztes F. S. Beggiatoa so benannt worden.

— Otto N. **Witt** entdeckt die Azoniumbasen, die Grundlage der Farbstoffklasse der Safranine, deren erster Repräsentant das 1856 von Perkin bei Darstellung seines Mauveïns (s. 1856 P.) als Nebenprodukt erhaltene Safranin ist.

— Alexander Iwanowitsch **Woelkoff** legt, wie früher die Regenverhältnisse (vgl. 1880 W.) so auch die Rolle klar, die Eis und Schnee in klimatischer Hinsicht spielen. Sein Werk „Klimate der Erde" gipfelt in der Unterscheidung klimatischer Provinzen. (S. a. 1883 H.)

— L. **Wulff** erfindet zur Abscheidung des Zuckers aus seinen Lösungen die sogenannte „Krystallisation in Bewegung", die anfangs nur zur Gewinnung von Nachprodukt dient, später aber auch zur Erzeugung von Erstprodukt gebraucht wird.

— Frank E. **Younghusband** macht die erste Durchquerung von Zentralasien von Ost nach West.

1888 Emile Hilaire **Amagat** macht Versuche über die Änderung der Schmelzwärme durch Druck. Es gelingt ihm hierbei, den noch nicht in fester Form bekannten Chlorkohlenstoff CCl_4 lediglich durch Druck fest zu erhalten. Ebenso wird Benzol, dessen Gefrierpunkt unter Atmosphärendruck + 5,3° ist, bei 700 Atmosphären bei 22° fest. Die Amagat'schen Versuche führen zu dem Schluß, daß man über die Lage des Schmelzpunktes bei sehr hohen Drucken aus den Änderungen, welche bei einigen hundert Atmosphären eintreten, vorläufig nichts sagen kann.

— J. **Amsler-Laffon** in Schaffhausen stellt eine Zerreißmaschine zur Festigkeitsprüfung von Baustoffen her, bei welcher die zum Zerreißen erforderliche Kraft mit Hilfe eines Pumpwerks hydraulisch erzeugt wird. Die Größe der Kraft wird an einem Quecksilbermanometer abgelesen.

— Hermann **Aron** konstruiert nach dem Prinzip von Ayrton und Perry (s. 1882 A.) einen nach ihm benannten Elektrizitätszähler (Erstes Patent vom J. 1884), der sich als Meßapparat für den Stromverbrauch bewährt.

— A. **Baechtold** verlegt im Gotthardtunnel ein 14997 m langes Telephonkabel, welches 16 Sprechstellen verbindet und die erste Anlage dieser Art ist.

— Hendrik Willem **Bakhuis-Roozeboom** untersucht unter Anwendung der

Gibbs'schen Phasenregel (s. 1878 G.) den Zusammenhang der Aggregatzustände, das Gleichgewicht zwischen Wasser und Schwefeldioxyd, die Hydrate des Eisenchlorids usw.

1888 **Baumann** und **Kast** stellen im Anschluß an das Sulfonal (vgl. 1884 B.) die Schlafmittel Trional (Diäthylsulfonmethyläthylmethan) und Tetronal (Diäthylsulfondiäthylmethan) dar, von denen sich insbesondere das erstere wegen seiner lange andauernden Wirkung bewährt.

— Ernst Otto **Beckmann** gibt eine Molekulargewichtsbestimmung aus der Gefrierpunktserniedrigung an, bei welcher die Größe der Gefrierpunktserniedrigung das Maß für die Molekulargröße gibt. (S. 1884 R.) Andere Verfahren werden von Eykman (s. 1888 E.), Baumann und Fromm (1891) u. a. angegeben.

— Jakob Maarten **van Bemmelen** studiert die absorbierende Wirkung der in dem Ackerboden vorkommenden Gallertkörper (Kolloide) und stellt fest, daß sie große Mengen Wasser zwischen ihre Moleküle aufnehmen (aufquellbar sind) und leicht zersetzbare Verbindungen bilden. Durch Einwirkung von Elektrolyten fallen diese quellbaren Körper aus.

— Nachdem verschiedene Forscher, insbesondere K. Prytz und Elie Mascart, eine Abhängigkeit des Brechungsexponenten der Gase von der Temperatur (s. 1826 D.) gefunden zu haben glaubten, konstatiert René **Benoit**, daß die Temperatur den Brechungsexponenten nur soweit beeinflußt, wie sich die Dichte ändert. Diese Resultate werden von **Chappuis** und **Rivière** bestätigt.

— M. W. **Beyerinck** gelingt es, die Bakterien der Leguminosenknöllchen (s. 1866 W.) rein zu züchten und als Varietäten des Bacillus radicicola zu erweisen. 1889 gelingt es Adam Prazmowsky, durch Infektion der Leguminosenwurzeln mit solchen Reinkulturen Knöllchenbildung künstlich hervorzurufen.

— Wilhelm **von Bezold** macht Untersuchungen über die Thermodynamik der Atmosphäre, welche zu einem besonderen Zweige der Meteorologie wird.

— René **Bohn** führt durch hochprozentiges Schwefelsäureanhydrid das Alizarinblau in Alizarinindigblau und Alizaringrün über, die sich als Polyoxyanthrachinone erweisen.

— Nachdem Gaudin (s. 1839 G.) und Gautier (1878) sich vergebens bemüht hatten, Gefäße aus Quarzglas herzustellen, gelingt es V. C. **Boys**, indem er auf 1000° erhitzten Quarz in Wasser abschreckt, ein in kleinste Teilchen zerfallenes Pulver zu erhalten, das sich im Knallgasgebläse verglasen läßt. Er stellt so zuerst ein Quantum von Quarzglas dar, das den höchsten Temperaturen Widerstand leistet.

— Ludwig **Brieger** untersucht das Gift der Miesmuschel (Mytilus edilis), über das auch E. Salkowski (1885) gearbeitet hatte, und stellt daraus den giftigen Bestandteil, das Mytilotoxin dar. Die ersten, die über Vergiftungen durch Muscheln, Austern usw. geschrieben hatten, waren Chevalier und Duchesne (1851).

— Otto **Bütschli** beschäftigt sich eingehend mit dem Studium der Protozoen und wird hierdurch zur Begründung seiner Theorie über den Wabenbau (Alveolarstruktur) des Protoplasmas veranlaßt. Später gelingt es ihm, diese mikroskopischen Schäume künstlich nachzumachen und mit ihnen die einfachsten (amöboiden) Bewegungen mechanisch zu erklären.

— **Büttner** und **Meyer** in Uerdingen a. Rh. erfinden das Schnitzeltrockenverfahren und konstruieren dazu eine Trockenkammer, in welcher die von der Presse kommenden nassen Rübenschnitzel durch die Verbrennungsgase einer Feuerung bis zu einem Wassergehalt von 12 bis 15% getrocknet werden. Die getrockneten Schnitzel werden nach dem Vorschlag von Max Maercker als Dauerfutter verwendet.

1888 **Chauvet** arbeitet über das Upas-Gift, den Milchsaft der Antiaris toxicaria, dessen wirksames Prinzip das Antiarin, ein wasserlösliches Glucosid ist. Fernere Untersuchungen hierüber werden von Kiliani (1896) und Ambrosi (1902) gemacht.

— G. **Ciamician** und P. **Silber** stellen durch Jodierung von Pyrrol das Tetrajodpyrrol her, das unter dem Namen „Jodol" in den Arzneischatz eingeführt und zuweilen an Stelle von Jodoform gebraucht wird.

— **Clark** und **Stanfield** verbessern die Schiffshebewerke für die Kanalschiffahrt und machen eine Anlage in Les Fontinettes bei Arques am Kanal von Neufossé. Die Konstruktion dient als Ersatz von fünf übereinander liegenden Schleusen, die eine Höhe von 13,13 m übersetzen. Eine ähnliche Anlage wird in La Louvière am belgischen Canal du Centre ausgeführt.

— G. **Coradi** erfindet ein Kugel-Rollplanimeter, bei welchem eine zylindrische Meßrolle auf einer Kugelfläche sich wälzt, und das bei leichter Handhabung eine sehr große Genauigkeit gibt.

— Dem Mediziner Georg **Cornet** gelingt zuerst der Nachweis von Tuberkelbacillen außerhalb des Körpers, namentlich in dem Auswurf der Phthisiker.

— Heinrich **Debus** weist nach, daß in der durch Einleiten von Schwefelwasserstoff in eine Lösung von schwefliger Säure entstehenden Flüssigkeit (Wackenroder's Flüssigkeit) sich in Wasser löslicher Schwefel (auch Deltaschwefel genannt) in kolloidaler Form neben suspendiertem Schwefel befindet.

— Nachdem v. Richthofen in seinem „Führer für Forschungsreisende" (1856) bereits versucht hatte, die bisher übliche formale Klassifikation der Formen der Erdoberfläche durch eine genetische zu ersetzen, geben **De la Noë** und E. **de Margerie** in ihrer Schrift „Les formes du terrain" eine systematische genetische Geländelehre.

— A. **Ducrey** züchtet aus dem Sekret des weichen Schankers einen Bacillus, den er als Erreger desselben anspricht. P. G. Unna weist nach, daß dieser Bacillus eine Übergangsform des eigentlichen Bacillus des weichen Schankers ist, den er nach seiner Anordnung in Ketten „Streptobacillus" nennt. Die künstliche Züchtung und die Übertragung der Krankheit durch den Streptobacillus wird durch Lenglet (1898), Besançon, Griffon und Lesourd (1900) und Tomaczewski (1903) bewirkt.

— Johan Fredrik **Eykman** konstruiert zur Bestimmung des Molekulargewichts nach dem Gefrierpunktsverfahren (s. 1884 R.) einen Apparat, den er „Depressimeter" nennt.

— Die **Farbenfabriken vorm. Friedrich Bayer & Co.** stellen unter Verwendung der Dioxynaphtalinsulfosäure verschiedene Marken von Azofuchsin her, die ausgesprochene Chromierfarbstoffe sind, deren Nuancen in saurer Lösung von rot bis violett variieren und beim Kochen mit Chromat in tiefes Schwarzblau oder Schwarz übergehen (Dioxynaphtalinfarbstoffe).

— **Felten & Guilleaume** in Mülheim a. Rh. fertigen Drahtseile nach der sogenannten verschlossenen Konstruktion. Die einzelnen Drähte haben hierbei keinen runden, sondern einen kreissegmentförmigen Querschnitt, und die Drähte der Decklage sind so geformt, daß ein jeder über seinen Nachbar greift, so daß alle Deckdrähte unter sich einen festen Verschluß haben, der verhindert, daß gebrochene Enden aus dem Seile herausspringen. Derartige Drahtseile dienen als Förderseile, Laufseile bei Seilbahnen, Leitseile bei Trajektanlagen u. dgl. m.

1888 Nachdem Galileo **Ferraris** bereits 1885 einen Motor gebaut hatte, der aus zwei Paaren von Elektromagneten bestand, die durch zwei um 90° verschobene Wechselströme gespeist wurden, wobei sich der innere drehbare Teil in Bewegung setzte, veröffentlicht er in seiner Abhandlung „Rotationi elettrodinamiche" die geometrische Theorie des Drehfeldes. Er gibt an, daß man phasenverschobene Wechselströme dadurch erzeugen kann, daß man einen gegebenen Wechselstrom in zwei Zweige spaltet, deren einer induktionsfreien Widerstand, der andere Selbstinduktion enthält. Als rotierenden Motoranker benutzt Ferraris einen hohlen, geschlossenen Kupferzylinder.

— Galileo **Ferraris** wendet das von ihm gefundene Prinzip des Drehfeldes zur Herstellung von Meßapparaten für mehrphasigen Wechselstrom an. Diese Instrumente beruhen auf der Entstehung von Induktionsströmen.

— S. **Finsterwalder** fördert die Gletscherforschung durch eine mit Unterstützung von A. **Blümcke** und H. **Hess** bewirkte Vermessung des Vernagtferners, wozu er eine überaus genaue photogrammetrische Aufnahme (s. a. 1885 F.) macht. Auf Grund dieser Vermessung gibt Finsterwalder 1898 genaue Analysen der Bewegungsvorgänge der Gletscher, bei welchen er die für die stationäre Strömung festgestellten Tatsachen für diese anscheinend ganz regellose Bewegungsform verwertet.

— A. **Franks** konstruiert zur Bestimmung der mittleren Geschwindigkeit der Flüsse die hydrometrische Röhre. Das Wasser tritt durch einen Schlitz mit voller Stoßkraft in die Röhre ein, wobei die Luft in der Röhre komprimiert wird. Ein Manometer gestattet die Ablesung des Druckes, aus welchem die Wassergeschwindigkeit berechnet wird.

— **Gassner** in Mainz erfindet das erste brauchbare galvanische Trockenelement. Dasselbe ist ein Zinkkohlenelement, bei welchem ein zylindrisches Zinkblechgefäß als negative Elektrode, ein hohler mit Eisenhydroxyd getränkter Kohlenzylinder als positive Elektrode und eine mit Salmiak angerührte Gipsmischung als Erregermasse dient.

— Ludwig **Gattermann** stellt reinen Chlorstickstoff her, indem er über unreinen Chlorstickstoff, der mit wenig Wasser überschichtet ist, einen mäßig starken Chlorstrom leitet, das entstehende Öl von allem überschüssigen Chlor befreit und dasselbe über Chlorcalcium trocknet.

— Auf Veranlassung von David **Gill** werden im Anschluß an Galle's Vorschlag, Planetoiden als Vermittlungsgestirne zur Sonnenparallaxenbestimmung zu wählen, von den Sternwarten am Kap der Guten Hoffnung, am Yale College, in Göttingen, Bamberg und Leipzig heliometrische Bestimmung der Sonnenparallaxe durch Anschluß der drei kleinen Planeten Victoria, Sappho und Iris an benachbarte Sterne gemacht. Diese Bestimmungen ergeben im Mittel den Wert von 8″ 8036. (Vgl. auch 1873 G.)

— R. A. **Hadfield** macht Untersuchungen über die Eigenschaften des Manganstahls mit hohem Mangangehalt und konstatiert, daß die Härte und Sprödigkeit bis zu einem Mangangehalt von 6—7 % zunehmen, dann aber bis 10—12% wieder abnehmen und erst über 12% wieder zunehmen. Durch Ablöschen in Wasser wird der 10—12proz. Manganstahl nicht, wie anderer Stahl, spröder, sondern im Gegenteil zäher. Diese Untersuchungen werden 1903 von L. Guillet bestätigt.

— Wilhelm **Hallwachs** zeigt, daß durch Belichtung positive Elektrizität auf einem Leiter entstehen kann. Seine Versuche werden von Righi (1888) und von Blondlot und Bichat (1888) bestätigt. Er zeigt ferner, daß durch die ultravioletten Strahlen einer Lichtquelle, und zwar hauptsächlich durch die Strahlen höchster Brechbarkeit, die im Sonnenlichte fehlen, eine Zerstreuung der negativen Elektrizität herbeigeführt wird. Er findet, daß diese Erscheinung mit der Zeit nachläßt, was auch Elster & Geitel (1889) beobachten. (Photoelektrische Ermüdung).

1888 Nachdem man schon in den Jahren 1830—32 im Rhein beim Binger Loch Felsen unter Wasser zerstört hatte (s. 1830 B.) und zu dem Behufe i. J. 1859 von der Firma Schwartzkopff in Berlin ein Taucherschiff konstruiert worden war, das sich jedoch nicht bewährte, stellt die Firma **Hanner & Co.** in Duisburg ein für die Praxis geeignetes Taucherschiff her. Dasselbe enthält einen 8,5 m hohen Taucherschacht mit einem oberen aus vier Schleusenkammern bestehenden Arbeitsraum, einem mittleren zwei Förderschächte und eine Luftschleuse enthaltenden Teil und einem unteren Arbeitsraum mit acht verstellbaren, durch Druckluft betriebenen Bohrmaschinen. Das Taucherschiff bewährt sich auf dem Rhein sehr gut, stellt sich aber für die Sprengungen am Eisernen Tor als zu wenig leistungsfähig heraus.

— Emil Christian **Hansen** konstruiert mit dem Brauereidirektor **Kühle** einen Hefereinzuchtapparat, der im wesentlichen aus drei Teilen, einer Luftpumpe mit Luftreservoir zur keimfreien Lüftung der Würze, dem Würzezylinder, in den die siedendheiße Würze zwecks Abkühlung und Lüftung eingeführt wird und dem Gärungszylinder besteht, der mit einer Vorrichtung zum Einbringen einer Reinkultur und mit einem Ablaßhahn zur Entnahme der Flüssigkeit und der vermehrten reinen Hefe versehen ist. Ähnliche Apparate werden 1892 von Bergh und Jörgensen und von Lindner (s. 1895 L.) konstruiert und auch in der Preßhefenfabrikation vielfach gebraucht.

— Emil Christian **Hansen** weist darauf hin, daß, um die Würze bis zu ihrer Anstellung mit Reinzuchthefe in ihrem ursprünglichen sterilisierten Zustande zu erhalten, die offenen Kühlschiffe abgeschafft und durch geschlossene Kühlapparate ersetzt werden müssen, und daß, um später einen guten Verlauf der Gärung zu erzielen, auch in den geschlossenen Kühlapparaten eine Durchlüftung nötig sei. Einer der ersten nach diesen Prinzipien konstruierten Apparate ist der von Böhm angegebene, bei welchem die eintretende heiße Würze in zerstäubtem Zustande der sterilisierten Luft entgegenströmt. Die Sterilisation der Luft erfolgt durch Luftfilter, von denen das von K. Möller in Brackwede das verbreitetste ist.

— **Haselwander** in Offenburg i. B. baut die erste Wechselstrommaschine zur Erzeugung von Mehrphasenströmen. Im gleichen Jahre nimmt Charles S. Bradley ein Patent auf die Zweiphasenmaschine.

— Friedrich Wilhelm **Hasenclever** führt an Stelle der Chlorkalkkammern einen aus vier Zylindern mit Rührwerk bestehenden mechanischen Chlorkalk apparat ein. Die ersten mechanischen Apparate waren schon 1816 von Oberkampf und Widmer in Form rotierender Fässer vorgeschlagen worden, mußten aber aufgegeben werden, da die Maschinerie versagte und der Chlorkalk zu schwach blieb.

— Heinrich Rudolf **Hertz** weist im Anschluß an seine Versuche über die Existenz elektromagnetischer Schwingungen (s. 1887 H.) nach, daß die Schwingungen sich genau wie die des Lichtes wellenartig ausbreiten, und daß sie wie die des Lichtes Reflexion, Interferenz und Polarisation zeigen. Er liefert hierdurch den definitiven Beweis für die Richtigkeit der Maxwell'schen Lichttheorie, also für die Wesensgleichheit der elektrischen Wellen im Luftraum mit den Wellen des Lichtes, von welchen sich die ersteren nur durch ihre millionenmal größere Länge unterscheiden. (S. a. 1865 M.) Er legt durch diese Arbeiten den Grund für die spätere Entwicklung der drahtlosen Telegraphie.

— Die **Höchster Farbwerke vorm. Meister, Lucius & Brüning** entdecken die Patentblaufarbstoffe, die durch Sulfieren und Oxydieren der Kondensationsprodukte aus substituierten aromatischen Aldehyden und substituierten Anilinen entstehen.

1888 Franz **Hofmeister** stellt Beziehungen zwischen der purgierenden Wirkung der Salze und deren Eiweißfällungsvermögen fest. Da das Eiweißfällungsvermögen eine Eigentümlichkeit der Kationen ist, muß man die purgierende Wirkung, insbesondere der Alkalien, danach auf die Kationen zurückführen.

— Fr. E. **Ives** gelingt es, dem entwickelten Chromogelatinebild durch Erhitzen eine emailartige Härte und infolgedessen größere Schärfe, Feinheit und Widerstandsfähigkeit zu geben, und dadurch die Autotypie wesentlich zu fördern (Emailverfahren oder Ivesprozeß).

— Fr. E. **Ives** konstruiert das Photochromoskop, auch Chromoskop genannt, das zur Projektion von photographischen Aufnahmen in Naturfarben dient. Es werden drei Negative durch Rot-, Grün- und Violettfilter hergestellt und danach gewöhnliche Positive auf Glasplatten (Diapositive) kopiert. Diese drei Diapositive, jedes mit seiner Filterfarbe beleuchtet und gleichzeitig übereinander auf einen weißen Schirm projiziert, ergeben ein optisches Bild in Naturfarben. Der Apparat wird späterhin in zahlreichen Modifikationen gebaut. (S. a. 1861 M.)

— Ernst **Jahns** isoliert aus der Betelnuß, der Frucht von Areca Catechu, die Alkaloide Arecaidin, Arecolin, Guvacin und Arecaïn, von denen das Arecolin als wurmtreibendes Mittel benutzt wird.

— Die **Kaiserlich deutsche Normalaichungskommission** gibt alkoholometrische Tafeln heraus, die den Alkoholgehalt des Spiritus im Gegensatz zu den Tralles'schen und Brix'schen Tafeln (s. 1811 T. und 1851 B.) in Gewichtsprozenten angeben, und führt offiziell Gewichtsalkoholometer ein.

— Arvid **Kellgren** macht auf den Nutzen der Erschütterungen und Vibrationen (s. 1880 M.) gegen Erkrankungen der oberen Luftwege aufmerksam. Das Verfahren wird von Michael Braun in Triest auf die innere Schleimhaut der Nase, des Rachens und des Nasenrachenraums übertragen. (S. a. 1884 U.)

— Nicolaus **von Klobukow** faßt zuerst den Gedanken, während einer Elektroanalyse die zu analysierende Flüssigkeit zu rühren, und gibt dadurch die erste Veranlassung zur Ausbildung der Rotationsanalyse (der Elektroanalyse mit Anwendung intensiv bewegter Elektrolyte), die später namentlich durch Amberg's Arbeiten gefördert wird.

— Edmund **Knecht** zerlegt das salzsaure Rosanilin durch die Wollfaser und zieht daraus, daß die Salzsäure des Rosanilinchlorhydrates quantitativ im Färbebade zurückbleibt, während die Base in die Faser geht, den Schluß, daß der Wolle saure Eigenschaften zukommen.

— **König & Bauer** erfinden für die Schnellpresse die Mehrmesserfalztrommel, die es ermöglicht, daß die Falzhaue der Geschwindigkeit des Trichterfalzes nachkommen. Sie erfinden ferner im Interesse eines geordneten Auslegens die Paketsammeltrommel für den Bogenausgang, welche die gefalzten Bogen zu 5 oder 10 Stück sammelt und sanft auf den Auslegetisch niederlegt. Diese Erfindungen ermöglichen es, nunmehr bis 20000 Bogen in der Stunde zu drucken und zu falzen.

— Der österreichische Ingenieur **Kordina** erfindet das nach ihm benannte Lokomotivblasrohr zur Zugerzeugung, bei welchem der Abdampf der Zylinder in zwei konzentrische Düsen einströmt und dadurch eine erhöhte Wirkung erzeugt.

— Albrecht **Kossel** stellt zuerst das Theophyllin aus Teeblättern dar.

— Nachdem schon Euler (1765) vermutet hatte, daß außer den beiden großen periodischen Lageveränderungen der Erdachse (Präzession und Nutation) eine kleinere, eine Periode von 305 Tagen umfassende Achsenschwankung vorhanden sein müsse, gelingt es dem Astronomen Friedrich **Küstner**, eine derartige Schwankung für Berlin im Betrage von $^1/_2$ Bogensekunde, deren Vorhandensein er bereits 1884 entdeckt hatte, bestimmt nachzuweisen.

1888 Otto **Lehmann** benutzt das Mikroskop zur Aufklärung über die innere Struktur der Körper und die bei ihrer Metamorphose auftretenden Vorgänge und fördert so die Molekularphysik.

— Otto **Lehmann** zeigt, daß, wenn man mit den auf einen festen Körper wirkenden Kräften über die Elastizitätsgrenze hinausgeht, Formveränderungen der Körper eintreten, welche man im wesentlichen als ein Überwinden der Starrheit, als ein langsames Fließen ähnlich dem Fließen der Flüssigkeit ansehen kann. (S. a. 1868 T.)

— **Lennard** konstruiert einen Apparat zur kontinuierlichen Destillation des Steinkohlenteers bei vermindertem Luftdruck. Die Verminderung des Luftdrucks wird dabei durch Dampfstrahlejektoren bewirkt. Der Apparat wird 1892 wesentlich verbessert.

— Nachdem Nicolas Vauquelin zuerst (1792) über die Atmung niederer Landtiere gearbeitet hatte, macht **Luciani** im Verein mit **Piutti** und **Lo Monaco** in den Jahren 1888—95 exakte Versuche über die respiratorischen Vorgänge bei Insekten in allen ihren Entwicklungsstadien. Er macht zum Gegenstand seiner Untersuchung namentlich den Seidenspinner (Bombyx mori).

— Adolf **Martens** gibt in seinem Aufsatze „Schmierölуntersuchungen“ eine übersichtliche Darstellung der teils auf eigenen, teils auf fremden Arbeiten beruhenden Methoden zur Untersuchung und Wertbestimmung der Schmiermittel.

— Nachdem Wortmann durch umfassende Versuche nachgewiesen hatte, daß die verschiedenen Hefearten in bezug auf Vergärung, Säurebildung, Bouquet- und Geschmackstoffe des Weins durchaus verschiedene Erzeugnisse liefern, führt **Marx** die Gärung mit Reinhefe in die Weinbereitung ein. Besonders bewährt sich die Reinhefe bei der Schaumweingärung.

— J. **Messinger** und G. **Vortmann** stellen durch Einwirkung von Jod und Alkali auf Thymol Jodthymol her, das unter dem Namen „Aristol“ von den Farbenfabriken vormals Friedrich Bayer & Co. in Elberfeld als Ersatz für Jodoform in den Handel gebracht wird.

— Frank **Mitchell** und **Iske** konstruieren unabhängig voneinander Motoren, bei welchen Wärme direkt in Bewegung umgesetzt wird. Die Motoren sind durch eine Anzahl miteinander zu einem Rade kombinierter Kryophore gebildet. Eine leichte Erwärmung der mit Äther gefüllten Kugeln genügt, um den Apparat in Rotation zu setzen. Die Apparate finden Anwendung zu Ventilationszwecken.

— **Monnet** in Genf bringt das Phtalein des Diäthylmetaaminophenols unter dem Namen „Anisolin“ als ersten Repräsentanten der Rhodamine in den Handel.

— Nachdem A. E. Nordenskjöld zweimal, 1870 und 1883, versucht hatte, über das Inlandseis ins Innere von Grönland vorzudringen, wobei er jedoch das erstemal nur 50 km weit, das zweitemal in 17 Tagen nur 117 km vorwärts gekommen war, geht Fridtjof **Nansen** mit Otto Sverdrup, zwei anderen Norwegern und drei Lappen von Umivikfjord auf Schneeschuhen quer durch Grönland und zeigt, daß sich das ganze Land im Zustande der Vergletscherung befindet. Das grönländische Binneneis folgt, wie Nansen und nach ihm insbesondere v. Drygalski zeigen,

(s. 1891 D.), denselben Gesetzen, welche die Bildung, Zusammensetzung und Bewegung der Hochgebirgsgletscher regeln.

1888 Marcel **von Nencki** und N. **Sieber** erhalten bei ihren Studien über die Blutfarbstoffe aus Hämin oder Hämatin einen durch seine Absorptionsbänder im Spektrum ausgezeichneten Farbstoff, das Hämatoporphyrin, das sich als ein Pyrrolabkömmling erweist. (S.a. 1896 S.)

— Walther **Nernst** stellt die osmotische Theorie der Voltaketten auf, mit deren Hilfe fast alle neueren Ketten der Elektrochemie berechnet werden. (S. a. 1878 H.)

— Walther **Nernst** gibt eine Ableitung der Diffusion der Flüssigkeiten auf Grund der van't Hoff'schen Theorie des osmotischen Drucks. (S. 1884 H.) Er geht davon aus, daß durch den höheren osmotischen Druck an einer Stelle größerer Konzentration die gelösten Moleküle an die Stelle niedrigeren osmotischen Drucks hingetrieben werden, gerade so wie nach Stefan's Theorie (s. 1871 S.) ein Gas von dem Ort höheren Drucks in einem Gasgemisch nach den Orten hingetrieben wird, wo der Partialdruck des Gases ein geringerer ist.

— Albert **von Obermayer** beobachtet das St. Elmsfeuer auf der Sonnblick-Station und stellt fest, daß die ausströmende Elektrizität bald negativ, bald positiv ist. Elster und Geitel bestätigen dies 1890 und bezeichnen als besonders auffallend das starke Ausströmen positiver Elektrizität bei Hagelfall.

— J. J. **O'Connel** in Chicago macht zuerst den Vorschlag, in den Klappenschränken der Fernsprechvermittlungsanstalten an Stelle der zu Signalzwecken benutzten Klappen Glühlampen zu benutzen.

— G. **Oesten** und B. **Proskauer** erfinden ein Verfahren zur Befreiung des Trinkwassers von Eisen. Das Verfahren besteht in einer energischen Durchlüftung des geförderten Brunnenwassers, welche die beschleunigte Oxydation und Ausfällung des Eisens als unlösliches Eisenoxyd bewirkt, und einer sich daran anschließenden Filtration des oxydierten Wassers durch ein Kiesfilter.

— Wilhelm **Ostwald** zeigt durch sein Verdünnungsgesetz, daß das chemische Gleichgewicht für die Ionen und nicht dissoziierten Moleküle der Säuren gültig ist.

— Der Zoolog Alphons Spring **Packard** fördert durch seine Schrift „Cave Fauna of North America" die Höhlenkunde Amerika's.

— **Piat** konstruiert einen verbesserten Tiegelschmelzofen, bei welchem der Tiegel zwar ganz im Ofen steht, über demselben aber ein Aufsatz (rehausse) angebracht ist, durch welchen die abziehende Flamme durchschlägt, so daß die Abhitze für die Vorwärmung des zu schmelzenden Metalls benutzt werden kann.

— Edward Charles **Pickering** wendet die Photometrie auf die Größenbestimmung des Neptuntrabanten an, der sich infolge seiner Entfernung der unmittelbaren Messung entzieht, und findet durch den Vergleich seiner Lichtausstrahlung mit der des Neptuns einen Durchmesser des Neptuntrabanten von 3600 km. (Vgl. a. 1879 P. und 1890 V.)

— Max **Planck** unterzieht die Dampfspannung von Gemischen einer theoretischen Untersuchung und stellt den Satz auf, daß das Verhältnis der Spannkraftverminderung zur Spannkraft des Lösungsmittels der Differenz der Konzentrationen der Flüssigkeit und des Dampfes gleich ist. Winkelmann kann 1890 bei einer experimentellen Prüfung im großen und ganzen den Planck'schen Satz bestätigen.

— Der österreichische Ingenieur Victor **Popp** benutzt die Druckluft zur Kraftübertragung und errichtet in Paris eine Kraftzentrale, durch welche die einzelnen Entnahmestellen (Fabriken, Etablissements usw.) mit Arbeitskraft in der Form von Druckluft versorgt werden.

1888 Die **Preußische Regierung** stellt die seit 1850 aus der Liste der Schiffahrtsstraßen verschwundene Elbinger Weichsel wieder her. Die Arbeiten bestehen in Abschließung der Elbinger Weichsel durch einen Deich mit Anschleusen an den rechtsseitigen Durchstichsdeich und an die Stromdeiche des großen Marienburger Werders.

— Carl **Pulfrich** konstruiert ein Refraktometer, das er als Universalapparat für refraktometrische und spektrometrische Untersuchungen bezeichnet. Mit diesem Apparat kann man nicht allein das Brechungsvermögen und die Dispersion aller flüssigen und vieler festen Körper bei Zimmertemperatur bestimmen, sondern auch die Brechung höher schmelzender Substanzen in flüssigem Zustand messen. Für den letzteren Zweck ist der Apparat mit einer besonderen Heizvorrichtung versehen.

— François Marie **Raoult** findet parallel seinem Erstarrungsgesetz (s. 1884 R.) Beziehungen zwischen der Dampfdruckerniedrigung bez. der Siedepunktserhöhung eines Lösungsmittels einerseits und dem Molekulargewicht der gelösten Substanz andererseits und gründet hierauf eine Methode der Molekulargewichtsbestimmung.

— Nachdem das Herstellungsverfahren des echten Rubinglases (s. 1679 K.) verloren gegangen war, so daß man bis in die neueste Zeit nur ein minderwertiges Rubinglas herzustellen vermochte, das schon bei wenigen Millimetern Dicke undurchsichtig und schwärzlich erschien, erfindet Oskar **Rauter** in Ehrenfeld bei Cöln (Rheinische Glashütten-Aktiengesellschaft) von neuem die Herstellung des in der Masse gefärbten Kunckel'schen Gold-Rubinglases.

— Paul **Regnard** erfindet eine Reuse (Dredsche) für den Fang von Tiefseetieren, bei der das Licht einer elektrischen Lampe als Köder wirkt.

— F. **Reinitzer** findet am Benzoylcholesterin einen merkwürdigen doppelten Schmelzpunkt und erkennt, daß es zwischen dem krystallinisch-festen und dem isotrop-flüssigen Zustand dieser Substanz beim Schmelzen eine neue Phase gibt, die trübe aussieht, unter dem Polarisations-Mikroskrop stark doppelbrechend ist und gleichwohl so leicht fließt wie Olivenöl.

— A. **Renard** macht eingehende Untersuchungen über die Harzdestillationsprodukte und die Chemie ihrer Bestandteile, und zwar sowohl über die Produkte der Destillation des reinen Kolophoniums, wie auch der Destillation des Harzes mit Kalk. (S. a. 1835 F.)

— Charles **Richet** und **Héricourt** übertragen die Immunität von Hunden, welche künstlich gegen die Infektion mit einem Staphylococcus immunisiert waren, dadurch auf Kaninchen, daß sie diesen das Serum der Hunde injizieren.

— **Rivolta** und **Maffucci** machen auf die Unterschiede zwischen den Erregern der Säugetier- und der Hühnertuberkulose aufmerksam. Ihrer Ansicht von der Verschiedenheit beider Krankheitserreger schließt sich 1890 auch R. Koch an.

— Isaac **Roberts** entdeckt auf photographischem Wege die Spiralform des Andromedanebels. (Vgl. 1612 M.)

— Max **Rosenfeld** gelingt es, das Zusammensintern des Platinmohrs (s. 1868 B.) zu verhindern, indem er es mit Ton- oder Asbestpulver vermischt. Er entdeckt ferner, daß, wenn man in ein solches Gemenge Platindrähte einführt und das Ganze über einen Schnittbrenner so hält, daß die Platindrähte sich da befinden, wo das ausströmende Gas reichlich mit Luft gemengt ist, das Gas sich hier leicht entzündet. Diese Entdeckung gibt den Anstoß zu der schnell emporblühenden Industrie der Gasselbstzünder.

1888 Pierre Paul Emile **Roux** und Alexandre **Yersin** untersuchen das Toxin des Diphtheriebacillus und schaffen dadurch die Grundlage für die Auffindung des Diphtherieantitoxins.

— Ernst **Schleß** konstruiert eine horizontale Drehbank mit elektrischem Antrieb, die dazu dient, Arbeitsstücke bis 9,5 cm Durchmesser abzudrehen. Die horizontale Planscheibe ruht, um ihre Mitte drehbar, auf dem Maschinengestell und ist zum Aufspannen der Arbeitsstücke mit radialen Nuten ausgestattet.

— **Schimmel & Co.** isolieren aus Eucalyptusöl einen Körper mit intensivem Citronengeruch, für den sie den Namen Citral vorschlagen. Semmler erhält diesen Körper 1890 aus Geraniol durch Oxydation und nennt ihn erst Geranial; doch gelingt es ihm, denselben 1891 mit dem Citral zu identifizieren. Der Körper läßt sich auch aus Citronenöl und Lemongrasöl gewinnen.

— Nachdem lange Zeit der Farbstoff des Lac-Dye, eines Nebenproduktes der Schellackfabrikation, für identisch mit dem Farbstoff der Cochenille gehalten worden war, zeigt Robert E. **Schmidt,** daß derselbe eine eigentümliche Substanz, die Laccaïnsäure ist.

— R. **Schneider** macht ausgedehnte Untersuchungen über die Verbreitung des Eisens in den Geweben niederer Tiere und findet ausgedehnte Eisenablagerungen namentlich im Bereich der Bindesubstanzen verschiedenster Art. Ob, wie im Organismus der Wirbeltiere, auch bei den niederen Tieren das Eisen in Beziehung zu den respiratorischen Vorgängen steht, hat sich bis jetzt noch nicht sicher ermitteln lassen.

— **Schneider & Co.** in Creuzot stellen nach einem Patent von Henri Schneider im Martinofen Nickelstahl aus 36 T. Nickel, 36 T. Stahl, 3 T. Kohlenstoff und 2 T. Mangan her. Sie verfertigen daraus Stahlplatten, die sich bei einem Probeschießversuche als vorzügliches Panzermaterial erweisen und zu einer Umwälzung auf dem Gebiete der Panzerfabrikation führen.

— **Sesemann** in Erfurt führt einen nur durch Eisenbahnzüge von einer bestimmten Fahrrichtung in Wirksamkeit zu setzenden Strecken-Stromschließer für den Betrieb von Überwegläutewerken ein.

— **Siegert** und **Dürr** in München stellen eine „Dasymeter" genannte Vorrichtung her, welche selbsttätig den Kohlensäuregehalt der Heizgase in Volumprozenten anzeigt und somit eine fortlaufende Beobachtung ohne irgendwelche besondere Arbeitsleistung ermöglicht.

— Thomas **Soper** macht eingehende Mitteilung über die seit etwa einem Jahrzehnt erfolgte Anwendung des Unterwindes (forced draught) für Schiffskessel, woraus hervorgeht, daß derselbe dem künstlichen Zug (s. 1887 M.) weit überlegen ist. Der Unterwind wird auch bei Kriegsschiffen mehr und mehr angewendet, da dadurch eine bessere Ausnutzung des Brennstoffs und durch die Vergrößerung der Heizfläche eine ausgiebigere Wärmeabgabe der Heizgase an das Kesselwasser erzielt wird.

— Adolph **Sprung** versucht in seinem „Lehrbuch der Meteorologie" zum ersten Male, die meteorologische Dynamik auf wenigen Erfahrungssätzen mathematisch aufzubauen.

— H. **Thies** und E. **Herzig** zeigen, daß eine mit Erdalkalien imprägnierte Baumwolle durch kochende starke Natronlauge nicht im mindesten angegriffen oder mercerisiert wird, vorausgesetzt, daß die Behandlung in einem vollkommen luftfreien Raum und mit vollkommen luftfreiem Material vorgenommen wird. Sie verbessern dadurch die Bleiche der Baumwolle mit Natronlauge (s. a. 1882 K.) in hohem Grade.

— Louis Comfort **Tiffany** in New York führt das Opaleszenzglas in die Glasmalerei ein. Dasselbe ist ein gewalztes Tafelglas, bei welchem sich je nach der Dicke des Glases alle Farbennuancen von den zartesten Tönen bis zu den tiefsten Schatten erzielen lassen. In Deutschland führen namentlich Ule in München und Engelbrecht in Hamburg Fenstermalereien mit Opalescenzglas aus. (S. a. 1856 P.)

1888 R. **Ulbricht** verbindet die Siemens & Halske'schen Stations-Blockanlagen mit Zustimmungskontakten, welche es den Fahrdienstleitern ermöglichen, an beliebigen Stellen der Bahnhöfe die Entsendung von Freigabeströmen zu verwehren.

— Rudolf **Voltolini** durchleuchtet zuerst Nase, Nasenrachenraum und Mundhöhle mit elektrischem Glühlicht und weist auf die Bedeutung der Methode für die Diagnose der Highmorehöhlenerkrankungen hin. Zwei Jahre darauf durchleuchtet Karl **Vohsen** die Stirnhöhlen von ihrer Basis aus ebenfalls mit elektrischem Glühlicht.

— W. **Webster** läßt den elektrischen Strom unter Anwendung von Eisenplatten als Elektroden auf die Chloride enthaltenden Abwässer einwirken und schafft nach diesem Prinzip Reinigungsanlagen im großen in Crossness und Salford, die nach Berichten von H. A. Roechling gute Resultate ergeben. Ein weniger günstiges Resultat ergibt die Nachprüfung durch J. König, der keine bessere Reinigung der Abwässer erhält, als durch Fällen mit Eisenvitriol und Kalk.

— Frederick **Weston** konstruiert Präzisionsstrommesser mit direkter Ablesung und absoluten Angaben, bei welchen die Lagerung mit geschliffenen Stahlspitzen und Edelsteinlagern mit der größten Sorgfalt und einer alle Ansprüche befriedigenden Genauigkeit ausgeführt ist. Bei diesen Instrumenten, Amperemetern sowohl als Voltmetern, erhält man auch bei oft wiederholter Einstellung stets durchaus konstante Ruhelage und Ablenkung.

— Sir Henry William **White** gibt durch seine Arbeiten und sein Werk „Manual of naval architecture" den Reedern und Kapitänen Mittel an die Hand, für eine genügende Stabilität ihrer Schiffe für verschiedene Neigungen und bei verschiedenen Tiefgangslagen Sorge zu tragen. Mit ähnlichen Untersuchungen beschäftigen sich Barnes, Risbee, Jenkins, Spence u. a.

— Nachdem auf den großen Schlachtschiffen bereits seit dem Jahre 1880 neben der schweren Artillerie eine zahlreiche mittlere (meist Schnellfeuer-) Artillerie, jedoch in ungedeckter Aufstellung eingeführt worden war, stellt Sir Henry William **White** beim Bau der Panzerschiffe „Nile" und „Trafalgar" auch die mittlere Artillerie unter Panzerschutz und weist damit den Weg für die Fortentwicklung des Linienschiffbaus.

— Eilhard Ernst **Wiedemann** macht Untersuchungen über die verschiedenen Formen der Lichtentwicklung ohne entsprechende Temperatursteigerung. Er nennt diese Lichterregung im Gegensatz zur normalen Lichterregung Luminescenz und unterscheidet Photoluminescenz, die er wieder in Fluorescenz und Phosphorescenz teilt, Thermoluminescenz, Triboluminescenz, Krystalloluminescenz, Chemiluminescenz und Elektroluminescenz. Diese Bezeichnungen finden vielfach Eingang.

— Eilhard Ernst **Wiedemann** weist nach, daß die Fluorescenz nur eine Phosphorescenz von kurzer Dauer ist, und daß es sich dabei um die Wiederausgabe eines gewissen Anteils des bei der Belichtung absorbierten Lichts handelt, eine Folgerung, welche auch schon E. Becquerel (s. 1865 B.) aus seinen Versuchen gezogen hatte.

— W. **Wiener** weist experimentell die Existenz stehender Lichtwellen nach. (S. 1856 Z.)

1888 **Will** und **Schmidt** gelingt es gleichzeitig, das Hyoscyamin durch Erhitzen unter Luftabschluß auf 110° C. in das stereoisomere Atropin überzuführen. Schmidt stellt ferner fest, daß durch wasserentziehende Mittel das Hyoscyamin in Atropamin und Belladonnin übergeführt werden kann, was Hesse (1894) bestätigt.

— Sergius **Winogradsky** erforscht die Eisenbakterien, deren erste, Crenothrix polyspora (Brunnenpest) 1870 von F. Cohn beschrieben worden war, und bestätigt die Vermutung von Cohn, daß die Entstehung des Eisenoxyds mit der Lebenstätigkeit dieser Bakterien eng verknüpft ist, und daß sie nur da gedeihen, wo ihnen kohlensaures Eisenoxydul zur Verfügung steht. Hieraus erklärt sich das Vorkommen der Crenothrix, Cladothrix und Leptothrix u. a. in Wässern, die eisenoxydulhaltig sind.

— Wilhelm **Wislicenus** wendet Natrium an, um zwei verschiedene Ester im Sinne der Acetessigestersynthese (s. 1863 G.) zu vereinigen. Die Reaktion entspricht im Prinzip der von Claisen (s. 1887 C.) angegebenen Reaktion mit Natriumäthylat.

— Der Schiffbauer **Yarrow** schlägt vor, Maschinen nicht mehr durch Wasserdampf, sondern durch die Verdampfung von Naphta zu betreiben, ein Vorschlag, der von Escher, Wyss & Co. für den Bau von Naphtabooten aufgegriffen wird.

— Der Ingenieur Hermann **Zimmermann** gibt in seinem Werke „Die Berechnung des Eisenbahn-Oberbaus" zum ersten Male eine vollständige Oberbautheorie.

— N. **Zuntz** und J. **Geppert** konstruieren einen Respirationsapparat, der im Gegensatz zu dem Pettenkofer-Voit'schen Apparat (s. 1861 P.) in kurzdauernden Versuchen (von etwa zehn Minuten bis einer Stunde Dauer) den Gaswechsel in der Lunge, d. h. also die Sauerstoffabsorption und die Kohlensäureausfuhr mißt.

1889 **Bamberger** und **Hooker** stellen fest, daß das im Steinkohlenteer vorkommende Reten als ein Methyl-Propyl-Phenanthren anzusehen ist.

— **Banderali** baut in der Werkstätte der französischen Nordbahn die erste durch einen Elektromotor bewegte Weiche. Solche Weichen werden von 1892 ab nach einer Konstruktion des Oberingenieurs Karl Moderegger von Siemens & Halske erbaut.

— Heinrich **Bardenheuer** verbessert den zur Behandlung von Brüchen und erkrankten Gelenken schon früher verwendeten Zugverband. Er reguliert denselben mit Gewichten oder Federn so, daß die erkrankten Gelenke ruhig gestellt werden und die gegenseitige Reibung der Gelenkflächen verhindert wird. Die Zugverbände werden von Heusner (1895), Dumreicher, Schede, Sayre, Landerer, Hausmann, Bramann u. a. vielfach verbessert.

— Albert **Baur** stellt künstlichen Moschus (Nitroisobutyltoluol) her, der so ausgiebig ist, daß eine Lösung von 1 Teil auf 270000 Teile Flüssigkeit noch deutlich riecht.

— Ernst Otto **Beckmann** konstruiert zur Ermittlung des Molekulargewichts nach dem Siedepunktsverfahren einen nach ihm benannten Apparat, mit welchem die Siedepunktserhöhung leicht zu ermitteln ist.

— **Bennewitz** führt das Maischelüftungsverfahren in die Brennerei ein. Dieses Verfahren bezweckt die Regulierung der Temperatur in gärenden Maischen durch Zuführung von warmer oder kalter Luft. Man spart bei dieser Methode an Steigraum und erhält reineren Spiritus. Auch für die Preßhefefabrikation wird das Lüftungsverfahren empfohlen. Während der etwa 24stündigen Gärzeit wird hier ein starker Luftstrom durch die Würze getrieben und dann die Hefe durch Absetzen, Sieben, Waschen und Pressen gewonnen.

1889 Ernst **von Bergmann** fördert durch sein Buch „Die chirurgische Behandlung der Hirnkrankheiten" die Diagnostik und die Pathologie der Hirnabscesse und Hirntumoren.

— Wilhelm **von Bezold** untersucht die Bedingungen, welche eine Verdichtung feuchter Luft und damit eine Niederschlagsbildung begünstigen und formuliert an Hand der Leitsätze der mechanischen Wärmetheorie die Kriterien für das Auftreten der einen oder anderen Niederschlagsform: Regen-, Schnee-, Eisfall.

— Der Schweizer Kantonsarzt Heinrich **Bircher** leitet gleichzeitig mit Brown-Séquard die Organtherapie ein, indem er am 16. Januar, gestützt auf Tierversuche von M. Schiff, Stücke einer unmittelbar vorher exstirpierten menschlichen Schilddrüse in die Abdominalhöhle eines an Cachexia strumipriva mit epileptischen Anfällen leidenden Mädchens verpflanzt.

— Pierre Gabriel **Bonvalot** und Prinz **Henri von Orleans** begeben sich über Moskau und Omsk nach der chinesischen Grenze, gelangen über den Thianschan nach Tibet, das sie bis in die Nähe von Lhassa durchqueren. Da ihnen das Betreten dieses Orts verwehrt wird, kehren sie um und reisen durch Südchina über Batang und Jünnan nach Tongking, von wo sie im September 1890 nach Paris zurückkehren.

— V. C. **Boys** stellt einwandfrei fest, daß der Elektrizitätsverlust eines geladenen und isoliert aufgehängten Körpers (s. 1785 C., 1850 M., 1872 W.) nur zum kleinen Teil auf Isolationsfehlern der Aufhängung beruht.

— Charles Edouard **Brown-Séquard** begründet gleichzeitig mit Bircher (vgl. 1889 Bi.) im Anschluß an seine 1869 aufgestellte Lehre von der „inneren Sekretion" die Organtherapie. Er verallgemeinert dieselbe 1891 mit d'Arsonval dahin, daß alle Gewebe des Körpers (ganz gleich, ob Drüsen oder nicht), für den Organismus spezifische Stoffe liefern, die ins Blut aufgenommen durch dessen Vermittlung alle übrigen Zellen beeinflussen und deren Fehlen schwere Störungen nach sich ziehen kann.

— H. H. **Campbell** baut auf den Steelton Works der Pennsylvania Steel Company den ersten kippbaren Martinofen. Das Drehgestell ist eine auf Rollen laufende Schaukel, das Kippen erfolgt hydraulisch.

— Der deutsche Ingenieur Emil **Capitaine** baut den ersten mit möglichst hoher Luftverdichtung arbeitenden Zweitakt-Verbrennungsmotor mit Einblasung des flüssigen Brennstoffs in die verdichtete Luft und Verwendung der vorderen Zylinderteile als Spülpumpe. Dieser Motor ist als Vorläufer des Dieselmotors anzusehen.

— Matthew **Carey Lea** macht eingehende Mitteilungen über kolloidales Silber und unterscheidet drei allotrope Modifikationen des Silbers, darunter eine lösliche Modifikation.

— Hamilton Young **Castner** stellt Natrium auf elektrolytischem Wege aus kaustischem Natron her, das er in besonders konstruierten Zellen bei 313° C. zersetzt. Auf gleiche Weise erhält er Kalium aus kaustischem Kali.

— G. **Chaperon** wickelt Widerstandsrollen für Rheostaten bifilar und vermeidet dadurch die Selbstinduktion bei Messungen mit Wechselstrom.

— Philippe **Curie** und Frau Sklodowska **Curie** untersuchen eingehend die von Hauy (s. 1782 H.) entdeckte Piezoelektrizität, die sich darin äußert, daß nicht nur Temperaturerhöhungen, sondern auch Zug und Druck an Krystallen das Hervortreten von Polarität in gewissen Achsen auslösen. Auch Röntgen und namentlich Voigt (1897) untersuchen diese merkwürdige Eigenschaft pyroelektrischer Krystalle; der letztere mißt die Änderungen der Winkel- und Volumgröße, die durch den Druck verursacht werden. Die von Curie konstruierten Apparate leisten bei den späteren Untersuchungen über Radioaktivität wichtige Dienste.

1889 Die englische Firma **Day & Sons** baut den ersten ventillosen Zweitaktmotor mit dreifacher Arbeitskolbensteuerung.

— E. **Drechsel** findet unter den Spaltungsprodukten des Caseïns das Lysin, das von ihm als Diaminocapronsäure erkannt wird, was später von Ellinger (1900) und Fischer und Weigert (s. 1902 F.) bestätigt wird.

— Thomas Alva **Edison** verbessert seinen Phonographen dadurch, daß er die Zinnfolie des alten Apparates durch einen Zylinder aus einer Wachsmasse mit verschiedenen Beimengungen ersetzt und den Aufnahmeapparat vom Wiedergabeapparat trennt.

— Der Pariser Ingenieur Gustave **Eiffel** erbaut den Eiffelturm, welcher mit 300 m Höhe das bis jetzt höchste Bauwerk ist. Der Unterbau des Turmes ruht auf Betonklötzen von 676 qm Grundfläche. Der Turm wiegt 9 Millionen Kilogramm. Die erste Plattform liegt 57,63 m, die zweite 115,73 m über dem Erdboden. Bis zur Spitze des Turmes führen 1792 Stufen.

— Max **Einhorn** macht die ersten Durchleuchtungsversuche am Magen des lebenden Menschen. Das Verfahren wird von Heryng, Reichmann und Albert Eulenburg und John Jacobson weiter ausgebildet (Gastrodiaphanie).

— E. C. **von Fedorow** untersucht die Symmetrieverhältnisse der Krystalle und verwendet zur Demonstration der enantiomorphen Krystallformen einen auf dem Prinzip des Kaleidoskops beruhenden Apparat, der zuerst von Moebius für solche Zwecke vorgeschlagen worden war. Fedorow beschäftigt sich auch mit Verbesserung der krystallographischen Nomenklatur und konstruiert 1893 ein Theodolitgoniometer.

— Theodor **Fleitmann** macht zuerst darauf aufmerksam, daß das Eisen schon bei mäßiger Rotglühhitze, wie sie zum Ausglühen von Eisenblechen angewendet wird, in geringem Maße flüchtig ist.

— Oskar **Frölich** verwendet zur Untersuchung von Wechselströmen, namentlich zur Aufzeichnung von deren Kurven, zuerst ein Telephon mit einem auf der Membran befestigten Spiegel als optisches Meßinstrument (Oszillograph).

— Die französischen Chemiker Henri **Gall** und Graf **Montlaur,** sowie der Schwede **Carlsen** bewirken gleichzeitig, aber unabhängig voneinander die elektrolytische Überführung der Alkalichloride in Chlorate. Die Alkalichloride werden in einem durch eine poröse Scheidewand getrennten Trog bei 50° elektrolysiert. Die Flüssigkeit strömt dabei vom negativen zum positiven Pol, so daß das an der Kathode frei werdende Alkali sich mit der an der Anode gebildeten Chlorsäure sofort bei deren Bildung vereinigen kann.

— Der englische Reisende Francis **Galton** erfindet den Galtonapparat zur Demonstration der Wahrscheinlichkeits- und Variationskurven, eine Batttafel, welche nach Art eines Tivolispiels mit schachbrettförmig gestellten Stiften versehen ist. Die durch eine Öffnung am oberen Ende einlaufenden Schrotkugeln werden am unteren Ende in einer Reihe von Fächern gesammelt und die Anzahl der Kugeln in den einzelnen Fächern entspricht alsdann einer Verteilung nach den Binomialkurven oder der Gauß'schen Wahrscheinlichkeitskurve, bei entsprechender Abänderung des Apparats auch den polymorphen Summationskurven usw.

— **Gerber & Co.** stellen aus Tetramethyldiaminodiphenylamin durch Nitrierung, Reduzierung, darauffolgende Diazotierung und Kochen mit Wasser das Pyronin her, das auf Seide und tannierter Baumwolle ein schönes Rosa erzeugt.

— Guido **Goldschmiedt** macht umfassende Arbeiten über die Konstitution des Papaverins, nach denen sich dieser Körper als ein Derivat des Isochinolins erweist.

1889 Die **Görlitzer Waggonfabrik** verbessert die Leslie'sche Schneeschleuder (vgl. 1886 L.), indem sie statt der Tüten zwölf flache breite Schaufeln wählt, die radial zur Drehachse des mit einem Vorschneider versehenen Schleuderrades sitzen. Das Rad dreht sich 140 mal in der Minute nur nach einer Richtung, besitzt aber eine untere und eine obere Auswurfsöffnung, wovon die eine links, die andere rechts den Schnee fortschleudert. Die Maschine bewährt sich vorzüglich.

— Karl **Graebe** erhält durch Kondensation der Hydrochinoncarbonsäure mit β-Resorcylsäure das von Stenhouse (s. 1845 S.) aus Euxanthinsäure dargestellte Euxanthon, das als ein Dioxyxanthon anzusehen ist.

— Robert J. **Gülcher** konstruiert eine Thermosäule, deren Thermoelektroden nicht aus massiven, sondern aus hohlen Körpern bestehen, die nicht nur höhere elektromotorische Kraft erzeugen, sondern auch wesentlich kürzer sein können als Thermoelektroden aus massiven Stäben. Die für Leuchtgasheizung konstruierte Säule besteht aus 50 Elementen. Die hohlen positiven Elektroden bestehen aus reinem Nickel und dienen gleichzeitig zur Gaszuführung. Die negativen Elektroden sind zylindrische Stäbe mit seitlichen Verlängerungen, an welche dünne Kupferstreifen zur Abkühlung und Verbindung der Elemente untereinander angelötet sind.

— Wilhelm **Hallwachs** zeigt, daß photoelektrische Flüssigkeiten starke Absorption für ultraviolettes Licht besitzen, daß aber starke Absorption nicht immer von photoelektrischen Erscheinungen begleitet ist.

— Emil Christian **Hansen** untersucht die Bedingungen für die Sporenbildung und Hautbildung bei der Gärung des Bieres. Er erkennt die Abhängigkeit der Zellenform von den Züchtungsverhältnissen und zeigt, wie je nach der Art der Züchtung die Eigenschaften variieren und wie diese Variationen entweder vorübergehende oder konstante sind. Als praktisches Ergebnis dieser Untersuchungen ergibt sich die volle Beseitigung der Krankheitshefen und die Trennung der Kulturhefe in mehrere Arten (Rassen). (Vgl. auch das von Hansen begründete Reinzuchtsystem 1883 H.)

— A. **Hantzsch** und A. **Werner** entwickeln, im Anschluß an Beobachtungen von Auwers, V. Meyer, Beckmann und H. Goldschmidt in der Gruppe der Oxime, die Theorie der räumlichen Anordnung in stickstoffhaltigen Molekülen (Stereochemie des Stickstoffs).

— Nachdem die Stahlhärtung bis dahin ein nur empirisches Verfahren geblieben war, legt Walter Noel **Hartley** durch seine Arbeiten den Grund zu einer wissenschaftlich begründeten Ausführung derselben. Er benutzt bei seinen Arbeiten Pyrometer und Thermometer und stellt auch eine Skala der Anlauffarben auf.

— Charles S. **Hastings** macht umfassende Untersuchungen über die chromatische Aberration und verfertigt, auf seine Untersuchungen gestützt, neue Linsen ohne Farbenabweichung für Fernrohre. (Vgl. auch 1829 M.)

— Nachdem zuerst Houghton die Destillation des Glycerins im Vakuum vorgeschlagen hatte, nimmt C. **Heckmann** in Berlin ein Patent auf einen zur Vakuum-Destillation geeigneten Apparat, bei welchem jede direkte Erhitzung der Blase ausgeschlossen wird.

— Nachdem die von Baeyer (s. 1861 B.) ins Leben gerufene europäische Gradmessung i. J. 1886 durch den Beitritt mehrerer außereuropäischer Staaten zu einer internationalen Erdmessung erweitert worden war, entfaltet Friedrich Robert **Helmert** in Berlin eine bemerkenswerte Tätigkeit für dieses Unternehmen und sucht gleichzeitig eine planmäßige Erforschung der inneren Schwereverteilung des Erdkörpers durchzuführen. Durch ihn wird auch das Studium der Schwankung der Rotationsachse im Erdkörper (s. bei

1888 K.) zum integrierenden Bestandteil der internationalen Erdmessung erhoben.

1889 Victor **Hensen** organisiert die erste deutsche Plankton-Expedition der Humboldtstiftung, durch welche die Verbreitung der kleinen pflanzlichen und tierischen Organismen im offenen Meer und deren Nährwert für größere Tiere aufgeklärt wird. An seiner Expedition auf dem „National" nehmen auch Brandt und Krümmel teil. (S. a. 1887 H.)

— **Hering** und **Hillebrand** stellen die schon 1873 von Wilhelm von Bezold beobachtete, bereits 1850 von Brewster angedeutete Erscheinung fest, daß bei genügend verminderter Helligkeit das Sonnenspektrum in seiner ganzen Ausdehnung farblos erscheint. Sie stellen ferner fest, daß die Helligkeitskurve dieses farblosen Spektrums identisch ist mit der Helligkeitsverteilung, mit der die Totalfarbenblinden das Spektrum bei jeder Intensität sehen.

— Der Physiolog Ludimar **Hermann** stellt von 1889 ab phonophotographische Untersuchungen an. Er läßt dabei den zu untersuchenden Klang auf die Wachswalze eines Edison'schen Phonographen übertragen und in den dadurch entstandenen Eindrücken einen Glasstift schleifen, während die Walze sehr langsam rotiert. Die Bewegungen des Glasstiftes werden — durch Hebelübertragungen stark vergrößert, — einem Spiegelchen mitgeteilt, welches einen Lichtstrahl reflektiert, der dann seinerseits diese Bewegung auf einem mit Bromsilberpapier bespannten rotierenden Zylinder photographisch registriert. (Vgl. auch 1882 B.)

— **Héroult** stellt auf elektrolytischem Wege Aluminiumbronze her, indem er Tonerde schmilzt und die geschmolzene Masse durch den elektrischen Strom zerlegt, wobei der Sauerstoff der Tonerde an die aus Kohle bestehende Anode geht und das Aluminium von der aus geschmolzenem Kupfer bestehenden Kathode aufgenommen wird.

— Heinrich **Hertz** führt im Anschluß an seine Versuche vom Jahre 1888 (s. 1888 H.) die Transversalität der elektrischen Wellen durch seinen Gitterversuch in überzeugender Weise vor Augen, weist mit Hilfe eines Prismas aus Asphalt auch deren Brechung nach und liefert so die endgültigen Beweise für die Richtigkeit der Maxwell'schen elektromagnetischen Lichttheorie.

— Charles Thomas **Heycock** und Francis Henry **Neville** bestimmen die Molekulargewichte einer Anzahl von Metallen nach der Raoult'schen Methode. (S. 1884 R.) Als Lösungsmittel verwenden sie Zinn, Wismut, Cadmium und Blei. Es ergeben sich so Molekulargewichte, die mit den nach anderen Methoden gefundenen gut übereinstimmen.

— G. **Heyde** in Dresden stellt eine selbsttätige Kreisteilmaschine her, die sich durch dauernd gleiche Leistungsfähigkeit auszeichnet.

— Die **Höchster Farbwerke vorm. Meister, Lucius** und **Brüning** stellen aus dem Cycloheptadiendimethylamin durch Addition von Salzsäure und Erhitzen des entstandenen Körpers das Tropidinchlormethylat dar, das bei der Destillation in Chlormethyl und Tropidin zerfällt. Hiermit ist auch die Synthese des Tropins und Atropins gegeben. (S. 1879 L. M. und W. und 1879 L.)

— Franz **Hofmeister** legt klar, daß die Eigenschaft der Eiweißkörper, durch die geringsten, sonst chemisch indifferenten Einflüsse unlöslich zu werden und sich in der Lösung in feinsten, quellbaren Membranen und Partikeln auszuscheiden, die Ursache ihres Kolloidcharakters ist. Diese Eigenschaft erschwert die Reinigung der Eiweißkörper, verleiht ihnen aber auch wie keinem anderen Stoffe die Fähigkeit, Gewebe zu bilden und an dem Aufbau des Protoplasmas Anteil zu nehmen. Im gleichen Jahre gelingt es

Hofmeister, das Eieralbumin im krystallisierten Zustande zu erhalten. 1894 wird von Gärber auch das Serumalbumin krystallinisch dargestellt.

1889 **Holdefleiß** beweist durch eingehende Untersuchungen, daß eine vollständige Stickstoffkonservierung des Stallmistes (s. 1865 M.) durch Überdecken des Mistes mit Erde und durch Zusatz von Gips und Kainit erzielt wird. Die letztere Beimischung hemmt die natürliche Gärung des Mistes, konserviert also die organische Substanz des Düngers.

— C. **Hoepfner** gibt ein Verfahren zur elektrolytischen Kupfergewinnung aus Kupfererzen an, welches auch eine Gewinnung des in den Erzen enthaltenen Silbers und Goldes gestattet. Die elektrolytischen Bäder sind durch Diaphragmen in Anoden- und Kathodenabteilungen geschieden; in den Anodenabteilungen befinden sich elektrolytisch unlösliche Anoden aus Kohle und in den anderen Kupferblechkathoden.

— Johann **Horbaczewski** findet, daß bei Digestion von bluthaltigen Organen, Milz, Leber usw. ohne Luftzutritt Xanthinbasen entstehen, wogegen bei gleichzeitiger Luftdurchleitung Harnsäure gebildet wird. Beide stammen nach seiner Anschauung von den Nucleoproteiden ab. Durch Verfütterung solcher Substanzen gelingt es ihm, beim Menschen und Kaninchen eine Zunahme der Harnsäureausscheidung hervorzurufen. Diese Versuche werden 1895 von Weintraud bestätigt und erweitert.

— Georg **Kaßner** stellt durch Glühen eines innigen Gemenges von zwei Molekülen Calciumcarbonat mit Bleioxyd das Calciumplumbat als ein schweres gelbrotes, dem gepulverten Bleioxyd ähnliches Pulver her, das durch kohlensaure Alkalien leicht unter Bildung von Bleisuperoxyd zerlegt wird. Das Calciumplumbat, das einen Sauerstoffüberträger darstellt, wird auch zur Herstellung von Sauerstoff benutzt.

— Ludwig **Knorr** stellt durch Erhitzen von Diäthanolamin mit Schwefelsäure unter Wasserabspaltung das Morpholin dar, das wegen seiner Beziehungen zu den Opiumalkaloiden wichtig ist. Auf einfacheren Wegen wird dieser Körper 1901 von Marckwald und Chain und im gleichen Jahre von J. Sand synthetisch erhalten.

— O. **Krümmel** konstatiert auf seiner Fahrt mit dem Dampfer „National" der Deutschen Plankton-Expedition (s. 1889 H.), daß Farbe und Durchsichtigkeit des Wassers in enger Wechselbeziehung stehen, daß also das Wasser, je reiner blau es ist, um so durchsichtiger ist, und daß die Verschwindungs- und Neutralisierungsstufen um so höhere Werte annehmen.

— Ernst **Küster** nimmt bei chronisch verlaufenden Fällen von Mittelohr- bez. Warzenteil-Eiterungen, die mit Zerstörung des Knochens einhergehen, an Stelle der typischen Aufmeißelung die viel eingreifendere Totalaufmeißelung, d. h. die vollständige Freilegung sämtlicher Mittelohrräume vor. Diese Radikaloperation wird insbesondere von Zaufal in Prag (1890) und Stacke in Erfurt weiter ausgebildet.

— Oscar **Lassar** geht davon aus, daß das Einzelbad möglichst billig abgegeben werden soll, daß dasselbe ein Reinigungsbad sein soll, und daß seine Benutzung in kürzester Frist zu erfolgen hat. Er gelangt auf Grund dieser Erwägungen zu dem temperierten Brausebad, der modernsten Form des Volksbades.

— Der Bühnentechniker Karl **Lautenschläger** erfindet die Shakespeare-Bühne. Dieselbe besteht aus einer unveränderlichen Vorderbühne und einer von dieser durch eine Gardine getrennten Hinterbühne, deren Dekorationen bei geschlossener Gardine während der Szenen, die sich auf der Vorderbühne abspielen, gewechselt werden.

— Otto **Lehmann** untersucht die Reinitzer'schen Präparate (s. 1888 R.) und bringt dieselben in Beziehung mit den von ihm am Jodsilber (s. 1877 L.)

beobachteten Krystallerscheinungen. Er stellt den Satz auf, daß Cholesterinbenzoat und Jodsilber „fließende Krystalle“ sind.

1889 A. **Letellier** untersucht die an der britischen Küste häufige und schon von den Bretonen zum Färben benutzte Schnecke „Pupura lapillus“ und stellt daraus drei Farbstoffe her, einen krystallisierbaren gelben gegen Licht unempfindlichen, einen apfelgrünen, der im Licht tiefblau wird und einen graugrünen, der im Licht violett bis karminrot wird. Diese Farbstoffe scheinen auch im Purpur der Alten in wechselnder Menge vorhanden gewesen zu sein und erklären, warum die Purpurstoffe so verschiedene Farbentöne besaßen, daß sie bald blau, bald violett genannt wurden. (S. a. 1870 L.)

— Nachdem schon 1875 O. Braun sich günstig über die Verwendung des Tetrachlorkohlenstoffs als Extraktionsmittel geäußert hatte, verwenden **Lever Brothers** dieses Produkt zuerst zum Ausziehen von Ölen aus Früchten und Samen. Von da ab folgen sich die Empfehlungen des Tetrachlorkohlenstoffs als Extraktionsmittel sehr rasch, namentlich als 1892 Philipp im Verein Deutscher Chemiker auf dessen Vorteile hinweist. Das Produkt wird später auch als Fleckenreinigungsmittel unter den Namen „Benzinoform“ und „Katharin“ empfohlen. (Vgl. auch 1893 S.)

— Michel **Lévy** zerlegt in seiner „Structure et classification des roches éruptives“ die Tiefengesteine von Rosenbusch (s. 1887 R.) noch weiter in Untergruppen. Er will neben den Rosenbusch'schen genetischen Kennzeichen auch mineralogische verwendet wissen, wie es auch Zirkel in seinem 1893 erscheinenden Handbuch der Petrographie durchführt.

— Carl **Liebermann** stellt aus peruanischen Cocablättern ein Nebenalkaloid des Cocains, das Hygrin dar; ein anderes Alkaloid, das Tropacocain, wird aus javanischen Blättern 1891 von Giesel hergestellt.

— Otto **Lummer** und Eugen **Brodhun** konstruieren ein sehr empfindliches Photometer, indem sie den Bunsen'schen Fettfleck (s. 1843 B.) durch zwei Gläser ersetzen, die einander in einer begrenzten Stelle berühren. Sie erhöhen die Empfindlichkeit ihres Apparates noch durch Einführung des Kontrastprinzips (1892).

— Nachdem Hermann Müller (s. 1873 M.) die Blütenbestäubung durch Insekten auf den Blumenarten Westfalens und Thüringens zahlenmäßig festzustellen versucht und E. Loew (1884) ähnliche Beobachtungen im Zoologischen Garten in Berlin angestellt hatte, ersinnt Herbert **Mac Leod** eine statistische Zählmethode des Insektenbesuchs der Blüten und gibt eine graphische Darstellung der Zahlenresultate.

— **Maklakoff** betont die für die Lichttherapie wichtige Tatsache, daß die infolge zu starker Bestrahlung häufig entstehende Hautentzündung vorwiegend durch den chemisch wirksamen Teil des Spektrums hervorgerufen wird.

— Etienne Jules **Marey** konstruiert zur Untersuchung des Vogelfluges einen photographischen Revolverapparat, der gestattet, in rascher Folge eine Reihe von Bildern des Fluges (in der Sekunde etwa zwölf Einzelbilder) aufzunehmen. Näheres siehe in Marey's „Le vol des oiseaux“. Er stellt fest, daß die Fliege in der Sekunde durchschnittlich 280, die Biene 190, die Libelle 28 und der Kohlweißling 9 Flügelschläge ausführt.

— J. **Massart** zeigt, daß Lösungen von Kaliumnitrat, Chlorkalium, Ammoniumphosphat und ähnlichen Salzen vermöge ihrer osmotischen Leistung ungefähr gleich stark repulsiv auf Bakterien, wie Spirillum undula und Bacillus megatherium, wirken, daß also die repulsive Wirkung von Lösungen unabhängig von der chemischen Qualität, aber abhängig von der osmotischen Leistung ist.

1889 Ludwig **Matthießen** bestätigt mit Hilfe von Stimmgabeln, durch die er mittels angesetzter Spitzen in Flüssigkeitsoberflächen Wellen erregt, die von Thomson aufgestellte Formel für die Fortpflanzungsgeschwindigkeit von Wellen unter dem Einfluß von Schwere und Oberflächenspannung. (Vgl. 1871 T.) Die Methode wird später von Leo Grunmach noch weiter ausgebaut.

— Joseph **von Mering** und Oskar **Minkowski** entdecken, daß nach totaler Entfernung der Pankreasdrüse bei Tieren Diabetes eintritt.

— Der Reisende Hans **Meyer** ersteigt am 6. Oktober 1889 die höchste Spitze des Kilimandscharo (Kaiser-Wilhelm-Spitze) und ermittelt die Höhe derselben auf 6010 m Höhe. (S. 1861 D.)

— Ludwig **Mond** beschäftigt sich eingehend mit der Verkokung von Kohle in Wasserdampf. Er wendet bis 2 t Wasserdampf auf 1 t Kohle an und gewinnt auf diese Weise 75% des Heizwertes der Kohle in Gestalt heizkräftiger Gase (Mondgas); gleichzeitig werden 50% des Gesamtstickstoffs der Kohle als Ammoniak gewonnen. Das Verfahren wird 1895 noch wesentlich verbessert.

— Der Physiker Friedrich **Neesen** in Berlin weist auf die — später durch praktische Versuche bestätigte — Möglichkeit hin, die ballistischen Bewegungseigentümlichkeiten des Geschosses in der Luft (konische Pendelung, Fluggeschwindigkeit, Umdrehungsgeschwindigkeit) dadurch zu fixieren, daß eine *in der Granate selbst* angebrachte photographische Vorrichtung die Geschoßbewegungen während des Fluges registriert. Einen ähnlichen Vorschlag macht der österreichische Marineingenieur Krall.

— Wilhelm **Ostwald** beschäftigt sich mit der Inversion des Zuckers durch Säuren und findet dafür die Regel, daß die durch die Säuren hervorgerufenen Beschleunigungen der Affinitäten diesen Säuren, d. h. ihren Wasserstoffionenkonzentrationen proportional sind. Ähnliche Regelmäßigkeiten werden von Bredig und Fränkel (1903) gefunden.

— **Paalzow** und **Rubens** konstruieren zu ihrer Untersuchung über elektrische Schwingungen ein verbessertes Bolometer, welches die Erwärmung des Bolometerdrahtes mit Hilfe eines durch den Draht fließenden Stromes zu messen gestattet. (S. a. 1881 L.)

— Friedrich **Paschen** findet, daß das Funkenpotential in einem Gase nur von dem Produkt aus Gasdruck und Funkenlänge abhängt. (Paschen's Gesetz.)

— Louis **Pasteur,** Charles **Chamberland** und Emile **Roux** verwenden auf Grund der Pasteur'schen Entdeckung über die präventive Impfung (s. 1880 P.) die abgeschwächten pathogenen Bakterien zu Schutzimpfungen gegen Milzbrand und Schweinerotlauf.

— William Henry **Perkin** jr. klärt die Konstitution des Berberins auf, das sich als ein Derivat des Isochinolins herausstellt. (S. 1826 C.)

— Richard F. J. **Pfeiffer** entdeckt den Bacillus der Influenza.

— Edward Charles **Pickering** entdeckt auf spektroskopischem Wege unter Zugrundelegung des Doppler'schen Prinzips (s. 1842 D.), daß der hellere Stern des Sternpaares Mizar im Großen Bären aus zwei nahe beieinander stehenden Sternen von ungefähr gleicher Helligkeit besteht.

— Die englische Firma **Priestman Brothers** in Hull bringt die erste mit Petroleumdampf betriebene brauchbare Petroleummaschine auf den Markt. Bei dieser Maschine wird der Petroleumdampf ununterbrochen in einem innerhalb des Maschinengestells liegenden Verdampfer erzeugt. (Vgl. auch 1873 H.)

— Der französische Bergingenieur A. **Rateau** erfindet einen Ventilator mit nach vorwärts gekrümmten, schraubenförmig gewundenen Schaufeln.

welcher in Frankreich und Deutschland zur Grubenventilation zahlreiche Ausführungen gefunden hat und sich durch große volumetrische und manometrische Leistung bei großer Tourenzahl und kleinen Abmessungen auszeichnet.

1889 Ernst **von Rebeur-Paschwitz** konstruiert ein Telemeter (Distanzmesser), bei welchem ein Fernrohr mit Fadenkreuz und einem vor dem Objektiv angebrachten Winkelspiegel verwendet wird, durch den die Teilung eines in 20 m Entfernung aufgestellten Visierstabes gleichzeitig mit dem anvisierten Objekt im Fernrohr sichtbar ist. Nach Umwechslung beider Apparate kann auf einer Skala des Fernrohrs direkt die Entfernung des anvisierten Objekts abgelesen werden. Andere Distanzmesser werden von Romershausen, Jähns, Goulier, Paskjewitsch, Siemens und Halske u. a. angegeben.

— Bernhard **Riedel** führt den Nachweis, daß nach Knochenbrüchen Eiweiß und sogenannte Harnzylinder im Harn auftreten.

— James **Riley** lenkt durch einen Vortrag über die Nickeleisenlegierungen auf dem Frühjahrsmeeting des Iron und Steel Institute die allgemeine Aufmerksamkeit auf die Vorzüge des Nickelstahls. (Vgl. auch 1888 S.)

— Nachdem O. Fisher (1881) bei den Schwierigkeiten, die unvermittelte Berührung der starren Erdrinde und der zentralen Magmamasse zu vereinigen, eine Übergangsschicht in unvollkommen flüssigem Zustande angenommen hatte, stellt August **Ritter** die Kontinuitätshypothese auf. Hiernach sind im Innern des Erdballs alle Aggregatzustände zwischen nahezu totaler Starrheit und absoluter Dissoziation vorhanden. Der Übergang vollzieht sich so allmählich, daß zwei benachbarte, unendlich dünne Kugelschalen auch hinsichtlich ihrer Molekularbeschaffenheit schon Unterschiede aufweisen, wenn dieselben auch noch so geringfügig sind.

— August **Ritter** behandelt an der Hand der kinetischen Gastheorie das Problem der Entstehung der Himmelskörper. Er gelangt hinsichtlich der Nebelmassen und Fixsternsysteme zu Ergebnissen, die gleichzeitig die Erklärung für viele an den kosmischen Nebeln gemachte Beobachtungen liefern.

— Der französische Abbé P. J. **Rousselot** erfindet den „Inscripteur de la parole“ und macht die Experimental-Phonetik der Linguistik dienstbar.

— Der Mechaniker Friedrich **Runne** in Heidelberg konstruiert eine für Motorbetrieb eingerichtete Zentrifuge, welche in der physiologischen Chemie und experimentellen Pathologie vielfach angewendet wird und namentlich dazu dient, die Trennung der Blutkörperchen vom Serum, der Spermatozoenköpfe von ihren Geißeln u. a. zu bewerkstelligen. Die Zentrifugenscheibe trägt sechs rechteckige Ausschnitte, welche zur Aufnahme von Messinghülsen dienen, in welche Gläser mit dem zu untersuchenden Material geschoben werden.

— Ernst **Salkowski** macht Versuche über die Autodigestion der Organe. Indem er die frischen Organe mit Chloroformwasser digeriert, erhält er aus der Leber Leucin und Tyrosin, dagegen keine in Wasser oder Äther lösliche Säure. Glykogen wird bei der Digestion mit Leber- oder Muskelbrei in Zucker umgewandelt. Die bei der Autodigestion auftretende Fermentwirkung wird durch ein lösliches Ferment verursacht.

— Giovanni Virginio **Schiaparelli** weist nach, daß der Merkur in ähnlicher Weise um die Sonne kreist wie der Mond um die Erde, d. h. daß die Dauer einer Achsendrehung des Merkurs mit der Dauer eines siderischen Umlaufs um die Sonne (= 87,969 Tage) zusammenfällt, so daß der Planet der Sonne beständig annähernd dieselbe Seite zukehrt. (Vgl. 1805 S.)

— Der Astronom Eduard **Schönfeld** in Bonn bearbeitet in Ergänzung der

Arbeiten Argelander's (s. 1867 A.) die „Südliche Durchmusterung", ein Sternverzeichnis von 133659 Sternen zwischen 2° und 23° südlicher Deklination.

1889 **Siemens & Halske** konstruieren die erste brauchbare unterirdische Stromzuführung für elektrische Bahnen und führen dieselbe zuerst bei der Budapester Straßenbahn aus.

— Eduard **Sonnenburg** beginnt seine Studien über die operative Behandlung der durch Perforation des Wurmfortsatzes hervorgerufenen Perityphlitis stercoralis und faßt seine Erfahrungen in einem Lehrbuche zusammen, in welchem die verschiedenen Stadien der Krankheitsformen, welchen der Processus vermiformis ausgesetzt ist, besprochen und durch prägnante Krankengeschichten erläutert werden.

— Karl **Thiersch** vervollkommnet die Neurektomie, indem er den freigelegten Nervenstamm mit einer Zange faßt und durch langsame Umdrehung der Zange ihn allmählich abreißt (Nervenevulsion).

— Elihu **Thomson** benutzt die hohe Temperatur des elektrischen Stromes beim Vernieten von Metallteilen. Durch einen in das Nietloch eingesteckten Bolzen wird ein starker Strom geleitet, der den Bolzen glühend macht. Hierauf bildet man durch Stempel die Nietköpfe. Sind dabei die Arbeitsstücke selbst glühend geworden, so schweißen beide Teile mit dem Nietbolzen zusammen.

— **Thury** konstruiert einen automatischen Nebenschlußregulator, welcher darauf beruht, daß ein Kontaktvoltmeter zwei Elektromagnetsysteme abwechselnd einschaltet, wodurch die Regulierkurbel so mit einer elektrisch angetriebenen Welle gekuppelt wird, daß sie sich in dem einen oder andern Sinne dreht.

— **Timmis** und **Forbes** machen zwischen Adderley Park und Stechford Versuche mit einer von ihnen konstruierten elektromagnetischen Eisenbahnbremse.

— **Vauclain** konstruiert vierzylindrige Verbundlokomotiven, bei welchen die Hochdruckzylinder über oder auch unter den Niederdruckzylindern liegen. Lokomotiven nach seiner Anordnung werden von der Baldwin'schen Lokomotiv-Fabrik in Philadelphia gebaut, die 1897 für die Strecke Philadelphia-Atlantic-City eine Lokomotive liefert, die 171 qm Heizfläche besitzt und 1300 effektive Pferdestärken entwickelt.

— Paul **Wagner** bestätigt durch ausgedehnte Kalidüngungsversuche die Feststellungen von Schultz-Lupitz. (S. 1883 S.) Seine günstigen Resultate tragen dazu bei, daß fortan allgemein behufs intensiverer Bewirtschaftung dem Ackerboden Kaliumverbindungen zugeführt werden.

— Der Mediziner Gustav Adolf **Walcher** erfindet den Sublimatwatte-Verband.

— J. J. **Weber** in Winterthur gelingt es, die Eisfarben (vgl. 1880 H.) in großem Maßstabe auch für die Zeugdruckerei nutzbar zu machen. An der Weiterausbildung des Verfahrens sind insbesondere die Höchster Farbwerke tätig, welche die Methode dahin modifizieren, daß die Baumwollstücke zuerst in einer Lösung von Beta-Naphtol in Natronlauge geklotzt und nach dem Trocknen durch die mit Eis gekühlte Lösung eines diazotierten Amins passiert werden.

— August **Wehnelt** findet, daß die Kanalstrahlen oxydierende Wirkungen ausüben.

— Die **Wellman-Seaver Engineering Company** verwertet den Gedanken, den Lasthaken zum Aufnehmen von Eisenteilen, schweren Geschossen, Walzeisen, Blechen usw. durch einen passend geformten Elektromagneten zu ersetzen. Sie liefert die ersten derartigen Magnete für das Walzwerk der Illinois Steel Company.

— J. **Wiborgh** in Stockholm konstruiert ein Luftpyrometer für den praktischen Gebrauch, bei welchem zu dem in einer Thermometerkugel befindlichen

Luftvolum überschüssige Luft eingepreßt wird, und der Druck, der erforderlich ist, um die nun eingeschlossene Luft auf das ursprüngliche Volum zusammenzupressen, als Maß für die gesuchte Temperatur dient. (S. a. 1836 P.)

1889 Peter **Wild** schlägt zuerst vor, Fett durch erwärmte Luft auszuschmelzen. Durch den von ihm konstruierten Schmelzapparat wird namentlich vermieden, daß das ausgeschmolzene Fett zu lange mit dem Zellgewebe in Berührung bleibt (Trockenschmelze in erwärmter Luft).

— Nathan **Zuntz** klärt die chemische Quelle der Muskelkraft auf. Er weist nach, daß die drei Hauptkategorien der Nährstoffe, Eiweiße, Fette und Kohlehydrate, gleich brauchbar zur Erzeugung der Muskelkraft sind, und daß hierbei 40 Prozent der chemischen Energie nutzbar gemacht werden.

1890 Die **Aktiebolaget Separator** konstruiert zur innigen Vermengung zweier Flüssigkeiten ihren „Zentrifugalemulsor", der namentlich zum Waschen und Raffinieren der Öle Verwendung findet. Ekenberg gründet 1892 auf den Emulsor ein eigenes Raffinationsverfahren für Öle, bei welchem die Öle durch ein System von Waschelementen, wie er die Kombination von Emulsor und Separator nennt, hindurchlaufen.

— Emile Hilaire **Amagat** verfolgt die Kompressibilität der Gase noch bis zu höheren Drucken, als es Cailletet (s. 1870 C.) getan hatte, und dehnt seine Versuche auf alle sogenannten permanenten Gase aus. Er führt die Versuche in einem Schacht von 400 m Tiefe in der Nähe von St. Etienne aus, auf dessen Boden er seinen Kompressionsapparat aufstellt. Er findet, daß ein Gas, je stärker es komprimiert wird, sich um so mehr vom Boyle-Mariotte'schen Gesetz entfernt. (S. a. 1844 N.)

— E. **Arnold** gibt eine vollständige Theorie der Ankerwicklung der Gleichstrommaschine.

— A. **d'Arsonval** verwendet flüssige Kohlensäure zur Filtration und Sterilisation organischer Flüssigkeiten, namentlich solcher, die kolloidale und Eiweißsubstanzen in größeren Mengen enthalten.

— E. **Barnard** ermittelt an den Fernrohren der Yerkes- und Lick-Sternwarte (s. 1890 C.) die Durchmesser der vier hellsten Asteroiden durch direkte Messungen und findet für Ceres 800 km, Pallas 500 km, Vesta 400 km und Juno 200 km.

— Emil **von Behring** entdeckt, daß im Blut-Serum von Tieren, welche mit Injektionen von Bakterientoxinen vorbehandelt sind, spezifische Antitoxine auftreten, und begründet damit die Serumtherapie.

— Wilhelm **Berg** in Berlin stellt aus einem Stücke gestanzte Aluminium-Feldflaschen und Aluminium-Kochgeschirre her, die sich als militärische Ausrüstungsstücke gut bewähren. Auch Leuchs und Meiser in Nürnberg bilden das Fabrikationsverfahren der gestanzten Aluminiumgefäße weiter aus.

— Der Architekt August **von Beyer** beendigt in den Jahren 1885—1890 den Bau des Turmes des in den Jahren 1377—1494 erbauten Ulmer Münsters nach den alten, von dem Dombaumeister Matthäus Böblinger (1480—1494) herstammenden Plänen. Der Turm, der früher nur 99 m hoch war, ist jetzt mit 161 m Höhe der höchste Kirchturm der Erde.

— **Bianchi** gibt ein Instrument zur Untersuchung des Herzens an, das „Phonendoskop" genannt wird. Das Instrument besteht aus einer lufthaltigen Metalltrommel, die auf dem einen Deckel einen Stab trägt, während vom andern Deckel ein Gummischlauch mit Ohrstück ausgeht. Steckt der Untersuchende letzteres in sein Ohr und setzt den Stab auf die Herzgegend, so hört er die Herztöne sehr deutlich, da die Metalltrommel als Resonator wirkt. Das Instrument wird später wesentlich verbessert.

1890 **Binder** in Winterthur benutzt das Sandstrahlgebläse zum Schärfen abgenutzter Feilen.

— Gustave **Bouchardat** zeigt durch eingehende Versuche, daß die physiologische Wirkung der Chloride, Bromide und Jodide in engem Zusammenhang mit ihrem Atomgewicht steht und daß mit dem Anwachsen des Atomgewichtes die Wirkung schwächer wird. Diese Regel wird von Steward Cooper bestätigt, während für die Wirkung der Natriumsalze der Halogene Rabuteau umgekehrt feststellt, daß Fluornatrium am giftigsten ist und dann Jodnatrium, Bromnatrium und das ungiftige Chlornatrium folgen.

— Theodor **Boveri** macht am Amphioxus Studien über die Bildungsstätte der Geschlechtsdrüsen und der Nierenkanälchen und erkennt in den Exkretionskanälen dieses Tieres, die er als erster sieht, die Urform der Wirbeltierniere. (Vgl. auch 1844 M. und 1866 K.)

— Edouard **Branly** entdeckt aufs neue (s. 1838 M.) die Widerstandsverminderung von leicht aneinander gepreßten Eisenstäubchen, Eisenfeilspänen und andern Metallpulvern unter dem Einfluß elektrischer Wellen und konstruiert darauf gestützt den Radiokonduktor (Frittröhre, Kohärer). Diese Beobachtung wird später für die drahtlose Telegraphie benutzt.

— Edouard **Branly** zeigt, daß durch die am stärksten brechbaren Lichtstrahlen auch positive Ladungen zerstreut werden. (S. a. 1888 H.)

— Den Brüdern Léon, Quentin und Arthur **Brin** gelingt es nach langjährigen Versuchen nach dem von J. B. Boussingault zuerst angegebenen Prinzip der abwechselnden Bildung und Wiederzersetzung von Bariumsuperoxyd Sauerstoff in großem Maßstab herzustellen.

— Die Erfolge, welche die Hefebehandlung bei Pocken, Masern, Scharlach (s. 1886 H.) gezeitigt hatte, und die insbesondere von Rieck und Mettenheimer bestätigt wurden, geben **Brocq** Veranlassung, die Hefe auch zur Behandlung von Furunkeln und Anthrax zu empfehlen. Auch Aragon, Morairo und Xumetra sprechen von günstigen Erfolgen dieser Behandlung. Die wachsende therapeutische Bedeutung der Hefe führt dazu, daß bald eine sehr große Zahl Hefepräparate, wie Furunkulin, Levuretin, Zymin, Levure de Bière usw. in den Handel kommen.

— C. **Brögger** und H. **Bäckström** bezeichnen es als höchst wahrscheinlich, daß dem Lasurstein dieselbe chemische Konstitution zukommt, wie dem künstlich dargestellten Ultramarin der höchsten Schwefelungsstufe. Dagegen ist die Frage bezüglich der Verbindungsweise des Schwefels im Ultramarin trotz zahlreicher Arbeiten noch nicht hinreichend geklärt.

— Eduard **Brückner** beweist durch Zusammenstellung der Klimaschwankungen seit etwa dem Jahre 1000, daß es meteorologische Cyclen gibt und bestimmt die Längen der Perioden zu 34,8 (± 0,7) Jahren, so daß man sagen kann: „Wenn eine bestimmte klimatische Phase heute eingetreten ist, so darf man erwarten, daß man dieselbe Phase nach 35 Jahren wieder vor sich haben wird.“

— Hans **Buchner** erkennt, daß die Leukocyten Stoffe erzeugen, die in das Blut übertreten und ihm Schutzkraft verleihen. Er ermittelt, daß zellfreies Blutserum pathogene Bakterien vernichtet und knüpft diese Eigenschaft an die Gegenwart eines aktiven Eiweißkörpers, des Alexins, mit dem er auch die Auflösung der roten Blutkörperchen in Verbindung bringt.

— **Buisine** stellt fest, daß bei der Rasenbleiche weder der Sauerstoff der Luft, noch reiner Sauerstoff, noch Ozon allein das Bleichen bewirken, sondern daß dazu außerdem die Wirkung des Lichts, namentlich die direkter Sonnenstrahlen nötig ist.

— W. A. **Carlile** verbessert das Tonnengebläse. Er läßt durch zwei um eine hohle Achse schwingende Viertelzylinder die Luft ansaugen, die beim

Niedergang der Zylinder verdichtet wird und durch die Luftkammer in die Druckleitung gelangt. Die Abdichtung erfolgt durch Wasser, welches das Gehäuse bis zur Mitte anfüllt.

1890 Der Klempner Arthur **Cautius** konstruiert einen neuen Rundbrenner mit Brandscheibe, der so konstruiert ist, daß nicht der obere Rand des Dochtes, sondern die innere Fläche des Dochtes brennt, so daß die Flamme wie aus einer Röhre hervorquillt. Durch diese Konstruktion findet eine sehr innige Mischung der brennbaren Gase mit der Luft statt (Millionlampe).

— **Ciamician** und **Silber** beschäftigen sich in einer Anzahl von Arbeiten mit den Bestandteilen ätherischer Öle, die zu den Benzolderivaten in Beziehung stehen, so besonders mit dem Apiol, dem Safrol, den hochsiedenden Bestandteilen des Sellerieöls usw.

— Nachdem Alvan Clark in Cambridgeport bei Boston bereits eine Reihe ausgezeichneter Refraktoren mit bedeutender Linsengröße verfertigt hatte, liefert sein Sohn Alvan Graham **Clark** die größten bis jetzt hergestellten Objektivlinsen. Die von ihm für die Lick-Sternwarte auf dem Mount Hamilton gelieferte Linse hat 92 cm, die für die Yerkes-Sternwarte in Williamsbay gelieferte sogar 102 cm Öffnung.

— A. und E. **Cressonnière** erfinden einen Apparat zur Herstellung trockener Seifen (Broyeuse sécheuse continue), der sich insbesondere in der Toiletteseifenfabrikation einbürgert.

— Theodor **Curtius** entdeckt bei Einwirkung von untersalpetriger Säure auf eine eiskalte verdünnte wässerige Lösung von Hydrazin (s. 1887 C.) die Stickstoffwasserstoffsäure, eine in ihren Derivaten den Halogenwasserstoffsäuren nahestehende Säure.

— **Cusinier** erfindet ein Verfahren der Traubenzuckerdarstellung durch Verzuckerung der Stärke mittels eines im Mais vorkommenden Enzyms, der Maisglykase oder Maltase. Das bei diesem Verfahren erhaltene Produkt kommt unter der Bezeichnung „Cerealose“ in den Handel.

— J. **Dewar** und R. **Redwood** nehmen ein Patent auf ein Verfahren und Apparate zur Durchführung des Cracking-Prozesses. Dieser Prozeß bezweckt, die Ausbeute an Brennöl aus Rohpetroleum zu erhöhen und schwer verwertbare Rückstände aufzuarbeiten. Er besteht darin, daß man die Öldämpfe an den Wänden der Destillierblase sich schwach überhitzen läßt und dadurch eine Spaltung der Kohlenwasserstoffe in leichtere und schwerere Teile bewirkt. In seinen Endzielen ist dieser Prozeß der Krey'schen Überdruckdestillation (s. 1887 K.) analog.

— Der Münchener Glasmaler **Dillmann** erfindet eine neue Art der Glasmalerei, bei welcher das Bild aus drei aufeinanderliegenden Glastafeln besteht, von denen je eine mit gelbem, rotem und blauem Überfangglase 1 mm dick überzogen ist. Durch teilweises Abätzen, oder nach Bedarf auch durch völlige Entfernung der einen oder anderen Farbschicht, lassen sich die mannigfachsten koloristischen Wirkungen erzielen. Die Luce-Floreo-Kunstantalt in Barmen bildet dieses Verfahren weiter aus und führt u. a. die Glasmalereien an den Fenstern des Berliner Doms aus.

— D. **Dodge** erhält durch Reduktion des aus einem Citronellöl isolierten Citronellals einen Alkohol, der deutlichen Rosengeruch hat, und dem er den Namen „Citronellol“ gibt.

— Der englische Ingenieur Frederick **Duke** erfindet für Gaslampen eine praktisch brauchbare Zündpille, die er in der Weise herstellt, daß er in porösem Meerschaum Platinchlorid aufsaugt und dieses im Kohlenwasserstoffstrom zu Platinmohr reduziert. Diese Zündkörper hängt er anfangs an der Spitze des Lampenzylinders auf, später befestigt er sie direkt am Glühstrumpf.

— John Boyd **Dunlop,** Zahnarzt in Dublin, erfindet den pneumatischen Gummi-

56*

Radreifen für Fahrräder, ohne von der von Thomson (s. 1846 T.) gemachten Erfindung des pneumatischen Reifens für Wagenräder Kenntnis zu haben. Der pneumatische Gummireifen verbreitet sich schnell über die Welt und verschafft erst dem Fahrrad seine große Bedeutung.

1890 **Eaton** konstruiert einen Apparat zur elektrischen Übertragung von Bildern, bei welchem ein Stift auf dem Reliefbilde gleitet, der je nach der Höhe der Bildpunkte Ströme zum Empfänger sendet oder nicht. Eine verbesserte Konstruktion wird 1893 von Amstutz ausgeführt. Auch Kiszelka's und Palmer's Apparate beruhen auf demselben Prinzip.

— Jean **Effront** stellt fest, daß die Flußsäure ein verläßliches Mittel zur Bekämpfung der Bakterien ist, und daß man sich ihrer bedienen kann, um eine Hefe von diesen Schädlingen freizuhalten. Er führt zur Vermeidung der schädlichen Nebengärungen der Maischen das Flußsäureverfahren in die Brennerei ein.

— P. **Ehrlich** und A. **Leppmann** empfehlen das Methylenblau in Form von subcutanen Injektionen und innerlich als schmerzstillendes Mittel. Es wird späterhin auch mit Erfolg bei unstillbaren Diarrhöen der Phthisiker gebraucht.

— J. **Elster** und H. **Geitel** zeigen, daß in verdünntem Gase der Austritt negativer Elektrizität aus einer belichteten Fläche (s. 1888 H.) im magnetischen Felde gehemmt wird.

— **Emin Pascha** bricht mit einer Expedition am 26. April von Bagamoyo nach dem Victoria Nyanza auf. Er hißt am 4. August in Tabora die deutsche Flagge und zieht von da nach dem Victoria Nyanza, an dessen Westufer er die Station Bukoba errichtet. Mit Franz Stuhlmann begibt er sich von hier nach dem Albert Edward-See und an dessen Westseite nordwärts zum Albert Nyanza. Nach vergeblichen Versuchen, von hier durch die Wälder am Ituri weiter vorzudringen, wird er vom 12. November 1891 bis zum 8. März 1892 durch eine Blatternepidemie in Undussuma festgehalten. Von hier sendet er Stuhlmann zurück, während er selbst gegen Südwesten nach Kinema, 150 km westlich vom Kongo, zieht, wo er auf Befehl des Sultans von Kibonge ermordet wird.

— Karl **Feusner** konstruiert den sogenannten Kompensationsapparat, der durch Vergleichung mit einem Clark'schen Normalelement zur Messung von Strom und Spannung verwendet wird. Der Apparat wird später von Raps, Rudolf Franke u. a. vereinfacht und verbessert.

— Emil **Fischer** gelingt es, aus Glycerose und aus Formaldehyd den Traubenzucker (Glucose) und den Fruchtzucker (Fructose) synthetisch darzustellen und im Verlauf seiner Arbeit eine große Zahl von Zuckerarten zu erhalten, deren Konstitution zu erweisen und eine rationelle Systematik der ganzen Gruppe aufzustellen.

— Emil **Fischer** gelingt es, durch Einwirkung von kalter, starker Salzsäure auf Traubenzucker ein künstliches Disaccharid, die Isomaltose zu erhalten.

— Nachdem schon William Siemens zu Ende der 60er Jahre und Weinhold (1873) Calorimeter für pyrometrische Zwecke angegeben hatten, konstruiert Ferdinand **Fischer** ein Wasserpyrometer, bei welchem durchbohrte Zylinder aus Platin oder Schmiedeeisen in den Feuerkanälen erhitzt und hierauf rasch in das Wassergefäß des Calorimeters gebracht werden. Die gesuchte Temperatur wird leicht aus der Temperaturerhöhung des im Calorimeter befindlichen Wassers ermittelt.

— Josef **von Fodor** macht Untersuchungen über die bakterientötende Wirkung der weißen Blutkörperchen und des Blutserums. (Vgl. 1890 B.)

— L. **Francq** konstruiert feuerlose Trambahn-Lokomotiven, bei welchen stark überhitzter Dampf von über 200° als wärmeaufspeichernder Stoff benutzt wird. In Frankreich werden von der Compagnie de tramways à vapeur mehrere Linien in Paris und Lyon mit solchen Lokomotiven betrieben. Dieses Prinzip eignet sich auch zur Konstruktion von Dampfakkumulatoren. (Vgl. a. 1883 H.) Unvollkommene Versuche, Trambahnlokomotiven mit heißem Wasser zu betreiben, waren 1875 bereits von Lamm unternommen worden.

1890 Hermann **Frasch** bringt zur Raffinerie des Petroleums einen neuen Prozeß in Anwendung, indem er die Öle dadurch von ihrem Gehalt an stinkenden Schwefelverbindungen befreit, daß er ihre heißen Dämpfe über fein zerstäubtes Kupferoxyd leitet.

— S. **Frenkel** führt die Übungsbehandlung ein, um insbesondere bei Rückenmarksleiden die gestörte glatte Ausübung einer koordinierten Bewegung wieder herzustellen.

— L. **Gattermann** und A. **Ritschke** erkennen, daß die von ihnen hergestellten Substanzen Azoxyanisol und Azoxyphenetol die Eigenschaften „der fließenden Krystalle" besitzen, was von Otto Lehmann bestätigt wird.

— Leo **von Gerlach** bearbeitet die Entstehungsweise der Doppelmißbildungen bei den höheren Wirbeltieren. Er erfindet das „Embryoskop", ein Instrument, welches ermöglicht, die Entwicklung lebender Embryonen im Vogelei über längere Zeit hin im Zusammenhang zu verfolgen.

— Elisha **Gray** erfindet den Telautograph, einen Apparat, der zur Fernübertragung von Bildern und Schriftzeichen dient, und der darauf beruht, daß die Bewegung des Geberstiftes in zwei rechtwinklig zueinander stehende Komponenten zerlegt wird. Diese Komponenten wirken durch Widerstandsveränderung in elektrischen Stromkreisen auf den analog gebauten Empfänger.

— Karl **Haggenmacher** konstruiert eine Griesputzmaschine, die das Ausblasen der Kleien aus den Griesen und eine Sortierung der Griese nach ihrer Schwere bewirkt.

— Dem Pharmakologen Erich **Harnack** gelingt die Darstellung eines löslichen Eiweißpräparates.

— Walther **Hempel** vervollkommnet die Gasanalyse und konstruiert zu Zwecken derselben eine Anzahl viel gebrauchter Apparate, wie eine Gasbürette mit Temperatur- und Barometerkorrektion, eine Explosionspipette, eine Absorptionspipette usw.

— J. B. F. **Herreshoff** baut Vierfach-Expansionsmaschinen für das Torpedoboot „Cushing", die Kessel mit 17,6 Atm. Überdruck haben und sich derart bewähren, daß nunmehr die Vierfach-Expansionsmaschine zu größerer Bedeutung gelangt. Im gleichen Jahre werden solche Maschinen schon von der Schiffbaugesellschaft Schelde in Vlissingen gebaut, 1891 nimmt Schichau in Elbing und 1892 der Stettiner Vulkan deren Bau auf.

— K. **Heumann** entdeckt, daß man durch Schmelzen von Phenylglykokoll mit Ätzkali zum Indigo gelangen kann, und daß das Glykokoll der Anthranilsäure (Phenylglykokollorthocarbonsäure) auf gleiche Weise behandelt, ebenfalls zum Indigo führt. Dieses letztere Verfahren dient später der Badischen Anilin- und Sodafabrik bei ihrem synthetischen Indigoverfahren (s. 1897 B.), bei welchem das Anthranilsäureglykokoll aus Anthranilsäure und Chloressigsäure gewonnen wird.

— Julius **Hirschberg** konstruiert einen Elektromagneten zur Entfernung von Eisensplittern aus dem Augapfel. (S. 500 v. Chr., 1256 und 1600 H.)

— J. H. **van't Hoff** sucht nachzuweisen, daß der osmotische Druck der in fester Lösung befindlichen Substanzen dem der flüssigen Lösung analog ist und den gleichen Gesetzen, wie sie für diese gelten, gehorcht.

— Der Mediziner Albert **Hoffa** fördert die Orthopädie und zeichnet sich namentlich durch die Operation der angeborenen Hüftgelenksverrenkungen aus.

1890 Nachdem **Holabird** und **Roche** schon das Tacoma building in Chicago mit 14 Stockwerken erbaut hatten, errichten sie den ganz in Eisengerippe-Konstruktion aufgeführten Masonic Temple daselbst, das erste zwanzigstöckige, vom Erdboden bis zum Dach 83,5 m hohe Gebäude.

— **Hollerith** in Washington erfindet eine elektrische Zählmaschine, die zuerst i. J. 1890 bei der Bearbeitung des amerikanischen Zensus und seitdem vielfach benutzt worden ist. Hierzu sind die Individualzählkarten mit einer Anzahl dem Lebensalter, Personenstande, den Berufsarten und den sonstigen zu registrierenden Daten entsprechenden Feldern versehen, von denen bei der Zählung das zutreffende Feld durchlocht wird. Die durchlochten Karten werden alsdann in die Zählmaschine gebracht, welche die einzelnen Daten nach Lage und Zahl der Perforationen selbsttätig summiert.

— **Hoogewerff** und **van Dorp** gelingt es, Phtalsäureimid mit alkalischer Bromlösung in Anthranilsäure überzuführen und damit für die von der Badischen Anilin- und Sodafabrik (s. 1897 B.) unternommene Synthese des Indigoblaus den Weg von der Phtalsäure zur Anthranilsäure zu zeigen. (S. auch 1890 He.)

— Der Ingenieur Ernst **Hotop** in Berlin baut einen kontinuierlichen Gipsschachtofen für Koksfeuerung, welcher namentlich in großen Betrieben mit geregeltem Absatze viel verwendet wird.

— C. H. **Jäger & Co.** in Leipzig bauen eine „Kreiskolbenpumpe" genannte Rotationspumpe mit drei Kolben, bei welcher der Steuerzylinder den Druckraum gegen den Saugraum abdichtet. (S. a. 1800 B. und 1867 R.)

— Nachdem für die Höhenmeteorologie nacheinander die Observatorien auf dem Säntis, dem Wendelstein, dem Obir und dem Sonnblick entstanden waren, errichtet Pierre Jules César **Janssen** ein Observatorium auf dem Montblanc, auf dem automatische meteorologische Instrumente untergebracht werden.

— V. L. **Jespersen** in Nykjöbing konstruiert einen Dampfregler zur Rauchvermeidung, bei welchem der Rauchschieber, durch Gegengewichte großenteils ausbalanciert, an einem Uhrwerk hängt, das, durch den Rest des Rauchschiebergewichts angetrieben und durch Pendel gehemmt, den durch den Schluß der Feuertür emporgezogenen Schieber allmählich heruntersinken läßt.

— **Joubert** erfindet einen Apparat, der die Kurven von Wechselströmen punktweise aufzeichnet.

— Gisbert **Kapp** und **Stillwell** erfinden gleichzeitig die Spannungserhöher (Booster), das sind kleine Transformatoren, die bei Wechselstromanlagen mit langen Speiseleitungen außer den in den Unterstationen befindlichen Transformatoren in der Zentralstation selbst verwendet werden.

— Jacobus Cornelius **Kapteijn** leitet aus den am Meridiankreise beobachteten Rektascensionsdifferenzen zahlreiche Parallaxen von Fixsternen ab.

— **Klippert** trifft die maschinellen Einrichtungen zur direkten Herstellung von trockenem Superphosphat. Die Gewinnung erfolgt durch Aufschließen des Phosphats mit so starker Säure, daß es nur den Wassergehalt der gedarrten Ware (die mit 50grädiger Säure aufgeschlossen war) erhält. Ein Überschuß an freier Phosphorsäure wird durch Zusatz von leicht zersetzbaren Phosphaten weggenommen.

— Robert **Koch** stellt in dem Tuberkulin ein Hilfsmittel zur Erkennung und Heilung der Tuberkulose her.

— **König & Bauer** erbauen die Zwillingsrotationsmaschine, die aus zwei getrennten Druckwerken und einem gemeinsamen Falzwerke besteht und es ermöglicht, Druckerzeugnisse von 2, 4, 8, 16 Seiten, sowie solche von 6, 10, 12, 14, 18, 20, 22, 24 Seiten herzustellen.

1890 G. **Krämer** und A. **Spilker** finden im Steinkohlenteer das Inden und sagen das Vorhandensein eines Kohlenwasserstoffs voraus, der sich zum Inden verhält, wie das Furfuran zum Cumaron, und den sie in der Tat 1896 im Benzolvorlauf auffinden und Cyclopentadien nennen.

— Severin **Lauritzen** erfindet den „Undulator", einen Apparat, welcher, wie der Siphon Recorder (s. 1867 T.), die übergebene Depesche selbsttätig abtelegraphiert und als Empfangsapparat, namentlich bei Seekabeln mittlerer Länge, wegen seiner Leistungsfähigkeit und Einfachheit viel angewendet wird.

— Ernst **Lecher** benutzt die elektrische Entladung in verdünnten Gasen (Geißler'schen Röhren) zum Nachweis elektrischer Schwingungen und Wellen (Wellendetektor).

— Raphael **Lépine** wiederholt die Versuche von Claude Bernard, Pavy usw. (s. 1877 B.), indem er bei seinen Versuchen über die Zerstörung des Zuckers im Körper jede bakterielle Wirkung ausschließt. Er stellt fest, daß die Glykolyse auf ein glykolytisches Ferment zurückzuführen ist und an die roten und insbesondere an die weißen Blutkörperchen geknüpft ist, während das Ferment im Blutserum fehlt, was von Spitzer (1894) bestätigt wird.

— Raphael **Lépine** stellt im Verfolg seiner Versuche über Glykolyse (s. den vorhergehenden Artikel) fest, daß Zuckerzerstörung auch mit dem Brei oder Preßsaft von Organen erzielt werden kann.

— **Levasseur** erfindet die biegsamen Metallschläuche, die an Biegsamkeit den Kautschukschläuchen gleichkommen, vor diesen aber den Vorzug haben, daß sie ein Vakuum vertragen, ohne von der äußeren Luft zusammengedrückt zu werden.

— Max **Levy** in New York stellt Rasternetze für die Autotypie her, die von höchster Feinheit sind und bis 3000 Punkte auf den Quadratzentimeter ergeben. Er deckt das Glas mit Ätzgrund, ritzt die Linien mit einer Maschine ein, ätzt ins Glas und füllt nach Abwaschen des Ätzgrundes die geritzten Linien mit Emailmasse aus. Er ritzt nur parallele Linien auf jeder Platte, legt dann aber zwei Platten so aufeinander, daß ihre Linien sich rechtwinklig kreuzen. Andere Methoden zur Herstellung von Rasternetzen werden von Husnik und Gaillard erfunden.

— Der Ingenieur Otto **Lilienthal** in Berlin verfertigt nach langjähriger Beobachtung des Vogelfluges (vgl. seine Schrift „Der Vogelflug als Grundlage der Fliegekunst") einen Segelflugapparat, mittels dessen er ohne aktive Bewegung vom Winde getragen und gehoben, und unter Umständen auch gegen den Wind schwebend fortbewegt wird. Er verunglückt 1896 bei einem Flugversuche.

— **Lister** und **Lange** konstruieren für die Ramiespinnerei eine Kämmmaschine, die gegenüber dem System Heilmann-Delette einen Fortschritt bedeutet und in der Ramiespinnerei Bregenz zuerst Verwendung findet.

— **Löhr** stellt zuerst Magnesiumalkyle her, die 1892 von H. Fleck näher untersucht werden. Letzterer stellt auch aromatische Magnesiumverbindungen, wie Magnesiumdiphenyl dar.

— Nachdem schon seit 1869 an Stelle der bis dahin gebrauchten Folien (Films) aus gehärteter Gelatine photographische Films aus Kollodium und Celluloid hergestellt worden waren, die mit der lichtempfindlichen Emulsion überzogen wurden, bringen Frédéric **Lumière** und die **Eastman Company** die sogenannten Rollfilms in den Handel, bei denen der für eine Serie von Aufnahmen bestimmte papierartige Filmstreifen auf eine Rolle aufgewickelt ist.

— Hugo **Luther** verwendet bei der Donauregulierung sehr leistungsfähige Bohrschiffe und Felsbrecher mit eisernen 9 m langen und 10 t schweren Meißeln, die durch Dampfwinden gehoben und dann frei fallen gelassen werden, und ermöglicht lediglich hierdurch die Durchführung dieser Arbeiten. (S. a. 1888 H.). Die Pläne zur Korrektion der Donau sind von Wallandt aufgestellt.

1890 Die **Marvie Safe Company** in New York gestaltet bei ihren Geldschränken den Umschweif der Tür und dementsprechend auch den Türrahmen treppenförmig, wodurch nicht nur ein sehr wirksamer Feuerfalz geschaffen, sondern auch das Eintreiben von Stahlkeilen und das Einblasen von Nitroglycerin behufs Sprengung des Schrankes unmöglich gemacht wird. M. Fabian macht von dieser Anordnung bei seinem Geldschrank „Ideal" Gebrauch.

— **Mathewson,** Direktor der Tilghman's Patent Sand Blast Co. verbessert das Sandstrahlgebläse (s. 1871 T.) nach den verschiedensten Richtungen und schafft durch eine Anzahl sinnreicher Konstruktionen neue Anwendungsgebiete für dasselbe. Er ersinnt folgende Ausführungsformen: 1. das Vakuum-Sandstrahlgebläse, 2. das Saug-Sandstrahlgebläse und 3. das Druck-Sandstrahlgebläse.

— **Mesuré** und **Nouel** erfinden das optische Pyrometer, bei welchem die Beziehungen zwischen der Temperatur und dem Polarisationswinkel zur Temperaturmessung herangezogen werden.

— P. **Miquel** in Paris weist nach, daß die sogenannte Harnstoffgärung, d. i. die Umwandlung des Harnstoffs in Ammoniumcarbonat, welche in ausgeschiedenem Harn allmählich eintritt, nicht direkt durch die Lebenstätigkeit der anwesenden Bakterien, sondern durch Vermittlung eines davon abtrennbaren Enzyms (der Urase) bewirkt wird, wie es Musculus schon 1874 vermutet hatte. (Enzymtheorie s. 1858 T.)

— Henri **Moissan** stellt das zuerst von Dumas (1826) in unreinem Zustande erhaltene Phosphortrifluorid dar, indem er Fluorarsen tropfenweise in Phosphorchlorür einträufelt. Durch Fluor erhält er daraus (1891) das von Thorpe (s. 1875 T.) entdeckte Phosphorpentafluorid.

— F. **Mond,** C. **Langer** und F. **Quincke** stellen durch Überleiten von Kohlenoxyd über fein verteiltes Nickel, das bei etwa 400° C. durch Reduktion von Nickeloxyd durch Wasserstoff erhalten ist, das Nickelkohlenoxyd her, das sich bei starker Abkühlung zu einer farblosen, stark lichtbrechenden Flüssigkeit verdichtet.

— F. **Mond** und C. **Langer** wollen die katalytische Wirkung fein verteilter Metalle wie Nickel und Kobalt (vgl. vorstehenden Artikel) benutzen, um Leuchtgas von Kohlenoxyd und Kohlenwasserstoffen zu befreien und an deren Stelle Wasserstoff einzuführen.

— S. **Nagelmackers**, der die Pullman'schen Schlafwagen schon im Jahre 1873 in Europa eingeführt hatte, richtet daselbst auch die Pullman'schen Luxuszüge ein. (S. 1887 P.)

— Der Geolog Melchior **Neumayr** untersucht in seiner „Erdgeschichte" (1885 bis 1887) und namentlich in seinem Werke „Die Stämme des Tierreichs" (1890, unvollendet) die genealogischen Verhältnisse der fossilen Organismen. Seine Darlegungen enthalten eine Fülle von neuen Gesichtspunkten.

— Der Stadt **Newcastle** gelingt es, durch die seit dem Jahre 1873 fortgesetzten energischen Baggerungen und Regulierungsarbeiten, bei denen rund 47 Millionen Kubikmeter ausgebaggert werden, den Tyne aus einem unbedeutenden Fluß zu einer mit Schiffen bis zu 4000 t fahrbaren Wasserstraße zu machen und den Tynehafen zu einem Handelshafen ersten Ranges zu gestalten. Die Projekte zu diesen Arbeiten waren von J. F. Ure angefertigt.

1890 Jules und Albert **Niclausse** in Paris konstruieren einen Dampfkessel für Schiffe, der aus einem Oberkessel und zwei mit demselben in Verbindung stehenden Wasserkammern mit Rohren besteht, die, nachdem sie zuerst aus Temperguß hergestellt worden waren, neuerdings aus Flußeisen gestanzt werden. Ein ähnlicher Kessel ist der Dürr-Kessel, der 1893 für die Deutsche Marine gebaut wird.

— **Nietzki** und **Mäckler** stellen durch Einwirkung von Nitrosodimethylanilin auf Resorcin das Dimethylresorufamin her, das einen tiefblauen Tanninlack bildet und Veranlassung zu der von **Ullrich** vorgeschlagenen Erzeugung indigoblauer Färbungen auf der Baumwollfaser gibt. Es wird ein Gemisch von fein verteiltem Nitrosodimethylanilin, Resorcin und Tannin mit einem Verdeckungsmittel aufgedruckt und beim Dämpfen das seifen- und lichtechte Resorcinblau erhalten.

— Alfred **Nobel** verbessert sein Verfahren der Gelatinisierung (s. 1875 N.), indem er gleiche Gewichtsmengen von Nitrolglycerin und Schießbaumwolle vollkommen gelatinisiert, das Material zwischen erhitzten Platten durchgehen läßt und so Tafeln erhält, die sich in Würfel jeder Größe zerteilen lassen und sowohl als Geschütz-, wie auch als Gewehrpulver verwendet werden (Nitroglycerinpulver, Würfelpulver).

— Karl Ludwig **Paal** stellt durch Erhitzen von o-Nitrobenzylanilin mit Ameisensäure und darauffolgende Reduktion das Phenylhydrochinazolin dar, das unter dem Namen „Orexin“ und insbesondere in der gerbsauren Verbindung ein gutes Mittel gegen Appetitlosigkeit (Stomachicum) darstellt.

— W. **von Pittler** bildet die einzelnen Teile und Bewegungsantriebe der Drehbank sehr sinnreich durch und schafft damit eine Werkzeugmaschine, die nicht nur alle gewöhnlichen Dreharbeiten einschließlich des Gewindeschneidens, sondern auch alle Arten von Fräsarbeiten mit Genauigkeit auszuführen vermag.

— Emil **Ponfick** weist experimentell die merkwürdige Regenerationsfähigkeit der Lebersubstanz nach. Diese Versuche ermutigen die Chirurgen, die älteren Versuche wieder aufzunehmen und Leberabscesse, Lebergeschwülste und Echinococcen operativ zu entfernen.

— **Prinsen** und **Goerligs** arbeiten für die Gewinnung des Zuckers aus Zuckerrohr Methoden der kalten Scheidung und Saturation aus, welche die Gewinnung mechanisch filtrierbarer Säfte ermöglichen.

— Wilhelm **Rettig** erfindet die Stufenbahn, die nach einem Vorversuche in Münster in Westfalen zuerst auf der Weltausstellung in Chicago 1893 ausgeführt wird.

— **Romanowsky** gibt eine Färbung der Kernsubstanz der Malariaparasiten mit Eosin-Methylenblau an, welche die Erkennung im mikroskopischen Präparat sehr erleichtert.

— Paul **Rudolph** stellt mit Hilfe der neuen Jenenser Glassorten (s. 1886 A.) den Zeiß'schen Anastigmaten her.

— Während die dem Segelsport dienenden Segeljachten bis zum Jahre 1890 in der Regel scharfe Wasserlinien mit tiefliegenden schweren Bleikielen zeigten, erkennt der Ingenieur **Säfkow** zuerst, daß die Bootsform zur Verminderung des Reibungswiderstandes unter Wasser möglichst wenig Fläche haben muß. Nach ähnlichen Grundsätzen bauen die Amerikaner Herreshof und Watson vorzügliche Kieljachten. (Vgl. die von letzterem entworfene Segeljacht „Meteor“ des Kaisers Wilhelm II.)

— Giovanni Virginio **Schiaparelli** will, wie für den Planeten Merkur (s. 1889 S.), so auch für die Venus nachweisen, daß die Dauer ihrer Achsendrehung mit der ihrer Bewegung um die Sonne (224,7 Tage) zusammenfällt, und daß der Planet der Sonne beständig dieselbe Seite zukehrt. Perrotin, Tacchini u. a. gelangen zu dem gleichen Resultat. (Vgl. auch 1896 L.)

1890 Der Berliner Arzt Carl Ludwig **Schleich** erfindet das Verfahren der Infiltrationsanaesthesie, welches darin besteht, daß Lösungen von anästhesierenden Substanzen, wie Cocain und selbst destilliertes Wasser, wenn sie unter die Haut gespritzt werden, örtlich die Schmerzempfindlichkeit aufheben.

— **Schoeffel** in Wien verbessert die Feilenhaumaschine, indem er den Meißel durch Federkraft anstatt durch ein Fallgewicht (s. 1854 B.) niederschnellen läßt. Er läßt außerdem den ganzen Support sich etwas heben, wenn der Schlag verschärft werden soll, und versieht die Maschine mit einer Einrichtung, welche den Hieb nach der Spitze zu selbsttätig verengt. Diese Verbesserungen bewirken, daß die Maschinenfeilen nun imstande sind, mit den Handfeilen zu konkurrieren.

— H. **Schröder** bringt an dem holländischen Fernrohr Markier- und Meßvorrichtungen an, die gleichzeitig mit dem vom Objektiv entworfenen Bild durch das Okular scharf gesehen werden, und hilft damit einem Hauptmangel des holländischen Fernrohrs ab.

— Der Mediziner Max Oscar Sigismund **Schultze** stellt die Bedeutung der Schwerkraft für die Formbildung bei der Entwicklung der Organismen aus dem Ei fest.

— Robert **Schüpphaus** entdeckt die Eigenschaft des Harnstoffs, Schießbaumwolle vollkommen beständig zu machen. Diese Entdeckung gewinnt insbesondere in der Photographie für die Herstellung klarer durchsichtiger Films große Bedeutung.

— **Sellmeier** behauptet, daß die Planeten einen Einfluß auf den Erdmagnetismus ausüben, was durch Ernst Leyst's Berechnungen (1894) außer Zweifel gestellt wird.

— Der Amerikaner H. C. **Sergeant** in New York erfindet den Ingersoll-Sergeant-Kompressor, bei welchem die Luft durch die hohle Kolbenstange in den Kolben und von hier durch Ventilringe in den Zylinder gesaugt wird. Der Kompressor wird hierdurch sehr vereinfacht.

— **Siemens & Halske** konstruieren einen Energiezähler mit periodischer Registrierung der verbrauchten elektrischen Energie.

— Die **Stéarinerie de Milly** in Paris verbessert das Verfahren der wässerigen Verseifung der Fette (s. 1855 Mi.), indem sie in Autoklaven unter 15 Atmosphären Druck und bei einer Temperatur von 200° arbeitet und durch einen Strom von hochgespanntem Dampfe eine fortwährende Bewegung des Gemisches von Fett und Wasser bewirkt.

— Charles Proteus **Steinmetz** stellt an Hand von Kreisdiagrammen eine Theorie zur Vorausberechnung der Wechselstrom-Transformatoren auf.

— Karl **Stumpf** stellt die Verschmelzungsgrade der Tonempfindungen auf.

— Julius **Tafel** untersucht das zuerst von Loebisch und Schoop beim Erhitzen des Strychnins mit alkoholischem Natron gewonnene Strychnol (Strychninsäure), das er als eine Imidocarbonsäure erkennt.

— Eduard **Theisen** konstruiert einen Kondensator mit Verdunstungskühlung. Er läßt in den Wasserraum eines liegenden Röhrenkondensators zwischen den einzelnen Rohrreihen eine Anzahl Blechscheiben eintauchen, welche auf einer gemeinsamen Welle befestigt und in Drehung erhalten werden, und ordnet über dem Ganzen einen Blechmantel mit Ventilator und Dunstabzug an.

— J. J. **Thomson** macht ausführliche Versuche über die Leitfähigkeit erhitzter Gase und konstatiert, daß das Leitvermögen bei Luft und Stickstoff sehr gering ist, daß dagegen Jodwasserstoff, Jod, Brom, Kochsalz, Salzsäure gut leiten. Von Metalldämpfen leiten Quecksilber, Zinn; Thallium wenig, am besten Kalium und Natrium, weniger gut, aber besser als Luft Cadmium, Wismut, Blei, Aluminium, Magnesium, Zink, Silber. Diese Resultate stehen teilweise im Gegensatz zu Angaben von Becquerel (s. 1853 B.), der behauptet hatte, daß bei höherer Temperatur alle gasförmigen Körper gut leiten.

1890 **Viault** findet, daß in der Höhenluft die Blutzellenzahl bedeutend zunimmt. Die Zählung der Blutkörperchen geschieht mit der sogenannten „Thoma-Zeiß'schen Zählkammer". Ein Bluttröpfchen wird in einer Mischpipette um das 100fache verdünnt und dann die Zellenzahl eines Tröpfchens der verdünnten Lösung unter dem Mikroskop abgezählt. Viault's Befunde werden von Müntz (1890), F. Miescher (1893) und N. Zuntz (1895) bestätigt.

— Hermann Carl **Vogel** in Potsdam entdeckt, unter Zugrundelegung des Doppler'schen Prinzips (s. 1842 D.), daß die Lichtänderungen des Algol von einem dunkeln Begleiter herrühren, der den Hauptstern zeitweise verdunkelt, und daß auch die Spica und Virgo dunkle Begleiter haben. (Vgl. auch 1889 P.)

— **Wanklyn** und **Cooper** nehmen das Priestley'sche Verfahren der Eudiometrie vermittels Stickoxyds (s. 1772 P. und 1774 F.) wieder auf und verbessern dasselbe so, daß es eine der genauesten Methoden der analytischen Chemie wird.

— Karl **Weigert** entdeckt die färberische Darstellung der Neuroglia (Bindesubstanz des Nervensystems) mit Hilfe einer besonderen Anwendungsweise des Methylvioletts.

— H. **Weigmann** führt ein Verfahren zur künstlichen Säuerung des Rahms mit Hilfe von Reinzuchten ausgewählter Rassen von Milchsäurebakterien in das Molkereiwesen ein, das dem Übelstand einer ungünstig verlaufenden spontanen Säuerung bei Herstellung der Sauerbutter abhilft.

— C. **Wenner** in Zürich erhält ein Patent auf einen Ventilator mit mehrfachen, nahezu gleich schnell umlaufenden konzentrischen Flügelrädern, wodurch ein erhöhter Wirkungsgrad gegenüber anderen Ventilatoren erreicht wird.

— A. C. **White** zeigt, daß es möglich ist, mehrere Teilnehmer eines Fernsprechnetzes aus einer einzigen Amtsbatterie mit Sprechstrom zu versorgen. Diese Anordnung findet indes ebensowenig praktische Verwendung, wie die von Anders. (S. 1881 A.)

— Max **Wien** konstruiert für Wechselstrommessungen das optische Telephon (Vibrationsgalvanometer), bei welchem die Schwingungen der Membran auf einen Spiegel übertragen und durch die Bewegungen eines Lichtbildes sichtbar gemacht werden. (S. a. 1889 F.) Das Instrument wird 1895 durch H. Rubens noch vervollkommnet.

— Clemens **Winkler** zeigt, daß sich das Bor in mehreren Verhältnissen mit Wasserstoff vereinigt, und daß das amorphe Bor immer Borwasserstoff enthält.

— Sergius **Winogradsky** entdeckt die Nitroso- und Nitrobakterien und züchtet sie in Reinkultur. Die Nitrosobakterien oxydieren das Ammoniak zu salpetriger Säure; die Nitrobakterien führen diese in Salpetersäure über, jedoch fehlt ihnen die Fähigkeit, Ammoniak anzugreifen. (S. 1877 S. und 1887 P.)

— Martin Ewald **Wollny** untersucht die Bedeutung der Regenwürmer für den Boden experimentell und konstatiert, daß ihre wühlende und grabende Tätigkeit lockeren, stark durchgearbeiteten Boden gibt. (S. a. 1881 D.)

— Hermann **Zimmermann** erfindet bei Gelegenheit des Baues der Kuppel für das Reichstagsgebäude zu Berlin ein neues, später nach ihm benanntes räumliches Fachwerk.

1890 Karl **Zulkowsky** stellt lösliche Stärke durch Erhitzen von Stärke mit Glycerin her.

— **Zwez** konstruiert die erste von den Eisenbahnzügen direkt abhängig gemachte elektrische Gleise-Verriegelung Deutschlands.

1891 **Albert I.**, Fürst von Monaco, erbaut in der Jacht „Princesse Alice II." das erste ausschließlich für die Zwecke wissenschaftlicher Meeresforschung bestimmte Fahrzeug. Er errichtet i. J. 1899 ein Museum und ein Laboratorium für Meereskunde in Monaco.

— Die **Badische Anilin- und Sodafabrik** stellt durch Erhitzen von Diorthonitroanthrachinon mit rauchender Schwefelsäure das Anthracenblau dar, das als Dipurpurin aufzufassen ist und auf Chrombeize ein sehr schönes und echtes Blau gibt.

— E. **Bamberger** und W. **Lodter** stellen durch Hydrierung des Naphtalins das Naphtalindihydrat dar, das sie als ringförmiges Analogon des Äthylens bezeichnen.

— **Berberich** zeigt, daß hohe Wahrscheinlichkeit dafür bestehe, daß die sogenannten Meteoriten in zwei verschiedene Klassen zu trennen seien. Für diejenigen, von denen eine mäßige (planetarische) Geschwindigkeit ermittelt ist, bleibt Schiaparelli's Auffassung (s. 1867 S.) bestehen; dies sind Sternschnuppen im engeren Sinne. Die Meteoriten dagegen, die sich mit einer über die gewohnten Verhältnisse im Planetensystem hinausgehenden Geschwindigkeit bewegen, müssen als Abkömmlinge weit entlegener Gegenden des Interstellarraumes angesehen werden; dazu gehören der Mehrzahl nach die sehr hellen Feuermeteore.

— M. W. **Beyerinck** benutzt die Leuchtbakterien, um die Sauerstoffproduktion erkennbar zu machen oder um mit Hilfe der auxanographischen Methode die Bedeutung eines Stoffes oder Stoffwechselproduktes für die Lichtentwicklung zu verfolgen.

— August **Bier** zeigt, daß durch die lokale Applikation bewegter heißer Luft die Hautgefäße erweitert werden können, und daß es gelingt, sie durch längere Zeit in diesem Zustand aktiver Dilatation zu erhalten. Er gründet hierauf die Heißluftbehandlung, für welche er die nach ihm benannten Wärmekasten konstruiert, von denen er eine große Anzahl Modelle für alle Körperteile (Knie, Schulter, Fuß, Hand usw.) ausbildet.

— **Canet** konstruiert eine Torpedokanone zur Oberwasserlancierung des Torpedos, die von Brotherhood und namentlich von Kaselowsky verbessert wird.

— L. **Claisen** gelingt es im Anschluß an die Arbeiten von Ost, Haitinger und Lieben (vgl. 1884 O.), zu zeigen, daß durch Einführung von zwei Säureradikalen in Aceton Körper erhalten werden, die mit Leichtigkeit durch bloßes Erhitzen in Pyronderivate übergehen. Er gelangt aus dem auf solche Weise erhaltenen Acetondioxaläther zur synthetischen Chelidonsäure.

— Max **Corsepius** verbessert die Hopkinson'sche Schluß-Joch-Methode (s. 1885 H.) und konstruiert den Siderognost.

— John Henry **Darby** erfindet ein neues Kohlungsverfahren zur Vervollkommnung des Flußeisens, indem er das flüssige Metall mit festem Kohlenstoff (Graphit, Kokspulver) in innige Verbindung bringt, wobei der Kohlenstoff vom Metall rasch aufgenommen wird. Er erzielt mit seinem Verfahren sowohl im Martin-, als auch im Thomas- und Bessemer-Betrieb Produkte, die sich durch ganz hervorragende Zähigkeit auszeichnen.

— Peter **Dettweiler** errichtet die erste Volksheilstätte für Lungenkranke in

Ruppertshain im Taunus und tritt mit Wort und Schrift für die Errichtung von Heilstätten für Unbemittelte ein.

1891 James **Dewar** und Frederick Augustus **Abel** stellen ein neues Sprengmittel „Cordite“ her, indem sie Schießbaumwolle und Nitroglycerin in Aceton lösen und das Lösungsmittel abtreiben. Gewöhnlich wird dem „Cordite“ ein kleiner Zusatz von Vaseline gegeben. Das „Cordite“ wird meist zu Schnüren und Zylindern verarbeitet. Später tritt an die Stelle der massiven Pulverfäden das Röhrenpulver, die Grundform des heutigen Geschützpulvers.

— Michael O. **von Dolivo-Dobrowolski** in Berlin erbaut zwischen Lauffen und Frankfurt a. M. die erste Anlage zur Arbeitsübertragung mit hochgespannten Wechselströmen verschiedener Phasen. Er gibt an, wie die Anzugskraft von Drehstrommotoren (der Ausdruck „Drehstrom“ für den Dreiphasenstrom stammt von ihm) durch Einschalten von regulierbaren Widerständen in den Anker vergrößert wird. Der nach seinem System für die Arbeitsübertragung von der Allgemeinen Elektrizitätsgesellschaft gebaute Drehstrommotor zeigt eine Ausführung, der die jetzt übliche noch fast völlig entspricht.

— Erich **von Drygalski, Baschin, Vonhöffen** und **Stade** erforschen Grönland. Nach vorausgegangenen Untersuchungen am Umanakfjord errichten sie 1892 ein Stationshaus am großen Karajakgletscher, von wo aus sie in den Jahren 1892 und 1893 die Bewegungserscheinungen des Inlandeises einer genauen Untersuchung unterziehen. (Vgl. 1893 D.)

— Eugen **Dubois** findet im Bett des Bengawan-Flusses auf Java Reste des von ihm „Pithecanthropus erectus“ genannten Anthropoiden, den er für das lange gesuchte Zwischenglied zwischen Affen und Menschen hält.

— Henry E. J. G. **du Bois** konstruiert die magnetische Präzisionswage zur Aufnahme von Magnetisierungskurven.

— Mils Cristofer **Dunèr** in Upsala bestimmt auf Grund der Verschiebungen der Spektrallinien des von verschiedenen Stellen der Sonne herrührenden Lichts die Drehungsgeschwindigkeiten verschiedener Zonen der Sonne und überhaupt die Geschwindigkeiten auf der Sonnenoberfläche bis auf Bruchteile eines Kilometers pro Sekunde.

— Paul **Ehrlich** zeigt, daß sich die Eigenschaft des Organismus, Schutzstoffe zu bilden, nicht nur auf die Gifte pathogener Organismen, sondern auch auf pflanzliche Toxalbumine (Abrin, Ricin) erstreckt.

— Paul **Ehrlich** und Paul **Guttmann** empfehlen das Methylenblau (s. 1877 C.) auf Grund seiner Verwandtschaft zur lebenden Nervensubstanz bei Neuralgien, rheumatischen Affektionen und namentlich auch bei Malaria. Sie erzielen jedoch keinen nachhaltigen Erfolg, da das Produkt schädliche Nebenwirkungen, insbesondere auf den Magendarmkanal und auf die Blase ausübt.

— **Eickmeyer** benutzt eine Wheatstone'sche Brücken - Anordnung zur Bestimmung von Magnetisierungskurven. Andere Apparate zu diesem Zweck werden von Köpsel (1891 Zeigerapparat mit Torsionsfeder), Ewing (1892), Searle (1892), Silvanus P. Thompson (1892 Permeameter) und Corsepius hergestellt.

— William **Ellis** leitet aus den in Greenwich seit 1841 fortgesetzten Beobachtungen der Deklination und Horizontalintensität eine etwa elfjährige erdmagnetische Periode ab, während Lamont (s. 1849 L.) dieselbe zu etwa zehn Jahren gefunden hatte. Die elfjährige Periode stimmt näherungsweise mit der Sonnenfleckenperiode überein, die nach den Untersuchungen von Sabine, Gautier und Wolf (s. 1852 S.) mit dem Erdmagnetismus in Verbindung steht. (S. a. 1825 S.)

— Wilhelm **Engelmann** zeigt, daß bei Fröschen die Reizung des einen Auges mit

Licht auch im anderen Auge eine negative Schwankung des Nervenstromes hervorbringt (Synopsie).

1891 Emil **Fischer** stellt die Konfiguration der Zuckerarten fest und führt für die graphische Darstellung derselben die Projektionsformeln ein.

— John **Fritz** erbaut für die Bethlehem Steel Co. einen Dampfhammer von 113,4 t Fallgewicht. Der Amboß wiegt 475 t, die Chabotte 1400 t.

— Nachdem für die Entstehung der Eishöhlen die verschiedensten Erklärungen, wie u. a. die Kaltlufttheorie von Deluc (1822), die Überkältungstheorie von Meißner (1886) gegeben worden waren, bringt Eberhard **Fugger** durch seine Studien an den Höhlen des Untersbergs bei Salzburg die Frage der Lösung näher. Er zeigt, welche Bedingungen nötig sind, damit ein unterirdischer nur durch eine schmale Mundröhre mit der Außenluft kommunizierender Hohlraum sich zur Eishöhle entwickle, wozu namentlich niedrige Lufttemperatur der Umgebung, Vorhandensein von Tropfwasser, Abtiefung des Höhlenbodens vom Eingang gegen das Innere, Schutz des Mundlochs gegen Insolation und gegen die Wirkung warmer Winde gehören. Zu gleichen Ergebnissen gelangt Crammer auf Grund seiner Untersuchungen des Toblerlochs bei Wiener Neustadt. (Vgl. auch 1899 C.)

— Der Kaufmann **Gelinck** in Riga erfindet ein neues Backverfahren, bei welchem das Brot direkt aus Getreide hergestellt wird, ohne daß dieses durch ein Mahlverfahren vorher zerkleinert wird. Das Getreide wird gewaschen, bis das Wasser klar abläuft, dann mit heißem Wasser von etwa 50° C. gebrüht, wobei das gesunde Korn zu Boden sinkt, während die auf der Oberfläche schwimmenden Unreinigkeiten abgeschöpft werden. Hierauf kommt das Getreide sofort in die Teigmühle, in die gleich die nötige Menge Sauerteig und Salz gegeben wird. Das fertige Brot wird unter dem Namen Gelinck'sches Kornbrot oder Kraftbrot verkauft.

— Nachdem **Greenwood** 1888 ein erstes Patent auf die Elektrolyse von Kochsalz genommen hatte, verbessert er sein Verfahren, indem er ein Gefäß aus Eisen oder Kohle mit einer äußeren Bekleidung von elektrolytisch niedergeschlagenem Kupfer als Kathode, einen mit Kohle bekleideten Metallzylinder als Anode nimmt und zwischen beide ein Diaphragma von V-förmigen Porzellantrögen bringt, das die Diffusion von Chlor aus dem Anodenraum in das Natron im Kathodenraum verhüten soll. Die bei der Elektrolyse erhaltene Lauge enthält neben Ätznatron noch unzersetztes Salz, von dem sie durch Eindampfen und Aussoggen befreit wird.

— Der belgische Ingenieur **Hanarte** in Mons erfindet einen Wassersäulen-Luftkompressor, bei welchem die Erweiterung des Wasserspiegels nach den Austrittsventilen so bemessen ist, daß die Wasserfläche proportional der bei der Kompression entwickelten Wärme zunimmt.

— **Heinz** und **Liebrecht** führen unter dem Namen Dermatol das basisch gallussaure Wismut als Jodoform-Ersatzmittel in den Arzneischatz ein.

— Oswald **Hesse** stellt das Atropamin aus der Wurzel der Tollkirsche dar.

— Wilhelm **His** macht wichtige Untersuchungen zur Keimblattlehre und veröffentlicht sie in seiner Abhandlung „Zur Frage der Längsverwachsung der Wirbeltierembryonen".

— Johann **Horbaczewski** zeigt, daß durch in den Körper eingeführtes Nuclein Leukocytose veranlaßt wird. Auch Pilocarpin, Antipyrin und Antifebrin wirken ähnlich.

— **Hummel** konstruiert den ersten Motorzähler. Derselbe enthält einen kleinen Elektromotor, der durch den zu messenden Motor in Gang kommt. Die Zugkraft, welche die Bewegung des Motors reguliert, entsteht dadurch, daß in einer am Motor befestigten Kupferscheibe durch feststehende, dicht über der Scheibe gelagerte Magnete Induktionsströme erregt werden.

— C. W. **Hunt & Co.** konstruieren selbsttätige Ladevorrichtungen, welche im wesentlichen aus einem auf dem Kai befindlichen Dampfelevator und einer selbsttätig wirkenden Hochbahn mit Selbstentlader bestehen. Eine der großartigsten Anlagen dieser Art stellt die Lehigh Coal and Iron Co. auf.

1891 Paul **Jeserich** benutzt mit Erfolg die Photographie zur Feststellung von Fälschungen von Schriftzeichen. (S. a. 1864 O.)

— Nachdem i. J. 1869 von Pfaundler vorgeschlagen worden war, zur Vergleichung der spezifischen Wärme einer Flüssigkeit mit derjenigen des Wassers die spezifische Wärme mit elektrischen Strömen zu messen, wendet Adolf **Johanson** dieses Verfahren zur Bestimmung der spezifischen Wärme des Wassers an. Er benutzt hierzu zwei mit gleichen Wassermengen gefüllte Calorimeter mit nahezu gleichen Platinspiralen, bringt das eine Calorimeter auf 0°, das andere auf 0° bis 40°, leitet dann einen Strom durch beide Calorimeter und vergleicht den Widerstand der Spiralen miteinander. Aus der Größe des Widerstands wird die spezifische Wärme des wärmeren Wassers bezogen auf jene des Wassers von 0° berechnet.

— S. M. **Jörgensen** untersucht die Rhodiumammoniakverbindungen, stellt die schön krystallisierenden Luteorhodiumsalze dar und stellt deren Verhältnis zu den Roseorhodiumsalzen fest.

— Heike **Kamerlingh-Onnes** stellt flüssige Luft in größeren Mengen, nämlich 6 bis 8 l stündlich mit 8 bis 10 PS. dar. (S. a. 1878 D.)

— **Kellner** und **Türk** nehmen die ersten Patente auf Herstellung von Garnen aus Sulfitstoff und aus Holzschliff. Sie treten später in Verbindung mit Leinweber, der ein Vervollkommnungspatent nimmt, und übergeben die Fabrikation der Jutespinnerei Waldhof bei Mannheim, die solche Garne unter dem Namen „Licellagarne“ in den Handel bringt.

— L. **Keßler** in Clermont-Ferrand führt das von Gossage (s. 1850 G.) vorgeschlagene Prinzip, die Konzentration der Schwefelsäure durch heiße Luft zu bewirken, erfolgreich durch. Sein Apparat leistet nicht nur der Einwirkung der von ihm verwendeten überhitzten Gase und der heißen Säure Widerstand, sondern ist auch so konstruiert, daß die unvermeidlich eintretenden Ablagerungen von Sulfaten usw. keine Verstopfungen hervorrufen können. Der Apparat wird 1900 von ihm verbessert (Keßler's Radiator).

— Horace **Koechlin** arbeitet ein Verfahren zum Bleichen von Baumwolle mit Wasserstoffsuperoxyd aus. (Vgl. auch 1866 T.)

— Nachdem seit einiger Zeit zum Chrombeizen an Stelle des Kaliumchromates das Chrombisulfit empfohlen worden war, führen Rudolf **Koepp & Co.** das Chromfluorid ein, das leichter als irgend eine andere Chrombeize reines Chromoxyd an die Wolle abgibt.

— Eugen **Kreiss** und G. F. **Zimmer** konstruieren eine Schwinge-Förderrinne für Koks und Kohlen, die bei geringem Kraftbedarf eine große Leistungsfähigkeit aufweist (Kreiss-Zimmer'sche Förderrinne).

— O. **Krigar-Menzel** und A. **Raps** zeichnen die Schwingungen tönender Saiten photographisch auf. Zu diesem Zwecke spannen sie die Saite vor einem scharf beleuchteten vertikalen Spalt horizontal aus. Der Schatten des Saitenpunktes bewegt sich dann in vertikaler Richtung und sein Bild wird mit dem des Spaltes zusammen von einer Linse auf ein in horizontaler Richtung bewegtes lichtempfindliches Papier geworfen.

— Friedrich Alfred **Krupp** konstruiert einen Revolver, bei welchem der Lauf vor dem Schusse über die Patronenhülse hinweg nach rückwärts bewegt wird, wodurch dem Entweichen der Pulvergase vorgebeugt und ein sicherer Eintritt des Geschosses in die Züge gewährleistet wird.

— Gerhard und Hugo **Krüss** befördern durch ihr Werk „Colorimetrie und

Quantitative Spektralanalyse" diese beiden Gebiete der chemischen Analyse.

1891 Robert **Kutner** gelingt es, die ersten brauchbaren photographischen Bilder der Harnblase und des Magens zu liefern.

— Samuel Pierpont **Langley** macht Versuche mit Drachenfliegern, die er mit wechselndem Erfolge bis ins Jahr 1903 fortsetzt, wo sie mit einem Mißerfolg enden, indem die auf einer Gleitvorrichtung gegen den Potomacfluß dirigierte Maschine sofort nach dem Verlassen der Bahn ins Wasser fällt und zerstört wird.

— Otto **Lehmann** begründet die nach ihm benannte Krystallanalyse, bei der es sich darum handelt, durch Vergleich der Eigenschaften einer bekannten Verbindung mit denen der zu untersuchenden zu prüfen, ob beide identisch sind. Er benutzt hierbei das von ihm konstruierte Krystallisationsmikroskop. (S. 1877 L.) Er definiert den Unterschied zwischen krystallinischen und amorphen Körpern dahin, daß letztere keine Wachstumsrichtungen haben.

— Gabriel **Lippmann** photographiert in natürlichen Farben, indem er stehende Lichtwellen künstlich erzeugt. Er bringt eine mit Bromsilberkollodium übergossene und durch ein Bad in geeigneten Farblösungen für alle Spektralfarben empfindlich gemachte Platte mit der Schichtseite mit reinem Quecksilber in Berührung und läßt die Belichtung durch die Glasplatte hindurch erfolgen. Die Lichtstrahlen werden vom Quecksilber reflektiert und bilden bei ihrer Rückkehr mit den ankommenden Strahlen stehende Wellen. Die Bilder können wie gewöhnliche Negative fixiert werden und geben die natürlichen Farben mit großer Treue wieder; man muß sie aber unter bestimmtem Winkel beleuchten und betrachten.

— C. A. **Lobry de Bruyn** erhält freies Hydroxylamin durch Umsetzung des Chlorhydrats in methylalkoholischer Lösung mit Natriummethylat.

— W. **Luzi** erkennt den Graphitit als eine besondere, bisher in den Graphit mit einbegriffene Modifikation des Kohlenstoffes und charakterisiert denselben. Er unterscheidet sich vor allem von dem Graphit darin, daß er das Aufblähen beim Erhitzen mit konzentrierter Salpetersäure zu langen wurmähnlichen Gebilden nicht zeigt.

— F. M. **Lyte** gewinnt durch Elektrolyse von Chlorblei Chlor und metallisches Blei. Wird das Chlorblei aus Kaufblei hergestellt, so wird das Nitrat, durch das man hindurchgeht, vor Umwandlung mit Calciumchlorid oder Magnesiumchlorid durch Zusatz von schwammförmigem Blei entsilbert.

— James **Mac Coy** in Brooklyn erfindet ein Preßluftwerkzeug, das ursprünglich zur Steinbearbeitung bestimmt, auch in der Metallbranche zum Meißeln, Stemmen, Nieten und Punzen, sowie in Bergwerken zum Schrämen der Kohlen Verwendung findet.

— Leopold **Mandl** in Budapest erfindet ein neues Maischverfahren, das namentlich bei der Spiritusfabrikation aus Mais angewendet wird und im wesentlichen darin besteht, daß das Rohmaterial, wenn nötig, unter Zusatz von Wasser mit Wasserdampf bis zu einer dem Druck der Atmosphäre entsprechenden Temperatur gedämpft und darauf mittels gespannter Luft aus dem Dämpfer ausgeblasen wird. Es wird die Karamelisierung der Stärke bei diesem Verfahren vermieden und ebenso die Zersetzung des Zuckers und des Dextrins verhindert.

— Max **Mannesmann** in Remscheid erhält ein deutsches Patent auf ein verbessertes Verfahren zum Auswalzen und Kalibrieren von Röhren mittels des Pilgerschritt-Walzverfahrens.

— Patrick **Manson** studiert in den Jahren 1891—1902 die Filariasis nach allen

Richtungen hin und entdeckt eine Anzahl verschiedener Spezies der Filaria, wie Filaria diurna, Filaria perstans, Filaria Demarquayi, Filaria Ozzardi. Er zeigt, daß der Medinawurm (s. 1674 V.) auch eine Abart der Filariasis ist.

1891 Hugh **Marshall** stellt zuerst reines Persulfat dar und gewinnt auch reine Überschwefelsäure. (S. 1878 B.) Diese Säure hat dadurch Bedeutung, daß sie in den Bleiakkumulatoren durch die Einwirkung des elektrischen Stromes auf die zur Füllung der Akkumulatoren dienende mäßig konzentrierte Schwefelsäure auftritt.

— S. **Meltzer** prüft den zuerst von A. Horvath (1878) behaupteten hemmenden Einfluß einer starken mechanischen Erschütterung auf das Wachstum der Bakterien. Er gelangt zu dem Resultat, daß geringe Erschütterung dem Leben der Mikroorganismen förderlich ist, starke Erschütterung aber für manche Arten von Bakterien schädigend, für andere Arten fördernd, und für wieder andere Arten ohne merkliche Wirkung sein kann.

— Albert A. **Michelson** erfindet das Interferometer, ein Instrument zur Bestimmung der Wellenlänge des Lichts.

— Nachdem Porro's Vorschläge (s. 1851 P.) wieder in Vergessenheit geraten waren, stellt zuerst Adolf von Steinheil i. J. 1890 ein zur photographischen Aufnahme terrestrischer Fernbilder geeignetes Fernobjektiv dar, das er dem Reichsmarineamt zu Küstenaufnahmen anbietet, ohne mit seiner Erfindung im übrigen an die Öffentlichkeit zu treten. Erst durch das von Adolf **Miethe** i. J. 1891 hergestellte Teleobjektiv, das sich als eine Art photographisches Fernrohr bezeichnen läßt, gelangt die terrestrische Fernphotographie zu größerer Bedeutung. In England wird die Priorität der Erfindung des Teleobjektivs dem Ingenieur Thomas R. **Dallmeyer** zugesprochen, dessen Patentanmeldung allerdings 16 Tage früher erfolgte als diejenige Miethe's.

— L. **Mond** und F. **Quincke** einerseits und M. **Berthelot** andererseits beobachten, daß auch das Eisen, ähnlich dem Nickel (s. 1890 M.), im Kohlenoxydstrom, wenn auch nur in sehr geringen Mengen, verflüchtigt werden kann. Das entstehende Eisenkohlenoxyd wird von konzentrierter Schwefelsäure völlig absorbiert, die Lösung zersetzt sich aber sehr rasch. Ob diese Verbindung die von Fleitmann (s. 1889 F.) beobachtete Flüchtigkeit des Eisens bedingt, ist noch nicht festgestellt.

— Der Eisenbahndirektor **Müller** bringt zuerst Hakenweichenschlösser bei Eisenbahngleisen zur Anwendung.

— **Nagel & Kämp** bauen zwei elektrische Hafenkrane für den Hamburger Hafen, die je 2500 kg Tragkraft haben und befriedigend arbeiten. Die elektrischen Hafenkrane nehmen von da ab eine rasche Entwicklung.

— Georg Balthasar von **Neumayer** gibt im Anschluß an die 1880 publizierten Karten (s. 1880 N.) einen Atlas des Erdmagnetismus und später Karten der magnetischen Gleichgewichtslinien heraus, bei welchen ihm die von Schmidt gemachten Berechnungen (s. 1886 S.) sehr förderlich sind.

— H. **Nordtmeyer** in Breslau findet in der auf besondere Weise behandelten Infusorienerde einen Stoff, welcher alle Eigenschaften eines tadellosen Filters in sich vereinigt. Er formt aus Infusorienerde einseitig geschlossene Hohlzylinder, die gebrannt werden und in den sogenannten Berkefeld-Filtern Verwendung finden.

— Max Joseph **Oertel** untersucht die Schwingungen der Stimmlippen vermittels des Stroboskops (Laryngostroboskop).

— Robert Eduard **Peary** erforscht Nordgrönland, überschreitet den großen, von Kane entdeckten Humboldtgletscher und gelangt 1892 zu der bis dahin noch unbekannten Independence-Bai. In den folgenden Jahren stellt er die Küstenkonturen von Nares-Land bis Academy-Land fest. 1894 findet er auf der Meteorinsel den von John Roß 1818 entdeckten großen Meteorstein wieder, der 70000 kg Gewicht hat.

1891 Albrecht **Penck**, der unermüdlich für die Glazialgeologie tätig ist, regt auf dem fünften internationalen Geographenkongreß in Bern die Schaffung einer Erdkarte im einheitlichen Maßstabe 1 : 1000000 an, deren Ausführung im Werke ist.

— William Matthew Flinders **Petrie** entdeckt, daß die von ihm bei Gurôb (im ägyptischen Fayûm) gefundenen Mumiensärge meist kartonnagenartig gearbeitet und aus zusammengeklebten Papyrusfetzen hergestellt sind. Er löst die Bestandteile auseinander und gewinnt aus den beschriebenen Papyrusresten ein sehr wertvolles historisches, in der Hauptsache auf das 3. Jahrhundert v. Chr. bezügliches Quellenmaterial.

— Julius **Pintsch** macht die ersten Versuche mit Preßgasbeleuchtung und erzielt unter Benutzung von 1,5 bis 2,0 m Wasserdruck und 265 l Gasverbrauch in der Stunde 250 Kerzen Leuchtkraft, wobei allerdings die Lebensdauer des Glühkörpers nur 50 Brennstunden beträgt.

— W. **Pullinger** stellt durch Erhitzen von Platinschwamm auf 250° im Kohlenstoffstrom Kohlenoxydplatinverbindungen her und untersucht die 1868 von Schützenberger dargestellte Verbindung von Platinchlorid mit Kohlenoxyd, die er als Phosgenplatinchlorür bezeichnet. Gleichzeitig machen auch F. Mylius und F. Förster Studien über die Kohlenoxydplatinverbindungen.

— Nachdem Corning in New York 1885 gezeigt hatte, daß man durch Entfernung von einigen Kubikzentimetern der Cerebrospinalflüssigkeit bei gewissen Erkrankungen des Gehirns und Rückenmarks wesentliche Erleichterung schaffen kann, arbeitet Heinrich J. **Quincke** diese Methode für die Diagnose und Therapie aus und führt sie unter dem Namen „Lumbalpunktion" in die Praxis ein.

— Santiago **Ramon y Cajal** begründet die Lehre von den untereinander anatomisch wie genetisch nicht zusammenhängenden, aber in Kontiguität stehenden Nerveneinheiten, die von Kölliker, His und Forel weiter ausgebaut wird. Für diese Nerveneinheiten, d. i. für die Nervenzellen mit den von ihr ausgehenden Nervenfasern, führt Waldeyer den Namen „Neuronen" ein. Den Fortsatz der Neuronen (Achsenzylinderfortsatz s. 1865 D.) bezeichnet Waldeyer als „Neurit".

— **Readman** geht auf das von Wöhler (s. 1829 W.) vorgeschlagene Verfahren der Phosphorgewinnung zurück und zeigt, daß bei der Temperatur des elektrischen Ofens aus Mischungen von mineralischen Phosphaten, Sand und Kohle bis zu 72% des darin enthaltenen Phosphors gewonnen werden.

— Friedrich Georg **Renk** macht eingehende Studien über den Milchschmutz, die im Verein mit den Erfahrungen über den Gehalt der Milch an pathogenen Bakterien den Anstoß zur Einführung der Milchsterilisation geben. (S. 1904 W.)

— Eduard **Richter** konstatiert in seinen Studien über die Gletscherschwankungen, daß diese sich der zeitlichen Amplitude nach mit Brückner's Periode der klimatischen Schwankungen (vgl. 1890 B.) decken. Im Mittel der letzten drei Jahrhunderte tritt eine Periode von 35 Jahren deutlich zutage.

— Die Firma M. C. **Rickmers** geht in bezug auf die Dimensionen ihrer Segelschiffe bahnbrechend voran, indem sie in England die Fünfmastbark „Maria Rickmers" von 115 m Länge, 14,6 m Breite und 7,8 m Raumtiefe bauen läßt, die eine Tragfähigkeit von 6000 t hat und mit einer Hilfsmaschine von 800 indizierten Pferdekräften zur Fortbewegung bei Windstille ausgerüstet ist.

1891 Henry Augustus **Rowland** vervollkommnet die Schärfe der Messung der Identität solarer Spektrallinien und chemischer Elementarlinien (s. 1861 K.) so, daß er 32 irdische Elementarlinien als sicher der Sonnenphotosphäre angehörig nachweisen kann.

— **Scheurer-Kestner** und **Meunier-Dollfus** führen Brennwertbestimmungen mit der Berthelot'schen Bombe (s. 1879 B.) aus, die für reine Kohle einen Brennwert von rund 8620 Wärmeeinheiten ergeben.

— Curt **Schimmelbusch** konstruiert zur Sterilisation der Verbandstoffe durch Dampf einen leicht zu handhabenden Sterilisierapparat, der sich unter dem Namen „Schimmelbusch'scher Sterilisierapparat" rasch einführt und wesentlich zur Weiterverbreitung der aseptischen Wundbehandlung beiträgt.

— Der bayerische Ingenieur Michael **Schleifer** konstruiert eine selbsttätige Einkammer-Luftdruck-Schnellbremse, deren Prinzip darauf beruht, daß gegenüber allen bisherigen Bremssystemen bei langen Zügen beim Schnellbremsen die Vollwirkung am Schlusse des Zuges früher eintritt als im vorderen Zugteil, wodurch das Auflaufen und Zerreißen der Züge vermieden wird. Diese Eigenschaft der Bremse ist durch ausgedehnte Versuche auf den preußischen Staatseisenbahnen nachgewiesen worden. Beim langjährigen Gebrauch auf deutschen und ausländischen Bahnen hat sich die Bremse gut bewährt.

— Adolf **Schmidt** macht umfassende Arbeiten über die Bodentemperatur, stellt Näherungswerte für die Amplitude von Tages- und Jahresschwankung auf und gibt allgemeine Gesichtspunkte für Anlegung von Stationen zur Messung der Bodentemperaturen.

— Nachdem schon Wollaston (1800) gezeigt hatte, daß in Medien, welche aus parallelen Schichten veränderlicher Dichte bestehen, die Lichtstrahlen sich nicht in gerader Linie fortpflanzen, sondern stetig gekrümmt sind, und Laplace (1807) und Biot (1809) diese Erscheinung theoretisch verfolgt hatten, macht Carl August **Schmidt** in seinem Buche „Die Strahlenbrechung auf der Sonne" neuerdings darauf aufmerksam. Er benutzt diese Erscheinung zu einer Reihe interessanter Folgerungen über die Beschaffenheit der Sonne.

— **Schulze** und **Likiernik** erhalten durch Behandlung von Isovaleraldehyd-Ammoniak mit Blausäure und Salzsäure synthetisches Leucin.

— **Schulze** und **Likiernik** führen das Arginin durch Erhitzen mit Barytwasser in Ornithin (α-δ-Diaminovaleriansäure), Harnstoff und Ammoniak über.

— Um Aufschluß über die Vielgestaltigkeit des Erdbebenphänomens zu erhalten, fertigt der japanische Forscher **Sekiya** aus Kupferdraht in beträchtlicher Vergrößerung eine Nachbildung der Kurve an, welche ein Oberflächenpunkt während der Dauer eines Erdbebens beschreibt. Danach erscheint das Erdbeben meist nicht als eine Aufeinanderfolge von Undulationen, sondern überwiegend als eine Wirbelbewegung, innerhalb deren die horizontale Bewegungstendenz gegen die vertikale vorherrscht.

— Richard **Semon** studiert am Burnettfluß in Australien die Entwicklungsgeschichte des Lurchfisches „Ceratodus" und findet, daß derselbe ein echter Vertreter des Übergangs zwischen Fisch und Amphibium ist. Außer dem Ceratodus kommt in Afrika ein zwischen Fisch und Amphibium stehender Molchfisch „Protopterus" vor, der sogar die Fähigkeit besitzt, ganz außerhalb des Wassers zu leben. (Vgl. 1864 G.)

— Der deutsche Ingenieur Julius **Söhnlein** erhält ein Patent auf die Anwendung der Kurbelkastenspülpumpe bei Zweitaktmotoren. Eine praktische Ausführung der Idee erfolgt jedoch erst 1893 durch den Ingenieur **Güldner** bei seiner Zweitaktmaschine.

1891 J. **Stumpf** konstruiert einen Dampfmaschinenregulator, welcher die Dampfzufuhr proportional der abgegebenen Leistung hält (Leistungsregulator).

— Shohé **Tanaka** in Berlin konstruiert ein „Enharmonium“ oder „Syntonische Orgel“ genanntes Instrument, auf dem man nach Wunsch in temperierter oder in reiner Stimmung spielen kann, und zwar in allen Tonarten. Zu diesem Zweck sind die Obertasten der gewöhnlichen Klaviatur in zwei oder drei Teile geteilt und eine neue Taste hinzugefügt worden. Eine mechanische seitliche Verschiebung eines Teiles der Klaviatur ermöglicht, sechs weitere Noten zu erhalten. Die Oktave enthält für gewöhnlich 26 Töne; für besondere Fälle treten zehn weitere hinzu. Der Übergang von einer Tonart zur andern und von der temperierten zur reinen Stimmung erfolgt durch einfache Mechanismen.

— Eduard **von Toll** findet das Steineis (s. 1821 E.) auch im Lenagebiet in Sibirien auf. Lehm und Gerölle überdecken die riesigen Eismassen. Durch klaffende Spalten ist der Lehm auch in das Innere des Eises gedrungen. Die Deckschicht birgt Überreste diluvialer Vierfüßler, fossiles Elfenbein und wohlerhaltene Exemplare des Mammuts. (S. 1768 P. und 1806 A.) Toll faßt das Steineis als Überrest eiszeitlicher Gletscher auf.

— T. J. **Tresidder** erfindet ein Verfahren, Nickelstahlplatten mittels Wasserbrausen unter hohem Druck zu härten. Hierbei ist die Gewalt der Wasserstrahlen so groß, daß sie den auf der heißen Platte sich entwickelnden Dampf durchdringen und die ganze Oberfläche der Platte benetzen. Einen ähnlichen Vorschlag hatte vorher schon Jarolimek gemacht.

— Frank W. **Very** findet, daß die höchste Temperatur der von der Sonne bestrahlten Mondoberfläche etwa 180° C. beträgt, daß dagegen während der Mondnacht die Temperatur bis zu 250° C. unter den Gefrierpunkt fällt. (Vgl. a. 1885 L.)

— H. W. **Vogel** und **Ulrich** begründen auf Grund des von Maxwell (s. 1861 M.) angegebenen und von Ducos du Hauron (s. 1869 D.), Ives (s. 1888 I.) u. a. vervollkommneten Prinzips den photomechanischen Dreifarbendruck, und zwar sowohl für den Farbenlichtdruck als auch für die Autotypie (Vogel-Ulrich'sches Verfahren).

— Otto **Wallach** entdeckt bei Behandlung des von Wiggers 1846 aus Terpentinöl erhaltenen Terpins (Terpentincamphers) mit Phosphorsäure das Terpineol, einen Körper aus der Klasse der Alkohole, der intensiv nach Flieder duftet. In festem Zustande war jedoch das i-Terpineol bereits von Bouchardat und Lafont im Jahre 1886 erhalten worden.

— Max **Wien** entwickelt die Maxwell'schen Methoden zur Bestimmung der Selbstinduktion bei regelmäßigen Wechselströmen und konstruiert die dazu nötigen Apparate. Normale der Selbstinduktion werden von Edelmann und von Ayrton und Perry erstmalig hergestellt.

— Max **Wien** konstruiert einen Stromunterbrecher, bei dem eine elektromagnetisch angetriebene Eisensaite mittels zweier an ihr befestigter, in Quecksilbernäpfchen tauchender Platindrähte die Öffnung und Schließung des Stromkreises bewirkt.

— Clemens **Winkler** stellt durch Reduktion der Sauerstoffverbindungen von Beryllium, Magnesium, Calcium, Strontium, Barium, Cerium, Zirkonium und Thorium durch Magnesium in einer Wasserstoffatmosphäre die Hydride dieser Metalle dar, die glanzlose erdige Massen bilden.

— Dem Astronomen Max **Wolf** gelingt es, die Planetoiden photographisch aufzufinden und zu identifizieren, weil sie sich auf einer eine Zeitlang exponierten photographischen Platte nicht, wie Fixsterne, als Punkte, sondern als kleine Streifchen abbilden. Der erste von ihm auf photographischem Wege am 22. Dezember 1891 entdeckte kleine Planet ist (323) Brucia.

1891 Martin Ewald **Wollny** stellt eingehende Untersuchungen über die zuerst von Schübler (s. 1817 S.) bearbeitete Durchlässigkeit des Bodens für Wasser an. Er versteht darunter die Filtrationsfähigkeit, die verhindert, daß ein Boden sich über seine Wasserkapazität hinaus mit Wasser sättigt. Die Durchlässigkeit wird nach Heinrich am besten am natürlichen Boden und nicht an Erdproben ermittelt. (Vgl. 1894 H.)

— Die **Württembergische Post- und Telegraphenverwaltung** erstellt die für die Lauffener-Kraftübertragung (s. 1891 D.) erforderliche Fernleitung, deren Einzelkonstruktionen für derartige Anlagen vorbildlich werden.

— Carl **Zeiß** stellt nach den Plänen von Ernst Abbe in seinen Relief-, Stangen- und Doppelfernrohren (Feldstechern) unter Verwendung der Porro'schen Umkehrsysteme (s. 1852 P.) leistungsfähige Binokularfernrohre (Triëder-binokel) her.

1892 Edward G. **Acheson** in Amerika stellt mit Hilfe des elektrischen Schmelzofens Siliciumcarbid dar, das unter dem Namen „Karborundum" als Schleifmittel in den Handel kommt, und gewinnt, gleichfalls mit Hilfe des elektrischen Schmelzofens, Graphit.

— Hermann **Aron** konstruiert Zähler zur Messung der Drehstromenergie. Weitere Methoden zu gleichem Zweck gibt Möllinger 1900 an. (Vgl. auch 1892 B.)

— Der Astronom E. E. **Barnard** am Lick-Observatorium entdeckt in der Nacht vom 9. zum 10. September den fünften Trabanten des Jupiter, der als ein Sternchen 13. Größe erscheint und nur 160 km Durchmesser hat.

— Carl **Barus** macht, von Amagat's Versuchen (s. 1888 A.) ausgehend, sehr sorgfältige Untersuchungen über die Änderungen des Schmelzpunktes des Naphtalins bis zu Drucken von 1435 Atmosphären.

— **Batcheller** konstruiert für Philadelphia eine Rohrpostanlage, bei welcher er ununterbrochenen Luftstrom, sowie automatische Sender und Empfänger anwendet. Dieses System wird später auch in New York und in anderen Städten der Vereinigten Staaten eingeführt und zur Beförderung ganzer Briefposten verwendet. In New York dienen hierfür Rohrleitungen von 20,6 cm im Lichten.

— Der Afrikareisende Oskar **Baumann** erforscht die noch wenig bekannten Gebiete im Süden und Westen des Victoria-Nyanza und erkennt den Kagera, den größten Zufluß des Victoria-Nyanza, als den eigentlichen Quellfluß des Nils. (Vgl. 1858 S.)

— **Beetz** in Wien führt die Ölpissoire (Ölstände) ein, bei welchen der Harn in einen Siphon läuft, in dem eine Ölschicht den Verschluß bildet.

— **Behn-Eschenburg** und **Frölich** konstruieren gleichzeitig mit Aron (s. 1892 A.) Zähler zur Energiemessung des Drehstroms.

— Nachdem Henry **Bessemer** schon im Jahre 1846 ein Patent zum Auswalzen von Blech aus flüssigem Blei genommen hatte, überträgt er dieses Verfahren mit Erfolg auf das im Bessemerprozesse erzeugte Flußeisen.

— Nachdem schon Ambroise Paré (s. 1545), K. Nicoladoni (1875), H. O. Thomas (1886) und Helferich (1887) die Stauung mit wechselndem Erfolg zur Anregung der Kallusbildung bei Pseudoarthrosen benutzt hatten, wendet August **Bier** die Stauungshyperämie (künstliche Hyperämie) durch Applikation einer elastischen Binde zentralwärts vom Krankheitsherde methodisch an und stellt die physiologischen Wirkungen der Stauung fest.

— Der Oberingenieur **Böhle** der Kgl. Geschützgießerei in Spandau erfindet den Leitwellverschluß für Hinterladungsgeschütze. Friedrich Krupp in Essen, der im Jahre 1862 den Flachkeilverschluß und 1865 den Rundkeilverschluß konstruiert hatte, verbessert den Leitwellverschluß und verwendet die Idee namentlich bei den Verschlüssen der für die deutsche Kriegsmarine bestimmten Schnellladegeschütze, so daß die deutsche Kriegsflotte die erste gewesen ist, die ihre Linienschiffe (von der Kaiserklasse ab) durchweg mit Schnellfeuerartillerie bewaffnet hat. Hierbei sind infolge der Anwendung der Leitwelle die Bewegungswiderstände auch bei den schwersten Geschützen so weit vermindert, daß beispielsweise ein einzelner Mann den 655 kg schweren Verschluß der 24 cm-Schnellladekanone in der Minute zehnmal öffnen und schließen kann.

1892 W. A. **Boese & Co.** konstruieren Akkumulatoren, bei welchen die Elektroden fast nur aus aktiver Masse bestehen, nämlich aus feinporösem Blei auf der einen und Bleisuperoxyd auf der anderen Seite. Die Masse wird von einem als Stromleitung dienenden Rahmen umspannt.

— Am botanischen Museum in Berlin wird eine **Botanische Zentralstelle für die Kolonien** gegründet, die sich mit Heranzucht von Saatmaterial für die Kolonien, der Ausbildung von Gärtnern usw. befaßt.

— **Brown, Boveri & Co.** erbauen die bis dahin größte elektrische Lokomotive mit 2000 PS. Leistung.

— Hans **Buchner** zeigt, daß die bakterienfeindliche Tätigkeit des Sonnenlichts (s. 1877 D.) für die Selbstreinigung der Flüsse von höchster Bedeutung ist. Er konstatiert, daß ein natürliches Wasser, dem man pro Kubikzentimeter ungefähr 100 000 Zellen des Bacterium coli commune zugesetzt hatte, nach einstündiger Besonnung keine lebenden Keime mehr enthält. Der Einfluß des Lichts bleibt ungeschwächt bis zu einer Tiefe von 1,6 m und hört erst bei 3,6 m ganz auf.

— Der englische Techniker **Bullivant** schlägt zum Schutze der Kriegsschiffe gegen Torpedoangriffe Torpedoschutznetze vor. Es sind dies Netze aus Stahlringen, welche an Spieren aufgehängt die zu schützenden Schiffe krinolinenartig umgeben und die feindlichen Torpedos zur vorzeitigen Explosion bringen sollen. Die Netze sind nur vor Anker oder bei geringer Fahrt anwendbar. Ihr Nutzen wird neuerdings vielfach bestritten.

— **Burrough** erfindet eine Additionsmaschine, die zugleich mit der Addition die einzelnen zu addierenden Zahlen auf einen Papierstreifen aufschreibt, der abgetrennt die sonst aufzustellenden Verzeichnisse ersetzt. Die Maschine wird u. a. bei der deutschen Reichspost benutzt.

— L. **Cailletet** und A. **Colardeau** machen auf dem Eiffelturm Versuche über den Widerstand der Luft gegen die geradlinige Bewegung fallender Körper und dehnen ihre Experimente auch auf verschiedene Gase aus.

— A. **Calmette** macht in Saigon eingehende Versuche mit Cobragift und zeigt, daß fortgesetzte Einimpfung des erhitzten Giftes Tieren einen gewissen Widerstand gegen sonst unfehlbar tödliche Giftmengen verleiht. Die Versuche werden mit gleichem Erfolg 1894 von Phisalix und Bertrand im Institut Pasteur fortgesetzt. Die Resultate werden 1895 von Fraser bestätigt. (S. a. 1887 S.)

— Hamilton Young **Castner, Kellner** und Sinding **Larsen** zerlegen Kochsalz elektrolytisch, indem sie Quecksilber als Kathode, Graphit als Anode in 60° C. warmer Kochsalzlösung verwenden. Das entstehende Natriumamalgam liefert mit Wasser wieder Quecksilber und Ätznatron. An dieses Verfahren schließen sich eine größere Anzahl von Quecksilberverfahren an, von denen insbesondere die von Mauran und Rhodin erwähnenswert sind.

— Alfred **Collmann** erfindet für Dampfmaschinen eine neue Steuerung (Neue Collmann-Steuerung), deren wesentliches Moment ein eigenartig ausgebildeter (1895 noch verbesserter) Flüssigkeitspuffer ist, der unmittelbar auf der Ventilspindel angeordnet ist.

1892 **Crompton & Co.** in London bilden die elektrische Heizung zur Erwärmung von Wohnungen, sowie zum Kochen, Backen und zur Heizung von Bädern aus. Das Haupthindernis ihrer allgemeinen Einführung ist der hohe Betriebspreis, den Stephen H. Emmens im „Electrician“ für das Jahr 1892 auf vierzehnmal höher als den Betriebspreis einer entsprechenden Dampfheizung berechnet.

— Charles Frederick **Cross,** Edward John **Bevan** und Clayton **Beadle** entdecken die „Viskose“, unter welcher Bezeichnung sie die wässerige Lösung des aus Cellulose, Alkalilauge und Schwefelkohlenstoff hergestellten Alkalisalzes der Alkalicellulose-Xanthogensäure verstehen. Die gewerbliche Anwendung der Viskose beruht auf der Zersetzlichkeit der Verbindung, die sowohl freiwillig, wie insbesondere unter dem Einfluß physikalischer und chemischer Agentien vor sich geht. Die abgeschiedene Cellulose wird als „Viskoid“ bezeichnet.

— Der **Deutsche Verein von Gas- und Wasserfachmännern** führt als Lichteinheit die unter seiner Aufsicht und nach festen Normen hergestellte Paraffinkerze ein, welche bei einer Flammenhöhe von 50 mm benutzt werden soll und dabei gleich 1,20 Hefnerkerzen ist.

— **Dinsmore** schlägt die Verwertung des bei der Leuchtgasfabrikation als Nebenprodukt erhaltenen Steinkohlenteers durch seine Überführung in nutzbares Gas vor. Er wendet einen Retortenofen an, in welchem er eine als „duct“ bezeichnete Retorte leer läßt. Das in den andern Retorten erzeugte Rohgas wird durch die leere Retorte geführt und darin überhitzt, wodurch die Teerdünste in Gas umgesetzt werden. Ähnliche Vorschläge stammen von Klönne, Lewes, Riepe u. a.

— Nachdem die spiralgeschweißten Rohre zuerst in Amerika Boden gewonnen hatten, vervollkommnen Heinrich **Ehrhardt** und **Leybold** deren Darstellung durch eine von ihnen konstruierte Spezialmaschine, die erst mit Leuchtgas-, später aber mit Wassergasheizung betrieben wird.

— Willem **Einthoven** gelingt es, durch Reizung des peripheren Vagusteils den Bronchialkrampf experimentell zu erzeugen und durch seine Versuche die von Willis (s. 1667 W.), Romberg (s. 1855 R.) u. a. aufgestellte Erklärung des Bronchialasthmas zu stützen, wobei jedoch darauf hinzuweisen ist, daß der Symptomkomplex des Asthmas, wie Leyden 1871 nachgewiesen hat, zugleich auch durch eine bestimmte Erkrankungsform der Bronchialschleimhaut bedingt ist.

— **Farcot** beseitigt die Übelstände, die bei der Regulierung von Dampfturbinen auftreten, durch die Erfindung der Rückführung, die für die Turbinenregelung von grundlegender Bedeutung wird.

— E. **Fischer-Hinnen** wendet zur Kompensation der Ankerrückwirkung bei der Gleichstrommaschine zuerst Hilfspole an.

— **Frerich** in Berlin konstruiert einen Kommandoapparat für Schiffe, der darauf beruht, daß hinter dem den betreffenden Befehl enthaltenden Glasfenster jedesmal eine Glühlampe aufleuchtet. Geber und Empfänger sind gleich, und es ist eine Kontrolleinrichtung vorgesehen.

— Der vom 19. bis 22. April in Genf unter dem Vorsitz von Charles **Friedel** versammelte internationale Kongreß zur Regelung der chemischen Nomenklatur macht Vorschläge zu einer einheitlichen, auf alle organischen Verbindungen bekannter Konstitution anwendbare Nomenklatur.

— Nachdem man im Oriente schon von alters her die Fingerabdrücke zum Unterzeichnen von Schuldscheinen und anderen Urkunden benutzt hatte, baut Francis **Galton** dieses Verfahren in wissenschaftlicher Weise weiter aus, weist nach, daß die Hautleisten während der ganzen Lebenszeit unverändert bleiben, und teilt die Fingerabdrücke in Klassen ein. (Vgl.

seine Schrift „Finger prints"). Die indische Regierung hat dem Galton'schen Systeme („Daktyloskopie") wegen seiner Einfachheit und Zuverlässigkeit den Vorzug vor dem Bertillon'schen (s. 1882 B.) gegeben und dasselbe in Indien zur Identifizierung von Verbrechern eingeführt.

1892 Oswald **Gerloff** und Georg **Meißner** veröffentlichen das erste am lebenden Menschen aufgenommene photographische Bild der Netzhaut des Auges.

— Der Italiener B. **Gosio** liefert den exakten Beweis, daß bestimmte Schimmelpilze, besonders das „Penicillium brevicaule" imstande sind, Arsenverbindungen unter Entwicklung eines knoblauchartigen Geruchs zu vergasen (Diäthylarsin). Hierauf gründen R. **Abel** und P. **Buttenberg** ihre Methode zum Nachweis des Arsens mit Hilfe des biologischen Verfahrens.

— Der Engländer **Griffin** konstruiert die nach ihm benannte Griffin-Mühle, eine Pendelmühle, bei welcher das bewegliche Pistill eine so große Geschwindigkeit erhält, daß der schwere Mahlkörper infolge der Zentrifugalkraft gegen die Wandung geschleudert wird. Die Griffin-Mühle führt sich namentlich in der Tonwaren- und Zementindustrie ein.

— **Guarnieri** findet bei Impfung der Hornhaut mit Vaccine in den Epithelzellen eigentümliche Einschlüsse (Vaccine-Körperchen), die für diesen Prozeß charakteristisch sind und deren Protozoennatur wahrscheinlich ist.

— Heinrich **Hartl** lehrt, auf eine 14 Jahre umfassende Beobachtungsreihe gestützt, die Anwendbarkeit des Siedethermometers zu Höhenmessungen und zeigt, daß bei richtiger Verwendung das Thermometer auch bei längeren Forschungsreisen als Ersatz des Quecksilberbarometers dienen kann.

— H. A. **Harvey** in Orange, New-Jersey, verbessert die Panzerplattenfabrikation, indem er weiche Flußstahl- und Nickelflußstahl-Panzerplatten auf einer Seite durch nachträgliche Zementation härtet. Sein Verfahren wird später von H. Schneider in Creuzot und Fr. Krupp in Essen, von letzterem durch Einführung der Gaskohlung, verbessert.

— Max **Hayduck** stellt fest, daß der Wert einer Gerste für Brennereizwecke durch die Diastasemenge bedingt ist, welche sie beim Mälzen zu bilden vermag, und daß hierfür kleine, leichte, stickstoffreiche Gersten die besten Dienste leisten, während für die Brauerei, wo der Stärkemehlgehalt und die sich daraus ergebende Extraktmenge maßgebend sind, die schweren, vollkörnigen, stickstoffarmen Sorten geeigneter sind.

— Friedrich **Heckmann** führt ein Vakuum mit Heizelementen in die Zuckerindustrie ein, bei welchem dem Dampf möglichst kurze Wege vorgezeichnet und die Schlangen völlig verworfen sind.

— Heinrich Rudolf **Hertz** findet, daß die Kathodenstrahlen dünne Folien aus Gold und Aluminium zu durchdringen vermögen.

— Adolf **Heydweiller** konstruiert ein absolutes Elektrometer mit Spiegelablesung, welches zur Messung von stärkeren Strömen bis 50000 Volt dient

— E. **von Hoëgh** konstruiert mit Hilfe der neuen Glassorten des Jenenser Glaswerks (vgl. 1886 A.) den Doppelanastigmat, der von der optischen Anstalt von Goerz in den Handel gebracht und 1898 noch wesentlich vervollkommnet wird. Jede der beiden Hälften des neuesten Objektivs besteht aus einer Bikonkavlinse von leichtem Flintglas und einer Bikonvexlinse von starkbrechendem Crownglas.

— **Holborn** und **Wien** machen sich um die Ausbildung des thermoelektrischen Pyrometers (s. 1887 L.) verdient. Ihr Instrument zeigt zuverlässig Temperaturen bis 1600° C.

— J. Théophile **Homolle** beginnt im Auftrage der französischen Regierung an der Stelle des heutigen albanesischen Dorfes Kastri die Ausgrabungen des alten Delphi, wodurch der ganze jetzt zugängliche Bezirk nebst Apollotempel, Schatzhäusern und anderen Altertümern freigelegt wird.

1892 H. C. **Hovey** berichtet über den Achatwald im Chalcedonpark in Arizona, wo der Boden mit unzähligen verkieselten Stämmen, die alle Varietäten des amorphen und krystallisierten Quarzes aufweisen, bedeckt ist. Die industrielle Ausbeutung dieser prachtvoll gefärbten Versteinerungen ist von der Drake Company in St. Paul, Minn. in Angriff genommen.

— Der Eisenbahntechniker **Huß** erbaut in den Jahren 1892—94 die steinerne Eisenbahnbrücke über den Pruth bei Jaremcze (Österreich), welche mit 65 m Spannweite die weitestgespannte Steinbrücke für Eisenbahnbetrieb darstellt.

— Egon **Ihne** teilt in Anknüpfung an Vorarbeiten von F. J. Cohn und O. Drude das Jahr in phänologische Jahreszeiten ein, indem er annimmt, daß die zeitliche Entfaltung des vegetativen Lebens in räumlich ausgedehnten Gebieten eine fast durchweg übereinstimmende Reihenfolge aufweist.

— C. H. **Jaeger & Co.** in Leipzig erfinden das nach ihnen benannte Jaeger-Hochdruckgebläse mit kreisrunder Antriebsscheibe und stillstehender, halbmondförmiger Gegenscheibe.

— Rudolf **von Jacksch** weist auf die diagnostische Wichtigkeit der Leukocytose bei croupöser Pneumonie hin. Er hebt hervor, daß die Fälle, die ohne Leukocytose verlaufen, eine ungünstige Prognose für das Leben der Patienten geben. Zu ähnlichen Resultaten gelangen J. Ewing (1893), Rosenow (1895), A. Fränkel (1895). Jacksch empfiehlt als Mittel, um die Leukocytose zu steigern, Nuclein, Pilocarpin und Antipyrin. (Vgl. a. 1891 H.)

— Nachdem O. Schmiedeberg 1881 die Möglichkeit des Vorkommens bestimmter sauerstoffübertragender Fermente (s. a. 1858 T.) betont hatte, erbringt A. **Jaquet** den Nachweis, daß Organextrakte als Sauerstoffüberträger wirken. Es gelingt ihm sogar, das wirksame Prinzip mit Alkohol zu fällen, ohne daß es seine Wirkung einbüßt.

— Die **Johnson-Company** in Johnstown führt die elektrische Schweißung der Schienen für Eisenbahnen ein.

— Hugo **Junkers** konstruiert ein sehr einfaches und handliches Wassercalorimeter, das namentlich zur Bestimmung des Heizwertes von Brennstoffen benutzt wird. Der Apparat ist erst nur für gasförmige Brennstoffe eingerichtet, wird aber 1893 so umkonstruiert, daß er nun auch für flüssige Brennstoffe brauchbar ist.

— **Kent** verbessert den Gasselbstzünder, indem er mit Hilfe der Platinpille eine Zündflamme weckt, die ihrerseits die eigentliche Leuchtflamme entzündet und nach deren Erscheinen selbsttätig erlischt, wodurch die Zündpille aus dem Bereich der Flamme gebracht wird. So richtig der Gedanke ist, so wenig brauchbar zeigt sich jedoch die von Kent gefundene Konstruktion.

— **Kleine** konstruiert eine nach ihm benannte Zwischendecke. Die Deckenplatten liegen zwischen Eisenträgern und bestehen aus rechteckigen Schwemmsteinen oder Lochsteinen in Zementmörtel, in deren Längsfugen hochkantig gestellte Bandeisen eingelegt sind. Andere Deckenkonstruktionen sind die von Donath, Koenen, Adams, Schürmann, Stolte (s. 1893 S.) u. a.

— Ignaz **Klemenčič** und Frederick Thomas **Trouton** zeigen gleichzeitig, daß die von Fresnel gegebenen Polarisationsgleichungen auch für die elektrischen Schwingungen Hertz'scher Wellen gelten.

— Unter der Leitung von Bergrat **Köbrich** aus Schönebeck wird in Paruschowitz bei Rybnik in Oberschlesien das tiefste Bohrloch der Erde auf eine Tiefe von 2003,34 m niedergebracht. Das bis dahin tiefste Bohrloch war das von Schladebach bei Merseburg mit 1768,04 m Tiefe. In dem Paruschowitzer Bohrloch wird ein im allgemeinen stetes Anwachsen der Erdwärme von 12° bis 69° C. konstatiert.

1892 Nachdem zuerst Wheatstone und nach ihm Daniell, Beetz u. a. Messungen der elektromotorischen Kraft der Polarisation vorgenommen hatten, machen K. R. **Koch** und A. **Wüllner** eingehende Studien über diesen Gegenstand. Sie finden für das Maximum der Polarisation erheblich höhere Werte als frühere Beobachter, und stellen fest, daß auf die Größe der Polarisation die Natur der Elektroden einen erheblichen Einfluß ausübt. Als Ursache der Polarisation ergibt sich aus den Versuchen sämtlicher Beobachter die Verdichtung der ausgeschiedenen Gase an den Elektroden.

— Dmitrij Petrowitsch **Konowalow** zeigt, daß man die aliphatischen Nitrokörper ebenso bequem, wie die aromatischen Nitrokörper durch Einwirkung von konzentrierter Salpetersäure auf Kohlenwasserstoff erhalten kann.

— **Kossel** und **Neumann** finden die Pentose, die bisher nur aus Pentosan dargestellt worden war (vgl. 1867 S.), im Pflanzenreich und zwar in der Hefenucleinsäure. 1903 wird sie von Osborne und Harris auch in der Nucleinsäure des Weizenembryos aufgefunden.

— Axel **Krefting** in Christiania behandelt antike Eisenfunde in der Weise, daß er das Metall an einigen Stellen freilegt, den Gegenstand mit Zinkstreifen umwickelt und in eine fünfprozentige Natronlauge legt. Hierbei entwickelt sich an dem Eisen Wasserstoff, der das Eisenoxyd reduziert und gleichzeitig abhebt. Die nunmehr ganz rostfreien Eisenteile werden mit Paraffin überzogen. (Vgl. auch 1881 B. und 1885 E.)

— Friedrich Alfred **Krupp** in Essen stellt technisch reines Wassergas dar durch abwechselnde Oxydation und Reduktion von Eisen unter Benutzung von Wasserdampf als Oxydations- und von Wassergas als Reduktionsmittel. Zur Reduktion wird ein sehr stickstoffarmes nur aus Kohlenoxyd und Wasserstoffgas bestehendes Gemenge gebraucht.

— Friedrich Alfred **Krupp** in Essen härtet die Nickelstahl-Panzerplatten in der Weise, daß die ausgewalzten Platten auf Weißglut erhitzt werden und über die zu härtenden Flächen Leuchtgas unter Luftabschluß hinweggeleitet wird. Die Platten werden, indem das Leuchtgas seinen Kohlenstoff an das Metall abgibt, zementiert. Durch schließliches Abschrecken in kaltem Wasser werden die Panzerplatten auf ihrer Vorderseite fast diamanthart. (Vgl. auch 1892 H.)

— Nach Einführung der gezogenen Geschütze wurde die Wirkungssteigerung im Anfang auf dem Wege der Kalibervergrößerung versucht. So entstanden in England, Frankreich und Nordamerika Geschütze, welche die Bombarden des Mittelalters an Größe noch übertrafen (Armstrong's für den italienischen Panzer Duilio gelieferte Vorderlader hatten bei 45 cm Seelenweite 104000 kg Rohrgewicht; vgl. auch 1856 M.). Im Gegensatz hierzu erstrebt Friedrich Alfred **Krupp** in Essen schon seit 1879 eine Wirkungssteigerung dadurch, daß er von kleineren Kalibern ausgeht und eine den schwersten Geschützen ebenbürtige Leistung durch verlängerte Geschosse, gesteigerte Ladung, längere Rohre und erhöhte Mündungsgeschwindigkeit erzielt. Epochemachend ist der am 28. April auf dem Schießplatz in Meppen in Gegenwart des Kaisers Wilhelm II. ausgeführte Schießversuch, woselbst das 215 kg schwere Geschoß einer 24 cm-Kanone L/40 C/90 mit 700 m Mündungsgeschwindigkeit bei 44° Erhöhung und 70 Sekunden Flugzeit bis auf 20000 m geschleudert wird. (Vgl. 1893 K. und 1899 K.)

— A. **Kühlewein** erfindet den Asbestzement, der kanadischen Asbest enthält und wegen seiner Undurchlässigkeit für Wasser zur Herstellung absolut wasserdichter Flächen, wie Kalt- und Heißwasserbassins, Schwimmbassins, Zisternen usw. dient.

— **Lagrange** und **Hoho** erfinden ein neues elektrisches Schweißverfahren, das darauf beruht, daß der Strom durch eine zwanzigprozentige Pottasche-.

Soda- oder Chlorcalciumlösung geführt wird, worin das zu erhitzende Stück hängt. An der negativen Elektrode bilden sich Wasserstoffschichten, die schlecht leiten und einen so großen Widerstand leisten, daß das Werkstück dadurch heiß wird.

1892 De **Lalande** konstruiert ein Zink-Kupferoxyd-Element, bei welchem eine halbringförmig gebogene Zinkplatte die negative Elektrode bildet, während ein mit agglomeriertem Kupferoxyd gefüllter Zylinder, dessen Boden durchlöchert ist, die positive Elektrode bildet. Beide hängen in 30—40 prozentiger Kalilauge, die unter gewöhnlichen Verhältnissen auf sie nicht einwirkt. Erst nach Schließung des Stroms beginnt die chemische Reaktion. Das Element wird von Lalande selbst, von Edison, Umbreit und Mathes und von Wedekind wesentlich verbessert.

— **Landolt** und **Jahn** machen umfassende Untersuchungen über Dielektrizitätskonstante und Konstitution und stellen für einen beschränkten Kreis von Körpern fest, daß die elektrische Wellenbewegung mit der Konstitution der Körper zusammenhängt.

— Nachdem schon Hertz (s. 1887 II. und 1888 II.) versucht hatte, die Fortpflanzungsgeschwindigkeit der elektrischen Wellen zu messen, indem er die Ausbreitung der Schwingungen in Luft mit der in Drähten verglich, unternimmt es Ernst **Lecher**, die Fortpflanzungsgeschwindigkeit der Drahtwellen zu messen, die er zu 300000 km in der Sekunde, also im Einklang mit der Theorie gleich der Fortpflanzungsgeschwindigkeit des Lichts findet.

— Paul Emile **Lecoq de Boisbaudran** findet bei der Fraktionierung des Samariums (vgl. 1879 L.) zwei neue Erden „Z_ε" und „Z_ζ". Im Jahre 1896 findet **Demarçay** zwischen dem Samarium und Gadolinium (vgl. 1880 M.) eine neue Erde „Σ", die mit dem „Z_ε" identisch ist und deren Element von ihm 1900 den Namen „Europium" erhält.

— Unter Berücksichtigung der 1849 von Diggelen gemachten Vorschläge arbeitet der Ingenieur G. **Lely** einen Plan zur Trockenlegung der Zuidersee aus, der 1906 vom holländischen Parlament angenommen wird. Die ersten 8 Jahre der Arbeitszeit werden auf die Herstellung eines 30 km langen Dammes verwendet, der sich von Ewyk über Wieringen nach Piaam in Friesland erstrecken soll. Eine Schleuse bei Wieringen soll den Abfluß der zuströmenden Gewässer in die Nordsee ermöglichen. Im nördlichen Teil des so abgeschlossenen Raumes soll ein Binnensee von 1200 qkm Größe erhalten bleiben, der Rest der Zuidersee soll im Laufe von 32 Jahren trocken gelegt und in 4 Polders umgewandelt werden. Die gesamte Bauzeit des Werkes ist auf 24 Jahre veranschlagt.

— Philipp **Lenard** benutzt das von Hertz (s. 1892 II.) gefundene Verhalten der Kathodenstrahlen gegen dünne Metallbleche dazu, durch Einführung eines „Fensterchens" aus Aluminiumfolie in die Wand der Geißler'schen Röhre die Kathodenstrahlen aus dieser heraus in die atmosphärische Luft überzuführen.

— Philipp **Lenard** untersucht die Eigenschaften der Kathodenstrahlen außerhalb der Röhre (s. vorstehenden Artikel) und zeigt, daß sie die Luft zum Leuchten bringen, und daß ihre Ausbreitung in der Luft so erfolgt wie die Ausbreitung des Lichts in einem trüben Medium. Bei phosphorescenzfähigen Substanzen rufen sie Phosphorescenz hervor; ferner wirken sie photographisch und ozonisieren die Luft. Elektrisierte Körper verlieren unter ihrer Wirkung ihre Ladung, leitende Körper nehmen keine Ladung an. Lenard konstruiert ein Phosphoroskop durch eine einfache Vorrichtung an dem Unterbrecher eines Induktoriums.

— **Le Sueur** beschreibt ein Diaphragmenverfahren zur Darstellung von Chlor und Alkali aus Kochsalz unter Verwendung einer Kathode aus mit Eisendrahtnetz gefüllten Eisenringen und einer Anode von Retortenkohle, die, um elektrischen Kontakt zu erhalten, in eine Bleimasse eingelagert ist. Als Diaphragma wird gewöhnliches Pergamentpapier und Asbestpapier verwendet, die durch koaguliertes Blutalbumin zusammengekittet sind. Cross spricht 1894 von 85 Prozent Nutzeffekt des Verfahrens und sagt, daß die anfänglichen Schwierigkeiten mit den Anoden und Diaphragmen bis auf ein geringes Maß gehoben seien.

1892 **Lintner** und **Düll** publizieren ihre Arbeiten über den diastatischen Stärkeabbau, bei welchem sie fünf wohl charakterisierte Körper, drei Dextrine (Amylo-, Erythro- und Achroodextrin), Isomaltose und Maltose erhalten.

— P. **Lochtin** wendet zuerst in der Türkischrotfärberei statt des Türkischrotöls saures ricinusölsaures Ammoniak an, das sich gut bewährt.

— Berkeley Jacques **Loeb** beobachtet, daß ein geringer Zusatz von Kochsalz zum Seewasser die Segmentation des Protoplasmas befruchteter Seeigeleier hindert, während die Kernteilung vonstatten geht. Wird dann ein solches Ei in normales Seewasser zurückgebracht, so beginnt nunmehr auch das Protoplasma sich zu furchen.

— Der Ingenieur **Maul** konstruiert einen Apparat zur photographischen Aufnahme des Geländes aus der Vogelperspektive. Der Apparat wird nach Art einer Rakete durch eine Pulverladung in die Luft emporgetrieben.

— Victor **Meyer** und Wilhelm **Waechter** stellen aus Orthojodbenzoesäure vermittels rauchender Salpetersäure die erste Jodosoverbindung (J — O als Jodosogruppe entsprechend N — O der Nitrosogruppe) in Form der Jodosobenzoesäure her. Andere Jodosoverbindungen werden im gleichen Jahre von C. Willgerodt erhalten.

— Albert **Michelson** führt in Breteuil eine Vergleichung der Meterlänge mit der Wellenlänge des von glühendem Cadmiumdampf ausgesandten Lichts, namentlich mit der roten Linie des Cadmiumspektrums aus und findet, daß die Länge eines Meters 1 553 164 Wellenlängen des roten Cadmiumlichtes enthält.

— Henri **Moissan** verbessert die Einrichtung des elektrischen Ofens, indem er durch geeignete Vorkehrungen die Abkühlung auf ein Mindestmaß beschränkt. Es gelingt ihm, im elektrischen Ofen aus Marmor und Zuckerkohle Calciumcarbid (s. 1862 W.) herzustellen.

— H. **Molisch** untersucht den Anteil, den das Eisen bei dem organischen Aufbau der Pflanze hat und unterscheidet zwei Arten des Vorkommens von Eisen in der Zelle, ein „locker gebundenes" und ein „maskiertes" Eisen. Das viel häufiger vorkommende „maskierte" Eisen führt er in die locker gebundene Form über, indem er die betreffenden Objekte mehrere Tage in gesättigter Kalilauge liegen läßt.

— H. **Molisch** findet bei Prüfung des Chlorophyllmoleküls auf den Eisengehalt in der Asche meist keine oder nur eben noch nachweisbare Spuren von Eisen und hält, da auch für chlorophylllose Pflanzen, wie die Pilze, die Anwesenheit von Eisen unentbehrlich ist, die bis jetzt herrschende Ansicht, daß dem Eisen in der Pflanze nur die Funktion der Chlorophyllbildung zukomme, für widerlegt.

— N. Hjalmar **Nilsson** entdeckt, daß die Abkömmlinge einer jeden einzelnen Getreidepflanze rein und in sich gleichförmig sind, und stellt das „Prinzip der einmaligen Wahl" für die Zucht von Saatgetreide auf.

— G. **Oesten** konstruiert einen Wasserverlustanzeiger, der von Friedrich Siemens & Co. fabriziert wird, und der selbst kleine Verluste von nur etwa 10 l in der Stunde, die einem starken Tröpfeln entsprechen, anzeigt und dadurch den Wassermesser ergänzt. (Vgl. auch 1876 D.)

1892 **Péniakoff** erfindet ein neues Verfahren der Tonerdedarstellung, an welches sich nach seinem Patente die Herstellung von Sulfat und Chlor anschließt, und das somit ein Gegenstück zum Leblancprozeß darstellt. Er erhitzt Natriumsulfat mit Bauxit und Pyrit und erhält Natriumaluminat, das auf Tonerde verarbeitet wird, Eisenoxyd und schweflige Säure. Die schweflige Säure wird nach dem Hargreaves-Verfahren (s. 1870 H.) mit Chlornatrium zu Natriumsulfat und Chlor umgesetzt.

— A. **Pinner** gelingt es, die Konstitution des Nicotins als eines Pyridiltetrahydromethylpyrrols zu erweisen, was durch die Synthese von Pictet und Rotschy (s. 1903 P.) bestätigt wird.

— **Pollak** in Frankfurt a. M. konstruiert einen Wechselstromgleichrichter, mit dem es auf mechanischem Wege gelingt, Wechselstrom in eine zur Ladung von Akkumulatoren geeignete Form umzuwandeln.

— Die **Preußische Regierung** erbaut in den Jahren 1892—99 den Dortmund-Ems-Kanal, der in einer Länge von 271,3 km aus dem Dortmunder Hafen mit Benutzung der korrigierten und kanalisierten Ems nach dem Hafenkanal von Emden führt, 30 m Wasserspiegelbreite, 2,5 m Wassertiefe und 20 Schleusen, darunter das große Hebewerk bei Henrichenburg (s. 1894 H.), hat und nach dem Rhein fortgesetzt werden soll.

— **Rabuteau** stellt Beziehungen zwischen physiologischer Wirkung und optischem Verhalten anorganischer Körper außer Zweifel und schlägt so zuerst eine Brücke zwischen der physikalischen Chemie und der Pharmakologie.

— Nachdem Zöllner zuerst auf die Verwendung des Horizontalpendels als Seismometer aufmerksam gemacht hatte, konstruiert Ernst L. A. **von Rebeur-Paschwitz** ein Horizontalpendel-Seismometer, das fortlaufend photographisch registriert und so eine Kontrolle über die mikroseismische Bewegung, die Erdpulsationen und die Erdbebenstörungen gibt, und welchem insbesondere für die Beobachtung der Horizontalverschiebungen kein Seismometer an Empfindlichkeit und Genauigkeit gleich kommt. (S. 1830 H.)

— **Reichardt** und **Bueb** arbeiten ein Verfahren zur Gewinnung von Cyan aus den Gasen der trockenen Destillation von Zuckerschlempe aus, das große Bedeutung in der Industrie gewinnt.

— Jules **Richard** in Paris stellt selbsttätige elektrische Registrierapparate her, bei welchen er namentlich dadurch große Erfolge erzielt, daß er in dem hergebrachten System der Aufzeichnung von Kurven die geradlinigen Ordinaten durch kreisbogenförmige ersetzt. Richard konstruiert auch einen Apparat, um aus jeder beliebigen Meerestiefe Wasserproben so zu entnehmen, daß dabei die Natur und selbst der Druck der aufgelösten Gase noch festgestellt werden kann.

— Theodore William **Richards** leistet seit 1892 Hervorragendes auf dem Gebiete der genauen Ermittlung der Atomgewichte. Er konstruiert sinnreiche Apparate, wie Entwässerungsapparate, elektrische Trockenkästen und Zentrifugen, die ihm eine völlige Trocknung der zu untersuchenden Substanzen und damit in Verbindung die genaueste Arbeit gestatten.

— George John **Romanes** zeigt, daß bei beginnenden selbständigen Arten (Varietäten) von Tier und Pflanze die Geschlechtsorgane bez. die Reifezeit und Blütezeit derart beeinflußt werden, daß eine Kreuzung dieser Arten mit der Mutterform nicht mehr von Erfolg ist, und bezeichnet diesen Vorgang als „physiologische Auslese".

— Die Stadt **Rouen** bewirkt in 46jähriger Arbeit die Korrektion des Flutgebiets der Seine, das insbesondere auf der Strecke von La Mailleraye bis Havre zahlreiche Untiefen aufwies, und erschließt mit diesen Arbeiten, an die sich die Verbesserung und Vergrößerung des Hafens von Rouen anreiht, die Seine der modernen Schiffahrt.

1892 E. **Salkowski** und **Jastrowitz** beschreiben zuerst die Pentosurie, bei welcher im Harn ein Zucker mit fünf Kohlenstoffatomen auftritt, während der Zucker des Diabetikers sechs Atome Kohlenstoff enthält.

— Karl Friedrich **Scheel** bestimmt die Ausdehnung des Wassers von 0° bis 100°, sowie die Wasservolumina für jeden Grad zwischen 0° und 33° mit sehr verbesserten Hilfsmitteln und unter Benutzung des neuen Jenenser Glases, das von thermischer Nachwirkung fast frei ist. (Vgl. 1884 Sch.)

— Otto **Schlick** erfindet den Pallograph, einen Apparat, der die Schiffsschwingungen auf einen Papierstreifen aufzeichnet, welcher auf einer durch ein Uhrwerk in Bewegung gesetzten Trommel aufgerollt ist. Auf Grund der vom Pallographen aufgezeichneten Schwingungslinien (Pallogramme) sind eine Reihe von Theorien zur Abschwächung der Vibrationen der Schiffe entstanden und darauf basierend die verschiedensten Vorschläge zur Vermeidung von Vibrationen gemacht worden. (S. a. 1893 S.)

— Wilhelm **Schmidt** tritt mit seiner durch überhitzten Dampf betriebenen Dampfmaschine (Heißdampfmaschine) an die Öffentlichkeit.

— **Schneider & Co.** in Creuzot errichten einen elektrischen Laufkran von 150000 kg Tragkraft. Ein hydraulischer Kran gleicher Leistungsfähigkeit wird für das Zeughaus in Woolwich gebaut und noch leistungsfähigere Krane, die 160 t Tragkraft haben, werden für Spezia und Toulon projektiert. (Vgl. auch 1903 H.)

— Bernhard **Scholz** in Mainz verwendet zuerst zum Druck Aluminiumplatten an Stelle des Solenhofer Steins (Algraphie). Das Verfahren unterscheidet sich nicht wesentlich von dem Steindruck; ein besonderer Vorteil der Aluminiumplatten gegenüber dem Stein liegt in ihrer Leichtigkeit, den geringen Kosten, der Raumersparnis und der leichteren Handhabung. Später werden durch Strecker statt der Aluminiumplatten auch mit Säure präparierte Zinkplatten verwendet.

— Heinrich **Seck** in Dresden baut für die Getreidemüllerei eine Dunstputzmaschine, die unter dem Namen „Reform" eine weite Verbreitung erlangt, und bei der Sieb und Wind zur Reinigung der Dünste zusammenwirken.

— F. W. **Semmler** gelingt es, die Konstitution des 1891 von Beckmann und Pleißner dargestellten Pulegons festzustellen und dadurch die Konstitution der Mentholreihe aufzuklären. Später wird das Pulegon aus dem Citronellal durch das Isopulegol hindurch gewonnen, so daß dasselbe, da Citronellal aus den Elementen aufgebaut werden kann, aus den Elementen herzustellen ist.

— O. **Sening & Co.** in Potschappel verbinden unter hohem Druck Sägemehl und Magnesiakitt zu einem zähen, die Wärme schlecht leitenden, wetter- und feuerbeständigen Material, das sie „Xylolith" nennen.

— **Siemens & Halske** legen in der Nähe von Berlin die erste gleislose elektrische Straßenbahn an. Die Versuchsstrecke, die mit dem Trolleysystem zur Stromabnahme versehen wird, erweist die praktische Durchführbarkeit dieses Verfahrens, das in Deutschland namentlich von Max Schiemann & Co. in Wurzen weiter ausgebildet wird.

— Die **Siemens-Schuckert-Werke** konstruieren Induktionszähler, auch Ferrariszähler genannt, bei welchen der das Zählwerk treibende Anker aus einer Metallscheibe oder einem Metallzylinder ohne Kommutator besteht. Die in dem Anker erregten Induktionsströme bilden die treibende Kraft.

— Theobald **Smith** und F. L. **Kilborne** erkennen, daß das Texasfieber der Rinder, das im Süden der Vereinigten Staaten endemisch ist, durch einen Blutparasiten, Pyrosoma bigeminum und dessen Zwischenwirt und Verbreiter, Boophilus bovis (Rinderzecke) verursacht ist.

— **Smulders** in Rotterdam baut den ersten elektrisch betriebenen Bagger. Der gesamte Betrieb dieses Eimerbaggers mit Schraubenfortbewegung erfolgt durch den vom Lande aus zugeführten elektrischen Strom.

1892 Die **Société pour la transmission de la force par l'électricité** in Paris baut die erste, sich bewährende elektrische Droschke. Dieselbe ist mit einem durch 48 Laurent-Cély-Akkumulatoren gespeisten Motor versehen. Die größte Leistung ohne Erneuerung der Ladung ist 35 km in der Stunde. (Vgl. a. 1881 P.)

— W. **Spring** und G. **Lucion** arbeiten über die Entwässerung, die gewisse Substanzen durch konzentrierte Salzlösungen erfahren, eine Erscheinung, die geologisch überaus wichtig ist. Sie machen ihre Studien hauptsächlich am Kupferoxyd und dessen basischen Verbindungen. (S. 1871 R.)

— Charles Proteus **Steinmetz** gibt eine Formel für die Berechnung der Hysteresisverluste bei elektromagnetischen Maschinen.

— Max **von Sterneck** konstruiert einen empfindlichen Pendelapparat, durch welchen über die geographische Verteilung der Schwereanomalien, sowie über deren Ursachen genauere Aufschlüsse erzielt werden. Die Angaben des Apparats sind indes nur relativ und bedürfen zu ihrer Umwandlung in absolute Bestimmungen der Kenntnis der Identität der Erdanziehung an einer als Normalort angenommenen Stelle.

— J. S. **Stone** legt die Zentralbatterie eines Fernsprechamtes unter Anwendung zweier Drosselspulen parallel zu den beiden verbundenen Teilnehmern in die Schnurleitung und gibt damit die Möglichkeit, mit einer einzigen Batterie für große Ämter auszukommen. (S. a. 1881 A. und 1890 W.) Die heutigen Zentralbatteriesysteme sind nur Modifikationen dieses Systems.

— Der Schweizer Ingenieur **Strub** konstruiert für Zahnradbahnen eine Zahnstange mit seitlich schräg begrenzten Außenflächen, die als Führung einer Schienenzange dienen, deren Maulenden bis nahe an die Keilflächen der Zahnstange eingestellt sind. Hierdurch wird das Fahrzeug wirksam gegen das Aufsteigen an den Zahnflanken der Stange und somit gegen Entgleisen geschützt. Diese Zangenbremse wird zuerst bei der Stanserhornbahn von Bucher und Durrer (1893) und dann bei der Jungfraubahn (1898) verwendet.

— H. Dennis **Taylor** verwertet die Jenenser Glasflüsse (s. 1886 A.) für die Optik des astronomischen Fernrohrs und konstruiert in Verbindung mit Cooke & Sons in New York, A. König und Carl Zeiß in Jena Fernrohr-Objektivtypen, die in ihrer vollendetsten Art aus drei Linsen bestehen.

— R. **Thaxter** entdeckt die Myxobakterien, eine Gruppe von Bakterien, die eine den Schleimpilzen vergleichbare Fruktifikation besitzen.

— Johannes **Thiele** erhält aus dem von Jousselin zuerst dargestellten Nitroguanidin durch Reduktion Amidoguanidin und stellt hieraus durch Kochen mit verdünnten Säuren oder mit ätzenden Alkalien das von Curtius (s. 1887 C.) zuerst dargestellte Hydrazin dar. Die Methode wird technisch von der Badischen Anilin- und Sodafabrik ausgeführt.

— Marie Julien Olivier **Thoulet** untersucht die Gesetze, nach denen in der Tiefe des Meeres die durch Wasser und Wind von den Küstengegenden oder durch die Flüsse aus dem Innern der Kontinente fortgetragenen Stoffe weitergetragen und verteilt werden. Er trägt dadurch zur Kenntnis der geographischen Verbreitung dieser Stoffe wesentlich bei.

— E. B. **Titchener** weist nach, daß beim Menschen die Belichtung des einen Auges ein Nachbild im unbelichteten Auge hervorbringt. (S. a. 1891 E.)

— Der Ingenieur **Vautier** in Lausanne schlägt zur Ausgleichung des auf die Fahrgeschwindigkeit ungünstig wirkenden Seilgewichts bei Seilbahnen vor, für die Bahn nicht ein geradliniges, sondern ein gekrümmtes Gefälle zu wählen, das nach einer Parabel verlaufen muß, deren Scheitel unten liegt. Er fördert hierdurch wesentlich die Anlagen von Seilbahnen.

1892 Die Mehlmischmaschine hat die Aufgabe, eine innige Mischung der in der Regel wenig verschiedenen Mehlsorten zu erzielen, welche zusammen eine Mehlnummer haben sollen. Die einfachste Maschine besteht aus einer rasch rotierenden, mit Pflöcken besetzten horizontalen Holzscheibe, auf welche das zu mischende Mehl aufgeschüttet wird. Vervollkommnete Systeme neuerer Zeit sind die von **Weber-Zeidler** und R. **Hartmann** gebauten Maschinen.

— Alfred **Werner** erweitert die Valenzlehre durch Einführung der Begriffe der Hauptvalenzen, der Nebenvalenzen und der Koordinationszahl und gelangt so zu der Möglichkeit, auch sogenannte Molekularverbindungen strukturell zu erklären.

— Der österreichische Archäolog C. **Wessely** entziffert aus den 1877/78 in den Ruinen von Arsinoë aufgefundenen, jetzt in Wien befindlichen Fayûm-Papyri der Sammlung des Erzherzogs Rainer, einen Papyrus, der das älteste bekannte Musikstück enthält, ein kleines Bruchstück des ersten Chor-Standliedes (Stasimon) aus Euripides' Tragödie „Orestes".

— Frederick **Weston** konstruiert ein Normalelement, auf dessen Boden Quecksilber als eine Elektrode befindlich ist. Über das Quecksilber wird mit Cadmiumsulfat angefeuchtetes Mercurosulfat und darüber ein Brei von Cadmiumsulfatkrystallen mit gesättigter Cadmiumsulfatlösung geschichtet. In den Brei taucht ein Cadmiumstab oder Cadmiumamalgam als andere Elektrode. Das Westonelement führt sich vielfach an Stelle des Clarkelements (s. 1874 C.) ein.

— Nachdem diese Frage etwa 25 Jahre hindurch diskutiert worden war, stellt Oskar **Widman** fest, daß in dem Cymol eine Isopropylgruppe vorhanden ist. Dieser Befund ist für die Terpenchemie von Wichtigkeit, da die hydriert-cyclischen Bestandteile ätherischer Öle hauptsächlich in naher Beziehung zum p-Cymol stehen.

— Thomas L. **Willson** beginnt in Amerika im Anschluß an die von Wöhler (s. 1862 W.) gemachte Beobachtung, daß Calciumcarbid mit Wasser das mit hellleuchtender Flamme brennende Acetylen liefert, die fabrikmäßige Herstellung von Acetylen aus Calciumcarbid (s. 1892 M.) und sucht im Vereine mit Dickerson die Acetylenbeleuchtung im großen einzuführen.

— L. W. **Winkler** gelingt es, eine Gesetzmäßigkeit in der Erscheinung der Abnahme der Absorptionskoeffizienten der Gase mit der Temperatur aufzufinden. Die Abnahme ist bei verschiedenen Gasen nicht gleich, sondern um so bedeutender, je größer das Molekulargewicht der Gase ist.

— Der Engländer **Wrigley** erfindet einen Patentkompaß (Ship's course recorder), der den Kurs des Schiffes selbsttätig in ähnlicher Weise aufzeichnet, wie ein Barograph die Barometerkurven.

— Sydney **Young** prüft das gesamte Verhalten homogener flüssiger und gasförmiger Substanzen gegenüber Änderungen des Drucks, der Temperatur und des Volums mit Bezug auf die v. der Waals'schen Zustandsgleichung (s. 1873 W.), deren Richtigkeit er bestätigt.

1893 Emile Hilaire **Amagat** stellt die Resultate seiner langjährigen Untersuchungen über das Verhalten der Gase unter verschiedenem Druck und bei verschiedenen Temperaturen zusammen. Seine Veröffentlichung bezieht sich namentlich auf Kohlensäure, Äthylen, Sauerstoff, Wasserstoff, Stickstoff und Luft. Er legt die Untersuchungsmethoden ausführlich dar, die im allgemeinen die gleichen sind, wie bei seinen Untersuchungen über die Ausdehnungskoeffizienten der Flüssigkeiten. (Vgl. auch 1890 A.)

— Der Mechaniker **Arld** in Nürnberg erfindet das Drahtbund-Verfahren, welches darin besteht, daß man die zu einem Drahtseile zu vereinigenden Drähte zunächst in eine glatte Hülse einführt und alsdann die Drehung vornimmt. Die Hülse hindert jedes nachträgliche Herausspringen der Drähte.

1893 M. **Arndt** gibt zur Kontrolle des Betriebes der Feuerungsanlagen eine „Ökonometer" genannte Gaswage an, die namentlich gestattet, den Kohlensäuregehalt der Verbrennungsgase genau zu ermitteln.

— Alexander Graham **Bell** erfindet das Radiophon, bei welchem durch Einwirkung eines in regelmäßigen Zwischenräumen unterbrochenen Lichtstrahls auf eine dünne Platte ein Ton erzeugt wird. Er erfindet gleichzeitig ein Spektrophon, das ein Spektroskop darstellt, dessen Okular durch ein Hörrohr ersetzt ist.

— Julius **Bertram** entdeckt das Bornylacetat, denjenigen Bestandteil der Nadelöle, der den Tannenduft ausmacht, und führt auch die Synthese dieses Körpers aus.

— Guido **Bodländer** zeigt, daß die feinen Suspensionen, wie beispielsweise Aufschlämmungen von Kaolin, die Eigenschaft haben, durch Zusatz von Elektrolyten (Salzen, Säuren, Basen) ausgefällt zu werden. Die Sedimentierung erfolgt um so schneller, je größer die elektrolytische Leitfähigkeit ist, während Nichtelektrolyte unwirksam sind. Nach Spring (s. 1896 S.) spielt diese eigentümliche Wirkung der Elektrolyse auch bei geophysischen Sedimentierungsprozessen eine Rolle.

— Nachdem Anschütz zuerst, jedoch ohne Erfolg, versucht hatte, Artilleriegeschosse im Fluge zu photographieren, und Mach zuerst zu diesem Zweck den elektrischen Funken angewendet hatte, findet V. C. **Boys** ebenfalls unter Benutzung des elektrischen Funkens eine sichere Methode, fliegende Geschosse auf die photographische Platte aufzuzeichnen.

— Julius **Bredt** stellt eine Konstitutionsformel für den Campher auf, die einen wichtigen Schritt in dessen Erkenntnis bewirkt und auch auf die Konstitutionserkenntnis der Terpene zurückwirkt.

— Ludwig **Brieger** und Georg **Cohn** untersuchen das Gift des Tetanusbacillus und erhalten vier giftige Basen: das Tetanin, das Tetanoxin, das Spasmotoxin und das Toxalbumin.

— **Brunner, Mond & Co.** erfinden eine Methode, um aus dem in der Ammoniaksodafabrikation gewonnenen rohen Bicarbonat ein reines Salz zu erzielen. Das reine Bicarbonat wird neuerdings in erheblichen Mengen als Backpulver verwendet.

— Thomas Lauder **Brunton** und **Cash** untersuchen die niederen Glieder der Fettreihe in ihrer Wirkung auf die Nervenzentren und finden, daß sie Anästhesie hervorrufen, während die Glieder der aromatischen Reihe mehr auf die motorischen Zentren wirken und Tremor, Konvulsionen und Paralyse erzeugen.

— **Burgemeister** schlägt zur Verbesserung der Schwefelsäurefabrikation vor, in der ersten Bleikammer eine Anzahl von 40—50 cm weiten Bleischächten als Kühlschächte durch Boden und Decke zu führen, die zugleich Anprall- und Kondensationsflächen geben sollen. Dieser Vorschlag beruht auf dem 1888 von Lunge aufgestellten Prinzip, wonach die Reaktion in der Kammer durch Verflüssigung von Dämpfen befördert werden muß.

— Charles Frederick **Cross** und E. J. **Bevan,** die 1883 durch Kochen von Cellulose mit 60% Schwefelsäure und Fällen der Lösung mit Wasser Oxycellulose dargestellt hatten, studieren die Einwirkungen, welche die Baumwolle erleidet, wenn dieselbe zu lange der Wirkung der Bleichflüssigkeit bei Zutritt von Luft und Sonnenschein ausgesetzt ist. Sie finden, daß dieselbe dann einen ganz anderen Charakter annimmt, indem sie Sauerstoff aufnimmt und an Kohlenstoff abnimmt. Dieser Übergang in Oxycellulose klärt viele bislang unverständliche Vorgänge in der Bleicherei der Baumwolle auf.

1893 Während das früher gebräuchliche Goniometer (s. 1809 W.) nur mit einem horizontalen geteilten Kreise versehen war, konstruiert Siegfried **Czapski** für Krystallmessungen ein zweikreisiges Instrument (Theodolitgoniometer), das zwei zueinander senkrechte, geteilte Kreise besitzt. Es wird hierdurch möglich, die Lage einer Fläche durch zwei Winkel, welche mit der Länge und Breite bei einer geographischen Ortsbestimmung zu vergleichen sind. auszudrücken. Ähnliche Instrumente werden von Fedorow und Goldschmidt konstruiert.

— Der Engländer **Dennis** konstruiert eine selbsttätige Drahtflechtmaschine, die ein Drahtnetzwerk von sechsseitigen Maschen liefert. Man kann die Maschine mit einem Webstuhl vergleichen, der nur mit Kettenfäden ohne Einschlag arbeitet.

— Der französische Ingenieur **De Place** erfindet einen „Schiseophon" genannten Apparat, der in Metallblöcken, Wellen, Achsen, Radreifen, Schienen, Geschützrohren usw. Fehlerstellen zuverlässig bis zu 18 cm unter der Oberfläche anzeigt. Er besteht in einer sinnreichen Kombination von Mikrophon und Telephon. verbunden mit einer Perkussionsvorrichtung, ähnlich wie sie in der Medizin zur Untersuchung von Herz- und Lungengeräuschen gebraucht wird.

— James **Dewar** erfindet die nach ihm benannten doppelwandigen Glasgefäße für flüssige Luft, bei welchen der von den beiden Wandungen eingeschlossene hohle Raum luftleer gemacht ist. Später (1907) werden diese Gefäße auch aus Metall und mit einem Fassungsvermögen bis zu 10 l angefertigt.

— Der Ingenieur Rudolf **Diesel** beschreibt in seiner „Theorie und Konstruktion eines rationellen Wärmemotors" den nach ihm benannten Motor. welcher die Heizkraft des Brennmaterials etwa in doppeltem Betrage wie die Dampfmaschinen in nutzbare Arbeit umsetzt. Dieselmotoren werden zuerst i. J. 1898 auf der Münchener Ausstellung für Kleinkraftmaschinen ausgestellt.

— Asmund Helland hatte schon 1875 auf die selbst auf schwach geneigten Flächen vor sich gehende große Bewegungsgeschwindigkeit des Inlandeises von Grönland hingewiesen. Nachdem auch A. E. Nordenskjöld 1883 und Fridtjof Nansen 1888 diese Beobachtung bestätigt hatten, wird durch die von Erich **von Drygalski** angestellte Untersuchung des grönländischen Inlandeises die Überzeugung gefördert, daß auch über weiten Gebieten Europas, Asiens und Nordamerikas sich einst Inlandeis ausgebreitet habe. und daß davon die erratischen Blöcke und der Geschiebelehm dieser Gegenden stammen. (Vgl. 1891 D.)

— Carl **Eitz** konstruiert ein von der Pianofortefabrik Schiedmayer ausgeführtes Harmonium in natürlicher Stimmung mit 104 Tönen und 52 Tasten in der Oktave. Das Instrument gestattet, das syntonische Komma (81:80). das pythagoräische Komma (ca. 74:73), das Schisma (ca. 887:886) und nahezu auch die reine Septime (7:4) wiederzugeben. Je 13 Tasten einer Oktave sind durch gleiche Farbe als zu einer Quintenreihe gehörig bezeichnet. Die Töne einer Reihe können durch Stellung eines Zuges enharmonisch verwechselt werden, so daß jede Taste zwei um vier syntonische Kommata unterschiedene Töne hervorbringt.

— Die **Farbenfabriken vorm. Friedrich Bayer & Co.** in Elberfeld stellen Somatose aus Fleischextraktrückständen her. Ein ähnliches Produkt wird unter dem Namen „Mietose" von der Eiweiß- und Fleischextrakt-Co. in Altona in den Handel gebracht.

— Emil **Fischer** findet eine neue allgemeine Synthese von Glucosiden aus Alkoholen und Zuckern und begründet die Stereochemie der Glucoside

— Percy **Frankland** weist nach, daß infolge der Eigenschaft der Selbstreinigung.

die den Flüssen zukommt, von 1437 Bakterienkeimen, die ein Kubikzentimeter Themsewasser im Durchschnitt enthält, nach mehrtägigem Absetzen in den großen Bassins der Middlesex-Wasserwerke nur noch 177 Keime im überstehenden Wasser vorhanden sind.

1893 **Freudenberg** zeigt, daß die Trennung verschiedener Metalle auf elektrolytischem Wege nicht nur, wie bis dahin üblich, mit bestimmter Spannung und konstanter, aber beträchtlicher Stromstärke möglich ist, sondern auch so, daß man eine bestimmte Spannung während der Elektrolyse aufrecht erhält, welche zur Abscheidung des gewünschten Metalls genügt, aber nicht ausreicht, auch das nächste positivere, in Lösung befindliche zu fällen.

— Der Ingenieur **Friedeberg** in Berlin erhält ein Patent auf eine mit Kohlenstaub gespeiste Feuerung für Dampfkessel und gewerbliche Feuerungsanlagen. (S. a. 1872 C.) Gleichzeitig treten Wegener, Schwartzkopff u. a. mit ähnlichen Feuerungen auf.

— **Fritsche & Co.** bringen unter dem Namen „Chinosol" ein Desinfektionsmittel in den Handel, das oxychinolinsulfosaures Kali darstellt.

— Hermann **Fritz** leitet aus einem umfangreichen Material den Satz her, daß die Hagelfälle periodisch auftreten und mit dem Maximum und Minimum der Sonnenaktion auch die Wendepunkte in der Intensität ihres Auftretens erreichen. Auch im Wesen der tropischen Wirbelstürme scheint, wie auch Meldrum (1890) nachweist, ein Parallelismus mit der Wolf'schen Periode (s. 1852 W.) zu bestehen.

— Die **General Electric Company** in Schenectady baut 2000-Kilowatt-Bahngeneratoren.

— Graf Adolph **von Götzen** führt eine Durchquerung Afrikas von Osten nach Westen aus. Mit zwei Begleitern, v. Prittwitz und Kersting, bricht er von Pangani auf, durchzieht die Berglandschaft Irangi und gelangt über den Kagera nach dem Königreich Ruanda. Hier ersteigt er den Vulkan Kirunga und befährt den noch unbekannten Kiwusee. Nach mühseligem Marsch durch dichten Urwald erreicht er am 21. September 1894 bei Kirundo den Kongo und am 8. Dezember den Atlantischen Ozean.

— **Greene** und **Wahl** reduzieren zur Herstellung von kohlenstofffreiem Mangan das Manganoxydul mit granuliertem Aluminium. Als Zuschlag geben sie Kalkspat und Flußspat und führen die Reduktion in mit Magnesia ausgefütterten Graphittiegeln aus. Sie beschäftigen sich namentlich auch mit der Herstellung von kohlenstofffreiem Ferromangan, das bei der Stahlbereitung (s. 1856 M.) neuerdings eine wichtige Rolle spielt.

— Hans **Groß** konstruiert eine Vorrichtung für Luftballons, durch die es möglich wird, den Ballon bei der Landung, ohne ihn zu beschädigen, in kürzester Frist zu entgasen und hiermit die gefährlichen Schleiffahrten bei stürmischen Landungen zu vermeiden. Diese Vorrichtung besteht darin, daß ein in der Hülle angebrachter breiter Schlitz durch einen aufgummierten Stoffstreifen geschlossen ist, welcher mit Hilfe einer Leine (Reißleine) vom Korbe des Ballons aus abgeschält werden kann.

— H. **de Groussilliers** konstruiert einen stereoskopischen Entfernungsmesser, der auf einem Doppelfernrohr mit vergrößertem Objektivabstand basiert. Der Apparat wird 1898 von C. Pulfrich noch vervollkommnet.

— W. **Hallwachs** macht Untersuchungen über den Brechungsindex von Flüssigkeiten und konstruiert zur Messung des Brechungsunterschiedes zweier Flüssigkeiten sein Doppeltrog-Refraktometer, das von Tornoe noch verbessert wird.

— Gustav **Hellmann** verwendet die Photographie für die getreue Wiedergabe der Schneekrystalle. Er weist darauf hin, daß genaue Beobachtungen des

58*

symmetrischen Baues der Schneesterne schon von Albertus Magnus (1250), Olaus Magnus (1555), Kepler usw. gemacht worden seien.

1893 Nachdem die Einwirkung der Winde auf die Pflanzenwelt schon vielfach, wie u. a. von Focke 1873, Borggreve, Böhm, Middendorff untersucht worden war, verfolgt **Hensch** speziell den Einfluß der Winde auf den Boden und findet, daß dieselben auf Bodentemperatur und Verdunstung einen sehr erheblichen Einfluß ausüben.

— Curt **Herbst** macht in den Jahren 1893—1901 eingehende experimentelle Untersuchungen über den Einfluß der veränderten chemischen Zusammensetzung des umgebenden Mediums auf die Entwicklung der Tiere. Er bereitet zu dem Behufe künstliches Seewasser in verschiedenartiger Zusammensetzung und studiert die Einwirkung der in den einzelnen Mischungen enthaltenen verschiedenen Salze auf die Entwicklung von Seeigellarven aus befruchteten Eiern. (S. a. 1816 B. und 1871 L.)

— Hubert **von Herkomer** erfindet eine besondere Art des Kupferdrucks, die Monotypie. Er trägt auf eine versilberte Kupferplatte mit Pinsel und Wischer eine nur langsam trocknende Kupferdruckfarbe auf und bearbeitet sie mit der Radiernadel. Um die Platte druckfähig zu machen, wird sie in feuchtem Zustand mit Metallpulver bestreut und auf galvanischem Wege eine Druckform davon genommen, die als Tiefdruckform wirkt.

— Heinrich **Hertz** diskutiert in seinen „Prinzipien der Mechanik“, von den Helmholtz’schen fundamentalen Untersuchungen (s. 1884 H.) ausgehend, die verschiedenen Formen der Energie, sowie die Bedingung der Überführung einer Form in die andere.

— E. W. **Hilgard** erkennt als einer der ersten die große Bedeutung der meteorischen Auswaschung des Bodens für die Bodenbildung. Auch Tanfiljew und Wysotzki treten der Untersuchung dieser Frage näher.

— C. **Hoepfner** gibt ein Verfahren an, Nickellösungen nach Ansäuerung mit Phosphorsäure, Citronensäure u. dgl. unter Benutzung unlöslicher Anoden und beweglicher rotierender Kathoden zu elektrolysieren, wobei die Anoden in Zellen eintauchen, welche mit der Lösung eines Chlorids elektropositiver Metalle beschickt sind.

— Rudolf **Hoernes** teilt die Erdbeben in drei Klassen ein: 1. Vulkanische Erdbeben, die als Begleiterscheinungen von Eruptionen auftreten, 2. Einsturzbeben, die durch den Zusammenbruch unterirdischer Hohlräume hervorgerufen werden, 3. Dislokationsbeben oder tektonische Beben, die durch Lageveränderungen von Teilen der festen Erdrinde, wie Faltungen, Verschiebungen, Verwerfungen, Zerreißungen, Senkungen usw. entstehen. (S. a. 1883 M.)

— Viktor Theodor **Homèn** macht eingehende Forschungen über die durch die nächtliche Strahlung bedingten Nachtfröste und führt den Beweis für die Tatsache, daß — bei gleicher Höhenlage — die nächtliche Abkühlung über Moor- und Sumpfboden gewöhnlich intensiver als über trockenem Boden eintritt. 1897 erweitert er seine Studien auch auf den täglichen Wärmeumsatz im Boden.

— Fedor **Krause** führt zur Heilung der schwersten Formen des Gesichtsschmerzes (Tic douloureux) zuerst die vollständige Entfernung des Nervenknotens (Ganglion Gasseri des Nervus trigeminus) aus. Die erste Anregung zu dieser Operation hatte 1884 J. Ewing Mears in einem vor der „American surgical Association“ gehaltenen Vortrag gegeben; intracranielle Resektionen des Trigeminusstammes hatten vor Krause William Rose in London (1890), Victor Horsley in London (1891) und Frank Hartley in New York (1892) unternommen.

— Fedor **Krause** bildet im Gegensatz zu dem von Reverdin (s. 1869 R.) und

Thiersch (s. 1886 T.) geübten Verfahren, zur plastischen Chirurgie gestielte Lappen zu verwenden, das Verfahren weiter aus, ungestielte Hautlappen zu transplantieren und betont, daß dazu vor allem vollkommenste Asepsis und durchaus trockene Operation sowie gehörige Vorbereitung des mit der neuen Haut zu bedeckenden Bodens nötig seien.

1893 G. **Kreil** in Küsten-Bruchhausen nimmt die Konzentration der Schwefelsäure in einem Gußeisenrohre vor, das in ein Bad von geschmolzenem Blei eingetaucht ist. Um die Stellen, wo das Rohr in das Bleibad ein- und austritt, zu dichten, wird dort eine Wasserkühlung angebracht, die das Blei zum Erstarren bringt und so das Austreten des geschmolzenen Bleis aus dem Bade verhindert. Der Apparat konzentriert bis zu 15 t in Tag- und Nachtschicht und eignet sich namentlich auch zur Regenerierung von Abfallsäuren. Andere eiserne Konzentrationsapparate werden von E. Hartmann, Scheurer-Kestner u. a. vorgeschlagen.

— Friedrich Alfred **Krupp** in Essen beschickt die internationale Weltausstellung in Chicago mit einem Geschütz von 42 cm Seelenweite und 122400 kg Rohrgewicht, dessen 1000 kg schweres Geschoß bei 604 m Mündungsgeschwindigkeit noch auf 1000 m Entfernung eine schweißeiserne Panzerplatte von 1 m Dicke zu durchschlagen vermag. Krupp hat im übrigen diesen Weg der Herstellung von Riesengeschützen nicht weiter verfolgt. (Vgl. 1892 K.) Das Ausstellungsobjekt war vielmehr nur dazu bestimmt, die Leistungsfähigkeit der Fabrik in der Bewältigung großer Metallmassen darzutun.

— Heinrich **Lahmann** wird durch die in seinem Werke „Die diätetische Blutentmischung als Grundursache aller Krankheiten" gemachten Angaben der Begründer der Industrie der „Nährsalzpräparate".

— Der Ingenieur Eugen **Langen** erfindet die nach ihm benannte elektrische Schwebebahn, die zuerst in Deutz erprobt und alsdann in großem Maßstabe als Stadthochbahn in Barmen-Elberfeld ausgeführt wird.

— Karl **von Leibbrand** baut als erste große Betonbrücke mit eisernen Kämpfer- und Scheitelgelenken die Donaubrücke bei Munderkingen, deren Spannweite 50 m beträgt.

— Ludwig **Luckhardt** in Cassel konstruiert eine elektrisch auszulösende Schwungradbandbremse, um die Betriebsdampfmaschinen im Falle von Gefahr augenblicklich anzuhalten.

— A. und L. **Lumière** und A. **Seyewetz** machen eingehende Untersuchungen über die photographischen Entwicklersubstanzen und geben in ihrem Buche „Les développateurs organiques" eine Systematik dieser Substanzen, um die sich auch Andresen (1899) verdient macht.

— Patrick **Manson** gibt das Boraxmethylenblau zur Färbung der Malariaplasmodien an.

— Emile **Marchal** stellt zuerst fest, daß ungemein vielen Bakterien (sowohl Schizomyceten als auch Eumyceten), welche in der Ackererde vorkommen, die Fähigkeit zur Abspaltung von Ammoniak und Eiweißkörpern eigen ist.

— **Markownikoff** und **Reformatzki** stellen aus Rosenöl Citronellol her, das 1890 synthetisch von Dodge (s. 1890 D.) gewonnen worden war. Sie nennen den Körper zuerst Roseol; die Feststellung der Identität erfolgt 1896 durch Tilmann und Schmidt. Auch aus Pelargoniumöl wird durch Barbier und später durch Hesse das Citronellol gewonnen und erst Reuniol genannt.

— Wilhelm **von Miller** und G. **Rohde** erhalten bei Spaltung der Carminsäure eine Reihe von Körpern, die den Zusammenhang dieser Säure mit den Indonen ergeben.

— Henri **Moissan** gelingt es, durch Glühen von vanadinsaurem Ammonium erhaltenes und mit Zuckerkohle gemengtes Oxyd mittels eines durch einen Strom von 1000 Ampere und 70 Volt erzeugten Bogens zu Vanadiummetall zu reduzieren. Das Metall ist weiß, im Bruch metallglänzend und hat 5,8 spez. Gewicht.

1893 Henri **Moissan** erhält durch Auflösung von Kohlenstoff in flüssigem Eisen bei der Hitze des elektrischen Bogenlichts und Erstarrenlassen des Schmelzflusses unter hohem Druck künstliche Diamanten bis zu 0,5 mm Größe.

— **von Morstein** konstruiert einen elektrischen Gasfernzünder, bei welchem sekundäre Induktionsströme, welche zwischen feststehenden Elektroden am Brenner in Form von Funken durch die Luft überspringen, zur Zündung benutzt werden. Der Fernzünder wird unter dem Namen „Multiplex" von der Multiplex-Gasfernzünder-Gesellschaft vertrieben.

— Gustav **Müller** macht photometrische Messungen an zahlreichen Asteroiden und schätzt die Durchmesser der kleinsten unter ihnen auf etwa 20 km.

— Fridtjof **Nansen** dringt mit dem Polarschiff „Fram", das nach seinen Angaben gebaut ist und von Otto Sverdrup befehligt wird, von der Nordküste Ostsibiriens in das Polareis ein, wo er das Schiff einfrieren und durch die Strömung nach Nordwesten treiben läßt. Er selbst erreicht auf einer am 14. März 1895 mit Johansen als einzigem Begleiter angetretenen Schlittenfahrt am 7. April die höchste bis dahin erreichte Breite von 86° 4'. Von hier gelangt er nach unsäglichen Anstrengungen nach Franz-Joseph-Land, wo er unter 81° 12' nördl. Br. überwintert. Am 18. Juni 1896 trifft er mit Frederick Jackson zusammen, auf dessen Schiff „Windward" er am 13. August 1896 nach Vardö gelangt. Wenige Tage darauf, am 20. August, trifft die „Fram", die die Breite von 85° 57' erreichte, in dem kleinen Hafen von Skärvö ein. Durch die Trift der Fram wird das Vorhandensein der von Nansen angenommenen Strömung quer über den Pol erwiesen.

— Walther **Nernst** gibt eine Methode zur Bestimmung von Dielektrizitätskonstanten an, die auf Vergleichung von Kondensatoren beruht, deren Dielektrika aus den zu untersuchenden Stoffen bestehen. Zur Messung dient eine Brückenschaltung und Wechselstrom. (Vgl. auch 1859 S.)

— **Öchelhäuser** und **Junkers** in Dessau erhalten ein Patent auf einen Zweitakt-Gasmotor mit gegenläufigen Antriebskolben und führen denselben zuerst praktisch aus.

— Alberto **Palacio** erbaut in Bilbao in Spanien eine Luftfähre. Über dem Flusse ist eine 160 m weite leichte Hängebrücke angebracht, die 40 m über dem Wasserspiegel befindlich ist. Sie trägt ein Gleise, von dem ein verschiebbares Rahmengerüst herunterhängt, welches die für Personen und Wagen geeignete Plattform der Fähre trägt. Die Fortbewegung des Rahmengerüstes kann mit Hand- oder Dampfbetrieb erfolgen.

— Friedrich **Paschen** baut ein astatisches Spiegelgalvanometer von sehr hoher Empfindlichkeit. Schon, wenn die Pole dieses Instruments mit zwei verschiedenartigen Stellen des menschlichen Körpers in Berührung gebracht werden, erfolgen recht beträchtliche Ausschläge.

— Der Hydrolog **Piefke** modifiziert das Verfahren von Oesten und Proskauer, Grundwasser durch Lüftung eisenfrei zu machen, indem er das Wasser, statt es frei herabfallen zu lassen, über Koksstücke rieseln läßt.

— **Porter** bemerkt, daß eine in Schwingungen versetzte Stimmgabel bedeutend lauter tönt, wenn man die schwingenden Zinken in eine Bunsenflamme hält. Er erklärt diesen Vorgang später (1903) damit, daß die Schwingungen der Gabel die vorher kontinuierliche Vereinigung von Leuchtgas und Luft in eine diskontinuierliche verwandeln, wodurch kleine, einander mit der Geschwindigkeit der Gabelschwingungen folgende Explosionen entstehen.

1893 Der englische Telegraphen-Chefingenieur William **Preece** erkennt auf Grund mehrjähriger Versuche, daß ein Strom, der in einem ersten Kreise geschlossen wird, in einem Empfängerkreis einen Stromstoß induziert. Es gelingt ihm, bis auf 8 km telegraphische Verständigung zu erzielen. Diese Versuche sind epochemachend für die drahtlose Telegraphie.

— **Prentice** und **Sohn** schlagen ein Verfahren zur kontinuierlichen Herstellung von Salpetersäure vor und bedienen sich dazu eines Apparates, der im wesentlichen aus einem liegenden, durch Scheidewände in eine Anzahl von Abteilungen zerlegten gußeisernen Trog besteht, der von einem Heizmantel umgeben ist. An einem Ende werden die Rohstoffe, gut durcheinander gemengt, kontinuierlich eingeführt. Sie rücken durch die einzelnen Abteilungen des Troges vor, der auf einer konstanten Temperatur gehalten wird, und geben dabei Salpetersäuredämpfe ab, die nach einem geeigneten Kühlsystem abgeleitet werden. Die abdestillierende Säure wird für jede Abteilung getrennt aufgefangen, so daß man verschieden starke Säure erhält. Das Bisulfat fließt aus der dem Eintritt entgegengesetzten Öffnung beständig ab.

— August **Raps** photographiert die Luftschwingungen in gedackten Pfeifen. Er benutzt dazu einen Jamin'schen Interferentialrefraktor, auf dessen einen Spiegel ein paralleles Lichtbündel fällt, das in zwei Bündel zerlegt wird. Das eine Bündel durchsetzt die mit parallelen Glaswänden versehene Pfeife, während das andere Bündel an der Pfeife vorbeigeht. Beide Bündel fallen auf den zweiten Spiegel und werden zur Interferenz gebracht. Tönt die Pfeife, so schwingen die Interferenzstreifen hin und her, und zwar sind ihre Ausschläge proportional den Dichtigkeitsänderungen der tönenden Luft in der Pfeife. Durch Linsen wird ein Bild der Streifen dicht hinter die Ebene eines senkrecht zur Streifenrichtung stehenden Spaltes auf ein parallel zur Streifenrichtung gleichförmig bewegtes photographisches Papier entworfen.

— Die Hinterdrehbank zum Hinterdrehen von Fräsen ist in Amerika erfunden worden. Eine der ersten von deutschen Firmen ausgeführten derartigen Drehbänke ist die von J. E. **Reinecker** in Chemnitz, bei welcher die für das Hinterdrehen erforderliche Hin- und Herbewegung des Supportoberteils durch auswechselbare Kurvenscheiben mit verschiedenen der Tiefe der Hinterdrehung entsprechenden Hubhöhen erfolgt.

— J. W. **Reno** in New York errichtet für den Cortland-Street-Bahnhof einen auf dem Prinzip der Transportbänder beruhenden Personenaufzug, der aus einer endlosen geneigten Plattform besteht, die sich mit einer Geschwindigkeit von 21 m in der Minute fortbewegt. Zum Betrieb des Aufzugs dient ein Elektromotor. Ein ähnlicher Schrägaufzug wird 1898 für die Grands Magasins du Louvre in Paris von Hallé gebaut. (Escalier roulant.)

— Jan Willem **Retgers** stellt fest, daß das bisher als amorph bezeichnete Arsen (vgl. 1867 H.) mikrokrystallinisch, und zwar regulär ist, während das gewöhnliche Arsen hexagonal ist. Es wird hierdurch eine Analogie zu dem regulären gelben und hexagonalen roten Phosphor ersichtlich.

— M. M. **Richter** verfolgt die von Francillon (vgl. 1875 F.) gemachte Beobachtung, wonach Gewebe durch Behandlung mit Benzin elektrisch werden und erbringt in seiner Broschüre „Die Benzinbrände in den chemischen Wäschereien" den Beweis, daß die Elektrizität die Ursache der Brände ist. Er schlägt zur Vermeidung solcher Brände vor, dem Benzin $^1/_{1000}$ Teil ölsaure Magnesia zuzusetzen, die unter dem Namen „Antibenzinpyrin" in den Handel kommt. Zu gleichem Zweck dient auch ein Zusatz von sogenannter Benzinseife.

1893 Die Firma J. D. **Riedel** bringt einen Süßstoff unter dem Namen „Dulcin" in den Handel, der Para-Phenetolcarbamid ist und durch Erhitzen von Paraphenetidin und Harnstoff auf 160° entsteht.

— Der Ingenieur Siegmund **Riefler** in München erfindet die nach ihm benannte Hemmung für Pendeluhren, bei welcher das Pendel an einer Blattgelenkfeder nahezu reibungslos aufgehängt ist. Für die Riefler'sche Hemmung ist nur der neunte Teil der für die Graham'sche Hemmung (s. 1720 G.) notwendigen Energie erforderlich. Die ersten Versuche von Riefler datieren von 1889. Außerdem erfindet er ein Quecksilberkompensationspendel, das eine sehr feine Regulierung zuläßt.

— Ogden N. **Rood** führt ein Flimmer- oder Flackerphotometer aus, bei welchem man ein Prisma durch eine keilförmige Linse betrachtet, die durch einen Elektromotor in Umdrehung erhalten wird. Sind beide Flächen durch die Lichtquellen ungleich beleuchtet, so beobachtet man ein Flimmern, da abwechselnd die eine und die andere Fläche gesehen wird. Bei Gleichheit der Lichtquellen verschwindet das Flimmern. Dieses Instrument wird 1896 von Withman verbessert.

— Abbott Lawrence **Rotch** berichtet über die in der Nähe von Arequipa auf dem 5075 m hohen Chachani belegene Wetterwarte, die das höchst gelegene Observatorium der Erde darstellt.

— Ernst **Salkowski** entdeckt, daß das in der Magermilch vorhandene Caseïn in vorzüglicher Weise vom Darmkanal resorbiert wird, und gibt dadurch Veranlassung zur Herstellung der Caseïnnährpräparate, zu denen die Nutrose (Caseïnnatrium), Sanatogen, Eukasin u. a. gehören.

— Paul und Friedrich **Sarasin** durchforschen die Insel Ceylon und geben die ersten genauen Nachrichten über die im Innern der Insel noch lebenden etwa 2000 Weddas, einen Volksstamm, der sich durch Affenähnlichkeit des Körperbaus, geringe geistige Entwicklung und primitive Lebensweise auszeichnet. Die Forscher sind der Ansicht, daß die Weddas als die Überreste einer uralten Primär-Varietät der lockenhaarigen Menschenrasse zu betrachten sind, und daß sie identisch sind mit den affenähnlichen Pygmäen, welche Ktesias, der Leibarzt des Artaxerxes, schon um 400 v. Chr. beschrieben hat.

— Otto **Schlick** konstruiert die ersten Schiffsdampfmaschinen, bei denen sich die Massenwirkungen, die an den einzelnen Kurbeln auftreten, gegenseitig aufheben. Diese Maschinen besitzen mindestens vier Kurbeln, und es stehen dabei die Abstände der Zylinder, die Gewichte der Gestänge und die Kurbelwinkel in einem ganz bestimmten Verhältnis. Durch diesen Ausgleich der Massen wird bewirkt, daß die mit solchen Maschinen ausgerüsteten Schiffe keinerlei Vibrationen zeigen. Das Schlick'sche Maschinensystem findet bei den neueren Schnelldampfern der deutschen Handelsmarine und auch im Auslande rasch Eingang. (S. a. 1892 S.)

— Victor **Schumann** gelingt es, indem er Lichtquelle, Spektrograph und von ihm zuerst hergestellte gelatinelose Trockenplatten in das Vakuum bringt, im Spektrum des Wasserstoffs Wellen zu registrieren, deren Länge wohl die kürzeste bisher bekannte ist ($^1/_{10000}$ Millimeter = 1000 Angström Einheiten).

— Victor **Schumann** zeigt, daß Quarz für ultraviolettes Licht von kürzerer Wellenlänge als 1800 Ångström-Einheiten undurchlässig ist. Für solche Lichtwellen ist nur Flußspat durchlässig.

— G. **Schwiening** in Cassel fabriziert mittels des von Georg Kaßner (s. 1889 K. empfohlenen Calciumplumbats Zündhölzer, welche roten Phosphor in der

Zündmasse enthalten und durch Reibung an jeder rauhen Fläche entzündet werden können.

1893 E. **Seger** in Stockholm erhält ein Patent auf eine Dampfturbine mit zwei oder mehreren sich mit den Kränzen überschneidenden Turbinenrädern und seitlicher Dampfeinströmung.

— Am 6. August wird der von der **Société internationale du Canal maritime de Corinth** innerhalb der letzten neun Jahre erbaute Kanal von Korinth eröffnet. Die Länge des Kanals ist 6,3 km, die Sohlenbreite 22 m, die Wassertiefe $8^1/_2$ m. Die größte Einschnittstiefe beträgt 80 m. Ein Projekt für die Durchstechung der Landenge von Korinth war bereits 1881 von Stefan Türr aufgestellt worden.

— Die Firma W. **Spindler** in Berlin führt den Tetrachlorkohlenstoff (s. 1839 R. und 1889 L.) in die chemische Reinigungstechnik ein und bringt diesen Stoff auch in kleinen Mengen unter dem Namen „Katharin" in den Handel.

— C. A. **Steinheil Soehne** bringen unter dem Namen „Orthostigmat" ein Objektiv in den Handel, bei dem eine Sammellinse niederer Brechung von einer Bikonvex- und einer Bikonkavlinse eingeschlossen ist, die beide ein höheres Brechungsvermögen haben. Ein ähnliches Objektiv konstruieren **Vogtländer & Sohn** unter dem Namen „Collinear".

— P. **Stolte** in Genthin konstruiert eine Decke, welche aus einzelnen 35 cm breiten Quarzsandzementdielen mit Hohlräumen und Bandeiseneinlagen besteht, die zwischen Eisenträgern in Zementfugen aneinander geschoben werden. (Vgl. auch 1892 Kl.)

— Nicola **Tesla** entdeckt die bei Wechselströmen hoher Spannung und Wechselzahl auftretenden elektrischen Wellenphänomene. Er zeigt u. a., daß Glühlampen mit nur einem Pol durch solche Wechselströme bei Annäherung an den durchströmten Leiter glühen, daß evakuierte lange Glasröhren (ohne Elektroden) leuchten, wenn man das eine Ende anfaßt und das andere einem Stromleiter nähert, daß der menschliche Körper in solche Ströme ohne Schaden, ja ohne sie zu empfinden, eingeschaltet werden kann.

— Die **Thomson Houston International Electric Company** baut die erste elektrisch betriebene Fördermaschine, die von zwei direkt mit der Trommel gekuppelten Motoren von je 500 PS angetrieben wird. Das Fördergewicht beträgt 4500 kg, die Fördergeschwindigkeit 12,5 m/sec, die Teufe 760 m.

— **Tiemann** und **Krüger** gelingt es, aus den Iriswurzeln den riechenden Bestandteil zu isolieren, der optisch aktiv ist, und den sie Iron nennen.

— Nachdem Semmler 1890 die Konstitution des Geraniols festgestellt und es unter die olefinischen Campherarten eingereiht hatte, gelingt es **Tiemann** im Verein mit **Semmler,** diesen Körper aus dem Geraniumsäurenitril darzustellen. Gleichzeitig erfolgt seine synthetische Darstellung aus dem Citral durch Barbier und Bouveault.

— Claude **Vautin** bewirkt die Elektrolyse des Chlornatriums in geschmolzenem Zustande. Er ersetzt das Quecksilber durch Blei und zersetzt die entstehenden Bleiverbindungen zur Gewinnung des Natronhydrats mit Wasserdampf. (S. 1892 C.)

— Raymond **Vidal** behandelt Substanzen der aromatischen Reihe, wie Para-Amidophenol und Para-Phenylendiamin, mit Schwefel und Schwefelnatrium und erhält die intensiv schwarzen Thiokatechine. (Noir Vidal — S. a. 1873 C.)

— Nachdem der Zentrifugalguß zur Herstellung nahtloser Rohre von Clowes in Waterbury, Howard Lane in Birmingham und Theodor Förster in Berlin unter Anwendung von sich um eine horizontale Achse drehenden Gußformen erfolgreich verwendet worden war, führt Georg **Walz** in Heidelberg ein neues Verfahren ein. Er wendet hohe, sich um eine senkrechte

Achse drehende Gußformen an, die, sobald das eingegossene Metall eine trichterartige Lagerung angenommen hat, in die wagerechte Lage gekippt werden. Dieses Verfahren wird von G. Stridsberg in Stockholm, G. Cobianchi in Omegna, Brinell und namentlich von Friedrich Nebe verbessert.

1893 Alfred **Werner** faßt die zahlreichen Metallammoniakverbindungen von Kobalt, Nickel, Platin und Chrom unter einem gemeinschaftlichen Gesichtspunkt zusammen und teilt diese Verbindungen in zwei Klassen ein. Die der ersten Klasse zugehörigen Verbindungen enthalten auf ein Metallatom 6 NH_3 Moleküle oder lassen sich von derartigen Verbindungen nach bestimmten Regeln ableiten; die der zweiten Klasse enthalten auf ein Metallatom 4 NH_3 Moleküle oder können von derartigen Verbindungen auf bestimmte Weise abgeleitet werden. Nach der Wertigkeit des Metallatoms werden diese Klassen in verschiedene Abteilungen zerlegt.

— Frederick **Weston** konstruiert Zeigerinstrumente zur Messung der elektrischen Energie, die auf dynamometrischem Prinzip beruhen.

— Willy **Wien** stellt folgendes optisches Gesetz auf: „Im normalen Emissionsspektrum eines schwarzen Körpers verschiebt sich mit veränderter Temperatur jede Wellenlänge so, daß das Produkt aus Temperatur und Wellenlänge konstant bleibt.“ Dieses Gesetz erhält den Namen „Wien'sches Verschiebungsgesetz“.

— Otto **Wiener** bearbeitet die Lehre von den gekrümmten Strahlen und wendet sie auf die Theorie der Luftspiegelung an.

— Julius **Wiesner** zeigt durch genaue photometrische Messungen, daß das vegetative Leben durch die Klimabeschaffenheit beeinflußt wird.

— Anton **Wingen** in Glogau stellt aus Formsteinen die nach ihm benannte Decke her, welche sich als ein scheitrechtes, in den nicht tragenden Teilen durchlochtes Gewölbe darstellt und als Zwischendecke im Hochbau angewendet wird.

1894 Eine der praktisch wichtigsten Anwendungen, die das Knop'sche Verfahren (1875 K.) zur Feststellung des Zusammenhangs von Flußläufen bis jetzt gefunden hat, ist die zwecks Anlage einer Wasserleitung von **de Agostini** und G. **Marinelli** ausgeführte Untersuchung der Wasserverhältnisse in der Umgebung von Florenz. Hierbei ergibt sich, daß das hierzu ausersehene Wasser nicht, wie man glaubte, einer aus felsigen Schichten hervordringenden Quelle entstammt, sondern der Unterlauf eines von Verunreinigung keineswegs freien Baches ist, und deshalb nicht als Trinkwasser verwendet werden darf.

— **Albers-Schönberg** empfiehlt für Verbandzwecke den Gips-Leimverband, eine Kombination des Gipsverbandes mit dem Holzverband. (S. 1877 E.)

— J. **Amsler-Laffon** konstruiert zur Messung der Kraftleistung bei Festigkeitsprobiermaschinen ein Pendelmanometer. Der im Zylinder der Probiermaschine herrschende Druck wird in einen zweiten kleinen Zylinder geleitet und durch dessen Kolben auf ein Pendel übertragen, dessen Ausschlag die Kraftleistung der Maschine ergibt.

— Felix **Auerbach** knüpft an die Versuche von Hertz über Härtebestimmung (vgl. 1882 H.) an und führt, auf dieselben gestützt, absolute Härtemessungen an verschiedenen Gläsern und an Bergkrystall durch.

— Adolf **von Baeyer** stellt für das Terpinolen eine neue Formel auf und beweist sie, so daß damit zuerst die Konstitution eines Terpens dargetan ist.

— Donat **Banki** in Budapest spritzt zuerst in den Arbeitszylinder von Gasmaschinen Wasser ein, um einen hohen Kompressionsdruck unter Vermeidung von Selbstzündungen zu ermöglichen.

— G. **Banti** in Florenz beschreibt unter der Bezeichnung „Splenomegalia con cirrhosi epatica" eine Krankheit, die ihren primären Angriffspunkt in der Milz hat und auf dem Wege der Blutbahn, nämlich durch die Milzvene, auf die Leber übertragen wird. Diese Krankheit wird jetzt mit Banti's Namen bezeichnet.

1894 Hans **Bartsch von Sigsfeld** konstruiert mit August **von Parseval** einen Drachenballon (Fesselballon), der eine Verbindung von Ballon und Drachen darstellt und in der Luft auch bei heftigem Wind stabil bleibt. Der Ballon eignet sich sowohl als dauernde meteorologische Beobachtungsstation, als auch für militärische Erkundungszwecke.

— Eine Gefahr für den Luftschiffer bildet das Austrocknen der mit Gummilösung getränkten Ballonhülle, die dann isolierend wirkt und durch Reiben elektrisch wird. Auf diese Ursache wird u. a. die Explosion des Ballons „Humboldt" am 26. April 1893 zurückgeführt. Hans **Bartsch von Sigsfeld** gelingt es, diese Gefahr durch Imprägnieren des Ballonstoffes mit zehnprozentiger Chlorcalciumlösung vollständig zu beseitigen.

— Eugen **Baumann** entdeckt, daß in der normalen Schilddrüse eine Verbindung von Jod mit Eiweiß, das sogenannte Thyreojodin, vorhanden ist.

— Der Afrikareisende Oskar **Baumann** berichtet in seinem Werke „Durch Massailand zur Nilquelle" von der sogenannten „versenkten Tembe", einer Art von Höhlenwohnung, die im Südosten des Viktoria-Nyanza vorkommt und die entweder zum Schutze gegen die Witterung nur teilweise in den festen Lateritboden eingelassen, oder als Schlupfwinkel gegen Feinde ganz unterirdisch angelegt ist.

— Friedrich **Becke** macht Versuche über die Vorgänge beim Wachsen der Krystalle und stellt die Lehre von den Anwachskegeln auf.

— **Becquerel** und **Brongniart** entdecken, daß die grüne Färbung der zu den Heuschrecken zählenden Gattung der Phyllien auf Chlorophyll zurückzuführen ist, und bestätigen damit die Annahme von Engelmann. (S. 1883 E.)

— Heinrich **Behrens** dehnt die Anwendung des Mikroskops auch auf das Gebiet der Analyse organischer Verbindungen aus und gibt in einer Reihe von Veröffentlichungen eine Zusammenstellung der hauptsächlich in Frage kommenden mikrochemischen Reaktionen.

— Emil **Behring** und Paul **Ehrlich** stellen durch systematische Immunisierung von Pferden gegen Diphterietoxin hochwertiges Diphterieantitoxin her, welches zur Behandlung Kranker geeignet ist.

— **Bénier** nimmt Patente auf eine Sauggasanlage. Er verbindet einen Gaserzeuger derart mit einem Motor, daß der Motor das Gas aus dem Generator absaugt und dadurch in diesem eine Depression erzeugt, durch welche Luft unter Atmosphärendruck in den Generator strömt, sich mit Dampf mischt und beim Überstreichen über die glühende Brennstoffschicht neues Gas bildet. Der Dampf wird in einem den unteren Teil des Generators ringförmig umschließenden Kessel entwickelt, so daß eine besondere Feuerung nicht nötig ist; er strömt durch ein dünnes Rohr unter den Rost des Generators, wo er sich mit Luft mischt. (Vgl. auch 1886 L.)

— E. **Bergmann** konstruiert eine Drehbank zum Ovaldrehen, auf der große ovale Körper wie Wasserschieber u. dgl. hergestellt werden.

— Der Meteorolog O. **Berson** erreicht am 4. Dezember im Luftballon 9155 m Höhe und mißt hier einen Thermometerstand von — 47° C. (S. a. 1901 B.) Von besonderem Interesse ist der Befund, daß eine Cirruswolkenschicht, die Berson bei 8700 m (Temperatur — 43,7° C.) erreicht und bei 9000 m wieder verläßt, sich nicht als aus Eisnadeln, sondern aus wohlgebildeten kleinen Schneeflocken bestehend erweist.

1894 J. **Bertram** und H. **Walbaum** führen Camphen durch Acetolyse in Isoborneol über und oxydieren dies zu Campher.

— **Bertrand** und **Thiel** erfinden ein neues Verfahren der Flußeisenerzeugung aus flüssigem Roheisen, bei welchem sie den Erzzusatz auf zwei Zeiten und zwei basische Herdöfen verteilen und vor dem zweiten Erzzusatz die unwirksam gewordene Schlacke vom Eisen trennen. Durch Überhitzung des Roheisens im zweiten Ofen wird ferner die Reaktionsfähigkeit des Roheisenbades gegenüber den Eisenerzen erhöht (Bertrand-Thiel-Verfahren).

— Der französische Elektrotechniker G. R. **Blot** erfindet einen Akkumulator ohne Füllmassen von großer wirksamer Oberfläche bei sehr geringem Gewicht, in welchem die Platten durch Spulen von dünnen Bleistreifen ersetzt sind.

— Der Ingenieur **Bradley** in Amerika konstruiert ein Becherwerk, das die Mängel der Elevatoren vermeiden soll und sich insbesondere für Kohlen- und Koksförderung in Gasanstalten und zum Fördern gewaschener Feinkohlen in Bergwerken bewährt. Die einzelnen Becher des Becherwerks sind an schaufelartigen Gefäßen so gelenkig befestigt, daß sie unter dem Einfluß von Gleitführungen das aus diesen Gefäßen gleitende Fördergut aufnehmen und an der Entleerungsstelle frei umkippen können.

— Der Amerikaner **Brown** konstruiert eine Maschine zur Herstellung der von ihm erfundenen geknoteten Kette, die den Draht vom Haspel entnimmt, ihn in passende Stücke schmiedet und ohne jede Hilfe von Menschenhand zur endlosen Kette gestaltet. Diese Kette besitzt dadurch, daß der Knoten in die Mitte des Kettengliedes gelegt ist, die größte Beweglichkeit, die mit einer Kette zu erreichen ist.

— J. **Bueb** in Dessau erfindet ein Verfahren, Melassenschlempe auf Cyannatrium und Ammonsulfat zu verarbeiten. Die Schlempe wird destilliert, die abziehenden Gase werden durch rotglühende Röhren geleitet, wobei sich Ammoniak und Blausäure bilden, die durch geeignete Absorption in Ammonsulfat und Cyannatrium übergeführt werden. Das Verfahren wird in der Dessauer Zuckerraffinerie im großen ausgeführt.

— Gustav **von Bunge** untersucht, inwieweit bei den Wirbeltieren in der chemischen Zusammensetzung der Gewebe der einzelnen Lebensalter Unterschiede bemerkbar sind, die auf einen gemeinsamen Grundplan hinweisen. Er zeigt, daß die landbewohnenden Wirbeltiere um so kochsalzreicher sind, in einem je jüngeren Entwicklungsstadium sie sich befinden. Je älter das Tier wird, um so mehr sinkt der Gehalt an Natron und Chlor. Den auffallend hohen Kochsalzgehalt des Knorpels in den Embryonen sieht Bunge nun ebenso wie das Auftreten der Kiemenspalten und anderer ganz vergänglicher Bildungen als eine stammesgeschichtliche Reminiscenz an.

— Nachdem schon 1857 Bail und später Hoffmann nachgewiesen hatten, daß auch andere nicht zur Gattung der Spaltpilze gehörige Pilze, wie Mucor racemosus, Gärung hervorrufen können, zeigt A. **Calmette,** daß außer den Myxomyceten auch andere Schimmelpilze (Mucedineen), wie Amylomyces-, Aspergillus- und Mucorarten imstande sind, gelöste Stärke und Dextrine in Glucose überzuführen und diese in Alkohol und Kohlensäure zu zerlegen, und führt diese Mucedineen in die Praxis des Gärungsgewerbes ein. Die ersten Versuche werden in der Collette'schen Brennerei in Seclin von Collette und Boidin vorgenommen (Amyloverfahren).

— Wilhelm **Camerer** studiert die Entwicklung des Kindes, indem er bei einem und demselben Kind das Längenwachstum von der Geburt bis zum 14.

und 16. Lebensjahr verfolgt. Die Methode kann im Gegensatz zu der Quetelet'schen generalisierenden die individuelle Methode genannt werden.

1894 L. **Cerebotani** verbessert das von Gray angegebene Verfahren der Telautographie. (Vgl. 1890 G.) Sonstige Verbesserungen rühren von Denison, Gruhn und Grzanna (s. 1902 G.) u. a. her.

— **Claret** und **Vuilliemier** erbauen eine elektrische Straßenbahn nach dem Teilleitersystem, bei welchem der Strom durch zwischen den Schienen angeordnete Knöpfe, die von einer Zentralstelle der Reihe nach unter Spannung gesetzt werden, zugeführt wird. Ähnliche Systeme werden von der Thomson-Houston Co. und Schuckert & Co. ausgeführt.

— D. **Clerk** konstruiert einen doppeltwirkenden Gashammer, bei welchem der Hammerkolben durch den Druck der explodierenden Gasgemische auf- und abwärts getrieben wird. Er benutzt einen seitlich gelegenen besonderen Ladezylinder, in dem der Steuerkolben spielt, dem die Aufgabe zufällt, das Gas- und Luftgemisch anzusaugen und dem Arbeitszylinder zuzuführen.

— **Councilman** liefert eine ausführliche pathologisch-anatomische Bearbeitung der Pockeninfektion mit besonderer Berücksichtigung der schon früher bekannten Guarnieri'schen Einschlüsse, für deren Protozoen-Natur wichtige Beweise beigebracht werden. (Vgl. auch 1892 G.) Calkins liefert Beiträge zur Entstehungs- und Entwicklungsgeschichte des betreffenden Parasiten (Cytoryctes Variolae Guarnieri).

— Th. **Curtius** und K. **Heidenreich** stellen durch Behandlung von salzsaurem Carbohydrazid mit Natriumnitrit in wässeriger Lösung in der Kälte das dem Chlorkohlenoxyd analoge Stickstoffkohlenoxyd oder Carbazid dar.

— Der **Deutsche Verein zur Förderung der Luftschiffahrt** in Berlin läßt zum Zweck meteorologischer Beobachtungen den unbemannten Registrier-Luftballon (Pilotenballon) „Cirrus" steigen, welcher sich bis zu der Höhe von 18450 m erhebt, wo eine Lufttemperatur von —67° C. registriert wird. Derselbe Ballon erreicht am 27. April 1895 sogar die Höhe von 21800 m. (Vgl. 1905 Oberrhein. Verein.)

— Michael O. **von Dolivo-Dobrowolski** konstruiert nach dem von Ferraris (s. 1888 F.) angegebenen Prinzip einen Phasenmesser für mehrphasigen Wechselstrom. Instrumente zur Messung von Wechselströmen, die ebenfalls auf dem Induktionsprinzip beruhen, werden von Raab in Kaiserslautern, von Benischke und von Teichmüller konstruiert.

— Der englische Physiker **Duddell** zeigt, daß ein gewöhnlicher Gleichstromlichtbogen, zu dem man einen Kondensator und eine Selbstinduktion parallel schaltet, einen pfeifenden Ton von sich gibt, dessen Höhe nahezu der Eigenschwingungszahl im Wechselstromkreise entspricht (Duddell'sches Phänomen).

— William A. **Eddy** beginnt seine erfolgreichen Experimente mit Drachen und bildet mit A. Lawrence **Rotch** die Methode aus, damit selbstregistrierende Apparate zur Messung der Temperatur und Feuchtigkeit der Luft in die höheren Luftschichten emporzutragen. Zu seinen Versuchen dient der als „malaiischer Drache" bezeichnete Flächendrache ohne Schwanz, auch „Eddydrache" genannt.

— J. **Elster** und H. **Geitel** untersuchen den Einfluß der Absorption verschiedenfarbigen Lichtes auf den photoelektrischen Effekt an Natrium, Kalium und Rubidium.

— J. **Elster** und H. **Geitel** finden die Größe des photoelektrischen Effekts abhängig von der Polarisationsebene des auffallenden Lichtes, und zwar ist unter sonst gleichen Bedingungen der Effekt am stärksten, wenn das Licht rechtwinklig zur Einfallsebene polarisiert ist.

1894 Heinrich **Eppers** in Braunschweig erfindet einen Zeichenapparat, das „Dikatopter“, eine Camera, die aus einem kleinen schwarz lackierten Blechkästchen mit einem viereckigen Loch an der Oberfläche besteht. Im Innern des Kästchens sind zwei Silberspiegelchen in leicht gegeneinander geneigter und verschobener Stellung angebracht, die durch Reflexion das Bild auf die horizontale Zeichenfläche werfen.

— Die **Farbenfabriken vorm. Friedrich Bayer & Co.** stellen den Essigsäureester der Gerbsäure her, der von Hans Meyer unter dem Namen „Tannigen“ in den Arzneischatz eingeführt wird.

— Emil **Fischer** weist nach, daß zwischen der chemischen Tätigkeit lebender Hefezellen und der Wirkung von Enzymen auf Glucoside und manche Kohlenhydrate ein Unterschied nicht besteht. Er isoliert aus Hefen die Maltase, die den Malzzucker in 2 Moleküle Traubenzucker spaltet, und die Lactase, die den Milchzucker hydrolisiert. (S. auch 1847 D.) Im folgenden Jahre gelingt es ihm dann noch gemeinsam mit P. Lindner, in „Monilia candida“ einen Stoff aufzufinden, der ähnlich wie Invertase (s. 1860 B.) den Rohrzucker zerlegt. Ferner zeigt er die Abhängigkeit der Enzymwirkung von dem sterischen Aufbau des Moleküls und gebraucht das Bild vom Schloß und Schlüssel.

— **Fischinger** konstruiert ein sogenanntes Übertragungsdynamometer, d. i. eine Vorrichtung, welche das auf die Welle des Dynamometers übertragene Drehungsmoment zu messen gestattet.

— Paul Emil **Flechsig** nimmt acht Felder der Großhirnrinde an, von denen vier Sinnesherde den inneren Sinneswahrnehmungen und vier dazwischen gelegene Assoziationsgebiete (Phronema) den höhern Geistestätigkeiten dienen sollen.

— Rudolf **Fueß** konstruiert das Tasthebelgoniometer, das ermöglicht, matte Flächen von Krystallen mit größter Genauigkeit zu messen.

— Der Engländer **Grafton** erfindet eine schnelllaufende Dampfmaschine, welche durch einen ringförmig über der Maschine angeordneten Scheibenkolben gesteuert wird.

— J. **Haldane** in Oxford weist darauf hin, daß nach der medizinischen Feststellung der Todesart die weitaus größere Zahl der bei schlagenden Wettern Verunglückten Opfer der Nachschwaden (der kohlensäure- und kohlenoxydhaltigen Verbrennungsgase) seien, also den Tod durch Erstickung oder Kohlenoxydvergiftung erleiden. Diese Beobachtung gibt Veranlassung zur Vervollkommnung der Apparate, die ein längeres Atmen in solchen Räumen ermöglichen, die von irrespirabeln Gasen erfüllt sind. (S. a. 1799 H. und 1870 R.)

— Nachdem Jebens, Prüsmann und Gruson den Seyrig'schen Plan zur Errichtung von Schiffsaufzügen (s. 1883 S.) weiter verfolgt hatten, wird derselbe von **Haniel & Lueg** und deren Oberingenieur B. **Gerdau** an dem Schiffshebewerk von Henrichenburg im Dortmund-Emskanal (s. 1892 P.) in die Praxis umgesetzt. Dieses Schiffshebewerk ist eines der bedeutendsten Bauwerke dieser Art.

— Friedrich **Harm** in Breslau führt das Silikatverfahren zur Reinigung des Dünnsaftes in die Zuckerfabrikation ein.

— J. J. **Heilmann** in Paris konstruiert eine dampf-elektrische Lokomotive, die zwischen Havre und Beuzeville in Betrieb kommt, und bei der Dampfanlage und Dynamo auf der Maschine vereinigt sind und dazu dienen, die Elektromotoren, die auf den Radachsen sitzen, anzutreiben.

— A. **Heilprin** zieht in seiner Schrift „The geological and geographical distribution of animals“ die geologischen Veränderungen der Erdoberfläche zur Erklärung der heutigen Verbreitung der Tierwelt mit heran.

1894 Albert **Heim** konstruiert für den Anschauungsunterricht sogenannte Idealreliefs, das sind technisch vollendete Einzeldarstellungen in großem Maßstabe, z. B. eines Gletschers, einer vulkanischen Insel, einer Steil- und Dünenküste, einer Talbildung durch Erosion usw.

— **Heinrich** schlägt vor, für Wasserkapazitätsbestimmungen die Untersuchung des Ackerbodens in seiner natürlichen Lage an Ort und Stelle vorzunehmen, da dies der Natur der Dinge mehr entspreche als die bisherigen Laboratoriumsversuche, die in der Weise angestellt wurden, daß eine gut getrocknete und gewogene Bodenprobe mit Wasser gesättigt und aus der Gewichtszunahme die wasserhaltende Kraft (Wasserkapazität) ermittelt wurde. (Vgl. auch 1891 W.)

— Hermann **Hellriegel** sieht bei seinen exakten Vegetationsversuchen mit Zuckerrüben, daß, wenn er der Rübe das Kali in der Düngung schrittweise entzieht, bei einem gewissen Punkt die Produktion von Zucker sinkt. Er erweist so, daß das Kali in bestimmter Beziehung zur Bildung der Kohlenhydrate steht.

— Hermann **von Helmholtz** sucht die Zeitabschnitte, aus welchen sich die Reaktionszeit (s. 1881 W.) zusammensetzt, zu messen. Er konstatiert, daß zur Wahrnehmung allein fast unmeßbar kurze Einwirkungen genügen, daß dagegen, wenn der Gegenstand genau erkannt werden soll, die Präsentationszeit etwa 0,0005 sec beträgt und von der Größe des Objekts abhängig ist, daß endlich die Perzeptionszeit sich nicht messen läßt und die Apperzeptionszeit sehr variiert, je nachdem es sich um Farbenunterscheidung, Ton- oder Tastunterscheidung handelt.

— Oswald **Hesse** konstatiert, daß beim Erhitzen von Atropin auf 130° C. ein gewisser Anteil in Belladonnin umgewandelt wird. (S. a. 1888 W.)

— Alexander **Heyland** gibt eine graphische Theorie der Wechselstrommotoren und Transformatoren und stellt das sogenannte Heyland'sche Induktions-Motorendiagramm auf.

— Henry **Hill** in Nottingham führt für die Schiffchen-Stickmaschine das Jacquardsystem ein, so daß dieselbe nunmehr automatisch ohne Sticker arbeiten kann. Diese Stickart ist wegen des kostspieligen Kartenschlagens jedoch nur für Massenartikel lohnend.

— Die **Höchster Farbwerke vormals Meister, Lucius und Brüning** stellen ein Nährpräparat für Kranke her, welches sie „Nutrose" benennen, und das vor der Milch den Vorzug hat, Eiweiß ohne Fett und Milchzucker zu bieten, ohne daß ein spezifischer Geschmack entsteht.

— Der Ingenieur Otto **Hörenz** in Dresden konstruiert einen selbsttätigen Zugregler für Dampfkessel, bei welchem mit zunehmender Verbrennung der Luftzutritt durch einen Schieber allmählich vermindert wird.

— Harry A. **Housemann** in Frankford-Philadelphia erfindet eine Rundstrickmaschine, bei welcher der Schloßzylinder zwecks Erzeugung von Schlauchware eine kreisende und zwecks Erzeugung von Flachware eine schwingende Bewegung ausführt. Die Maschine wird unter dem Namen „Rundstrickmaschine" von der Chemnitzer Wirkwarenmaschinenfabrik in den Handel gebracht. (S. a. 1860 E.)

— In der Kriegsmarine der Vereinigten Staaten wird ein von **Howell** konstruierter Torpedo eingeführt, der dem Whitehead'schen Fischtorpedo (s. 1864 W.) ähnelt, in seinem Innern aber ein Schwungrad enthält, welches bis 10000 Umdrehungen in der Minute macht und dadurch dem Torpedo die erforderliche Stabilität gegen Abweichungen aus der Schußrichtung verleiht.

— P. **Huth** in Gelsenkirchen erfindet ein Zentrifugalgießverfahren zum Vergießen zweier verschiedener Metalle, bei welchem der Guß des zweiten

Metalls schon erfolgt, bevor noch das erste erstarrt ist. Das Verfahren wird namentlich zur Herstellung von Stahlgußgegenständen benutzt, bei denen einzelne Teile aus hartem, andere aus weichem Stahl bestehen.

1894 **Kellner** arbeitet ein sehr elegantes und billiges Verfahren aus, mit Hilfe seiner Spitzenelektrode für Bleichzwecke elektrolytisches Chlor herzustellen. Er konstruiert zu diesem Zweck den nach ihm benannten Spitzenelektrolyseur. (S. a. 1883 H.) Ein anderer Elektrolyseur für die elektrische Bleicherei wird 1900 von Haas und Oettel angegeben.

— **Kellog** in Battle Creek (Michigan) führt das elektrische Glühlicht in die Therapie ein und führt seine Behandlungsweise zuerst auf der American Electro-Therapeutic Association in Chicago vor.

— R. **Kempf** erfindet einen Frequenzmesser für Wechselströme, der auf Resonanzerscheinungen beruht. Der Apparat wird von Hartmann und Braun noch verbessert.

— Der japanische Arzt Shibasaburo **Kitasato** entdeckt gleichzeitig mit Alexandre **Yersin** den Bacillus der Beulenpest. Die ersten sicheren Nachrichten über diese Krankheit reichen bis an das Ende des zweiten Jahrhunderts unserer Zeitrechnung zurück. (S. a. 1721 G.)

— Nachdem der Obermeister Oury am Arsenal in Cherbourg 1881 die ungeschweißten Ketten erfunden hatte, die er aus einem gewalzten Stahlstab von kreuzförmigem Durchschnitt durch Bohren, Stanzen, Pressen, Schmieden herstellte, verbessert O. **Klatte** in Neuwied das Verfahren so, daß er die Ketten nur durch Walzen herstellt.

— Oscar **Knöfler** stellt Glühstrümpfe dadurch her, daß er in Alkohol gelöste Salze der seltenen Erden auf die kollodisierten Fäden, aus denen der schlauchförmige Körper gebildet wird, aufträgt. Vor der Veraschung werden die Fäden mit Schwefelammonium denitriert.

— Arthur **König** folgert aus Untersuchungen am menschlichen Sehpurpur, daß dessen Zersetzung das Sehen der Farbentüchtigen bei geringer und das der Totalfarbenblinden bei jeder Helligkeit vermittele. Er findet ferner die Blauempfindlichkeit des Sehgelbs und schließt daraus auf Blaublindheit der Fovea centralis. Er gelangt dann zu der Tatsache, daß alle Farben bis zu 650 $\mu\mu$ bei genügender Helligkeit in der Fovea farbig über die Schwelle treten, peripher gesehen aber schon bei viel geringerer Helligkeit farblos die Schwelle überschreiten.

— A. **von Koranyi** findet, daß die Gefrierpunktserniedrigung des Blutes bei gesunden Individuen konstant ist und 0,56° beträgt. Er beschäftigt sich auch mit der Gefrierpunktserniedrigung der andern Körperflüssigkeiten.

— Franz **Krauß** in Wien begründet mit seinem Werke „Höhlenkunde“ eine neue Epoche der Speläologie in bezug auf Topographie, Physiographie und Zugänglichmachung der Höhlen.

— J. **von Kries** stellt die Theorie auf, daß die Zapfen und Stäbchen des Auges ganz gesonderte Sehapparate sind, welche verschieden reagieren und verschiedenen Zwecken dienen, und zwar sieht er die Zapfen als den farbentüchtigen Hellapparat, die Stäbchen als den totalfarbenblinden Dunkelapparat an.

— Hugo **Kronecker** unternimmt eine physiologische Expedition auf das Breithorn, um im Hinblick auf die geplante Jungfraubahn die Symptome der Bergkrankheit zu studieren und festzustellen, ob bei passiver Hinaufbeförderung auf solche Höhen das Übel ausbleibt.

— Die Feinkohlenfeuerung von **Kudlicz** findet in der Dampfkesselpraxis zahlreiche Anwendungen.

— W. **Lahmeyer** in Frankfurt richtet auf der Zeche Ewald bei Herten die erste elektrische Streckenförderungsanlage in Deutschland ein. (Vgl. 1893 T.)

1894 **Landich** in Zürich konstruiert eine horizontale Bandsäge, die von Ransome & Co. in London gebaut wird, und der man große Leistungsfähigkeit nachrühmt.

— Hans **Landolt** macht eingehende Versuche über etwaige Änderungen des Gesamtgewichts chemisch sich umsetzender Körper, wie Silbersulfat und Ferrosulfat in Silber und Ferrisulfat, Jodsäure und Jodwasserstoff in Jod und Wasser usw. und konstatiert, daß bei keiner dieser Reaktionen eine Gewichtsänderung mit Bestimmtheit nachzuweisen ist. Auch die Fortsetzung dieser Versuche durch Adolf Heydweiller führt zum gleichen Resultate. Hans Landolt bestätigt 1907 von neuem, daß bei seinen Atomgewichtsbestimmungen das Grundgesetz von der Konstanz der Masse sich als über allen Zweifel erhaben zeigt.

— Eugen **Langen** entwirft ein selbsttätiges vom Fahrstrom betriebenes elektrisches Blocksignal mit Bremsenauslösung für elektrische Eisenbahnen.

— **Langer** konstruiert eine Rauchverbrennungseinrichtung für Lokomotiven, bei welcher ein Dampfschleier benutzt wird, welcher die durch die Feuertür eingeführte Oberluft im Innern des Feuerraums so verteilt, daß eine möglichst vollkommene und schnelle Verbrennung der Rauchteilchen erreicht wird. Diese Einrichtung wird vielfach bei den Preußischen Staatsbahnen verwendet.

— Oliver **Lodge** demonstriert in anschaulicher Weise die elektrische Resonanz zwischen einem unveränderlichen und einem in seinen Abmessungen veränderlichen Stromkreise.

— **Löhnholdt** konstruiert für die Bedürfnisanstalten in Fabriken usw. ein Feuerkloset mit Sturzflammenfeuerung, bei welchem die flüssigen Bestandteile der Exkremente in einer Retorte verdampft und die festen Teile zu geruchloser Poudrette ausgetrocknet werden.

— Fritz W. **Lürmann** konstruiert eine Kugelrollmühle, die im Gegensatz zu den früheren Kugelmühlen (s. 1876 S.) statt der horizontalen Achse eine vertikal stehende Achse hat, und bei welcher auch die Zentrifugalkraft nutzbar gemacht wird.

— Der Chemiker Ludwig **Mach** erfindet eine durch ihre Leichtigkeit ausgezeichnete Komposition aus Aluminium, dem 2—30 Prozent Magnesium zugesetzt sind. Er nennt diese Metallmischung „Magnalium“.

— Nachdem die Versuche zur Herstellung von Fahrrädern ohne Kettenantrieb die Fahrradfabriken aller Länder beschäftigt hatten, gelingt es **Marié & Compagnie,** das erste brauchbare kettenlose Fahrrad herzustellen, welches sie unter dem Namen „Acatène“ auf den Markt bringen, und welches sich schnell große Beliebtheit erwirbt.

— Die **Marine Steam Turbine Co.,** eine Gesellschaft, die sich zur Ausnutzung der Dampfturbine als Schiffsbetriebsmaschine gebildet hat, erbaut als erstes Schiff mit einer Dampfturbine (System Parsons) die „Turbinia“, welche bei einer Länge von 30,48 m und einer Breite von 2,28 m einen Tiefgang von 0,92 m und eine Wasserverdrängung von 42 t hat.

— August **Matitsch** baut eine Spitzenklöppelmaschine, bei welcher die Bewegungen der das Spitzengebilde aufnehmenden Nadeln von Jacquardmaschinen beeinflußt werden.

— Hiram Stevens **Maxim** baut nach mehrjährigen Versuchen eine Flugmaschine als Drachenflieger mit 540 qm Drachenfläche, Schraubenbewegung und Dampfmotor von 360 Pferdekräften mit Gasolinheizung. Gesamtgewicht 3625 kg. Der Apparat, obwohl noch unvollkommen, gibt wertvolle Aufschlüsse über viele Fragen der Aeronautik.

— Hugo **Meyer** faßt zuerst den Nebel als eigentliches meteorologisches Element auf, führt die Begriffe der absoluten Nebelhäufigkeit und der wahrscheinlichen Nebeldauer ein, und weist darauf hin, daß Nebel entstehen, wenn feuchte Winde über eine relativ kältere Strecke der Erdoberfläche hinstreichen (Polarnebel), oder wenn die Oberflächentemperatur eines Gewässers höher als die Temperatur des umliegenden Festbodens ist (Dampfen der Flüsse und Seen, Rauchen der Berge).

1894 Victor **Meyer** macht Untersuchungen über die Esterbildung aromatischer Säuren und erklärt das dabei auftretende Ausbleiben gewisser Reaktionen aus sterischen Gründen. Er fördert durch seine Untersuchungen die Stereochemie, deren Name von ihm herrührt.

— Victor **Meyer** und Christoph **Hartmann** erhalten aus Jodosobenzol uud Jodobenzol das Diphenyljodoniumjodid, das Jodid einer neuen Base, der Victor Meyer den Namen „Jodoniumbase" beilegt, weil das Jodid der Base zum Jodbenzol im gleichen Verhältnis steht wie Tryphenylsulfoniumjodid zu Schwefelmethyl oder wie Tetramethylammoniumjodid zu Trimethylamin.

— Dem Abbé L. **Michel** gelingt es, auf 1 km durch die Erde zu telegraphieren. Er benutzt zur Hin- und Rückleitung des Stromes zwei gutleitende Erdschichten, die durch eine schlecht leitende getrennt sind.

— M. **Miyoshi** untersucht die chemotropischen Krümmungsbewegungen der Pilzfäden und Pollenschläuche und findet, daß bei den ersteren Phosphate, Ammoniaksalze und Fleischextrakt eine merkliche positiv chemotropische Reaktion verursachen, dagegen Rohrzucker, Traubenzucker und Dextrin schwächer reizen, während bei den letzteren das Verhältnis umgekehrt ist. Glycerin übt nach Miyoshi keinen chemotropischen Reiz aus.

— Henri **Moissan** stellt Kalium- und Natriumcarbid durch Einwirkung von metallischem Kalium und Natrium auf Acetylen bei mäßiger Wärme her. In gleicher Weise stellt er andere Metallcarbide dar.

— **Moissan** und **Charpy** versuchen, den Kohlenstoff des Stahls durch einen entsprechenden Borgehalt zu ersetzen, und erhalten einen Borstahl mit 0,58% Bor, der ganz ähnliche Eigenschaften wie der gewöhnliche Stahl hat, nur wesentlich fester ist.

— Der französische Ingenieur **Mortier** erfindet einen Ventilator mit radialem Lufteintritt und -Austritt und führt auf der französischen Grube Ronchamp einen solchen mit befriedigendem Nutzeffekt aus.

— Angelo **Mosso** untersucht die physiologische Wirkung des Höhenklimas und des Bergsteigens in charakteristischer Weise, indem er unter Beteiligung von 12 Fachgelehrten eine Abteilung italienischer Bergsoldaten auf die 4560 m hohe Capanna Regina Margherita auf der Punta Gnifetti des Monte Rosa führt. Das Resultat dieser Expedition ist sein Buch „Der Mensch in den Hochalpen". (S. a. 1894 K.)

— Gustav **Müller** und Paul **Kempf** unternehmen mit dem Zöllner'schen Polarisationsphotometer eine photometrische Durchmusterung des nördlichen Himmels und messen die Helligkeit aller Sterne bis zur Größe 7,5.

— Walther **Nernst** stellt den für die Mehrzahl der Fälle zutreffenden Satz auf, daß die Lösungsmittel eine umso höhere dissoziierende Kraft haben, je größer ihre Dielektrizitätskonstante ist.

— Der russische Ingenieur Wassili A. **Nikolajczuk** führt die Taxameterdroschken ein. (Vgl. a. 13 v. Chr. und 100.)

— Franz **Nissl** fördert die Kenntnis des feineren Baues der Elementarbestandteile der grauen Substanz des Gehirns und deren Veränderungen bei Dementia paralytica.

— Nachdem Vulpian schon 1856 das wirksame Prinzip der Nebennieren isoliert hatte, zeigen **Oliver** und **Schäfer**, daß Auszüge aus Nebennieren bei intravenöser Anwendung eine auffallend starke Blutdrucksteigerung hervorrufen, und daß der Extrakt auch auf das Herz einwirkt.

1894 Wilhelm **Ostwald** veröffentlicht seine „Wissenschaftlichen Grundlagen der analytischen Chemie“. Er benutzt darin die Lehren der elektrolytischen Dissoziationstheorie zur Begründung zahlreicher analytischer Methoden, namentlich der Methoden der Maßanalyse, welche unter Anwendung von Indikatoren ausgeführt werden.

— Johannes **Paeßler** zeigt, daß die in der Gerberbrühe vorhandene Milchsäure, die vermutlich durch Bacillen entsteht, für die Weichheit und Geschmeidigkeit des Leders von großer Bedeutung ist. (Vgl. a. 1832 B.)

— Adam **Paulsen** gibt eine Theorie des Nordlichts, die sich auf das Wesen der Kathodenstrahlen stützt.

— Hans **von Pechmann** entdeckt das Diazomethan, eine außerordentlich reaktionsfähige Verbindung von Kohlenstoff, Stickstoff und Wasserstoff, das unter normalen Verhältnissen gasförmig ist, mit Salzsäure schon in der Kälte unter Bildung von Stickstoff und Chlormethyl reagiert, mit Carbonsäuren Ester des Methylalkohols liefert. Aus Diazomethandisulfosäure läßt sich mit Leichtigkeit Hydrazin (s. 1887 C.) darstellen. Diazomethan ist der einfachste Repräsentant der Diazoverbindungen der Fettreihe.

— Die **Pedrik & Ayer Co.** in Philadelphia konstruiert pneumatische Hebezeuge, die sich durch große Arbeitsgeschwindigkeit auszeichnen, weil sie die Druckluft einem Vorratsbehälter entnehmen, während die aufhängbaren hydraulischen Winden meist mit eigenen Handdruckpumpen versehen sein müssen.

— Albrecht **Penck** gibt in seiner „Morphologie der Erdoberfläche“ eine durch die systematische Bearbeitung des ungeheuren Stoffes bemerkenswerte Darstellung der Lehre von den Formveränderungen der Landoberfläche.

— W. H. **Perkin** jr. erbringt den direkten experimentellen Beweis für die unmittelbare Zusammengehörigkeit des Hexans und des Hexamethylens (Cyclohexans), indem er aus Trimethylenchlorobromid das Hexamethylenbromid und aus diesem mit Natrium das Hexamethylen darstellt und so das offene Ringsystem des Hexans in das geschlossene des Hexamethylens umwandelt. Verbindungen von der Art des Hexamethylens nennt man jetzt hydrocyclische Verbindungen, da sie geschlossene Ringsysteme von Kohlenstoffatomen bilden, die mit Wasserstoff so gesättigt erscheinen, wie sich dies nach den heutigen Ansichten mit dem Fortbestehen eines „geschlossenen“ Ringsystems verträgt.

— Raoul **Pictet** setzt niedere Tiere längere Zeit Kältegraden aus, wie sie an der Erdoberfläche kaum vorkommen, und sieht, daß ihre Fähigkeit, wieder aufzuleben, nicht beeinträchtigt wird. Schnecken vertragen eine mehrtägige Abkühlung auf 100—120° C., Mikroben und Bacillen eine Abkühlung selbst auf 200° C.

— Georg **Quincke** und Paul Oskar Eduard **Volkmann** beschäftigen sich gleichzeitig mit der Messung der Oberflächenspannung in Capillarröhren, die auch von Lord **Rayleigh** seit 1890 in Angriff genommen worden ist.

— **Rathenau** und **Rubens** stellen auf dem Wannsee bei Berlin Versuche mit drahtloser Telegraphie an. Sie benutzen unterbrochenen Gleichstrom und überlassen die Leitung dem Wasser.

— Max **Rubner** erbringt den ersten exakten Beweis für die Übereinstimmung der in der Nahrung zugeführten und der vom tierischen Organismus produzierten Energiemengen. (S. a. 1780 L.) Seine Resultate werden 1904 von W. O. Atwater in vollstem Umfang bestätigt.

— **Saveliew** untersucht den Zusammenhang der Sonnenflecke mit der Erdwärme und findet, daß mit der Zunahme der Flecke die Erde mehr Wärme von der Sonne erhält.

— Richard **Schneider** in Dresden will die Abfallstoffe der Städte unter Bei-

59*

mischung von geeigneten Zuschlägen zusammenschmelzen und dadurch die organischen Bestandteile vernichten. Er konstruiert einen besonderen Generator-Schmelzofen für sein Verfahren. Die Müllverbrennung ergibt in den deutschen Großstädten nicht so befriedigende Resultate als in England, da der Müll infolge der ausgedehnten Braunkohlenheizung reich an Asche und arm an Kohlebestandteilen ist, während beispielsweise der Londoner Müll über 10% Kohle enthält. (Vgl. a. 1875 F.)

1894 Die Hauptschwierigkeit in der Reismüllerei ist die Trennung der von der Hülse befreiten Körner von dem ungeschälten Reis (dem Paddy). F. H. **Schule** in Hamburg konstruiert einen Apparat, der diese Trennung mit Hilfe der Elastizität in vollkommener Weise ausführt. Nach der Trennung gelangen die Paddykörner auf Schalgänge, die die Hülsen der Körner abreiben und dann auf Schleifgänge, welche die zarte Unterhaut entfernen und die Körner völlig reinigen.

— E. **Schunck** und L. **Marchlewski** gelingt es, die Carminsäure aus Cochenillefarbstoff, die bisher allen Krystallisationsversuchen widerstanden hatte, in reinem Zustande krystallisiert zu erhalten und dadurch das Studium dieser Substanz zu erleichtern.

— E. **Schunck** und L. **Marchlewski** weisen nach, daß das von Hoppe-Seyler aus dem Chlorophyll dargestellte Chlorophyllan keine einheitliche Substanz ist. Bei Einwirkung von Alkalien auf diesen Körper bei höherer Temperatur erhalten sie eine prächtig krystallisierende stickstoffhaltige Substanz, die sie Phylloporphyrin nennen. Sie konstatieren, daß diese Substanz aus sämtlichen Chlorophyllderivaten beim Erhitzen mit Alkalien entsteht.

— **Siemens & Halske** führen zur Dämpfung der Nadel bei Galvanometern die Flüssigkeitsdämpfung ein, indem sie das ganze System in Petroleum eintauchen. Außer diesem Dämpfungssystem wird vielfach auch die elektromagnetische Dämpfung verwendet, wobei man die Bewegungen durch die elektromagnetische Rückwirkung auf die Magnetnadel zu hemmen sucht. (S. 1869 D.)

— **Siemens & Halske** richten das erste größere elektrische Kraftstellwerk für Weichen und Signale in der Station Prerau in Mähren ein.

— J. **Sjöqvist** zeigt, daß Eiweißlösungen den elektrischen Strom leiten und sowohl als Anionen, wie als Kationen auftreten können, daß sie also zweifellos Lösungen bilden, die den von van't Hoff ausgesprochenen Gesetzen folgen. St. Bugarszki und L. Liebermann bestätigen diesen Befund 1898.

— V. M. **Spalding** untersucht die zuerst von Ch. Darwin (1881) beobachtete traumatropische Reizkrümmung von Pflanzenwurzeln. Es sind dies Krümmungsbewegungen, die ausgelöst werden, wenn der Vegetationspunkt der Erd- oder Luftwurzeln durch Anschneiden, Ätzen mit Höllenstein, Anbrennen u. dgl. einseitig verletzt oder abgetötet wird.

— **Tacke** macht auf die kolloidale Bindung der Phosphorsäure durch Moorsubstanzen aufmerksam, die fester ist als die gewöhnliche absorptive Bindung, und die der Pflanzenwurzel ungewöhnliche Hindernisse in den Weg legt. Er erklärt hiermit den Erfolg des Moorbrennens.

— Eduard **Theisen** erfindet die Zentralkondensation, bei welcher der Kondensator als Mischkondensator nach dem Gegenstromprinzip gebaut und direkt auf die Warmwasserpumpe gelegt wird, die ihrerseits hinter der trocknen Luftpumpe angeordnet ist und mit dieser eine gemeinschaftliche Kolbenstange hat. Der Antrieb der Pumpen erfolgt durch einen Elektromotor. Die erste derartige Anlage wird von Balke & Co. in Bochum für das Hasper Eisenwerk ausgeführt.

— **Thomas** und **Prevost** in Krefeld mercerisieren die Baumwolle in stark ge-

gespanntem Zustand und geben ihr dadurch das Aussehen von Chappeseide (Seidenglanz).

1894 Der englische Ingenieur B. H. **Thwaite** erhält ein Patent auf die Verwendung der Hochofengichtgase zum Betriebe von Gasmaschinen und führt 1895 in Wishan in Schottland die erste Anlage dieser Art aus, während gleichzeitig in Hörde in Westfalen und in Seraing Versuchsanlagen solcher Hochofengasmaschinen gebaut werden. (S. 1883 E.)

— Ferdinand **Tiemann** entdeckt das Ionon (Veilchenduft), indem er aus dem im Citronenöl enthaltenen Citral durch Behandlung mit Alkalien und Aceton Pseudoionon herstellt und dieses mit sauren Agentien zum Ionon invertiert. Letztere Reaktion schließt sich an die von F. W. Semmler ausgeführte Umlagerung der Citralreihe in die Cyclocitralreihe an.

— Arthur W. **Titherley** untersucht das Natriumamid (s. 1808 G. und 1858 B.) und trägt durch Feststellung der kondensierenden Wirkungen dieses Produktes wesentlich zur technischen Verwendung desselben bei.

— Der dänische Ophthalmolog **Tscherning** stellt eine neue Theorie der Akkommodation auf. Beim Sehen in der Nähe wird das Aufhängeband der Linse nicht nachgelassen, wie Helmholtz (s. 1862 H.) annahm, sondern angespannt, wobei die Krümmung der Linse zwar am Rande flacher, in der Mitte aber stärker wird.

— Paul Gerson **Unna** legt in seiner „Histopathologie der Hautkrankheiten" die Grundlagen der histopathologischen Forschung in diesem Gebiet fest und bezeichnet als Hauptproblem der modernen Dermatologie eine rationelle Diagnostik und Therapie auf Grund der mikroskopischen Analyse der Hautkrankheiten. Er bearbeitet die Bakteriologie der Acne, des Ekzems, des Impetigo vulgaris und der Piedra nostras und tritt für eine Vielheit der Trichophytie- und Favuserreger auf.

— Der italienische Kapitän **Vasallo** in Genua bringt in den Raasegeln der Segelschiffe große runde Löcher in der Nähe der unteren Ecken an, wobei er von der Überlegung ausgeht, daß bei seitlichem Winde und schräger Stellung der Raaen das Schiff um so mehr Abtrift hat, je bauchiger die Segel gebläht sind. Die Vasallo'schen Löcher sollen das schnelle Entweichen des seitlich auf den Segelbauch drückenden, also schädlichen Windes bewirken. Übrigens hat schon Dénis Diderot 1779 (in einem Briefe an Sophie Volland) auf die Zweckmäßigkeit durchlochter Segel hingewiesen.

— Der russische Forscher Jegor **Wagner** stellt für Terpineol, Limonen und Pinen die heute angenommenen Formeln auf. In diesen Formeln befindet sich eine doppelte Bindung in der Isopropylgruppe, bez. nimmt im Pinen die Isopropylgruppe an der Ringbildung teil. Im Pinen nimmt Wagner eine Vierring an.

— Arthur **Weinberg** erhält beim Schmelzen von Dinitrooxydiphenylamin mit Schwefel und Schwefelnatrium das Immedialschwarz, das von der Firma Cassella & Co. in den Handel gebracht und bald sehr wichtig wird. (S. a. 1893 V.) Auf ähnliche Weise werden späterhin gelbe, rote, blaue, grüne, braune und schwarze Farbstoffe erhalten.

— Ein Londoner Lithograph unbekannten Namens erfindet das Pegamoid, eine gallertartige, aus nitrierter Cellulose mit Campher bestehende Masse, welche zur Imprägnierung von Papier, Leder, Woll- und Baumwollstoffen, Leinwand, Asbestgewebe usw. dient, und dieselben nicht nur wasserdicht, sondern auch unempfindlich gegen Fette, Säuren und Tinte macht und gegen Insektenfraß schützt. Eine genaue Beschreibung des Stoffes gibt Reinhold **Weinhold** im „Polytechnischen Zentralblatt" vom Jahre 1894.

1894 G. **Wellner** in Brünn konstruiert einen Segelradflieger mit zwei Segelrädern, die ähnlich den Morganrädern der Raddampfer durch Exzenter drehbare Tragflächen besitzen. Die Maschine hat den relativ besten Hebeeffekt bei geringen Geschwindigkeiten.

— A. L. A. **Wernich** und Richard **Wehmer** tragen durch ihr „Lehrbuch des öffentlichen Gesundheitswesens" zur Förderung der Gewerbe- und Schulhygiene wesentlich bei.

— Nachdem außer den bei Pouillet (s. 1838 P.) genannten Forschern noch Rossetti, Le Chatelier und Langley mit Hilfe der Thermosäule Bestimmungen der Sonnenwärme gemacht hatten, die zwischen 7000 und 10000° C. ergeben hatten, machen W. E. **Wilson** und T. L. **Gray** solche Bestimmungen mit der Strahlungswage, wobei sie eine mittlere Temperatur von 6200° C. konstatieren.

— Richard **Wolffenstein** stellt zuerst wasserfreies Wasserstoffsuperoxyd dar.

— F. **Zimmermann** in Halle baut den ersten praktisch brauchbaren elektrischen Pflug.

1895 Ernst **Abbe** konstruiert in seinem geradsichtigen Umkehrprisma ein allen Anforderungen entsprechendes Bildumkehrsystem für das Fernrohr. Andere derartige Systeme werden von E. Sprenger, A. Daubresse u. a. geschaffen. (S. a. 1852 P.)

— K. **Auwers** entdeckt bei Einwirkung von Brom auf Pseudocumenol den ersten Repräsentanten der Pseudophenole, die sich von den gewöhnlichen Phenolen besonders durch ihre Unlöslichkeit in Alkali auszeichnen. Die Pseudophenole werden von Th. Zincke und seinen Schülern eingehend bearbeitet.

— C. **von Balzberg** erfindet ein Verfahren, das Kochsalz mit hydraulischen Pressen zu brikettieren. Die Erfindung bezweckt namentlich, das Salz weniger hygroskopisch zu machen und dessen Transport zu erleichtern; sie wird von der holländischen Regierung, die 1890 eine entsprechende Preisaufgabe gestellt hatte, prämiiert und findet in Holland und auch im Salzkammergut rasch Einführung.

— E. **Bandrowski** studiert das schon von H. Rose (s. 1841 R.) beim Arsentrioxyd konstatierte Phänomen der Krystallisation unter Lichterscheinung.

— E. E. **Barnard** auf der Lick-Sternwarte erweist durch Beobachtung des Durchgangs eines Saturntrabanten durch den Schatten des innersten Saturnrings, daß das Ringsystem aus einer Schar von sehr kleinen Massenteilchen mit größeren Zwischenräumen besteht.

— L. A. **Bauer** macht Untersuchungen über die Säkularvariation des Erdmagnetismus, die sich auf eine von ihm erdachte graphische Darstellung der Richtungsänderungen einer periodisch schwankenden Magnetnadel stützen.

— Wilhelm Jakob **van Bebber** stellt die Beziehungen zwischen den atmosphärischen Zuständen und der Gesundheit des Menschen ausführlich dar und gibt seinem diesbezüglichen Werke den Namen einer „hygienischen Meteorologie".

— A. **Calmette** stellt ein Heilserum gegen Schlangenbiß her, das, wenn es von Colubriden, wie der Cobra, gewonnen ist, gegen alle Nervengifte, gegen das Viperngift und das Gift der afrikanischen Skorpione wirksam ist. (Vgl. auch 1892 C.)

— **Canet** erfindet die Wiegelafette, bei welcher das Geschützrohr in einer sogenannten Wiege (Jacke), d. h. in einem Hohlzylinder vor- und zurückgleitet, der mit zwei wagerechten Schildzapfen so in der Lafette gelagert ist, daß er in senkrechtem Sinne schwingen kann, also bei wechselnder Erhöhung eine wiegenartige Bewegung ausführt. Das Rohr erhält demnach beim Schuß einen selbständigen Rücklauf, welcher stets in der Richtung der Seelenachse stattfindet und durch Flüssigkeitsbremsen begrenzt wird, die das Rohr mit der Wiege verbinden und es nach Erschöpfung der Rückstoßarbeit wieder in seine Feuerstellung zurückbringen. Die Wiegelafette wird auch von Krupp und Armstrong aufgenommen.

1895 Nachdem im Verfolg der Hartley'schen Arbeiten über Stahlhärtung (s. 1889 H.) J. Åkerman, F. Osmond, A. Ledebur, J. O. Arnold und viele andere sich mit diesem Gegenstand beschäftigt hatten, stellt Georges **Charpy** wichtige Untersuchungen über das Stahlhärten an, welche bei Stahlsorten, die nicht mehr als ein Prozent fremde Beimengungen enthalten, die Temperaturgrenzen zwischen 700—750° C. feststellen, so daß unter 700° keine Härtung mehr erfolgt und Erhitzung über 750° schon schadet.

— Nachdem Hildebrand und Wolfmüller 1894 bereits ein Motorzweirad hergestellt hatten, das sich jedoch nicht bewährte, bauen **De Dion** und **Bouton** das erste brauchbare Motorrad in Form eines Motordreirades.

— Max **Delbrück** arbeitet über die Anwendung reiner Hefen im Gärungsgewerbe und macht darauf aufmerksam, daß, um die Betriebshefe dauernd rein zu erhalten, nicht nur für Sterilisation der gesamten Apparatur gesorgt werden müsse, sondern daß auch dauernd alle fremden Heferassen aus der Betriebshefe ausgesondert werden müssen. Für die Brennerei bezeichnet er es als wichtig, nach Heferassen zu suchen, die Dextrin direkt vergären können. Dadurch würde es möglich sein, auf die Nachwirkung der Diastase zu verzichten, und die Maische durch Aufkochen zu sterilisieren.

— Louis **Denayrouze** baut Gasglühlichtlampen, bei denen ein inniges Gasluftgemisch dem Brenner unter erhöhtem Druck dadurch zugeführt wird, daß ein durch mechanische Mittel (Heizwirkung der Abgase) angetriebenes Flügelrad das Gemisch in das Bunsenrohr schleudert.

— **Denys** und **Leclef** beobachten, daß im antibakteriellen Immunserum außer den bakteriziden Stoffen Antikörper vorhanden sind, welche die Phagocytose vermitteln, und vertreten die Anschauung, daß es sich dabei um eine Beeinflussung der Bakterien handelt.

— G. **Deumling** in Köslin konstruiert eine Decke, mit der man Räume gewöhnlicher Abmessung ohne eiserne Träger überspannen kann. Sie wird durch ein System einzelner in verschiedenen Ebenen gespannter Drähte gebildet, das mit feineren Drahtgeweben überzogen und auf vorläufiger Brettunterlage mit Mörtelmasse ausgefüllt wird.

— Der Direktor der Lyoner Dampfkesselfabrik A. **Dubiau** erfindet eine Wasserzirkulationsvorrichtung für Dampfkessel, die „Dubiau'sche Rohrpumpe" genannt wird, und mit welcher eine Erhöhung der Umlaufsgeschwindigkeit des Kesselwassers und eine Vermehrung der Verdampfung erreicht wird.

— Johan Frederik **Eykman** gibt in dem Ausdruck $(n^2-1):(n+0{,}4)$ eine weitere Verbesserung der Formel von Lorenz und Lorentz (s. 1880 L.) für die spezifische Refraktion. Dieser Formel fehlt aber zurzeit noch die theoretische Begründung.

— **Finkler** in Bonn eröffnet mit dem Tropon die Reihe der Nährmittel mit unlöslichen Proteinstoffen, zu welchen u. a. das Plasmon, das Roborin usw. gehören.

— Niels R. **Finsen** behandelt den Lupus mit konzentriertem chemischen Lichte unter Ausschluß der Wärmestrahlen und führt damit ein neues Agens in die Therapie ein. Die vorher von Benno Friedländer in Berlin und Max Mehl in Oranienburg gemachten Vorschläge zur Behandlung des Lupus mit Brenngläsern führten, da bei ihnen die Wärmewirkung nicht ausgeschlossen wurde, zu Hautverbrennungen und hatten daher praktische Erfolge nicht aufzuweisen.

1895 Emil **Fischer** und Lorenz **Ach** führen die Pseudoharnsäure, die von Schlieper und Baeyer aus Uramil und Kaliumcyanat gewonnen wurde, unter dem wasserentziehenden Einfluß der schmelzenden Oxalsäure oder durch Kochen mit starker Salzsäure in Harnsäure über, eine Synthese, die namentlich auch für den Aufbau des Caffeins (s. 1897 F.) von Bedeutung wird.

— Léon **Franck** und Arnold **Rossel** weisen nach, daß, wie das Meteoreisen, (s. 1882 B.) auch das künstlich hergestellte Eisen und der Stahl kleine Diamanten enthalten.

— **Gauhe** in Oberlahnstein (Maschinenfabrik Rhein und Lahn) stellt Betonmaschinen her, deren größte Form stündlich 40 cbm Beton liefert. Die Maschinen haben einen selbsttätigen Entleerungsschieber, einen Reinigungsabstreifer in der Trommel, zentralen Vorfülltrichter und mit der Trommel rotierende Wendeschaufeln.

— E. **Goldstein** einerseits und E. E. **Wiedemann** und G. C. **Schmidt** andererseits untersuchen die Erscheinungen der Kathodenluminescenz und zeigen, daß eine Art von Luminescenz während der Bestrahlung auftritt und eine davon verschiedene sich nach der Bestrahlung geltend macht.

— Der Schwede Sven **Hedin,** der auf einer vorhergehenden Reise den Pamir und das Gebiet des Lob-Nor erforscht hatte, macht eine an wissenschaftlichen Ergebnissen reiche Reise nach Zentralasien. Er durchquert das Pamirplateau, untersucht den Gletscher Mustag-ata, erforscht den See Tschil-Kul und die Gebirgskette Alidschur und durchwandert die Wüste Takla-Makan. Da er hier beraubt wird, muß er seine Ausrüstung erneuern, durchzieht die Wüste aufs neue und gelangt zum Lob-Nor, in dessen Lage er große Veränderungen konstatiert. Im August 1896 dringt er über das Küenlüngebirge nach Tibet vor, wo er eine neue Gebirgskette und 23 Salzseen entdeckt und geht über Tsaidam und Siningfu nach Peking, von wo er durch Sibirien nach Europa zurückkehrt.

— Nachdem schon Kohlrausch 1873 einen dahingehenden Vorschlag gemacht hatte, konstruieren Friedrich **von Hefner Alteneck** und M. **Toepler** gleichzeitig ein „Variometer" genanntes Instrument zur Erkennung von Luftdruckschwankungen, die wegen ihres raschen Verlaufs durch die gewöhnlichen Barometer nicht registriert werden. Das Instrument beruht auf der Verschiebung eines Flüssigkeitstropfens in einer am einen Ende offenen, am andern Ende zu einer Capillare ausgezogenen Röhre, (einer sogenannten Drucklibelle) durch die Druckänderung. Die Verschiebung wird direkt gemessen oder photographisch registriert.

— Martin **Heidenhain** und gleichzeitig Carl **Benda** erfinden die Eisenhämatoxylinfärbung tierischer Gewebe, auf welcher zahlreiche Arbeiten der modernen Mikroskopie, besonders die neueren Untersuchungen über Entwicklung der Geschlechtsprodukte und über Befruchtung beruhen. (Vgl. auch 1885 W.)

— H. W. **Hellmann** in Berlin konstruiert einen Motorbootsantrieb, welcher die Eigentümlichkeit hat, daß der Motor mit dem Steuerruder und der Schraube konstruktiv durch eine biegsame Welle verbunden ist, wodurch man in der Lage ist, gewöhnliche Boote motorisch anzutreiben.

— Der französische Ingenieur **Hennebique** vervollkommnet den Monierbau und die Deckenkonstruktionen. Das Wesen seiner unter dem Namen „Beton armé" bekannten Konstruktionen besteht darin, daß die Eiseneinlagen an denjenigen Stellen angebracht werden, wo die Zugspannungen am größten sind, so daß der Beton — entsprechend seiner Natur — nur auf Druck, das Eisen dagegen vornehmlich auf Zug in Anspruch genommen wird. Sonstige Eisenbetonkonstruktionen werden von Förster, Donath, Koenen u. a. angegeben. (Vgl. im übrigen im Sachverzeichnis „Beton und Betonsteine".

1895 Friedrich **Jolly** beschreibt unter dem Namen „Myasthenia pseudoparalytica gravis', eine auch unter dem Namen „Bulbärparalyse ohne anatomischen Befund" bezeichnete neue Krankheit, deren wesentliche Eigentümlichkeit in einem lähmungsartigen Schwäche- und Ermüdungszustande besteht, die sich nach und nach über fast alle Muskelgebiete des Körpers ausbreitet. Der erste Fall ist 1887 von Eisenlohr beschrieben worden.

— W. H. **Julius** gibt eine Vorrichtung an, um Meßinstrumente gegen die Erschütterungen des Bodens zu sichern. Die Vorrichtung besteht aus drei Stahldrähten von je 2 oder 3 m Länge, die an einem eingemauerten Balken in den Ecken eines gleichseitigen Dreiecks befestigt sind und unten ein Stativbrett zur Aufnahme des Instrumentes tragen. Ein Laufgewicht gestattet, den Schwerpunkt des ganzen Systems in die durch die drei unteren Endpunkte der Drähte bestimmte Ebene zu verlegen.

— H. **Kantorowicz** nimmt das erste beachtenswerte Patent, um Stärke quellbar und teilweise löslich zu machen. Er löst die Stärke in kaustischer Sodalauge, neutralisiert die Lösung und schlägt durch Zusatz von Magnesiumsulfat die Stärke wieder nieder. Die Quellstärke sowohl wie die lösliche Stärke soll bei der Appretur höheren und dauerhafteren Glanz hervorbringen als gewöhnliche Stärke. Patente für lösliche Stärke werden außerdem von Siemens & Halske, Belma, Braeder & Co. u. a. genommen.

— Alfred **Kirstein** erfindet, zum Teil in Anlehnung an Rosenheim's Ösophagoskopie (s. 1895 R.) ein Verfahren, welches ermöglicht, den menschlichen Kehlkopf und das obere Ende der Luftröhre ohne Kehlkopfspiegel zu besichtigen, zu behandeln und zu operieren. Sein Verfahren, das er „Autoskopie" nennt, ist indessen wegen seiner Unbequemlichkeit nicht imstande, die Spiegeluntersuchung zu verdrängen, dient vielmehr nur als zeitweise anwendbare Hilfsmethode.

— Leopold **Klein** gibt eine ausführliche Theorie der Dampfturbine. (Vgl. 1853 T.)

— Theodor **Kocher** stellt in seinem Werke „Zur Lehre von den Schußwunden durch Kleinkalibergeschosse" die Gesetze der Schußwirkung der modernen Feuerwaffen dar. Die Richtigkeit seiner Aufstellungen wird durch v. Coler, Schjerning, Kikuzi, Bruns u. a. auf Grund eingehender Versuche erwiesen.

— Friedrich **Kohlrausch** und Adolf **Heydweiller** stellen ein so reines Wasser her, daß dasselbe beim Verdampfen keinen Rückstand hinterläßt. Doch läßt sich durch die Telephonanalyse (s. 1884 B.) feststellen, daß in 15 Kubikzentimetern dieses Wassers noch immer einige hunderttausendstel Milligramm fester Stoffe gelöst sind.

— **König & Bauer** bauen für die „Leipziger Neueste Nachrichten" eine 32seitige Zwillingsrotationsmaschine, die aus zwei Druckwerken zu 16 Seiten und einem gemeinsamen Falz- und Auslegeapparat besteht. Die Maschine liefert 16000 32seitige Zeitungen in der Stunde.

— Lothar **von Koeppen** erfindet einen von ihm „Universal-Instrument" genannten Apparat, der das Teilen von Winkeln in vollkommenster Weise ermöglicht.

— Stanislaus **von Kostanecki** erhält synthetisch einige wichtige gelbe Pflanzenfarbstoffe der Flavonreihe (Chrysin, Luteolin, Apigenin), denen er in den folgenden Jahren noch weitere (Fisetin, Quercetin u. a.) hinzufügt. Er beweist, daß der in allen diesen Verbindungen enthaltene Chromonkomplex auch im Brasilin und Hämatoxylin vorhanden ist.

— E. W. **Köster** konstruiert eine zwangsläufige Schiebersteuerung mit Druckausgleich, die für Luftpumpen wegen des erreichbaren hohen Vakuums viel Anklang findet. Auch für Kompressoren konstruiert er eine neue Schiebersteuerung mit Rückschlagventilen, die sich ebenfalls gut bewährt.

— Der Ingenieur **Krell** in Berlin erfindet den nach ihm benannten Rauchgasanalysator mit photographischer Aufzeichnung des jeweiligen Kohlensäuregehaltes der Rauchgase.

1895 Der norwegische Walfischfänger **Kristensen** gelangt auf dem „Antarctic" zum ersten Male seit Roß (s. 1841 R.) wieder in die Gegend des Victorialandes, das am Kap Adare betreten wird. Bei seiner Expedition befindet sich als Matrose Borchgrevinck (s. 1898 B.), dem es gelingt, die erste Spur antarktischer Vegetation, eine Art Lebermoos, von der Possessionsinsel mitzubringen.

— Otto **Lehmann** entdeckt die krystallinisch flüssige Phase bei den ölsauren Salzen. Von jetzt ab vermehrt sich die Zahl der krystallinisch flüssigen Substanzen stetig. Es werden u. a. entdeckt die Parametoxyzimtsäure von v. Romburgh (1900), das Dianisalazin von Franken (1904), der Paraazoxyzimtsäureester von D. Vorländer (1906), das Phytostearinvaleral von F. M. Jaeger (1907).

— **Linder** und **Picton** beobachten zuerst die Kolloidkataphorese und weisen darauf hin, daß die Richtung der Kataphorese mit der chemischen Natur des Kolloids zusammenhängt.

— Paul **Lindner** konstruiert einen Hefereinzuchtapparat mit kombiniertem Sterilisierapparat und Gärzylinder. (S. a. 1888 H.) Er führt die Frage der Hefereinzucht für die Spiritusindustrie in gleicher Weise der Lösung zu, wie es Hansen für die Bierbrauerei getan hat.

— C. A. **Lobry de Bruyn** erhält freies Hydrazin durch Umsetzung des Hydrazinchlorhydrats mit Natriummethylat in methylalkoholischer Lösung, sowie durch Erhitzen des Hydrats mit Bariumoxyd auf 100°. (S. a. 1887 C.)

— Oliver Joseph **Lodge** gelangt durch seine Untersuchungen zu dem Schluß, daß die Blitze ebenso wie die Funken einer Elektrisiermaschine oszillierenden Entladungen zuzuschreiben sind.

— Adolf **Loewy** untersucht im pneumatischen Kabinett die Beziehungen zwischen Luftdruck und Sauerstoffgehalt des Blutes und zieht den Einfluß der Luftverdünnung auf die Arbeitsleistung in den Bereich seiner Untersuchungen.

— Auguste und Louis **Lumière** in Lyon benutzen zuerst Filmbänder (s. 1890 L.) zu photographischen Reihen-Schnellaufnahmen (15—30 Aufnahmen in einer Sekunde), und schaffen damit die Grundform der unter dem Namen Kinematograph, Kinematoskop, Bioskop, Mutoskop usw. bekannten Projektionsapparate.

— Der Turiner Polytechniker Guglielmo **Marconi,** Schüler von A. Righi, bildet die drahtlose Telegraphie zu praktischer Brauchbarkeit aus, indem er unter Benutzung des Dreifunkenerregers von Righi und des Kohärers von Branly für den praktischen Gebrauch geeignete Apparate konstruiert und zu einem Ganzen, dem System Marconi, verbindet.

— Nachdem bis dahin für Laufkrane ausschließlich der Einmotorenbetrieb gebraucht wurde, führt die **Maschinenfabrik Oerlikon** in Zürich zuerst den elektrischen Dreimotorenlaufkran ein, der für jede Bewegung einen besonderen Motor hat und sich außerordentlich rasch verbreitet. Von 1906 ab werden von Ludwig Stuckenholz Viermotorenlaufkrane eingeführt.

— Henri **Moissan** gelingt es, aus reiner Molybdänsäure, die er im Verhältnis 10:1 mit Zuckerkohle mischt, in einem Kohlentiegel im elektrischen Ofen bei einem Strome von 800 Ampere und 60 Volt chemisch reines Molybdän darzustellen. Er empfiehlt das reine Metall als Desoxydationsmittel bei der Flußeisen-Erzeugung.

— Henri **Moissan** erhält durch Schmelzen von Eisen und Silicium im elektrischen Ofen Eisensilicid als einen silberweißen, harten, spröden, krystallisierten Körper und stellt auf gleiche Weise andere Silicide dar.

1895 Henri **Moissan** stellt aus einem komprimierten Gemenge von Titansäure und Kohle im elektrischen Ofen bei einem Strome von 1000 Ampere und 60 Volt chemisch reines Titan her. Es zeigt auf dem Bruch glänzende Weiße und ritzt Stahl und Bergkrystall.

— Thomas George **Morton** verwendet die Kataphorese mit Guajacol-Cocain mit gutem Erfolg in der Zahnheilkunde für die lokale Anästhesie. (Vgl. 1801 R.)

— F. **Natalis** schlägt zur Sicherung der Nach- und Gegenfahrten auf eingleisigen Bahnstrecken eine durch Zustimmungskontakte zu bewirkende Verfachung der Siemens und Halske'schen Streckenblockeinrichtung vor.

— Simon **Newcomb** stellt neue Sonnentafeln auf, welche mit dem Beginn des 20. Jahrhunderts auf den Sternwarten aller Kulturländer den Sonnenbeobachtungen zugrunde gelegt werden. Bisher waren namentlich die Tafeln von Hansen und Olufsen (v. J. 1853), sowie von Leverrier (v. J. 1858) in Gebrauch. Frühere Sonnentafeln waren von Euler (1746), Lacaille (1758) u. a. herausgegeben worden.

— Simon **Newcomb** vergleicht sämtliche bisher erlangten Werte der Sonnenparallaxe, namentlich aber die aus den Venusdurchgängen von 1761, 1769, 1874 und 1882 erlangten Zahlen. Er leitet daraus den mittleren Wert von 8,797″ ab, der einer Entfernung der Sonne von der Erde von 149,5 Mill. Kilometer entspricht. Dieser Wert wird, auf 8,8 abgerundet, vom 20. Jahrhundert ab allen astronomischen Rechnungen zugrunde gelegt.

— Friedrich **Nobbe** verwertet Hellriegel's Entdeckung (s. 1884 II.) für die landwirtschaftliche Praxis, indem er für jede Leguminosenart spezifisch wirksame Bakterien in Reinkultur züchtet und in flüssiger Form zur Impfung des Bodens verwendet. Die Präparate werden unter dem Namen „Nitragin“ in den Handel gebracht.

— F. **Osmond** untersucht in den Jahren 1895—1900 die Eisen-Kohlenstoff-Legierungen auf ihr metallographisches Verhalten und stellt fest, daß die verschiedenen Legierungen je nach der Menge des Kohlenstoffs verschiedene Gefügebestandteile enthalten, die er mit den Namen Ferrit, Zementit, Perlit, Sorbit, Martensit, Austenit und Troostit belegt.

— Iwan Petrowitsch **Pawlow** in Petersburg zeigt, in wie außerordentlich subtiler Weise sowohl die Menge der im Magen abgesonderten Sekrete, wie auch ihr Fermentgehalt durch die Beschaffenheit und Zubereitung der Nahrung beeinflußt werden. Er zeigt, wie nicht nur nach Einführung von Speisen in den Magen, sondern schon beim Vorzeigen eines leckeren, Appetit anregenden Gerichts oder beim Kauen, ohne daß Speise in den Magen gelangt, die Magen- und Darmschleimhaut Sekret absondert, und zwar je nach Beschaffenheit der Speise in verschiedener für die betreffende Nahrung passender Menge und Zusammensetzung.

— **Perrin** erbringt einen direkten Nachweis für die negative Ladung der Kathodenstrahlen.

— Richard F. J. **Pfeiffer** entdeckt mit der Feststellung, daß Choleravibrionen, mit Cholera-Immunserum gemischt, in der Bauchhöhle normaler Tiere sofortiger Auflösung anheimfallen, das nach ihm benannte „Pfeiffer'sche Phänomen“.

— **Popoff** erfindet einen Empfangsapparat für elektrische Wellen, bestehend aus einem Fritter (Kohärer), durch welchen zugleich nach Art einer elektrischen Klingel elektromagnetisch ein Hammer bewegt wird, der die Entfrittung besorgt und gleichzeitig ein Glockenzeichen gibt. Er verwendet den Kohärer auch zur Konstruktion eines Gewitter-Registrators.

— Anton **Raky**, der unter sinnreicher Benutzung der neuesten Erfindungen auf dem Gebiet der Bohrtechnik die Internationale Bohrgesellschaft in

Erkelenz ins Leben ruft, überträgt mit Erfolg das Wasserspülverfahren auch auf die Ölbohrungen, bei denen man dessen Anwendung bisher für nachteilig gehalten hatte.

1895 Nachdem seit der Entdeckung der Heliumlinie im Sonnenspektrum (vgl. 1868 L.) dieses Element auch im Orionnebel und den weißen Fixsternen nachgewiesen und von Palmieri 1882 auch in einer Vesuvlava gefunden worden war, erkennen William **Ramsay** und Per Theodor **Cleve** unabhängig von einander, daß das Helium den Hauptbestandteil des Gases bildet, welches sich beim Auflösen von Cleveït in Säuren entwickelt.

— Nachdem Cavendish 1785 beobachtet hatte, daß, wenn man die Luft von Stickstoff und Sauerstoff befreit, ein Rückstand von 0,6 Prozent zurückbleibt und Lord Rayleigh 1894 gefunden hatte, daß atmosphärischer Stickstoff um $^1/_2$ Prozent schwerer ist, als reiner Stickstoff, stellen William **Ramsay** und John William **Rayleigh** größere Mengen des von Cavendish erwähnten Rückstandes dar und weisen nach, daß es sich dabei um ein neues Element handelt, das sie „Argon" nennen.

— Albert **Ricks** führt auf der Generalversammlung des Vereins der Spiritusfabrikanten die erste von ihm erfundene Spiritusglühlichtlampe vor, bei welcher der Spiritus aus dem Lampenbehälter durch Dochte aufgesaugt, durch eine ständig brennende Hilfsflamme erhitzt und in Gas übergeführt wird, das durch ein als Gasometer wirkendes Zwischenstück in den eigentlichen, den Gasglühlichtbrennern nachgebildeten Brenner strömt.

— **Rivière** in Paris findet an den Wänden der Höhle von La Mouthe Zeichnungen und Gemälde von Tieren aus prähistorischer Zeit, die durch ihre Großartigkeit den Beschauer in Erstaunen setzen. Ähnliche Zeichnungen findet Dalcan das Jahr darauf an den Wänden der Höhle von Pair-non-Pair (Gironde) und 1901 Capitan in der Höhle Chabot (Gard) und später in der Höhle Font-de-Gausses bei Combarelles.

— J. R. **Rogers** und F. E. **Bright** erbauen eine Lettern-Setzmaschine, die unter dem Namen „Typograph" vertrieben wird, und bei welcher der Setzer je nach der Art des herzustellenden Satzes etwa das Drei- bis Vierfache des Handsetzers leistet. Die Maschine leistet namentlich bei großem Bedarf an „glattem" Zeitungs- und Werksatz vorzügliche Dienste.

— W. K. **Röntgen** entdeckt, daß, wenn Kathodenstrahlen auf feste Körper, sei es Glas oder Metall, auftreffen, Strahlen erzeugt werden, die in mancher Beziehung andere Eigenschaften haben, als die Kathodenstrahlen. Für diese neue Art von Strahlen, die X-Strahlen oder Röntgenstrahlen genannt werden, sind alle Körper mehr oder weniger durchlässig. Sie gehen leicht durch Papier, Holz, dünnes Metall usw. Sie erzeugen Fluorescenz auf Bariumplatincyanür-Schirmen und bringen auf photochemischen Platten photochemische Wirkungen hervor.

— W. K. **Röntgen** zeigt, daß die X-Strahlen die Weichteile des menschlichen Körpers viel leichter durchdringen, als die Knochen, so daß bei Durchleuchtung von Körperteilen auf dem Fluorescenzschirm bez. auf der photographischen Platte deutlich differenzierte „Schattenbilder" entstehen.

— Theodor **Rosenheim** verbessert die Methode der Speiseröhrenuntersuchung Mikulicz's (s. 1881 M.), indem er ein langes dünnes Metallrohr mit einer elektrischen Lampe verbindet und die Kranken in liegender Stellung mit frei herabhängendem Kopfe untersucht. Er verhilft damit der „Oesophagoskopie" zur allgemeinen Anerkennung.

— Heinrich **Rubens** und H. E. J. G. **du Bois** konstruieren das Panzergalvanometer, ein Galvanometer, welches durch doppelten Eisenpanzer gegen äußere magnetische Störungen im weitesten Maße geschützt ist.

— Die **Sandicraft Foundry Co.** in Chester stellt einen Hebekran mit Elektromagneten an Stelle der Hebeketten auf. An dem Haken der Hebekette hängt ein Elektromagnet mit Stromzuführungskabel, welches zum Schaltbrett an der Kransäule oder am Gegengewicht des Krans führt. Ähnliche Krane werden in Woolwich und in den Werken der Illinois Steel Co. aufgestellt.

1895 **Selle** erfindet ein auf dem Prinzip der Dreifarbenphotographie (s. 1861 M.) beruhendes Verfahren, das gestattet, nach drei besonderen Negativen abziehbare Pigmentbilder, je eines in gelber, roter und blauer Farbe herzustellen und übereinanderzulegen (Dreifarbenphotographie auf Papier).

— **Steinvorth** in Lüneburg macht eingehende Untersuchungen über die unter dem Namen „Irrlichter“ zusammengefaßten Lichterscheinungen und stellt fest, daß unter diesem Begriff leuchtende Tiere, Pflanzen, phosphorescierende faulige Substanzen, Gasentwicklungen infolge chemischer Prozesse und elektrische Vorgänge verstanden werden.

— Hugo **Strache** in Wien erfindet ein Wassergaserzeugungsverfahren, bei welchem die Temperatur im Generator so geregelt wird, daß beim Blasen eine gute, wenn auch nicht vollkommene Verbrennung stattfindet.

— Karl **Strecker** stellt im Hinblick auf die Möglichkeit einer drahtlosen Telegraphie innerhalb der Kontinente Versuche an, unter alleiniger Benutzung des Wassers oder der Erde telegraphische Zeichen über große Entfernungen zu senden. Er erhält wahrnehmbare Zeichen bis auf Entfernungen von 17 km.

— William **Thomson** (Lord Kelvin) entdeckt, daß beim Durchgang von Luftblasen durch Flüssigkeiten Elektrizität erzeugt wird, was von Alessandrini (1902) und Fischer (1903) bestätigt wird, die finden, daß die Luft eine negativ elektrische Ladung erhält, während das Wasser selbst positiv geladen wird.

— F. **Tiemann** und F. W. **Semmler** stellen die Konstitution des Dihydrocarveols des Limonens fest, wodurch nunmehr die Carvonreihe aufgeklärt wird, nachdem Semmler ein gleiches 1892 für die Menthonreihe gelungen war.

— M. **Tolle** erweitert durch seine Arbeiten die Kenntnis der Regulierungsvorgänge der Kraftmaschinen und konstruiert einen neuen viel verbreiteten Regulator.

— Isidor **Traube** gibt eine Methode der Molekulargewichtsbestimmung an, bei der man die Molekelformel aus gewissen Abweichungen ableitet, die man erhält, wenn man das direkt bestimmte Molekelvolumen der betreffenden Substanz mit dem aus bekannten Faktoren berechneten vergleicht.

— A. E. **Tutton** untersucht eine Anzahl von chemisch analog konstruierten und ähnlich krystallisierten Körpern (wie die Sulfate von Kalium, Rubidium und Caesium, die entsprechenden selensauren Salze und die schwefelsauren und selensauren Doppelsalze dieser Metalle mit zweiwertigen Metallen). Er weist nach, daß die Ersetzung von Kalium durch Rubidium und von Rubidium durch Caesium eine mit dem Atomgewicht dieser Metalle fortschreitende Änderung in den geometrischen und physikalischen Eigenschaften dieser Krystalle hervorbringt.

— Giuseppe **Vicentini** konstruiert seinen Universalmikroseismographen, bei welchem die graphisch-mechanische Methode auf das vollkommenste ausgebildet ist. Der Seismograph besteht aus einem über 10 m langen und 408,65 kg wiegenden Pendel. (S. a. 1841 F.)

— Hermann **Wagner** nimmt in Fortsetzung früherer Arbeiten (s. 1870 W.) eine Neuprüfung der Verteilung von Wasser und Land auf der Erde vor, die ergibt, daß die Wasserfläche das 2,57 fache der Festlandsfläche ist. (S. a. 1884 K.)

— Der Kameraldirektor **von Walcher-Uysdal** konstruiert einen Rettungsapparat,

„Pneumatophor“ genannt, der auf der Verwendung komprimierten Sauerstoffs und der von Fleuß vorgeschlagenen (s. 1880 F.) gleichzeitigen Absorption der Exhalationsprodukte durch Ätzalkalien beruht. Auf dem gleichen Prinzip beruhen die von G. A. Meyer (1897), von Dräger (1897) und Giersberg (1900) hergestellten Rettungsapparate. (S. 1894 H.)

1895 Paul **Walden** führt das Asparagin in linksdrehende Brombernsteinsäure und — nach vorheriger Umwandlung in Äpfelsäure — durch anders wirkende Agentien in rechtsdrehende Bernsteinsäure über. Er beweist hierdurch, daß man, ausgehend von einem optisch aktiven und nur mit einem asymmetrischen Kohlenstoffatom begabten Körper unter Anwendung von optisch inaktiven, chemisch verschieden wirkenden Agentien bei relativ niedrigen Temperaturen zweierlei aktive Substitutionsprodukte, d. h. die beiden optischen Antipoden gewinnen kann.

— Eilhard Ernst **Wiedemann** und Gerhard C. **Schmidt** weisen für eine größere Anzahl von Dämpfen, wie Anthracen, Reten und Naphtalin die Elektroluminescenz nach.

— Willy **Wien** und Otto **Lummer** verwirklichen einen absolut schwarzen Körper in Form eines in die Wand eines Hohlraumes gebohrten Loches. Die eindringenden Lichtstrahlen werden hierbei vollständig absorbiert.

— Otto **Wiener** weist nach, daß die direkten Photochromien ihre Färbung entweder Interfenzfarben oder wirklichen Körperfarben verdanken. Die ersteren entstehen durch stehende Lichtwellen bei den Becquerel'schen chlorierten Silberplatten (s. 1848 B.) und bei der Lippmann'schen auf einem Quecksilberspiegel ruhenden Silberschicht (s. 1891 L.), während bei den mit Silberchlorür überzogenen Papieren, wie sie Seebeck (s. 1810 S.) und Poitevin (s. 1861 P.) benutzten, Körperfarben gebildet werden.

— Richard **Wolffenstein** entdeckt das Acetonperoxyd, an welche Entdeckung sich die des Ammoniumperoxyds durch Melikoff und Pissarjewsky (1897) und die Entdeckung des Aldehydperoxyds, des Diäthylperoxyds usw. durch Baeyer und Villiger (1899) anschließen.

— Charles Campbell **Worthington** konstruiert einen Kühlturm mit Füllung von eisernen Röhren, die in 20 und mehr übereinander gebauten Schichten so in den Turm eingesetzt werden, daß sie mit Schlitzen ineinander greifen. Das Aufschlagwasser wird über die Rohrfüllung mittels eines sich drehenden Rohrsterns verteilt. Die Wirkung dieser Türme ist eine sehr vollkommene.

— Nachdem sich Faraday vergeblich bemüht hatte, einen Einfluß des magnetischen Feldes auf das Spektrum der Gase nachzuweisen, gelingt dies Pieter **Zeeman** mit Verwendung moderner Hilfsmittel. Er gibt dadurch der Elektronentheorie von Lorentz eine wichtige Stütze.

— H. **Zwaardemaker** macht Untersuchungen über die physiologischen Eigenschaften der Riechstoffe und teilt sie in seinem Werk „Physiologie des Geruchs“ mit. Zu diesen Untersuchungen konstruiert er einen Riechmesser (Olfaktometer).

1896 Die **Allgemeine Elektrizitäts-Gesellschaft** in Berlin bildet das Edison-Sicherungs-System (s. 1878 E.) weiter aus, indem sie die Schmelzdrähte aus Bleilegierungen durch solche aus reinem Silber ersetzt und den Hohlraum in den Stöpseln, um das Stehenbleiben des Lichtbogens wirksam zu verhindern, mit Gips ausgießt.

— Die Gesamtstrecke der Anatolischen Bahn wird am 28. Juli von der **Anatolischen Eisenbahn-Gesellschaft** dem Verkehr übergeben. Die Bahn läuft von Haidar Pascha am Bosporus über Ismid, Angora, Eskischehr nach Konia und besitzt eine Zweigbahn von Angora nach Kaisarie. Die Gesamtlänge der Bahn beträgt 1547 km. (Vgl. auch 1899 A.)

1896 F. S. **Archenhold** errichtet unter Beteiligung der Berliner Firma C. Hoppe ein 21 m langes Fernrohr in Treptow bei Berlin. Dieser längste Refraktor der Erde ist unter Ersetzung der üblichen runden Kuppel durch ein Schutzrohr (s. 1871 L.), Verlegung des Okulars in den schweren Drehpunkt (s. 1872 Y.) und unter bedeutender Herabsetzung der Kosten als ein neuer Typus von Refraktoren geschaffen worden (Lick-Refraktor 15 m, Yerkes-Refraktor 18 m Länge). Der Durchmesser der Linse des Instruments beträgt 70 cm.

— Leo **Arons** in Berlin konstruiert eine Lampe, die aus einer U-förmigen Vakuumröhre besteht, deren beide nach unten gerichtete Schenkel mit Quecksilber gefüllt sind und eingeschmolzene Platinelektroden enthalten. Leitet man den Elektroden Strom zu, so wird er durch den Quecksilberdampf geleitet, der seinerseits in lebhaftes Glühen gerät und intensiv weißes Licht ausstrahlt. Die Lampe wird 1902 von Peter Cooper Hewitt vervollkommnet und oft nach diesem benannt. Eine unvollkommene Quecksilberdampflampe war 1860 von Way vorgeschlagen worden.

— Arthur **Auwers**, der von 1879—83 die Fundamentalkataloge des Zonenunternehmens der Astronomischen Gesellschaft zu Berlin bearbeitet hatte, gibt nach eigener Beobachtung am Meridiankreis der Berliner Sternwarte für die Zone von 15—20° nördlicher Deklination einen Katalog von 9789 Sternen heraus.

— **Babinski** gibt das nach ihm benannte Symptom an, das darin besteht, daß bei bestimmten Erkrankungen der Zentralorgane bei Reizung der Fußsohle eine Streckung der Zehen, zumal der großen Zehe erfolgt.

— Antoine Henri **Becquerel** gelangt durch die Untersuchung der chemischen Wirkungen des Lichtes auf die Entdeckung einer ganz eigentümlichen Phosphorescenz. Er findet, daß gewisse Uransalze dem Auge unsichtbare, durch undurchsichtige Platten hindurchgehende Strahlen aussenden, welche an ihrer chemischen Wirkung erkennbar sind. Diese Strahlen, welche den Namen „Becquerelstrahlen“ erhalten, werden abweichend von Röntgen's X-Strahlen reflektiert und gebrochen, sowie auch polarisiert. (S. 1896 L. u. 1896 N.)

— Friedrich **Bezold** entdeckt, daß die meisten in Taubstummenanstalten untergebrachten Zöglinge in der Skala der Töne sogenannte Gehörinseln, also auch eine gewisse Hörfähigkeit haben. Es gelingt ihm, mit Ausnützung dieser Gehörreste eine neue erfolgreiche Taubstummen-Unterrichtsmethode auszubilden und durch „Sprachübung vom Ohr aus“ aus der geringen Hörfähigkeit eine große Hörfähigkeit zu entwickeln. Durch ihn wird die Stimmgabel, die zuerst Pierre Bonnafont zur Gehörprüfung benutzte, unentbehrlich für die ohrenärztliche Untersuchung.

— Wilfried **Boult** entwirft ein elektrisch selbsttätiges Blocksignalsystem, bei dem keine stromleitende Verbindung zwischen Zug und Signaleinrichtung erforderlich ist, weil sie durch Magnet-Induktionswirkungen ersetzt wird.

— E. **Bourquelot** und G. **Bertrand** finden in den Pflanzensäften ein Ferment, „Tyrosinase“ genannt, das Tyrosin in Homogentisinsäure oder in andere gefärbte Produkte überführen kann und ein sauerstoffübertragendes Ferment darstellt. Diese Ergebnisse werden von G. Bertrand bestätigt, nach dessen Versuchen die Verbreitung der Tyrosinase eine ganz allgemeine zu sein scheint.

— Julius **Bredt** und Max **Rosenberg** führen die partielle Synthese des Camphers durch Destillation des Kalksalzes der Homocamphorsäure im Kohlensäurestrom aus und erhalten ein in seinen Eigenschaften, selbst im optischen Drehungsvermögen, dem natürlichen Campher gleichendes Produkt.

1896 **Brutschke** konstruiert eine elektrische Pflugeinrichtung nach dem Einmaschinensystem, die auf dem Gute Dahlwitz bei Berlin ausgeführt wird.

— Otto **Bütschli** macht es durch seine Studien über das Wesen der Quellung sehr wahrscheinlich, daß auch feste Körper durch ähnliche Ausdehnungsvorgänge in ihrer Kohäsion beeinträchtigt werden, und daß dies zur Verwitterung derselben beiträgt.

— Der griechische Ingenieur **Canellopoulos** konstruiert einen Gasselbstzünder, bei dem das Hauptcharakteristikum ein Doppelventil ist, welches entweder den Gasweg zur Zündpille oder zur Hauptflamme (zum Glühstrumpf) offen läßt. Die automatische Steuerung dieses Ventils wird von Hugo **Borchardt** verbessert, der den Steuerungsdraht in ein Porzellanrohr einschließt und ihn damit dem schädigenden Einfluß der Flamme entzieht. Der Apparat wird unter dem Namen „Fiat Lux" in den Handel gebracht.

— **Carnot** empfiehlt die Gelatine als lokal blutstillendes Mittel, eine Anwendung, die in China seit $1^1/_2$ Jahrtausenden geübt wird. Nachem Dastre und Floresco bestätigt hatten, daß bei Tierversuchen die intravenös applizierte Gelatine sich als eine die Blutgerinnung energisch befördernde Substanz erweist, und Lancereaux (1898) begonnen hatte, dieselbe auch subcutan beim Menschen zu verwenden, bürgert sich ihre Anwendung als blutstillendes Mittel mehr und mehr ein.

— Leopold **Casper** gibt ein Harnleitercystoskop an und erhebt den Ureterenkatheterismus zu einer technisch vollkommenen Methode, die insbesondere für die Nierendiagnostik von großer Bedeutung ist. (Vgl. auch 1879 N.)

— Hamilton Young **Castner** stellt auf synthetischem Wege Cyannatrium dar, indem er Ammoniak über geschmolzenes Natrium leitet, wobei sich Natriumcyanamid bildet, und indem er das letztere kontinuierlich über glühende Kohlen leitet, wobei es durch Aufnahme von Kohlenstoff in Cyannatrium übergeht.

— Der Ingenieur O. **Chanute** aus Chicago setzt auf den Dünenhügeln des Michigan-Sees die Lilienthal'schen Flugversuche (s. 1890 L.) fort und konstruiert dazu einen neuen Apparat von einfacherer Form, mit dem er die Lilienthal'schen Leistungen im Segelfluge erheblich übertrifft.

— Georges **Charpy** untersucht im Auftrage der Société d'Encouragement pour l'industrie nationale auf mikroskopischem Wege eine große Anzahl von Messinglegierungen. Er findet, daß sich die Eigenschaften des Messings stetig mit dem Zinkgehalt ändern und daß für gewerbliche Anwendungen nur Legierungen mit 30—43% Zinkgehalt zu empfehlen sind, da ein höherer Zinkgehalt die Sprödigkeit vergrößern, ein geringerer den Preis verteuern und Festigkeit und Hämmerbarkeit verringern würde.

— Der französische Ingenieur **Collet** führt das Verdübeln der Eisenbahnschwellen ein.

— Die Gebrüder **Commichau** in Magdeburg konstruieren eine hängende Förderrinne für Kohlen- und Koksförderung, deren Leistungsfähigkeit sehr gerühmt wird.

— E. J. **Constam** und A. **von Hansen** erhalten bei Elektrolyse von gesättigten Lösungen von Kaliumcarbonat das Kalium-Percarbonat, das ein amorphes, schwach blaustichiges Pulver darstellt und sehr leicht Sauerstoff an oxydierbare Körper abgibt.

— C. G. **Curtis** erfindet eine Druckturbine mit mehreren Druckstufen, bei welcher die Turbinenlaufräder sich, zu Gruppen vereinigt, in mehreren von einander getrennten Räumen bewegen, in welchen verschiedene Dampfdrucke herrschen. Diese Turbinen werden von der General Electric Co. in New York gebaut.

1896 **Danilewsky** stellt den günstigen Einfluß des Lecithins auf das Wachstum an Kaulquappen, jungen Hunden und Hühnchen experimentell fest und empfiehlt dessen Anwendung für den kindlichen, wachsenden Organismus, am besten in Form von Eidotter. Eine umfangreiche Arbeit über diesen Gegenstand wird 1904 von Labbé publiziert.

— W. J. **Dibdin** und V. **Schweder** führen ein Reinigungsverfahren ein, bei welchem die Abwässer längere Zeit (bei städtischen Abwässern mindestens 24—48 Stunden) der Fäulnis überlassen, dann gelüftet und in Kies-Koks-Filtern der Oxydation durch Bakterien unterworfen werden. (Biologisches Wasser-Reinigungsverfahren. S. a. 1873 M.)

— Alexander **Dick** erfindet das Warmpreßverfahren für Messing, bei welchem die bei hoher Temperatur eintretende Bildsamkeit der Metalllegierung benutzt wird, um sie ähnlich wie bei einer Bleipresse in einem Arbeitsgang in Stangenform beliebigen Querschnitts auszupressen.

— Der Ingenieur **Dörr** erfindet ein System zur automatischen Schließung der Schottentüren, bei welchem die Türen von der Kommandobrücke aus mit hydraulischem Druck geschlossen werden können. Ein ähnliches System wird von Leuss erfunden. Gegen das Jahr 1900 kommt in Amerika das „Long Arm System“ auf, bei welchem die Türen auf elektrischem Wege geschlossen werden, wobei für jede einzelne Türe ein Elektromotor vorgesehen ist.

— Der Chirurg Edouard **Doyen** in Paris erfindet den nach ihm benannten Verband.

— **Dunker** kommt auf Grund vielfacher eigener Ermittelungen und der Zusammenstellung der Resultate anderer Forscher zu dem Ergebnis, daß, wenn lokale Erhitzung oder Abkühlung ausgeschlossen ist, die geothermische Tiefenstufe (s. 1880 S. und 1885 P.), je nach der Eigenart des durchmessenen Gesteins, zwischen den Grenzen 25 und 40 m schwankt.

— Nachdem schon von d'Arsonval (1888), Latschinoff (1888), Delmard (1894) Vorrichtungen zur Elektrolyse von Wasser angegeben worden waren, macht die **Elektrizitäts-Aktien-Gesellschaft vorm. Schuckert & Co.** eine Anlage zur Wasserzersetzung für W. Heraeus & Co. in Hanau, bei welcher verdünnte Alkalilösung als Elektrolyt dient. Ähnliche Anlagen werden fast gleichzeitig von Pompeo Garutti, Schmidt in Zürich und Renard gemacht.

— Josef **Englisch** konstruiert lange Mastdarmspiegel, mit deren Hilfe die Innenfläche des S romanum (Flexura sigmoidea) in Augenschein genommen werden kann (Romanoskopie).

— Nachdem schon Lamont bei seinen magnetischen Beobachtungen (s. 1849 L.) darauf aufmerksam gemacht hatte, daß Erdschwere und Erdmagnetismus in Beziehung zueinander zu stehen scheinen, unternimmt, ausgehend von Hertz's Anschauungen über Einheit und Metamorphose der Naturkräfte, Roland **von Eötvös** Versuche, welche darauf abzielen, sehr kleine Veränderungen und Werte, sowohl der Gravitation, als auch der magnetischen Intensität mit einer sehr empfindlichen Drehwage zu messen, die er mit einem Gravitationsmultiplikator versieht.

— **Erlenwein** in Edenkoben verbessert das Binder'sche Verfahren zur Schärfung abgenutzter Feilen, indem er die Feilen mit Hilfe schnell umlaufender, mit schrägstehenden Bündeln versehener Drahtbürsten unter Zugabe von Sand oder Schmirgel schärft, womit er das Prinzip des Sandgebläses nachahmt.

— Franz **Exner** stellt zuerst Messungen der Luftelektrizität bei schönem Wetter an und erbringt den Nachweis, daß zwischen der Stärke des elektrischen Feldes, dem Potentialgefälle und dem Wasserdampfgehalt der Luft bestimmte Beziehungen herrschen.

1896 G. **Falconnier** in Genf erfindet die gläsernen Hohlziegeln, geblasene hohle Glasbausteine, die bis auf eine kleine Öffnung ringsum geschlossen sind. Sie werden von dem Glaswerk Adlerhütte in Penzig hergestellt und finden namentlich zur Herstellung von Lichteinlässen Verwendung.

— Der Wasserbauingenieur Ludwig **Franzius** führt in neunjähriger Arbeit die Korrektion der Unterweser durch.

— Leopold **Freund** benutzt zuerst die Röntgenstrahlen zu therapeutischen Zwecken. Angeregt durch die bei diagnostischen Durchleuchtungen gelegentlich gemachte Beobachtung, daß an den bestrahlten Körperstellen Haarausfall mit und ohne Entzündung der Haut auftreten kann, behandelt er den übermäßig starken Haarwuchs auf dem Rücken eines jungen Mädchens mit vollem Erfolge.

— Die Firma C. **Gabellini** in Rom nimmt den Schiffbau aus Eisenbeton auf. Sie erbaut namentlich Pontons für Schiffbrücken und Landungsstege aus diesem Material, stellt aber auch Arbeitsfahrzeuge für Wasserbauten, Kohlenprahme und Leichter bis zu 150 t Tragfähigkeit aus Eisenbeton her. (Vgl. a. 1855 L.)

— Max **Gruber** entdeckt die Agglutination der Bakterien, welche darin besteht, daß in Bakterienkulturen die Bakterien bei Zusatz von Blutserum sich zu leicht erkennbaren Häufchen zusammenballen. Andeutungen der Agglutination waren bereits 1889 von Charris und Roger und 1895 von J. Bordet beobachtet worden.

— Max **Gruber** und **Durham** benutzen den Vorgang der Bakterien-Agglutination zur Unterscheidung der Bakterienarten.

— Antoine **Guntz** stellt Lithiumwasserstoff her und konstatiert, daß derselbe ebenso reaktionsfähig ist, wie die Hydrüre der andern Alkalimetalle. Im gleichen Jahre gelingt es Henri **Moissan**, Calciumwasserstoff herzustellen. (Vgl. auch 1902 M.)

— Olof **Hammarsten** entdeckt die Pentose in dem Nucleoproteid des Pankreas von Tieren und macht sie auch in demjenigen der Milchdrüse und der Leber wahrscheinlich. Eingehendere Untersuchungen hierüber machen E. Salkowski und J. Bang, F. Blumenthal u. a. (Vgl. a. 1892 K.)

— Lawrence **Hargrave** konstruiert den nach ihm benannten Drachen, der aus einem parallelopipedischen Gestell von leichten Holzstäben besteht, die durch Drähte versteift sind, und von denen ein oberer und ein unterer Teil mit Seide fest umspannt ist, so daß zwei Zellen gebildet werden, woher auch der Name „Zellendrache" genommen ist. Als Drachenkabel führt er den Klaviersaitendraht ein.

— James **Hargreaves** und Thomas **Bird** konstruieren einen verbesserten Diaphragmenapparat zur Elektrolyse von Salzlösungen, der für den Diaphragmenprozeß vorbildlich wird und auf dessen weitere Ausgestaltung anregend wirkt. Die Diaphragmenmasse besteht in der Hauptsache aus Silikaten und Asbest. Durch die Diaphragmen wird die Zelle in drei Teile geteilt, von denen die beiden äußeren als Kathodenräume, der innere als Anodenraum dient. Die Kathoden bestehen aus Kupferdrahtnetzen, die Anode aus Retortenkohle. (S. 1891 G. und 1892 L.)

— Fritz **Honigmann** bohrt Schächte ohne jede Auskleidung ab und hängt diese erst ein, wenn der Schacht die gewünschte Tiefe erreicht hat. Er wendet dieses Verfahren namentlich in rolligem Gebirge an und bohrt die ersten derartigen Schächte in Heenlen in Holland ab. Bis dahin waren Schächte in rolligem Gebirge meist so abgeteuft worden, daß die Schachtverkleidung dem Bohren voran war und letzteres durch Sackbohrer erfolgte, die nicht nur das Bohren, sondern auch das Herausschaffen der Massen aus dem Schacht besorgten. Den Sackbohrer, den er bei Herstellung von Brunnen kennen gelernt hatte, hatte zuerst 1849 Sassenberg zum Abbohren von Schächten benutzt.

1896 Der französische Bildhauer **Jannin** erfindet das Celluloidklischee, das namentlich beim Farbendruck von hohem Wert ist, weil es nicht wie das Metall von Säuren und sauren Farben angegriffen wird. Die Abformmasse wird aus Bleiglätte und Glycerin hergestellt und in halbflüssigem Zustand über den Holzschnitt in einer Dicke von 3—5 mm gestrichen. Auf diese Mater wird eine erwärmte Celluloidplatte gelegt, worauf das Ganze unter starker Hitze einem hohen Druck in einer hydraulischen Presse unterworfen werden. Nach dem Erkalten kann das Klischee ohne weiteres von der Mater abgehoben werden.

— **Jebsen** erfindet ein Verfahren, den Torf nach mäßigem Trocknen an der Luft oder auf künstlichem Wege in luftdicht verschlossenen Retorten durch Erhitzen mittels des elektrischen Stromes vollständig zu verkohlen. Die Gase werden durch den Retortendeckel abgeleitet und zum Heizen der Trockenräume benutzt. Das Verfahren soll in Norwegen mit Erfolg betrieben werden. Es soll 33% Torfkohle, 4% Torfteer, 40% Teerwasser und 23% Gase liefern.

— L. E. **Jewell** stellt fest, daß die Wellenlänge der von Metalldämpfen entstammenden Spektrallinien vom Druck beeinflußt wird. Im Anschluß an seine Untersuchungen zeigen dann W. J. **Humphreys** und J. F. **Mohler**, daß diese Linien mit wachsendem Druck nach dem roten Spektralende hin verschoben werden und zwar direkt proportional der Wellenlänge und dem Drucküberschuß über 1 Atmosphäre.

— H. W. **Kearns** und **Barnes** machen zuerst den Vorschlag, Titansalze in Kombination mit Tannin zum Beizen der Faser in der Färberei anzuwenden.

— **Kieser** in Stuttgart konstruiert einen Wasserheizungsbackofen, den sogenannten „Teleskopbackofen", der von Werner und Pfleiderer gebaut wird, und bei welchem die Backherde ausziehbar sind, ohne daß es eines Schienengleises vor dem Ofen bedarf.

— Georg **Klebs** untersucht die Bedingungen der Fortpflanzung bei einigen Algen und Pilzen und deckt die Abhängigkeit und den Wechsel von sexueller und asexueller Vermehrung als bedingt durch äußere Faktoren (Ernährung, Temperatur usw.) auf.

— Emil **Knoevenagel** stellt hydrierte Benzol-Derivate synthetisch aus Diketonen und Ketonsäureestern dar.

— A. **König**, F. **Richarz** und O. **Krigar-Menzel** führen die seit 1884 von den beiden ersteren Forschern unternommenen Versuche zur Bestimmung der mittleren Dichte der Erde mit einem von ihnen „Doppelwage" genannten Meßapparat zu Ende und finden einen etwas geringeren Wert, als Wilsing (s. 1887 W.), nämlich 5,505 ± 0,009.

— Max **König** in Guben konstruiert einen automatisch arbeitenden Druckapparat, der die Handarbeit des Ein- oder Auslegens der Druckbogen an den Druckzylindern der Schnellpresse erspart und sich sowohl der Geschwindigkeit der Maschine, als auch allen Papierstärken und Formaten anpaßt. Der Apparat ist für elektrischen Antrieb berechnet. Fast gleichzeitig wird von G. Kleim in Leipzig ein ähnlicher Apparat gebaut.

— Karl **Koppe** junior macht die Photogrammetrie für die Meteorologie, namentlich zur exakten Höhenmessung der Wolken, nutzbar.

— Albrecht **Kossel** findet unter den Spaltungsprodukten des Sturins, das ein

60*

Protamin ist, das Histidin, das 1904 von Hermann Pauly als Amino-Imidoazolpropionsäure erkannt wird.

1896 F. **Krafft** zeigt, daß nicht zu stark verdünnte Seifenlösungen die Eigentümlichkeiten der Kolloidallösungen zeigen. Hierauf beruht in erster Linie die reinigende Eigenschaft der Seife, welche in Lösung enzymartig wirkt, Öle und Fette aller Art emulgiert und sie der benetzenden und wegspülenden Wirkung des Wassers darbietet. Außerdem aber besitzen diese Lösungen die Eigenschaft der Blasenbildung, worauf die Entstehung der Seifenblasen und der künstlichen Zellenbildungen zurückzuführen ist.

— Friedrich Alfred **Krupp** stellt Panzergranaten als sogenannte „Kappengeschosse" her, bei denen auf die harte eigentliche Geschoßspitze ein kappenförmiger Überzug aus weichem Stahl aufgesetzt ist. Die Kappengeschosse haben eine um etwa 20% größere Durchschlagsleistung als gewöhnliche Panzergranaten. Die Wirksamkeit der aufgesetzten weichen Kappe ist im Sinne eines das Eindringen in den Panzer erleichternden Schmiermittels aufzufassen. Bei den auf dem Krupp'schen Schießplatze vorgenommenen Versuchen durchschlägt eine 15 cm-Panzergranate mit Kappe eine 30 cm starke gehärtete Nickelstahlplatte, 30 cm Eichenholzhinterlage und 4 cm Eisen-Innenhaut, wobei das Geschoß selbst völlig intakt bleibt. Die ursprüngliche Idee dieser Konstruktion stammt von dem russischen Admiral Makarow.

— August Adolph **Kundt** erhält durch Zerstäuben einer Drahtelektrode als Kathode im Vakuum auf polierten Glasplatten, die über den Drahtstreifen aufgehängt werden, zusammenhängende, metallglänzende, spiegelnde Flächen. Er stellt so Platin-, Iridium-, Palladium- und Rhodiumspiegel her und entdeckt an diesen Spiegeln die Eigenschaft der Doppelbrechung, die 1897 von Dessau auch an Oxydspiegeln wahrgenommen wird, die auf ähnliche Weise erzeugt worden sind.

— **Lafar** empfiehlt, nachdem er in der Brennerei in Hohenheim seit 1893 erfolgreiche Versuche mit der Milchsäuregärung gemacht hatte, die Säuerung des Hefeguts durch Einführung von Milchsäurebacillus-Reinkulturen in die Maische. Am besten eignet sich hierzu der Bacillus acidificans longissimus, von dessen Kulturen auf 100 l Hefemaischraum 2—4 l zugesetzt werden. (Über Verwendung der Milchsäure ohne Gärung s. 1881 H.)

— **Landerer** und **Kirsch** führen den Celluloidverband in die chirurgische Technik ein.

— J. **Langer** untersucht das Sekret der Honigbiene und findet in demselben neben Ameisensäure ein Gift, das bei allen Blutarten Lösung der roten Blutkörperchen herbeiführt. Wie andere Gifte wird es durch Fermente zerstört, dagegen verträgt es eine Temperatur von 100° C. und die Einwirkung von verdünnten Säuren und Alkalien.

— Karl **Lautenschläger** erfindet die Drehbühne, eine zur Beschleunigung des Szenenwechsels dienende Einrichtung des Bühnenpodiums, die zuerst im Residenztheater in München eingeführt wird, ihres komplizierten Apparates wegen sich aber nur langsam verbreitet. (S. a. 1889 L.)

— Der französische Physiker Gustave **Le Bon** bemerkt, daß belichtete Glasplatten durch Papier hindurch eine Wirkung auf die photographische Platte ausüben, und zieht daraus den Schluß, daß das gewöhnliche Sonnenlicht an allen Körpern, welche es treffe, eine unsichtbare Strahlung — lumière noire — erzeuge.

— Carl J. **Lintner** stellt fest, daß die Diastase (s. 1833 B.) der gekeimten Gerste in Wirkung und Zusammensetzung absolut gleich der aus Gerstenmalz hergestellten Diastase ist. Seine Untersuchungen werden von Osborne

(1900), Brown, Morris (1900) u. a. bestätigt und erweitert. Er liefert wichtige Beiträge zur Theorie des Brauprozesses.

1896 Friedrich **von Loessl** veröffentlicht die Resultate seiner Jahre hindurch angestellten Versuche über den Luftwiderstand, den er direkt proportional dem Produkt aus dem spezifischen Gewicht der Luft, der Fläche, einem dieser entsprechenden Koeffizienten, dem Quadrat der Geschwindigkeit und umgekehrt proportional der Beschleunigung der Schwere findet (Loessl'sches Luftwiderstandsgesetz).

— Percival **Lowell** stellt vom 24. August 1896 bis in das Jahr 1897 auf der Sternwarte zu Flagstaff in Arizona Venusbeobachtungen an, welche die Richtigkeit der Schiaparelli'schen Behauptung (vgl. 1890 S.) zu bestätigen scheinen, nach welcher bei diesem Planeten Rotationsperiode und Revolutionsperiode zusammenfallen.

— **Löwy** in Wien vervollkommnet die Heliogravüre, indem er die Asphaltkörnung der Platte durch ein Rasterverfahren ersetzt. Das Rasternetz wird entweder auf die Kupferplatte aufkopiert und entwickelt, bevor das Pigmentbild aufgelegt ist, oder das Originalnegativ wird gleich mit dem Raster aufgenommen und dadurch in Punkte zerlegt.

— **Merling** gelangt vom Triacetonamin ausgehend zu einem Methylbenzoyltriacetonalkamincarbonsäuremethylester, der unter dem Namen „Eucain" als Cocainersatz dient.

— G. **Möller** und P. **Pfeifer** konstruieren Trommeltrockenapparate, bei welchen das Trockengut mit fortschreitender Trocknung durch die Trommel wandert, während ihm ein durch eine Einblasdüse eintretender sehr kräftiger Luftstrom (aus den Feuergasen einer direkten Feuerung bestehend) entgegengetrieben wird.

— Nachdem Kundt und Warburg, Winkelmann, Graetz u. a. über die Wärmeleitung der Luft gearbeitet hatten, gelingt es Egon **Müller,** die absolute Wärmeleitungskonstante der Luft mit großer Genauigkeit zu bestimmen.

— August **Nagel** macht Versuche mit Preßluft-Gasglühlichtbeleuchtung (s. 1891 P.) unter Anwendung komprimierter Luft, scheitert aber, wie Pintsch, an der geringen Widerstandsfähigkeit der Glühkörper.

— **Nernst** und **Dolezalek** vereinfachen das Quadrantenelektrometer (s. 1867 T.) dadurch, daß sie statt der Leidener Flasche eine Zamboni'sche Säule benutzen.

— **Netto** findet im Anschluß an den Mac Arthur-Forrest-Prozeß (s. 1887 F.) ein Verfahren der Gold- und Silberscheidung. Er behandelt die gepulverten Erze mit dünner Cyankaliumlauge (0,2—0,6 $^0/_0$), fällt daraus das gelöste Silber durch Salzsäure und gewinnt das gelöst bleibende Gold durch Elektrolyse unter Anwendung von Kohleanoden und Bleikathoden.

— Boleslas **Niewenglowski** einerseits und A. **d'Arsonval** andererseits erhalten bei Wiederholung des Experimentes von Le Bon (s. 1896 L.) im Dunkeln und ohne Lichtquelle photographische Eindrücke, die d'Arsonval auf Fluorescenz zurückführt, die ihre richtige Erklärung jedoch erst finden, nachdem Becquerel die nach ihm benannten Strahlen gefunden hat.

— **Northrop** und unabhängig davon **Seaton** in Amerika suchen die Leistung des mechanischen Webstuhls durch endlose Schußfadenzufuhr zu erhöhen.

— **Öchelhäuser** in Dessau erhält ein Patent auf einen Doppelkolben-Zweitakt-Gasmotor mit drei Schlitzreihen im Zylinderinnern und besonderer Spülluftzufuhr, welcher auch für den Betrieb mit Gichtgasen geeignet ist. Die erste derartige Maschine wird 1898 auf dem Hüttenwerk Hörde in Westfalen in Betrieb gesetzt.

— Nachdem die Ergebnisse der Tiefseeforschung über viele bisher wenig bekannte Tiere Aufschluß gegeben hatten, versucht A. **Ortmann** in seiner Schrift „Grundzüge der marinen Tiergeographie" für die Meerestiere gewisse große Lebensbezirke zu konstruieren.

1896 A. G. **Perkin** und **Gunnell** isolieren aus dem Quebrachoholz einen gelben Farbstoff, den sie mit Fisetin, dem Farbstoff des Fisetholzes (Rhus cotinus), den J. Schmid 1886 rein erhalten hatte, identifizieren. Sie finden darin ferner Ellagsäure, die Löwe 1874 im Dividivi und den Myrabolanen aufgefunden hatte.

— Der Rumäne **Petréano** nimmt ein deutsches Patent auf einen Oberflächenvergaser für Lampen und Gasmaschinen, bei welchem die unverbrennlichen Bestandteile abgeschieden und daher die Verbrennungen und Explosionen in den Maschinen nahezu vollkommen werden. Trotzdem hat der Vergaser keinen Eingang in die Praxis gefunden.

— C. **Polte** in Magdeburg erfindet das Kugelwalzverfahren zur Herstellung von Metallhülsen für Geschützkartuschen. Bei diesem Verfahren werden die Hülsen nicht durch Stempel gepreßt und gezogen, sondern es rollen sich Stahlkugeln, welche in geeigneten Werkzeughaltern drehbar gelagert sind, unter stetem Druck am Werkstück ab. Die auf diese Weise erzeugten Hülsen sind von vorzüglicher Haltbarkeit. Die zum Auswalzen erforderliche Kraft ist wesentlich geringer als die beim Ziehen aufzuwendende. (Zur Herstellung der Kartuschhülse für eine 24 cm-Kanone ist nur ein Druck von 450 000 kg, statt sonst 2000 000 kg, erforderlich.)

— Der französische Ingenieur A. **Ravel** macht eingehende Versuche mit einem durch Acetylen betriebenen Motor, welche jedoch die Unbrauchbarkeit des Acetylens zum motorischen Betrieb wegen seiner sehr starken Brisanz ergeben.

— Nachdem die auf Veranlassung des französischen Admirals Aube 1885 von Goubet und Romazotti, zum Teil nach Entwürfen von Gustave Zédé gebauten Unterseeboote „Goubet", „Gymnote" und „Gustave Zédé", namentlich in bezug auf Längsstabilität wenig befriedigt hatten, baut **Romazotti** den 36 m langen „Morse", der mit einer elektrischen Betriebsmaschine von 350 PS ausgerüstet ist. Gleichzeitig wird nach Plänen von Laubeuf das Unterseeboot „Narval" gebaut, das 1899 vom Stapel läuft, 34 m lang und mit einer von Akkumulatoren gespeisten Dynamomaschine ausgerüstet ist.

— F. **Rothenbach** zieht den Formaldehyd als Brennereiantiseptikum heran und konstatiert, daß er sich ebenso gut wie die Flußsäure (s. 1890 E.) als spezifisches Spaltpilzantiseptikum eignet. Eine große Verbreitung findet das Verfahren indes nicht, da die Milchsäure sich zur Pilzsäuerung als sehr gut verwendbar erweist. (S. 1881 H. und 1896 L.)

— Georg **Rothgießer** stellt durch Komprimieren von Leuchtgas mit Hilfe des Druckwassers einer Wasserleitung Hydropreßgas her und erhält unter Anwendung von doppelten Glühstrümpfen Flammen von 600 Kerzen Leuchtkraft. Andere Preßgasbeleuchtungen sind das Milleniumlicht, das Selaslicht, das Omnialicht, das Pharoslicht usw.

— Ernest **Rutherford** erfindet einen Empfänger für elektrische Wellen (Wellendetektor), welcher auf der von Lord Rayleigh entdeckten Erscheinung beruht, daß die Magnetisierung von Stahlstäben durch Wechselströme hoher Frequenz dauernd verändert wird.

— T. **Sandmeyer** erkennt, daß substituierende Gruppen, die sich zum Methankohlenstoff in der Orthostellung befinden, den Farbcharakter von Triphenylmethanfarbstoffen, sowohl in Bezug auf die Nuance, als auch auf die Alkaliechtheit günstig beeinflussen. Die Firma J. R. Geigy & Co. verwendet diese Beobachtung in einer Anzahl neuer Patente.

1896 John Martin **Schaeberle** entdeckt den Begleiter des Procyon, der sich als ein Stern 13. Größe darstellt. (Vgl. 1862 A.)

— Leopold **von Schrötter** besichtigt ähnlich wie Pieniazek (s. 1884 P.), aber unabhängig von ihm, bei Tracheotomierten die Luftröhre in reflektiertem Licht nach Einführung einer Röhre in die Tracheotomie-Wunde. Seine Untersuchungsmethode wird ebensowenig wie die von Pieniazek allgemein brauchbar, erst Killian (s. 1898 K.) bleibt es vorbehalten, dies Ziel durch seine „Bronchoskopie" zu erreichen.

— Edward **Schunck** und Leo Paul **Marchlewski** weisen nach, daß das Phylloporphyrin (s. 1894 S.) ein Pyrrolabkömmling ist, und daß es mit dem von Nencki und Sieber (s. 1888 N.) aus Blut dargestellten Hämatoporphyrin, das ebenfalls ein Pyrrolabkömmling ist, große Ähnlichkeit hat. Die Forschungen über die Konstitution des Chlorophylls schließen sich dadurch an die ähnlichen über den Blutfarbstoff an.

— **Siemens & Halske** konstruieren für elektrische Leitungen Patronensicherungen, bei denen das Charakteristische die in Form von Zylindern ausgebildeten Einsätze sind, an deren Stirnseiten Ringe aus Messing angeordnet sind, welche durch die Schmelzstreifen verbunden werden.

— Hermann Theodor **Simon** gibt eine Methode zu photographischer Lichtmessung an, die ermöglicht, die ultravioletten Teile zweier strahlender Energien untereinander zu vergleichen.

— **Sollas** und **David** untersuchen auf der Insel Funafuti, einem typischen Atoll der Ellicegruppe, den fundamentalen Aufbau des Atolls und finden in Tiefen von über 3000 m, in denen Korallentiere nicht leben können, den mit Sandnestern abwechselnden Riffstein, in welchen sich das Korallengerüst allmählich umwandelt. Hiermit ist Darwin's Atolltheorie (s. 1836 D.) zu einem hohen Grad von Wahrscheinlichkeit erhoben.

— Walther Victor **Spring** beschäftigt sich eingehend mit der Farbe des Wassers und führt die Entstehung der grünen Farbtöne nicht, wie Wittstein (s. 1861 W.), auf das Vorhandensein von gelben oder braunen Humusstoffen zurück, sondern berücksichtigt auch die gelblichen Farben, welche beim Hindurchgehen des Lichtes durch ein trübes Medium entstehen.

— Walther Victor **Spring** führt die Deltabildung bei Flüssen zum Teil auf die Vermischung des schlammigen Süßwassers (eines Suspensionskolloids) an der Strommündung mit den Salzen (Elektrolyten) des Meerwassers zurück. (S. a. 1893 B.)

— Owen **Squire** und **Crehore** konstruieren einen Polarisations-Chronographen zur Ermittelung der Geschwindigkeit fliegender Geschosse.

— Karl **Stumpf** gibt Methoden an zur Ermittelung von Obertönen und zur Bestimmung der Schwingungszahl bei sehr hohen Tönen.

— Karl **Stumpf** und M. **Meyer** messen die Reinheit konsonanter Intervalle.

— **Taylor** sucht den Generator für ununterbrochenen Betrieb umzugestalten, indem er für kontinuierliche Entfernung der Asche sorgt. Bei seiner Konstruktion ruht die Brennmaterialsäule auf einem drehbaren Teller, über dessen Rand die Asche jederzeit in den Aschenfall entfernt werden kann.

— Guido **Tizzoni** und **Cattani** weisen nach, daß die Wirkung des Giftes bei der Tetanusinfektion die Nervenzentren betrifft, da die Starre sich nach Durchschneidung der Nerven in den zugehörigen Muskeln löst.

— Die russische **Uralitgesellschaft** bringt einen „Uralit" genannten Ersatz für Holz, Stein und Metall in den Handel. Das Uralit brennt nicht und wirft sich nicht, ist unempfindlich gegen Säuren, Frost und kochendes Wasser und läßt sich schneiden und nageln. Zu seiner Herstellung wird Asbest mit verschiedenen Mineralien gemischt und in Wasserkraftpressen geformt. Der Stoff wird vorzugsweise im Schiffbau angewendet.

1896 Paul **Walden** zeigt im Anschluß an seine früheren Arbeiten (s. 1895 W.), daß es durch geeignete Reagentien möglich ist, einen optischen Isomeren in seinen Antipoden zu verwandeln, wenn das aktive asymmetrische Kohlenstoffatom direkt mit einer Amido- oder Hydroxylgruppe oder mit Halogen verbunden ist.

— Otto **Wallach** entdeckt, daß die Ketone ein starkes Absorptionsvermögen für ultraviolette Strahlen haben.

— Emil **Warburg** findet, daß es sich bei der von Heinrich Hertz (s. 1887 H.) beobachteten Erleichterung des Funkenüberganges durch ultraviolette Bestrahlung um eine Herabminderung der Funkenverzögerung handelt, und daß dabei das Funkenpotential selbst nicht beeinflußt wird.

— John Price **Wetherill** gelingt es, durch Verbesserung der elektromagnetischen Aufbereitung (s. 1858 S.) viele Mineralien von schwach paramagnetischem Verhalten sowohl von unmagnetischen Mineralien als auch voneinander zu scheiden, wenn nur ihr Paramagnetismus ein verschiedener ist. Die Methode, die auf der Konzentrierung der Magnetfelder durch keilförmige Polschuhe (s. 1884 M. und 1885 B.) beruht, wird von der Metallurgischen Gesellschaft in Frankfurt a. M. noch wesentlich vervollkommnet.

— Fernand **Widal** und Max **Gruber** benutzen das Agglutinationsphänomen (s. 1896 G.), um Reaktionsprodukte gewisser Bakterien, wie der Typhusbacillen im Blutserum Typhuskranker, nachzuweisen und so die Diagnose des Typhus zu erleichtern.

— H. **Will** in München stellt fest, daß bei niedriger Temperatur getrocknete, durch langes Lagern abgestorbene Hefe noch Enzymwirkung zeigt, und daß die alkoholische Gärung durch ein der Diastase ähnliches Enzym hervorgebracht wird (Enzymtheorie).

— Otto **Zimmermann** und Gottlieb **Behrend** machen, gestützt auf Versuche, die sie seit 1887 im Laboratorium des Professors Josse in der Technischen Hochschule in Charlottenburg unternommen haben, Vorschläge zur Verbesserung der Wärmeausnutzung in der Dampfmaschine. Sie konstruieren die sogenannte Abwärmekraftmaschine, bei der an den Dampfzylinder ein weiterer Zylinder angefügt ist, in welchem die durch die Wärme des Abdampfes aus schwefliger Säure entwickelten hochgespannten Dämpfe Arbeit leisten. (S. a. 1850 D.) Die Maschine wird 1899 von E. Josse noch verbessert.

1897 Die **Aluminium Company limited** in London stellt durch Überleiten von kohlensäurefreier Luft bei 300° über metallisches Natrium, das sich in Aluminiumgefäßen befindet, Natriumsuperoxyd her, das zum Bleichen der animalischen Fasern dient.

— Der schwedische Ingenieur Salomon August **Andrée** steigt am 11. Juli von der Däneninsel nördlich Spitzbergen, begleitet von dem Eisenbahningenieur Fraenkel und von Nils Strindberg, in einem mit Schleppseil versehenen Luftballon auf, um den Nordpol zu überfliegen. Die drei Luftschiffer sind seitdem verschollen.

— Svante **Arrhenius** mißt die Stärke des „elektrischen Windes", das heißt der Luftströmung, die durch die aus einer elektrisierten Spitze ausgehenden Ionen erzeugt wird, indem er den auf die Spitze wirkenden Reaktionsdruck ermittelt. Er findet diese Reaktion proportional dem Gasdruck und der Quadratwurzel des Molekulargewichtes des Gase. Er konstatiert, daß dieser Druck bei Austritt positiver Elektrizität aus der Spitze wesentlich stärker als beim Austritt negativer Elektrizität ist.

— Der **Badischen Anilin- und Sodafabrik** gelingt es nach langjähriger Arbeit, indem sie sich unter Abänderung der Baeyer'schen Methode (s. 1880 B.) des Naphtalins als Ausgangsprodukt bedient, die Synthese des Indigos derart durchzuführen, daß sie den Konkurrenzkampf mit dem aus der Indigopflanze hergestellten Indigo aufzunehmen vermag. Bei Lösung dieser Aufgabe sind namentlich R. **Knietsch** (s. 1897 K.) mit der Ausarbeitung der Gewinnung von Kontaktschwefelsäure aus Kiesofengasen, E. **Sapper** mit der Erzeugung von Phtalsäure durch Erhitzen von Naphtalin mittels hochkonzentrierter Schwefelsäure, tätig, während H. **Brunck** die allgemeine Ausarbeitung des Verfahrens bewirkt. Als Ausgangsmaterial dient Phtalsäure, deren Imid, mit Chlor oxydiert, Anthranilsäure liefert. Aus dieser wird mit Monochloressigsäure Anthranilsäureglykokoll gewonnen, durch dessen Schmelzen mit Kali man zu der bei Oxydation mit Luft Indigblau liefernden Leukoverbindung gelangt.

1897 Jacob **Beckenkamp** arbeitet über die Beziehungen zwischen den elektrischen, chemischen und geometrischen Eigenschaften der Krystalle. Er erbringt den Nachweis, daß schon die Krystallbildung an sich elektrische Polarität mit sich bringt, und weist dies 1902 auch an den Schwerspatmolekeln nach.

— Der Ingenieur F. B. **Behr** führt auf der Brüsseler Ausstellung eine 5 km lange elektrische Einschienenbahn vor, mit der er 135 km Geschwindigkeit in der Stunde erreicht. Die Bahn bewährt sich so, daß beabsichtigt wird, Liverpool und Manchester durch eine solche 52 km lange Anlage zu verbinden.

— Marcelin **Berthelot** gibt, nachdem er schon 1879 in seinem „Essai de mécanique chimique" seine thermochemischen Messungen zusammengestellt hatte, in seiner „Thermochimie" die Resultate der seit 1865 von ihm unternommenen thermochemischen Untersuchungen der verschiedensten Reaktionen.

— Robert **Bosch** in Stuttgart konstruiert eine magnetelektrische Zündmaschine für Explosionsmotoren, bei welcher alle Drahtwicklungen feststehen und nur das magnetische Schlußstück durch die Steuerung bewegt wird.

— Louis **Boutan** gelingt es, die Haliotis tuberculata (Meerohr) zur Perlenerzeugung anzuregen, indem er in das Innere des Mantels, sowie zwischen Mantel und Schale Perlmutterkügelchen einschiebt, die mit Hilfe von feinen Fäden befestigt werden, die man durch die natürlichen Öffnungen der Atemhöhle zieht. Es ist zu bemerken, daß diese Methode der künstlichen Erzeugung von Perlen schon seit mehr als fünfhundert Jahren in China geübt wird, daß sie jedoch nur Perlmutter-Perlen liefert und nicht edle Perlen, indem nämlich die letzteren nicht ein Erzeugnis der normalen Lebenstätigkeit, sondern die Folgeerscheinung einer Erkrankung der Muschel sind.

— Die Stadt **Bremen** erweitert den 1826 auf Anregung des Bremer Bürgermeisters Schmidt angelegten und 1876 wesentlich vergrößerten Hafen von Bremerhaven und verbindet den 1876 angelegten Kaiserhafen mit dem Vorhafen an der Weser durch eine 215 m lange, 28 m breite und 10,56 m tiefe Kammerschleuse, die gegenwärtig die größte Schleuse der Welt ist. Die Gesamtwasserfläche der Häfen beträgt 40,22 ha, die Länge der Ufermauern 6565 m.

— J. **Buyten** in Düsseldorf erfindet ein Verfahren zur Herstellung von Reliefmaserung auf Holz (Xylektypom), indem er ein Sandstrahlgebläse (vgl. 1871 T.) auf die durch Säuren erweichten Holzflächen wirken läßt, wodurch die natürliche Maserung reliefartig hervortritt. Künstliche Reliefs werden erzeugt durch Ornamentmalereien mit sandfester Farbe, worauf alsdann die nicht bemalten Zwischenräume mit dem Sandstrahl gewissermaßen weggeätzt werden.

— Benno **Credé** schlägt vor, für antiseptische Zwecke Silber in metallischer Form, sowie als Laktat (Aktol) und Citrat (Itrol) zu verwenden.

— M. **Cremer** macht Respirationsversuche an Katzen und findet die Beobachtungen von Pettenkofer und Voit (s. 1861 P.), daß aus Eiweiß Fett gebildet werden könne, bestätigt. Die aus diesen Versuchen gezogenen Schlüsse werden von E. Pflüger bestritten.

1897 Nachdem zuerst Paullet und dann Letzerich und Channer im Auswurf Keuchhustenkranker Bakterien erkannt haben wollten, gelingt es **Czaplewski** und **Hensel** den Erreger des Keuchhustens zu entdecken und ihn im Zustand der Reinkultur darzustellen.

— Robert **Deißler** wendet unter Benutzung von Goldschmidt's Erfahrungen (vgl. 1897 G.) zur Steigerung der Wirkung von Explosivstoffen Aluminium an. Eingehendere Versuche werden auf der Pulverfabrik in Blumenau angestellt. Sie ergeben, daß durch Verwendung von Aluminium meist eine Steigerung der Sprengwirkung erzielt wird.

— **Dellwik** und **Fleischer** erzeugen Wassergas aus Koks in der Weise, daß sie dem Generator während des Heißblasens so viel Luft zuführen, daß der Koks nicht, wie bisher, zu Kohlenoxyd, sondern zu Kohlensäure verbrennt. Infolge der damit verbundenen größeren Wärmeproduktion wird die Periode des Heißblasens abgekürzt und die darauffolgende Periode des Einblasens des Wasserdampfs und damit der Wassergasbildung verlängert. So gelingt es, die Entstehung des Luftgases zu vermeiden und die Ausbeute an Wassergas zu verdoppeln. Die Carburierung erfolgt bei Dellwik und Fleischer mit Erdöl.

— Edmund **Drechsel** entdeckt in den weißen Bettfedern einen Kieselsäureester. Dies ist die erste organische Siliciumverbindung, die bisher in der Natur angetroffen worden ist.

— Nachdem die mit einem vollen Kupfernickelmantel versehenen Geschosse des englischen kleinkalibrigen Lee-Metford-Gewehrs sehr glatte Wundkanäle ergeben hatten und daher im Tschitral-Feldzuge angeblich keine genügende Aufhaltkraft „man stopping power" (d. h. Fähigkeit, den getroffenen Gegner auf der Stelle kampfunfähig zu machen), entwickelt hatten, stellt die indische **Dumdum-Patronenfabrik** bei Kalkutta die nach ihr benannten Gewehrgeschosse her, deren mit Schlitzen versehener Kupfernickelmantel die Geschoßspitze nicht mit überdeckt, so daß beim Auftreffen das Geschoß zerreißt. Das Dumdum-Geschoß ist nicht mehr im Gebrauch.

— Nachdem man sich schon seit längerer Zeit bemüht hatte, die feinen Eisenerze — den Schlick —, um sie dem Hochofenbetrieb zugänglich zu machen, zu brikettieren, erfindet Thomas Alva **Edison** ein Verfahren der Brikettierung, bei welchem das Feinerz mit Harzseife gemengt, unter hohem Druck gepreßt und das Preßgut einer verhältnismäßig hohen Temperatur ausgesetzt wird.

— Paul **Ehrlich** erklärt, ausgehend von seiner Auffassung der Antitoxinwirkung als eines meßbaren chemischen Vorgangs, die Immunitätsvorgänge durch die Annahme eines bestimmten Zusammenhangs zwischen Giftbindung und Antikörpererzeugung (Seitenkettentheorie).

— **Einhorn** und **Heinz** führen unter dem Namen „Orthoform" den Para-Aminometaoxybenzoesäuremethylester in den Arzneischatz ein. Das Orthoform stellt ein voluminöses, in Wasser sehr wenig lösliches ungiftiges lokales Anästhetikum dar.

— Karl **Engler** macht eingehende Versuche über die Zersetzung hochmolekularer Kohlenwasserstoffe durch mäßige Hitze und verbreitet dadurch Licht über die chemischen Vorgänge, welche sich beim Cracken der Öle (s. 1890 D.) abspielen.

— Karl **Engler** gibt eine Theorie der Erdölbildung, bei welcher er animalische Substanzen als Ausgangsmaterial annimmt. Die Entstehung des Petroleums aus diesen Substanzen erklärt er durch eine Art von Druckdestillation. Er hält ein gleichzeitiges Mitwirken von vegetabilischen Stoffen nicht für ausgeschlossen.

1897 Der belgische Mediziner Emile **van Ermengem** weist nach, daß die Wurstvergiftung (Botulismus) durch ein Bakterium verursacht wird, dem er den Namen „Bacillus botulinus“ gibt.

— Emil **Fischer** stellt im Verlauf seiner Arbeiten über die Purinkörper fest, daß Caffein, Theobromin und Theophyllin in nächster Beziehung zum Purin stehen. Er stellt Caffein und Theobromin, ferner Xanthin, Hypoxanthin, Guanin und Adenin synthetisch dar. (S. a. 1821 R. und 1841 W.)

— Carl F. W. G. **Flügge** und seine Schüler machen von 1897 ab grundlegende und für die Bakteriologie sehr wichtige Arbeiten über das Verhalten der Bakterien in der Luft und über die Luftinfektion.

— Ludwig **Gattermann** läßt Kupferpulver und schweflige Säure auf Diazoverbindungen einwirken und findet damit einen bequemen Übergang von den aromatischen Aminen zu den entsprechenden Sulfinsäuren. Das Verfahren wird von den Farbenfabriken vorm. Friedrich Bayer & Co. ausgebeutet.

— Adrien **de Gerlache** führt mit dem Dampfer „Belgica“ eine belgische Südpolarexpedition aus. Er überwintert am Kaiser Alexander-Land, wo sein Schiff einfriert und mit Mühe wieder flott wird Die höchste von ihm erreichte Breite ist nur 71°34′. Trotzdem aber ist seine Expedition reich an Erfolgen infolge der zahlreichen meteorologischen Beobachtungen und Tiefseelotungen. De Gerlache konstatiert, daß Palmerland aus einem Archipel von kleinen Inseln besteht und macht die Existenz eines antarktischen Kontinents wahrscheinlich.

— **Golaz** in Vevey stellt durch Dialyse Extrakte dar, die nach erfolgter Konzentration den sogenannten Fluidextrakten gleichwertig sind.

— Hans **Goldschmidt** in Essen führt die von Wöhler, Sainte-Claire-Deville u. a. vielfach versuchte Reduktion von Metalloxyden mit Aluminium leicht und gefahrlos aus, indem er das Gemisch von Oxyd und Aluminium nicht von außen, sondern durch in die Masse gesteckte Zündkirschen entzündet. Er stellt auf diese Weise u. a. Chrom, Kobalt, Mangan, Molybdän, Nickel her. Das Abfallprodukt — künstlicher Korund — wird zur Herstellung von keramischen Erzeugnissen benutzt.

— Heinrich **Goldschmidt** beginnt seine Untersuchungen über die Geschwindigkeit der Kuppelung bei der Bildung von Azofarbstoffen.

— Leo **Graetz** konstruiert einen Gleichrichter für Wechselströme, welcher darauf beruht, daß zwei Aluminiumplatten, die in eine alkalische Lösung tauchen, einen elektrischen Strom nur in der einen Richtung leiten, in der anderen jedoch sperren.

— Gustav **Gröndal** konstruiert seinen magnetischen Erzseparator, bei welchem eine Kombination der magnetischen und nassen Aufbereitung in Anwendung kommt. Ungefähr gleichzeitig wird ein magnetischer Separator von Heberle konstruiert, dem 1901 die Apparate von Fröding und Ericsson und 1902 der von Forsgren folgen.

— Der Ingenieur Fritz M. **Grumbacher** konstruiert nach dem von Wirz (vgl. 1746 W.) und 1797 vom Bergmeister Carl Emanuel Löscher in Freiberg i. S. angegebenen Prinzip die Mammutpumpe, in welcher ein durch Druckluft mit Luftblasen erleichtertes Wassergemisch nach dem Gesetz der kommunizierenden Röhren durch ungelüftetes (also schwereres) Wasser in die Höhe getrieben wird.

— A. **Hamm** in Heidelberg erfindet die Flachdruckrotationsmaschine, ein Mittelding zwischen Schnellpresse und Rotationsmaschine. Die Fundamente, auf denen der Satz ruht, stehen fest; es braucht also nicht von Stereotypen, sondern es kann von Schrift gedruckt werden, dagegen bewegen sich der Druckzylinder und die Auftragwalzen hin und her. Die Papierrolle ist, wie bei den Rotationsmaschinen, am hinteren Ende angebracht. Eine andere Flachdruckrotationsmaschine ist die „Rotaplana" der Vogtländischen Maschinenfabrik.

1897 Zur Herstellung eines Interferenzspektroskops benutzen M. **Hamy** sowie A. **Perot** und Ch. **Fabry** Interferenzen in reflektiertem Lichte. Sie stellen mittels durchsichtiger Versilberung zweier gegeneinander beweglicher Glaskeile eine versilberte und daher reflektierende Luftplatte von veränderlicher Dicke her.

— J. H. **van't Hoff** und **Meyerhoffer** erforschen auf Grund der Lehre vom inhomogenen Gleichgewicht die Doppelsalzbildung und stellen die Abhängigkeit dieser Erscheinung von Temperatur und Konzentration der Lösung fest.

— J. H. **van't Hoff** studiert im Anschluß an seine Arbeit mit Meyerhoffer (s. vorstehenden Artikel) in den Jahren 1897—1903 mit zahlreichen Mitarbeitern, wie E. F. Armstrong, P. Williams u. a. die Krystallisationen von Salzen aus wässerigen Lösungen behufs Feststellung der Existenzbedingungen aller Verbindungen, die sich aus einer so kompliziert zusammengesetzten Lösung, wie das Meerwasser, bei wechselnden Temperaturen und Drucken ausscheiden können und lehrt die Bedingungen kennen, unter denen die aus Meerwasser krystallisierten Salzlager entstanden sind.

— Eugen **Holländer** empfiehlt Heißluftkauterisation speziell bei Lupus.

— Der **Internationale Verein der Lederindustriechemiker** beschließt auf der im September in London abgehaltenen Konferenz, in der sogenannten Hautpulvermethode eine einheitliche gewichtsanalytische Methode zur Analysierung der Gerbematerialien zu schaffen und erläßt genaue Vorschriften für die einzelnen Manipulationen.

— Der Bergrat Friedrich **Jahns** erfindet einen Ringgenerator, in welchem die Abfälle von der Aufbereitung der Steinkohle vergast werden und Heiz- und Kraftgas erzeugt wird. Der Generator kommt auf dem Steinkohlenbergwerk Von der Heydt bei Saarbrücken zur Ausführung.

— Walther **Kaufmann** bestimmt aus der magnetischen Ablenkung der Kathodenstrahlen das Verhältnis der Ladung ε zur Masse m der Teilchen. Unabhängig von ihm führt im gleichen Jahre J. J. **Thomson** analoge Messungen aus.

— Christian **Kittler** zeigt in seiner Schrift „Über die geographische Verbreitung und Natur der Erdpyramiden", daß zur Bildung der Erdpyramiden nicht allein das Wasser (vgl. 1779 Z.), sondern auch die Insolation, die Färbung des Materials und insbesondere die Windwirkung beiträgt.

— Rudolf **Knietsch** (s. a. 1897 B.) stellt Kontaktschwefelsäure aus Röstgasen dar. Er erkennt zuerst, daß Arsenik selbst in minimalen Mengen die katalytische Wirkung der Platinkontaktmasse in hohem Grade beeinträchtigt und ein spezifisches Kontaktgift ist, und daß man aus diesem Grunde mit der Herstellung der Kontakt-Schwefelsäure aus Röstgasen bisher nicht erfolgreich war. Er unterwirft deshalb die Röstgase vor der Katalysierung einer systematischen Waschung mit Wasser oder Schwefelsäure und leitet sie erst dann in die Kontaktröhren, wo die Katalysierung bei 400° vorgenommen wird.

— Der Fabrikant Wilhelm **Krische** und der Techniker Adolf **Spitteler** stellen aus dem Käsequark der Magermilch einen von ihnen „Galalith" genannten Stoff her, der durch Pressung eine hornartige Beschaffenheit annimmt, sich auf der Drehbank bearbeiten sowie polieren läßt und sehr widerstandsfähig ist. Galalith dient in verschiedenartiger Färbung als Ersatz für Horn, Schildpatt, Celluloid, Bernstein, Elfenbein, Hartgummi u. dgl.

— **Krönig** und **Paul** unterziehen die chemischen Grundlagen der Lehre von der

Giftwirkung und Desinfektion vom Standpunkt der Ionentheorie einem eingehenden Studium und arbeiten im Anschluß daran ein neues fein durchgebildetes Verfahren der Desinfektionsprüfung aus, welches das Koch'sche Verfahren (s. 1881 K.) verdrängt.

1897 Der englische Reisende Henry Savage **Landor** unternimmt eine Reise in das Hochland von Tibet, wird aber, wenige Tagereisen von Lhassa entfernt, zur Umkehr gezwungen, die sich unter großen Gefahren und Leiden vollzieht.

— Durch die Arbeiten von **Le Chatelier, Bakhuis-Roozeboom** und **Jüptner** wird festgestellt, daß mindestens drei, vielleicht sogar vier allotrope Formen des Eisens vorkommen: α-Eisen, unter 760° beständig, nimmt wenig Kohlenstoff auf, β-Eisen, existiert zwischen 760° und 900°, nimmt nur 0,15% Kohlenstoff auf, γ-Eisen, existiert von 900° bis 1550°, nimmt 2% Kohlenstoff auf, geschmolzenes Eisen endlich, das 4 und noch mehr Prozent Kohlenstoff enthalten kann.

— C. **Liebermann,** der schon 1872 mit van Dorp und 1885 allein über den Cochenillefarbstoff gearbeitet hatte, stellt mit H. **Voswinkel** aus Carminsäure zwei krystallisierte Säuren, Cochenillesäure und Coninsäure her. Aus diesen Arbeiten ergibt sich mit Wahrscheinlichkeit, daß die Carminsäure kein Naphtochinonderivat, sondern ein Hydrindenderivat ist.

— Alfred **Lottermoser** erhält Quecksilberhydrosol, indem er Quecksilberoxydulnitrat durch Zinnchlorürlösung reduziert. Das kolloidale Quecksilber erweist sich als weniger haltbar als kolloidales Silber.

— **Loewy** und **Puiseux** geben ihren „Atlas photographique de la lune" heraus, der eine ungeahnte Fülle von außerordentlich feinen Details erkennen läßt.

— Otto **Lummer** weist nach, daß die von Weber und Emden (s. 1887 W.) gefundenen Abweichungen vom Draper'schen Gesetz ihre Erklärung finden, wenn man gemäß der Theorie von v. Kries (s. 1894 K.) die Grauglut als eine Empfindung der Stäbchen und die Rotglut als eine solche der Zapfen hinstellt.

— Thomas **Marchand** führt eine Durchquerung Afrikas aus, indem er von Loanda über Brazzaville zum oberen Ubangi, dann über Land in das Flußgebiet des Bahr el Gazal geht, nach fünfmonatigem Aufenthalt in Faschoda den Sobat und Baro aufwärts fährt und über Land Addis Abeba und schließlich Dschibuti erreicht.

— Adolf **Martini** erfindet eine wirksame Zündpille und konstruiert einen Gasselbstzünder, bei welchem die Zündpille in der Mitte einer durchlochten Glimmerplatte liegt und sich nach erfolgter Zündung automatisch den Einwirkungen der Hitze entzieht, um nach Erlöschen der Flamme automatisch wieder in die zur Zündung geeignete Lage zurückzukehren.

— Richard **Meyer** untersucht den Einfluß der chemischen Konstitution auf das Fluorescenzvermögen und führt die Fluorescenz in der Hauptsache auf die Anwesenheit ganz bestimmter Atomgruppen, die er als Fluorophore bezeichnet, sowie auf deren Stellung zu anderen Atomkomplexen und auf das Lösungsmittel zurück.

— Johann von Radecki **Mikulicz** vervollkommnet die Asepsis und bestrebt sich namentlich, die aseptische Wundbehandlung zu einer wirklich keimfreien Methode zu gestalten. Er empfiehlt die Desinfektion der Haut und der Hände mit Seifenspiritus.

— Henri **Moissan** stellt reines Wolfram durch Erhitzen von Wolframsäure mit Zuckerkohle im elektrischen Ofen dar.

— Henri **Moissan** einerseits und James **Dewar** andererseits gelingt es, Fluor durch flüssigen Sauerstoff unter einem Druck von 325 mm Quecksilber bei —187° C. zu verflüssigen und dessen Reaktionsfähigkeit bei extrem niedrigen Temperaturen festzustellen.

1897 Mit der astronomischen Refraktion sehr nahe verwandt ist die Extinktion des Lichtes der Gestirne in der Erdatmosphäre, für die zahlreiche Theorien von Lambert (1760), Laplace (1805), Maurer (1882), Hausdorff (1895), u. a. aufgestellt worden sind. Gustav **Müller** berechnet den Lichtverlust in der unmittelbaren Nähe des Horizontes auf mehr als 95 % des ursprünglichen Lichts und selbst im Zenit auf noch 17 %, Zahlen, die von A. Bemporad (1904) bestätigt werden.

— Ludwig **Obry** in Triest erfindet den Geradlaufapparat für Torpedos, eine Vorrichtung, die ein Vertikalruder betreibt und dem Torpedo einen geraden Lauf erteilt. Der Apparat arbeitet ausgezeichnet und macht den Whiteheadtorpedo zu einer Präzisionswaffe ersten Ranges.

— E. **Oelschläger** und F. **Schrottke** konstruieren zum Schutze von Starkstromleitungen den Hörnerblitzableiter, zwei isoliert aufgestellte Drähte, von denen der eine mit der Leitung, der andere mit der Erdleitung verbunden ist. Hat der Blitz die kürzeste Stelle zwischen beiden durchschlagen und dabei einen Lichtbogen eingeleitet, so stößt der Strom diesen ab und treibt ihn zwischen den Hörnern empor, wo seine Länge bald so groß wird, daß er abreißt und der Strom wieder den ihm vorgeschriebenen Weg nimmt. Diese Blitzableiter sind für Wechselstrom und Gleichstrom zu benutzen. Man setzt sie auf die Spitzen der die Leitung tragenden Maste, bei elektrischen Bahnen auch auf die Wagen.

— **Ortenbach** und **Vogel** konstruieren eine „Orvopumpe" genannte Pumpe mit Kolbenschiebersteuerung (also ohne Ventile) und mit hoher Umlaufszahl (bis 400 in der Minute) und großer Saughöhe, die in Zwillingsanordnung und vierfach wirkend gebaut wird. Die Pumpe soll insbesondere zur Förderung dicker Flüssigkeiten gut verwendbar sein.

— **Pape** und **Henneberg** in Hamburg konstruieren für die Zwecke der Erzaufbereitung eine Trockenzentrifuge mit Absiebvorrichtung, bei der die Schleuderteile konstruktiv besonders sorgfältig behandelt sind und der stets in den Mehlen erzeugte Erzstaub im Moment des Abschleuderns der Masse durch einen schwachen Gegenluftstrom entfernt wird.

— Emil **Paßburg** und Carl **Huber** konstruieren gleichzeitig für die Kabelfabrikation Apparate zum Trocknen der Kabelisolation im Vakuum. Diese Apparate enthalten sehr rationell gebaute Kondensatoren zur Entfernung der Wasserdämpfe und ermöglichen die allseitige Erwärmung des Kabels. Diese Vakuum-Trockenapparate werden vielfach auch zur Trocknung von Anilinfarben, Nitroprodukten und namentlich auch von Knallquecksilber benutzt.

— Die **Preußische Regierung** übergibt die in einer Länge von 80 km von Cosel bis unterhalb Oppeln durch Regulierungsarbeiten und günstige Ausnutzung der Wassermengen kanalisierte Oder dem Verkehr.

— **Pullmann** nimmt ein Patent, nach welchem man das Hautmaterial für den Gerbeprozeß erst mit einer Chlorcalciumlösung und dann mit Natronlauge oder umgekehrt behandelt, so daß dasselbe infolge der Umsetzung sehr rasch von Kalkhydrat durchdrungen wird und eine sehr beschleunigte Äscherwirkung stattfindet.

— Joseph **Rieder** erfindet die Elektrogravüre, ein Verfahren, durch welches die Arbeit des Gravierens mit Hilfe des elektrischen Stroms durch elektrochemische Ätzung besorgt wird.

— Max **Ringelmann** legt der Académie des sciences in Paris eine Arbeit vor, in der er vergleichende Versuche mit durch Spiritus betriebenen Kraftmaschinen niederlegt.

1897 R. H. **Robertson** läßt in seinem Park in New York das Park Row Building mit 30 Geschossen über Straßenhöhe (außer zwei Kellergeschossen) erbauen, das die bisher höchste Höhe für ein Geschäftshaus (im ganzen 129,4 m) erreicht.

— **Röhmann** gewinnt Leucin (s. 1818 P.) aus Caseïn durch Trypsinwirkung.

— Ronald **Roß** gelingt es, menschliche Malariaparasiten im Körper einer Stechmücke aus der Gattung Anopheles zur Weiterentwicklung zu bringen. Er liefert damit einen wertvollen Beitrag zur Malariaforschung. (Vgl. 1902 R.)

— Heinrich **Rubens** konstruiert eine neue Thermosäule für sehr genaue Wärmemessungen, bei der er die früher für Thermosäulen verwendeten Metalle Wismut-Antimon verläßt, da sie sich nicht zu dünnen Drähten ausziehen lassen. Er verwendet an deren Stelle das Thermopaar Konstantan (Legierung aus 58 T. Kupfer, 41 T. Nickel, 1 T. Mangan)-Eisen. Die Säule ist so empfindlich, daß die Strahlung einer Kerze in 10 m Entfernung noch erhebliche Ausschläge ergibt.

— Heinrich **Rubens** und E. F. **Nichols** erzeugen die Reststrahlen an Quarz und anderen Substanzen. Reststrahlen sind solche Strahlen großer Wellenlänge, für welche die betreffenden Substanzen metallische Reflexion zeigen, und die daher durch wiederholte Reflexion an Flächen dieser Substanzen isoliert werden können. Es wird zugleich der elektromagnetische Charakter dieser Reststrahlen nachgewiesen. Mit Hilfe der Reststrahlen wird das Strahlungsgesetz (s. 1859 K.) gestützt.

— Heinrich **Rubens** und E. F. **Nichols** weisen mit Hilfe eines verbesserten Radiometers (s. 1873 C.) nach, daß im Spektrum der gewöhnlichen Lichtquellen noch Wellen bis zur Wellenlänge von 60 μ vorkommen.

— Die **Ruberoid-Gesellschaft** in Hamburg bringt unter dem Namen „Ruberoid" ein neues Bedachungsmaterial in den Handel. Das Ruberoid wird aus einer wollstoffreichen Filzpappe hergestellt, die mit einer von flüchtigen Stoffen freien und erst über den gewöhnlichen Sonnentemperaturen schmelzenden Imprägnierungsmasse getränkt ist und auch in Beziehung auf das Beibehalten der Elastizität die gewöhnliche Dachpappe weit übertrifft.

— **Salvioni** erfindet das Spintherometer (Funkenmikrometer), das zur Untersuchung der Bedingungen dient, unter welchen ein dauerndes Fließen der Elektrizität durch Unterbrechungsstellen von wenigen zehntausendstel Millimetern stattfindet.

— **Salzenberg** in Crefeld verbessert die Preßluftgas-Glühlichtbeleuchtung, indem er Glühstrümpfe besonderer Konstruktion und Imprägnierung verwendet, die sich durch den Druck des Gases kugelartig aufblähen und durch die Kugelgestalt bessere Lichtwirkung geben (Kugellicht).

— Rudolf **Schenck** untersucht alle wesentlichen physikalischen Eigenschaften der krystallinischen Flüssigkeiten, wie Erniedrigung der beiden Schmelzpunkte durch fremde Zusätze, Dichte, Wärmetönung, Zähigkeit, Oberflächenspannung und Dielektrizitätskonstante. Er weist nach, daß die krystallinischen (anisotropen) Flüssigkeiten chemisch einheitlich zusammengesetzt sind und die Eigenschaften der echten (isotropen) Flüssigkeiten haben.

— Eduard **Schiff** (Wien) und Hermann **Kümmell** (Hamburg) berichten gleichzeitig und unabhängig voneinander über günstige Erfolge bei der Behandlung des Lupus mit Röntgenstrahlen.

— E. **Schmidt** stellt aus dem Samen der gelben Lupine ein Alkaloid, das Lupinin dar, das nach R. Willstätter und R. Fourneau (1902) ein primärer Alkohol von eigentümlicher Ringbildung ist. In unreinem Zustand war das Lupinin schon 1835 von Cassola und 1881 von Baumert erhalten worden.

1897 Oswald **Schmiedeberg** gibt ein zur Darstellung von größeren Mengen von krystallisierten Eiweißstoffen geeignetes Verfahren an und stellt aus der Paranuß das Vitellin in Krystallform dar.

— Ernst **Schulze** zeigt, daß als Stoffwechselprodukte der nicht grünen pflanzlichen Zelle im wesentlichen dieselben Stoffe auftreten, wie bei der tierischen Zelle, daß also der Stoffwechsel der pflanzlichen Zelle ganz ähnlich und nach denselben Gesetzmäßigkeiten zu verlaufen scheint, wie der der tierischen Zelle.

— **Sévène** und **Cahen** machen den Vorschlag, für Reibzündhölzer statt des weißen Phosphors das relativ unschädliche Phosphorsesquisulfid anzuwenden. Die „S und C-Hölzer", wie diese Zündhölzer genannt werden, sollen ebensogut wie die Phosphorzündhölzer sein.

— Der japanische Arzt Kiyoshi **Shiga** entdeckt den Dysenteriebacillus. Die Nachrichten über die Dysenterie reichen bis auf die ältesten Zeiten zurück. Selbst in den ältesten Büchern der Medizin, wie u. a. im Papyrus Ebers, finden sich Andeutungen darüber.

— Die **Société chimique des usines du Rhône** zeigt durch ihre Patente die Möglichkeit der direkten Oxydation von aromatischen Methylgruppen zu Aldehydgruppen. Die Oxydation erfolgt am besten mit Braunstein und Schwefelsäure. Das oxydierende Agens wird in großem Überschuß gegenüber dem zu oxydierenden Produkt angewendet.

— Nachdem Wilhelm Branco (1894) bereits die Ansicht vertreten hatte, daß praeformierte Spalten keineswegs eine Vorbedingung für vulkanische Eruptionen seien, stellt Alfons **Stübel** eine neue Theorie des Vulkanismus auf. Danach befinden sich innerhalb der Erstarrungsrinde der Erde lokalisiert vulkanische Herde, die mit feurigflüssigem Magma gefüllt sind, welches beim Abkühlungsprozeß eine Vergrößerung seines Volums erfährt und nun nach oben ausgepreßt wird.

— **Szcepanik** konstruiert einen Apparat zum elektrischen Fernsehen.

— Carlo **Viola** gibt eine neue elementare Herleitung der 32 möglichen Krystallklassen und erweist die Identität der beiden grundlegenden Annahmen, die man als Gesetz der homogenen Verteilung der Materie und als Gesetz der Rationalität der Indices (s. 1839 M.) kannte.

— Emil **Warburg** weist nach, daß die Funkenverzögerung in einem sehr trockenen Gase viel größer ist als in einem Gase, das eine geringe Menge Wasserdampf enthält.

— **Warren** entdeckt die reduzierende Eigenschaft des Calciumcarbids. Es gelingt ihm, damit die Oxyde von Blei, Zinn, Kupfer, Eisen, Mangan, Nickel, Molybdän und Wolfram zu reduzieren, die bei einem Überschuß von Calciumcarbid Calciumlegierungen geben. Goldschmidt sucht diese Eigenschaft 1899 nutzbar zu machen, indem er bei seinem Reduktionsprozeß Carbid an Stelle von Aluminium einführt.

— Emil **Wiechert** zieht aus geophysikalischen Erwägungen den Schluß, daß die Erde einen Metallkern (Eisenkern) enthalte. Diese Theorie wird durch die seismologischen Untersuchungen von Wiechert und Hans Benndorf wesentlich gestützt. Die Dicke der Gesteinshülle wird von Wiechert nach Erdbebenbeobachtungen auf nahe 1500 km geschätzt.

— Martin Ewald **Wollny** untersucht die Entstehung des Humus in der Ackererde in ihren einzelnen Phasen. Er untersucht namentlich den durch Oxydationsvorgänge bedingten Prozeß der Verwesung, sowie den durch Reduktionsvorgänge hervorgerufenen Prozeß der Fäulnis, welche zusammen die unter Mitwirkung zahlloser Mikroben sich abspielende Auflösung der organischen Körper bewirken.

1897 Nachdem schon früher (s. Chérubin d'Orléans, La dioptrique oculaire) versucht worden war, ein binokulares Mikroskop aus zwei vollständigen Mikroskopen, die auf dasselbe Objekt gerichtet wurden, herzustellen, konstruiert Carl **Zeiß** auf Anregung von H. S. Greenough in Anwendung dieses Prinzips sein sogenanntes stereoskopisches Mikroskop.

1898 Leo **Arons** konstruiert einen elektromagnetischen Saitenunterbrecher, der auf der Beeinflussung eines stromdurchflossenen Leiters durch ein Magnetfeld beruht.

— Carl **Auer von Welsbach** erfindet die Osmiumglühlampe, in der an Stelle des Kohlenfadens ein dünner Osmiumdraht verwendet wird, der durch vielfaches Eintauchen in eine Tonerdesalzlösung und jedesmal folgendes Glühen mit einer dünnen emailleartigen Tonerdeschicht überzogen ist.

— Benjamin **Baker** beginnt im Auftrage der ägyptischen Regierung die Herstellung eines großen Nilreservoirs bei Assuan und Siut. Der Damm von Assuan, der ganz aus Granitquadern erbaut ist, hat eine Länge von 2 km, ist 37 m hoch, an der Sohle 27 m breit und hat 180 Schleusen mit stählernen, durch hydraulische Kraft bewegten Türen, die es gestatten, das Nilwasser in genau zu berechnenden Mengen durchzulassen. Der gebildete Stausee faßt 1100 Millionen Kubikmeter Wasser. Der Plan geht dahin, den Wasserstand des Nils durch Erhöhung des Dammes noch um weitere 7 m zu erhöhen, wofür eine Bauzeit bis 1913 vorgesehen ist.

— Ferdinand **Blumenthal** entscheidet die Frage, ob die Glykolyse der Organe nur an die lebenden Zellen gebunden ist, oder ob sie als ein enzymatischer Vorgang aufzufassen ist, im letzteren Sinne, indem er durch Auspressen der Organe mit der Buchner'schen Presse einen zellfreien Saft herstellt, der Glykolyse hervorruft.

— Hans **Boas** konstruiert den Turbinenunterbrecher für Induktionsapparate. Bei diesem rotiert ein oben rechtwinklig gebogenes Röhrchen schnell um seine vertikale Achse. Es saugt aus einem Behälter Quecksilber auf, das dann durch Zentrifugalwirkung aus dem umgebogenen Schenkel im Kreise ausgespritzt wird und, auf einen mit Aussparungen versehenen Ring treffend, die Unterbrechungen des Stromes — bis 1500 in der Sekunde — erzeugt.

— Rudolf **Boehm** weist nach, daß Filixsäure, der wirksame Bestandteil des Extractum filicis maris, des verbreitetsten Bandwurmmittels, ein Phloroglucinderivat ist.

— Der Norweger Carsten Egeberg **Borchgrevink** gelangt auf seiner i. J. 1898 angetretenen Südpolarreise am 17. Februar 1899 nach Cap Adare, wo er mit 10 Gefährten überwintert, während sein Schiff nach Neuseeland zurückkehrt. Im folgenden Sommer führt das zurückgekehrte Schiff die Expedition in die von James Roß entdeckte Bucht westlich von Victorialand bis 78° 35′ südl. Breite, von wo Borchgrevink zu Schlitten noch bis 78° 50′ südl. Breite gelangt. Im März 1900 langt die Expedition wieder in Neuseeland an. Die auf der Reise gemachten Beobachtungen verstärken die Wahrscheinlichkeit, daß der Südpol der Mittelpunkt eines ausgedehnten Festlandgebiets ist. (S. 1897 G. und 1903 S.)

— Jules **Bordet** und **Tsistovitch** stellen im Anschluß an eine Beobachtung von Metschnikoff fest, daß in dem Blutserum von Tieren, die mit Blutkörperchen anderer Tiere behandelt werden, sich drei verschiedene spezifische Substanzen bilden; erstens solche, welche die betreffenden Blutkörperchen zusammenballen (Agglutinine), zweitens solche, welche sie abtöten und auflösen (Hämolysine) und drittens solche, welche das Bluteiweiß zur Ausfällung bringen (Präzipitine).

1898 Alfred **Brandt** und **Brandau** beginnen am 13. August die Arbeiten am Simplontunnel, der von Brieg im Rhonethal nach Iselle an der Diveria führt und eine Länge von 19731 m hat. Der Durchstich der letzten Wand erfolgt am 24. Februar 1905.

— Ferdinand **Braun** benutzt die Ablenkung der Kathodenstrahlen durch magnetische und elektrostatische Felder (s. 1869 H.) zur Aufzeichnung von Wechselstromkurven und Stromschwankungen, indem er den zu prüfenden Strom durch eine Drahtspule schickt, deren Magnetfeld ein dünnes, durch ein enges Diaphragma hindurchdringendes Bündel Kathodenstrahlen ablenkt. Die Ablenkung wird auf einem in der Vakuumröhre angebrachten, mit fluoreszierendem Stoff bestrichenen Glimmerblatt beobachtet oder photographiert (Braun'sche Röhre).

— Ferdinand **Braun** führt in die drahtlose Telegraphie den geschlossenen Schwingungskreis als Erreger der vom Sender ausgestrahlten Wellen ein. Hierdurch wird es möglich, größere Energiemengen zur Ausstrahlung zu bringen und damit weite Entfernungen zu überbrücken. Seine Senderanordnung wird die Grundbedingung für die abgestimmte Telegraphie.

— Georg **Bredig** führt die Klärungserscheinungen bei Suspensionen (s. 1893 B.) auf elektrische Endosmose zurück. Die zur Flüssigkeit zugesetzten Ionen erzeugen nach ihm ein elektrostatisches Feld, in welchem dann stets Verschiebungen des die geladenen Ionen umgebenden Mediums eintreten, welche dessen Dielektrizitätskonstante vergrößern, wodurch sich das Wasser mit den gelösten Elektrolyten von der Suspension trennt.

— Georg **Bredig** und seine Schüler zeigen, daß durch Zerstäubung von Metalldrähten in einem unter destilliertem Wasser gebildeten Lichtbogen leicht filtrierbare kolloidale Lösungen der Metalle — die sogenannten Metallsole — entstehen, die fermentative Fähigkeiten entwickeln. Dies trifft besonders für das Platinsol zu. Namentlich Svedberg gelingt es später, sämtliche Metalle mit dieser Methode zu Solen zu zerstäuben. (Vgl. auch 1885 W.)

— Eduard **Buchner** lehrt durch Zerreiben von Hefe mit Sand und Kieselgur und Auspressen der teigförmigen Masse die Herstellung eines Preßsaftes, der, wie die Hefe selbst, Zucker in alkoholische Gärung versetzt. Es gibt also im Gegensatz zu Pasteurs, aber in Übereinstimmung mit Liebigs Auffassung, eine zellfreie Gärung. Das wirksame Agens, ein Enzym (vgl. 1858 T.), wird als Zymase bezeichnet. Frühere Versuche in ähnlicher Richtung, wie die von Lüdersdorff 1846 und die von Marie von Manasseïn, waren negativ verlaufen oder unbeachtet geblieben.

— Indem einerseits Eduard **Buchner** die Überführung des Benzols in Derivate des Cycloheptans (Suberons) kennen lehrt, andrerseits Richard **Willstätter** den Siebenkohlenstoffring als wesentlichen Molekülbestandteil der natürlichen Alkaloide Atropin und Cocain erkennt, gewinnt die ringförmige Kombination von sieben Kohlenstoffatomen (Cycloheptanring) für die organische Chemie ein hervorragendes Interesse.

— **Buhlmann** ersetzt für Glühstrümpfe das Baumwollhäkelgarn durch Ramie. Die Ramieglühkörper haben eine Formbeständigkeit, die mit einem andern Material nicht zu erreichen ist und finden deshalb jetzt eine fast ausschließliche Anwendung.

— J. **Burke** zeigt, daß Zucker bei starkem Stoßen oder Schlagen im Dunkeln so intensiv leuchtet, daß es möglich ist, das Licht spektral zu untersuchen. Er zeigt, daß auch Krystalle von salpetersaurem Uran leuchten, wenn sie zerbrochen werden (Triboluminescenz).

— J. **Cadgène** faßt den Gedanken, auf Stoffe farbige Dampfwolken oder einen gefärbten Ton niederzuschlagen, und konstruiert dafür einen Zerstäubungsapparat, der aus einer Reihe von Düsen besteht, die eine gefärbte Lösung aufsaugen und dieselbe als feinen Strahl gegen den an ihnen vorbeilaufenden Stoff blasen.

1898 Heinrich **Caro** erhält durch Eintragen von Kaliumpersulfat in mäßig verdünnte Schwefelsäure eine Flüssigkeit, die sehr merkwürdige Oxydationswirkungen auszuüben vermag und z. B. Anilin in Nitrosobenzol und Nitrobenzol überführt. Nach Baeyer und Villiger (1901) enthält dieses Reagens die Monosulfopersäure. Der Körper war 1889 bereits bei der Elektrolyse verdünnter Schwefelsäure von Traube erhalten, jedoch von ihm nicht identifiziert worden.

— Der Zoolog Carl **Chun** macht auf der deutschen Tiefsee-Expedition an Bord der „Valdivia" viele wichtige Funde interessanter Tiefseetiere und erläutert ihre Anpassung an die eigenartigen Lichtverhältnisse ihrer Wohnorte.

— Adolf **Clemm** und **Hasenbach** nehmen ein Patent auf ein Verfahren zur Herstellung von Kontaktschwefelsäure, das auf Verwendung des von Wöhler und Mahla (s. 1852 W.) zuerst vorgeschlagenen Eisenoxyds als Kontaktsubstanz beruht.

— **Crawley** konstruiert ein Ohmmeter, d. i. ein Zeigerinstrument zur Messung des elektrischen Widerstandes.

— Arthur **Croft Hill** läßt Hefemaltase, die Maltose in Traubenzucker zu spalten vermag, auf 40 % Lösungen von Traubenzucker mehrere Monate bei 30° einwirken und stellt fest, daß infolge einer reversiblen Reaktion sich ein Disaccharid gebildet hat, daß also durch ein isoliertes Enzym der Aufbau eines komplizierten Zuckers aus einem einfacheren bewirkt werden kann.

— Philippe **Curie** und Frau Sklodowska **Curie** finden in der Pechblende einen radioaktiven Bestandteil, dessen Reinigung als Chlorid gelingt und der als Radium bezeichnet wird. Sein Atomgewicht beträgt 225. Die spektralanalytische Untersuchung des Radiums durch Demarçay (1899), Runge (1899) und Exner (1900) ergibt mit voller Sicherheit die Anwesenheit einer Reihe bisher noch nicht beobachteter neuer Spektrallinien.

— Philippe **Curie** und Frau Sklodowska **Curie** finden, daß aus Pechblende dargestelltes Wismut sich von dem gewöhnlichen Wismut dadurch unterscheidet, daß es radioaktiv ist. Sein Strahlungsvermögen übertrifft dasjenige des Urans um das Hundertfache.

— George Howard **Darwin** kommt in seinem Buche „Tides and kindred phenomena in the solar system" auf Grund von kosmogonischen Erwägungen zu der Annahme, daß die Venus, wie Schiaparelli (s. 1890 S.) und Lowell (s. 1896 L.) annehmen, eine langsame Rotation habe. Doch sind die Akten hierüber noch nicht geschlossen, da viele Astronomen, wie insbesondere Trouvelot, Niesten, Stuyvaert, Leo Brenner der Ansicht sind, daß die Rotation eine schnelle sei.

— Paul **Degener** schlägt im Verein mit Wilhelm **Rothe** zur Reinigung von Abwässern das Kohlebreiverfahren vor, bei welchem auf den Kubikmeter Abwässer 1 bis 2 kg Braunkohlenpulver und 1/4 kg Eisensulfat beigemischt werden, worauf das Ganze durch die Rothe'schen Türme filtriert wird. (S. 1880 R.) Der Schlamm fault nicht und gibt gepreßt ein gutes Brennmaterial; das abfließende Wasser ist nicht mehr fäulnisfähig und eignet sich wegen seines hohen Stickstoffgehaltes zum Berieseln von Wiesen.

— Die **Deutsche Gold- und Silberscheideanstalt** macht das von Heumann aufgefundene Verfahren der Alkalischmelze von Phenylglykokoll zur Indigobereitung brauchbar, indem sie der Schmelze „Natriumamid" beigibt. Dieses Na-

61*

triumamidverfahren, das von den Höchster Farbwerken ausgebeutet wird, scheint dem Anthranilsäureverfahren (s. 1897 B.) ebenbürtig zu sein.

1898 James **Dewar** bedient sich zur Vakuumerzeugung der flüssigen Luft und besonders des flüssigen Wasserstoffs. Er stellt hierzu eine beiderseits zugeschmolzene Glasröhre mit ihrem unteren Ende in flüssigen Wasserstoff und schmilzt, nachdem sich die in der Röhre befindliche Luft in deren unterem Teile kondensiert hat, die obere luftleere Hälfte der Röhre ab. Die auf diese Weise erzeugte Luftleere ist eine nahezu vollständige, und bleibt noch unter 1 Millionstel Atmosphäre.

— H. **Dreser** führt das Diacetylmorphin unter dem Namen „Heroin" als Hypnotikum an Stelle von Morphin, sowie als Mittel bei den verschiedenen Erkrankungen der Respirationsorgane an Stelle von Codein in den Arzneischatz ein.

— James B. **Eads** führt in langjähriger Arbeit, bei der mächtige Bagger von großer Leistungsfähigkeit (der Riesendampfbagger „Beta", der als Saugbagger konstruiert ist, leistet stündlich 4500 cbm) tätig sind, die schwierigen Regulierungsarbeiten des Mississippi, dem durch den Missouri ungewöhnliche Mengen von Sinkstoffen zugeführt werden, so weit durch, daß er eine Fahrwassertiefe von 9 m erreicht, die allerdings nur durch dauernde Baggerarbeit erhalten werden kann.

— Nachdem Walbaum schon 1894 den Anthranilmethylsäureester im Neroliöl entdeckt hatte, stellen Hugo und Ernst **Erdmann** diesen Ester synthetisch aus Anthranilsäure dar und benutzen ihn zur Herstellung künstlicher Riechstoffe. (S. a. 1900 II.)

— Nachdem zuerst Zalesky aus dem Gift der Salamander eine reine, „Samandarin" genannte Substanz abgeschieden hatte, untersucht Edwin **Faust** diesen von ihm „Salamandrin" genannten Körper näher und charakterisiert denselben als ein außerordentlich giftiges Alkaloid.

— Emil **Fischer** gelingt es, das stark basische Purin selbst darzustellen und so den Schlußstein zu seinen gesamten Untersuchungen in der Harnsäuregruppe zu legen.

— Die Methode der Wasserschmelze des Fettes, die seit den ältesten Zeiten zum Auskochen der Fische, zur Knochenverarbeitung usw. verwendet worden war, wird von dem **Fish Utilisation Syndicate** wesentlich verbessert. Bei dem von ihm konstruierten Apparat werden die Fische durch eine Schnecke unter heißem Wasser zerkleinert und gleichzeitig durch den Kochbehälter bewegt. Noch wirksamer sind die von Charles Wacker in Baltimore 1901 konstruierten Apparate, bei denen auf das zerkleinerte Material durch Hindurchpressen durch gelochte konische, unter Wasser befindliche Behälter ein Druck ausgeübt wird.

— Fernand **Foureau** zieht mit Major **Lamy** von Biskra aus über Quargla, Agades und Zinder zum Tschadsee. Von da gelangen sie nach dem Schari, wo sie mit dem Afrikareisenden Gentil zusammentreffen, bei dem Lamy, der später im Kampf gegen Rabeh, den Usurpator von Bornu fällt, zurückbleibt. Von hier zieht Foureau allein weiter, erreicht 1900 den Kongo und kehrt von da nach Marseille zurück.

— Max **Fremery**, Hans **Urban** und Emile **Bronnert** stellen mit Hilfe von Kupferoxydammoniak bei niedriger Temperatur starke Celluloselösung dar. (S. 1857 S.) Sie pressen dieselbe durch feine Mundstücke in Schwefelsäure, wodurch die Cellulose in Form eines Fadens erstarrt, welcher auf Glaswalzen aufgespult wird. Die so erhaltene Kunstseide wird im Handel als Glanzstoff bezeichnet. Ein ähnliches Patent, das jedoch keine praktische Folge hatte, war 1890 von Despaissis genommen worden.

— Ludwig **Gattermann** bewirkt die Synthese der aromatischen Aldehyde durch

Einwirkung von Blausäure und Salzsäure auf benzolhomologe und mehratomige Phenole bei Gegenwart von Aluminiumchlorid.

1898 Eugen **Goldstein** beobachtet die Farbenveränderung der Haloidsalze der Alkalimetalle unter dem Einflusse der Kathodenstrahlen.

— Gustav **Gröndal** und **Dellwik** erfinden ein Verfahren der Brikettierung feiner Eisenerze ohne Bindemittel unter Einwirkung von hohem Druck und hoher Temperatur. (S. a. 1897 E.)

— Die Botaniker **Guignard** und **Nawaschin** entdecken die Doppelbefruchtung bei den höheren Pflanzen.

— Die offene Zufahrtsstrecke Kleine Scheidegg—Eigergletscher (2223 m Meereshöhe) der Jungfraubahn, deren Bau durch die Bemühungen des Züricher Finanzmanns Adolf **Guyer-Zeller** ermöglicht worden ist, wird am 19. September 1898 eröffnet. Die Station Rotstock wird i. J. 1903, die Station Eigerwand (2868 m Meereshöhe) i. J. 1904, die Station Eismeer (3162 m Meereshöhe) i. J. 1906 dem Verkehr übergeben. Von da soll die Bahn zum Jungfraujoch und dem im Sommer schneefreien Plateau (4093 m) gehen, von wo ein 73 m hoher senkrechter Aufzug zur Spitze führen soll.

— Fritz **Haber** studiert die zuerst von Haeussermann nachgewiesene elektrolytische Reduktion von Nitrokörpern und zeigt, daß Nitrobenzol in saurer wie alkalischer Flüssigkeit zunächst zu Nitrosobenzol und weiterhin zu Phenylhydroxylamin reduziert wird. Beide vereinigen sich zu Azoxybenzol, das alsdann zu Hydrazobenzol und zu Anilin reduziert wird. Durch Nebenreduktionen entstehen Azobenzol, Amidophenol und Benzidin.

— E. **Hagen** und H. **Rubens** bestimmen das Reflexionsvermögen einer Reihe von Metallen für verschiedene Wellenlängen zunächst des sichtbaren, später auch des unsichtbaren Spektrums.

— **Hall** konstruiert einen Schiffsanker, dessen beide Arme an einer quer durch den Schaft gehenden gemeinsamen Achse nach jeder Seite um 40° drehbar sind. Dieser Anker bedarf keines Stockes; er fällt glatt auf den Grund und beim Anziehen bohren sich beide Arme zugleich ein. Der Hallanker wird gegenwärtig in der deutschen Marine ausschließlich benutzt.

— **Harcourt** konstruiert seine 10 Kerzen-Pentanlampe, welche in London als Einheit für Gasuntersuchungen vorgeschrieben ist. Es wird dabei mit Pentandampf gesättigte Luft in einem dem Argandbrenner ähnlichen Brenner verbrannt. Das Pentan wird aus amerikanischem Petroleum destilliert und hat ein spezifisches Gewicht von 0,6235 bis 0,6260.

— Der Ingenieur F. A. **Haselwander** erfindet einen Ölmotor mit am Kolben sitzendem Verdränger, wodurch ohne besondere Ladepumpe die Einspritzung des flüssigen Brennstoffs in den Arbeitszylinder bewirkt wird.

— Die japanischen Botaniker **Hirase** und **Ikeno** entdecken im Pollenschlauch von Coniferen und Cycadeen die Ausbildung echter Spermatozoiden, die denen der Kryptogamen durchaus gleichen.

— Johann Wilhelm **Hittorf** stellt fest, daß die Fähigkeit, passiv zu werden, unter den Metallen verbreiteter ist, als man früher annahm, und daß sie unter anderem auch dem Chrom zukommt, das durch Salpetersäure nicht angegriffen wird und in dieser Säure passiv ist. Ähnliche Beobachtungen machen 1904 Fr. Fischer für Wismut, Muthmann für Zinn, Molybdän, Wolfram, Niob, Vanadium und Ruthenium, Mugdan für Aluminium.

— Die **Höchster Farbwerke vorm. Meister, Lucius und Brüning** erfinden ein Verfahren zur Darstellung von Anthrarufin und Chrysazin, bei dem sie die Anthrachinonsulfosäuren in wässeriger Lösung unter Druck mit Kalkhydrat behandeln.

— Die **Höchster Farbwerke vorm. Meister, Lucius und Brüning** stellen Schwefelsäureanhydrid nach dem Kontaktverfahren dar, indem sie die Röstgase durch Waschen mit Dampf, Wasser und Bisulfitlösung und darauf folgende Trennung mit Schwefelsäuremonohydrat von allen Verunreinigungen befreien, dann vorwärmen und in Kontaktretorten katalysieren. Die Gase werden dann gekühlt und das gebildete SO_3 wird in gußeisernen Fängern durch konzentrierte Schwefelsäure absorbiert. Später wird dann die in den Reaktionsgasen beim Austreten aus dem Kontaktraum aufgespeicherte Wärme zur Heizung der Gase nutzbar gemacht.

1898 B. **Hofer** in München entdeckt in dem Bacillus pestis Astaci den Erreger der Krebspest, einer Epidemie, welche Ende der siebziger Jahre des 19. Jahrhunderts zuerst in Frankreich aufgetreten und seitdem regelmäßig von Westen nach Osten fortgeschritten ist, und die reichen Krebsbestände in Süddeutschland, Österreich und Rußland, vernichtet hat. Hofers Untersuchungen machen einen Zusammenhang der Krebspest mit der stetig zunehmenden Verunreinigung der Wasserläufe durch fäulnisfähige organische Substanzen der Fabrik- und Städteabwässer sehr wahrscheinlich.

— Ernest **Hooley** macht den Versuch, für Fahrräder statt der bisher gebräuchlichen Rahmenröhren von 25—27 mm Durchmesser solche von nur 10 mm zu verwenden. Sein Rahmen wird von der Firma Humber & Co. in deren „Skelettrad" genanntem Rade, das nur $6^1/_2$—7 kg wiegt, verwendet, erlangt aber sonst keine Verbreitung.

— C. **Hoepfner** erfindet ein Verfahren zur elektrolytischen Darstellung von Zink aus wässerigen Zinkchloridlaugen unter Anwendung von unlöslichen Anoden (Kohlenanoden) und rotierenden Kathoden, wobei als Nebenprodukt Chlor gewonnen wird. Die Methode wird von Ludwig Mond in großem Maßstabe ausgeführt.

— Der Mediziner G. **Killian** in Freiburg im Breisgau konstruiert das Bronchoskop, ein Instrument zur direkten Besichtigung der menschlichen Luftröhre und ihrer größeren Zweige (Bronchien) vom Munde des Kranken aus. Es wird dadurch, nebst besserer Erkennung der Krankheitszustände, ermöglicht, gewisse Operationen, wie Entfernung von Fremdkörpern, in wesentlich vereinfachter Weise vom Munde oder vom Luftröhrenschnitt aus vorzunehmen und die Narkose entbehrlich zu machen.

— **Kodolitsch** in Wien führt für das Arsenal des Österreichischen Lloyd in Triest eine elektrische Nietmaschine aus, bei der eine durch einen Elektromotor bewegte Kniehebelpresse verwendet wird.

— **König & Bauer** gelingt es, die Rotationsmaschine auch für beiderseits veränderliche Formate zu aptieren und sie so auch für guten Werk- und Illustrationsdruck passend zu machen. Bei diesen Maschinen wird der Bogen mittels eines steuerbaren pneumatischen Saugapparats durch den Druck geleitet. Es gelingt, diese Maschinen für Zweifarbendruck herzurichten. (S. a. 1878 M.)

— Die Firma Gebrüder **Körting** baut eine doppeltwirkende Zweitaktgasmaschine mit besonderen Gas- und Luftpumpen, welche bei jeder Umdrehung zwei Arbeitshübe ausführt und in zahlreichen Ausführungen in der Industrie Aufnahme gefunden hat.

— Reinhold **Krohn** erbaut die eiserne Straßenbrücke über den Rhein bei Bonn, die mit einer Bogenspannweite von 187,9 m die größte bisher in Deutschland angewendete Spannung hat.

— W. **Landsberger** beschreibt ein neues Verfahren zur Molekulargewichtsbestimmung nach der Siedemethode, bei der die Flüssigkeit ausschließlich durch Einleiten ihres Dampfes erhitzt wird.

— Karl P. G. **Linde** benutzt zur Verflüssigung der Luft die innere Arbeit und führt das Gegenstromprinzip ein, das darin gipfelt, daß die ausströmende

Luft zur Abkühlung der noch nicht ausgeströmten benutzt und so eine selbsttätige Steigerung der Abkühlung erzielt wird. Er baut nach diesem Prinzip eine Kältemaschine und erreicht damit sehr tiefe Temperaturen.

1898 **Loos** weist nach, daß die Larven von Ankylostoma duodenale auch durch die unversehrte Haut in den Organismus eindringen und nach langer Wanderung (Blut und Lymphsystem, Lunge, Bronchien, Ösophagus) schließlich in den Darm gelangen. Diese Art der Entstehung der Wurmkrankheit (Tunnelkrankheit, Bergarbeiter-, Ziegelbrenner-Anämie) ist häufiger als die Infektion per Os.

— Alfred **Lottermoser** stellt durch Reduktion alkalischer Cuprisalzlösungen mit Zinnchlorürlösungen Kupferhydrosol dar und gewinnt auf ähnliche Weise das Hydrosol des Wismuts.

— O. **Lummer** und F. **Kurlbaum** konstruieren einen elektrisch geglühten absolut schwarzen Körper aus Platinblech, das in einem Schamotterohr befindlich ist. (S. a. 1895 W.)

— Nach den Plänen des russischen Admirals Stjepan Ossipowitsch **Makaroff** wird der Schraubendampfer „Jermak" als größter existierender Eisbrecher gebaut. Das Schiff (Länge 93 m, Wasserverdrängung — mit Ballast — 14780 Tonnen) zertrümmert feste Eisdecken bis zu 7,60 m Dicke und wirkt, wie alle modernen Eisbrecher, nicht durch Rammen der Eismassen, sondern durch Niederdrücken der Eisdecke, auf die mit Volldampf aufgefahren wird. Nach Makaroff's Ansicht bietet die Anwendung solcher starker Eisbrechdampfer die beste Aussicht zur Erreichung des Pols.

— Willy **Marckwald** stellt in dem „Lehrbuch der physikalischen und theoretischen Chemie" die Beziehungen zwischen den Schmelzpunkten und der Zusammensetzung organischer Verbindungen dar.

— Nach Angaben von Wilhelm Schmidt und nach dessen Patent von 1896, das bezweckt, „Heißdampf von jeder durch Überhitzung erreichbaren Temperatur und von beliebiger Spannung anstandslos in den Zylindern doppeltwirkender und mehrstufiger Dampfmaschinen ebenso wie gleich hoch gespannten, gesättigten Wasserdampf zu verwenden", baut die **Maschinenbau-Aktiengesellschaft Vulkan** in Bredow bei Stettin eine Zwillingsheißdampfmaschine, die sich sehr gut bewährt.

— Die **Maschinenbau-Aktiengesellschaft Vulkan** baut die erste Heißdampflokomotive nach den Angaben von Wilhelm Schmidt und Robert Garbe.

— **Mather** und **Platt** konstruieren einen Apparat zur elektrischen Senge der Baumwollstoffe, bei welchem die zu sengende Ware über eine durch den elektrischen Strom glühend gemachte Platinplatte gleitet.

— Der Pariser Physiker E. **Mercadier** verbessert das Radiophon oder Thermophon (s. 1893 B.) und erfindet ein neues System des Multiplextelegraphen.

— **Merritt** mißt die Geschwindigkeit reflektierter Kathodenstrahlen mit Hilfe ihrer magnetischen Ablenkung und findet, daß die Geschwindigkeit der reflektierten Strahlen die gleiche ist, wie die der einfallenden. Dagegen zeigt Ernst **Gehrcke** 1901 durch genauere Messungen, daß unter den reflektierten Strahlen eine große Zahl solcher vorkommt, deren Geschwindigkeit beträchtlich kleiner ist, als die der einfallenden.

— Heinrich **Messinger** konstruiert einen Apparat zur Trocknung von Rübenschnitzeln, Schlempe, Biertrebern u. dgl. durch Dampf, der unter dem Namen „Excelsior-Apparat" eingeführt und viel gebraucht wird.

— Die **Metallwerke Colonia** in Cöln bringen einen Gaszünder „Lucifer" in den Handel, der aus einer kleinen flachen Kapsel besteht, die unter den Brenner geschraubt und durch eine Drahtleitung mit einer Batterie verbunden wird. Die Zündung erfolgt elektrisch, wobei durch Druck auf einen Knopf eine beliebige Anzahl Lampen, wie beim elektrischen Licht, entzündet werden können. Der Apparat wird vielfach an Straßenlaternen angebracht.

1898 Albert A. **Michelson** stellt Beugungsgitter (sogenannte Stufengitter) her, bestehend aus 20 planparallelen Glasplatten, die staffelförmig so aufeinandergeschichtet sind, daß die Breite jeder Stufe 1 mm beträgt. Infolge des Gangunterschieds, den die Strahlen beim Durchgang durch die Glasplatten erhalten, werden Spektren sehr hoher Ordnung erhalten, die ermöglichen, Wellenlängen feiner Linien bis auf Millionstel Millimeter zu messen und damit die eingeführte willkürliche Längeneinheit durch eine absolut unveränderliche Einheit auszudrücken.

— **Miller** und **Janney** führen gleichzeitig selbsttätige Zentralpuffer-Kuppelungen für Eisenbahnwagen aus, bei denen die Seitenpuffer vermieden werden. Diese Kuppelungen werden in den Vereinigten Staaten von Amerika ausschließlich verwendet.

— Julius Adolph **Möllinger** konstruiert Energiezähler für mehrere Tarife, die dem Umstand Rechnung tragen, daß elektrische Energie für Licht- und für Arbeitszwecke zu verschiedenen Tarifsätzen abgegeben wird.

— **Mond, Ramsay** und **Shields** zeigen, daß Wasserstoff durch Palladium nicht bloß adsorbiert, sondern gelöst wird, und zwar können gleiche Mengen Palladiumblech, Palladiumschaum und Palladiummohr gleiche Mengen Wasserstoff aufnehmen.

— **Moreau** versieht das Fahrrad mit einer unter dem Namen „Freilauf" („free wheel") bekannten Vorrichtung zur Verbindung der Kurbelachse mit dem Kettenrad, welche beim Rückwärtsdrehen entkuppelt wird. Die Vorrichtung beruht auf der Verwendung des auch sonst in der Technik schon vielfach angewendeten Kugelgesperres.

— Leopold **Nathan** in Zürich erfindet ein Bierbereitungsverfahren, bei welchem sich der gesamte Brauvorgang, im besonderen die Kühlung, Gärung, und Sättigung mit Kohlensäure, unter Durchführung strengster Sterilisierung in ein und demselben (glasemaillierten) Gefäße vollzieht, so daß das Bier unter Wegfall der Nachgärung und Lagerung bereits nach etwa 8—10 Tagen verkaufsfähig ist, ohne den normal gebrauten Bieren an Wohlgeschmack und Haltbarkeit nachzustehen.

— Walther **Nernst** erfindet die Nernstlampe, eine elektrische Freiluft-Glühlampe, in welcher als Glühkörper ein Leiter zweiter Klasse, bestehend aus Oxyden seltener Erden benutzt wird.

— Richard **Neuhauss** erbringt den experimentellen Beweis für die Richtigkeit der Zenker'schen Theorie, indem er Querschnitte einer Lippmann'schen Schicht (s. 1891 L.) anfertigt und hierin die von Zenker angenommene Schichtung (s. 1856 Z.) mit dem Mikroskop nachweist. Die Schnitte entnimmt er dem roten Teil einer Spektrumphotographie; der Abstand der Schichten stimmt mit der halben Wellenlänge dieses Lichtes überein.

— **Orling** in Stockholm und **Armstrong** in Portsmouth versuchen gleichzeitig, die elektrischen Wellen zum Lenken von Torpedos zu benutzen, ohne daß ihre Versuche bis jetzt zu brauchbaren Resultaten geführt haben.

— Der **Österreichische Verein für chemische und metallurgische Produktion** in Aussig erfindet ein Verfahren der Zerlegung des Chlorkaliums ohne Diaphragma und ohne Quecksilber, das von dem Gedanken ausgeht, das Vordringen der Kathodenlauge zur Anode dadurch zu hemmen, daß eine entgegengerichtete Flüssigkeitsströmung durch die Zufuhr der frischen Sole geschaffen wird (Glockenverfahren). Ein weiteres Glockenverfahren wird 1903 von Walter Bein angegeben.

— Wilhelm **Ostwald** untersucht die Übersättigung und Überkaltung und stellt fest, daß übersättigte Lösungen und überkaltete Schmelzen ebenso wie durch

Berührung mit identischer krystallisierter Substanz, so auch durch isomorphe Krystalle zur Krystallisation gebracht werden können.

1898 Die H. **Paucksch, Aktien-Gesellschaft** in Landsberg a. W. konstruiert einen Dreiflammrohrkessel, bei welchem sie zur Erhöhung der Wärmeaufnahmefähigkeit einen Umlaufstrom bewirkt, zu dessen Herstellung die Heizwirkung des dritten Flammrohrs und eine besonders geartete Speiserinne dienen.

— Iwan Petrowitsch **Pawlow** und seine Schüler untersuchen die Funktionen des Magens und kommen zu dem Resultate, daß in demselben ein lipolytisches Ferment und ein anderes Ferment enthalten seien, welches letztere auf die Proteine der Nahrung einwirkt. Bisher war angenommen worden, daß außer der Lipase Pepsin und Labferment im Magen enthalten seien; Pawlow nimmt jedoch an, daß die milchkoagulierende und die eiweißlösende Wirkung einem einzigen Ferment zukommen.

— Robert Edward **Peary** bricht auf der „Windward" zu einer neuen Polarreise auf, überwintert erst bei Etah an der Ostseite des Smithsundes, dann auf Kap Sabine und unternimmt von da im Frühjahr 1900 eine Schlittenexpedition, die ihn bis zum Nordende von Grönland 83° 39′ führt. Durch einen Vorstoß nach O. weist er endgültig die Inselnatur Grönlands nach. Im Frühjahr 1902 dringt er aufs neue von Kap Hekla, der Nordspitze Grönlands auf dem Eise bis 84° 17′ vor, der höchsten Breite, die bisher auf der amerikanischen Seite des Polararchipels erreicht worden ist.

— Die dänischen Elektriker **Pedersen** und **Poulsen** erfinden das Telegraphon (oder den Telephonographen), eine Vereinigung von Fernsprecher und Phonograph, bei der die in das Mikrophon gesprochenen Worte auf der Empfangsstation von einem Phonographen geschrieben und dem Empfänger zu beliebiger Zeit, nach Rückschaltung des Apparats, durch den gewöhnlichen Fernhörer mitgeteilt werden.

— Der Ingenieur **Pfatischer** in Philadelphia konstruiert eine elektrische Steuermaschine, die auf dem Prinzip der Wheatstone'schen Brücke aufgebaut ist. Er entfaltet eine bahnbrechende Tätigkeit, um auf Schiffen an Stelle der Dampfkraft den Elektromotorenbetrieb zu setzen.

— Der **Pneumatic Tool Company** in Chicago gelingt es, Werkzeuge für den Betrieb mit Preßluft zu schaffen, bei denen nicht mehr der Arbeiter die Kraft zu liefern hat, die zum Lostrennen der Späne beim Meißeln, zum Schließen von Fugen beim Stemmen usw. zu leisten ist, sondern die Kraft des Schlages vom Drucklufthammer geliefert wird, so daß der Arbeiter nur noch den Meißel, das Stemmeisen usw. zu führen hat.

— **Pullmann** stellt eine sich vollständig wie Sämischleder verhaltende „Caspin" genannte Ledersorte her, die mit verdünntem Formalin bei Gegenwart von Alkalien oder alkalischen Salzen in sehr kurzer Zeit gegerbt wird und sich durch ihre Farbe und ihre Widerstandsfähigkeit bei Siedehitze auszeichnet.

— William **Ramsay,** John **Shields** und Ludwig **Mond** untersuchen die Okklusion des Palladiums (s. 1868 G.) und stellen fest, daß das Palladiumhydrür nicht, wie bisher angenommen, der Formel Pd_2H, sondern der Formel Pd_3H_2 entspricht.

— William **Ramsay** und M. W. **Travers** entdecken in der atmosphärischen Luft außer dem Neon noch zwei neue Grundstoffe, das Xenon und das Krypton.

— Der Architekt Julius **Raschdorff** in Berlin bildet bei der Ausführung der Ziegelgewölbe des Berliner Dom-Neubaues das sogenannte Wölben in Sektoren weiter aus, wodurch es ihm gelingt, bei den 14.10 m weit gespannten Hauptgurtbögen der Predigtkirche, und damit auch bei dem auf die Gurtbögen aufgesetzten Kuppelbau, ein völlig rissefreies Mauerwerk zu erzielen, was bei den älteren ähnlichen Monumentalwerken (Stephansdom in Wien, St. Peterskirche in Rom, u. a.) nicht gelungen war.

1898 A. **Rateau** konstruiert eine Dampfturbine, die sich als eine mehrstufige reine Druckturbine darstellt. Die Maschine wird von Sautter Harlé in Paris gebaut und sehr gerühmt.

— Der **Riche**'sche Holzgasgenerator wird zuerst in Frankreich bekannt. Es findet bei demselben in geschlossenen Doppelretorten eine trockene Destillation von Holz und nachherige Zersetzung der Destillationsprodukte statt.

— Giovanni **Rizzo** bestimmt die „Sonnenkonstante A" (Anzahl der Grammcalorien, die ein Quadratzentimeter an der oberen Grenze der Atmosphäre in einer Minute durch die senkrecht auf ihn fallenden Sonnenstrahlen empfängt) zu 2,5—2,6 Grammcalorien.

— **Roulliès** macht in einem Briefe an die Pariser Akademie den Vorschlag, das Stereoskopprinzip auf Röntgenaufnahmen anzuwenden. Eine Ausführungsform gibt er nicht an. Diese wird erst 1900 von Hans **Boas** in Berlin erfunden.

— Georges **Sagnac** nimmt wahr, daß beim Auffallen von Kathodenstrahlen auf blankpolierte Metalle von letzteren sekundäre Strahlen ausgesandt werden, die eine neue Strahlung des reflektierenden Stoffes, etwa ein Entweichen von Elektronen aus dem reflektierenden Blech, darstellen (Sagnac-Strahlen). Er findet die gleiche Erscheinung später auch bei den Röntgenstrahlen.

— A. F. W. **Schimper** veröffentlicht seine „Pflanzengeographie auf physiologischer Grundlage", in welcher er die Abhängigkeit der Vegetation von den Faktoren der Umgebung (Licht, Wasser, Luft, Boden usw.) zeigt.

— Gerhard C. **Schmidt** und später in demselben Jahre Frau Sklodowska **Curie** stellen die Radioaktivität der Thoriumverbindungen fest.

— Leopold **von Schroetter** regt auf dem Pariser Tuberkulose-Kongreß zuerst den Gedanken an, die Nationen zu wirksamer Bekämpfung der Tuberkulose untereinander in engere Beziehungen zu bringen, um mit vereinten Kräften gegen diese Volksseuche vorzugehen. Dieser Gedanke wird 1902 in Berlin durch die Begründung der Internationalen Vereinigung gegen die Tuberkulose in die Tat umgesetzt.

— Der Chemiker **Schwarz** erkennt, daß die Herstellung von Kalksandstein (s. 1880 M.) aus einem Gemisch von Sand und Kalk unter Einwirkung von heißem Dampf auf der Entstehung von Silikat beruht. Er verbessert das Verfahren, indem er es im Vakuum, also unter Luftabschluß vornimmt und dadurch die unerwünschte Verbindung des Kalks mit der Kohlensäure der Luft verhindert.

— **Schwarz** und **Valentiner** führen die Destillation der Salpetersäure im Vakuum in die Praxis ein.

— Friedrich Wilhelm **Semmler** erhält aus dem Geranioldichlorhydrat durch vorsichtige Behandlung mit Alkalien Linalool. Dieser Körper wird im folgenden Jahre von Stephan durch Behandlung der Geranylphtalestersäure mit Wasserdampf synthetisch erhalten.

— Nachdem die von Lamb in Amerika ausgeführten Versuche eines elektrischen Schiffszugs Resultate nicht ergeben hatten, stellen **Siemens & Halske** auf dem Finow-Kanal bei Berlin mehrere Jahre dauernde Versuche mit der vom Oberingenieur Köttgen erfundenen elektrischen Schlepplokomotive an. Dieselbe fährt am Ufer des Kanals auf einer Gleitschiene und zieht das zu befördernde Schiff mit Seilzug vorwärts. Ihren Betriebsstrom entnimmt die Lokomotive einer Oberleitung mittels federnder Fahrstange mit Laufrolle. Die Versuche erweisen die Ausführbarkeit des Betriebes.

1898 Hermann Theodor **Simon** in Göttingen beobachtet die Superposition von Wechselströmen über Gleichstrom und erfindet die singende Bogenlampe, die man als eine Art radiophonisches Instrument betrachten kann.

— Der schwedische Chemiker E. **Simonsen** erforscht die Bedingungen für die Inversion der Cellulose. Seine im Großen angestellten Versuche, wobei er Späne von Kiefern- oder Tannenholz mit 4—5 Teilen halbprozentiger Schwefelsäure eine Viertelstunde lang auf 9 Atmosphären erhitzt, ergeben Lösungen von etwa 5% Zuckergehalt, die bis auf 75% vergären und sehr reinen fuselfreien Alkohol geben. (S. a. 1819 B.)

— Nachdem verschiedene englische und amerikanische Forscher, wie Sidney Martin, Smith, Frothingham, Dinwiddie, den ersten Anstoß zu Zweifeln an der Einheit der Menschen- und Tiertuberkulose gegeben hatten, macht Theobald **Smith** auf Unterschiede in Gestalt, Wachstum und Wirkung aufmerksam, die er zwischen den aus dem Auswurf schwindsüchtiger Menschen und den aus tuberkulösen Organen perlsüchtiger Rinder gezüchteten Tuberkelbacillen gefunden hat.

— C. H. **Stearn** stellt zuerst Viscoseseide her, indem er Lösungen von Cellulosexanthogenat mit Chlorammoniumlösung fällt. Am zweckmäßigsten wird 10prozentige alkalische Viskoselösung aus feinen Düsen in ein Fällbad von Chlorammoniumlösung eingespritzt.

— Der Bürgermeister Albert **Stiger** in Windisch-Feistritz versucht das Wetterschießen einzuführen. In Steiermark und besonders in Italien werden zahlreiche systematische Versuche hiermit angestellt, die indes die Aussichtslosigkeit des Verfahrens ergeben.

— Almon B. **Strowger** erfindet ein telephonisches Selbstanschluß-System, um die den Anschluß besorgenden Beamten entbehrlich zu machen. Das erste derartige Telephonamt wird in London durch die Automatic Electric Company ausgeführt.

— Alexander Georg **Supan** unterzieht die Verteilung der Niederschläge auf der Erde einer erneuten Untersuchung und bestätigt die Resultate Woeikoff's. (S. 1880 W.) Er studiert insbesondere auch die jahreszeitlichen Verschiebungen der als hydrometeorologischer Äquator bezeichneten Linie, welche das nördliche Winterhalbjahr vom südlichen Sommerhalbjahr, und umgekehrt, trennt.

— Otto **Sverdrup** macht eine Polarfahrt mit der „Fram“ und bereist in den vier Frühjahren, die er hoch im Norden zubringt, größtenteils mit Schlitten und Hunden ein Gebiet von nahezu 300000 qkm. Er gelangt bis 81° 37′, berichtigt die Topographie von Ellesmere- und Grinnellland im Westen des Smith-Sundes und des Kanebeckens und entdeckt Land und verschiedene neue Meeresarme nördlich von Jones-Sund und westlich von Ellesmere- und Grinnellland.

— Richard **Thoma** und seine Schüler, namentlich Sack, Westphalen und Bergmann, arbeiten über die Arteriosklerose und bringen Klarheit in die komplizierten Verhältnisse dieser Krankheit, deren Wesen sie in der primären Erkrankung der Gefäßwand und der verminderten Widerstandsfähigkeit der Media erblicken.

— Alexander **Tschirch** erweist, daß in den Abführmitteln im engeren Sinne, wie Frangula, Rheum, Senna und Aloe, Derivate der Oxymethylanthrachinone vorkommen, welche, wie auch die Oxymethylanthrachinone selbst, abführende Wirkungen haben, da sie die Peristaltik erregen oder erhöhen.

— **Twitchell** bewirkt die Spaltung der Fette in Fettsäure und Glycerin, indem er die Fette mit einigen Prozenten einer Sulfoverbindung, die durch Behandeln eines Gemisches von Ölsäure und Phenol oder Naphtalin mit Schwefelsäure erhalten wird, in offenen Gefäßen mit Dampf kocht.

1898 **Weber** in Obercassel richtet für das Eisenwalzwerk eine neue Walzenordnung ein, die eine wesentliche Verkürzung des gesamten Apparats zur Folge hat, und bei der der Transport der Werkstücke wesentlich erleichtert ist. Eine ähnliche Neuerung wird von Grey bewerkstelligt.

— A. **Wenck** verarbeitet die Melassenschlempe zu trockenem Dünger, indem er auf 100 kg Schlempe, die auf 40° Bé eingedampft ist, 20—25% rohe ungereinigte Schwefelsäure von 60° Bé und 10—15% kohlensauren Kalk zufügt. Der Melassenschlempendünger wird von dem Chilinit-Syndikat in den Handel gebracht. Ungefähr gleichzeitig werden mittels anderer Methoden Melasseschlampendünger von Rigoley, Vasseux und Savary dargestellt.

— Clemens **Winkler** schlägt zur Elektroanalyse Platindrahtnetze als Kathoden vor und beseitigt dadurch die Störung durch Schwammbildung usw.

— Hugo **Winternitz** führt ein Additionsprodukt von Jod und Sesamöl, das 10% Jod enthält, unter dem Namen Jodipin in den Arzneischatz ein. Es findet mit gutem Erfolg Verwendung an Stelle von Jodkali bei luetischen Affektionen, bei Arteriosklerose, Lungenemphysem, Pleuritis, bei Gelenkschwellungen usw.

— G. **Witt** und A. H. P. **Charlois** entdecken am 13. August den Planeten Eros, welcher dadurch merkwürdig ist, daß seine Bahn teilweise zwischen Erde und Mars liegt, worauf A. **Berberich** zuerst hinweist. Charlois hat in den Jahren 1887—99 im ganzen 95 neue Planetoiden, meist auf photographischem Wege, entdeckt.

— Rudolf Ernst **Wolf** in Buckau bringt eine Heißdampflokomobile auf den Markt, die eine betriebssichere Anwendung des überhitzten Dampfes gestattet, und stellt diese Lokomobile auch fahrbar her. (Vgl. a. 1898 M.)

— **Wood** einerseits und **Popp** und **Becker** andererseits untersuchen die Wirkung der in der Gerberei verwendeten Kotbeizen, namentlich der Hundekotbeizen, die zur Lösung der durch den Äscher in das Hautmaterial gelangten Kalkverbindungen dienen. Sie konstatieren, daß diese Wirkungen durch Enzyme bewirkt werden, die durch gewisse im Kot vorkommende Bakterien hervorgebracht werden, und daß hierzu auch die organischen Aminverbindungen beitragen. Sie schlagen künstliche Beizen vor, mit denen zufriedenstellende Resultate erzielt werden.

— Nachdem man zuerst (s. 1895 R.) die Spiritusglühlichtlampen als reine Dochtlampen konstruiert hatte, wobei jedoch große Übelstände aufgetreten waren, erfindet Karl **Zehnpfund** einen Brenner für Spiritusglühlicht, bei welchem er den Docht ganz vermeidet. Er richtet die Lampe so ein, daß der Spiritus dem Brenner in genügender Menge und ohne Docht ruhig und stetig zufließt, und schafft in der Kaiser-Schwert-Lampe und der Azett-Spiritus-Glühlichtlampe Konstruktionen, durch welche die Verwendung des Spiritus zu Leuchtzwecken gesichert wird.

— Der General der Kavallerie Graf Ferdinand **von Zeppelin** beginnt seine Versuche mit dem lenkbaren Luftschiffe. Zeppelin's Aerostat ist der Hauptrepräsentant des sogenannten „starren" Systems. (S. 1900 u. 1907 Z.)

— Karl **Zickler** in Brünn erfindet im Anschluß an die Hertz'schen Beobachtungen über die ultravioletten Strahlen eine Art lichtelektrischer Telegraphie ohne Draht.

— Richard Adolf **Zsigmondy** erbringt durch Synthese den Beweis, daß der Cassius'sche Goldpurpur ein Gemisch von kolloidalem Gold mit kolloidalem Zinndioxyd ist. Er ermöglicht hierdurch die Herstellung dieses Produktes in sich stets gleichbleibender Qualität.

— **Zulkowski** in Prag liefert in seinem Werke „Zur Erhärtungstheorie des natürlichen und künstlichen hydraulischen Kalks“ wichtige Beiträge über den Erhärtungsvorgang bei den Wassermörteln.

1899 Richard **Abegg** und Guido **Bodländer** nehmen die Elektroaffinität zur Grundlage einer Systematik der anorganischen Verbindungen und werden dadurch in den Stand gesetzt, die sogenannten komplexen Verbindungen dem allgemeinen System übersichtlich einzufügen.

— Der amerikanische Zoolog Alexander **Agassiz** führt auf dem für wissenschaftliche Zwecke vollendet ausgestatteten Schiff der Fischereibehörde der Vereinigten Staaten „Albatross“ erfolgreiche Forschungsreisen aus und fördert eine Menge von Material zur Kenntnis der marinen Organismen zutage.

— Der Techniker Eugen **Albert** in München erfindet die Citochromie, ein autotypisches Vierfarbendruckverfahren, bei welchem die Platten für gelb, rot, blau und schwarz sofort hintereinander gedruckt werden können, ohne daß auf das Trocknen des vorhergehenden Drucks gewartet zu werden braucht. Die Citochromie ist namentlich für die Herstellung illustrierter Zeitschriften von Bedeutung.

— Patrick Y. **Alexander** in Bath konstruiert Schraubenflieger bis zu 9 m Durchmesser und stellt deren theoretische Leistungsfähigkeit fest, ohne daß sich jedoch daran praktische Folgen knüpfen. (S. a. 1877 F.)

— Die **Anatolische Eisenbahn-Gesellschaft** erhält die Erlaubnis zur Weiterführung der in Konia (s. 1896 A.) endigenden Anatolischen Bahn über Adana, Mossul, Bagdad, Basra nach Kuët am Persischen Meerbusen. Dadurch wird ein ununterbrochener Schienenweg zwischen dem Persischen Meerbusen, dem Mittelländischen und dem Schwarzen Meere hergestellt. Die Länge der Bagdadbahn wird 2470 km betragen.

— M. **Arndt** konstruiert einen Heizeffektmesser „Ados“, der wie das Ökonometer (s. 1893 A.) zur Untersuchung der Feuergase auf ihren Gehalt an Kohlensäure dient und sich durch eine durchaus zuverlässige, dauernde Aufzeichnung der Verbrennungsvorgänge auszeichnet.

— Adolf **von Baeyer** und Victor **Villiger** beschäftigen sich aus Anlaß der Entdeckung der Caro'schen Säure eingehend mit den Persäuren und Peroxyden. Sie erkennen, daß diese Verbindungen sich vom Hydroperoxyd (Wasserstoffsuperoxyd) ableiten lassen, geben ihnen eine neue Nomenklatur und stellen auch organische Persäuren, wie z. B. die Benzoepersäure, die Phtalmonopersäure usw. und organische Peroxyde dar. (S. a. 1895 W.)

— H. W. **Bakhuis-Roozeboom** und A. **Ladenburg** zeigen unabhängig voneinander, daß zur Feststellung, ob eine inaktive spaltbare Substanz eine racemische Verbindung oder ein Gemenge der inaktiven Komponenten ist, die Bestimmung der Löslichkeit der Substanz erst ohne, dann mit Zusatz einer kleinen Menge des einen aktiven Komponenten genügt. Sind die Löslichkeiten verschieden, so liegt eine racemische Verbindung vor, sind sie gleich, ein enantiomorphes Gemenge.

— Aristarch **Belopolsky** gelingt es, mit Hilfe des von ihm (1894) erfundenen Apparates zur Reproduktion der Verschiebung von Spektrallinien bewegter Lichtquellen, die Umlaufsdauer für die eine Komponente des Doppelsternes α Geminorum, und im Verein mit den Astronomen der Sternwarte zu Cambridge in England die Umlaufszeit des Trabanten des Castor, letztere zu ungefähr 1000 Jahren, zu bestimmen.

— P. **Bergsoe** in Kopenhagen nimmt ein Patent auf ein Verfahren der Entzinnung von Weißblechabfällen, bei welchem das Zinn der Abfälle durch Zinnchlorid oder Stannisulfat gelöst und dann elektrolytisch niedergeschlagen wird, wobei das entstandene Zinnchlorür gleichzeitig in Chlorid zurückverwandelt wird.

1899 William Wallace **Campbell** an der Lick-Sternwarte stellt auf spektroskopischem Wege fest, daß der Polarstern ein Doppelstern ist, dessen beide Komponenten 160000 km voneinander abstehen und sich innerhalb 3 Tagen 23 Stunden 25 Minuten um ihren gemeinsamen Schwerpunkt bewegen. Der Polarstern hat in 18″,5 Abstand noch einen Begleiter 9. Größe.

— Die Firma John **Cockerill** in Seraing baut große für den Betrieb mit Gichtgasen bestimmte, einfach wirkende Viertaktmaschinen, an die sich später die in Tandemanordnung gebauten zweizylindrigen Maschinen mit einfach wirkendem Viertakt in jedem Zylinder anschließen, die namentlich durch die Nürnberger Maschinenbau-Aktiengesellschaft ausgebildet werden.

— Ernst **Cohen** weist nach, daß das Zinn in drei allotropen Formen existiert. Bis 20° ist das graue Zinn beständig, von 20° bis 170,° das tetragonale und von 170° bis 232° das rhombische Zinn. Durch diese Arbeit findet die Zinnpest, die schon Aristoteles kannte, ihre Erklärung, indem bei niedriger Temperatur das weiße (tetragonale) Zinn in das graue übergeht.

— John Norman **Collie** und Thomas **Tickle** zeigen, daß Dimethylpyron mit verschiedenen Säuren, wie Halogenwasserstoffsäuren, Weinsäure usw. Additionsprodukte bildet, die sehr beständig sind und sich durch die Annahme eines vierwertigen Sauerstoffs erklären lassen. Sie betrachten diese Substanzen als Derivate einer dem NH_4 analogen hypothetischen Base $H_3O.OH$, die sie als Oxoniumhydroxyl bezeichnen, und nennen sie dementsprechend Oxoniumsalze.

— H. **Crammer** macht ausgedehnte Forschungen über Eishöhlen. Seine fortgesetzten Temperatur- und Feuchtigkeitsmessungen scheinen dafür zu sprechen, daß das Eis sich deswegen hält, weil die Luft in der Höhle abgeschlossen ist und sich daher nicht erwärmen kann. Sackform der Höhle mit verborgenem Eingang bewirkt, daß die einmal eingedrungene kalte Luft von Strömungen möglichst unbeeinflußt der Höhle den glazialen Charakter verleiht. (Vgl. auch 1891 F.)

— Frau Sklodowska **Curie** stellt aus der Pechblende das Polonium dar, das später von Marckwald (s. 1902 M.) in hohem Reinheitszustand und mit starker Aktivität hergestellt wird. Außerdem findet sie in der Pechblende das Radioblei, das insbesondere von Elster und Geitel (s. 1899 E.) und von Hofmann und Strauß näher untersucht wird.

— **Debierne** stellt aus der Pechblende das Aktinium her, das konstant aktiv zu sein scheint. (S. a. 1902 G.)

— Karl **Déri** konstruiert einen Wechselstrom-Nebenschlußmotor mit Kommutator und Kompensationswicklung.

— Die **Deutsche Ammoniakwerke-Gesellschaft** in Cöln gewinnt Ammoniak aus Seeschlick, indem sie den mit Alkalien oder Erdalkalien gemischten Schlick in trocknem Zustande oder unter Überleiten von Wasserdampf erhitzt.

— James **Dewar** gelingt es unter Abkühlung durch flüssige Luft die Luft, den Sauerstoff und den Wasserstoff in festem Zustand zu erhalten.

— H. **Dreser** führt die Acetylsalicylsäure unter dem Namen Aspirin in den Arzneischatz ein.

— Julius **Elster** und Hans **Geitel** finden, daß das aus der Pechblende gewonnene Radioblei (Bleisulfat; s. 1899 C.) kräftige Strahlen aussendet. K. Hofmann und E. Strauß bestätigen diese Beobachtung 1900.

— Die **Elektrizitätsgesellschaft vorm. Schuckert & Co.** führt zur Messung hochgespannter Ströme Meßtransformatoren zur Erweiterung des Meßbereichs technischer Meßinstrumente ein.

— C. **Engler** und J. **Weißberg** unterziehen die zuerst von Schönbein (s. 1845 S.) genauer untersuchten Vorgänge der Autoxydation, d. i. der Verbindung gewisser Körper mit Sauerstoff bei gewöhnlicher Temperatur, einer kritischen Behandlung und schaffen in den Jahren 1899—1904 die erste Systematik der autoxydabeln Körper auf Grund des individuellen Additionsvermögens für molekularen Sauerstoff.

1899 Cl. **Fermi** weist als erster für eine Anzahl von Spaltpilzen die Fähigkeit nach, proteolytische Enzyme hervorzubringen. Dies sind Enzyme, welche die Eiweißstoffe im engeren Sinn (die Proteine), wie Leim und Fibrin, in lösliche Verbindungen überführen, damit sie zum Aufbau des Protoplasmas dienen können.

— Adolph **Frank** stellt Graphit durch Einwirkung von Kohlenoxyd oder Kohlensäure auf Metallcarbid bei höherer Temperatur her. In einem späteren Patente (1904) gibt er an, daß auch Chlor, Brom, Jod, Stickstoff, Phosphor, Arsen, Halogenwasserstoff, Schwefelwasserstoff usw. bei höherer Temperatur in gleicher Weise auf Metallcarbide einwirken.

— Adolph **Frank** und N. **Caro** stellen durch Einwirkung von atmosphärischem Stickstoff auf Carbid und Carbidgemische (Kalk und Kohle) bei hoher Temperatur Calciumcyanamid her, welches in der rohen Masse 14—22% Stickstoff enthält und sich nach den Versuchen von Wagner in Darmstadt direkt zur Pflanzendüngung eignet. Das Material wird unter dem Namen „Kalkstickstoff“ in den Handel gebracht.

— Hermann **Frasch** begründet eine neue Art der Schwefelgewinnung in Sulphur in Louisiana, indem er in das schwefelhaltige Gipsgestein Rohre hinabtreibt, in diesen Wasser von 163° C. unter Druck hinabpreßt und den geschmolzenen Schwefel vermittelst Preßluft in die Höhe drückt.

— Hans **Goldschmidt** nutzt die bei der Reduktion mit Aluminium (s. 1897 G.) erzeugten sehr hohen Temperaturen aus, um Eisenbahnschienen, Maschinenteile usw. an Ort und Stelle zusammenzuschweißen, und bringt zu diesem Zweck ein Gemisch von Metalloxyd und Aluminium unter dem Namen „Thermit“ in den Handel (Aluminothermie).

— P. **Greyson de Schodt** konstruiert einen Gasglühlicht-Intensivbrenner, bei welchem die Intensität des Lichtes durch Zuführung überhitzten Dampfes gesteigert wird. Durch die Injektorwirkung des Dampfes wird Luft angesaugt und durch die Mischung von Luft und Gas die Intensivwirkung erreicht.

— Robert **Grisson** konstruiert Zahnräderwerke, die da angewendet werden sollen, wo man einer starken Übersetzung ins Schnelle bedarf, und wo die gebräuchlichen Übersetzungsmittel (Riemen-, Schneckengetriebe) Schwierigkeiten machen (Grissonräder).

— Charles Edouard **Guillaume** entdeckt, daß eine Legierung von 35,7% Nickel und 64,3% Stahl den außerordentlich geringen Ausdehnungskoeffizienten 0,0000877 besitzt, der zwölfmal kleiner ist als der des Stahls. Aus dieser Legierung können Uhrpendel hergestellt werden, die ohne irgendwelche Temperaturkompensation eine für praktische Zwecke unveränderliche Schwingungszeit aufweisen. Die Legierung erhält den Namen „Inver“.

— Allvar **Gullstrand** bearbeitet die Anomalien der Refraktion und Akkommodation des Auges und trägt dadurch wesentlich zur Vervollkommnung der Konstruktion der Brillen und Lupen bei. (S. a. 1903 R.)

— Arnold **Hague** schließt seine seit 1888 fortgeführten Studien über die Geologie des Yellowstone National Parks ab, an denen Iddings, Weed, Walcott, Girty, Stanton und Knowlton beteiligt waren, und bei welchen sich ergibt, daß die Gegend des Parks das aktivste Zentrum vulkanischer Tätigkeit in den nördlichen Rocky Mountains darstellt.

— Arthur **Hantzsch** entwickelt die Begriffe der Ionisationsisomerie, der Pseudosäuren und Pseudobasen und erweitert durch Heranziehung physikalischer

Methoden das Gebiet der Konstitutionsbestimmung tautomerer Verbindungen.

1899 **Harmet** in St. Etienne verbessert das Verfahren (s. 1864 W.), flüssigen Stahl durch Pressen unter hohem Druck zu verdichten, und konstruiert hierzu eine besondere nach ihm benannte Presse. Der Stahl erlangt durch dieses Verdichtungsverfahren eine große Gleichmäßigkeit und ist so vorzüglich, daß das Harmet-Verfahren sich rasch einbürgert.

— Sven **Hedin** macht eine neue Reise nach Zentralasien von Kaschgar aus. Von Lailik am Jarkand-Darja fährt er stromabwärts bis nahe zum Lob-Nor, durchzieht die Wüste in südwestlicher Richtung und erforscht die Gebirgsketten des nördlichen Tibet. Er versucht, als Pilger verkleidet, durch das östliche Tibet bis Lhassa vorzudringen, wird aber von den Tibetanern zur Umkehr genötigt und erreicht nach furchtbaren Strapazen Leh in Ladakh, von wo er 1902 nach Kaschgar zurückkehrt.

— H. **Heraeus** schmilzt größere Mengen von Quarz im Knallgasofen in Gefäßen aus reinem Iridium, dem einzigen bekannten Material, das die zum Schmelzen nötige Temperatur von 1850° C. aushält und keine Veranlassung zur Verunreinigung des Schmelzgutes gibt. Unter Mitwirkung von Kühn gelingt es ihm, Hohlkugeln von ca. 50 ccm Inhalt aus einem einzigen Stück Quarzglas aufzublasen und durch Zusammensetzen solcher Kugeln auch etwas größere Gefäße herzustellen. (S. 1888 B. und 1899 S.)

— David **Hilbert** in Göttingen veröffentlicht seine „Grundlagen der Geometrie", in denen der Versuch gemacht wird, für die Geometrie ein ausführliches und vollständiges System voneinander unabhängiger Axiome aufzustellen, aus welchen die wichtigsten geometrischen Sätze in der Weise abzuleiten sind, daß dabei die Bedeutung der verschiedenen Axiomgruppen und die Tragweite der aus den einzelnen Axiomen zu ziehenden Folgerungen möglichst klar zutage tritt.

— Der Fabrikant **Hülsberg** in Frankfurt a. M. erfindet ein Verfahren zur Herstellung feuerbeständigen Holzes, indem er die Holzmasse unter starkem Druck mit einer aus Borsäure und einem Metallammoniumsulfate bestehenden Flüssigkeit imprägniert. Der Vorzug der Hülsberg'schen Methode besteht namentlich darin, daß die Imprägnierungssalze dem Holze durch Wasser nicht entzogen werden.

— C. A. und O. W. **Hult** in Stockholm bauen eine rotierende Maschine mit kreisendem Kolben, die sich dauernd im Betriebe bewährt. In Deutschland wird diese Maschine von der Kieler Maschinenbau-Aktiengesellschaft hergestellt.

— Von der Deutschen Chemischen Gesellschaft wird 1897 eine Kommission zu dem Zweck, eine Übereinstimmung der bei praktisch-analytischen Rechnungen zu benutzenden Atomgewichtswerte herbeizuführen, eingesetzt. Auf Einladung dieser Kommission bildet sich zwei Jahre später die **Internationale Atomgewichts-Kommission,** welche fortan durch einen engeren Ausschuß jährlich Atomgewichtstabellen veröffentlicht. Diesen Tabellen wird vom Jahre 1906 an ausschließlich die Norm O = 16 zugrunde gelegt.

— Martin **Jacoby** stellt fest, daß in Fällen von schwerem Diabetes mit dem Brei oder dem Preßsaft von Leber Glykolyse nicht erzielt werden kann. Dies würde dafür sprechen, daß das Zustandekommen des Diabetes auf das Fehlen oder den Mangel der glykolytischen Funktion des Organismus zu beziehen ist. Blumenthal und Feinschmidt gelangen zu ähnlichen Resultaten.

— Julius **Keil** nimmt den von A. Fesca (s. 1870 F.) gemachten Vorschlag der Stärkegewinnung durch Zentrifugieren wieder auf und gelangt zu praktischen Resultaten, indem er das Weizenmehl statt mit Wasser mit einer

0,2 % Calciumoxydhydrat enthaltenden Lösung verrührt, was insofern technisch wertvoll ist, als bei der Zentrifugierung der Kleber sich nunmehr von der Stärke scharf trennt.

1899 Albrecht **Kossel** stellt die Theorie auf, daß allen Eiweißkörpern ein Protaminkern zugrunde liegt, der basisch ist und bei der Spaltung quantitativ in Lysin, Arginin und Histidin (s. diese) zerfällt, und daß das nahezu neutrale Eiweißmolekül aus der Vereinigung dieses basischen Kernes mit aliphatischen und aromatischen Amidosäuren resultiert (Protamintheorie).

— **Kowalski** und **Moscicki** suchen im Gegensatz zu Mac Dougall und Howles (s. 1899 M.) die Gleichstrom verwendeten, den Stickstoff der atmosphärischen Luft unter Benutzung von Wechselstrom in Salpetersäure überzuführen. Die Ausbeute an Stickstoffverbindungen bezeichnen sie als umso besser, je höher die Stromspannung ist, und arbeiten infolgedessen mit einer Spannung von 50000 Volt. Das Verfahren, das von dem „Initiativkomitee für die Herstellung von stickstoffhaltigen Produkten" in Freiburg (Schweiz) ausprobiert wird, stellt sich als nicht ökonomisch heraus.

— E. **Kräpelin** vertritt in der Psychiatrie die streng klinische Richtung, indem er die Betrachtung der ganzen Krankheit fordert und die gleichmäßige Berücksichtigung von Ursachen, Erscheinungen, Verlauf und Ausgang zur Aufstellung von Krankheitsbildern verlangt. Er führt strengere psychologische Untersuchungsmethoden ein und ermöglicht so an Stelle subjektiver Schätzungen exakte Messungen.

— Friedrich Alfred **Krupp** erreicht mit seiner 24 cm-Schnellladekanone L/50 C/99, die ein Rohrgewicht von 31000 kg, ein Geschoßgewicht von 170 kg und eine Ladung von 67 kg rauchschwachem Pulver hat, die außerordentliche Mündungsgeschwindigkeit von 1012 m und mit 44° Erhöhung eine Schußweite von 24000 m bei 9750 m Scheitelhöhe der Flugbahn (d. i. mehr als die doppelte Höhe des Montblanc). Zum Vergleich mag dienen, daß die erste Krupp'sche 24 cm-Kanone vom Jahre 1868 eine Anfangsgeschwindigkeit von nur 351 m hatte. (Vgl. 1892 K.)

— Leonhard **Lederer** ermöglicht die Herstellung des Celluloseacetats (s. 1881 F.) bei niedriger Temperatur, indem er Essigsäureanhydrid auf Hydrocellulose (s. 1876 G.) in Gegenwart von Schwefelsäure einwirken läßt. Das Celluloseacetat wird zur Herstellung einer künstlichen Seide, Acetatseide, benutzt, die unentflammbar ist und keiner Denitrierung bedarf.

— Philipp **Lenard** beobachtet zuerst, daß Sauerstoff durch ultraviolettes Licht ozonisiert wird. Nähere Untersuchungen hierüber werden 1905 von Franz Fischer und Fritz Braehmer angestellt, die als Quelle für das ultraviolette Licht eine Quecksilberbogenlampe benutzen.

— Jacques **Loeb** in Berkeley gelingt es, unbefruchtete Seeigeleier durch Einwirkung chemischer Agentien zur parthenogenetischen Entwicklung bis zum Pluteus zu veranlassen, d. i. bis zu dem Stadium, das auch von Seeigellarven, die mit Sperma befruchtet sind, bei künstlicher Aufzucht im Aquarium nie überschritten wird. Namentlich Magnesiumchlorid erweist sich als ein die Segmentation begünstigendes Agens.

— Eugen **Lommel** führt den Farbenwechsel des Morgen- und Abendrots auf Beugungserscheinungen des Lichts zurück.

— **Mac Dougall** und **Howles** bemühen sich, Henry Cavendish's Beobachtung (s. 1784 C.), daß der elektrische Funke beim Durchschlagen durch Luft Salpetersäure erzeugt, in die Praxis zu übertragen. Sie benutzen an Stelle des Funkens den elektrischen Lichtbogen, den sie in sehr kleine, dünne Teile zerlegen, so daß eine geringe Energiemenge auf eine große Oberfläche kommt. Das Verfahren wird von der Atmospheric Products Company zu Niagara Falls ausprobiert, bewährt sich aber im großen nicht.

1899 Der Oxforder Geograph **Mackinder** führt die erste Besteigung des Kenia (vgl. 1887 T.) aus und ermittelt dessen Höhe zu 5520 m.

— **Mahler** verbessert die calorimetrische Bombe von Berthelot (s. 1879 B.), indem er anstatt der mit Platin ausgefütterten Gefäße einen emaillierten Stahlzylinder als Bombenmaterial einführt. Noch weitere Verbesserungen der Bomben werden durch Parr (1900) und Hempel (1901) vorgeschlagen.

— Der Engländer **Manly** erfindet die Ozotypie (Ozobromdruck), ein photographisches Kopierverfahren, bei welchem das Papier mit einem Gemisch von Kaliumbichromat und Gelatine überzogen, unter einem Negativ belichtet und unter Zuhilfenahme von Hydrochinon-Essigsäurebädern mit einem unsensibilisierten photographischen Pigmentpapier zusammengepreßt wird. Die auf dem ersten Papier entstandene Bildsubstanz (braunes Chromdioxyd) überträgt ihre Wirkung auf das zweite und macht die Bildstellen des Gelatineüberzugs unlöslich, so daß das übertragene Bild mit warmem Wasser entwickelt werden kann.

— Willy **Marckwald** bezeichnet als „Phototropie" diejenigen Lichtwirkungen, die im Dunkeln schneller oder langsamer verschwinden, und führt als einen auffälligen Vorgang dieser Art das Verhalten des Chlorids von Chinochinolin an, das im entwässerten Zustand gelb ist und im Licht intensiv grün wird, welche Färbung im Dunkeln wieder zurückgeht.

— Die **Maschinenfabrik Augsburg** baut eine Rotationspresse für einfarbigen Schön- und vierfarbigen Widerdruck, also eine Fünffarbenmaschine, und 1900 eine Sechsfarbenmaschine für Schöndruck in ein bis zwei Farben und Widerdruck in ein bis vier Farben. (S. a. 1878 M. und 1880 P.)

— **Mason** und **Hamlin** in Boston erfinden einen durch Elektrizität getriebenen Blasebalgmotor zur Bewegung der Bälge der Orgel oder des Harmoniums, mit selbsttätiger Regulierung der Maschine. Der Motor macht einen besonderen Bälgetreter überflüssig und bietet für das Harmonium den Vorteil, daß die Füße des Spielers für eine Pedalklaviatur frei werden.

— Theodor **Meyer** schlägt für die Schwefelsäurefabrikation anstatt der gewöhnlichen Bleikammern Tangentialkammern vor, bei denen das Gaseintrittsrohr am obern Teil der Seitenfläche in tangentialer Richtung eingeführt wird, wodurch die Gase eine Spiralbewegung nach der Mitte erhalten, einen längeren, anfangs schnelleren, dann langsameren Weg in der Kammer machen und besser gemischt werden. 1900 bringt er in der ersten, wärmsten Kammer noch eine Kühlvorrichtung an, die als wesentliche Verbesserung des Systems geschildert wird. (S. 1893 B.)

— H. **Moissan** und P. **Lebeau** stellen durch Einwirkung von Fluor auf Schwefel das gasförmige Schwefel-Hexafluorid dar, das bei — 55° zu einer weißen Krystallmasse erstarrt und sehr wenig reaktionsfähig ist. Durch die Existenz dieses Produktes ist die Sechswertigkeit des Schwefels einwandfrei nachgewiesen.

— Henri **Moissan** gelingt es, im elektrischen Schmelzofen Calcium in größerem Maßstabe darzustellen und daraus verschiedene bislang unbekannte Verbindungen, wie krystallisiertes Calciumphosphid und Calciumarsenid, herzustellen.

— F. **Moritz** benutzt die Röntgenstrahlen zur Feststellung der wahren Größe bestimmter Organe, speziell des Herzens dadurch, daß er mittels sinnreicher von ihm angegebener Apparate nur den senkrecht zur Projektionsebene verlaufenden Strahl aussondert und an dem Rand des zu untersuchenden Organs herumführt, während er gleichzeitig in jedem Augenblick die mittels dieses senkrechten Strahls projizierten Schattengrenzen aufzeichnet. (Orthodiagraphie, Orthodiaskopie.)

— Hermann **Müller** und **Lux** konstruieren einen Maximalautomaten, welcher zur Unterbrechung sehr großer Stromstärken an Stelle von Bleisicherungen gebraucht wird.

1899 F. **Niethammer** gibt die Dreivoltmeter-Methode zur Effektmessung von Wechselströmen an.

— Die **Optische Werkstätte von Karl Zeiß** in Jena erfindet den stereoskopischen Distanzmesser. Derselbe beruht auf der Anwendung des Helmholtz'schen Telestereoskops und benutzt ein Zeiß'sches Doppelfernrohr, in dessen Bildfeldebenen gezeichnete und photographisch verkleinerte mit Zahlen versehene Marken eingesetzt sind, die beim Sehen mit beiden Augen als ein neues Raumbild von Marken über dem Raumbild der Landschaft zu liegen scheinen, so daß die gesuchte Entfernung eines Geländepunktes unmittelbar an diesen künstlichen Markzeichen abgelesen werden kann. Besonders verdient um diese Erfindung ist C. Pulfrich.

— Karl **Peters,** der 1888 eine Expedition zum Entsatz von Emin Pascha unternommen hatte, auf der er den Tanafluß bis zum Kenia verfolgte und über die Wasserscheide zum Victoria Nyanza gelangt war, unternimmt eine Expedition nach Südafrika, und erforscht bis 1901 das Gebiet zwischen Sambesi und Sabi, in welchem er das Ophir Salomo's zu erkennen glaubt.

— William Henry **Pickering** entdeckt am 18. März in Flagstaff (Arizona) einen neunten äußersten Mond des Saturn, der den Namen „Phoebe" erhält. Es gelingt 1904 Bailey, auf der Höhen-Sternwarte Arequipa die Phoebe als sehr lichtschwaches Sternchen zu photographieren.

— William J. **Pope** und S. **Peachey** machen die ersten Spaltungen von racemischen Stickstoff-, Schwefel-, Zinn- und Tellurverbindungen und gelangen dadurch zu optisch aktiven Verbindungen dieser Elemente, von welchen die des Stickstoffs als solche mit fünfwertigem Stickstoff aufgefaßt werden müssen.

— Nachdem dem ersten 1860 von Warren de la Rue zur Ausmessung der Photogramme der Sonnenfinsternis konstruierten Komparator eine Anzahl ähnlicher Konstruktionen, wie z. B. von Vogel, Repsold u. a. nachgefolgt waren, liefert Carl **Pulfrich** in seinem Stereokomparator einen Apparat, der die Ausmessung von Himmelsaufnahmen schnell und sicher bewirkt und zu großer Bedeutung gelangt. Der Apparat beruht auf dem stereoskopischen Prinzip und enthält einen stereoskopisch aufgenommenen Entfernungsmaßstab.

— Michael J. **Pupin** bringt Drahtspulen in die telegraphischen und telephonischen Leitungen, um durch Erhöhung der Selbstinduktion die nachteiligen Folgen der Kapazität zu vermindern. Durch diese Erfindung werden die telephonischen Sprechgrenzen ganz außerordentlich vergrößert. (S. a. 1906 S.) Den ersten Vorschlag, zur Vermeidung der Dämpfung in Kabelleitungen Selbstinduktionsspulen einzulegen, hatten Heaviside und S. P. Thompson gemacht.

— Santiago **Ramon y Cajal** erschließt zuerst den mikroskopischen Bau der Hirnrinde.

— **Read, Carol** und **Agramonte** bestätigen die Entdeckung von Finlay (vgl. 1881 F.), daß das Gelbfieber durch eine Mückenart übertragen wird, und stellen eine Inkubationszeit von 12 Tagen fest. Der Erreger selbst ist noch nicht sicher bekannt. Der von Sanarelli 1896 als solcher angesprochene „Bacillus icteroides" konnte von H. E. Durham bei seinen 1901 in New Orleans gemachten Untersuchungen nicht mit Sicherheit aufgefunden werden.

— Alois **Riedler** erfindet eine mit zwangsläufig schließendem Saugventil versehene Plungerpumpe, die bei jedem Kolbenhub nur eine verhältnismäßig

62*

kleine Wassermenge liefert und infolgedessen so geschwind laufen kann, daß sie 300 und mehr Umdrehungen in der Minute macht. (Riedler's Expreß-Pumpe; vgl. auch 1883 R.)

1899 Henry Augustus **Rowland** erfindet einen Vierfachtypendrucker, der in Duplexschaltung die gleichzeitige Beförderung von 8 Telegrammen — 4 in jeder Richtung — auf einer Leitung gestattet (Rowland's Oktoplex).

— Max **Rubner** überträgt die von ihm geschaffene Auffassung der Ernährung als Energieumsatz auch auf die Säuglingsernährung, worin ihm insbesondere Heubner und seine Schüler folgen.

— T. **Sandmeyer** stellt aus Thiocarbanilid in wässrig-alkoholischer Lösung mittels Bleiweiß und Cyankalium Hydrocyancarbodiphenylimid dar. Aus diesem Körper entsteht durch Schwefelammonium ein Thioimid, das durch konzentrierte Schwefelsäure in α Isatinanilid übergeführt wird, aus welchem mit Schwefelammon Indigo entsteht. Die technische Anwendbarkeit der Methode hängt im wesentlichen vom Preise des Cyankaliums ab.

— Adolf **Schmidt** macht darauf aufmerksam, daß sich ungemein häufig mit den Polarlichtern in zeitlicher Übereinstimmung merkwürdige Unruhezeiten der magnetischen Nadel, die „magnetischen Stürme", paaren, deren Entstehung er mit den großen Wirbelbewegungen der Atmosphäre in Parallele stellt.

— R. **Schulte im Hofe** erfindet ein als „Steinradierung" bezeichnetes Verfahren zur Herstellung von Halbtönen auf zu ätzenden Druckplatten, das namentlich für den mehrfarbigen Druck von Bedeutnng ist und darin besteht, daß die Deckschicht der Druckplatte durch Reibung mechanisch entfernt wird. In den meisten Fällen geschieht das Reiben mit dem Finger, doch kann man sich auch eines Wischers oder eines ähnlichen elastischen Werkzeugs bedienen.

— Der Photograph und Bildhauer **Selke** erfindet ein neues Verfahren der Photoskulptur. (S. 1862 V.) Er macht rasch hintereinander von den zu kopierenden Gegenständen (Kopf einer lebenden Person u. dgl.) etwa 50 photographische Schnitt-Lichtbilder; alsdann werden die Bildumrisse auf Kartonpapier übertragen und ausgeschnitten, die Kartons aufeinander geklebt und schließlich das stufenförmig abgesetzte Relief entsprechend überarbeitet.

— W. A. **Shenstone** stellt Quarzglasgefäße her, indem er aus dem nach der Methode von Boys (s. 1888 B.) geschmolzenen Quarzglas Fäden zieht und daraus kleine Hohlkörper zusammensetzt, deren Vergrößerung durch sukzessives Auftragen weiterer kleiner Mengen von Fäden erfolgen kann. (Vgl. 1899 H.)

— **Siemens & Halske** stellen auf dem Erzherzoglichen Hoheneggerschacht in Karwin in Österreichisch-Schlesien eine Drehstromfördermaschine auf.

— **Siemens & Halske** konstruieren einen elektrischen Straßenomnibus, der sowohl als gewöhnlicher Omnibus auf schienenloser Straße, wie auch mit Benutzung der Straßenbahngleise fahren kann. Im ersteren Falle werden Akkumulatoren benutzt; im letzteren Falle wird die elektrische Kraft dem Zuleitungsdraht der Straßenbahn durch den Siemens'schen Abnehmerbügel entnommen.

— Hermann Theodor **Simon** und Max **Reich** erfinden ein System der Radiotelephonie, bei welchem durch einen Selenempfänger eine sprechende Bogenlampe betätigt wird.

— Herbert **Smith** konstruiert ein dreikreisiges Goniometer, das für gewisse krystallographische Arbeiten wichtig ist. Ein ähnliches Instrument wird unter dem Namen „Krystallpolymeter" von C. Klein hergestellt, das außer zur Messung der Krystallwinkel auch zur eingehenden optischen Untersuchung der Krystalle dient. (Vgl. auch 1893 C.)

1899 Robert **Sommer** konstruiert einen Apparat zur Erkennung der feinen Unterschiede verschiedener Nervenkrankeiten. Der Apparat gestattet, die unwillkürlichen Bewegungen eines Fußes, einer Hand sowie jedes einzelnen Fingers aufzuzeichnen. Die Kurven der Zitterbewegung sind bei den verschiedenen Krankheiten verschieden.

— W. **Spitzer** gelingt es, veranlaßt durch die von Emil Fischer (s. 1895 F.) festgestellten einfachen Beziehungen zwischen Hypoxanthin, Xanthin und Harnsäure, durch die Sauerstoff übertragende Wirkung von Organextrakten (wässerige Auszüge der Milz und der Leber vom Kalb und Rind), Hypoxanthin und Xanthin in Harnsäure überzuführen. Auch von Hugo Wiener wird dies gleichzeitig bestätigt.

— A. **Stodola** bearbeitet eingehend die Theorie der Regulierung der Dampfmaschine und bahnt mit seiner dynamischen Untersuchung der Beharrungsregler das Verständnis für diese immer häufiger angewandten Regulatoren an.

— Benjamin **Talbot** erfindet das nach ihm benannte Verfahren zur Herstellung von Flußeisen aus Roheisen und Eisenoxyden im kippbaren Wärmespeicher-Flammofen, wobei der Ofen nach vollendeter Entkohlung nur teilweise entleert wird. Das Verfahren ist insbesondere für die zwischen 0,1 und 1,5% Phosphor enthaltenden Roheisenarten anwendbar, die wegen ihres hohen Phosphorgehalts für den Bessemerprozeß nicht geeignet sind und andererseits für den Thomasprozeß nicht genügend Phosphor enthalten.

— Gustav **Tammann** macht im Anschluß an die Arbeiten von Amagat (s. 1888 A.) und Barus (s. 1892 B.) genaue Messungen über den Einfluß sehr hoher Drucke auf die Änderungen der Schmelzwärme bei etwa 30 Stoffen.

— Eduard **Theisen** erfindet zur Reinigung der für Sauggasmaschinen zu verwendenden Hochofengase von Staub seinen Zentrifugalwascher, der im Jahre 1900 in Hörde aufgestellt wird und den Staubgehalt des Gases von 3,35 g auf 0,01 g auf den Kubikmeter herabdrückt. (S. a. 1876 B.)

— **Villard** beobachtet, daß die Kathodenstrahlen reduzierende Wirkungen ausüben.

— Die Pester Elektrotechniker Joseph **Virag** und Antal **Pollak** erfinden einen Schnelltelegraphen, bei welchem die Zeichen — Rekorderschrift — auf lichtempfindlichem Papier dadurch erzeugt werden, daß ein intensiver feiner Lichtstrahl von einem Spiegel zurückgeworfen wird, der, mit der Membran eines Fernhörers verbunden, durch die Telegraphierströme verschiedener Richtung um eine horizontale Achse bewegt wird. Im Jahre 1902 wird der Apparat dahin vervollkommnet, daß er kleine lateinische Buchstaben schreibt. Erforderlich sind zwei Empfangs-Telephone. Das System fördert 80000 bis 100000 Wörter in der Stunde, eine Leistung, die bis jetzt noch kein anderer Apparat erreicht hat, selbst wenn man berücksichtigt, daß das System eine Doppelleitung erfordert.

— Hermann **Weber** stellt fest, daß sich in tuberkulösen Drüsen (Skrofeln) die beiden Typen des Bacillus tuberculosis, der Typus humanus und der Typus bovinus vorfinden.

— Arthur **Wehnelt** erfindet den elektrolytischen Stromunterbrecher, der namentlich auch für Herstellung von Röntgenbildern dadurch besonders wichtig wird, weil er gegenüber älteren Unterbrechern gestattet, die Expositionszeit auf etwa ein Fünftel abzukürzen.

— Anton **Weichselbaum** und H. **Jaeger** erkennen den Diplococcus der Meningitis als verschieden von dem Diplococcus pneumoniae und stellen fest, daß der von ihnen „Meningococcus introcellularis“ genannte Bacillus der einheitliche Erreger der epidemischen und endemischen Meningitis (Genickstarre) ist. (S. a. 1886 F.)

1899 **Weiß** in Basel findet, daß Chinasäure (s. 1806 V.) bei ihrer Verfütterung die Menge der ausgeschiedenen Harnsäure vermindert. Dies gibt Veranlassung zur Einführung verschiedener Chinasäurepräparate in den Arzneischatz, wie z. B. des Sidonals (chinasaures Piperazin) und des Urosins (chinasaures Lithium).

— Harold A. **Wilson** bestimmt die Geschwindigkeit der Ionen in Flammen, welche Salzdämpfe enthalten.

— Hermann **Zollikofer** errichtet eine Gasfernleitung mit Gebläseanlage (Sturtevant-Gebläse) im Gaswerk Montigny bei Metz.

1900 Die **Allgemeine Elektricitäts-Gesellschaft** in Berlin konstruiert einen auf dem Drehstromprinzip beruhenden Kommandoapparat zur Fernstellung von Steuerrudern, Weichen oder Geschützen unter Verwendung eines Drehfeldumformers.

— Die **Ampère Electro Chemical Company** in Port Chester stellt künstlichen Campher durch Erhitzen von Terpentinöl mit wasserfreier Oxalsäure dar. Das Verfahren stellt sich im großen als unrentabel heraus.

— Svante **Arrhenius** wendet die Strahlungsdrucktheorie (s. 1873 M.) auf kosmische Erscheinungen, wie z. B. die Bildung und Form der Kometenschweife, die Sonnenkorona und die Polarlichter an. (S. a. 1835 B.)

— Der schwedische Telephoningenieur **Avèn** führt das Prinzip der Arbeitsverteilung (Verteilersystem) in Fernsprechvermittlungsämtern ein. Diese Arbeitsverteilung besteht darin, daß ankommende Anrufe sofort einem freien Verbindungsbeamten zugewiesen und durch diesen erledigt werden, während bisher die Verbindungsbeamten nur eine bestimmte Anzahl von Teilnehmern bedienen konnten, alle übrigen ihnen zugewiesenen Teilnehmer aber warten lassen mußten.

— Die chemische Wäscherei von **Barbe** in Toulouse konstruiert einen Apparat für chemische Reinigung, der sämtliche Operationen der Wäscherei, wie das Bürsten, Waschen, Spülen, Schleudern, Trocknen selbsttätig besorgt, und bei welchem die Feuersgefahr ausgeschlossen ist und der Einfluß der Benzindämpfe auf die Arbeiter vollständig in Wegfall kommt.

— **Bertrand** und **Gauthier** erbringen durch zahlreiche Untersuchungen den Beweis, daß kleine Mengen von Arsen auch in der organisierten Welt (in Haaren, Nägeln und anderen Körperteilen) sehr verbreitet sind.

— **Bian** findet, daß zur Reinigung der Hochofengase für Sauggasmaschinen ein gewöhnlicher Ventilator, wenn man ihn mit Wassereinspritzung versieht, sehr gute Resultate gibt, und konstruiert seinen Ventilator-Reiniger mit Wassereinspritzung, der zuerst bei dem Eisenhütten-Aktien-Verein Düdelingen angewendet wird und sich schnell weiter einführt. (S. a. 1899 T.)

— August Karl Gustav **Bier** macht im Anschluß an die Lumbalpunktion (s. 1891 Q.) die Entdeckung, daß man durch Einspritzung von Cocain in den Rückenmarkskanal eine Empfindungslosigkeit der unteren Extremitäten hervorrufen und zu chirurgischen Zwecken benutzen kann (Medullaranästhesie).

— Nachdem schon 1578 die Regulierung der Moldau auf der Tagesordnung gestanden hatte, beginnt der **Böhmische Landesausschuß** die Kanalisierung dieses Flusses von Prag bis Melnik.

— C. F. **Böhringer & Söhne** bemühen sich um die Einführung der Milchsäure in die Kattundruckerei, wo sie als Lösungsmittel für Farbstoffe, und in die Färberei, wo sie beim Beizen vegetabilischer und namentlich auch animalischer Fasern Verwendung findet. Die Milchsäure wird durch Vergären von Zucker mit Reinkulturen des Milchsäurebacillus oder in unreinerer Form aus Sauerkrautabwässern gewonnen.

1900 Edmond **Bouty** untersucht das elektrische Feld, welches erforderlich ist, um ein Gas leitend zu machen; er bestimmt die elektrische Kraft, bei welcher ein zwischen zwei parallelen Platten in einem Gefäß mit zu diesen Platten parallelen Wänden eingeschlossenes Gas leuchtend wird, die „Cohésion diélectrique" dieses Gases.

— **Bremer** konstruiert eine Bogenlampe, deren kennzeichnende Züge die folgenden sind: schräge Stellung der Kohlen mit den Spitzen nach unten, Anordnung eines sogenannten Wärmesammlers um den Lichtbogen, Anwendung eines Magnetfeldes oberhalb des Lichtbogens, und endlich hoher Gehalt der Lichtkohlen an Metallsalzen, vorwiegend Calciumfluorid. Durch die Salzzusätze ist es möglich, fast jeden gewünschten Lichteffekt zu erzielen; die Schrägstellung der Kohlen ist von wesentlicher Bedeutung, da die Lichtstrahlen ungehindert austreten können und die Störungen beseitigt werden, welche durch die Vorgänge im Bogen selbst bedingt werden.

— Charles **Brown** knüpft an Bodmer's Maschine mit gegenläufigem Kolben an und führt dies Prinzip für einfachwirkende schnelllaufende Dampfmaschinen aus, die von der Firma Mertz in Basel gebaut werden und infolge ihres vollkommenen Massenausgleichs und dadurch bedingten ruhigen Gangs viel Beachtung finden.

— C. E. L. **Brown** konstruiert einen Ausschalter, bei welchem der Unterbrechungsfunke unterhalb einer Ölschicht auftritt, und der zur Unterbrechung großer Energiemengen bei sehr hoher Spannung dient. Er wird zuerst in der Hochspannungsanlage Paderno durch Brown Boveri & Co. angewendet.

— J. **Bueb** in Dessau gibt ein Verfahren an, um Naphtalin und Cyan aus dem Leuchtgase zu entfernen. Das Gas wird hinter dem Teerabscheider in innige Berührung mit hochsiedendem Steinkohlenteeröl gebracht, das dem Gase das Naphtalin entzieht. Hierauf begegnet das Gas einer Lösung von Eisenvitriol (s. a. 1886 K.). Nachdem mit deren Hilfe die Umsetzung des Ammoniaks und des Schwefelwasserstoffs in schwefelsaures Ammoniak und Schwefeleisen geschehen ist, wird das Schwefeleisen unter dem Einfluß von Cyanammonium in Ferrocyanammonium übergeführt, wobei Schwefelwasserstoff frei wird und mit dem Gas weitergeht. Der Vorgang wiederholt sich in mehreren hintereinander liegenden Kammern, bis schließlich fast das gesamte Schwefeleisen von Cyanammonium zersetzt ist. Der die Kammer verlassende Schlamm hat einen Cyangehalt, der 18—20% gelbem Blutlaugensalz oder 12—13½% Berlinerblau entspricht und enthält außerdem 6—7% Ammoniak.

— Luther **Burbank** erwirbt sich große Verdienste um die Obstkultur. Namentlich sind es die Pflaumen, welche von ihm in zahlreichen Varietäten derart verbessert werden, daß die früheren Sorten allmählich von seinen Neuheiten verdrängt werden. Auch in der Zucht der Kartoffel sind die Leistungen Burbank's sehr bemerkenswert.

— **Cassagnes** konstruiert einen elektromagnetischen Druckapparat für stenographische Zeichen (Stenotelegraph), bei welchem der mechanische Telegraph von Michela (s. 1880 M.) als Geber benutzt wird.

— Nachdem die Konstante der astronomischen Strahlenbrechung vielfach, wie u. a. von Bessel (1819), Gylden (1842), Nyren (1861—75 und 1882—91), Newcomb (1877—86), Bauschinger (1891—93) bestimmt worden war, gibt L. **Courvoisier** eine Bestimmung dafür, die fast genau dem Mittel aller neueren astronomischen Werte (60″,153) entspricht.

— Der englische Ingenieur Samuel Cleeland **Davidson** in Belfast erfindet den Sirocco-Ventilator, dessen Eigenart darin besteht, daß die Flügel sehr zahlreich, aber dünn und schmal sind.

1900 Die französischen Luftschiffer **De la Vaulx** und **De Castillon de Saint-Victor** durchfahren im Oktober mit einem Luftballon von 1630 cbm Inhalt in $35^3/_4$ Stunden eine Strecke von 1325 km (von Vincennes in Frankreich bis Korostischew in Rußland), die bis dahin längste und weiteste Dauerfahrt im Ballon.

— Karl **Déri** gibt zum Zweck der Verminderung der Ankerrückwirkung bei der Gleichstrommaschine eine Feldmagnetwicklung an.

— James **Dewar** zeigt, daß Samen von Weizen, Gerste, Senf, Erbsen und Kürbis in flüssigem Wasserstoff, d. i. bei einer Temperatur von — 250° C., ihre Keimfähigkeit behalten. Es wird also das Protoplasma in diesem Zustand durch Kälte nicht verändert.

— **Dulac** erfindet eine neue Methode zur Gründung von Bauwerken, indem er bei weichem, lehmigem und tonigem Untergrund den Boden mittels eingerammter Betonpfeiler zusammenpreßt.

— In dem Wettbewerb zur Herstellung einer kriegsbrauchbaren Schnellfeuer-Feldkanone mit Rohrrücklauf, an welchem sich auch Krupp, Maxim & Nordenfelt, Canet u. a. beteiligen, liefert die Rheinische Metallwaren- und Maschinenfabrik von **Ehrhardt** in Düsseldorf ein Geschütz von 7,5 cm Seelenweite, 6,5 kg Geschoßgewicht und 530 m Mündungsgeschwindigkeit. Die Lafette rennt sich beim ersten Schuß vermittels eines spatenartigen Sporns im Boden fest. Bei den folgenden Schüssen hat nur allein das Rohr eine Rücklaufbewegung, welche durch eine Flüssigkeitsbremse begrenzt wird, worauf sich das Rohr durch eine Federkonstruktion wieder in die Feuerstellung vorschiebt. Infolgedessen kann ohne erneutes Richten Schnellfeuer bis zu 17 Schuß in der Minute abgegeben werden. Die Lafette trägt einen Splitterpanzer zum Schutze der Bedienungsmannschaften.

— Julius **Elster** und Hans **Geitel** beweisen experimentell, daß weder die Annahme einer direkten Leitung der Luft noch die Annahme einer Elektrizitätsübertragung durch die in der Luft schwebenden Staubteilchen die Leitfähigkeit der Luft für Elektrizität erklären kann, daß dies vielmehr nur durch die Annahme einer gewissen Ionisierung der Luft möglich ist, welche mit der Anwesenheit von radioaktiven Stoffen in der Luft zusammenhängen mag.

— **Eppstein** in Frankfurt, Julius Adolph **Möllinger** in Nürnberg und Max **Corsepius** geben Methoden zur magnetischen Eisenprüfung für technische Zwecke an.

— **Erhard & Sehmer** in Schleifmühle und A. **Borsig** in Berlin bauen Hochdruckzentrifugalpumpen als Wasserhaltungsmaschinen im Bergbau und als Kesselspeisepumpen und erzielen damit gute Erfolge gegenüber den gewöhnlichen Kolbenpumpen. (Vgl. auch 1900 S.)

— **Felten & Guilleaume** in Mülheim a. Rh. fabrizieren stahldrahtarmierte Bleiröhren. Das Bleirohr wird zunächst mit imprägniertem Papier und Garn umgeben, das als Polster für die Stahldrähte dient, um die schließlich noch eine doppelte Umspinnung aus mit Asphalt getränktem Garn gelegt wird. Diese Röhren werden vielfach für Druckwasser, Druckluft usw. angewendet.

— Isaïe **Frechette** in Montreal baut eine Drahtstiftmaschine, bei welcher die Drahtnägel aus der Maschine in einer zusammenhängenden Schnur herauskommen.

— Paul **Fritsch** gelingt es, durch das Dimethoxytrichlormethylphtalid und die Carboxyldimethoxymandelsäure auf synthetischem Wege zum Meconin zu gelangen.

— Gustav **Gärtner** führt das von v. Basch (s. 1878 B.) erfundene Sphygmomanometer in verbesserter Form als „Tonometer" zur klinischen Beobachtung des Blutdrucks ein. Der Arm der Versuchsperson wird mit einem ringförmigen Luftkissen umgeben, in das Luft eingepumpt wird, bis der

Puls eben nicht mehr zu fühlen ist. In diesem Augenblick muß der Druck der Luft dem Blutdruck in den Gefäßen gleich sein. Die Methode wird (1905) von Erlanger und (1906) von Recklinghausen verbessert.

1900 R. **Gersuny** in Wien erfindet die Methode der subkutanen Paraffininjektionen. Sie dient dazu, Defekte oder unvollkommene Bildungen menschlicher Organe durch Einführung einer unschädlichen Masse in das Unterhautzellgewebe der plastischen Bildung und Formgestaltung nach zu ersetzen bez. auszugleichen. Er benutzt dazu sterilisiertes weißes Paraffin von einem Schmelzpunkt von 40° C. (Mischung von offizinellem Paraffinum liquidum und Paraffinum solidum).

— Victor **Grignard** weist nach, daß die synthetischen Reaktionen mit Hilfe von Magnesiumalkyljodiden schneller verlaufen und bessere Ausbeuten geben, als bei Anwendung von Zink, und verwendet zur Synthese namentlich die aus Jodmethyl und Magnesium entstehende Verbindung. Die magnesiumorganischen Verbindungen gestatten die vielseitigste Anwendung zur Synthese von Kohlenwasserstoffen und Alkoholen und führen Grignard zur Entdeckung von neuen Abkömmlingen der Terpenkohlenwasserstoffe.

— William Bate **Hardy** stellt die Regel auf, daß die anodischen Kolloide durch die Kationen, die kathodischen Kolloide durch die Anionen gefällt werden oder daß, allgemein gefaßt, entgegengesetzt geladene Lösungsbestandteile einander ausfällen können. Diese Regel gewinnt eine weittragende Bedeutung für das Studium der Lebensphänomene.

— **Heine & Co.** stellen unter Verwendung von Indol und dessen Homologen aus Natur- und Kunstprodukten kombinierte Blumengerüche dar, die viel gebraucht werden und auch andere Firmen zu ähnlichen Kombinationen veranlassen.

— Karl **Herold** erfindet einen Rundwebstuhl. Bei diesen Stühlen führt der Schütze keine hin- und hergehende, sondern eine kreisförmige Bewegung aus. Infolgedessen kann die Geschwindigkeit des Schützen und damit die Leistungsfähigkeit des Webstuhls sehr gesteigert werden.

— Paul **Héroult** schmilzt zur Erzeugung von Elektroeisen und Elektrostahl die Eisenerze in einem Tiegel aus feuerfestem Material, in den die Kohlenelektroden nur so weit eingesenkt werden, daß sie zwar in die Schlacke eintauchen, aber in keinerlei Berührung mit dem Eisen kommen, so daß dieses keinen Kohlenstoff von den Elektroden aufnehmen kann. (S. auf Seite 986 den Artikel Kjellin, Stassano und Héroult.) Er macht eine Anlage in La Praz in Savoyen, die sehr reines Eisen und sehr reinen Stahl erzeugt.

— Albert **Hesse** weist nach, daß im Jasminblütenöl ca. $2^1/_2{}^0/_0$ Indol und eine geringe Menge Anthranilsäuremethylester enthalten ist, und daß diese beiden Substanzen mit als Hauptträger des Blütendufts angesprochen werden können. (S. a. 1898 E.) Auch das Skatol wird von Dunstan (1889) und Walbaum (1903) in ätherischen Ölen nachgewiesen.

— E. **Heyn** macht in den Jahren 1900—04 grundlegende metallographische Arbeiten, die namentlich den Einfluß von Gasen auf Metalle und Legierungen und die dadurch in deren Gefüge eintretenden, durch das Mikroskop nachweisbaren Veränderungen behandeln. (S. a. 1875 G.)

— A. **Hoz** erfindet das textile Flachdruckverfahren, das namentlich durch die Erfindung einer Druckfarbe ermöglicht wird, welche außer den Eigenschaften einer guten Lithographenfarbe eine gewisse Wasserlöslichkeit besitzt, so daß bei einem dem Druck folgenden Dampfprozeß die Farbe in die Faser eindringen und sie färben kann.

— Martin **Jacoby** setzt die Untersuchung von E. Salkowski (s. 1889 S.) über die Autodigestion der Leber fort und erhält aus dem Leberauszug durch Sättigen mit Ammonsulfat einen Niederschlag, der nach dem Lösen in Wasser die

Fähigkeit hat, die Eiweißstoffe der Leber zu verdauen und Hippursäure und Harnstoff zu spalten. Jacoby schlägt statt Autodigestion die Bezeichnung „Autolyse“ vor.

1900 S. **Jay & Co.** in Paris erzeugen unter Benutzung der von Berthelot (s. 1863 B.) angegebenen Reaktionen Alkohol aus Acetylen, indem sie auf ein trockenes Gemisch von 1 Vol. Acetylen und 4 Vol. Wasserstoff in besonderen kalt gehaltenen Apparaten überschüssiges Ozon einwirken lassen.

— Georg W. A. **Kahlbaum** gelingt es, vermittels einer von ihm konstruierten Quecksilberluftpumpe, ein Vakuum von ca. zwei millionstel Millimeter Druck zu erzeugen und damit bei den Temperaturen eines gewöhnlichen Wassertrommelgebläses die folgenden Elemente zu destillieren: Selen, Tellur, Kalium, Natrium, Lithium, Arsen, Antimon, Wismut, Magnesium, Calcium, Strontium, Aluminium, Thallium, Zink, Cadmium, Kupfer, Silber, Gold, Nickel, Eisen, Chrom, Zirkon, Blei. Zinn erweist sich als kaum destillierbar.

— **Kastle** und **Loevenhart** zeigen, daß Pankreaslipase unter bestimmten Verhältnissen aus Fettsäure und Alkohol einen Ester zu bilden vermag, daß also die Fette, die durch die Lipase gespalten werden, infolge einer reversibeln Reaktion durch sie wieder aufgebaut werden können. (S. a. 1898 C.) Über ähnliche Reaktionen berichten Hanriot (1901), der durch Serumlipase aus Buttersäure und Glycerin Monobutyrin erhält und Pottevin (1903 und 1904), der aus Ölsäure und Glycerin mit Pankreaslipase Monolein und Triolein erhält.

— F. A. **Kjellin,** Ernesto **Stassano** und Paul **Héroult** erkennen gleichzeitig und unabhängig voneinander, daß es bei der Eisenerzeugung auf elektrischem Wege (s. 1878 S.) darauf ankommt, das Eisen nicht zu lange im Bereiche des elektrischen Lichtbogens zu belassen, da es sonst zu große Mengen Kohle aufnimmt und schlecht in Qualität wird.

— F. A. **Kjellin** konstruiert von dem von ihm, Stassano und Héroult gefundenen Prinzipien (s. vorhergehenden Artikel) ausgehend, in Gysinge einen elektrischen Ofen, in welchem ein Strom von 3000 Ampere so transformiert wird, daß 30000 Ampere entstehen. In diesem Ofen erhält er am 18. März den ersten vorzüglichen Elektrostahl, der ganz blasenfrei ist und beim Härten keine Neigung zum Springen zeigt.

— **Klein, Forst & Bohn Nachfolger** in Johannisberg a. Rh. gelingt es, in ihrer Doppelmaschine für Illustrationsdruck mit schwingendem Zylinder eine Maschine zu erzeugen, die das doppelte leistet, wie die einfache Schnellpresse und imstande ist, auch von gebogenen Klischees Bilder von hoher Vollendung zu erzielen.

— Nachdem schon durch Loftus, Oppert, Layard u. a. die Ruinenstätte des alten Babylon untersucht war, beginnt Robert **Koldewey** erfolgreiche Ausgrabungen daselbst auf seiner durch die deutsche Orientgesellschaft ausgerüsteten Expedition.

— H. **Koeppe** gibt der Mineralwassertherapie eine wissenschaftliche Basis, indem er an Hand seiner Untersuchungen über Molekulargewicht, osmotischen Druck und Dissoziationskoeffizienten der Wässer lehrt, daß ihre Wirksamkeit nicht auf den Gehalt an festen Bestandteilen und einzelnen Salzen zurückzuführen sei, sondern auf ihren Gehalt an neutralen, d. h. nicht gespaltenen Molekülen und auf die Zahl und Art der dissoziierten Ionen.

— Die Gebrüder **Körting** bauen Gichtgasmotoren, die zuerst auf der Donnersmarckhütte in Betrieb gesetzt werden.

— G. **Krebs** bringt für photographische Zwecke das erste „Zeitlicht“ in Patronenform in den Handel, das wie das Blitzlicht im wesentlichen aus

Magnesium- und Aluminiumpulver und aus Nitraten der alkalischen Erden besteht, denen aber zur Verlängerung der Brennzeit Oxyde und Carbonate der alkalischen Erden, sowie Glaspulver zugesetzt werden. Die Farbenfabriken vorm. Friedrich Bayer & Co. verwenden als sauerstoffliefernde Substanz Wolframsäure.

1900 Laurenz **Kromar** in Wien erfindet den Kromarograph, einen automatischen Notenschreibapparat, der die auf dem Klavier gespielten Tonstücke mittels elektrischen Betriebes in einer der gewöhnlichen Notenschrift sehr ähnlichen Zeichenschrift niederschreibt. Mit dieser Erfindung ist ein weiterer Schritt (s. 1745 C.) zur Lösung des Problems der unmittelbaren Niederschrift gespielter Tonstücke getan.

— F. **Kurlbaum** und L. **Holborn** konstruieren ein Pyrometer, das eine Glühlampe von wechselnder Intensität mit dem strahlenden Körper vergleicht. Fast identisch hiermit ist ein gleichzeitig von **Morse** unter dem Namen „Thermogauge" angegebenes Pyrometer.

— Die **Lamson Pneumatic Tube Company** in London macht das System der pneumatischen Rohrpost zu Zwecken der Geldbeförderung in großen Warenhäusern nutzbar. In Deutschland wird die erste Anlage eines pneumatischen Zahlsystems im Kaufhaus des Westens in Berlin gemacht.

— Samuel Pierpont **Langley** legt nach 20jähriger Arbeit mit einer verbesserten Methode das ultrarote Spektrum bis zur Wellenlänge von 53 386 Ångströmeinheiten bolometrisch fest.

— Petr Nikolajewitsch **Lebedew** macht eingehende Untersuchungen über die Druckkraft des Lichts in seiner Fortpflanzungsrichtung und bestätigt durch seine Versuche den von Maxwell (s. 1873 M.) gezogenen Schluß, daß ein bestrahlter Körper einen Druck erleidet.

— Otto **Lehmann** konstatiert, daß auch bei flüssigen Krystallen ein Bestreben der Moleküle vorliegt, sich in die Richtung des magnetischen Feldes zu stellen.

— **Lewicki, von Knorring, Nadrowski** und **Imle** bringen den Wärmegenerator in Vorschlag, um die Abwärme bei Heißdampfturbinen nutzbar zu machen. Sie führen den noch stark überhitzten Abdampf einer Turbine in Heizkörper, die im Wasser- oder Dampfraum eines Kessels aufgestellt sind und dort Wasser verdampfen sollen.

— Karl P. G. **Linde** schlägt vor, flüssigen Sauerstoff mit oxydierbaren Substanzen verschiedener Art gemischt als Sprengmittel zu verwenden und gibt demselben den Namen „Oxyliquid". Als geeignetster Zusatz hat sich pulverisierte Holzkohle erwiesen.

— Paul **Lucas** konstruiert eine Gasglühlichtlampe, bei welcher er die saugende Wirkung eines hohen Schornsteins benutzt, um höhere Pressungen sowohl bei der Verbrennungsluft, als auch bei dem Leuchtgas zu erzielen. Er erhält bei dieser Lampe Wirkungen, die sie als Konkurrentin des elektrischen Lichts erscheinen lassen.

— **Ludwig Amadeus von Savoyen,** Herzog der Abruzzen, unternimmt auf der „Stella Polare" eine Nordpolfahrt, an der die Marineoffiziere Umberto Cagni und Querini teilnehmen. Die Expedition überwintert in der Teplitzbai auf Franz-Joseph-Land, von wo Schlittenreisen unternommen werden. Bei einer derselben erreicht **Cagni** 86° 34′ n. Br., d. i. noch 30′ oder 54 km über den von Nansen erreichten nördlichsten Punkt hinaus.

— **Lyncker & Schropp** verbessern den Ansell'schen Schlagwetterindikator (s. 1862 A.) und richten ihn für Fernmeldung ein. Der Apparat ist in der neuen Form sehr wertvoll für den Schutz und die Sicherung des Grubenbetriebes.

1900 F. M. **Lyte** und G. **Lunge** erhitzen zur Gewinnung von Salpetersäure Natriumnitrat und Eisenoxyd in einem Strom von Dampf und Luft; die Salpetersäure wird in Form von Stickoxyden ausgetrieben und kann im Kontakt mit Wasser aus diesem gewonnen werden. Im Rückstand hinterbleibt Natrium und Eisen, welche bei Behandlung mit kochendem Wasser eine Lösung von Ätznatron und einen Niederschlag von Eisenoxyd ergeben.

— Die Fabrik von **Mac Cormick** in Chicago (s. 1851) baut Grasmähmaschinen, die an Stelle der Zugtiere durch Petroleummotoren gefahren und betrieben werden (Maschinenmäher). Eine ähnliche Konstruktion stammt von Deering.

— Erich **Marx** beobachtet den Halleffekt (s. 1880 H.) an Flammen.

— Die **Maschinenbau-Aktiengesellschaft Vulkan** erbaut für den Dampfer „Deutschland" der Hamburg-Amerika-Linie zwei Maschinen von je 16500 PS mit je 6 Dampfzylindern für vierstufige Dampfspannung. Die vierteiligen Kurbelwellen aus Nickelstahl mit Schlick'scher Massenausgleichung haben 64 cm Durchmesser. Den Dampf liefern 12 Doppel- und 4 Einfachkessel mit 8000 qm Heizfläche, die mit 15 Atmosphären Überdruck arbeiten.

— Der französische Ingenieur **Matognon** kommt auf den Gedanken, gesunkene Schiffe auf einfache Weise durch unter Wasser stattfindende Gasentwicklung zu heben. Er benutzt widerstandsfähige Kautschuksäcke, die durch Schläuche mit starken eisernen, mit Calciumcarbid gefüllten Zylindern verbunden sind. In die Zylinder sind leicht schmelzbare Pfropfen eingelassen, die durch einen elektrischen Funken geschmolzen werden, worauf das Wasser in die Zylinder eintritt und aus dem Carbid Acetylen entwickelt. Das Gas füllt die Säcke, die kraft ihres Auftriebes das Wrack an die Oberfläche heben.

— Hans **Mennicke** schlägt zur Wiedergewinnung von Zinn aus Weißblechabfällen das Ätznatronverfahren vor, bei welchem in derselben Zelle das Weißblech ausgelaugt und das Zinn elektrolytisch ausgeschieden wird. Ein großer Vorteil dieses alkalischen Verfahrens soll sein, daß lackierte wie blanke Blechsorten ohne Unterschied verarbeitet werden können.

— Nachdem Birch (1850) und Demarquay (1867) das Einatmen von Sauerstoff zu therapeutischen Zwecken empfohlen hatten, und Lender (1871) die Einatmung von Ozon zu solchen Zwecken vorgeschlagen hatte, nimmt Max **Michaelis** die Sauerstofftherapie in größerem Umfange wieder auf und empfiehlt die Einatmung von Sauerstoff bei Krankheiten des Blutes mit Ausnahme von Leukämie, bei Herz- und Lungenkrankheiten, bei Intoxikationen mit Morphium und Kohlenoxyd. Diese Resultate sind nicht unbestritten. (S. a. 1798 B.)

— Adolph **Miethe** verbessert das von Ives (s. 1888) erfundene Chromoskop (Apparat zur Farbensynthese) und den Dreifarbenprojektionsapparat und trägt dadurch zum Ausbau und zur praktischen Durchführbarkeit der additiven Dreifarbenphotographie (s. a. 1861 M.) wesentlich bei.

— A. **Nestler** stellt durch sorgfältige Versuche die schädliche Wirkung der zuerst von Hance 1880 beschriebenen Primula obconica, wie auch der Primula sinensis außer Zweifel. Mehr oder weniger heftige Hauterkrankungen durch diese ihrer schönen Farbe wegen in neuester Zeit vielfach kultivierten Pflanzen waren seit 1889 zuerst in England, dann auch in anderen Ländern beobachtet worden.

— Nachdem Blumenthal und Bergell (1898) gezeigt hatten, daß man aus dem Urin von an Pentosurie (vgl. 1892 S.) leidenden Kranken mit Bariumsalzen die Pentose als Bariumverbindung erhalten könne, stellt Carl **Neuberg** die Harnpentose krystallinisch dar und identifiziert sie als r-Arabinose.

1900 Richard **Neuhauß** und **Worel** erzielen Farben auf photographischem Wege, indem sie die lange bekannte Beobachtung benutzen, daß das Licht künstliche Farbstoffe, namentlich Anilinfarbstoffe bleichen kann.

— Nachdem die Aktiengesellschaft „Kette“ in Dresden zuerst in Deutschland Schleppversuche mit Schiffsmodellen angestellt hatte, baut der **Norddeutsche Lloyd** in Bremerhaven die erste große deutsche Schleppversuchsstation, die hinsichtlich der Genauigkeit der Versuche den höchsten Anforderungen entspricht. Im Jahre 1902 folgt als erste staatliche Anstalt dieser Art die Versuchsanstalt für Wasserbau und Schiffbau in Berlin.

— Marc **Paquier** stellt auf der Pariser Ausstellung künstliche Rubine und Saphire aus, die von dem Chemiker Auguste Victor Louis **Verneuil** durch Schmelzung einer mit etwa $2-2^1/_2{}^0/_0$ Chromoxyd versetzten Tonerde im Knallgasgebläse hergestellt sind, und bei denen durch besondere Kunstgriffe die Krystallisation sehr langsam und bei Temperaturen stattfindet, die dem Schmelzpunkt des Materials sehr nahe liegen.

— Heinrich **Precht** gelingt es, das zu Ende der 70er Jahre von Engel angegebene, aber nicht zur praktischen Vollendung geführte Verfahren der Pottaschedarstellung aus Chlorkaliumlaugen lebensfähig zu gestalten. Das Verfahren besteht darin, daß aus den mit Magnesiumcarbonat versetzten Chlorkaliumlaugen durch Kohlensäure Kaliummagnesiumcarbonat abgeschieden wird, das mit Wasser in die leichtlösliche Pottasche und das unlösliche Magnesiumcarbonat zerfällt.

— R. **Pschorr** und E. **Vongerichten** machen unabhängig voneinander in den Jahren 1900—04 wichtige Untersuchungen über Morphin und Codein und stellen mit Sicherheit in diesen Alkaloiden einen Phenanthrenkern fest. Das Phenanthren hatten Vongerichten und Schrötter bei Destillation von Morphin mit Zinkstaub schon 1881 nachgewiesen.

— Nachdem seit der Erfindung des Flugzeitenmessers von Le Boulengé (s. 1863 B.) eine Anzahl vollkommenerer Chronographen, wie z. B. der Funkenchronograph von Siemens, das Velozimeter von Sebert, der Photochronograph von Cushing Creuvre und Owen Squier konstruiert worden waren, schlägt Michael **Radaković** eine neue, „Kondensatormethode“ genannte Methode zur Messung der Flugzeiten der Geschosse vor. Dieses Verfahren beruht auf der Erscheinung, daß die Entladung eines Kondensators in einer genau bestimmten Weise abhängig ist von der Größe des Widerstandes, durch welchen die Entladung stattfindet. Es stellt die beste Art der Messung sehr kleiner Zeitteilchen dar.

— A. **Rateau** erfindet ein Verfahren, den Auspuffdampf von Maschinen mit unterbrochenem Betrieb in einem eigenartig konstruierten Gefäß, Wärmespeicher genannt, zu sammeln und daraus eine beliebige Niederdruck-Kraftmaschine zu speisen. Das Verfahren wird zuerst auf dem Bergwerk in Bruay (Pas de Calais) eingeführt und bewährt gefunden. (S. a. 1900 L.)

— A. **Rateau** gibt durch die direkte Kuppelung seines Ventilators (s. 1889 R.) mit Dampfturbinen die erste Anregung zum Bau von Turbokompressoren (Turboventilatoren) für Luftdrucke von 5—6 Atmosphären, die er später im Verein mit Armengaud noch wesentlich vervollkommnet.

— F. **Richarz** und W. **Ziegler** analysieren die oszillierende Entladung von Leidener Flaschen mit Hilfe der Braun'schen Röhre (s. 1898 B.).

— P. H. **Rosenkranz** konstruiert einen Indikator, bei welchem die Druckfeder, um sie der Einwirkung der höheren Temperatur zu entziehen, nach außen verlegt und in einem von zwei hohlen Stahlsäulchen getragenen Querstück über dem Zylinder angebracht ist. Ähnliche Indikatoren mit kühlliegender Druckfeder werden 1902 von Schäffer und Budenberg, 1904 von Tesdorpf und 1905 von H. Maihak ausgeführt.

1900 E. **Rutherford** und H. T. **Brooks** finden, daß neben der eigentlichen Strahlung von den Radiumpräparaten eine stoffliche Emanation ausgeht, deren Molekulargewicht sie aus Diffusionsversuchen zwischen 40 und 100 finden. Die Emanation kann im Gegensatz zu den Strahlen durch einen Luftstrom fortgetrieben und so durch Röhren geleitet werden. Sie durchdringt Baumwollbäusche, Karton, dünne Folien von Aluminium, Silber und Gold, nicht aber Glimmerplatten. Alle Stoffe, die von der Emanation getroffen werden, verhalten sich vorübergehend radioaktiv; sie besitzen dann „induzierte Aktivität“.

— Gordon **Salamon** und Ernest **Goldie** untersuchen die beim Erhitzen des Zuckers entstehende, zum Färben von Likören, Bier usw. dienende Zuckercouleur (Karamel). Sie gelangen zu dem Resultat, daß Zuckercouleur aus Rohrzucker bei gleicher Färbekraft billiger ist als solche aus Stärkezucker.

— Nachdem im Rosenöl durch die Forschungen von Walbaum und Stephan außer Rhodinol (Geraniol) normaler Nonylalkohol, Citral, l-Linalool, Phenyläthylalkohol und l-Citronellol nachgewiesen worden waren, bringen **Schimmel & Co.** in Leipzig ein auf Grund dieser Forschungen bereitetes künstliches Rosenöl in den Handel.

— Wilhelm **Schmidt** konstruiert für die Heißdampflokomotive an Stelle der Überhitzerröhren, die sich nur schwer reinigen lassen, den Rauchkammerüberhitzer. Die erste hiermit ausgerüstete Lokomotive wird von A. Borsig in Berlin gebaut.

— Der Mediziner **Schumburg** findet, daß durch freies Brom sämtliche im Wasser enthaltene Bakterien, namentlich die im Wasser befindlichen pathogenen Keime, binnen 5 Minuten abgetötet werden. Wird das Brom durch schwefligsaures Natron neutralisiert, so erhält man ein trinkbares Wasser. Das Verfahren ist besonders für die Tropen von Wichtigkeit.

— Gustav **Schwalbe** in Straßburg und Hermann **Klaatsch** untersuchen den Schädel bez. die Gliedmaßen der Menschen von Spy und vom Neanderthal (s. 1856 F. und 1887 F.). Sie finden, daß dieselben in vielen Punkten von den jetzt lebenden Rassen des Homo sapiens abweichen, also mehr oder weniger außerhalb der Variationsgrenze des Menschen stehen. Sie sehen deshalb den altdiluvialen Menschen als eine besondere Art an.

— Karl **Schwarzschild** in Göttingen baut eine Methode der Bestimmung der Sternhelligkeit auf photographischer Grundlage auf. Dadurch, daß er die photographische Platte nicht in den Brennpunkt des Objektivs, sondern außerhalb stellt, erhält er auf der Platte alle Sterne als gleichgroße Scheiben, die aber je nach der Helligkeit mehr oder weniger dunkel gefärbt sind. Der Grad der Dunkelheit, der einer zu diesem Zweck gefertigten Skala entnommen werden kann, gibt die Grundlage, um die Helligkeit zu ermitteln.

— Friedrich Wilhelm **Semmler** klärt die Konstitution der Tanaceton- (Thujon-) Reihe auf. Das Tanaceton gehört demnach ebenso wie das Sabinen zu den bicyclischen Verbindungen, die sich aber durch einen Dreiring auszeichnen. Noch in demselben Jahre zeigt Semmler, daß das Sabinol $C_{10}H_{16}O$, der Hauptbestandteil des Sadebaumöls, ebenfalls zur Tanacetonreihe gehört, und klärt auch dessen Konstitution auf.

— Friedrich Wilhelm **Semmler** trennt als besondere Gruppe von den ungesättigten Terpenen, Terpenalkoholen usw. eine Klasse von Verbindungen ab, die sich durch eine doppelte Bindung nach der Seitenkette hin, also durch eine Methengruppe, auszeichnen. Semmler bezeichnet derartige Verbindungen als Pseudoterpene, Pseudoalkohole usw. Namentlich finden sich derartig konstituierte Verbindungen als Bestandteile ätherischer Öle, wie u. a. das Pseudophellandren, das Camphen und das Nopinen.

1900 **Siemens & Halske** konstruieren elektrische Fallort-Haspel bis zu 20 PS zur Förderung auf Nebenstrecken, die sich an Stelle der bis dahin fast ausschließlich mit Preßluft betriebenen Haspel sehr gut bewähren.

— **Siemens & Halske** verbessern die elektrische Fördermaschine, indem sie zur Steuerung einen nach dem Ilgner'schen System mit Schwungmassen zum Belastungsausgleich gekuppelten und mit Leonard'scher Schaltung arbeitenden rotierenden Umformer verwenden. Die Steuerung wird hierdurch eine sichere, wodurch auch die vordem so unbequemen beträchtlichen Leistungsschwankungen vermieden werden. (Vgl. 1899 S.)

— Paul **Sievert** in Dresden vervollkommnet die Maschinenglasbläserei (s. 1846 F.), indem er das Glasblasen mit komprimierter Luft auf perforierter Eisenplatte einführt.

— H. Th. **Simon** erfindet einen elektrolytischen Stromunterbrecher aus zwei Säureschichten, die durch ein Diaphragma voneinander getrennt sind.

— **Sjögren** und **Steubeck** behandeln den oberflächlichen Hautkrebs erfolgreich mit Röntgenstrahlen.

— Emilio **Stassano** konstruiert kurz nach Kjellin (s. 1900 K.) einen Ofen in der Form der sogenannten Flammöfen, der so eingerichtet ist, daß die geschmolzenen Erze und die Schlacken rasch von den Kohlenelektroden abfließen und eine Kohlenstoffaufnahme nur in sehr geringem Maße stattfinden kann. Der produzierte Stahl ist sehr rein und sehr billig. (Vgl. a. den Artikel Kjellin, Stassano und Héroult auf S. 986.)

— Carl **Steffen** in Wien erfindet das nach ihm benannte Brühverfahren, bei welchem die Rüben, grob geschnitzelt, mit siedend heißem Rübensaft vermischt und dann abgepreßt werden, wobei besserer Saft, als bei der Diffusion, und Preßrückstände von hohem Trockensubstanz- und Eiweißgehalt gewonnen werden, die sich leicht trocknen lassen und ein sehr gutes Futter (sogenannte Zuckerschnitzel) mit 33 bis 38 % Zucker ergeben.

— **Sturmhöfel** konstruiert das Fallstäbchen zur Erzeugung kleinster Schallstärken. Es gelingt ihm, mit diesem Apparate die Abnahme der Schallstärke bei verschiedenen Entfernungen und unter verschiedenen Verhältnissen, wie z. B. im Walde, im freien Felde, in akustischen Sälen usw., zu bestimmen.

— Nachdem schon um 1860 Nagel und Kemp in Hamburg eine Zentrifugalpumpe projektiert hatten, die mit besonderen Leitapparaten ausgestattet werden sollte, um einen Teil der Geschwindigkeit des fließenden Wassers in Druck umzusetzen, konstruieren die Gebrüder **Sulzer** in Winterthur eine Pumpe, die mit Leitapparaten für die ausströmende Flüssigkeit und mit vorwärts gekrümmten Radschaufeln versehen ist und in der Minute 3,6 cbm Wasser 100 m hoch befördert. Diese Art von Pumpen wird von Jaeger & Co. in Leipzig noch verbessert.

— Gustav **Tammann** macht Untersuchungen über die Grenzen des festen Zustandes beim Wasser, die sich von 0 bis 80° bei 1 bis 3200 kg Druck auf 1 qcm und über zwei schmale Streifen von —22° bis —15° bei 3200 bis 4000 kg und beim Druck von 1 kg von —80° bis 180° erstrecken. Er stellt fest, daß innerhalb dieses Zustandsgebietes Wasser in 4 Zuständen, als flüssiges Wasser, als gewöhnliches Eis I, als Eis II, das 17 % dichter als Eis I ist, und als Eis III bestehen kann, welch letzteres noch dichter ist als Eis II.

— Frederick W. **Taylor** und Maunsel **White** unterwerfen Stahl, der Wolfram, Titan, Molybdän oder Chrom (s. a. 1821 B. und 1858 O.) enthält, einem besonderen Schmelzprozeß, durch den er wesentlich widerstandsfähiger wird. Derartige Legierungen werden unter dem Namen „Schnelldrehstahl" oder

Rapidstrahl von der Bethlehem Steel Co. in den Handel gebracht. (Vgl. auch 1903 H. und 1906 T.)

1900 Maurice **Taylor** einerseits und **Gerdes** andererseits verwirklichen zuerst den Bénier'schen Gedanken, Luft und Dampf in den Generator einzusaugen (s. 1894 B.) und begründen die Industrie des Sauggases. Nach den Angaben des letzteren wird von Julius Pintsch für das Elektrizitätswerk Heussy in Belgien eine 150pferdige Sauggasanlage gebaut, die sich durchaus bewährt und sich sehr billig stellt, da dabei besondere Dampfkessel und Gasbehälter wegfallen.

— Johannes **Thiele** entdeckt die Körperklasse der Fulvene, einen bisher unbekannten Typus von gefärbten Kohlenwasserstoffen, welche sich als Substitutionsprodukte eines Isomeren des Benzols auffassen lassen.

— Eduard **von Toll** fährt im Juni mit dem Dampfer „Sarja" zur Erforschung der nördlich von den Neusibirischen Inseln liegenden Eilande aus. Er wird durch ungünstige Eisverhältnisse gezwungen, am 26. September am Colin Archer-Hafen im Eingang der Taimyrstraße Winterquartiere zu beziehen. Auf Schlittenfahrten im Frühjahr 1901 wird die Ausdehnung der Taimyrbucht untersucht und die Mündung des Taimyrflusses festgelegt. Am 25. August wird die Weiterfahrt angetreten, Kap Tscheljuskin umfahren und der Kurs gegen Nord gerichtet. Doch werden auch hier so ungünstige Eisverhältnisse gefunden, daß am 24. September 1901 zum zweiten Male Winterquartiere bei der Insel Kotelny bezogen werden müssen. Am 11. Mai 1902 tritt der Zoolog der Expedition, Birula, eine Schlittenexpedition zur Erforschung von Neusibirien an, von der er im Februar 1903 wohlbehalten am Festlande anlangt, ohne von Baron Toll, der ihm mit dem Astronomen Seeberg und zwei Jakuten am 5. Juni 1902 gefolgt war, ein Lebenszeichen erhalten zu haben. Verschiedene Expeditionen, die von der russischen Regierung mit der Erforschung des Schicksals von Baron Toll beauftragt waren, wie die des Leutnants Koltschak und die des Ingenieurs Brussnew haben auf der Bennet-Insel die Nachricht gefunden, daß sich Toll dort bis 8. November 1903 aufgehalten habe, sonst aber keine Spur der Verschollenen entdeckt. Der Dampfer „Sarja" war am 8. September 1902 nach der Lena-Mündung zurückgekehrt.

— Wilhelm **Traube** gelangt auf synthetischem Wege aus der Cyanessigsäure durch deren Äthylester zum Cyanacetylguanidin und aus diesem zum Guanin, von dem er mittels salpetriger Säure zum Xanthin gelangt. Dieser Weg stellt zugleich eine neue Synthese des Theobromins, Theophyllins und Caffeins dar, da diese Körper aus Xanthin durch Methylierung direkt darstellbar sind.

— Die **Vereinigten Kunstseidefabriken Aktiengesellschaft** in Frankfurt a. M. bringen unter dem Namen „Meteor" ein künstliches Roßhaar in den Handel. Dasselbe stellt eine außerordentlich glänzende Faser dar, in der drei mäßig dicke Einzelfäden zu einer Grège vereinigt sind, die das Roßhaar an Festigkeit übertrifft. Auch aus Glanzstoff (Kupferoxydammoniak-Celluloselösung), aus Viskose, sowie namentlich aus Acetatseide werden ähnliche Produkte hergestellt.

— F. **Volhard** gelingt der einwandfreie Nachweis, daß der menschliche Magensaft ein sehr kräftiges fettspaltendes Ferment enthält, welches dem Pepsin und Labferment als gleichwertig und sehr ähnlich in seiner Wirksamkeit an die Seite zu stellen ist. Der Nachweis gelingt nicht allein im Reagensglas, sondern auch im lebenden Körper. (S. 1858 M. und 1880 C.)

— Otto **Walkhoff** macht die erste Angabe über die gewebezerstörende Wirkung des Radiums.

— Der Astronom Ladislaus **Weinek** in Prag stellt seit 1884 durch das von ihm erfundene Verfahren der unmittelbaren Vergrößerung der Negative vortreffliche photographische Bilder der Mondoberfläche her, die er in seinem Mondatlas wiedergibt.

1900 **Widal** und **Ravaut** führen unter dem Namen „Cytodiagnostik" eine Untersuchungsmethode ein, welche auf Grund der Feststellung der in pathologischen Körperflüssigkeiten vorhandenen Zellformen versucht, Rückschlüsse auf die Natur der vorliegenden Krankheitsprozesse zu ziehen.

— Nachdem durch die Arbeiten von Willstätter (1898) und Liebermann (1890) festgestellt war, daß das Ecgonin eine Carbonsäure des Tropins ist, gelingt es **Willstätter** und **Bode**, durch Einwirkung von Kohlensäure auf ein Alkalisalz des Tropinons und Reduktion des Reaktionsproduktes die Alkamine der Tropangruppe in eine β-Carbonsäure, ein Ecgonin überzuführen. Da das Ausgangsmaterial synthetisch zu erhalten ist, ist somit die Synthese eines Cocains völlig durchgeführt, das in Struktur mit dem natürlichen Cocain identisch ist und sich davon nur durch seine optische Inaktivität unterscheidet.

— Wilhelm **Winternitz** untersucht den Einfluß heißer Bäder auf die Wärmeregulation des Körpers und zeigt, daß die Erwärmung einen wesentlichen Einfluß auf die Verbrennungsprozesse im Körper ausübt. Ähnliche Versuche werden 1904 von Linser und Schmid unternommen.

— Der Amerikaner **Wise-Wood** erfindet eine Stereotypiermaschine, „Autoplate" genannt, die 3 bis $3^1/_2$ druckfertige Platten in der Minute liefert. Sie besteht aus einer automatischen Stereotypie-Rundplatten-Gieß- und Fertigmachmaschine, die indes zurzeit noch sehr kostspielig ist. Eine andere derartige Maschine, ebenfalls amerikanischer Herkunft, ist die „Citoplate".

— Der Ingenieur Ferdinand **Witte** erfindet das Kunst-Webpult als Ersatz für den Haute-Lisse-Webstuhl. Die Kettenfäden laufen von hinten nach vorn auf einer Pultfläche entlang, auf der die Musterzeichnung befestigt ist und lassen sich zum Einbringen der Einschußfäden (mittels Handnadel) an beliebiger Stelle und fast mühelos nach gerader oder ungerader Zahl heben und wieder senken.

— Max **Wolf** macht gelungene photographische Aufnahmen des Zodiakallichtes unter Verwendung eines Quarzobjektivs von 37 mm Öffnung und nur 25 mm Brennweite. Von Wichtigkeit ist es, daß es ihm hierbei auch gelingt, photographische Eindrücke vom „Gegenschein" zu erhalten, wodurch bewiesen wird, daß dieses bisher hypothetische Licht tatsächlich vorhanden ist.

— Graf Ferdinand **von Zeppelin** unternimmt mit dem von ihm entworfenen „starren" Luftschiffe, das aus einem Aluminiumgerippe von 128 m Länge besteht und mit zwei durch Daimler-Motoren bewegten Propellerschrauben ausgerüstet ist, am 2. Juli von Friedrichshafen aus seine erste Versuchsfahrt. (Vgl. auch 1898 Z. und 1907 Z.)

— Karl A. **Zschörner** stellt Papier aus Torf her. Er behandelt die Torffasern in einem Desintegrator mit Alkalilösung, wendet dann ein Oxydations- und Bleichverfahren an und behandelt nochmals mit Alkali, worauf die Faser ausgewaschen und in der gewöhnlichen Weise zu Papier verarbeitet wird.

Zwanzigstes Jahrhundert.

1901 F. A. **Adams** und J. T. **Nicolson** konstatieren, daß bei sehr hohen Drucken (13000 Atmosphären) der carrarische Marmor sich plastisch erweist und sehr bedeutende Deformationen erleiden kann, ohne in seinem inneren Gefüge zu zerbrechen. (S. a. 1884 K.)

— In der Gründung des Biologisch-landwirtschaftlichen Instituts **Amani** (Deutsch-Ostafrika) schafft sich das Deutsche Reich eine eigene Stätte für Forschung und Zuchtversuche im Interesse der tropischen Landwirtschaft.

— Thomas D. **Anderson** in Edinburg entdeckt im Sternbilde des Perseus eine Nova.

— E. **Aschkinass** und **Caspari** zeigen, daß die Radiumstrahlen die Entwicklung der Bakterien hemmen.

— Im Anschluß an ihre Untersuchung der organischen Persäuren und Peroxyde (s. 1899 B.) werden Adolf **von Baeyer** und Victor **Villiger** zu Untersuchungen geführt, aus denen sich die Fähigkeit vieler organischer sauerstoffhaltiger Körper ergibt, salzartige Verbindungen zu bilden, in denen der Sauerstoff vierwertig fungiert. (S. a. 1881 F. und 1899 C.)

— Eugen **Bamberger** untersucht eingehend die Körperklasse der Chinole, die sich durch ihre große Neigung auszeichnen, aus dem chinoiden in den echt aromatischen Bindungszustand (Benzolkern mit drei Doppelbindungen) überzugehen.

— F. B. **Behr** konstruiert für die einschienige elektrische Schnellbahn Liverpool—Manchester (s. 1897 B.) eine selbsttätige Zugdeckungseinrichtung, welche aus sichtbaren, elektrisch betriebenen Flügelsignalen auf der Strecke und aus Läutesignalen und selbsttätiger Bremsenauslösung auf den Zügen besteht.

— Die Meteorologen O. **Berson** und **Süring** erreichen am 31. Juli auf einer wissenschaftlichen Ballon-Freifahrt die höchste bis jetzt mit bemannten Ballons erreichte Höhe von 10500 m. (S. a. 1894 B.)

— Wilhelm **Biedermann** macht wichtige Untersuchungen über den Bau des Crustaceenpanzers und des Molluskengehäuses und konstatiert, daß dieselben aus komplizierten organischen Kalkverbindungen bestehen, welche bei Berührung mit Wasser unter Bildung von schwerlöslichem, krystallinischem Calciumphosphat krystallisieren. Als Resultat seiner Untersuchungen ergibt sich, daß die Skelettbildungen bei Wirbeltieren sowohl als Wirbellosen im wesentlichen als Produkte spezifischer Zelltätigkeit anzusehen sind.

1901 Kristian **Birkeland** in Christiania schlägt eine elektrische Kanone vor. Hierbei soll an Stelle eines explosiblen Treibmittels die Elektrizität die das Geschoß bewegende Kraft bilden, wobei der Vorschlag Birkeland's auf der Tatsache fußt, daß Solenoide (Stromspiralen) beträchtliche und denen der Pulvergase im Geschützrohr vergleichbare Kraftäußerungen hervorrufen können. Ob Birkeland's Vorschlag eine praktisch brauchbare Gestalt annehmen wird, läßt sich zurzeit noch nicht beurteilen.

— Fritz **Blau** nimmt ein Patent auf ein Verfahren zur Herstellung von Osmiumfäden für Glühlampen, die so erzeugt werden, daß Kohlefäden in einer Atmosphäre von Osmiumtetraoxyd geglüht werden, wobei der Kohledraht sich in einen Metalldraht verwandelt.

— René **Bohn** stellt aus Beta-Amidoanthrachinon und Alkali einen leuchtend blauen Farbstoff, das Indanthren dar, das sich ähnlich dem Indigo durch Reduktion in eine alkalilösliche Form bringen läßt. Aus der so erhaltenen Küpe färbt Baumwolle in unerreicht licht- und waschechten Tönen an.

— René **Bohn** entdeckt, daß beim Verschmelzen des Beta-Amidoanthrachinon mit Alkali bei sehr hoher Temperatur, 330—350°, an Stelle des Indanthrens ein gelber Farbstoff, das Flavanthren, entsteht.

— Georg **Bredig** zeigt, daß unter gewissen Verhältnissen künstliche fermentative Prozesse zu erzielen sind, indem bei künstlicher Emulsion die Wassertröpfchen als Ferment wirken, das die Reaktionsgeschwindigkeit vergrößert, ohne sich selbst merklich an der Reaktion zu beteiligen. Es ermöglicht dies eine neue Auffassung der Katalysatoren als günstiger Reaktionsmedien.

— E. **Cartellhac** und H. **Breuil** entdecken in den Höhlen des südwestlichen Europa (in Spanien namentlich in der Grotte von Altamira bei Santander, in Frankreich im Vezère-Thale) zahlreiche prähistorische figürliche Darstellungen von Tieren, Kampfszenen u. dgl., welche teils in die Felsenwände eingearbeitet (Felsenbilder), teils in Renntierhorn und Mammutelfenbein eingegraben sind, und deren Alter zum Teil auf fünfzigtausend Jahre geschätzt wird. (S. a. 1895 R.)

— Nach dem Vorgange der kanadischen Asbestwerke zu Danville stellt der Fabrikant Alfred **Calmon** in Hamburg eine mörtelartige Asbestfeuerschutzmasse („Plutonit") zur feuersicheren Isolierung von eisernen Säulen, Trägern, Scheidewänden usw. her. Auch fertigt er Asbestschiefer (feuerfeste Asbesthäuser), sowie Schutzschirme, Schläuche u. dgl. aus Asbest an.

— Die Stadt **Cardiff** erbaut neben den bisherigen Bute-Docks und den Penarth-Docks die mit den modernsten Einrichtungen versehenen Barry-Docks. Die Kohlen werden durch hydraulische Aufzüge mit Plattformen oder durch Krane hochgehoben und direkt in die Schiffe ausgekippt. Die Anlagen sind derart, daß ein Schiff von 2000 t Gehalt, das mit Ballast in Cardiff einläuft, innerhalb 24 Stunden seinen Ballast löschen und mit Kohlen beladen wieder auslaufen kann.

— Die **Chemische Fabrik auf Aktien vorm. E. Schering** beginnt die Ausarbeitung eines Verfahrens zur Herstellung von synthetischem Campher. Aus Pinen (Terpentinöl) werden Pinenchlorhydrat, Camphen, Isoborneol und Campher dargestellt.

— Die **Chemische Fabrik Rhenania** in Aachen bringt unter dem Namen „Pankreon" ein Pankreaspräparat in den Handel, das im Gegensatz zum Pankreatin in Wasser und verdünnten Säuren unlöslich, dagegen in schwach alkalischen Flüssigkeiten löslich ist. Das Präparat soll bei schweren Pankreaserkrankungen bessere Ausnutzung der Nahrung und Zunahme des Körpergewichts herbeiführen. (Vgl. auch 1872 L.)

— A. **Classen** bildet die Braconnot'sche Reaktion (s. 1819 B. und 1898 S.)

weiter aus, indem er zur Gewinnung von Spiritus Holz mit wässeriger schwefliger Säure durchfeuchtet und es 30 bis 60 Min. unter Rühren in geschlossenen Gefäßen auf 120 bis 145° erhitzt. Nach dem Abblasen der freien schwefligen Säure wird das Holz ausgelaugt und die erhaltene Flüssigkeit nach dem Neutralisieren zur Gärung angestellt. Classen will 25 Prozent des Holzgewichts an Zucker erhalten, der zu 90 Prozent vergärbar sei.

1901 O. **Cohnheim** entdeckt im Dünndarm ein Ferment, das Erepsin, dem die Aufgabe zugeschrieben wird, der Einwirkung des Trypsins entgangene Albumosen und Peptone zu zerlegen.

— Heinrich **Curschmann** weist zuerst darauf hin, daß man aus Zählungen der Leukocyten bei Perityphlitis wichtige Schlüsse für Diagnose und Prognose ziehen kann.

— **Dantes** und **Bloch** wenden die gewebezerstörende Wirkung des Radiums (s. 1900 W.) zuerst bei Lupus mit Erfolg an.

— Nachdem viele vergebliche Versuche gemacht worden waren, den Augenhintergrund zu photographieren, gelingt es Josef **Dimmer** nach einer 1889 von **Bagnéris** in Nancy vorgeschlagenen Methode, ausgezeichnete Aufnahmen davon zu machen. Das von Bagnéris ersonnene Prinzip besteht darin, durch die eine Hälfte der Pupille Licht eintreten zu lassen und das erleuchtete Augeninnere durch die andere Hälfte zu photographieren, wodurch die Reflexe auf der Hornhaut und der Konvexlinse vermieden werden.

— Erich **von Drygalski** unternimmt auf dem Schiffe „Gauss" eine Südpolar-Expedition. Er landet am 25. Dezember auf der Possessioninsel und bleibt vom 1. bis 31. Januar 1902 auf den Kerguelen. Auf seiner Weiterfahrt stößt er schon am 14. Februar 1902 auf Treibeis und wird am 22. Februar 1902 auf $66^1/_2$ s. Br. und etwa 90° ö. L. vom Eis eingeschlossen. Nach verschiedenen vergeblichen Bemühungen, weiter vorzudringen, verläßt er am 8. April 1903 die Eisregion und tritt die Heimreise an. Von der Expedition ist ein neues Land, Kaiser Wilhelm II.-Land, innerhalb des Polarkreises entdeckt und von neuem wahrscheinlich gemacht worden (s. 1898 B.), daß der Südpol der Mittelpunkt eines ausgedehnten Landkomplexes ist.

— R. **Dubois** stellt mit Hilfe von Photobakterien sogenanntes physiologisches Licht her und beleuchtet ein Zimmer soweit damit, daß Mondscheinhelligkeit entsteht.

— Die Gebrüder **Duff** in Liverpool konstruieren einen kontinuierlich arbeitenden Generator für minderwertige Abfallkohlen. Um die Entfernung der Asche zu erleichtern, taucht die Verlängerung des Schachtmantels in ein mit Wasser gefülltes Becken, das als Wasserabschluß dient. (S. a. 1896 T.)

— J. Everett **Dutton** und R. M. **Forde** entdecken in Senegambien im Blute von an Wechselfieber leidenden Europäern den Erreger der menschlichen Schlafkrankheit, das Trypanosoma gambiense. (S. a. 1903 C.)

— H. **Eckstein** in Berlin wendet zur subkutanen Paraffininjektion (s. 1900 G.) Hartparaffin von 60° Schmelzpunkt an, zu dessen Handhabung er eine besondere mit Gummibezug versehene Spitze konstruiert. Neuerdings ist man meistens wieder auf einen Schmelzpunkt von 45° C. zurückgegangen. Doch erweist sich im übrigen die Gersuny-Eckstein'sche Methode dauernd als ein sehr geeignetes Verfahren, um Unvollkommenheiten menschlicher Organe auszugleichen.

— Julius **Elster** und Hans **Geitel** konstruieren einen Apparat zur Feststellung der in der Luft enthaltenen Ionenzahl und zur Bestimmung der Beschaffenheit der Ionen. Ein ähnlicher Apparat wird von Hermann **Ebert** konstruiert, der sich wie Elster und Geitel vielfach mit der Bestimmung des Ionengehaltes und der Leitfähigkeit der Atmosphäre beschäftigt.

1901 Julius **Elster** und Hans **Geitel** finden in abgeschlossenen Räumen, lange verschlossenen Kellern, Höhlen usw. viel höhere Werte für die Elektrizitätszerstreuung als im Freien.

— Oscar **Emmerling** erhält Amygdalin durch Einwirkung von Hefenmaltose auf eine konzentrierte Lösung von Mandelsäurenitrilglucosid und Glucose.

— Die **Farbenfabriken vorm. Friedrich Bayer & Co.** stellen durch direkte Oxydation von Alizarin bez. Anthrachinonderivaten mit Schwefeltrioxyd violett bis blau färbende Penta- und Hexaoxyanthrachinone (Alizarinbordeaux und Alizarincyanine) dar, die große Wichtigkeit gewinnen. Fast gleichzeitig werden solche Körper auch von der Badischen Anilin- und Sodafabrik durch Umlagerung von Nitroanthrachinonen und darauffolgende Hydrolyse gewonnen.

— Der französische Artilleriekapitän **Ferber** fördert die Technik der Flugmaschine, indem er Gleitflüge im Sinne der Lilienthal'schen Versuche (s. 1890 L.) ausführt.

— Emil **Fischer** findet ein neues Verfahren, die sogenannte „Estermethode", zur Trennung der Aminosäuren und entdeckt damit unter den Spaltungsprodukten der meisten Eiweißkörper die ersten heterocyclischen Aminosäuren, nämlich die α-Pyrrolidin-Carbonsäure (das Prolin) und die Oxypyrrolidin-Carbonsäure (das Oxyprolin). Diese Aminosäuren bilden bis zu gewissem Grade eine Brücke zwischen den Proteinen und den im Pflanzenreich weit verbreiteten Alkaloiden.

— Sigmund **Fränkel** in Wien unterwirft die Beziehungen zwischen chemischem Aufbau und Wirkung der anorganischen und organischen Substanzen einer eingehenden Würdigung und diskutiert nach den vorliegenden Arbeiten die physiologische Wirkung, die der Eintritt verschiedener Gruppen, wie des Hydroxyls, der Alkylgruppen, des Halogens, der basischen stickstoffhaltigen Reste, der Nitro- und Nitrosogruppen, der Cyan- und Aldehydgruppe, der Säuregruppen usw. auf organische Körper ausübt.

— O. **von Fürth** und H. **Schneider** stellen die Hypothese auf, daß bei der Tätigkeit der Tintendrüse der Sepia und überhaupt der Cephalopoden ein oxydatives Ferment, die Tyrosinase, beteiligt sei, die eine aromatische Substanz zu einem Melanin umforme. Versuche von Hans **Przibram** stellen die Richtigkeit dieser Hypothese in bezug auf die Sepia officinalis außer Zweifel.

— Lombard **Gérin** konstruiert eine Vorrichtung, um bei gleislosen Straßenbahnen den Strom in zuverlässiger Weise abzunehmen. Er bildet den Stromabnehmer als einen kleinen laufenden Motor aus, der sich auf der Kontaktleitung bewegt und dem der Strom vom Wagen zugeführt wird, wobei der Kontaktwagen dem Motorwagen voreilt, so daß der Wagenführer denselben stets vor Augen hat.

— M. **Gomberg** entdeckt ungesättigte Verbindungen der Triphenylmethanreihe, deren ungesättigter Zustand auffallende Eigentümlichkeiten zeigt, so daß an das Vorhandensein eines dreiwertigen Kohlenstoffatoms gedacht werden könnte.

— **Gorjanovic-Kramberger** in Agram entdeckt bei Krapina in Kroatien menschliche Reste in ungestörter, geologisch sicher bestimmbarer Lagerung zugleich mit primitiven Werkzeugen und Knochen vom Rhinozeros und Höhlenbär. Die Schädel, die von ihm, Walkhoff und Klaatsch beschrieben werden, zeigen die Augenbögen und alle sonstigen Merkmale des Neanderthalmenschen in noch höherem Maße als die früheren Funde. (S. 1856 F., 1887 F., 1900 S.)

1901 Leo **Grunmach** wendet die von ihm verbesserte Methode von Ludwig Matthiessen (s. 1871 Th.) auf die Bestimmung der Oberflächenspannung verflüssigter Gase an und findet, daß nach der Formel von Eötvös (s. 1886 E.) schweflige Säure und Ammoniak in flüssigem Zustande dasselbe Molekulargewicht haben, wie im gasförmigen.

— **Haniel** und **Lueg** bauen für die Harpener Bergbau-Aktien-Gesellschaft eine Dreifach-Expansionsmaschine für unterirdische Wasserhaltung, die auf der Düsseldorfer Ausstellung i. J. 1902 Aufsehen erregt. Die Maschine, die bei 12 Atm. Kesselspannung arbeitet, hat vier Dampfzylinder; ihre Leistung ist auf 3500 PS_i berechnet. Sie ist imstande, in der Minute 25 cbm Wasser auf 500 m Höhe zu heben.

— N. **Hehl** findet, daß die vom negativen Glimmlicht bedeckte Fläche der Stromintensität proportional ist. H. A. Wilson bestätigt dies 1902 unabhängig von Hehl. (Vgl. auch 1905 G.)

— Friedrich Robert **Helmert** (s. a. 1889 H.) bestimmt auf Grund von 1395 an verschiedenen Orten mittels des Pendels ausgeführten Schwerkraftmessungen die Abplattung der Erde auf $^1/_{298}$. (Vgl. 1837 B.)

— Friedrich **Heusler** entdeckt, daß im Gegensatz zu den unmagnetischen Eigenschaften des Manganmetalls, sowie des Mangankupfers gewisse andere Legierungen des Mangans stark magnetisierbar sind und diese Eigenschaft auch behalten, wenn man den Legierungen Kupfer und andere an sich unmagnetische Metalle zusetzt. Solche eisenfreie, magnetische Manganlegierungen stellt er mit Zinn, Aluminium, Arsen, Antimon, Wismut, Bor her. Ähnliche Beobachtungen, daß die magnetische Kraft nicht unerläßlich mit Eisen verbunden ist, werden 1905 von Flemmings und Harfield gemacht.

— F. Gowland **Hopkins** und Sydney W. **Cole** stellen zuerst das schon von E. Stadelmann (1890) in tryptischen Verdauungsgemischen beobachtete Tryptophan in reinem Zustand dar und bestimmen dasselbe als Skatolaminoessigsäure.

— **Huber** benutzt zur Formveränderung von beliebigen, hauptsächlich hohlen Körpern den innern Hohlraum des Preßzylinders der hydraulischen Presse, in welchen die Preßformen unmittelbar eingeschlossen werden. Nach Schließung des Preßzylinders werden die Preßformen und das zu pressende Stück unter so hohen allseitigen hydraulischen Druck gesetzt, daß das Material in die Preßformen hineingedrückt und die gewünschte Formveränderung erzielt wird. (Hydraulisches Hochdruck-, Preß- und Prägeverfahren.)

— Der schwedische Techniker **Jungner** erfindet den alkalischen Nickeleisenakkumulator, der jedoch erst von Edison (s. 1903 E.) zu einem brauchbaren Apparat umgebildet wird.

— Ludwig **Kallir** verwendet die Braun'sche Röhre (s. 1898 B.) zur Energiemessung und zur Darstellung von Hysteresiskurven.

— R. **Klemensiewicz** zeigt, daß die Leukocytose als eine allgemeine biologische Reaktion des Körpers zur Entfernung der ihm drohenden Schädlichkeiten anzusehen ist. (Vgl. auch 1890 B. und 1890 F.)

— Rudolf **Knietsch** veröffentlicht ausführliche Mitteilungen über das Schwefelsäurekontaktverfahren und dessen Theorie. Er teilt mit, daß der Prozeß um so besser verlaufe, je mehr Sauerstoff im Verhältnis zur Schwefligsäure sich im Gasgemisch befinde, während der Stickstoff sich bei der Reaktion ganz indifferent verhalte, und erwähnt, daß das Platin bei dem Prozeß durch kein anderes Metall mit auch nur annähernd gleichem Erfolge ersetzt werden könne. Ganz neu ist bei seinen Arbeiten die vollkommene Reinigung der Röstgase und insbesondere die regulierbare äußere Kühlung des Kontaktapparats, durch welche schädliche Überhitzung des Apparats und die Dissoziation des SO_3 beseitigt werden. (Vgl. auch 1897 K.)

1901 Rudolf **Kobert** untersucht das Gift der Kreuzspinne und findet es dem der in Südeuropa einheimischen Malmignatte ähnlich. Hans Sachs findet 1902 im Kreuzspinnenextrakt ein sehr kräftiges, in seiner Wirkung gegenüber verschiedenen Blutarten jedoch sehr schwankendes Hämolysin.

— Im Anschluß an die Untersuchungen von Theobald Smith (s. 1898 S.) spricht sich Robert **Koch**, gestützt auf eigene in Gemeinschaft mit Schütz ausgeführte Versuche, auf dem Tuberkulosekongreß in London dahin aus, daß die menschliche Tuberkulose verschieden sei von der Tuberkulose des Rindes, und auf das Rind nicht übertragen werden könne. Die Ansichten hierüber sind zur Stunde noch geteilte.

— Johann **Königsberger** konstruiert ein Mikrophotometer zur Messung der Lichtabsorption in ganz kleinen Platten.

— J. **Königsberger** und **Nutting** vervollkommnen die Photometrie im Gebiete der ultravioletten Strahlen.

— Friedrich Alfred **Krupp** stellt eine Mittelpivot-Verschwindelafette für 21 cm-Küstenkanonen her, bei welcher der Kraftüberschuß zum Wiederheben des Geschützrohrs in die Feuerstellung nicht hydropneumatisch (s. 1881 M.), sondern nach dem ersten Vorschlage Moncrieff's (s. 1855 M.) durch Gegengewichte erzielt wird. Die Zeitdauer zum Wiederheben des in der Ladestellung gleichzeitig auch gerichteten Geschützes (Rohrgewicht 16000 kg) beträgt 4 Sekunden.

— Friedrich Alfred **Krupp** sammelt durch seine wissenschaftlichen Fahrten im Mittelmeer auf der „Maja" wertvolles Material zur Kenntnis der Tiefseeorganismen und der Biologie dieser Gewässer.

— Vivian B. **Lewes** erfindet das sogenannte Autocarburationsverfahren, welches in der Vergasung der Steinkohle im Wassergasstrom gipfelt. Das Verfahren wird 1902 auf mehreren deutschen Gaswerken eingeführt.

— Jacques **Loeb** in Berkeley dehnt seine Forschungen (s. 1892 L. und 1899 L.) auch auf die Sexualprodukte von Repräsentanten anderer Tierklassen als der Seeigel aus. Es gelingt ihm, unbefruchtete Eier von Chaetopterus, einem Ringelwurm, bis zum Stadium schwimmender, bewimperter Larven zu entwickeln. Eine sehr geringe Menge von Kaliumionen genügt hier, um den Anstoß zur parthenogenetischen Entwicklung der Eier zu geben.

— Hans **Lorenz** macht sich um die Entwicklung der Mechanik in dynamischer Beziehung sehr verdient und weist in seiner „Dynamik der Kurbelgetriebe" auf die Bedeutung der Fourier'schen Reihen für die Verfolgung von Schwingungserscheinungen in der Technik hin.

— O. **Loew** führt für diejenigen Fermente, welche katalytische Vorgänge im Körper zu bewirken vermögen, den Namen „Katalase" ein. Die Katalasen sind Translatoren, die in der Weise auf Peroxyde oder deren Hydrate wirken, daß sie den Sauerstoff in ihnen molekular frei machen.

— Otto **Lummer** erzielt durch Benutzung der vielfachen Reflexion sehr schräg einfallenden Lichts in einer planparallelen Glasplatte ein Interferenzspektroskop von großer Auflösungskraft. Ernst **Gehrcke** erhöht 1902 dessen Leistungsfähigkeit, indem er durch ein aufgekittetes kleines rechtwinkliges Prisma den durch die erste Reflexion bedingten Intensitätsverlust vermeidet. Lummer wendet das Interferenzprinzip auch auf ein Photometer an.

— Felix **Marchand** liefert eine grundlegende Arbeit über den Prozeß der Wundheilung.

1901 Guglielmo **Marconi** gelingt es, mit drahtloser Telegraphie eine Verständigung zwischen New Foundland und Poldhu in England zu erzielen.

— Ludwig **Maurer** in Nürnberg baut den vermutlich ersten Motorschlitten.

— **Moufang** und **Tafel** erhalten aus Brucin durch Kochen mit alkoholischem Kali das Hydrobrucin, das sie wegen seiner der Strychninsäure analogen Bildung als Brucinsäure bezeichnen.

— **Moreau** empfiehlt die therapeutische Anwendung der Persulfate, die nach ihm günstig auf den Stoffwechsel einwirken, den Appetit anregen und die Kräfte des Kranken heben. — Die Persulfate werden auch als Antiseptika empfohlen.

— Nachdem Mosander 1826 die Chloride der Ceriterden (vgl. 1804 B. und 1842 M.) mit Natrium zu Metall reduziert hatte, stellen **Muthmann, Hofer** und **Weiß** in einem sinnreich konstruierten, mit Wasserkühlung versehenen Ofen aus Kupferblech metallisches Cer in größeren Mengen im elektrolytischen Schmelzflusse dar. Im weiteren Verlauf der Arbeiten stellen diese Forscher auf demselben Wege metallisches Lanthan und Praseodym her.

— Marcel **von Nencki** und Leo Paul **Marchlewski** beweisen im Anschluß an die Arbeiten von Schunck und Marchlewski (s. 1896 S.) die nahe Verwandtschaft des Chlorophylls und des Blutfarbstoffs, welche beide zum selben Pyrrolderivat (Hämopyrrol) abgebaut werden können.

— **Newell** erfindet eine Schienenbremse, die auf elektromagnetischem Wege gegen die Schiene gepreßt wird und nicht nur äußerst kräftig, sondern auch nahezu stoßfrei wirkt, da ihre maximale Wirkung nicht im ersten Augenblick eintritt, sondern allmählich während des Bremsvorganges zunimmt. Die Bremse wird von der Washington-Gesellschaft gebaut.

— Otto **Nordenskjöld** leitet die schwedische Südpolarexpedition auf dem Schiffe „Antarctic". (S. 1895 K.) An der Küste von Louis Philippe-Land verläßt Nordenskjöld im Februar 1902 mit fünf Leuten das Schiff, um auf der Seymourhalbinsel eine Station zu errichten, während die Antarctic weiterfährt, aber am 12. Februar 1903 in der Erebus- und Terrorbucht untergeht. Auf einer Schlittenreise erreicht Nordenskjöld am 21. Oktober 1902 66° südl. Breite. Die Mitglieder der Expedition werden schließlich nach einer weiteren Überwinterung von dem argentinischen Schiff „Uruguay" aufgenommen.

— Leone **Olpen** verbessert die Webb und Thomson'sche Zugstabeinrichtung (s. 1887 W.) durch Verbindung derselben mit den Weichen und Ein- und Ausfahrtsignalen. In dieser Form findet das System bei den eingleisigen elektrischen Vollbahnen Italiens Anwendung.

— Hermann **Oppenheim** beschäftigt sich eingehend mit der von Jolly (s. 1895 J.) beschriebenen myasthenischen Paralyse, mit ihrer Diagnose und ihrer therapeutischen Behandlung.

— Wilhelm **Ostwald** publiziert seine Studien über Katalyse, wonach die katalytische Beeinflussung sich nicht auf das chemische Gleichgewicht, das energetisch bestimmt ist, sondern nur auf die Geschwindigkeit bezieht, mit welcher dieses Gleichgewicht erreicht wird. Ein Katalysator ist somit ein Stoff, welcher die Geschwindigkeit einer chemischen Reaktion ändert, ohne seinerseits in den Endprodukten dieser Reaktion zu erscheinen.

— Iwan Petrowitsch **Pawlow** und seine Schüler untersuchen die Funktion der Galle und finden einen so engen Zusammenhang zwischen der Verdauung und der Gallensekretion, daß die Galle unbedingt als ein ganz spezifisches Verdauungs-Sekret aufzufassen ist.

— Iwan Petrowitsch **Pawlow** und seine Schüler untersuchen die Funktion der Pankreasdrüse und den Pankreassaft und konstatieren, daß die Tätigkeit der ersteren von dem Säuregehalt des in das Duodenum gelangenden

Speisebreis abhängig ist, und daß auch das im Speisebrei enthaltene Fett von Einfluß ist. Der Pankreassaft enthält drei Fermente, Trypsin, Steapsin und diastatisch wirkendes Ferment und der Darmsaft einen Stoff, der imstande ist, das Trypsin zu aktivieren. Diesen letzteren Stoff, der ebenfalls als Ferment anzusehen ist, nennt Pawlow „Enterokinase".

1901 E. **Piette** fördert aus den Höhlen von Brassempony und Mas d'Azil am Nordrand der Pyrenäen prähistorische Schnitzereien, Figuren von Menschen und Tieren aus Knochen, Horn und Elfenbein zutage.

— Johannes **Reinke** macht den ersten Versuch einer theoretischen Biologie der Pflanzen. Reinke ist einer der Hauptvertreter der Ansicht, daß im lebenden Körper noch andere Kräfte wirksam seien und andere Gesetze herrschen als außerhalb desselben (Neovitalismus).

— F. W. **Richard** und E. H. **Archibald** verfolgen mit Hilfe der Mikrophotographie die Krystallbildung und konstatieren, daß sich keine Krystallembryonen bilden. (Vgl 1860 F.)

— **Ries** errichtet auf den Münchener Gaswerken zur Vergasung von Kohle in großen Ladungen einen dreikammerigen Ofen, der den ersten Kammerofen darstellt und sich nach Bunte gut bewähren soll. Andere Kammeröfen werden von Ed. Ripe & Co. in Braunschweig, G. Horn u. a. gebaut.

— **Rietschel & Henneberg** bauen Apparate zur Trinkwassersterilisierung, bei welchen die schädlichen Keime durch Erhitzung des Wassers auf 110° C. getötet werden. Das Wasser wird nach der Erhitzung wieder abgekühlt und schmackhaft gemacht. Die Apparate haben namentlich für militärische Zwecke hohen Wert und werden in folgenden Hauptformen hergestellt: zweispänniger Armeetrinkwasserbereiter mit einer Leistung von 500 l in der Stunde; tragbarer Trinkwasserbereiter (von 2 Mann an Stelle des Tornisters getragen); Trinkwasserbereiter für Pferdetransport (in 2 Paketen zu 50 kg auf einem Tragtiere fortzuschaffen).

— **Ritchey** weist auf die durch Spiegelteleskope bei der Photographie himmlischer Objekte (Astrophotographie) zu erzielende vollkommene Achromasie hin und bezeichnet das Spiegelteleskop als ein für den genannten Zweck in optischer Beziehung ideales Instrument. Die von E. Keeler mit seinem Crossley-Spiegelteleskop erhaltenen Sternphotogramme liefern hierfür den Beweis und eröffnen dem Spiegelteleskop eine neue Blütezeit.

— A. Lawrence **Rotch** benutzt zuerst den Drachen, um selbstregistrierende Instrumente über dem Meere in die Höhe zu bringen. Er unternimmt die ersten Versuche in der Massachusetts Bai. (Vgl. a. 1904 H.)

— Max **Rubner** zeigt durch eingehende Untersuchungen, daß die verschiedenen organischen Nahrungsstoffe (Fette, Eiweißkörper und Kohlehydrate) einander in Gewichtsmengen vertreten können, welche nahezu gleich großen Wärmemengen entsprechen. (Gesetz der Isodynamie.)

— Ernst **Ruhmer** konstruiert das Photographon (Photophonograph), das die Töne einer singenden Bogenlampe (s. 1898 S.) aufzeichnet und wiedergibt. Das Photographon stellt eine Modifikation des 1878 von Bell und Tainter erfundenen Photophons (s. 1878 B.) dar.

— **Rümpler** macht eingehende Untersuchungen über die Bodenabsorption durch Austausch und zeigt, daß es möglich ist, durch Behandlung mit Kalkwasser einen Boden völlig an löslichem Kali zu erschöpfen. Auch von Schlössing wird dieses Ergebnis bei Behandlung des Bodens mit Kalknitrat bestätigt.

— Der Brasilianer Alberto **Santos-Dumont** in Paris umkreist mit seinem Luftschiff (spindelförmiger Ballon mit zweiflügeliger Schraube und Petroleummotor) den Eiffelturm und kehrt gegen den Wind zum Ausgangspunkte zurück. (Vgl. a. 1906 S.)

1901 Paul und Friedrich **Sarasin**, die schon 1896 in Celebes tätig waren, gelingt zuerst die Durchquerung des mittleren Teils der Insel, sowie der Südhalbinsel von der Mingkoka-Bucht bis zur Bai von Kendari.

— W. **Scholtz** zeigt, daß eine oft wiederholte, kurz dauernde Radiumbestrahlung der Haut nach 2—3 Wochen Haarausfall veranlaßt, während Bestrahlung von 10—15 Minuten innerhalb derselben Zeit Dermatitis, Blasenbildung und Excoriation, und Bestrahlung von 20—30 Minuten sogar eine tief bis in die Bindegewebe reichende Ulceration zur Folge hat. Bei oberflächlichen Krebsgeschwülsten läßt sich ein Rückgang des bösartigen Wucherungsprozesses durch Vernichtung der Krebszellen erreichen.

— Karl **Schwarzschild** bestätigt und erweitert durch Versuche die von Svante Arrhenius (s. 1900 A.) aufgestellte Theorie der Bildung der Kometenschweife unter dem Druck des Lichtes. Ähnliche Versuche werden von E. F. Nichols und G. F. Hull 1903 ausgeführt.

— Stephen **Scudder** in Brooklyn bringt seine „Monoline"-Setzmaschine in den Handel, welche sämtliche Typen auf nur acht Matrizenstäben enthält, welche sich im Kreislauf durch die Maschine bewegen. Die Tastatur, die ähnlich der einer Schreibmaschine ist, weist 96 Schriftzeichen auf, deren Anordnung dem Setzkasten entnommen ist. Durch Niederdrücken der Tasten bewirkt der Setzer die Auslösung der Matrizenstäbchen und das selbsttätige Festhalten der Stäbchen in der Stellung, welche dem betreffenden Schriftzeichen zugewiesen worden ist. Auch der Ablegeapparat ist in hohem Grade sinnreich konstruiert.

— Der Glashüttendirektor **Severin** in Aachen konstruiert eine Vorrichtung, um auf maschinellem Wege sogenannte „gedrehte Flaschen" herzustellen. Unter gedrehten Flaschen versteht man im Gegensatz zu den festgeblasenen solche Flaschen, welche beim Einblasen in die dreiteilige Glasform unter beständiger Drehung mit der Glasmacherpfeife hergestellt sind und nicht wie die festgeblasenen Flaschen eine Längsnaht aufweisen, sondern glatt und ohne jede Naht sind. (S. a. 1886 A.)

— Adolph **Slaby** und Graf **Arco** in Berlin veröffentlichen im Zusammenhange die wissenschaftlichen Grundlagen und die Apparatanordnung (erstes Patent 1899) des Systems Slaby-Arco der Funken-Telegraphie sowohl für Einfach-, als auch für Mehrfach-Betrieb.

— **Sprague** erfindet ein neues Zugsystem für elektrische Bahnen, das als „Multiple unit system" bezeichnet wird, und bei welchem sämtliche Wagen mit zwei Motoren versehen und durch von Sprague erfundene Kuppelungsapparate so verbunden sind, daß alle Motoren des Zuges von einer Stelle (am Kopfe des Zuges) aus gleichzeitig sicher ein- und ausgeschaltet werden können. Die Schaltung stellt eine Verbesserung des 1893 von Darley und Parshall patentierten Systems dar.

— Karl **Stumpf** und O. **Abraham** untersuchen auf phonographischem Wege das gleichstufige Tonsystem der Siamesen. Der Phonograph wird in der Folge vielfach zu ähnlichen Untersuchungen benutzt.

— Jokichi **Takamine** stellt die wirksame Substanz der Nebenniere unter dem Namen Adrenalin her, das noch in der Menge von 0,000001 g auf 1 kg Körpergewicht den Blutdruck deutlich steigert. Die anämisierende Eigenschaft des Adrenalins wird zunächst in der Laryngologie und Rhinologie, dann aber in Verbindung mit anderen Mitteln, wie Cocain, Atropin usw. zur Lokalanästhesie benutzt. (S. a. 1894 O.)

— Edward Randolph **Taylor** stellt Schwefelkohlenstoff unter Benutzung des elektrischen Schmelzofens her und verbessert dadurch das Herstellungsverfahren dieses Produktes ganz wesentlich.

— Der Ingenieur **Temper** in Dresden konstruiert in Gemeinschaft mit dem

Ingenieur **Pfützner** ein Fernheizwerk in Dresden, das zur Heizung des Theaters, der Gemäldegalerie, der Museen, der Hofkirche, des Ständehauses usw. dient und das zurzeit größte derartige Werk in Europa darstellt.

1901 W. **Thiermann** in Hannover konstruiert einen elektrischen Kommandoapparat für den Bordgebrauch, der mit Wechselstrom betrieben wird und sich dadurch auszeichnet, daß bei ihm alle beweglichen Kontakte an den drehbaren Teilen fortfallen.

— Isidor **Traube** weist nach, daß die modifizierten Gasgesetze (s. 1873 T.) nicht nur für den gasförmigen, sondern auch für den flüssigen und festen Zustand gelten.

— A. **Tschermak** führt die scharfen Spektrallinien des Heliums als Vergleichswellenlängen in die Spektrometrie ein.

— Ljew **Tschugaeff** zeigt, daß die Triboluminescenz ziemlich häufig ist; unter 510 von ihm untersuchten Körpern findet er 127 luminescierende, darunter namentlich organische Körper mit gewissen cyclischen Atomgruppen. Auch F. Richarz findet starke Triboluminescenz bei Salophen.

— **Uebel** erfindet ein in der chemischen Fabrik Rhenania zur Ausführung gelangendes Verfahren der kontinuierlichen Darstellung von Salpetersäure. Das Verfahren beruht im Prinzip darauf, daß beim Erhitzen von Bisulfat mit wässeriger Schwefelsäure bis 300° nur Wasser entweicht unter Bildung von Polysulfat, welch letzteres an Stelle von konzentrierter Schwefelsäure zur Zersetzung des Salpeters dient.

— Der Mediziner **Uhlenhuth** gibt, gestützt auf die Präzipitinreaktion von Bordet und Tsistovitsch (s. 1898 B.), eine biologische Reaktion zur Unterscheidung von Menschen- und Tierblut an, die für die gerichtliche Medizin sehr wichtig ist. Unabhängig davon gelangen Wassermann und Schütze zu derselben Methode.

— **Ulbricht** konstruiert zur Messung der sphärischen oder hemisphärischen Lichtstärke einer Lichtquelle die nach ihm benannte Kugel, die innen mit einem das Licht gut reflektierenden weißen Anstrich versehen ist, und an der sich ein durch eine Milchglasscheibe verschlossenes Loch befindet. Das direkte Licht ist von der Milchglasscheibe durch einen Schirm abgeblendet, so daß die Scheibe nur von indirektem reflektiertem Licht getroffen wird, und ihre Helligkeit demnach der sphärischen Lichtstärke der Lampe proportional ist.

— Der schwedische Major **Unge** erfindet den fliegenden Torpedo (Turbinenrakete). Das granatartige Geschoß enthält in seinem hinteren Teile nach Art der Raketen einen Treibsatz, und hat in seiner größten Form — als 30 cm-Torpedo — bei 420 kg Gewicht eine Schußweite von 6500 m. Der fliegende Torpedo soll in Schweden zur Küstenverteidigung dienen.

— Hugo **de Vries** stellt die Theorie auf, daß die neuen Arten im Pflanzen- und Tierreich nicht allmählich, sondern sprungweise in Umwandlungs- oder Mutationsperioden entstehen, indem plötzlich kleinere oder größere Abänderungen mit ausgesprochener Vererbungstendenz auftreten (Mutationstheorie). Die Theorie stützt sich zunächst auf Beobachtungen an der großblumigen Nachtkerze (Oenothera Lamarckiana).

— H. **Wanner** konstruiert ein bis zu Temperaturen über 2000° brauchbares Pyrometer mit photometrischer Messung, bei welchem die Strahlung eines glühenden Körpers mit der einer sechsvoltigen Glühlampe verglichen wird.

— Alfred **Werner** beweist im Anschluß an seine Koordinationslehre (s. 1892 W.) die Existenz von stereoisomeren Verbindungen der anorganischen Reihe.

— Richard **Willstätter** gelingt es, aus Suberon (welches bei der Destillation von korksaurem Kalk entsteht) durch das 1898 von ihm erhaltene Cycloheptatriën zum Tropidin und von diesem zum Tropin zu gelangen. Hiermit ist die Synthese der Solanaceenalkaloide Atropin, Atropamin und Belladonnin gelungen, die sämtlich Ester des Alkohols Tropin mit Tropasäure und Atropasäure sind und nach Ladenburg aus ihren Komponenten dargestellt werden können. (S. a. 1879 L., 1889 H. und 1898 B.

1901 Jonathan **Zenneck** benutzt die Braun'sche Röhre (s. 1898 B.) zur photographischen Aufnahme von Wechselstromkurven.

— Hermann **Zollikofer** versorgt die Stadt St. Gallen mit Gas von dem in Riet bei Rorschach befindlichen, über 10 km entfernten Gaswerke aus.

— Nachdem N. Zuntz und Schumburg (1895) und A. Löwy, J. Löwy und Leo Zuntz (1897) vorbereitende Gebirgsexpeditionen gemacht hatten, machen N. **Zuntz**, A. **Löwy**, Franz **Müller** und W. **Caspari** vom 1. August bis 10. September Versuche im Gebirge und namentlich auf der Capanna Regina Margherita des Monte Rosa, die sich auf die Wirkung des Höhenklimas auf Blut, blutbildende Organe, Verdauung und Nervensystem beziehen. Sie erstrecken ihre Versuche auch auf die Bergkrankheit, bezüglich deren sie Jourdanet's Annahmen (s. 1875 J.) beipflichten.

1902 Die **Aktiengesellschaft Eisenhütte Prinz Rudolf** stellt in Düsseldorf eine Fördermaschine von 800 PS aus, die für eine Förderung bis zu 1200 m Teufe geeignet ist. Die Seiltrommeln haben die Form eines abgestumpften Kegels von 3,45 m Höhe, 5,5 m kleinstem und 10 m größtem Durchmesser. Die Maschine ist berechnet für eine Nutzlast von 4400 kg (8 Förderwagen) aus 800 m Teufe oder 2200 kg (4 Förderwagen) aus 1200 m Teufe.

— **Albers-Schönberg** konstruiert die Kompressionsblende, welche durch Kompression und Feststellung der zu photographierenden Körperteile, vor allem aber durch Ausschluß der zur Verschleierung der Bilder führenden, sogenannten sekundären Röntgenstrahlen einen großen, vielleicht den größten Fortschritt in der Technik der Röntgenaufnahmen bedeutet.

— Adolph **Altmann** versieht den Spiritusmotor mit Verdampfungskühlung und macht ihn dadurch, speziell auch für die Landwirtschaft, zu einer außergewöhnlich wirksamen Kraftquelle. Um diese Kühlung zu erreichen, umgibt er den Motorzylinder mit einem nach oben kastenförmig erweiterten Wassermantel. Eine weitere Neuerung des Altmann'schen Motors ist die Gemischbildung durch Zerstäuben des flüssigen Brennstoffs.

— Knut **Ångström** findet durch Vergleichung der Spektra zweier gleicher Lampen und Ersatz des Photometers durch ein Bolometer das mechanische Lichtäquivalent der Hefnerlampe zu 81000 Ergs. (Arbeitseinheit im Zentimetergrammsekunden-System.)

— **Aßmann** und **Teisserenc de Bort** entdecken gleichzeitig, daß, während bis zur Höhe von 9000—12000 m die Temperatur der Atmosphäre dauernd, zuletzt immer schneller abnimmt, jenseits dieser Grenze eine nur ganz langsame Temperaturabnahme und häufig sogar eine beträchtliche Temperaturzunahme stattfindet, deren obere Grenze noch nicht ermittelt ist. Über Gebieten niedrigen Luftdrucks, Zyklonen, liegt die untere Grenze dieser „oberen Inversionsschicht" um mehrere tausend Meter tiefer als über Hochdruckgebieten, Antizyklonen.

— Adolf **von Baeyer** und Victor **Villiger** fördern durch ihre Untersuchungen die Chemie der Triphenylmethanstoffe. Namentlich gelingt es ihnen, eine große Anzahl von gefärbten Triphenylmethan-Farbstoffbasen zu erhalten, deren Zusammensetzung durch die Analyse festgestellt wird, und durch welche die vermutete Existenz von Zwischenprodukten, wie z. B. des Triaminotriphenylcarbinols bei Entstehung der Farbstoffe dargetan wird.

1902 Emil **von Behring** entdeckt die Verwendbarkeit anthropogener Tuberkelbacillen für die Schutzimpfung von Rindern (Bovovaccin).

— Jean **Billitzer** stellt durch Elektrolysierung von sehr verdünnten Merkuronitratlösungen mit Starkströmen kolloidales Quecksilber und auf demselben Wege Lösungen von kolloidalem Gold und Silber dar. (S. a. 1898 B.)

— Werner **von Bolton** untersucht die direkte Vereinigung von Chlor mit Kohlenstoff, indem er in einer Chloratmosphäre den elektrischen Flammenbogen zwischen zwei Kohlenelektroden erzeugt. Beim Arbeiten in einem großen Gefäß entsteht Hexachloräthan, bei Anwendung eines kleinen Gefäßes und schnellem, wiederholtem Hindurchleiten desselben Gases bildet sich Hexachlorbenzol.

— S. G. **Brown** konstruiert ein Kabelrelais, daß auf schwache Rekorderströme anspricht und für die Telegraphie auf weite Strecken wichtig wird.

— Gustav **von Bunge** stellt Tabellen zusammen, welche den Kalk- und Eisengehalt der einzelnen menschlichen Nahrungsmittel angeben. (Vgl. a. 1885 B.)

— **Burghart** und **Blumenthal** führen zur Behandlung der Basedow'schen Krankheit unter dem Namen „Rodagen" eine Substanz aus der Milch strumektomierter Ziegen in den Arzneischatz ein. Das Rodagen wird von den Vereinigten Chemischen Werken A.-G. in Charlottenburg hergestellt.

— G. **Ciamician** und P. **Silber** untersuchen die Einwirkung der Lichtstrahlen auf chemische Verbindungen und finden, daß hierdurch nicht nur Polymerien, sondern auch Umlagerungen stattfinden. So gelingt es ihnen beispielsweise, Maleinsäureverbindungen in Fumarsäureverbindungen und Orthonitrobenzolaldehyd in Nitrosobenzoesäure überzuführen.

— **Cohn** und **Geisenberger** konstruieren einen Apparat, in welchem in einem Elektrolyten gelöste Luft der Elektrolyse unterworfen wird, um aus dem Luftstickstoff Salpetersäure zu gewinnen.

— Wilhelm **Connstein,** Emil **Hoyer** und Hans **Wartenberg** erfinden die fermentative Fettspaltung mittels Ricinussamen. Das Verfahren verschafft sich durch seine Einfachheit und die Reinheit der dabei erzielten Fettsäuren vielfach Eingang in die Seifenindustrie.

— James **Dewar** macht mit dem Wasserstoffthermometer mit Platingefäß Messungen bis —266° C.

— James **Dewar** findet ein neues Verfahren zur Herstellung hoher Vakua, das auf der Eigenschaft der Holzkohle beruht, in hohem Maße Gase zu absorbieren, und zwar um so mehr, je niedriger die Temperatur ist. Zur Erzeugung eines Vakuums in irgend einem Gefäß wird mit diesem ein absperrbares Ansatzrohr verbunden, das mit Holzkohle (Kokosnußkohle) gefüllt ist, und dessen Temperatur durch flüssige Luft auf —185° erniedrigt wird. Durch Ein- und Auslassen, An- und Abschließen des Ansatzrohrs läßt sich hiermit eine sehr schnell arbeitende Luftpumpe konstruieren.

— Nachdem schon 1879 Aron unter der Bezeichnung „Fehlersuchspule" einen Apparat angefertigt hatte, um den Ort eines Fehlers in einer viel verzweigten Leitungsanlage zu bestimmen, konstruiert **Dietze** hierfür einen sehr empfindlichen Apparat, bei welchem die Spule auf einen Eisenkern aufgesteckt wird, um den man die zu untersuchende Leitung herumlegt.

— O. **Dimroth** findet, daß aromatische Körper fast allgemein die Fähigkeit haben, Quecksilber mit Leichtigkeit an den Benzolkern zu binden.

— W. **Elmore** führt für die Aufbereitung der Erze die Ölseparation, d. i. die Aufbereitung unter Anwendung schwerer Öle ein. Das Erz wird vermahlen und gelangt mit Rückständen der Petroleumraffination in rotierende Zylinder, wo Öl und Kies in innige Berührung kommen. Öl und Kies werden in Spitzkästen, das letzte Öl vom Kies durch Zentrifugieren getrennt. Das Verfahren eignet sich namentlich für arme Pyrite und Kupferkiese.

1902 Julius **Elster** und Hans **Geitel** schließen aus ihren Beobachtungen über die Luft in Kellern und Höhlen usw. (s. 1901 E.), daß die feste Erdrinde die Quelle einer radioaktiven Emanation ist, die in gewisser, nicht überall gleicher Dichtigkeit allgemein in der Bodenluft enthalten zu sein scheint, und deren Ursprung in einem verschwindend kleinen Gehalt an Radium in den verschiedenen Erdarten, namentlich in den tonhaltigen Erden, zu suchen ist.

— Nachdem man schon seit langer Zeit die Abfallsäure aus der Sprengstofftechnik, die ca. 70% Schwefelsäure, 12% Salpetersäure und 18% Wasser enthält, in sogenannten Denitriertürmen durch Erhitzen auf 150° C. in Schwefelsäure, die unten ablief, und in Salpetersäure, die aus dem Turm in die Kondensationsbatterie abgeleitet wurde, getrennt hatte, verbessert **Evers** das Denitrierverfahren durch stärkere Erhitzung der Türme und vollkommenere Kondensationseinrichtungen so, daß er Schwefelsäure von 60° Baumé gegen bisher 54° und Salpetersäure von 40° Baumé gegen bisher 36° und auch wesentlich reinere Produkte erhält.

— Die **Farbenfabriken vormals Friedrich Bayer & Co.** stellen das salzsaure Salz des Metaamidoorthooxybenzylalkohols dar, das sie unter dem Namen „Edinol“ als photographischen Entwickler in den Handel bringen.

— Emil **Fischer** und Edward Frankland **Armstrong** gelingt es, vermittels einer reversiblen Reaktion ein Gemisch von Glucose und Galactose durch Kefirlactose zu einem Disaccharid, der Isolactose, zu verkuppeln. Ferner gelingt ihnen die erste Synthese eines natürlichen Disaccharids, der Melibiose.

— Emil **Fischer** und Carl **Harries** beschreiben ein Verfahren zur Vakuumdestillation, bei welchem sie sich einer Geryk-Vakuumpumpe (Fleuß-Patent) (s. 1874 G.) zum Evakuieren und flüssiger Luft zur Kühlung der Vorlage bedienen. Das Verfahren wird 1903 von Ernst Erdmann noch etwas modifiziert.

— Emil **Fischer** stellt in Gemeinschaft mit H. **Leuchs** das Serin und Glucosamin und in Gemeinschaft mit F. **Weigert** das Lysin synthetisch dar.

— Jaroslav **Formanek** bildet die spektroskopische Farbstoffanalyse aus, die darauf beruht, daß man die Lösungen der Farbstoffe auf ihre Absorptionsspektren untersucht. Man gewinnt hierdurch wichtige Anhaltspunkte für die Gruppierung der Farbstoffe, da einzelne Farbstoffe bestimmte Absorptionsspektren zeigen und bestimmten chemischen Gruppen im Farbstoffmolekül bestimmte Formen der Absorptionsspektren eigentümlich sind.

— Adolf **Franke** und Johannes **Dönitz** konstruieren einen Wellenmesser zur Bestimmung der Wechselzahl elektromagnetischer Schwingungen durch Resonanz, der auf der Verbindung zweier fester Selbstinduktionsspulen mit einem regulierbaren Kondensator und einem Hitzdrahtthermometer beruht.

— Hans **Friedenthal** untersucht, gestützt auf die Erfahrung, daß das Blut einer Tierart, in die Adern eines der Art nach ferner stehenden Wesens gebracht, wie Gift wirkt (s. 1898 B.), das Verhalten von Formen, die im natürlichen System näher stehen, und bahnt so die Methode zur Feststellung näherer oder entfernterer Verwandtschaft von Tierarten an.

— August **Gärtner** macht bedeutsame Studien über die Quellen und ihre Beziehungen zum Grundwasser und zum Typhus und weist nach, daß das Quellwasser sehr oft mit unreinem Oberflächenwasser in Verbindung steht. (Vgl. auch 1872 P.)

— Bei der i. J. 1902 abgehaltenen Hauptprüfung von Spirituslokomobilen durch die deutsche Landwirtschaftsgesellschaft wird eine Maschine der **Gasmotorenfabrik Deutz** als die beste ausgezeichnet. Dieselbe ist mit einem noch von Nikolaus Otto (gest. 1891) entworfenen Spiritusmotor ausgerüstet.

1902 A. **Gaulin** in Paris erfindet das Verfahren, die Milch zu homogenisieren, d. h. das Fett in der Milch mittels Durchpressens der erwärmten Milch unter 250 Atmosphären durch feine Öffnungen in so feine Tröpfchen zu verteilen, daß es nicht mehr zu einem Aufrahmen kommt.

— Friedrich **Giesel** findet in der Pechblende eine Substanz, die so kräftige Emanation (s. 1900 R.) zeigt, daß Giesel sie anfangs als Emanationskörper, später als Emanium bezeichnet. Die Substanz stellt sich später als mit Aktinium identisch heraus. (Vgl. auch 1903 Ru.)

— Der Ingenieur Adolf **Goering** in Berlin pflegt auf dem Gebiete des Eisenbahnbaues namentlich die systematische Ausbildung der Bahnhofsanlagen und gibt denselben durch sein Buch „Eisenbahnbau" eine wissenschaftliche Grundlage.

— **Gran** und **Baur** finden unabhängig voneinander im Meerwasser Bakterien, die aus anorganischen Verbindungen den Stickstoff frei, also für die Pflanzen unbrauchbar machen.

— Die **Großbritannische Regierung** legt ein Seekabel von 14516 km Länge von Vancouver über Fanning und die Fidschi-Inseln nach Queensland und Neuseeland. Das Kabel wird von dem Pacific Cable Board verwaltet.

— Carl **Gruhn** konstruiert im Verein mit **Grzanna** nach mehrjährigen Versuchen einen Fernschreiber, der auf dem Prinzip beruht, Ströme von verschiedener Richtkraft durch Lichtstrahlen photographisch zu fixieren. Der Apparat wird 1907 wesentlich vervollkommnet. (Vgl. auch 1890 G.)

— A. **Guilliermond** liefert wertvolle Beiträge zur Kenntnis der Hefepilze und entdeckt bei ihnen das Vorkommen einer echten Kopulation (Sexualität der Hefe).

— K. A. **Gutknecht** in Hamburg richtet Haus-Rohrposten ein, bei welchen die Druckluft lediglich als Antrieb dient und für einen großen Teil der Strecke ganz entbehrlich ist, so daß im ganzen höchstens ein Zehntel der sonst nötigen Druckluft gebraucht wird. (S. auch 1867 C.)

— Nachdem von den verschiedensten Forschern, wie Maupertuis (1736), Tobias Mayer (1751), Delambre (1792), Gauß (1823), Bessel (1834), Baeyer (1849), James Clarke (1858), Bauernfeind (1880), Bestimmungen des Koeffizienten der terrestrischen Refraktion gemacht worden waren, macht W. **Harkness** durch Ausgleichung vieler einem Netze von Stationen entnommenen Beobachtungen eine neue ausgezeichnete Bestimmung dieses Koeffizienten.

— Der Tübinger Archäolog R. **Herzog** findet auf der Insel Kos die Stelle des alten Asklepeion wieder. Kos ist die Heimat des Hippokrates (s. 420 und 400 v. Chr.) und eine für die Geschichte der Medizin hochbedeutsame Stätte. Die daselbst gefundenen Inschriften gewähren einen klaren Einblick in die Geschichte der koischen Ärzteschule.

— Adolf **Heydweiller** macht Versuche über die Selbstelektrisierung des menschlichen Körpers, d. h. über die statische Ladung der verschiedenen Körperteile bei Bewegungen. Die Ergebnisse dieser Versuche werden zum Teil durch die Untersuchungen von Tereschin und Georgiewsky (1907) bestätigt. Diese russischen Forscher erblicken aber die Hauptursache der Selbstelektrisierung in der Reibung der Kleidung auf dem Körper.

— Die **Höchster Farbwerke vormals Meister, Lucius u. Brüning** bringen Dimethylamidoantipyrin unter dem Namen „Pyramidon" in den Handel.

— Nachdem schon in den neunziger Jahren des neunzehnten Jahrhunderts die Übertragung des elektrischen Stromes durch das Wasserbad auf den menschlichen Körper von Eulenburg und Lehr empfohlen worden, aber wieder gänzlich aufgegeben worden war, empfehlen **Hornung** einerseits und **Smith** andererseits in der Behandlung von Herzkrankheiten elektrische Vollbäder mit sinuoidalem Wechselstrom (hydroelektrische Bäder). Für diese Bäder konstruiert Schnée in Karlsbad das elektrische Vierzellenbad, einen beweglichen Lehnstuhl mit vier Zellen für Arme und Füße.

1902 E. **Hospitalier** und J. **Carpentier** konstruieren einen Lichtstrahlindikator mit Spiegelablesung, dem sie den Namen „Monograph" geben. Dieser Indikator ist bei Wärmemotoren mit großer Umlaufsgeschwindigkeit den gewöhnlichen Indikatoren vorzuziehen. Ein noch einfacherer optischer Indikator wird 1907 von B. Hopkinson konstruiert.

— Arthur **Korn** gelingt es, Photographien auf telegraphischem Wege in die Ferne zu übertragen. In einem elektrischen Stromkreis werden Widerstandsänderungen durch Belichtung einer Selenzelle bewirkt und hierdurch Intensitätsschwankungen einer Lichtquelle hervorgerufen, die auf einem um den synchron laufenden Zylinder der Empfangsstation gewickelten photographischen Film registriert werden.

— Der Hauptmann **Korrodi** erfindet das später von Görz ausgeführte Panoramafernrohr, das namentlich für militärische Zwecke benutzt wird. Mit diesem Fernrohr, das in seiner äußeren Gestalt aus einer rechtwinklig gebrochenen Röhre besteht, vermag ein Beobachter das umliegende Gelände im gesamten Umkreise, also mit einem Gesichtswinkel von 360°, zu überschauen, ohne seinen Standort oder auch nur seine Körperhaltung zu verändern.

— Peter **Krebitz** in München veröffentlicht ein Verfahren zur technischen Zerlegung von Fetten, welches im wesentlichen darin besteht, daß die Fette im offenen Kessel durch Kalk zersetzt, das entstehende Glycerin abgelassen und die Kalkseife dann mit kohlensaurem Natron zu Natronseife umgesetzt wird.

— Friedrich Alfred **Krupp** stellt auf der Düsseldorfer Ausstellung ein Kesselblech aus, welches 26,8 m lang, 3,5 m breit und 38,5 mm dick ist und 29 500 kg wiegt. Mit einem Flächeninhalt von 93,80 qm, also nahezu 1 Ar, ist es die größte Eisenplatte, die jemals ausgewalzt worden ist.

— Friedrich Alfred **Krupp** stellt auf der Düsseldorfer Ausstellung die größte bisher erzeugte Panzerplatte von 13,16 m Länge, 3,40 m Breite und 30 cm Dicke aus. Gewicht 106 000 kg, hergestellt aus einem Gußstahl-Rohblock von 130 000 kg Gewicht.

— Friedrich Alfred **Krupp** stellt auf der Düsseldorfer Ausstellung eine Schiffswelle aus, welche von der außerordentlichen Leistungsfähigkeit der Fabrik Zeugnis gibt. Die Welle ist 45 m lang und in einem Stück aus einem 80 000 kg schweren Gußstahlblock hergestellt, zu dessen Gusse 490 Arbeiter mit 1768 Tiegeln erforderlich waren. Aus der Welle wurde mit einem Ringbohrer ein Kernstück ausgebohrt, das in einem Stück herausgezogen wurde. Die hohle Welle wiegt noch 52 700 kg.

— Friedrich Alfred **Krupp** vervollkommnet die schon früher mehrfach versuchte elektrische Abfeuerung der schweren Geschütze durch Anwendung von Schlagbolzen mit elektromagnetischer Abzugseinrichtung bez. durch elektrische Zündschraubenabfeuerung.

— Preston **Kyes** zeigt, daß das Lecithin das Komplement des Cobrahämolysins ist, und erhält damit den ersten chemisch definierten Bestandteil der bei den Immunisationsphänomenen wirksamen Serumsubstanzen.

— B. G. **Lamme**, Oberingenieur der Westinghouse-Gesellschaft, konstruiert einen Hochspannungsmotor für einphasigen Wechselstrom, der sich bei elektrischen Bahnen sehr gut bewährt.

1902 Gustav E. **Leithäuser** weist nach, daß ursprünglich homogene Kathodenstrahlen beim Durchgang durch Metallblättchen in ein inhomogenes Bündel von durchschnittlich kleinerer Geschwindigkeit verwandelt werden.

— Eugène Armand **Lenfant**, der schon 1898—1900 den Sudan erforscht hatte, weist auf einer nach dem französischen Tschadsee-Gebiet unternommenen Expedition die Wasserverbindung zwischen dem Schari- und dem Nigerbecken, die schon H. Barth vermutet hatte, definitiv nach.

— **Leprince** und **Siveke** bewirken die Umwandlung der Ölsäure in Stearinsäure durch Behandlung der Ölsäure im Wasserstoffstrom in Gegenwart einer Kontaktsubstanz, als welche sie namentlich feines Nickelpulver verwenden.

— Karl P. G. **Linde** gelingt es, durch eine zweckentsprechende Übertragung und Umgestaltung des Rektifikationsprozesses, wie er zur Trennung von Alkohol und Wasser benutzt wird, die flüssige Luft in annähernd reinen Sauerstoff und ein Gemenge von 93 Prozent Stickstoff und 7 Prozent Sauerstoff zu zerlegen, und aus diesem Gemenge auch vollkommen reinen Stickstoff herzustellen. Die Trennung wird 1905 auch von Georges Claude in Paris in ähnlicher Weise bewerkstelligt.

— Fritz W. **Lürmann** konstruiert einen automatischen Gichtaufzug. Er sieht für zwei Hochöfen zwei solcher Aufzüge vor und stellt sie nebeneinander zwischen die Öfen, um so zugleich noch eine Reserve zu haben. Der Förderwagen steht wagerecht auf den Aufzugschalen, läuft automatisch auf die Gicht des zu beschickenden Ofens und entleert sich dort, indem die Beschickung, anstatt gekippt zu werden, einfach abrutscht und sich gleichmäßig über den Abschlußkegel des Gefanges verteilt. Der Wagen läuft dann selbständig bis zur Schale des Förderkorbes zurück.

— **Mac Clennan** findet, daß der Elektrizitätsverlust eines geladenen isolierten Körpers durch Luft (s. 1785 C., 1850 M., 1872 W., 1889 B.) abhängig ist vom Material der Gefäßwände, welche den Körper umgeben. Dies wird von Rutherford und Cooke, sowie von Strutt bestätigt.

— R. **Mac Kenney** macht eingehende Untersuchungen über die Leuchtbakterien und konstatiert, daß das Leuchten erst eintritt, wenn die aktive Lokomotion beendet ist, und daß es sich dabei um eine physiologische Chemiluminescenz und nicht um eine durch vorhergehende Beleuchtung ermöglichte Ausstrahlung (Photoluminescenz) handelt. Das Leuchten ist von äußeren Bedingungen abhängig und erreicht mit einem bestimmten Maß der Temperatur, der Nährstoffe, der Konzentration usw. sein Optimum.

— Willy **Marckwald** zeigt, daß in dem radioaktiven Wismut, das er nach einem anderen Verfahren als dem von Ph. und S. Curie (s. 1898 C.) aus der Pechblende abscheidet, ein Stoff von hoher und konstanter Aktivität enthalten ist, den er anfangs „Radiotellur" nennt, der sich aber später als identisch mit Polonium erweist.

— Guglielmo **Marconi** empfängt auf dem italienischen Kriegsschiff „Carlo Alberto" in Petersburg mit dem magnetischen Detektor (s. 1896 R.) Zeichen von dem 2000 km entfernten Poldhu in Cornwallis.

— Paul **Mauser** verbessert die Konstruktion seiner schon 1896 erfundenen Selbstladepistole. Die Pistole wird mit Paketen zu 10 Patronen geladen, die sie nach dem Abdrücken des ersten Schusses völlig automatisch verschießt. (Vgl. Maxim 1883). Die Feuergeschwindigkeit beträgt 60 Schuß in einer halben Minute, Füllung des Magazins eingerechnet. Eine ähnliche Repetierpistole war 1900 von Browning konstruiert worden.

— Adolph **Miethe** verbessert die farbenempfindlichen photographischen Platten durch Einführung der Äthylrotplatte und fördert dadurch die Herstellung der Farbenaufnahmen nach der Natur in bemerkenswerter Weise.

1902 Paul Julius **Moebius** stellt aus dem Blut von schilddrüsenlos gemachten Hammeln ein Antithyreoidserum dar, das bei der Basedow'schen Krankheit angewendet wird. Das Präparat wird von der Firma E. Merck dargestellt.

— Henri **Moissan** erhält durch Erhitzen von Kalium und Natrium in trockenem Wasserstoffgase Kaliumhydrür und Natriumhydrür in so reinem Zustande, wie sie bisher noch nicht erhalten worden waren. (Vgl. 1811 G. und 1874 T.) Auf gleiche Weise erhält er die Hydrüre der anderen Alkalimetalle in sehr reinem Zustande.

— Henri **Moissan** führt Kohlensäure mit Kaliumhydrür in Formiat über; auch Kohlenoxyd kann durch Kaliumhydrür in Formal verwandelt werden, wobei sich Kohlenstoff ausscheidet.

— Henri **Moissan** gelingt es, die Carbide der Alkali- und Erdalkalimetalle durch Einwirkung von Acetylen auf die Hydrüre dieser Metalle bei 100° zu gewinnen.

— B. **Nemeč** und G. **Haberlandt** nehmen an, daß der tropistische Reizanstoß der Pflanze durch die physikalische Senkung der spezifisch schweren Körper (der Stärkekörner) oder durch den hierdurch entstehenden Druck zustande komme. In einem differenzierten Sinnesorgan (Statocyste) übe ein freibeweglicher Körper (Statolith) dem Zug der Schwere folgend einen Druck auf die sensiblen Teile aus. Diese letzteren seien derart abgestimmt, daß nur bei einer bestimmten Lage des Statolithen stabiles Gleichgewicht bestehe, jede Ablenkung des Statolithen also eine Bewegungstätigkeit veranlasse, die auf die Wiederherstellung der Gleichgewichtslage des Statolithen und somit des Organismus hinarbeite.

— Alexander N. **Nikiforow** findet im Anschluß an die Letny'schen Versuche (s. 1877 L.) ein Verfahren zur Gewinnung von aromatischen Kohlenwasserstoffen aus Roherdöl oder Petroleumrückständen. Das Erdöl wird in horizontalen eisernen Retorten erst bei 500°, dann bei 1000° unter Erhöhung des Druckes destilliert. Es werden, auf Rohöl bezogen, 12% Benzol und Toluol, 1% Anthracen und 2—3% Naphtalin gewonnen. Die Abfallgase, Koke und Schweröl werden als Heizmaterial verwendet.

— F. **Nobbe** und L. **Richter** weisen nach, daß ein größerer Gehalt an Nitraten oder Humussubstanzen die günstige Wirkung der Knöllchenbakterien (den Impferfolg) beeinträchtigt.

— Francis Th. **Oddie** konstruiert eine „Oddesse-Pumpe" genannte, direkt wirkende Dampfpumpe ohne Drehbewegung, die durch ihre originelle Steuerung auf der Düsseldorfer Ausstellung Aufsehen erregt.

— W. A. **Osborne** isoliert, reinigt und analysiert zahlreiche Pflanzeneiweißstoffe, unter denen namentlich das Edestin aus Hanfsamen dadurch praktisches Interesse bietet, daß das Ausgangsmaterial leicht zugänglich und das Edestin daraus leicht darstellbar ist.

— Wilhelm **Ostwald** macht den Vorschlag, Ammoniak durch Katalyse in Salpetersäure umzuwandeln. Er läßt Ammoniakgas, gemischt mit dem zehnfachen Volum Luft, bei Rotglut über blankes Platin streichen, das mit Platinschwamm oder Platinmohr überzogen ist. Das blanke Platin verursacht die Verbrennung des Ammoniaks zu Salpetersäure fast ohne Bildung von freiem Stickstoff. Das fein verteilte Platin beschleunigt die Reaktion. (S. a. 1833 K.)

— Wilhelm **Ostwald** erfindet im Verein mit seinem Assistenten Oscar **Gros** die sogenannte Katatypie, das ist ein Verfahren, um Photographien lediglich durch katalytische Wirkung zu kopieren.

— Joseph **Perrotin** in Nizza bestimmt nach der Zweirädermethode Fizeau's die Lichtgeschwindigkeit auf 299 900 km (± 80 m) in der Sekunde. Dies ist die genaueste Bestimmung, die bisher ausgeführt worden ist.

1902 William Henry **Pickering** macht während der Mondfinsternis am 16. Oktober 1902 die Entdeckung, daß der Mondkrater Linné eine Zunahme des Durchmessers von etwa 2 km zeigt. Diese Messungen werden von Barnard, Wirtz u. a. bestätigt.

— **Pinner** und **Schwarz** stellen durch ihre Untersuchung fest, daß sich das Pilocarpin wie ein Methylglyoxalinderivat verhält, und geben auf Grund ihrer Studien eine Formel für dessen Konstitution, zu welcher 1903 auch Jowett auf Grund seiner Untersuchungen gelangt.

— Richard **Pribram** entdeckt im Orthit von Arendal ein angeblich neues Element, welches charakteristische Spektrallinien im Orange, Rot, Blau und Ultraviolett zeigt. Das Metall, welches in die Reihe des Indium und Gallium gehört, erhält den Namen „Austrium".

— R. **Pschorr** gelingt es im Verein mit seinen Schülern die Konstitution des Apomorphins aufzuklären und nachzuweisen, daß sich dasselbe als ein Phenanthrenchinolinderivat auffassen läßt.

— J. F. **Rafaelli** erfindet das Ölpastell, eine Art der Malerei, bei der in feste Form gebrachte Ölfarben nach Art der Pastellstifte angewendet werden.

— A. **Rateau** konstruiert durch Verbindung der von ihm 1898 konstruierten Vielfachzellenpumpe mit einer Dampfturbine seine Turbopumpe, deren erste auf den Kassandragruben in der Türkei aufgestellt wird.

— Wilhelm **Rimpau** in Schlanstedt gelangt nach 35jährigen Selektionsversuchen zur Reinkultur der als Schlanstedter Roggen bekannten Getreiderasse, die in Norddeutschland und Nordfrankreich allgemeine Verbreitung findet.

— E. **Rolffs** erfindet ein Verfahren zur photo-mechanischen Erzeugung von Mustern auf Zeugdruckwalzen und zum Drucken photographischer Muster auf Kattun. Mit den durch das Material gebotenen Abänderungen hat dies Verfahren Ähnlichkeit mit der Autotypie. (S. 1881 M.)

— Durch die seit 1897 von **Ross** (s. d. 1897), **Grassi, Marchiafava, Celli, Bignami** und **Bastianelli,** R. **Koch** und **Ziemann** angestellten Untersuchungen wird die ausschließliche Übertragung der menschlichen Malaria durch Stechmücken aus der Gattung „Anopheles" festgestellt.

— Ernst **Ruhmer** paßt die Empfindlichkeit der Selenzelle den bei der drahtlosen Telegraphie in Betracht kommenden Wellenlängen an und gibt mit Hilfe von Scheinwerfern Zeichen bis auf Entfernungen von 6 km.

— Die **Russische Regierung** eröffnet den Verkehr auf der Sibirischen Überlandbahn, die von Moskau über Irkutsk, Baikal nach der Mandschurei geht und mit der anschließenden Chinesischen Ostbahn nach Charbin und der Mandschurischen Eisenbahn nach Port Arthur 9003 km Länge hat.

— E. **Rutherford** und **Soddy** zeigen die Radioaktivität des Thoriums und seiner Emanation. (Vgl. a. 1900 Ru.)

— P. **Sabatier** und J. B. **Senderens** arbeiten eine Methode der Hydrogenation in Gegenwart fein verteilter Metalle, wie Nickel, Kobalt, Eisen und namentlich von reduziertem Kupfer, aus. Nitrobenzol, über auf 300—400° erhitztes Kupfer geleitet, wird glatt zu Anilin reduziert, die primären Alkohole werden in Aldehyd und Wasserstoff gespalten, die sekundären ergeben Aceton und Wasserstoff, die tertiären Äthylenkohlenwasserstoff und Wasserstoff.

— P. **Sabatier** und J. B. **Senderens** benutzen ihre Methode der Hydrogenation in Gegenwart fein verteilter Metalle zur synthetischen Darstellung von Petroleumkohlenwasserstoffen durch Einwirkung von Wasserstoff auf Acetylen.

— **Salvioni** konstruiert eine auf der Durchbiegung eines Glasfadens oder einer feinen Springfeder aus Stahl beruhende Wage, die sogenannte Mikrowage, die gegenüber den bisher gebräuchlichen Wagen noch den Nachweis von

64*

Gewichtsmengen unter 0,001 mg gestattet. Die Vortrefflichkeit dieser Wage wird durch Versuche von Giesen (1903) dargetan.

1902 Rudolf **Schenck** weist nach, daß der rote Phosphor ein Polymerisationsprodukt des weißen ist. Der durch Erhitzen von weißem Phosphor mit Phosphortribromid erhaltene Phosphor ist „hellrot", ungiftig und chemisch äußerst reaktionsfähig. In Berührung mit Alkalien färbt sich der hellrote Phosphor dunkelrot bis schwarz.

— Georg **Schicht** in Aussig konstruiert für die Seifenfabrikation eine Gießmaschine, welche unter Benutzung des Prinzips der plötzlichen Abkühlung der Seifenmasse die Möglichkeit gibt, schnitt- und preßfähige Seifenriegel zu gießen und bei einer zehnstündigen Arbeitszeit 4—5000 kg zu verarbeiten.

— **Schild** führt das von den Vereinigten Chemischen Werken fabrizierte Natriumsalz der Para-Aminophenylarsinsäure unter dem Namen „Atoxyl" in den Arzneischatz ein. Mendel (1903), Biringer (1903) u. a. bezeichnen das Mittel als ein wertvolles und willkommenes Ersatzmittel der arsenigen Säure, das nach Blumenthal (1902) ungefähr 40 mal weniger giftig ist, als die Solutio Fowleri.

— Gerhard C. **Schmidt** weist nach, daß die oxydierende Wirkung der Kanalstrahlen ein sekundärer Effekt und nicht die unmittelbare Wirkung ihres Anpralls ist.

— H. S. **Scott** leitet eine englische Südpolar-Expedition auf der „Discovery". Er entdeckt unter 78° s. Br. und 155° w. L. ein bis 800 m ansteigendes, eisbedecktes Land, das er King Edward VII.-Land nennt. Am 8. Februar bezieht er sein Winterquartier im Süden der Mount Erebus-Insel. Von dort aus erforscht er unter Benutzung von Hundeschlitten das Innere des Viktorialandes, das eine Hochebene von ca. 2700 m Höhe bildet. Auf einer dieser Expeditionen gelangt er im Februar 1903 mit dem Leutnant Shakleton bis 82° 17′ s. Br., dem fernsten in der Antarktis bis dahin erreichten Punkte, von wo sie Gebirgszüge von über 3000 m Höhe erblicken. Nach einer zweiten Überwinterung, die ebenfalls zu mehreren Schlittenexpeditionen benutzt wird, kehrt er 1904 über Neuseeland zur Heimat zurück.

— **Sibirzew, Tanfiljew** und **Ferkmin** geben eine auf wissenschaftlicher Grundlage beruhende Übersichtskarte der Bodenarten des Europäischen Rußlands heraus, welche die Bodenart in klarer Weise zur Anschauung bringt, die Beschaffenheit des Untergrundes erkennen läßt und einen Überblick über die Wasserverhältnisse gibt.

— **Siemens & Halske** führen nach einer zehnjährigen Versuchsperiode unter Verwendung von Apparaten, die der Siemens'schen Ozonröhre (s. 1887 S.) nachgebildet sind, ein Verfahren zur Reinigung und Sterilisation des für den menschlichen Gebrauch bestimmten Wassers durch Ozon in die Praxis ein. Durch das Verfahren soll eine sichere Vernichtung aller in dem Wasser enthaltenen pathogenen Bakterien erzielt werden. Ein ähnliches Verfahren rührt von Abraham und Marmier her und wurde bereits 1898 in Lille in Betrieb gesetzt.

— William **Stern** in Breslau konstruiert einen Tonvariator mit kontinuierlich variabler Tonhöhe und konstanter Tonintensität. Der obertonfreie Ton wird durch Anblasen von flaschenartigen Hohlräumen mit kontinuierlich verstellbarem Boden erzeugt.

— An die ersten Versuche der elektrischen Zugbeleuchtung mit Dynamomaschinen (s. 1882 R. und 1883 B.) schließen sich in den Vereinigten Staaten eine ganze Anzahl von Systemen an, von denen eines der erfolgreichsten das von J. S. **Stone** eingeführte ist. Der Strom wird hierbei an eine Hilfsbatterie abgegeben, an welche die Lampen des Wagens angeschlossen sind. Ein Regulierungsapparat gleicht die Unregelmäßigkeiten der Stromerzeugung aus, welche durch den Wechsel der Fahrgeschwindigkeit und der Fahrrichtung hervorgerufen werden.

1902 Gustav **Tammann** findet durch Versuche, bei welchen ein Eiskern durch eine Schraubenpresse aus einer seitlichen Öffnung herausgepreßt wird, daß die Ausflußgeschwindigkeit des Eises nicht nur bei wachsendem Druck sehr rasch zunimmt, sondern auch bei konstantem Druck mit der Zeit wächst. Bei tiefen Temperaturen nimmt die Ausflußgeschwindigkeit mit dem Druck langsamer zu, während sie bei Annäherung an den Schmelzpunkt auch bei bleibendem Druck sehr rasch wächst. (Vgl. 1865 H.)

— H. **von Tappeiner** gelingt es, durch fluoreszierende Stoffe die Lichtwirkungen des Finsen-Apparates erheblich zu verstärken. Durch Beimengungen von Eosinlösungen zu Kulturen werden die Bakterien schon durch geringe Mengen Licht getötet. Die Haut wird durch Injektion solcher, wie v. Tappeiner sie nennt, „photodynamischer Stoffe“ gegen Licht empfindlicher.

— Hermann **Thoms** klärt in den Jahren 1902—06 die Konstitution der Apiole auf, beschäftigt sich mit deren Umsetzungen und zeigt, daß die von Semmler für das Myristicin (1903) angenommene Formel die richtige ist.

— Ljew **Tschugaeff** führt zur Darstellung von Terpenen die Xanthogenatmethode ein, indem er Terpenalkohole $C_{10}H_{18}O$ in Ester der Xanthogensäure überführt und letztere zersetzt. Es gelingt auf diese Weise meist, wenn auch nicht immer, Invertierungen zu vermeiden.

— Die **Vakuum-Reiniger-Gesellschaft,** die sich in verschiedenen größeren Städten von Europa bildet, konstruiert fahrbare, mit Benzinmotoren oder Elektrizität betriebene Apparate, mit denen von der Straße aus mit Hilfe von Schlauchleitungen, die in die zu reinigenden Wohnungen eingeführt werden, der Staub aus den Möbeln usw. abgesaugt wird.

— Daniel **Vorländer** und Felix **Meyer** zeigen, daß der Paraazoxybenzoesäureäthylester in hervorragendem Maße die Eigenschaften der „flüssigen Krystalle“ zeigt.

— **Weidenreich** untersucht eingehend die roten Blutkörperchen und findet als Resultat seiner Untersuchungen und Literaturstudien von allen Lehren über den Bau der Blutkörperchen nur die von Leeuwenhoek (s. 1673 L.) genügend begründet, wonach das Blutkörperchen eine Blase ist, die aus einem flüssigen, den Blutfarbstoff enthaltenden Teil, dem „Endosoma“, und einer elastischen farblosen Membran besteht.

— Ferdinand **Weiller** in Bornholm erfindet eine Steinspaltmaschine, bei welcher der Stein auf einer unten angebrachten festen Schneide balanciert, während ein Schlag von oben durch einen Fallkörper mit abgerundetem Ende ausgeführt wird. Dadurch wird der Stein mit der ganzen Wucht des Schlages auf die untere Schneide gedrückt und in der ihm durch die Schneide vorgezeichneten Richtung gespalten.

— Alfred **Werner** dehnt seine früher für anorganische Verbindungen entwickelte Koordinationslehre (s. 1892 W.) auch auf organische Körper aus und versucht mit ihrer Hilfe speziell das Verhalten der Ammonium- und Oxoniumverbindungen (s. 1899 C.) zu erklären.

— Die **Westinghouse Electric Company** verwendet Serienmotoren mit lamellierten Feldmagneten als Wechselstrommotoren.

— **Van Westrum** in Holland erfindet das Westrumit, ein wasserlöslich gemachtes Öl, das in 3—4 Teilen Wasser gelöst, zur Besprengung von Straßen dient, und durch welches das Aufwirbeln von Staub besser als durch Besprengung mit Wasser gehindert wird. In weiteren Kreisen wird das Westrumit durch seine Verwendung für die Rennstrecke des Gordon-Bennett-Automobilrennens im Taunus 1904 bekannt.

1902 Max **Wien** veröffentlicht die Theorie der Kuppelung des Schwingungskreises mit dem Strahldraht in Systemen der drahtlosen Telegraphie, und zeigt, unter welchen Bedingungen allein eine abgestimmte Mehrfachtelegraphie möglich ist.

— Harald A. **Wilson** mißt die höchste Stromstärke, welche eine gegebene Menge Salzdampf zu führen vermag, indem er Zehntel-Normal-Lösungen in zerstäubtem Zustande einer Flamme zuführt. Er findet diesen Grenzstrom gleich dem Strom, der in einer wässerigen Lösung des Salzes in einer Sekunde die gleiche Menge Salz elektrolysieren würde wie die in derselben Zeit in die heiße Luft zerstäubte.

— Der Amerikaner **Wright** konstruiert einen Wellenmotor zur Ausnutzung der Wellenkraft des Meeres und macht an der kalifornischen Küste umfangreiche Versuche damit. Er benutzt den Motor zum Antrieb einer Dynamomaschine und erzielt damit die allerdings nur geringe, aber dauernde Leistung von 9 PS.

— **Zoelly** konstruiert eine vielstufige Druckturbine ohne Geschwindigkeitsabstufung, die von Escher Wyss & Co. in Zürich meist als Verbundturbine mit hintereinander geschaltetem Hochdruck- und Niederdruckteil ausgeführt wird. Die Turbine unterscheidet sich im Prinzip wenig von der Rateau'schen Dampfturbine. (S. 1898 R.)

— E. **Zündel** in Moskau und L. **Descamps** finden gleichzeitig, daß sich Hydrosulfite leicht mit Aldehyden vereinigen. Sie stellen eine krystallisierende, leicht lösliche Verbindung von Natriumhydrosulfit mit Formaldehyd dar, bei der die reduzierende Eigenschaft des Hydrosulfits erst bei höherer Temperatur (Dämpfen) oder bei Zersetzung mit Säuren zur Geltung kommt. Das Produkt übertrifft für die Befestigung von Indigo im Kattundruck sämtliche bisher angewendete Reduktionsmittel und ist auch für Azofarbstoffe sehr brauchbar. An dieser Entdeckung sind die Chemiker der Zündel'schen Fabrik Baumann, Frossard, Thesmar, Schwarzer und Kurz beteiligt.

1903 **Aichele** erfindet ein System der Eisenbahnbeleuchtung, bei welchem zur Erzeugung des elektrischen Stroms eine gewöhnliche Nebenschluß-Dynamomaschine wie beim System Stone (s. 1902 S.) von einer Wagenachse aus betrieben wird, deren Tourenzahl daher mit der Zuggeschwindigkeit zu- und abnimmt. Außerdem ist eine Akkumulatorenbatterie vorhanden, die Strom abgibt, wenn der Zug stillsteht oder langsam fährt. Neu ist die Reguliervorrichtung dieses Systems, durch die erreicht wird, daß alle Schaltungen automatisch stattfinden und die Batterie keiner Bedienung durch das Personal bedarf. Die Ausführung dieser Konstruktion erfolgt durch Brown Boveri & Co.

— **Albers-Schönberg** führt durch Tierversuche den Nachweis, daß, wie die Haut, so auch innere Organe durch die Röntgenstrahlen geschädigt werden. Es gelingt ihm, durch Bestrahlung von Meerschweinchen Sterilität zu erzeugen, die dadurch zustande kommt, daß die Hodenzellen, aus welchen die Spermatozoen entstehen, zugrunde gehen, was später von Frieben (1903), Seldin (1904), A. Buschke und H. E. Schmidt (1905) bestätigt wird. Philipp (1905) stellt diese schädigende Wirkung der Röntgenstrahlen auf die Hoden auch beim Menschen fest, und zwar auch hier, ohne daß nennenswerte Schädigungen der Haut beobachtet werden.

— Eugen **Albert** in München erfindet das Reliefklischee, durch welches das Zurichten der Druckform in der Buchdruckpresse, namentlich wenn es sich um Autotypie-Illustrationen handelt, sehr vereinfacht wird.

— Nachdem Gadamer erkannt hatte, daß Hyoscyamin aus inaktivem Tropin und aus l-Tropasäure zusammengesetzt sei, war theoretisch die Überführbarkeit des Atropins (s. 1901 W.) in d- und l-Hyoscyamin gegeben. Experimentell wird diese Überführung von **Amenomiya** bewirkt, der käufliches Atropin in Tropin und r-Tropasäure verseift, letztere in d- und l-Tropasäure zerlegt und schließlich das Tropin wieder mit d- oder l-Tropasäure vereinigt.

1903 Roald **Amundsen**, der an der Südpolarfahrt von de Gerlache (s. 1897 G.) teilgenommen hatte, macht mit dem Segler Gjöa eine hauptsächlich magnetischen Untersuchungen dienende Nordpolarfahrt, wobei die von Mac Clure (s. 1850 M.) entdeckte nordwestliche Durchfahrt in entgegengesetzter Richtung verfolgt wird. Die Winter 1903/4 und 1904/5 werden an der Küste von King William-Land verbracht, von wo aus die Untersuchungen zur Feststellung des magnetischen Nordpols geleitet werden. Der Winter 1905/6 wird bei King Point an der Nordküste von Alaska verlebt, wo die Weiterfahrt durch Eis gesperrt wird. Am 19. Oktober 1906 trifft Amundsen in San Franzisko, am 20. November in Christiania ein.

— **Arthus** und unabhängig davon **von Pirquet** und **Schick** entdecken, daß bei wiederholten Injektionen von körperfremdem Eiweiß (insbesondere Pferdeserum) eine gesetzmäßige Empfindlichkeit der Tiere gegenüber dem an und für sich unschädlichen Injektionsmaterial zutage tritt, die sich in schweren Krankheitserscheinungen oder Tod äußert (Anaphylaxie, Überempfindlichkeit, Serumkrankheit).

— Die **Baldwin Lokomotivfabrik** vervollkommnet den Atlantic-Lokomotiv-Typ (s. 1889 V.), indem sie die Lokomotiven mit 10 Rädern, drei gekuppelten Treibachsen und einem Drehgestell unter dem vorderen Teil des Kessels ausstattet. Sie baut für die New York Central Railway Schnellzuglokomotiven, deren Länge $19^1/_2$ m, deren Gewicht mit Tender 162 Tonnen beträgt, und die 1800 effektive Pferdekräfte erreichen.

— W. **Benecke** und J. **Keutner** entdecken im Schlick des Meeres, im Plankton und an allen Algen der Küstenvegetation Stickstoffbakterien, die den freien atmosphärischen Stickstoff assimilieren und eine Stickstoffquelle für die Organismenwelt des Meeres bilden.

— Kristian **Birkeland** und Samuel **Eyde** ziehen zur Herstellung von Salpetersäure aus dem Stickstoff der Luft die bekannte Einwirkung des Magneten auf den Lichtbogen heran und lassen die Beeinflussung des Lichtbogens durch kräftige Elektromagneten im Reaktionsraum eines elektrischen Ofens vor sich gehen. Im Gegensatz zu Mac Dougall & Howles (s. 1899 M.) und Kowalski & Moscicki (s. 1899 K.) arbeiten sie mit Wechselströmen von nur 5000 Volt Spannung. Die Ausbeute an Salpetersäure geben sie auf 900 kg pro Kilowattjahr an.

— Adolph **Bleichert** nimmt den Bau von elektrischen Hängebahnen auf. Der Betrieb dieser Bahnen ist automatisch, die Wagen fahren ohne Führer und steuern sich selbst; die Fahrgeschwindigkeit beträgt 0,5 m bis 2 m in der Sekunde; die Geschwindigkeit wird während der Fahrt automatisch reguliert. Die Bahn wird als geschlossener Kreis mit kontinuierlichem Betrieb und Verkehr der Wagen nur in einer Richtung oder als offene Strecke mit automatischer Änderung der Fahrrichtung der Wagen an den Endstationen ausgeführt.

— L. **Bouveault** und G. **Blanc** machen die für die Synthese von primären Alkoholen und Aldehyden der aliphatischen, aromatischen und hydroaromatischen Reihe wichtige Beobachtung, daß die Ester von Carbonsäuren beim Behandeln mit Alkohol und Natrium glatt in die entsprechenden primären Alkohole übergehen. Sie stellen so Octylalkohol, Decylalkohol, Phenyläthylalkohol, Hexahydrobenzylalkohol usw. dar.

1903 Der Schwede J. A. **Brinell** konstruiert Härtemesser (Härteprüfer), die auf der Durchbildung des Prinzips des Eindringens der Körper in die zu prüfende Fläche beruhen. Er drückt eine harte Stahlkugel mit einer bestimmten Kraft auf den zu untersuchenden Körper und ermittelt aus dem Durchmesser des entstandenen kreisförmigen Eindrucks, der bei weicheren Körpern naturgemäß größer als bei härteren ist, den Härtegrad des Versuchskörpers.

— **Bruce** führt eine schottische Südpolar-Expedition am 26. Januar auf der „Scotia" von den Falkland-Inseln nach dem Weddell-Meer und landet am 2. Februar auf Saddle-Island. Von hier macht er einen weiten Umweg nach Osten und dann einen Vorstoß nach Süden, der bis zu 70° ausgedehnt wird, ohne daß Land gesichtet wird. Er erreicht am 21. März die Laurie-Insel, wo er bis Mitte November überwintert und kehrt dann nach Buenos Ayres zurück. Bei einem neuen, am 22. Februar 1904 von den Süd-Orkney-Inseln aus unternommenen Vorstoß erreicht Bruce 72° 25′ s. Br. bei 18° w. L. Hier trifft er die Eiskante des mutmaßlichen antarktischen Kontinents, der er 6 Grade nach Westen folgt. Von hier steuert er nach Norden und erreicht am 5. Mai Kapstadt.

— Eduard **Buchner** und Jakob **Meisenheimer** entdecken das Enzym der Milchsäuregärung, die Milchsäurebakterienzymase, sowie das Enzym der Essiggärung, die Alkoholoxydase der Essigbakterien.

— Giacomo **Carrara** prüft die elektrochemischen Gesetze in nicht wässerigen Lösungen und das chemische Verhalten der gelösten Substanzen beim Wechsel des Lösungsmittels. Er zeigt an der Hand eigener und fremder Untersuchungen, daß zwischen den Lösungen in Wasser und in anderen Lösungsmitteln keine wesentlichen Unterschiede bestehen, und daß alle Ausnahmen mit der Dissoziationstheorie erklärt werden können.

— Aldo **Castellani** entdeckt in der Cerebrospinalflüssigkeit schlafkranker Neger das Trypanosoma Ugandae. (S. a. 1901 D.)

— Der französische Arzt J. B. **Charcot** leitet eine Südpolar-Expedition auf dem „Français", der umgetauften „Belgica" der de Gerlache'schen Expedition. (Vgl. 1897 G.) Er überwintert auf der Wandelinsel am Westeingang der Belgicastraße und bestätigt das Vorhandensein von Alexander I.-Land, das er aber des Eises wegen nicht erreicht. Weitere Forschungen gelten der Festlegung der Nordwestküste des Graham-Landes. 1905 kehrt die Expedition nach der Heimat zurück.

— Nachdem schon seit mehreren Jahrzehnten Versuche mit gepanzerten Eisenbahnwagen gemacht worden waren, stellt die französische Firma **Charron Girardot** zuerst ein Panzerautomobil her, das nicht an die Schienenbahn gebunden ist, sondern auf allen Straßen und auch querfeldein zu fahren vermag. Auch Ehrhardt in Düsseldorf baut ein Panzerautomobil, das mit einer 5 cm-Kanone armiert und mit einem Nickelstahlblechpanzer gewehrschußsicher gemacht ist.

— Die **Chemische Fabrik auf Aktien vorm. E. Schering** oxydiert Isoborneol mit Kaliumpermanganat zu Campher. Diese Darstellung wird von C. F. Böhringer & Soehne (1904) etwas variiert, indem sie das Isoborneol mit Chlor oxydieren. (Vgl. auch 1901 C.)

— T. A. **Clayton** konstruiert einen Feuerlösch- und Desinfektionsapparat, in welchem die durch Verbrennung von Schwefel entstehende schweflige Säure zu den gedachten Zwecken dient, und der entweder stationär auf Schiffen aufgestellt oder im Hafen auf kleinen Dampfleichtern zu den Schiffen gebracht wird. Die ersten Versuche werden im März an Bord des Norddeutschen Lloyddampfers „Main" mit so gutem Erfolg ausgeführt, daß der Lloyd das Clayton-System adoptiert.

1903 Die amerikanische **Commercial Cable Company** legt ein Seekabel von 14 519 km Länge von San Francisco über Honolulu, die Inseln Midway und Guam nach Manila.

— Benno **Credé** führt das kolloidale Silber unter dem Namen „Kollargol" in den Arzneischatz ein und benutzt es zu intravenösen Injektionen namentlich bei septischen Krankheiten. Hermann Schmidt (1903), Rosenstein (1903) u. a. sprechen sich sehr günstig über die Wirkung des Kollargols bei septischen Prozessen aus. Häufig wird es auch in Form einer von Credé angegebenen Salbe zur Schmierkur verwendet.

— P. **Curie** und A. **Laborde** stellen fest, daß durch Radiumsalze fortdauernd Wärme entwickelt wird, und daß hierzu erhebliche Energieumwandlungen stattfinden müssen, die entweder in einer Veränderung der Atome oder in der Transformation einer von außen kommenden Energie zu suchen sind. Es gelingt ihnen, diese Wärmeentwicklung zu messen und zu zeigen, daß 1 g Radium in der Stunde etwa 100 Gramm-Calorien entwickelt.

— **Danysz** weist die selektive Wirkung der Radiumstrahlen auf gewisse Gewebe, besonders maligne Tumoren, nach.

— M. **Dennstedt** empfiehlt für die Elementaranalyse das Bleisuperoxyd, dessen absorbierende Kraft für Halogene und Halogenwasserstoff mit Ausnahme des Jods er konstatiert, während die absorbierende Kraft für die Oxyde des Schwefels 1834 von Henry und für die Oxyde des Stickstoffs 1877 von Kopfer nachgewiesen worden war. Von Bleisuperoxyd sind lediglich geringe Mengen erforderlich, welche in einem Porzellanschiffchen zur Verwendung gelangen. Zur Jodabsorption empfiehlt Dennstedt molekulares Silber.

— Den **Deutschen Waffen- und Munitionsfabriken** in Karlsruhe gelingt es, eine für die Überwindung des Luftwiderstandes besonders geeignete Geschoßform zu finden, wodurch — in Verbindung mit einem verbesserten Pulver — die Leistungen der modernen Handfeuerwaffen außerordentlich gesteigert werden. (Mündungsgeschwindigkeit des deutschen Infanteriegewehrs 98 mit alter Munition 620 m, dagegen mit S-Munition 860 m.) Die Spitzenform der S-Geschosse nähert sich der Newton'schen Kurve, auf deren Bedeutung für die Erreichung großer Geschwindigkeiten F. August in Berlin schon früher hingewiesen hatte. (Vgl. auch 1908 P.)

— **Dreyer** arbeitet eine Methode der Sensibilisation der Gewebe aus, die dem Tappeiner'schen Verfahren (s. 1902 T.) sehr ähnlich ist und darin besteht, daß er Substanzen in die Gewebe einspritzt, welche die nach dem Rot hin liegenden Strahlen besonders resorbieren. Er verwendet zu diesem Zweck namentlich Erythrosinlösungen.

— Nachdem H. Quincke (1871) angegeben hatte, daß beim Quellungsvorgang eine beträchtliche Verminderung des Gesamtvolums stattfinde, zeigt René **du Bois-Reymond,** daß sich auch das Wasser in tierischen Geweben, wie im Hühnereiweiß und im Muskelgewebe in einem Zustand befindet, in welchem es viel weniger Raum einnimmt als gewöhnliches Wasser.

— **Dunbar** in Hamburg stellt aus den Pollenkörnern von Gramineen, insbesondere von Roggen, eine im Blutserum lösliche Substanz dar, die sich den Heufieberkranken gegenüber als ein sehr heftig wirkendes Toxin erweist. Es gelingt ihm, ein Antitoxin, das Pollantin, zu erhalten, das hoffen läßt, eine spezifische Behandlung des zuerst von John Bostock 1819 beschriebenen Heufiebers erfolgreich durchzuführen. An dieser Arbeit hat W. Weichardt hervorragenden Anteil.

— Thomas Alva **Edison** verbessert den Nickeleisenakkumulator, indem er das Gehäuse aus Blech statt aus Hartgummi fertigt und die Platten mit hydraulisch gepreßten Briketts einer Masse ausfüllt, die auf der positiven Platte aus Eisen und Graphit, auf der negativen aus Nickel und Graphit zusammengesetzt ist. Im Deckel des Elements befinden sich zwei Öffnungen zum Einfüllen von Kalilauge und für den Austritt entweichender Gase.

1903 Oscar **Ellinger** in Kopenhagen gibt eine einfache Methode an, welche gestattet, ohne Zuhilfenahme eines Spektrometers, nur mittels eines Gitters und eines Maßstabes, Lichtwellenlängen zu messen.

— Julius **Elster** und Hans **Geitel** finden, daß vielfach das Wasser von Quellen und tiefen Brunnen radioaktiv ist und weisen die sogenannte Radiumemanation auch im Fangoschlamme nach. Diese Untersuchungen werden 1905 von Franz Himstedt noch vertieft, der namentlich bei heißen Quellen sehr starke ionisierende Wirkung auf durchgeleitete Luft konstatiert.

— Wilhelm **Engelmann** und N. **Gaidukow** erbringen den ersten einwandfreien Nachweis einer vererbbaren erworbenen Eigenschaft, indem sie Kulturen von Oscillaria Sancta, einer Alge, monatelang in Licht von bestimmter Farbe züchten, wobei die Algenfäden nach und nach eine dem Licht komplementäre Färbung annehmen (chromatische Adaptation). Wird jetzt die Alge in gewöhnlichem Lichte fortgezüchtet, so behält sie die erworbene Farbe bei.

— Walter **Feld** schlägt zur Gewinnung des im Leuchtgase enthaltenen Cyanwasserstoffs in Form von Cyaniden vor, diesen mit Hilfe von Lösungen zu absorbieren, die neutrale oder basische Carbonate, Hydrate oder Oxyde von Magnesium, Zink, Aluminium oder Zink in Mischung mit Oxyden, Hydraten oder Carbonaten der Alkalien enthalten. Beim Aufkochen sollen die Lösungen ihren Cyanwasserstoff abgeben, der in geeigneter Weise absorbiert wird, um gebrauchsfertige Cyanide zu erhalten.

— Charles **Féry** konstruiert ein Pyrometer, bei dem die Wärmestrahlen durch eine Flußspatlinse gesammelt und auf die im Brennpunkt der Linse liegende Lötstelle eines fadenkreuzförmigen Thermoelements geworfen werden.

— Emil **Fischer**, dem der Aufbau von Dipeptiden schon vorher geglückt war, findet die erste allgemeine Methode für die Synthese von Polypeptiden, die in den drei folgenden Jahren vielfach erweitert wird und die Gewinnung zahlreicher Glieder der Klasse bis hinauf zu einem Dodekapeptid ermöglicht.

— Emil **Fischer** und Joseph **von Mering** stellen ein neues Schlafmittel „Veronal“ her, welches Diäthylmalonylharnstoff, d. i. eine Verbindung der Diäthylmalonsäure mit Harnstoff, ist.

— Martin **Freund** und E. **Becker** klären durch Untersuchung des aus Cotarnin und Anilin entstehenden Anils die Konstitution des Cotarnins auf, das neben der Opiumsäure als Spaltungsprodukt des Narcotins erhalten worden ist.

— Nachdem Guido Goldschmiedt (s. 1889 G.) die Konstitution des Papaverins aufgeklärt hatte, gelingt es Paul **Fritsch**, durch das von ihm dargestellte Tetramethoxydesoxybenzoin eine Base von der Zusammensetzung des Papaverins, aber von einem um 15° höheren Schmelzpunkt zu erhalten, die wahrscheinlich ein Isomeres des Papaverins darstellt.

— Otto **von Fürth** bringt in seinem Werke „Vergleichende chemische Physiologie der niederen Tiere“ die zahlreichen Beobachtungen über die chemischen Lebensvorgänge wirbelloser Tiere in Zusammenhang und trägt dadurch zur Förderung der vergleichenden Physiologie und Biochemie bei.

— F. A. **Gooch** benutzt, um eine gegebene Metallmenge in kurzer Zeit zu fällen, zur Elektroanalyse rotierende Kathoden. (S. a. 1888 K.)

1903 Adolf **Gottstein** weist auf die Erscheinung der regelmäßigen Seuchenwellen hin und beweist auf Grund statistischer Berechnungen die Tatsache einer Periodizität der Diphtherie.

— Ernst **Grimsehl** in Hamburg konstruiert einen einfachen, hauptsächlich für Unterrichtszwecke bestimmten Apparat zur Bestimmung des mechanischen Wärmeäquivalents, welcher die Erreichung eines ziemlich hohen Genauigkeitsgrades gestattet.

— R. A. **Hadfield** macht umfangreiche Untersuchungen über Wolframstahl, der in neuerer Zeit unter dem Namen „Rapidstahl oder Schnelldrehstahl" vielfach für Werkzeuge zur Bearbeitung besonders harter Arbeitsstücke dient. (S. a. 1858 O. und 1900 T.) Bei seinen Versuchen, die sich auf 13 Reihen von Legierungen mit 0,1 bis 16,18% Wolframgehalt erstrecken, konstatiert er, daß sich die Zugfestigkeit mit der Höhe des Wolframgehaltes nicht erheblich steigert, daß dagegen die Druckfestigkeit mit dem Wolframgehalt zunimmt.

— Die Stadt **Hamburg** beendet den im Jahre 1888 begonnenen Bau ihrer umfangreichen Hafenanlagen im Freihafengebiet, wozu vor allem der India- und Hansahafen und die neuen Häfen auf dem linken Elbufer gehören. Die Gesamtfläche des Seehafens beträgt 208,8 ha mit 18150 m Kaimauern. Die Zahl der Dampfkrane beträgt 266, darunter ein von Ludwig Stuckenholz in Wetter a. d. Ruhr erbauter von 150 t Tragkraft; die Zahl der seit 1891 angelegten elektrischen Krane (vgl. 1891 N.) beträgt 138, worunter einer von 75 t Tragkraft ist. Die Länge der Eisenbahngleise im Freihafengebiet beträgt 163 km.

— Oskar **Hertwig** arbeitet über die Korrelation von Zellgröße und Kerngröße und deren Bedeutung für die geschlechtliche Differenzierung und die Teilung der Zelle, sowie über das Wechselverhältnis zwischen Zellkern und Protoplasma.

— Der Schwede A. **Holmgren** erfindet einen „Holmgrens" genannten Geschoßsprengstoff, welcher bei Rohrkrepierern und Frühzerspringern eine nur schwache Explosion ergibt, die weder das Geschütz noch die Bedienung gefährdet, während er am Ziele mit großer Gewalt und mit gleicher Wirkung wie Pikrinsäure detoniert.

— Th. **Huntington** und F. **Heberlein** erfinden ein Verfahren zur Darstellung von Bleioxyd aus Bleiglanz, das darin besteht, daß sie ohne Verröstung die Erze unter Zuschlag von Kalk in einem Konverter verblasen. Nach dem Verblasen bildet die Beschickung ein Gemenge von Bleioxyd und Gangart; die entwickelte schweflige Säure wird aufgefangen. Einen ähnlichen Prozeß, bei dem an Stelle des Zuschlags von Kalk Calciumsulfat verwendet wird, lassen sich 1904 Bradford und Carmichael patentieren.

— M. **Iljinsky** und R. E. **Schmidt** machen unabhängig voneinander die Beobachtung, daß fast ausschließlich α-Sulfurierung des Anthrachinons erfolgt, wenn rauchende Schwefelsäure auf Anthrachinon und Anthrachinonderivate bei Gegenwart kleiner Mengen (1 Prozent) möglichst fein verteilten Quecksilbersulfats einwirkt. Die so ermöglichte bequeme Darstellung der Anthrachinon-α-Sulfosäure wird in der Folge für die Farbenindustrie wichtig.

— **Josué** gelingt es, durch wiederholte intravenöse Einspritzungen von Adrenalin bei Kaninchen typische Arteriosklerose zu erzeugen. Die Tiere bekommen nach wenigen Wochen multiple Verkalkungsherde und Dilatationen der Aorta. Diese Beobachtungen werden von B. Fischer (1905), von Rzentkowski (1905) und W. Erb jr. (1905) bestätigt.

— Alexander **Just** und Franz **Hanaman** stellen Glühfäden aus reinem Wolfram und Molybdän dar, indem sie glühende Kohlefäden in eine Atmosphäre von Wolframoxychloriddämpfen und überschüssigem Wasserstoff bringen, wobei sich das reduzierte Metall auf den Kohlefäden niederschlägt, die nun aus einer Seele von Kohle und einer Hülle von Wolfram bestehen. Bei starkem Glühen der Fäden wird der Faden in einen solchen von reinem Wolfram verwandelt. (S. 1901 B.)

1903 **Just** und **Hatmaker** in Amerika erfinden ein Verfahren, die Milch, nachdem sie einen geringen Zusatz von Ätznatron erhalten hat, in dünnem Strahle über Walzen, die mit Dampf von 4 Atmosphären geheizt werden, gehen zu lassen und dadurch von Wasser zu befreien. Die entstehende weiße hautartige Masse wird zu Pulver verrieben, als Milchkonserve in den Handel gebracht und zum Gebrauch in Wasser aufgelöst bez. aufgekocht.

— J. **Karlik** und M. **Witte** erfinden eine Sicherheitsvorrichtung für Fördermaschinen, die ein zu schnelles Anfahren an die Haltestelle und ein zu scharfes Aufsetzen der Schale auf die Aufsetzvorrichtung wirksam verhindert. Der Apparat, der aus einem Teufenzeiger in Verbindung mit einem Geschwindigkeitsmesser besteht und bei Überschreitung der zulässigen Geschwindigkeit auf elektrischem Weg die Bremse zur sofortigen Funktion bringt, wird von Siemens und Halske gebaut.

— Frank **Kirchbach** in München konstruiert ein oberschlächtiges Wasserrad mit doppeltem Schaufelkranz, das er „Hydrovolve" nennt. Durch eine eigentümliche Anordnung des Schaufelkranzes wird erreicht, daß der Radkranz bis zur vollen Hälfte des Umfanges durch das Wasser belastet wird, wodurch das Umlaufvermögen des Motors ein sehr hohes wird.

— Georg **Klebs** beweist in langjährigen Untersuchungen die Möglichkeit, bei Pflanzen die Fortpflanzung, den Entwicklungsgang und gewisse Metamorphosen der Organe experimentell durch äußere Reize zu beeinflussen. (Vgl. 1896 K.)

— Adolph **Klumpp** in Lippstadt erfindet für die Seifenfabrikation eine Kühlpresse, durch die es möglich wird, flüssige heiße Seife, wie sie vom Siedekessel kommt, durch Kaltwasserkühlung in kaum einer Viertelstunde zu fertig gepreßten, mit Stempel versehenen und versandfähigen Seifenstücken umzuwandeln, was bisher etwa zwei Wochen Zeit in Anspruch nahm.

— Ludwig **Knorr** gelingt es, nachdem schon M. Freund (1897—99) dargetan hatte, daß Morphin und Thebain in nahen Beziehungen zueinander stehen, die Brücke zwischen diesen beiden Körpern zu schlagen und dadurch wichtige Beiträge zur Frage der Konstitution des Morphins zu liefern. Diese Alkaloide sind Abkömmlinge des 3.-4.-6.-Trioxyphenanthrens. Das Problem ihrer Zusammensetzung ist bis auf die Frage, wo die stickstoffhaltige Seitenkette an den hydrierten Kern angefügt ist, gelöst.

— Robert **Koch** empfiehlt bei Malaria eine prophylaktische Chininbehandlung, welche die Malariakeime im Menschen vernichten soll. Er gibt zu diesem Zweck jeden 7. bis 8. Tag je 1 g Chininum hydrochloricum.

— Theodor **Kocher** und Julius **Gnezda** empfehlen unabhängig voneinander die von Hoffmann, Laroche & Co. unter dem Namen „Protylin" dargestellte Phosphoreiweißverbindung als wirksames Tonikum in allen Fällen, die eine Anwendung des Phosphors in leicht assimilierbarer Form indiziert erscheinen lassen. In Fällen von parenchymatöser Struma beobachtet Albert Kocher bei Anwendung dieses Mittels eine erhebliche Umfangsverkleinerung der Struma.

— Gustav **Komppa** baut synthetisch die Camphersäure auf, wodurch die Konstitution des Camphers endgültig bewiesen wird.

— F. **Krafft** lehrt die Reindarstellung von Fettglyceriden bis zum Tripalmitin durch Vakuumdestillation und stellt durch Erhitzen von Chlorhydrinen und Alkalisalzen der Fettsäuren im zugeschmolzenen Rohr Glyceride dar, die gleichzeitig auch von Guth und später auch von A. Grün (1905) synthetisch dargestellt werden. (S. a. 1843 P., 1854 B. und 1900 K.)

1903 **Kramers** und **Aarts** erzeugen Wassergas unter Verwendung von zwei Generatoren. Im ersten wird nach dem Heißblasen Wassergas bereitet, das in einem Überhitzer mit Wasserdampf gemischt wird, wodurch das Kohlenoxyd in Kohlensäure, das Wasser in Wasserstoff übergeht. Das kohlensäurehaltige Gas geht durch den zweiten Generator, in dem die Kohlensäure wieder zu Kohlenoxyd reduziert wird.

— Emil **Kraepelin** untersucht die menschliche Geistestätigkeit. Er stellt bei einer Reihe von Personen die geistigen Leistungen während einer bestimmten Periode fest und untersucht, wie weit dieselben alsdann nachlassen. Für einfachere Leistungen, wie z. B. die Lösung leichterer Rechenaufgaben, findet er zahlenmäßig darstellbare Gesetzmäßigkeiten.

— Preston **Kyes** und Hans **Sachs** gelingt es, die Verbindung des Cobratoxins mit dem Lecithin in reiner Form darzustellen und dadurch den biologischen Versuch (s. 1902 K.) auf den Boden des rein chemischen Experimentes zu stellen.

— Georges **Laudet** konstruiert nach Porter's Versuchen (s. 1893 P.) ein Megaphon, das von der Pariser Firma Gaumont & Cie. in Verbindung mit dem bekannten scheibenförmigen Phonographen in den Handel gebracht wird.

— Dem Pflanzer **Leake** in Dalsingh Serai gelingt es, die Indigopflanze auf dem Wege der Auswahl so zu veredeln, daß der Ertrag an Indigo sich stetig vergrößert, auf manchen Versuchsfeldern sich sogar verdoppelt.

— Pierre und Paul **Lebaudy** machen am 8. Mai mit dem vom Ingenieur **Julliot** gebauten Ballon „Le Jaune“, der von einem 34 HP Daimler-Mercedes-Motor getrieben wird, eine in sich geschlossene Fahrt von 37 km in 1 Stunde 36 Minuten. Es wird mit diesem Luftschiff eine größte Eigenbewegung von 11,80 m in der Sekunde erreicht. (Vgl. 1907 J.)

— Jacques **Loeb** gelingt es unter bestimmten Bedingungen, das Ei einer bestimmten Art, z. B. eines Seesterns, durch die Spermatozoen einer ganz anderen Art zu befruchten.

— J. H. **Lubbers** erfindet ein Verfahren, um mit der Glasmacherpfeife angefangene Fensterglaszylinder durch Preßluft mechanisch aus einem der Glaswanne vorgebauten, mit dem fertigen Glase angefüllten Behälter zu heben.

— Am 14. Juli wird in Skandinavien die **Luleå-Ofotenbahn,** die nördlichste Eisenbahn der Erde, dem Verkehr übergeben. Dieselbe führt in 483 km Länge von Luleå über Gellivara nach Narvik am Ofotenfjord (Atlantischer Ozean) und erschließt die mächtigen Eisenerzlager von Gellivara und Kirunavara. Narvik, das unter 68° 45′ n. Br. liegt, ist als eisfreier Hafen zum Endpunkt der Bahn gewählt worden.

— Otto **Mannesmann, Bernt** und **Cervenka** erkennen gleichzeitig und unabhängig voneinander die Notwendigkeit, bei Invert-Gasglühlichtlampen das Gaslichtgemisch in den Glühkörper mittels eines Stromes von geringerem Querschnitt, als dem des Strumpfes, zuzuführen, und die Wichtigkeit, die Sekundärluft (Verbrennungsluft) dem absteigenden Gasluftgemisch entgegenzuführen, und werden damit die Pioniere der praktischen Invertgasglühlicht-Beleuchtung. (S. 1881 C.)

— **Metschnikoff** und **Roux** gelingt die Übertragung der Syphilis vom Menschen auf anthropoide Affen und der Nachweis der Infektiosität tertiärer Syphilide.

— H. **Moissan** und J. **Dewar** gelingt es, das Fluor in festem Zustand zu erhalten, indem sie das völlig trockene Gas in eine Glasröhre einschmelzen und dieselbe in flüssigem Wasserstoff bis —252,5° C. abkühlen, wobei sich eine gelbe Flüssigkeit bildet, die allmählich zu einem weißen Körper erstarrt. Der Schmelzpunkt des festen Fluors wird zu —233° gefunden.

1903 Hans **Molisch** findet das Leuchten des Fleisches toter Schlachttiere weit verbreitet und kann als dessen Erreger in allen Fällen den Micrococcus phosphoreus Cohn isolieren.

— Fernand **Montessus de Ballore** zeigt, daß die Erdbebentätigkeit sich auf der Erde hauptsächlich in zwei Gürteln äußert, von denen der eine sich längs des Mittelmeers, von diesem zum Himalaja und über Hinterindien in den Stillen Ozean erstreckt, während der andere von Neuseeland ausgehend längs der Küsten von Asien und Amerika den Stillen Ozean umsäumt. 95 % der bisher verzeichneten 160000 Erdbeben entfallen auf diese beiden Gürtel maximaler Tätigkeit.

— Albrecht **von Mosetig-Moorhof** empfiehlt nach zahlreichen Versuchen, bei Knochenfraß und Knochenbrand nach der erfolgten Operation die Knochenhöhlung mit einer Plombe auszufüllen, die aus Jodoform, Spermaceti und Sesamöl zusammengesetzt, bei gewöhnlicher Temperatur fest ist und erst bei etwa 80° schmilzt. Mit fortschreitender Heilung wird diese Plombe allmählich aufgezehrt und durch neugebildete Knochensubstanz ersetzt.

— Wilhelm **Muthmann** und H. **Hofer** machen eine grundlegende Arbeit über die Verbrennung des Stickstoffs zu Stickoxyd in der elektrischen Flamme und tragen dadurch zur Erklärung der Vorgänge bei der technischen Gewinnung von Salpetersäure aus freiem Stickstoff bei.

— **Negri** weist durch Färbung in den Ganglienzellen wutkranker Tiere Einschlüsse nach, die er für Protozoen hält, und deren Nachweis für die Diagnose der Wuterkrankung bedeutungsvoll ist.

— Nachdem schon Warburg und Ihmori (1886) und Salvioni (s. 1902 S.) Mikrowagen angegeben hatten, konstruieren W. **Nernst** und E. H. **Riesenfeld** eine Torsionswage von sehr einfacher Konstruktion, bei der außerordentlich geringe Gewichtsmengen zum Zweck der quantitativen Analyse sehr genau bestimmt werden können.

— Carl Harko **von Noorden** stellt fest, daß in einer Reihe von schweren Diabetesfällen die Ernährung mit einem einzigen bestimmten Kohlehydratkörper wie z. B. mit Hafermehl ein Herabgehen der Glykosurie zur Folge hat, und gründet darauf die Haferkur, die einen bedeutsamen Fortschritt in der Therapie der Diabetes darstellt.

— Ann Arbor **Novy** gelingt die Kultivierung verschiedener Trypanosomenspezies auf bluthaltigem Agar.

— F. **Pampe** in Halle a. S. stellt Alkoholhydrocarbongas dar. Es wird 75 Volumprozente enthaltender Spiritus mit Kohlenwasserstoffen, wie Petroleum, Rotöl usw. in stark erhitzte Retorten eingelassen. Das gewonnene Gas hat hohe Leuchtkraft und ist billiger als Ölgas und Acetylen. Störend ist nur sein durchdringender und unangenehmer Geruch.

— **Patschke** konstruiert eine rotierende Kolben-Dampfmaschine, die von H. Wilhelmi in Mülheim a. d. Ruhr gebaut wird. Die erste Maschine dieser Art wird als Verbundmaschine gebaut und in der Riedel'schen Baumwollspinnerei in Wurzelsdorf aufgestellt. (Vgl. auch 1899 H.)

— Auguste **Pavie** gibt als Krönung der großartigen Forschungen, die er in den Jahren 1879—1895 in dem französischen Einflußgebiet der Hinterindischen Halbinsel mit seinen Gefährten angestellt hat, in einem Atlas die kartographischen Aufnahmen von Indo-China, Siam, Jünnan und Kwangtschou heraus.

— **Pfeiffer** und **Friedberger** zeigen im Anschluß an die Beobachtungen von

Aschkinass und Caspari (s. 1901 A.), daß die Radiumstrahlen Typhus-, Cholera- und Milzbrandbacillen töten. Ähnliche Versuche werden von Hoffmann mit gleichem Erfolg angestellt.

1903 A. **Pictet** und A. **Rotschy** führen die Synthese des Nicotins aus, die von der Nicotinsäure über deren Amid, das β-Aminopyridin, das Pyridylpyrrol, das Nicotyrin und das i-Nicotin erfolgt, das bei Zerlegung mittels der Tartrate ein in jeder Beziehung mit dem natürlichen Nicotin übereinstimmendes Produkt gibt.

— **Posternac** isoliert aus vielen Samen das Phytin, das beim Erhitzen mit verdünnten Mineralsäuren quantitativ in Phosphorsäure und Inosit zerfällt und als ein phosphoorganischer Reservestoff anzusehen ist, der sich in den Blättern aus Phosphaten und organischer Substanz bilden dürfte.

— W. **Ramsay** und **Soddy** beobachten, daß Radium sich in Helium umwandelt, daß also ein Element vom höchsten Atomgewicht 258 aus der Gruppe der Erdalkalimetalle in ein träges, kaum verbindungsfähiges Gas vom Atomgewicht 4 übergeht. Dewar einerseits und Ph. Curie andererseits, letzterer gestützt auf spektroskopische Versuche von Deslandres über die gereinigte Radiumemanation, bestätigen diese Beobachtung.

— Der Oberst Charles **Renard** konstruiert einen elektrischen Automobilzug, bei dem jedes einzelne Fahrzeug sich vorwärts bewegt, ohne gezogen zu werden. Der erste Wagen gibt den andern die Richtung und liefert ihnen zugleich die elektrische Kraft zur Selbstbewegung.

— Nachdem schon i. J. 1838 Richard La Nicca ein Bauprojekt zur Verbindung des Rheinthales mit der Lombardischen Ebene aufgestellt hatte, erbaut die **Rhätische Bahngesellschaft** unter der Bauleitung von F. Hennings die Albulabahn, die von Thusis bis Preda geht, von hier die rhätischen Alpen in einem Tunnel von 5866 m Länge durchbricht und von Spinas, der Endstation des Tunnels, über Bevers und Samaden nach St. Moritz führt. Die Bahn hat eine Spurweite von 1 m und gehört mit ihren zahlreichen Viadukten zu den eigenartigsten und kühnsten Bauwerken der Alpen.

— J. D. **Riedel** gelingt es, das Borneol mit der Baldriansäure zu verbinden und im Borneol-Isovaleriansäureester das natürliche aktive Prinzip der Baldrianwurzel synthetisch darzustellen. Das Präparat kommt unter dem Namen „Bornyval" in den Handel und zeigt krampfstillende, beruhigende und tonisierende Wirkungen.

— Julius **Riemer** erfindet ein Verfahren zum Verdichten von Stahlblöcken in flüssigem Zustand durch Erhitzen des verlorenen Kopfes mittels Gasstichflammen.

— Hermann **Rietschel** untersucht die in der Heizungstechnik verwendeten Isoliermaterialien auf ihren Isolierwert und findet, daß Filz und Rohseide die besten Resultate geben.

— **Riva-Rocci** konstruiert zur Blutdruckmessung ein verbessertes Sphygmomanometer (s. 1878 B. und 1900 G.). Hierbei wird der Oberarm durch einen Schlauch zirkulär komprimiert und im Moment, wo der Puls verschwindet, die Höhe des Blutdrucks am Manometer abgelesen.

— M. **von Rohr** konstruiert unter dem Namen „Verant" eine den Gullstrand'schen Bedingungen (s. 1899 G.), insbesondere der Beweglichkeit des Auges Rücksicht tragende anastigmatische und orthoskopische Linse, die für schwächere Vergrößerungen als Brille, für stärkere als Lupe ausgeführt wird.

— E. **Rutherford** und F. **Soddy** stellen die Desaggregationstheorie der radioaktiven Elemente auf, nach welcher dieselben in Verwandlung begriffene Körper sind. Die zunächst entstehende Emanation zerfällt in Emanationen anderer Art, bis schließlich eine nicht mehr radioaktive und umwandlungsfähige Substanz, das Helium, entsteht.

1903 Fritz **Schaudinn** weist darauf hin, daß die unter dem Namen „Amoeba coli" zusammengefaßten Rhizopoden zwei ganz verschiedenen, nur in ihrem vegetativen Zustand äußerlich ähnlichen, Arten angehören, und teilt die Amöben in eine harmlose und eine pathogene Art ein. Die erste, namentlich von Casagrandi und Barbagallo 1897 studierte Art nennt er „Entamoeba coli", die letztere, insbesondere von Jürgens 1902 charakterisierte Art nennt er ihrer gewebezerstörenden Fähigkeit halber „Entamoeba histolytica".

— F. **Schichau** in Elbing baut für die Eisenbahnfähre Gjedser—Warnemünde zwei Räderfähren und eine Schraubenfähre, welche letztere gleichzeitig als Eisbrecher konstruiert ist. Die Schiffe sind aus Siemens-Martinstahl gebaut, 86 m lang, 18 m breit und haben 6 bis 7 m Tiefgang. Jede der Fähren hat eine geneigt liegende Maschine mit dreistufiger Dampfspannung, die bei 45 Umdrehungen in der Minute 2500 PS entwickelt.

— Otto **Schlick** erfindet den Schiffskreisel, die gyroskopische Schlingerbremse, eine Einrichtung, welche bezweckt, die Schlinger- und Rollbewegung von Seedampfern bei mäßig stürmischem Wetter nahezu ganz zu verhindern und bei schwerem Seegang wesentlich einzuschränken. Die Theorie dieser Erfindung wird 1904 von Ed. Föppl in München gegeben.

— O. **Schlömilch** konstruiert den elektrolytischen Wellenanzeiger, bei dem eine elektrolytische Zelle unter dem Einflusse elektrischer Wellen teilweise depolarisiert wird, was sich in dem Ausschlage eines mit ihr in Verbindung stehenden Galvanometers zu erkennen gibt.

— Wilhelm **Schmidt** erfindet den Rauchrohrüberhitzer für Heißdampflokomotiven, der von Garbe als das vollkommenste Überhitzer-System bezeichnet und zuerst von Maffei für eine Tenderlokomotive der Münchener Lokalbahn verwendet wird.

— O. **Schott** in Jena konstruiert mit Hilfe der von E. Zschimmer (s. 1903 Z.) dargestellten, im Ultraviolett durchlässigen Glassorten eine Ultraviolett-Quecksilberlampe, die er „Uviollampe" nennt. Bei dieser Lampe ist es möglich, von dem im Innern der Glasröhre entstehenden kurzwelligen Licht den bei weitem größten Teil heraustreten zu lassen.

— Friedrich Wilhelm **Semmler** zeigt, daß das Rohphellandren des Eucalyptusöls hauptsächlich aus einem Ortho-Phellandren neben wenig Pseudophellandren besteht, und klärt die Konstitution dieser beiden Terpene auf.

— Friedrich Wilhelm **Semmler** zeigt, daß das Myristicin, einer der Hauptbestandteile des Muskatnuß- bez. des Muskatblütenöls, ein Allylderivat darstellt, daß dieser Körper demnach unter Zugrundelegung der von Semmler i. J. 1890 bereits dargelegten Konstitutionsaufschlüsse ein Allyl-Oxymethylen-Oxymethyl-Benzol ist.

— H. **Siedentopf** und R. **Zsigmondy** erfinden das Ultra-Mikroskop, das vermöge einer eigenartigen Anordnung der Seitenbeleuchtung und anderer Konstruktionsverbesserungen noch den millionsten Teil eines Millimeters dem menschlichen Auge sichtbar macht.

— H. **Siedentopf** und R. **Zsigmondy** zeigen, daß man mit dem Ultramikroskop noch kolloidale Goldteilchen mit einem Durchmesser von 4 $\mu\mu$ sehen kann. Damit ist man den molekularen Dimensionen sehr nahe gerückt, da der Durchmesser mittlerer Moleküle zu 0,6 $\mu\mu$ angesetzt wird.

— Max **Siegfried** erweitert die Kenntnis der Peptone, jener Umwandlungsprodukte der Eiweißstoffe, die sich im Magen unter dem Einfluß von Pepsin, im Darm unter dem Einfluß von Trypsin bilden (s. 1835 S. und 1883 K.). Er stellt in dem Glutokyrin das erste, wenigstens in einer Verbindung krystallinisch erhaltene Pepton dar, das aus je einem Molekül Arginin, Lysin, Glutaminsäure und aus zwei Molekülen Glykokoll besteht.

1903 Die Studiengesellschaft für elektrische Schnellbahnen erreicht bei ihren Versuchsfahrten, die seit 1901 auf der Militärbahn Marienfelde—Zossen bei Berlin im Gange sind, am 6. Oktober die Geschwindigkeit von 201 km und am 25. Oktober die höchste Geschwindigkeit von 208 km in der Stunde. Die elektrische Ausstattung der bei diesen Fahrten verwendeten Wagen war von **Siemens & Halske** und von der **Allgemeinen Elektricitäts-Gesellschaft** ausgeführt.

— Hermann Th. **Simon** und Max **Reich** in Göttingen benutzen die Quecksilberbogenlampen mit parallel geschaltetem Kondensator zur Erzeugung kräftiger elektrischer Wellen für drahtlose Telegraphie.

— Julius **Stoklasa** und F. **Czerny** isolieren aus der Zelle der verschiedensten Organe höherer Tiere Enzyme, die bei vollständigem Ausschluß der Wirksamkeit von Bakterien ein hervorragendes Gärungsvermögen aufweisen, und bestätigen so die von Blumenthal gewonnenen Resultate. (S. 1898 B.) Es gelingt ihnen, in den Gärungsprodukten, die mit derartig hergestellter Zymase erhalten wurden, Milchsäure nachzuweisen.

— Julius **Stoklasa** und F. **Czerny** weisen nach, daß der anaerobe Stoffwechsel der Pflanzen im wesentlichen mit der alkoholischen Gärung identisch ist. Sie isolieren, wie aus den Zellen der tierischen Organe, so auch aus Organen der höheren Pflanzen Enzyme, die der Buchner'schen Zymase ähnlich oder mit ihr identisch sind. Diese Angaben werden von Mazé in den Annalen des Instituts Pasteur von 1904 in Zweifel gezogen.

— Johann C. **Tecklenborg** in Geestemünde erbaut für die Firma F. Laeiß das Segelschiff (Fünfmastbark) „Preußen“ von 133,5 m Länge, 16,4 m größter Breite, 16,25 m Raumtiefe, mit einer Ladefähigkeit von etwa 8000 Tonnen und zwei Hilfskesseln zum Betriebe des Ankerspills, des Steuerapparats, der Dampfwinden und der Dampfpumpen. Dieselbe Firma hatte vorher schon für F. Laeiß den Segler „Potosi“ von 120,1 m Länge, 15,6 m Breite und 9,5 m Tiefe und einer Ladefähigkeit von 6150 Tonnen gebaut.

— J. M. und W. T. **Thomson** erfinden ein Verdrängungsverfahren zur Herstellung der Nitrocellulose, das darauf beruht, daß, wenn man Wasser sorgfältig auf die Oberfläche der Nitriermischung auflaufen läßt, während die Säure unten langsam abläuft, das Wasser die Säure aus den Zwischenräumen der Nitrocellulose völlig verdrängt, ohne daß Temperatursteigerung stattfindet, und ohne daß sich die Säure erheblich verdünnt.

— Auf der **Valtellinabahn** wird zum ersten Male Drehstrom, und zwar von 20000 Volt Spannung als Betriebsstrom angewendet.

— Der **Verband Deutscher Elektrotechniker** stellt Vorschriften für die Konstruktion der Sicherungselemente auf und fordert die Unverwechselbarkeit der Schmelzeinsätze.

— Paul **Villard** zeigt, daß Radium außer den von Rutherford und Brooks (s. 1900 R.) gefundenen Strahlen noch eine Strahlenart, die γ-Strahlen aussendet, die sich wie Röntgenstrahlen verhalten. Neuerdings sind von J. J. Thomson und von Slater noch als vierte Strahlenart die δ-Strahlen gefunden worden, die sich wie langsame Kathodenstrahlen verhalten.

— Otto **Walkhoff** untersucht den (s. 1856 F.) in einer Höhle des Neandertals zwischen Düsseldorf und Elberfeld aufgefundenen Neandertalschädel mit Röntgenstrahlen. Es gelingt ihm, die normale Struktur der Knochen nachzuweisen und so Virchow's Annahme, daß es sich um ein pathologisches Produkt handele, endgültig zu widerlegen.

— Edgar **Wedekind** gibt als Frucht seiner seit 1899 über die Santoningruppe gemachten Arbeiten, die wesentlich zur Klärung der Konstitution des Santonins und seiner Derivate beitragen, eine Monographie „Die Santoningruppe“ heraus. (S. a. 1882 C.)

1903 Richard **Willstätter** untersucht das Wasserstoffsuperoxyd auf seine Fähigkeit, gleich dem Wasser mit Salzen zu krystallisieren, und findet, daß Salze, die solches Krystallhydroxyd enthalten, in vielen Fällen die Persulfate und Percarbonate ersetzen können und daß sie, da sie an Äther und andere Lösungsmittel das Wasserstoffsuperoxyd leicht abgeben, bei Arbeiten über organische Chemie mit Vorteil angewendet werden können.

— Harold A. **Wilson** weist nach, daß die von einem glühenden Platindraht in verdünnter Luft abgegebene Elektrizität größtenteils dem im Platin absorbierten Wasserstoff zukommt.

— A. E. **Wright** stellt fest, daß im normalen Serum thermolabile Stoffe vorhanden sind, welche die Phagocytose vermitteln und auf die Bakterien wirken. Er nennt diese Stoffe „Opsonine“ und begründet durch die Erkenntnis des Zusammenhangs zwischen phagocytärer Kraft und Opsoningehalt des Serums die Opsoninlehre. Auf die opsonische Kraft des Serums bei der aktiven Immunisierung gründet Wright eine neue Therapie der Infektionskrankheiten.

— Martin **Ziegler** erfindet ein neues Verfahren zur Torfverkohlung in stehenden Retorten, die er, ähnlich wie das bei den neueren Koksöfen geschieht, mit den bei der Verkohlung selbst entwickelten abgehenden Gasen heizt, die zur Beseitigung des darin enthaltenen Wasserdampfes durch ein Kühlsystem geleitet werden, wobei als Nebenprodukte Teer, Ammoniak, Holzgeist und Essigsäure gewonnen werden. Die aus den Retorten fallende Kohle ist dicht und fest und für Metallarbeiten sehr gesucht, auch als Ersatz für Anthrazit in Cadé-Öfen empfehlenswert.

— E. **Zschimmer** erfindet ein Verfahren, Gläser von gesteigerter Durchlässigkeit für die ultravioletten Strahlen herzustellen (U-V. Gläser), die mit Erfolg für astrophotographische Zwecke verwendet werden. Durch Aufnahme des Sternhimmels mit Objektiven aus solchen Gläsern erhält man auf der photographischen Platte um die Hälfte Sterne mehr als mit gewöhnlichen Objektiven. Auch für das Mikroskop ist die Anwendung dieser Glasarten von Bedeutung, weil mit der Verwendbarkeit kurzwelliger Strahlen das Auflösungsvermögen der Objektive gesteigert werden kann.

— **Zuntz, Loewy, Müller** und **Caspari** konstatieren als Resultat ihrer zahlreichen Höhenexpeditionen auf den Col d'Olen, Monte Rosa usw., daß das Höhenklima einen erregenden Einfluß auf den Atmungsvorgang ausübt. Dieser Einfluß gibt sich bei Körperarbeit in stärkerem Maße und schon in geringeren Höhenlagen zu erkennen als bei Körperruhe. (Vgl. a. 1901 Z.)

1904 Carl Theodor **Albrecht** benutzt zuerst für Zeitvergleichungen bei Längenbestimmungen die drahtlose Telegraphie.

— Wilbur O. **Atwater** konstruiert unter dem Namen „Respirations-Calorimeter“ einen Apparat, der die gleichzeitige Bestimmung des Gaswechsels und der Wärmeabgabe des Organismus gestattet. Er löst mit ihm eine große Zahl wichtiger Stoffwechselfragen.

— Carl **Auer von Welsbach** stellt pyrophore Legierungen aus 50 Prozent Lanthan, 30 Prozent Neodym, Praseodym und Cer und 20 Prozent Eisen, sowie aus 60 Prozent Cer, 30 Prozent Eisen und 10 Prozent anderer seltener Erdmetalle dar, die zur Gaszündung und Lichterzeugung verwendet werden sollen. Insbesondere die letztere Legierung eignet sich zur Anwendung als Zünder für Gasglühlicht.

— Die **Badische Anilin- und Sodafabrik** isoliert das Formaldehydsulfoxylsäure-Natrium, das Einwirkungsprodukt von Formaldehyd auf Natriumhydrosulfit (s. 1902 Z.) und führt es unter dem Namen „Rongalid C" in die Praxis des Zeugdrucks und der Färberei ein.

1904 **Bäker** von der Firma F. L. Löbner konstruiert für Sprengzwecke einen Zeitzünder, der die mit dem veränderlichen Luftdruck zusammenhängende Ungleichmäßigkeit in der Brenndauer des Zünders vermeidet.

— Max **Bamberger** und Friedrich **Boeck** konstruieren einen „Pneumatogen" genannten Atmungsapparat, der darauf beruht, daß Kaliumnatriumsuperoxyd mit Wasser Sauerstoff entwickelt, und bei welchem der Gedanke verwirklicht wird, die Exhalationsprodukte nur durch trockenes Kaliumnatriumsuperoxyd unter gleichzeitiger Sauerstoffentwicklung absorbieren zu lassen. Auf der gleichen Idee beruht der fast gleichzeitig von Balthazard und Desgrez konstruierte Apparat, der jedoch seiner Größe wegen unzweckmäßig ist.

— Die Firma **Becker & Co.** in Berlin sucht die Nachteile der elektrischen Widerstandsöfen, namentlich die Gefahr des Zerreißens der Platindrähte und des Springens der isolierenden Kittmasse durch Anwendung einer lose liegenden, körnigen Widerstandsmasse, bestehend aus Graphit, Carborundum und Ton, die sie „Kryptol" nennt, zu vermeiden.

— J. **Blaas** und P. **Czermak** beobachten die „Photechie", d. h. die Fähigkeit einer Reihe von Substanzen (Papier, Holz, Stroh, Schellack, Leder, Seide, Baumwolle, Schmetterlingsflügel usw.), nachdem sie einige Zeit lang belichtet worden sind, die photographische Platte zu schwärzen. Es handelt sich nach ihrer Überzeugung um eine an die Okklusion von Ozon gebundene Wirkung. Glas ist photechisch unwirksam. Zink ist, auch ohne vorherige Belichtung, spontan photechisch. — Ähnliche Wirkungen hat bereits i. J. 1898 Max Meyer beobachtet. (S. a. 1904 R.)

— Werner **von Bolton** stellt durch elektrolytische Reduktion von weißglühender Tantalsäure oder Tantaltetroxyd im Vakuum zuerst chemisch reines Tantalium dar. Das von Berzelius (s. 1825 B.) dargestellte Tantalium war ebensowenig rein, wie das später von Moissan auf elektrischem Wege erhaltene Metall.

— Nachdem Werner **von Bolton** gezeigt hatte, daß das reine Tantalium (s. vorstehenden Artikel) sich walzen und zu dünnen Drähten ausziehen läßt, und **Feuerlein** dessen Verwendbarkeit für Glühlampen erprobt hatte, bringen **Siemens & Halske** eine neue Glühlampe mit Tantalglühfäden auf den Markt, die mit schönem weißem Licht brennt (Tantalglühlampe).

— Der Ingenieur **Bousse** in Berlin ersinnt eine Fördervorrichtung, bei welcher die Glieder des eine Kette ohne Ende bildenden Förderstranges gelenkig gekuppelte, vierrädrige kleine Eisenbahnwagen sind, die auf Schienen laufen und in dem oberen Dreieckspunkt ihres Rahmens eine Kippmulde tragen. Die Mulde entladet sich selbst, indem sie an der richtigen Stelle auf einen Anschlag trifft, der sie zum Umkippen bringt.

— **Bouveault** und **Gourmand** gelingt die künstliche Darstellung des Citronellols, indem sie den Methylester der synthetisch erhaltenen Geraniumsäure mit Natrium und Alkohol reduzieren.

— Ludolf **Brauer** wendet das Sauerbruch'sche Verfahren (s. 1904 S.) in umgekehrter Anordnung an, indem er die Innenfläche der Lunge dauernd unter Überdruck setzt und dadurch das Entstehen von Pneumothorax bei interthorakalen Operationen vermeidet (Überdruckverfahren).

— Ferdinand **Braun** macht im Anschluß an seine erste Veröffentlichung (s. 1898 B.) seine „Energieschaltung" für drahtlose Telegraphie bekannt, die es erlaubt, durch Kuppelung beliebig vieler Schwingungskreise die Intensität der elektrischen Strahlung erheblich zu steigern. Er gibt ferner

65*

zu demselben Zweck eine Methode an, die Länge des auslösenden Funkens stark zu vergrößern, ohne daß derselbe seine Aktivität einbüßt.

1904 Johann **Brotan**, Oberingenieur der Österreichischen Staatsbahnen, konstruiert einen Lokomotivkessel mit Wasserrohr, Feuerbüchse und Dampfsammler, der sich auf den österreichischen und ungarischen Bahnen bewährt und mit welchem auch die preußische Staatsbahnverwaltung Versuche anstellt.

— Eduard **Buchner** und Jakob **Meisenheimer** gelingt es, bei der Zuckergärung durch Preßsaft aus Bierunterhefe Milchsäure nachzuweisen, die wahrscheinlich als Zwischenprodukt bei der Spaltung des Zuckers in Alkohol und Kohlendioxyd aufzufassen ist. (S. a. 1903 S.)

— Russel Henry **Chittenden** weist durch exakte Stoffwechselbestimmungen an größeren Gruppen von Versuchspersonen nach, daß Stoffgleichgewicht bei einer viel geringeren Zufuhr von Nahrung, insbesondere von Eiweiß, bestehen kann, als bis dahin angenommen wurde.

— E. **Chrystal** in Edinburg bearbeitet die Seiches nnd stellt eine Theorie auf, mit deren Hilfe man die Periodendauer der einzelnen Schwingungsformen und die Lage der Knotenlinien im voraus an allen Seen berechnen kann, deren morphometrische Verhältnisse genügend bekannt sind. Die 1904 von Endrös publizierten Resultate seiner Untersuchungen an den Seen des Salzkammergutes bestätigen im ganzen die Richtigkeit der Chrystal'schen Theorie. (Vgl. auch 1904 E.)

— Max **Cloëtta** gelingt es, ein lösliches Digitoxin herzustellen, das unter dem Namen „Digalen“ von Hoffmann und La Roche in Basel in den Handel gebracht wird und weniger lokal reizt als andere Digitalispräparate.

— William Weber **Coblentz** an der Cornell University zu Ithaca findet, daß das Spektrum krystallwasserhaltiger Körper die von E. Aschkinaß 1895 beschriebenen ultraroten Absorptionsbanden des Wassers aufweist, während das Spektrum konstitutionswasserhaltiger Stoffe diese Banden nicht zeigt.

— Der Chefingenieur der italienischen Kriegsmarine **Cuniberti** steigert bei den Linienschiffen der Vittorio-Emanuele-Klasse die Geschwindigkeit (bis dahin bei den größten Panzern höchstens 19 Knoten) auf 22 Knoten. Die Maschinenstärke dieser Schiffe beträgt 20000 Pferdekräfte, ihr Kohlenverbrauch in der Stunde 30 t, ihr Gesamtkohlenfassungsvermögen ist 2000 t. Cuniberti führt auf den italienischen Kriegsschiffen die Massutfeuerung ein. (S. a. 1862 B.)

— Leo **Daft** gibt eine telephonische Methode an, um mit Hilfe der Elektrizität Metalladern aufzufinden.

— Albert **Dahms** gelingt es, die ultraroten Strahlen des Spektrums sichtbar zu machen, indem er ihre Fähigkeit benutzt, das Nachleuchten der Sidotblende nach sehr kurzer Verstärkung zum raschen Abklingen zu bringen.

— **De Gasparis** in Neapel konstruiert für die Beobachtung kleiner Tiere ein Mikroskop mit sehr großer Brennweite, welches selbst bei einer Entfernung von 30 cm noch 12fache Vergrößerung ermöglicht. Das Instrument wird unter dem Namen „Bioskop“ von der Firma Cantaldi in Neapel in den Handel gebracht.

— **De Waele, Sugg** und **Vandevelde** desinfizieren die Kindermilch mit Wasserstoffsuperoxyd und fügen, nachdem die keimtötende Wirkung dieses Körpers vollendet ist, Blut, das in destilliertem Wasser gelöst und keimfrei filtriert ist, hinzu. Das Blut wirkt als Katalysator und bringt das Wasserstoffsuperoxyd zum Zerfall. Von 1905 an verwenden sie statt des Blutes einen von Senter 1903 aus dem farblosen Blutserum hergestellten Katalysator.

— **Didier** in Xertigny erfindet die Pinatypie, ein photographisches Kopierverfahren, welches auf dem verschiedenen Verhalten belichteter und unbelichteter Bichromatgelatine gegen wässerige Farblösungen beruht. Die Pinatypie dient u. a. als Kopierverfahren für die Dreifarbenphotographie.

1904 **Drehschmidt** berichtet über die Ergebnisse von Probevergasungen, die mit 68 westfälischen, schlesischen und englischen Kohlensorten in den Berliner städtischen Gaswerken ausgeführt worden sind, und bei welchen die Ausbeuten an Gas, Koks, Teer, Wasser, Ammoniak, Cyan berücksichtigt sind. Diese Untersuchungen geben namentlich auch über die Verteilung des Stickstoffs und über die Vergasungsbedingungen Aufschluß.

— Christian **Eberle** in München erzielt bei Betrieben, die, wie Brauereien, Papierfabriken u. dgl., gleichzeitig auf Kraft- und auf Wärmeversorgung angewiesen sind, durch seine die Verwendung des Abdampfs umfassenden Dampfanlagen große Erfolge in der Wärmeausnutzung.

— Felix **Ehrlich** erhält ein dem Leucin ähnliches Eiweißprodukt aus der Melassenschlempe und findet das gleiche Produkt, das er „Isoleucin" nennt und das α-Aminomethyläthylpropionsäure ist, auch in pflanzlichen und tierischen Proteinen.

— Paul **Ehrlich** und Kiyoshi **Shiga** finden das Trypanrot, das Kombinationsprodukt aus diazotierter Benzidinmonosulfosäure und Beta-Naphtylamindisulfosäure, das im Tierversuch, besonders in Kombination mit Arsen, wie es Laveran angibt, gegen verschiedene Trypanosomaarten Heilerfolge aufweist.

— Die Firma Siemens & Halske führt eine von Willem **Einthoven** angegebene Konstruktion zur Kompaßübertragung aus. Das System beruht auf dem bolometrischen Prinzip. Die Rose des Geberinstrumentes hat ein Glimmerfenster, das 90° umfaßt und zwischen einer Glühlampe und einem Gitter aus 200 radialen Platinstreifen angeordnet ist. Lampe und Gitter stehen fest. Das Gittersystem zerfällt in vier Quadranten; je zwei gegenüberliegende Quadranten bilden einen Zweig einer Wheatstoneschaltung. Je nach der Stellung der Rose zu Lampe und Platinstreifen ändert sich der Brückenwiderstand. Der resultierende Strom bewirkt am Empfangsapparat die entsprechende Einstellung einer zweiten Rose.

— Der Ingenieur **Elfström** in Umeå verbessert die Trockendestillation des Holzes mit überhitzten Dämpfen (s. 1851 V.), wobei außer Holzkohle Teer und Terpentinöl, und zwar in weit größerer Reinheit als bei den bisherigen Destillationsanlagen, gewonnen werden.

— **Endrös** in Traunstein und Philipp **Schnitzlein** in München leisten Hervorragendes in der Erforschung der Seiches und konstruieren unabhängig voneinander Limnimeter, die zur Aufnahme des Wasserstandes dem Sarasin'schen Instrument weit überlegen sind und selbst kurz andauernde Schwankungen genau angeben. (Vgl. 1879 S.)

— In dem neuen Botanischen Garten zu Dahlem bei Berlin wird durch Adolf **Engler** zum erstenmal die geographische Verbreitung der Pflanzen und ihr Gemeinschaftsleben in großer Ausdehnung zur Anschauung gebracht.

— **Ewing** und **Walter** erfinden einen magnetischen Detector für elektrische Wellen, der quantitative Angaben macht.

— **Fourneau** entdeckt bei einer Reihe von Substanzen der Gruppe der Amidoalkohole örtlich anästhesierende Eigenschaften und lenkt die Aufmerksamkeit speziell auf das α-Dimethylamin-β-Benzoylpentanolchlorhydrat, das Billon unter dem Namen „Stovain" als Cocainersatz in den Handel bringt.

— Der Chefingenieur der Schiffswerft Blohm & Voß in Hamburg, **Frahm**, erfindet einen auf Resonanz beruhenden Geschwindigkeitsmesser.

— Nachdem Jean **Friedel** zuerst an Glycerinextrakt aus Spinatblättern eine Kohlensäureassimilation außerhalb der Pflanze beobachtet hatte, gelingt es Hans **Molisch** mittels der Leuchtbakterienmethode zu erweisen, daß der aus frischen Laubblättern verschiedener Pflanzen durch Verreiben mit Wasser gewonnene Saft von grüner Farbe die Fähigkeit hat, Kohlensäure zu assimilieren.

1904 Hans **Friedenthal** und Eduard **Salm** bestimmen den Wasserstoff-Ionengehalt von Lösungen mit Hilfe von Farbindikatoren.

— G. **Fuchs** und E. **Schulze** führen das Bromdiäthylacetamid unter dem Namen „Neuronal" in den Arzneischatz ein. Das Mittel wird bei Epilepsie und als Schlafmittel angewendet.

— **Gasparini** empfiehlt als einfachste Methode zur Zerstörung organischer Substanzen, auch für forensische Zwecke (z. B. zum Nachweis metallischer Gifte in Leichenteilen), die elektrolytische Oxydation.

— James A. **Gayley** erfindet ein Verfahren zur Anwendung von Trockenluft in der Herstellung von Eisen. Er löst das Problem, die Luft zu trocknen in der Weise, daß er der zu den Düsen geführten Luft in einer eingeschalteten Kammer durch Abkühlen mit wasserfreiem Ammoniak die Feuchtigkeit entzieht. Bei den Isabella-Hochöfen der Carnegie Steel Co. in Pittsburg stellt sich durch diese Methode die tägliche Roheisenproduktion auf 447 t bei 1726 lbs Koks gegen frühere 358 t bei 2147 lbs Koks pro Tag.

— **Giemsa** modifiziert die Romanowsky-Färbung (s. 1890 R.), indem er Methylenazur und Eosin in einer einzigen haltbaren Lösung verwendet und die Reaktion nicht nur bei Malariaparasiten, sondern auch bei anderen Protozoen und bei Spirochaeten verwertet.

— J. M. **Gledhill** in New York führt ein neues Verfahren zum Härten von Werkzeugstahl mit Hilfe des elektrischen Stromes ein, das darin besteht, daß in eine Stromleitung ein Trog mit einer Lösung von kohlensaurem Kali eingeschaltet und das zu härtende Werkzeug ebenfalls mit der Leitung verbunden wird. Wird durch Eintauchen des Werkzeugs in die Lösung der Strom geschlossen, so wird das Werkzeug stark erhitzt und nach Abstellen des Stroms durch die Flüssigkeit ohne weiteres gehärtet.

— **Graßberger** und **Schattenfroh** empfehlen an Stelle der Arloing'schen Schutzimpfung gegen den Rauschbrand die Einimpfung eines antitoxinhaltigen Serums, das sie von Rindern gewinnen, denen die von den Bacillen erzeugten Toxine eingeimpft werden.

— Roy D. **Hall** findet im Chlorschwefel (S_2Cl_2) ein Mittel, wasserfreie Chloride darzustellen. Diese bilden sich, wenn die Oxyde von Wolfram, Molybdän, Vanadium, Eisen, Chrom, Aluminium, sowie Zirkonerde, Titan-, Niob- oder Tantalsäure mehrere Stunden in Chlorschwefel auf ca. 200° erhitzt werden. (Siliciumdioxyd und Bortrioxyd bleiben unangegriffen zurück.) Die Methode eignet sich sowohl für präparative, als auch für quantitativ analytische Zwecke. Sie wird 1904 von C. Matignon und F. Bourion noch insofern modifiziert, als sie über das betreffende erhitzte Oxyd einen mit Chlorschwefel beladenen Chlorstrom leiten, und wird von diesen Forschern auch zur Umwandlung von Sulfaten in Chloride verwendet.

— Carl **Harries** entdeckt Verbindungen des Ozons mit ungesättigten Kohlenwasserstoffen, die er Ozonide nennt und die Körper von hohem Oxydationsvermögen darstellen, welche bei Einwirkung von Wasser in Wasserstoffsuperoxyd und Oxydationsprodukte des organischen Körpers zerfallen. Diese Reaktion bedeutet die bisher noch nicht bekannte Überführung des Ozons in Wasserstoffsuperoxyd.

— **Heineke** weist die besondere Empfindlichkeit des lymphatischen Systems (Milz, Knochenmark, weiße Blutkörperchen, Lymphdrüsen) für Röntgenstrahlen durch Tierversuche nach.

— Gustav **Hellmann** konstruiert den ersten mechanisch registrierenden Schneemesser.

1904 Konrad **Helly** macht wichtige Untersuchungen über die weißen Blutkörperchen, die er in einer Arbeit „Morphologie der Exsudatzellen und zur Spezifität der weißen Blutkörperchen" veröffentlicht.

— W. C. **Heraeus** konstruiert ein Thermoelement, dessen Schenkel aus reinem Iridium und aus einer Legierung von reinem Iridium mit 10 Prozent reinem Ruthenium bestehen. Der Schmelzpunkt dieses Elementes liegt über 2100°, so daß es zu Messungen aller Temperaturen unter dieser Grenze verwendet werden kann.

— Hugo **Hergesell,** Präsident der Internationalen Kommission für wissenschaftliche Luftschifffahrt macht in größerem Umfang von der von Rotch (s. 1901 R.) ersonnenen Methode, Registrierballons über dem freien Meere emporsteigen zu lassen, Gebrauch und sendet solche Ballons von der Jacht des Fürsten Albert von Monaco empor.

— Die **Hotchkiss Ordnance Company** in London läßt sich eine Verschlußautomatik für Rohrrücklaufgeschütze patentieren. Nach dem Vorgang der automatischen Maschinengewehre (s. 1883 M.) erfolgt hier nach Abfeuerung des ersten Schusses die gesamte weitere Feuerabgabe völlig selbsttätig, ohne Mitwirkung der Geschützbedienung.

— Der **Internationale Elektrotechniker-Kongreß** nimmt den Arbeitswert der Wärmeeinheit zu 427 mkg an.

— A. **Jaquerod** und F. **Louis Perrot** beobachten, daß Helium bei hohen Temperaturen durch Quarz hindurchdiffundiert.

— Walter **Kaufmann** konstruiert, von dem Prinzip der Archimedischen Spirale ausgehend, eine sehr leistungsfähige Quecksilberrotationsluftpumpe. Auch von Gaede (s. 1905 G.) und den Siemens-Schuckertwerken (1905) werden Quecksilberrotationsluftpumpen konstruiert.

— Nachdem frühere Kartoffellegemaschinen, worunter auch der Aspinwall-Kartoffelpflanzer, sich nicht bewährt hatten, bringen Franz **Kohser & Co.** in Greifenhagen und M. **Steinberg** in Charlottenburg gleichzeitig Maschinen zum Legen der Kartoffeln in den Handel, die, wenn sie auch das schwierige Problem noch nicht vollständig lösen, sich doch als brauchbar erweisen. Beide Maschinen tragen Schare, welche die gelegten Kartoffeln sofort mit Erde bedecken.

— Der **Köln-Müsener Bergwerksverein** zu Creuzthal i. W. erfindet ein neues Eisenschmelzverfahren (Sauerstoff-Schmelzverfahren). Die Methode besteht darin, daß das zu schmelzende Material an einem Punkte auf irgend eine Weise, z. B. mit der Knallgasflamme, bis zur Entzündungstemperatur seiner brennbaren Bestandteile erhitzt und sodann Sauerstoff unter einem Druck von etwa 30 Atmosphären dagegen gepreßt wird. Die lokale Verbrennungswärme im konzentriertem Sauerstoffstrom ist so enorm, daß die Nachbarteile augenblicklich flüssig werden. Das Verfahren dient dazu, im Hochofenbetrieb die zugelaufenen Blasformen und festgewordenen Stichlöcher schnell zu öffnen, Eisenkonstruktionen zu demontieren usw.

— Ernst **König**, Chemiker der Höchster Farbwerke, findet, daß Leukobasen, in Kollodium eingebettet, bei kurzer Belichtung schon brauchbare Bilder geben und daß Zusätze von geringen Spuren von Chinolin und Nitromannit die Lichtempfindlichkeit so stark steigern, daß Belichtungen von 20 bis 30 Sekunden genügen, um je nach der Wahl der Leukobasen intensiv gefärbte rote, gelbe, grüne oder blaue Bilder zu erhalten. Als bestes Fixiermittel stellt sich Monochloressigsäure heraus. Das Verfahren erhält den Namen „Pinachromie".

— W. **König** findet eine neue vom Pyridin abgeleitete Klasse von Farbstoffen, die aus Pyridin, Bromcyan und aromatischen Aminen entstehen. Der einfachste Repräsentant dieser Substanzen wird aus Anilin, Pyridin und Bromcyan hergestellt. Ähnliche Farbstoffe werden fast gleichzeitig auch von Th. Zincke erhalten.

1904 Richard **Küch** verbessert die Quecksilberlampe (vgl. 1896 A.), indem er zur Leuchtröhre Quarzglas verwendet, wodurch er das Springen der Röhre vermeidet, dem Quecksilberlichtbogen eine wesentlich höhere Temperatur und der Lampe eine größere Ökonomie geben kann. Die Quecksilberlampe wird in dieser Form von C. W. Heraeus in Hanau ausgeführt und oft mit dessen Namen bezeichnet.

— Friedrich **Küstner** bestimmt zum ersten Male auf spektrographischem Wege die Sonnenparallaxe.

— Albert **Ladenburg** beweist durch Spaltung des Stilbazolins die Existenz eines dreiwertigen asymmetrischen Stickstoffs.

— Der amerikanische Ingenieur **Langston** konstruiert einen schalenförmigen Schiffsanker, der in der Mitte durchbohrt und mittels einer Schlauchleitung mit dem Schiffe verbunden ist, so daß mittels eines Wasserstrahls der Meeresboden unter der Ankerschale aufgelockert werden kann, wodurch sich dieselbe immer tiefer in den Grund senkt. Der Langston-Anker eignet sich namentlich für permanente Verankerungen, z. B. von Feuerschiffen. Zum Ankerlichten wird die Schale mit Hilfe einer besonderen Vorrichtung umgeklappt.

— Oskar **Lassar** konstruiert die Vielfachnadel, einen hammerartigen Apparat, an dessen Ende ein Bündel von etwa vierzig feinen vergoldeten Platinspitzen befestigt ist. Der Apparat dient zur Zerstörung der durchscheinenden Kapillar- und Venenstämmchen, welche die „rote Nase" bedingen und bringt meist in kurzer Zeit diese lästige Erscheinung ohne jede Spur oder Narbe zur normalen Farbe zurück.

— Gustaf **de Laval** gibt ein Verfahren zur ununterbrochenen Destillation von Zink in elektrischen Strahlungsöfen an, das gestattet, bleihaltige Zinkerze zu verwenden, was bisher unmöglich war, da die aus solchen Erzen gebildete Beschickung schmolz und zur Destillation ungeeignet wurde (Laval'sche Zinkschmelzmethode).

— Alphonse **Laveran** erweist die Identität des von Castellani (s. 1903 C.) und des von Dutton und Forde (s. 1901 D.) gefundenen Trypanosomas, wodurch wahrscheinlich wird, daß die Schlafkrankheit das Endstadium einer lange bestehenden allgemeinen Trypanosoma-Infektion ist.

— **Laveran** und **Mesnil** geben in ihrem Buche „Trypanosomes et Trypanosomiases" eine Zusammenstellung der verschiedenen Trypanosomkrankheiten und deren Erreger, von denen namentlich die folgenden interessieren:

				entdeckt	von
Schlafkrankheit	— Erreger	Trypanosoma	Gambiense	1901	Dutton u. Forde
		„	Ugandae	1903	Castellani
Rattentrypanosom	— „	„	Lewisi	1878	Lewis
Galzinkte	— „	„	Theileri	1902	Theiler
Mal de caderas	— „	„	Elmassiani	1905	Koch
Tsetsekrankheit (Nagana)	— „	„	Brucei	1895	Bruce
Surra	— „	„	Evansi	1880	Evans
Kala-azar	— „	Involutionsformen von Trypanosomen		1903	Leishman Donovan.

(Vgl. 1901 D, 1903 C, 1905 K.)

— Otto **Lehmann** legt seine Erfahrungen und Ansichten über die krystallinisch-flüssigen Substanzen in seinem Buche „Flüssige Krystalle, sowie Plastizität im allgemeinen, molekulare Umlagerungen und Aggregatszustandsänderungen" nieder.

1904 P. **Lenard** und V. **Klatt** machen umfangreiche Versuche über die Phosphorescenz und zeigen, daß die Kalkphosphore, um die Eigenschaft des Leuchtens zu erhalten, des Zusatzes eines Metalls bedürfen. Die größten Lichtmengen geben Mangan, Kupfer und Wismut. Die beiden Forscher stellen fest, daß bei höherer Temperatur und durch Druck die Phosphorescenzfähigkeit aufhört.

— C. S. **London** veröffentlicht seine Versuche über die Wirkung der Emanation auf lebende Wesen und Fermente.

— **Mallory** findet in der Haut Scharlachkranker protozoenähnliche Gebilde. Nach neueren Forschungen hat Michael Döring 1625 die erste gute Beschreibung des Scharlachs geliefert, die 1628 von Daniel Sennert publiziert wurde. Der Name „Scarlatina" war der Krankheit 1676 von Sydenham gegeben worden.

— **Marignani** gelingt es, die letzten Reste von Luft aus den Glühlampen dadurch zu entfernen, daß er, anstatt die Luft aus der Birne herauszusaugen, Dämpfe in die Birne hineintreibt, die sich damit zu festen Substanzen verdichten. Er erreicht dieses Ziel durch Eintreiben von etwas Phosphordampf (Marignaniverfahren).

— Der Kapitän Adolf **Mensing** in Berlin baut einen Stromrichtungsanzeiger, um an Deck die Meeresströmungen zu beobachten. Zu diesem Zwecke ordnet er unter der Rose des Schiffskompasses auf einer Ebonitscheibe eine Reihe voneinander isolierter und hintereinander geschalteter elektrischer Widerstände an, von denen, je nach der Stellung des durch eine Wasserfahne in die Stromrichtung gebrachten Instrumentes gegenüber der Rose, mehr oder weniger in den Stromkreis einer Batterie eingeschaltet werden. Die Messung dieses Widerstandes in der Telephonmeßbrücke gestattet dann die Bestimmung der Stromrichtung.

— Johann von Radecki **Mikulicz** und **Miyake** zeigen, daß es gelingt, durch subkutane Nucleinsäureinjektion die Widerstandsfähigkeit des Peritoneum so weit zu erhöhen, daß ein selbst reichlicher Kotaustritt in die Bauchhöhle ohne Schaden ertragen wird, während sonst fast ausnahmslos eine akute, rasch tödlich endende Peritonitis die Folge ist. Es wird dabei eine reichliche Hyperleukocytose im Blut beobachtet. (Vgl. auch 1892 J.)

— Mac Farlane **Moore** gelingt es, das in evakuierten Geißler'schen Röhren auftretende Luminescenz-Licht in den Dienst des täglichen Lebens zu stellen, indem er die Konstanthaltung des Luftdrucks im Rohre durch eine sinnreiche und einfache elektromagnetische Regelung bewirkt.

— Carl **Neuberg** weist nach, daß die Wirkung der Radiumstrahlen auf maligne Tumoren auf fermentativen Prozessen beruht.

— Carl **Neuberg** und Ernst **Neimann** stellen kolloidale Bariumsalze dar und konstatieren, daß die Toxizität dieser Salze dreimal so gering ist, wie die gewöhnlicher Bariumsalze.

— F. **Neufeld** und W. **Rimpau** entdecken in Immunseris thermostabile Stoffe, die in Übereinstimmung mit früheren Angaben von Denys und Leclef (s. 1895 D.) auf die Bakterien in der Weise wirken, daß letztere von den Phagocyten aufgenommen werden. Sie nennen diese Immunkörper „Bakteriotrope Stoffe" und führen auf ihr Vorhandensein die Wirkung gewisser antibakterieller Immunsera zurück.

— **Nichols** und **Merrith** setzen die Untersuchungen über den Zusammenhang von Fluorescenz und chemischer Konstitution (s. 1897 M.) fort und suchen festzustellen, welche Gruppen in die Moleküle von luminescenzfähigen Stoffen eingeführt diesen Stoffen Fluorescenz verleihen. Ähnliche Untersuchungen werden von Hugo Kauffmann und Grombach (1905) angestellt, welche die betreffenden Gruppen mit dem Namen „Fluorogene Gruppen“ belegen.

1904 Albrecht **Penck** legt dem VIII. Internationalen Geographenkongreß in Washington drei große Kartenwerke vor, welche im großen und ganzen nach den für die einheitliche Erdkarte 1:1000000 (s. 1891 P.) vorgeschlagenen Grundsätzen bearbeitet sind. Es sind dies eine Serie von Karten von China, der Mandschurei, Korea und Japan, die vom französischen Service géographique de l'Armée herausgegeben sind, eine Karte von Ostchina von der Königlichen Preußischen Landesaufnahme in Berlin, und eine Karte von Afrika von der Intelligence Division of the War Office in London, sowie eine Karte von Indien, deren Plan Oberst Gore entwickelt hat.

— W. H. **Perkin** jr. führt den aus aliphatischen Körpern entstehenden δ-Ketohexahydrobenzoeester durch Umsetzung mit Methylmagnesiumjodid nach Grignard, indirekte Wasserabspaltung und nochmalige Behandlung mit Methylmagnesiumjodid in zwei isomere Terpineole, nämlich das bekannte Terpineol und ein Isoterpineol über.

— Charles Dillon **Perrine** entdeckt auf der Lick-Sternwarte den 6. Trabanten des Jupiter, der die Helligkeit eines Sternes 14. Größe hat.

— Alexander **Pflüger** zeigt durch Versuche mit einer Rubens'schen Thermosäule (s. 1897 R.), daß auch die ultravioletten Strahlen des Spektrums hinsichtlich ihrer Wärmewirkung erforscht werden können.

— Eduard **Pflüger** stellt in seiner Abhandlung „Über die im tierischen Körper sich vollziehende Bildung von Zucker aus Eiweiß und Fett“ alle bisherigen Versuche zusammen, sichtet dieselben kritisch und beweist mit voller Klarheit, daß das Problem der Bildung von Zucker aus Fett in einwandfreier Weise bis jetzt noch nicht gelöst ist. (Vgl. dagegen für die Pflanzenzellen 1859 S.) Er zeigt ferner durch genaue Berechnung, daß auch die von Pettenkofer und Voit (s. 1871 P.) aufgestellte Ansicht der Bildung von Fett aus Eiweiß irrtümlich ist.

— Die **Phoenix Bridge Co.** beginnt den Bau der Brücke über den Lorenzstrom bei Quebec, deren 548 m weite Mittelöffnung die größte Spannweite aller bisher erbauten Brücken hat. An die Mittelöffnung schließen sich zu beiden Seiten Öffnungen von 152 und 64 m Weite an, so daß die Brücke eine Gesamtlänge von 980 m erhält. Die Unterkante des Oberbaus liegt 45 m über dem Wasserspiegel.

— W. **von Pittler** gelingt es, in seiner „Universal-Rundlaufmaschine“ ein Kapselwerk zu schaffen, das die praktischen Anforderungen in vollkommener Weise erfüllt und als Hochdruckpumpe für Flüssigkeiten, als hydraulischer Motor, Kompressor, Vakuumpumpe, Luftmotor, rotierende Dampfmaschine und Flüssigkeitsmesser dienen kann.

— J. **Pohlig** in Köln-Zollstock verbessert den Lürmann'schen Gichtaufzug. (S. 1902 L.) Das Material wird in großen Fördergefäßen gehoben, welche auf den Ofen aufgesetzt werden und durch Senken des Bodens ein direktes Hinabgleiten des Möllers ermöglichen; für die Betätigung des Aufzuges ist ein Motorwagen vorgesehen, welcher auf dem Obergurt des Aufzugsgerüstes aufwärts und abwärts fährt, wobei er unter Benutzung einer Zahnstange die Last hebt und senkt.

— Paul **Rohland** zeigt, daß das Faulen der Porzellanerde, welches man zur Erhöhung der Plastizität in feuchten Kellern vor sich gehen läßt, und das bei den Chinesen schon seit langer Zeit gebräuchlich ist, ein kolloidaler Vorgang ist.

— **Rosenberg** konstruiert eine Beleuchtung für Eisenbahnwagen, bei welcher das vorgesteckte Ziel: „größte Einfachheit und möglichste Vermeidung aller automatischen Schalter und Regulierungsvorrichtungen" durch die eigenartige Anordnung der Dynamomaschine, bei der Haupt- und Hilfsmaschine vereinigt sind, erreicht wird. Er nennt diese Einrichtung, die von der Allgemeinen Elektricitäts-Gesellschaft als Einzelwagenbeleuchtung und Zugbeleuchtung ausgeführt wird, „zweiphasige Gleichstrommaschine".

1904 Ernst **Ruhmer** konstruiert eine Röntgen-Meßröhre zur Bestimmung und dauernden Kontrolle der Betriebsstromstärke bei Röntgenröhren.

— William J. **Russell** beobachtet, daß auch ohne vorherige Belichtung verschiedene Metalle und Hölzer im Dunkeln ihr Bild auf der photographischen Platte entstehen lassen. Besonders das Holz der Koniferen stellt sich als sehr aktiv heraus. Auch Molisch berichtet von photographischen Bildern von Hölzern, die ohne jede Mitwirkung des Lichts erhalten werden. (Vgl. a. 1904 B.) Kahlbaum benennt diese Erscheinung Aktinoautographie.

— Rudolf **Salzwedel** führt den Alkoholverband in die Behandlung chirurgischer Krankheiten ein. Dieser Verband wird wie die Prießnitz'schen Umschläge (s. 1830 P.), nur mit dem Unterschiede angewendet, daß man das Wasser durch Spiritus ersetzt. Er wird von der chemischen Fabrik Helfenberg unter dem Namen „Duralkoholverband" vertrieben.

— **Sauerbruch** gibt eine Methode zur Ausschaltung des Pneumothorax bei intrathorakalen Operationen an. Er nimmt die ganze Operation in einer luftdicht abgeschlossenen Kammer unter einem negativen Druck vor, der dem normalen Pleuradruck entspricht (Sauerbruch'sches Unterdruckverfahren in der Operationskammer).

— Alfred **Schittenhelm** konstatiert, daß die Umwandlung der Purinbasen in Harnsäure im Organismus unter dem Einfluß von einem sauerstoffübertragenden Ferment vor sich geht, das die Nucleinproteide zerlegt. Er isoliert dieses Ferment und nennt es Oxydase.

— E. **Schütt** untersucht die Oberflächenspannung von Flüssigkeiten und arbeitet namentlich auch über die Entstehung des zähen Häutchens, das sich an der Oberfläche der Flüssigkeiten bildet, dem Ein- oder Austreten, leichter Körper einen deutlichen Widerstand entgegensetzt und das von sehr geringer Dicke ist (nach Angaben von Steven bis herab zu 115 Millionstel Millimeter).

— Im Anschluß an die Arbeiten von Bodländer (s. 1893 B.) und Bredig (s. 1898 B.) macht Graf Botho **Schwerin** Versuche, die elektrische Endosmose nutzbringend zu verwerten. Er füllt Aufschlämmungen von Torf in Bleitöpfe und senkt als Anode Zinkzylinder in die Suspension ein, während die Bleitöpfe als Kathode dienen. Nach Einleiten des Stromes klärt sich die Flüssigkeit an der Kathode, während die Anode sich mit einer ziemlich trocknen Masse bedeckt, die so stark haftet, daß sie leicht mit dem Zinkzylinder aus dem Bade gehoben werden kann. Ob sich hierauf ein rationelles Torftrocknungsverfahren aufbauen kann, wird vom Kostenpunkt abhängen.

— Nicolaus **Senn** führt die Röntgentherapie der Leukämie ein. In einer großen Anzahl von Fällen gelingt es, durch Bestrahlung der Milz und einiger Knochen eine rapide Abnahme der Leukocyten und ein fast völliges Verschwinden der pathologischen Leukocytenform, sowie eine Abnahme der Milz- und Drüsenschwellungen zu erzielen, doch sind die Akten über diese Behandlung noch nicht geschlossen.

— Nachdem infolge der Nadar'schen Versuche (s. 1859 N.) im Kriege von 1870/71 die Pariser ohne wesentlichen Erfolg versucht hatten, die Photographie vom Luftballon aus nutzbar zu machen und dann Shadbolt und Gaston Tissandier erfolgreiche Ballonaufnahmen gemacht hatten, bildet der

Schweizer **Spelterini** die Ballonphotographie in glänzendster Weise, namentlich zur Aufnahme der Alpenwelt aus.

1904 Der amerikanische Ingenieur **Spencer-Miller** konstruiert einen Apparat zur Kohlenversorgung von Kriegsschiffen während der Fahrt, der im wesentlichen aus einer Stahlseilbahn besteht, die zwischen den Masten des Kohlenschiffes und des zu bekohlenden Kriegsschiffes läuft. Bei vorläufigen Versuchen leistet der Apparat eine Förderung bis 40 t Kohlen in der Stunde bei bewegter See.

— Charles Proteus **Steinmetz,** Betriebsleiter der General Electric Company in Schenectady erfindet eine Bogenlampe, deren positiver Pol aus einem sichelförmigen Kupferstück besteht, das gar nicht angegriffen wird, während der negative Pol aus einem kleinen eisernen Röhrchen besteht, das mit Magneteisenstücken gefüllt ist. Zwischen beiden Polen bildet sich ein Flammenbogen aus, dessen Aureole aus glühenden Eisendämpfen besteht und ein dem Tageslicht ähnliches Licht gibt.

— Bei ihren Arbeiten über den Antimonwasserstoff machen Alfred **Stock** und Oskar **Guttmann** die Beobachtung, daß aus flüssigem Antimonwasserstoff beim Einleiten von Sauerstoff bei niedrigen Temperaturen eine gelbe flockige Substanz ausfällt, die sich beim Erwärmen in schwarzes Antimon umwandelt und somit eine besondere Modifikation des Antimons „gelbes Antimon“ als Analogon zum „gelben Arsen“ (vgl. 1867 B.) darstellt.

— **Stockhausen** und **Traiser** in Krefeld stellen eine Seife aus einem aus Ricinusöl dargestellten Sulfooleat und aus Natronlauge her, die unter dem Namen „Monopolseife“ in den Handel kommt und zum Weichmachen der Appretur und Schlichte dient. Diese Seife wird durch Zusatz von Metallsalzen in wässeriger Lösung nicht, oder nur unvollkommen, zersetzt.

— L. **Stöcklin** gelingt es, die nach einem Verfahren von Julius Meyer löslich gemachten Gummiarten, die bisher in der Appretur nicht verwendet werden konnten, weil sie sich beim Kochen mit Dampf bräunten, durch Chlor so zu entfärben, daß sie in der Seiden- und Halbseidenappretur gute Dienste leisten.

— Friedrich **Stolz** stellt durch Abbau die Konstitution des Adrenalins fest und stellt auf synthetischem Wege verschiedene Alkylaminoacetobrenzcatechine dar, die nach Untersuchungen von H. Meyer in Marburg qualitativ fast dieselbe physiologische Wirkung zeigen wie das Adrenalin. Durch Reduktion dieser Brenzcatechine entstehen Verbindungen, die in ihrer physiologischen Wirkung dem Adrenalin noch näher stehen.

— Nachdem seit Colladon (s. 1841 C.) noch Melville Thompson Neale (1892) Versuche mit Unterwassersignalen gemacht hatte, gelingt es der **Submarine Signal Compagnie** in Boston diese Signale praktisch auszugestalten, indem sie nach der von Blake & Johnson und Mundy vorgeschlagenen Methode die Schallempfänger an der Innenseite des Schiffes anbringt. Die Compagnie benutzt 70 kg schwere Glocken als Signalgeber, die kräftig und kurz angeschlagen werden. Sie hängen in 6—8 m Wassertiefe unter dem Feuerschiff oder der Boje. Der Klöppel wird durch Preßluft getrieben. Der Empfänger auf den Seeschiffen hat eine Mikrophonplatte, welche die Schallwellen aufnimmt und sie elektrisch auf die Kommandobrücke überträgt. Am Hörer schaltet man abwechselnd den Backbord- oder Steuerbordempfänger ein und zieht aus dem Vergleich der Töne Schlüsse auf die Richtung, aus der das Signal kommt. Diese Signale sind für die Sicherheit der Seefahrt bei Nebel wichtig, weil Nebelsignale in der Luft unzuverlässig sind.

— F. **Ullmann** stellt symmetrische Biphenylverbindungen durch Einwirkung von sehr feinem metallischem Kupferpulver auf die Jodderivate aromatischer Körper her. Die Reaktion verläuft besser als die mit Natrium (Fittig'sche Methode s. 1855 W. und 1864 F.), sie liefert befriedigende Ausbeute und vermeidet die Bildung harziger Nebenprodukte.

1904 **Ullrich** und **Fußgänger** erzeugen ein echtes, nicht grün werdendes Anilinschwarz, das Diphenylschwarz, direkt auf der Faser, indem sie Paraaminodiphenylamin mit einem Oxydationsmittel aufdrucken und die Stoffe auf der Trommel trocknen.

— **Unterlip** konstruiert eine Kartoffellegemaschine, die auch bei schwererem Boden mit Sicherheit arbeitet. Die Maschine wird von F. Lehmann in Berlin fabriziert. (Vgl. auch 1904 K.)

— G. **Urbain** und H. **Lacombe** schlagen zur Trennung der seltenen Erden die Fraktionierung mittels der Wismutmagnesiumnitratdoppelsalze vor. Diese Methode eignet sich insbesondere zur Trennung des Gadoliniums von den rohen Yttererden, der Cererden von den Yttererden, der Samarerde von den sie begleitenden Erden.

— Arthur **Wehnelt** findet, daß die Oxyde der Erdalkalimetalle in glühendem Zustande bei beliebigen Drucken zahlreiche negative Ionen aussenden. Die Verwendung solcher Kathoden in Entladungsröhren setzt den Kathodenfall sehr beträchtlich herab. Praktisch am wichtigsten dürfte die Verwendung solcher Röhren als 'Ventilröhren für Wechselströme sein.

— Wolfgang **Weichardt** führt auf Grund experimenteller Studien den Nachweis, daß bei Ermüdung und nachfolgender Erholung neugebildetes Toxin und Antitoxin eine ausschlaggebende Rolle spielen.

— L. **Weiß** und O. **Aichele** finden in dem sogenannten „Mischmetall", einer Legierung sämtlicher Cerit- und Yttermetalle, ein ausgezeichnetes Mittel zur Reduktion anderer Metalloxyde. Folgende Metalle lassen sich leicht rein erhalten: Eisen, Nickel, Kobalt, Mangan, Chrom, Molybdän, Vanadium, Niobium, Tantal (die beiden letzteren nicht ganz schlackenfrei).

— Nachdem dahin zielende Versuche schon 1898 von Backhaus und später (1900) von demselben Forscher im Verein mit Appel unternommen worden waren, erfinden die Belgier **Willem** und **Miele** ein Verfahren zur Milchgewinnung, das im wesentlichen in der Anwendung besonderer Melkräume, Einhüllen der Kuh in ein nur das Euter freilassendes Leinentuch und in strengster aseptischer Handhabung besteht. Das Verfahren liefert so gute Resultate, daß eine Rohmilch mit einem Gehalt von unter 100 Keimen auf den Kubikzentimeter erzielt wird. (S. a. 1891 R.)

— **Workman, Clark & Company** in Belfast bauen den ersten für den transatlantischen Verkehr bestimmten Turbinendampfer „Victorian", für die Allan-Linie. Das Schiff, welches den Postdienst mit Canada vermittelt, ist 164,6 m lang, 18,3 m breit, hat eine Wasserverdrängung von 13 000 t und fünf Parsonsturbinen, die an drei Schraubenwellen mit je einer Schraube wirken.

1905 **Albers-Schönberg** wendet die Röntgenstrahlung zur Untersuchung von Mumien an.

— Horace **Allen** gibt ein Schema, welches die Verteilung der Temperaturen und der übrigen Vorgänge im Hochofen darstellen soll und auf Grund eigener Studien und zahlreicher früherer Beobachtungen zusammengestellt ist. Die Drucke des in den Ofengasen enthaltenen Kohlenoxyds, sowie der Kohlensäure sind dabei, wie von Jüptner bemerkt, nicht berücksichtigt.

— Die **Allgemeine Eletricitäts-Gesellschaft** in Berlin verwendet bei dem „Acetatdraht" eine neue Art der Isolierung dünner Drähte. Die Drähte werden mit einem 0,02 mm dicken Überzug von Cellulose-Tetra-Acetat versehen. Diese Hülle ist sehr biegsam und zähe, daher hohen mechanischen Ansprüchen gewachsen, unhygroskopisch, gegen Temperaturen bis zu 150° unempfindlich, und wird erst bei Spannungen von 1500 Volt durchschlagen. Durch diese dünne Isolierung wird, namentlich bei dünndrähtigen Spulen, eine weit günstigere Ausnutzung des Wicklungsraumes ermöglicht, als bei den bisher gebräuchlichen Isolationsmitteln. In neuerer Zeit ersetzt die Firma diesen Acetatdraht durch den ihm ähnlichen Emaildraht.

1905 Roald **Amundsen** stellt während seines Aufenthaltes auf der Insel Boothia Felix (s. 1903 A.) eine Wanderung des magnetischen Nordpols von 10 bis 100 Seemeilen fest.

— F. M. **Arnodin** konstruiert eine Nietmaschine mit Handbetrieb, die auch außerhalb der Werkstätten, so z. B. bei der Montage von Brücken usw. verwendbar ist.

— Die **Baldwin-Locomotivfabrik** in Philadelphia baut für die Chicago und Alton Railway Schnellzuglokomotiven nach dem Atlantictyp, bei denen die Heizfläche auf 3436 Quadratfuß gesteigert ist, deren Gewicht 19 tons beträgt, und die über 2000 effektive Pferdekräfte entwickeln. (Vgl. auch 1903 B.)

— Oscar **Bally** wendet die Skraup'sche Synthese auf β-Amidoanthrachinon an und erhält an Stelle von Anthrachinonchinolin einen Körper, der als Kondensationsprodukt von zwei Molekülen Glycerin und einem Moleküle Anthrachinon aufzufassen ist, und den er „Benzanthren" nennt. Beim Verschmelzen mit kaustischen Alkalien gibt dieser Körper das Cyananthren, einen hervorragend echten blauen Küpenfarbstoff. Aus Anthrachinon selbst mit Glycerin entsteht ein Benzanthren, das stickstofffrei ist und beim Verschmelzen mit Ätzkali einen außerordentlich echten intensiv blauvioletten substantiven Farbstoff gibt.

— Ernst **Beckmann** verwendet mit gutem Erfolge das von den elektrochemischen Werken in Bitterfeld hergestellte Calcium in Form von feinen Spähnen zu Reduktionen. Er reduziert damit z. B. Nitrobenzol zu Azoxybenzol oder Anilin, Oxime zu Aminen; nach dem Goldschmidt'schen Verfahren Metalloxyde oder Sulfide zu Metall. Das Calcium wird auch an Stelle von Magnesium in der Grignard'schen Reaktion verwendet.

— Otto **Berner** veröffentlicht die Resultate seiner auf Veranlassung des Vereins Deutscher Ingenieure jahrelang fortgesetzten Versuche über Dampfüberhitzung unter dem Titel „Die Anwendung des überhitzten Dampfes bei der Kolbenmaschine".

— Alphonse **Bertillon** erfindet eine neue Methode der Photogrammetrie, „die metrische Photographie", welche gestattet, den Schauplatz eines Verbrechens derart aufzunehmen, daß auf Grund der Photographien eine genaue geometrische Zeichnung der betreffenden Örtlichkeit angefertigt werden kann.

— **Biernacki** gelingt es, im Vakuum durch starke galvanische Ströme Eisen zu zerstäuben und auf polierten Glasplatten, die über den glühenden Eisenstreifen aufgehängt sind, zusammenhängende metallglänzende Niederschläge zu erhalten, welche ihre vorzüglichen Spiegeleigenschaften lange Zeit nahezu unverändert beibehalten. (Vgl. 1896 K.)

— Bertram Borden **Boltwood** findet, daß einer bestimmten Menge Uran in einem radioaktiven Mineral stets eine bestimmte Menge Radium beigesellt ist, und bezeichnet daher das Radium als Abkömmling des Urans im Sinne der Zerfalltheorie.

— Bertram Bordon **Boltwood** und Ernest **Rutherford** berechnen auf Grund der von Boltwood (s. 1905 B.) gefundenen Konstanz des Verhältnisses von Uran und Radium den Radiumgehalt von Uranerzen.

— Die Firma A. **Borsig** in Berlin baut Heißdampflokomotiven, die bei nur 99 t Gewicht einschließlich Tender leicht die Geschwindigkeit von 120 km in der Stunde erreichen, wobei die Treibräder 320 Umdrehungen in der Minute machen. Die vorderen Teile dieser Lokomotiven laufen zur besseren Überwindung des Luftwiderstands keilförmig aus. (Vgl. 1905 C.)

1905 Der Ingenieur **van Braam** erfindet einen selbsttätigen Zugsicherungsapparat mit rein mechanischer Betätigung. Der Apparat besteht aus einem maschinellen Teil, welcher auf der rechten Seite der Lokomotive, wo der Lokomotivführer seinen Platz hat, montiert wird, und aus sogenannten Streckenpedalen, die auf der Strecke am Gleise angeordnet sind.

— Die **Brown & Sharpe Manufacturing Company** in Providence baut zur Herstellung der im Maschinenbau benutzten Normalmaße eine Kalibriermaschine, die bis zu einer Genauigkeit von 1/4000 mm arbeitet.

— Arthur Wesley **Browne** entdeckt eine neue Synthese der Stickstoffwasserstoffsäure durch Einwirkung von Hydroperoxyd auf Hydrazinsulfat in saurer Lösung. Dies ist das erste Verfahren, Hydrazin unter Ausschluß von stickstoffhaltigen Agentien in Stickstoffwasserstoffsäure überzuführen.

— J. **Bueb** führt neuerdings (s. 1812 M.) die vertikale Retorte in die Glasindustrie ein. Er konstruiert einen „Dessauer Vertikalofen" genannten Ofen mit zehn je 4 m langen Retorten, welchen von oben die Kohle zugeführt wird, während unten nach der Ausgasung der Koks abgezogen wird. Das System liefert höhere Gasausbeute, ein fast naphtalinfreies Gas und höhere Ammoniakausbeute.

— Ernst **Bumm** weist auf die diagnostische Wichtigkeit der Leukocytose bei Puerperalfieber hin. (Vgl. auch 1902 K.)

— Die Berliner Glasbläser R. **Burger u. Co.** konstruieren eine Röntgenröhre mit Wasserkühlung und automatischer Vakuumregulierung.

— A. **Buschke** und H. E. **Schmidt** weisen experimentell nach, daß durch Röntgenstrahlung die Schweißabsonderung (Katzenpfote) vollkommen unterdrückt werden kann.

— E. **Chablay** läßt eine Lösung von Natrium in flüssigem Ammoniak mit einer ammoniakalischen Lösung von primärem Alkohol zusammentreten und erhält hierdurch sofort das betreffende Alkoholat als unlösliches amorphes Pulver. Zur Darstellung der Alkoholate von sekundären und tertiären Alkoholen, sowie auch der Monometallverbindungen der mehrwertigen Alkohole muß man einen Überschuß von Alkohol anwenden.

— Nachdem sich herausgestellt hatte, daß die Medullaranästhesie mit Cocain (s. 1900 B.) oft erhebliche Gefahren mit sich bringt und Bier zuerst als Ersatz das Eucain B empfohlen hatte, führt **Chaput** zu diesen Zwecken das von Fourneau dargestellte Stovaïn (s. 1904 F.) ein, dessen Ungefährlichkeit auch von Sonnenburg bestätigt wird.

— Die **Chemin de fer Paris-Lyon-Mediterranée** konstruiert zuerst ihre Schnell- und Personenzuglokomotiven ausschließlich als Windschneidelokomotiven, indem sie alle exponierten Teile, wie Schornstein, Führerstand, Rauchkammer, Dampfdom, in keilförmige Vorderflächen auslaufen läßt.

— Frau Sklodowska **Curie** findet, daß die vom Polonium ausgehenden α-Strahlen, wenn sie zwei Schichten verschiedener Metalle durchdringen, je nach der Reihenfolge dieser Metalle verschieden stark absorbiert werden. Sie schließt daraus auf das Vorhandensein einer durch die α-Strahlen erregten Sekundärstrahlung. Die Erscheinung wird von einer Reihe anderer Forscher, wie H. Becquerel, E. Meyer, Kučera und Mašek, Lise Meitner, W. H. Bragg, weiter verfolgt, die zum Teil der Ansicht sind, daß dieselbe auch ohne die Annahme einer Sekundärstrahlung zu erklären sei. Die Frage kann zurzeit noch nicht als erledigt angesehen werden.

— Die **Deutsche Gasglühlicht-Gesellschaft** bringt unter dem Namen „Osramlampe" eine Lampe in den Handel, deren Glühfaden aus einer Legierung von Osmium und Wolfram, in der das letztere vorherrscht, besteht.

1905 James **Dewar** erfindet ein Verfahren zur Trennung von Gasen, welche unter 0° sieden, mit Hilfe von Holzkohle, welche auf eine Temperatur abgekühlt wird, die etwa dem Siedepunkt des zu absorbierenden Gases entspricht. Aus der Holzkohle wird das absorbierte Gas entweder durch Erwärmen oder durch Auspumpen gewonnen.

— Der Stabsarzt **Drüner** in Frankfurt a. M. gibt eine Methode zur Messung stereoskopischer Röntgenbilder an. Die Methode beruht auf dem Prinzip des von Pulfrich angegebenen (s. 1899 P.) Stereokomparators. Nachdem der zu untersuchende Körperteil mit Röntgenbelichtung von zwei Standpunkten aus stereoskopisch aufgenommen ist, wird unter genau gleichen Verhältnissen ein stereometrischer Maßstab aufgenommen. Danach werden beide Aufnahmen zur Deckung gebracht.

— **Dudley** zeigt, daß ein Überzug von Papier über Eisen für Luft und Feuchtigkeit völlig undurchlässig ist und das Eisen vor dem Rost schützt. Nachdem Dudley zuerst Pergamentpapier angewendet hatte, geht er zu Paraffinpapier über, das wegen seiner Schmiegsamkeit vorzuziehen ist.

— **Dutton** und Robert **Koch** finden fast gleichzeitig, daß die afrikanische Recurrens durch den Stich einer Zecke (Ornithodorus moubata Murray) übertragen wird, welche in dem trockenen Boden der Hütten lebt, und in deren Eiern die Parasiten sich, wie es scheint, vermehren.

— Paul **Ehrlich** stellt einen neuen Immunitätsbegriff auf, die „atreptische Immunität", welche besagt, daß das Wachsen eines Tumors außer von den vulgären Nahrungsstoffen noch von einem bestimmten nur in der betreffenden Tierspezies disponibeln Stoff abhängt. Er findet die immunisierende Wirkung von an sich avirulenten Spontantumoren der Maus gegen maligne Tumoren dieser Tierspezies. Außerdem beobachtet er mehrfach in Gemeinschaft mit Apolant die Entwicklung echter Sarkome bei fortgesetzten Carcinomtransplantationen.

— Alfred **Einhorn** entdeckt das Novocain, das Monochlorhydrat des Para-Aminobenzoyldiäthylaminoäthenols, das vielfach als Cocainersatzmittel gebraucht wird.

— Wilhelm **Eschweiler** findet, daß meist eine recht glatte Methylierung eintritt, wenn man Anhydrobasen, Amine oder ihre Salze bei Gegenwart von Säuren mit Formaldehydlösung oder auch Trioxymethylen unter Druck erhitzt.

— S. **Finsterwalder** und A. **Blümcke** machen Untersuchungen am Hintereisferner, die wichtige neue Beiträge zur Mechanik der Eisbewegung liefern. Ihren Feststellungen zufolge ist die Gletscherbewegung nicht stetig, sondern ändert sich ruckweise. Auch treten Perioden von Maximal- und Minimalgeschwindigkeiten ein, die wahrscheinlich die Folge periodischer Druckschwankungen sind. Die Geschwindigkeit ist nicht, wie man bisher annahm, allgemein im Sommer größer als im Winter, sondern nur im untern Drittel der Gletscherzunge, während weiter hinauf bis nahe zur Firngrenze die Winterbewegung überwiegt. Die Ursache dieser Beschleunigung im Winter ist wahrscheinlich in dem gesteigerten Druck des Firnfeldes zu suchen. (Vgl. auch 1888 F. und 1891 R.)

— Emil **Fischer** und Emil **Abderhalden** zeigen, daß die künstlichen Polypeptide (s. 1903 F.) in ihrem Verhalten gegen die Verdauungsfermente die größte Analogie mit den natürlichen Peptonen zeigen. Es gelingt ihnen, im folgenden Jahre bei der Untersuchung der Seide durch partiellen Abbau zwei Dipeptide zu gewinnen, die vorher schon durch Synthese erhalten worden waren.

— Emil **Fischer** und Joseph **von Mering** stellen einen dem Diäthylmalonylharnstoff entsprechenden Dipropylmalonylharnstoff her, der unter dem

Namen „Proponal" von der Firma E. Merck in den Arzneischatz eingeführt wird.

1905 J. A. **Fleming** gründet auf den Edisoneffekt ein Ventil für elektrische Schwingungen und macht dieses für die Zwecke der drahtlosen Telegraphie nutzbar.

— **Forsythe** konstruiert einen Schienenstoß, der den Vorzug hat, daß die Schienen ohne jegliche Schrauben- oder Nietenlösung sofort getrennt bez. zusammengefügt werden können. Jedes Schienenende trägt einen festgeschraubten Schuh, der oben den Schienenfuß umgibt und unten in einen Sockel mit Zähnen ausläuft. Die Schienenköpfe greifen mit den Zähnen genau ineinander. Beim Verlegen des Gleises werden je zwei Sockel durch eine schwere eiserne Schelle und eine Art Keilverschluß zusammengepreßt und in ihrer Lage erhalten.

— **Fouché** erfindet die sogenannte „autogene Schweißung", bei welcher an Stelle der gewöhnlichen Knallgasmischung eine Mischung von Sauerstoff und Acetylen verwendet wird.

— **Fourcault** in Lodelinsart stellt Glasplatten (Fenster- und Spiegelglas) her, indem er aus der Glasmasse durch Eintauchen einer Schiene als „Fangstück" das flüssige Glas emporhebt. In den Schlitzen der Glaswannendecke, durch die das Glas emporgehoben wird, sind Kühlrohre in der Richtung der Plattenachse angeordnet, durch welche zum Zweck der inneren Kühlung der emporgezogenen Glasmasse Wasser, Luft oder Öl geleitet wird. Die entstehende Glasplatte wird mittels asbestüberzogener Rollen ununterbrochen gehoben. (S. a. 1903 L.)

— Adolph **Frank** stellt reinen Wasserstoff aus Wassergas dar, indem er dasselbe, um die neben dem Wasserstoff darin befindlichen Bestandteile zu binden, über Calciumcarbid leitet, das auf 300° C. erhitzt ist.

— Nachdem Hubou zur Gewinnung von Ruß die elektrische Zündung von komprimiertem Acetylen empfohlen hatte, arbeiten Adolph **Frank,** Albert R. **Frank** und N. **Caro** ein Verfahren der Rußgewinnung aus, welches das Auftreten der teerartigen Produkte, wie sie sich durch Kondensation bei Zündung reinen Acetylens bilden, vermeidet. Dies wird dadurch erreicht, daß sie nicht mehr Acetylen allein, sondern ein Gemisch von Acetylen und Kohlenoxyd oder Kohlensäure durch den elektrischen Funken zur Explosion bringen, so daß der freiwerdende Wasserstoff sogleich verbrannt wird.

— Paul **Friedländer** stellt den Thioindigo synthetisch dar. Dieser Farbstoff, in dem die Imidogruppe des Indigblau durch Schwefel ersetzt ist, besteht aus braunroten, bronceglänzenden Nädelchen, ist in den gebräuchlichen Lösungsmitteln schwer löslich und bei höherer Temperatur beständiger und gegen Oxydationsmittel widerstandsfähiger als Indigblau. Alkalische Reduktionsmittel erzeugen ein alkalilösliches Reduktionsprodukt, dessen Lösung sich an der Luft mit einer roten Blume bedeckt und zum Färben von Textilfasern benutzt werden kann. Näheren Untersuchungen zufolge scheint Thioindigorot mit dem tyrischen Purpur der Alten identisch zu sein.

— W. **Gaede** wendet den Grundgedanken der nassen Gasuhr in umgekehrtem Sinne zur Konstruktion einer Quecksilberluftpumpe an. In dem durch eine Wasserstrahlpumpe hergestellten Vakuum dreht sich eine Porzellantrommel, die in Quecksilber taucht. Durch besondere Anordnung der Ein- und Auslaßöffnungen der Trommelkammern wird die Leistung der Pumpe so weit erhöht, daß sie alle andern an Schnelligkeit und Wirksamkeit übertrifft. Die Pumpe wird von E. Leyboldt's Nachfolger in Cöln hergestellt.

— Ernst **Gehrcke** findet das Hehl'sche Gesetz (s. 1901 H.) auch für das anodische Glimmlicht gültig und gründet darauf die Konstruktion eines Glimmlichtoszillographen.

1905 Ernst **Gehrcke** schaltet zwei Lummer-Gehrcke'sche Interferenzspektroskope (s. 1901 L.) gekreuzt hintereinander und erhält so in monochromatischem Licht Interferenzpunkte statt der Interferenzlinien. Diese Methode hat den Vorzug, mit großer Auflösungskraft starke Dispersion zu verbinden.

— Carl **Goldschmidt** findet, daß zur katalytischen Abscheidung von Chrom aus seinen Salzen die Anwesenheit von Zinn oder einer seiner Legierungen genügt.

— Carl **Goldschmidt** gewinnt quantitativ Cadmiummetall aus den Lösungen seiner Salze durch Aluminium bei Gegenwart einer Spur von Chromnitratlösung.

— **Görl** und **Stegmann** berichten über günstige Erfolge bei der Behandlung des Kropfes mit Röntgenstrahlen.

— Heinrich **Greinacher** findet die Ursache des Voltaeffektes in der den Metallen stets anhaftenden Flüssigkeitshaut.

— Der Direktor des Berliner Universitätsinstituts für Untersuchungen mit Röntgenstrahlen, Emil **Grunmach**, konstruiert eine Röntgenröhre aus kaliumhaltigem Glase. Da dieses dunkelblau fluoresciert, so wird das beobachtende Auge weniger angegriffen als bei den sonst gebräuchlichen Röhren aus grünlich fluorescierendem natriumhaltigem Glase. Die Grunmach'sche Röhre ist mit Blenden, Kühlungsvorrichtung und Fadenkreuzen für die genaue Einstellung ausgerüstet.

— Antoine **Guntz** gewinnt reines Barium und Strontium, indem er aus Barium- und Strontiumamalgam gewonnenes, möglichst reines Barium und Strontium durch Wasserstoff in Hydrür verwandelt und dieses im Vakuum stark erhitzt, wobei krystallinisches, absolut reines Metall sublimiert.

— A. **Haller** und C. **Martine** stellen durch Einwirkung von Isopropyljodid auf Natriummethylcyclohexanon Menthon dar, das sie durch Reduktion in Menthol überführen.

— Die **Hamburg-Amerikanische Paketfahrt-Aktiengesellschaft** nimmt den Doppelschraubendampfer „Kaiserin Auguste Victoria" in Betrieb, der bei einer Totallänge von 700 Fuß, einer Breite von 77 Fuß und einer Tiefe von 54 Fuß mit einem Bruttotonnengehalt von 25000 t bei 42500 t Wasserverdrängung und 17200 PS Kraftentwicklung das größte bis dahin erbaute Dampfschiff ist. (Vgl. 1906 Br.)

— C. **Harries** zeigt, daß der Parakautschuk ein polymeres Dimethylcyclooctadiën ist und daß derselbe sich wahrscheinlich als ein Umwandlungsprodukt gewisser Zuckerarten darstellt. Er untersucht auch den Kohlenwasserstoff der Guttapercha und findet dabei ähnliche Verhältnisse, wie bei dem Kohlenwasserstoff des Parakautschuks.

— Walter Noel **Hartley** studiert eingehend die von Miller 1863 zuerst beobachtete Absorption des ultravioletten Lichtes durch Benzol und macht dieselbe zum Ausgangspunkt einer physikalischen Theorie der Färbung organischer Verbindungen.

— Die amerikanischen Physiker Ph. E. **Hebb** und A. A. **Michelson** machen eine neue Messung der Schallgeschwindigkeit, und zwar innerhalb der Wände ihres Laboratoriums. Sie stellen zwei große Parabolspiegel auf, in deren Brennpunkten sich zwei Mikrophone befinden, in einem Brennpunkt außerdem noch die zur Messung bestimmte Schallquelle. Die Ströme beider Mikrophone gehen in das Telephon des Beobachters, der sowohl die Schallquelle, als deren Reflex im zweiten Spiegel hört. Hierdurch ist es ihm möglich, gewissermaßen auf beiden Beobachtungsstationen gleichzeitig anwesend zu sein. Bei einer gewissen Entfernung der Spiegel, die von der Höhe des Tones abhängt, schwächen die Schallwellen sich gegenseitig ab, so daß ein Minimum der Gehörsempfindung stattfindet. Aus dem Spiegelabstand und der Schwingungszahl der Wellen am Schallerreger läßt sich die Schallgeschwindigkeit berechnen, die Hebb mit 331,29 m in der Sekunde feststellt.

1905 **Henschel & Sohn** in Cassel bauen für die preußische Eisenbahnverwaltung nach Wittfeld's Entwürfen Verbundlokomotiven mit zwei außenliegenden Hochdruck- und einem innenliegenden Niederdruckzylinder. Der hohen Geschwindigkeit wird durch die zugespitzte Form der dem Luftwiderstand ausgesetzten Teile Rechnung getragen. (Vgl. auch 1905 C.)

— Der dänische Ingenieur **Hilkier** erfindet einen „Autographon" genannten selbsttätigen Feuermelder, der auf der leichten Verdampfbarkeit des Äthers beruht.

— F. **Hofmann** stellt das Monochlorhydrat des Benzoyl-Tetramethyldiaminoäthylisopropylalkohols dar, das unter dem Namen „Alypin" von E. Impens in den Arzneischatz eingeführt und als Lokalanästhetikum zum Ersatz von Cocain angewendet wird.

— Die **Ingersoll Milling Machine Co.** in Rockford erbaut für die General Electric Co. eine Fräsmaschine von 120 PS Leistungsfähigkeit mit elektrischem Antrieb, welche Stücke bis zu 3,05 m Höhe und ebenso viel Breite zu bearbeiten vermag. Der Tisch ist 6,1 m lang und ruht auf vier Gleitflächen.

— O. **Kellner** legt in seinem Werke „Ernährung der landwirtschaftlichen Nutztiere" die Forschungsresultate nieder, die er bei seinen langjährigen Untersuchungen über die Verwertung der Futtermittel gewonnen hat, wobei er der Bewertung dieser Mittel ihren Energiewert zugrunde legt. In bezug auf die Fütterung der Nutztiere unter den Verhältnissen der landwirtschaftlichen Praxis bedeutet dieses Werk einen Wendepunkt in der Fütterungslehre.

— Robert **Koch** klärt den Entwicklungsgang des Erregers des Texasfiebers, des Piroplasma bigeminum (Theobald Smith), im Mageninhalt gewisser Zecken (Rhipicephalus australis, Rhipicephalus Evertsi und Hyolomma aegyptium) näher auf.

— Robert **Koch** stellt im Gegensatz zu der bisherigen Annahme fest, daß die Übertragung der Tsetsekrankheit durch mehrere Glossinenarten, hauptsächlich durch Glossina fusca, geschieht, und stellt Untersuchungen über den Entwicklungsgang der Trypanosomen in der Glossina an. Er zieht auch das Mal de Caderas, das 1847 in Südamerika zuerst beobachtet worden ist, in den Bereich seiner Studien. Diese Krankheit wird ebenfalls durch einen Blutparasiten, das Trypanosoma Elmassiani, verursacht.

— Robert **Koch** faßt auf Grund seiner Studien die Piroplasmen des Küstenfiebers, die von **Dschunkowski** im transkaukasischen Rußland gefundenen Piroplasmen u. a., bei denen die Parasiten in Kreuzform vorkommen, zu einer besonderen Gruppe zusammen, im Gegensatz zu den echten Piroplasmen von Rind, Hund und Pferd, die eine charakteristische Zweiteilung zeigen.

— Vom **Königlichen Aeronautischen Observatorium Lindenberg** gelingt am 25. November ein Drachenaufstieg bis zu 6430 m mit sechs Drachen von zusammen 27 qm Fläche und unter Verwendung von 14500 m Draht. Der Luftdruck betrug in dieser Höhe 330 mm, die Temperatur -25^0 C., während sie unten $4{,}9^0$ C. war. In der größten Höhe wehte ein Westwind mit 25 m in der Sekunde, während die Windgeschwindigkeit in den unteren und mittleren Schichten nur 8—10 m betrug. Die Drähte waren bis auf 0,6 mm Dicke vermindert worden, was infolge ihrer erhöhten Bruchfestigkeit möglich war. Die größte bis dahin erreichte Höhe war 6100 m bei einem

66*

von Teisserenc de Bort veranlaßten Drachenaufstieg von Bord des dänischen Kanonenbootes „Falster".

1905 **Küppers Metallwerke** in Bonn bringen unter dem Namen „Tinol" eine salbenartige Lötmasse in den Handel, die einfach auf die zu behandelnde Metallfläche aufgestrichen wird. Ist dies geschehen, so fährt man mit dem Lötkolben entlang und lötet die ganze Naht oder den ganzen Gegenstand fertig zusammen. Die Masse besteht aus mit gepreßter Luft fein zerstäubtem Weichlot, das mit Chlorammonium oder Chlorzink und mit Glycerin angerührt wird und dem dann zur Erzeugung einer Paste ein Verdickungsmittel, etwa Cellulose, zugesetzt wird.

— W. **Laas** bedient sich der Stereophotogrammetrie zur Vermessung der Höhe und Gestalt der Meereswellen in der Absicht, Unterlagen für die Berechnung und den Bau von Schiffen zu gewinnen.

— **Lampland** macht auf dem Lowell-Observatorium photographische Aufnahmen vom Mars, auf denen die Marskanäle (s. 1878 Sch.), wie es scheint, tatsächlich zu erkennen sind.

— Paul **Lebeau** verwendet Metallammoniumverbindungen zur Darstellung von Methankohlenwasserstoffen. So entsteht bei Einwirkung von Monochlormethan auf absolut trockene Lösung von Natriumammonium in flüssigem Ammoniak reines Methan. Bei — 40° werden die Monohalogenderivate des Methans in das korrespondierende Amin verwandelt. In der aromatischen Reihe verläuft die Reaktion in analoger Weise.

— Gustav E. **Leithäuser** in Berlin gibt eine stroboskopische Methode zur Analyse von Wechselstromkurven an. Die stroboskopische Scheibe ist auf konzentrischen Kreisen in schwarze und weiße Sektoren geteilt, deren Zahlen in den einzelnen Ringen im Verhältnis der natürlichen Zahlenreihe stehen. Die rotierende Scheibe wird mit einer durch den zu analysierenden Strom gespeisten Lichtquelle beleuchtet. Die den Partialschwingungen des Stromes entsprechenden Ringe scheinen stillzustehen.

— **Levaditi** findet, daß man an Schnitten durch eine Modifikation der von Ramon y Cajal für Hirnstudien verwandten Silberfärbung die Spirochaeten klar darstellen kann.

— **Levene** und **Beatty** entdecken, daß bei der Verdauung der Gelatine ein Dipeptid in Gestalt einer Kombination von Glykokoll und Prolin entsteht.

— **Liebold & Co.** in Langebrück bei Dresden überbrücken das Syratal bei Plauen i. V. mit einer Brücke von 90 m Spannweite in massiver Bauausführung (Bruchsteinzementmauerwerk ohne Gelenke), die größte mit reinen Massivbögen erreichte Spannung.

— Paul **Lucas** stellt Intensivlampen her, bei welchen der von Denayrouze (s. 1895 D.) gegebene Gedanke, die Heizwirkung der Abgase zur Druckerhöhung des Gasluftgemisches auszunutzen, praktisch ausgeführt ist. Die Wärme wird durch eine Thermobatterie in Elektrizität umgesetzt, die ihrerseits dazu dient, einen kleinen Ventilator anzutreiben.

— A. und L. **Lumière** und A. **Seyewetz** beobachten, daß die Oxydation von Natriumsulfitlösungen an der Luft verhindert wird durch Zusatz einer sehr geringen Menge eines Reduktionsmittels, z. B. Hydrochinon. Sie bezeichnen diese Erscheinung als Antioxydation, die betreffenden Körper als Antioxydationsmittel.

— Die Firma J. A. **Maffei** in München baut für die badischen Staatseisenbahnen Verbundlokomotiven mit vier Zylindern, die bei 120 t Gewicht bis zu 1850 Pferdekräfte entwickeln. Der Kesseldruck ist auf 16 Atmosphären gesteigert. Der hohen Geschwindigkeit ist durch die zugespitzte Form aller dem Luftwiderstand besonders ausgesetzter Teile Rechnung getragen. (Vgl. a. 1905 C.)

1905 A. **Mailhe** beobachtet, daß bei Gegenwart von fein verteiltem Nickel oder Kupfer Aldoxime und Ketoxime durch überschüssigen Wasserstoff zu einem Gemisch von primären und sekundären Aminen reduziert werden.

— Erich **Marx** mißt nach einer der Zwei-Zahnräder-Methode von Fizeau nachgebildeten Methode die Geschwindigkeit der Röntgenstrahlen und findet sie gleich der Lichtgeschwindigkeit. Diese Messungen werden indes von R. Pohl und J. Franck in Berlin (1908) in Zweifel gezogen.

— **Metschnikoff** und **Roux** gelingt der Nachweis der Spirochaeta pallida auch bei fortgezüchteten Generationen reiner Affensyphilis. (S. 1903 M. und 1905 S.)

— Henri **Moissan** gelingt es, mit Hilfe eines elektrischen Stromes von 500 Ampere und 110 Volt Spannung Platin und Platinmetalle zu destillieren.

— Henri **Moissan** beschreibt eine neue Synthese der Oxalsäure, deren Alkalisalz neben Alkaliformiat entsteht, wenn man in Natrium- oder Kaliumhydrür bei 80° trockene Kohlensäure einleitet.

— **Morgan** konstruiert einen Generator, der aus einem auf einen gußeisernen Ring lose aufgesetzten, unten enger werdenden, feuerfest ausgemauerten Blechmantel besteht. Die Windzuführung erfolgt durch ein Dampfstrahlgebläse mit regulierbarer Lufteintrittsöffnung.

— **Moszkowicz** und **Stegmann** behandeln erfolgreich die Prostatahypertrophie mit Röntgenstrahlen.

— M. **Neißer** und H. **Sachs** arbeiten ein neues Verfahren zum forensischen Nachweis der Herkunft des Blutes aus, bei welchem der zur Untersuchung kommende Blutfleck gelöst, die Lösung mit Antiserum gemischt, und beobachtet wird, ob das resultierende Gemisch Komplement bindet oder nicht, was durch die Farbenreaktion zu erkennen ist.

— Der **Oberrheinische Verein für Luftschiffahrt** in Straßburg läßt am 3. August einen Registrierballon zu wissenschaftlichen Zwecken aufsteigen, welcher die bisher unerreichte Höhe von 25800 m erreicht. Der Ballon registriert folgende Wärmeverhältnisse: Temperatur auf dem Erdboden + 17° C., in 5130 m Höhe + 0,1° C., in 15500 m Höhe — 63° C., in 25800 m Höhe dagegen nur — 40° C.

— **Peach** und **Horne** veröffentlichen ihr Werk „Geologie der nordwestlichen Hochlande von England“, das auf sorgfältigster petrographisch-stratigraphischer Arbeit beruht und einen Fortschritt in den Anschauungen über die Struktur der Erdkruste bedeutet.

— Charles Dillon **Perrine** entdeckt auf der Lick-Sternwarte den siebenten Jupitermond, dessen Helligkeit nur 16. Größe ist.

— William Henry **Pickering** entdeckt auf der Sternwarte des Harvard College in Cambridge den zehnten Mond des Saturn, dessen Umlaufszeit $21^1/_4$ Tage beträgt, und dessen Helligkeit gleich 16—17 ist.

— Amé **Pictet** studiert eingehend den Übergang von Pyrrolkörpern in Substanzen der Pyridinreihe; es gelingt ihm, das Methylpyrrol beim Durchleiten des Dampfes durch glühende Röhren in Pyridin überzuführen und vielfache analoge Reaktionen zu erzielen. (Vgl. auch 1881 C.)

— Raoul **Pictet** verbessert das Fraktionierungsverfahren der flüssigen Luft so, daß er seiner Angabe nach imstande ist, den Sauerstoff zu 1 Pfennig per Kubikmeter herzustellen. Er konstatiert, daß mit der beim Verdampfen der flüssigen Luft entstehenden Kälte bei zwei Atmosphären Druck eine der verdampfenden Luft gleiche Menge Luft sich verflüssigen läßt.

— H. **Potonié** kommt in seiner Schrift „Zur Frage nach den Urmaterialien der Petrolea“ zu dem Resultat, daß das Petroleum unter den leicht in der Erdrinde gegebenen Umständen (Druck und Wärme) als Destillationsprodukt aus dem Sapropel (dem Faulschlamm, d. i. den Überbleibseln der im Wasser lebenden Organismen und ihrer Exkremente) entstehe. (Vgl. auch 1897 E. und 1907 K.)

1905 H. **Potonié** kommt bei seinen Untersuchungen über die Genesis der Steinkohlen zu dem Resultate, daß die Steinkohlenlager als fossile Flachmoore anzusehen seien.

— Valdemar **Poulsen** führt, indem er das Duddell'sche Phänomen (s. 1894 D.) zur Hervorbringung vollständig ungedämpfter elektrischer Schwingungen benutzt, den Lichtbogen, den er in Wasserstoff brennen läßt, als Erreger elektrischer Schwingungen endgültig in die drahtlose Telegraphie ein.

— William **Ramsay** zeigt, daß radioaktives Thorium kein primäres radioaktives Produkt, sondern ein Gemisch von Thorium mit ganz geringen Mengen eines sehr stark aktiven Radiothoriums ist, dessen Emanation verschieden von Aktinium ist.

— O. **Ruff** und C. **Albert** stellen Siliciumfluoroform durch Umsetzung von Siliciumchloroform mit Zinntetrafluorid oder besser Titantetrafluorid her.

— Ernst **Ruhmer** konstruiert automatische Laternenzündapparate mit Selenzellen. Sobald es Nacht zu werden beginnt und die Selenzelle verdunkelt wird, wird ein Trockenelement selbsttätig eingeschaltet, der Gashahn öffnet sich automatisch und die Lampe brennt. Umgekehrt wird bei beginnendem Tageslicht durch die Belichtung der Selenzelle das Gasglühlicht von selbst gelöscht. Die Apparate sind auch von Bedeutung zur selbsttätigen Zündung und Löschung der Gasbojen an der Meeresküste.

— P. **Sabatier** nimmt ein Patent auf Erzeugung von Leucht- und Heizgas. Die Methode beruht darauf, daß bei Einwirkung fein verteilter Metalle auf Gemische von Kohlenoxyd oder Kohlendioxyd und Wasserstoff sich Methan bildet, das mit Wasserstoff und Acetylen gemischt unter fernerer Einwirkung reduzierter Metalle Äthylen und höhere lichtgebende Kohlenwasserstoffe gibt.

— P. **Sabatier** und J. B. **Senderens** gründen auf ihre früheren Beobachtungen (s. 1902 S.) eine neue Methode zur Unterscheidung von primärem, sekundärem und tertiärem Alkohol, indem sie das flüssige Reaktionsprodukt nacheinander mit Caro'schem Reagens, Semicarbazid und Brom prüfen. Das Trimethylcarbinol ist der einzige Alkohol, der bei der Hydrogenation gasförmigen Kohlenwasserstoff liefert.

— **Sandberg** erfindet ein Verfahren, durch gemäßigte (bei 10—32° erfolgende) Einwirkung von konzentrierter Schwefelsäure auf übelriechenden Thran und Destillation der erhaltenen Fettsäure mit Wasserdampf helle, feste, zur Seifen- und Kerzenfabrikation geeignete Fettsäuren zu erhalten, deren Geruch nicht mehr an Thran erinnert.

— Fritz **Schaudinn** und Erich **Hoffmann** entdecken den Erreger der Syphilis in einem feinen schraubenförmigen Mikroorganismus, der Spirochaeta pallida. (Vgl. auch 1837 D.)

— Ruggiero **Schiff** zeigt an der „Rogna" genannten Geschwulstkrankheit der Olivenbäume, daß sich in Pflanzen ebenso wie im Blute der Menschen und Tiere sogenannte Antitoxine bilden, die für die Krankheitserreger ein spezifisches Gift sind und zur Verteidigung des angegriffenen Organismus dienen.

— Die **Scoriagesellschaft** in Dortmund erfindet ein Verfahren der Erzbrikettierung, bei welchem granulierte Hochofenschlacke als Bindemittel verwendet wird. Die Schlacke wird mit gespanntem Wasserdampf aufgeschlossen, auf diese Weise in ein zementartig abbindendes Pulver verwandelt und alsdann in einem Dampfmischer mit dem Erz gemischt und in Dünkelberg'schen Pressen brikettiert.

— W. **Seitz** in Würzburg findet sehr weiche Röntgenstrahlen. Er erhält diese

Strahlen bis herab zu Spannungen von 600 Volt und darunter mit sehr kleinen Röhren, die der Antikathode gegenüber ein sehr dünnes Aluminiumfenster enthalten. Die Eigenschaften dieser stark absorbierbaren Strahlen entsprechen denen der bekannten härteren.

1905 Friedrich Wilhelm **Semmler** stellt seine neue Fenchonformel auf, die im Gegensatz zu der bisher allgemein angenommenen, von Wallach herrührenden steht. Nach der Semmler'schen Formel ist das Fenchon Methylcamphenilon, nach der Wallach'schen ein Methyl-Norcampher.

— Virgil **Snyder** in Philadelphia entdeckt Radium in der Sonnenphotosphäre, in Nordlichtstrahlen, Sternen und Sternnebeln. Er glaubt, daß auch in den Kometen Radium enthalten sei.

— Der belgische Ingenieur **Snyers** in Löwen arbeitet ein System einer Einschienenbahn aus, bei welchem das zur Bahn gehörende rollende Material aus tragenden Rädern, die auf der Schiene rollen und aus Gleichgewichtsrädern besteht, die auf dem Erdboden laufen (daher der Name „Einschienenbahn Isopédin", d. i. in gleicher Höhe mit dem Erdboden). Die Verbindung zwischen den beiden Räderarten ist so angeordnet, daß fast die ganze Last auf der Schiene ruht, gleichgültig, wie sie auf dem Fahrzeug verteilt wird.

— Der Münchener Maler E. **Spitzer** vervollkommnet den photomechanischen Druck, indem er das natürliche Korn des Bildes zur Erzeugung der Druckelemente benutzt. Es wird auf einer dünnen, ungekörnten, mit Chrom sensibilisierten Schicht eine Kopie erzeugt und durch diese ohne weitere Zwischenmanipulation mit in ihrer Konzentration abgestuften Lösungen z. B. von Eisenchlorid, das Bild als Hochdruckform in die Metall-(Zink-) Platte eingeätzt.

— Der Ingenieur **Staby** erfindet eine Rauchbeseitigungsvorrichtung, die bewirkt, daß bei jedesmaligem Aufwerfen von Kohle automatisch ein Dampfstrahlgebläse in Tätigkeit tritt und so lange eine verstärkte Luftmenge in den Heizraum bläst, bis die zuerst aufsteigenden qualmenden Rauchgase gehörig vermischt und verbrannt sind und die frischen Kohlen ihre normale Glut erlangt haben. Diese Vorrichtung wird bei den preußischen Schnellzuglokomotiven eingebaut. (Vgl. auch 1894 L.)

— Hermann **Staudinger** entdeckt die Körperklasse der Ketene, einen bisher unbekannten Typus ungesättigter Carbonylverbindungen.

— Hans **Stobbe** stellt eine neue Körperklasse, die „Fulgide" dar, die als die Anhydride der „Fulgensäuren" genannten Butadiëndicarbonsäuren anzusehen sind.

— Nachdem schon verschiedene Forscher, u. a. Lebeau (1902), die Existenz einer besonderen Antimonmodifikation, des „schwarzen Antimons", vermutet hatten, weisen Alfred **Stock** und Werner **Siebert** experimentell nach, daß das durch Erwärmen von „gelbem Antimon" (vgl. 1904 St.) hergestellte „schwarze Antimon" eine wohldefinierte dritte Modifikation des Antimons darstellt, das sich auch durch Sublimation des gewöhnlichen Antimons im Wasserstoffstrom erhalten läßt. Die Analogie zu den drei Arsenmodifikationen (vgl. 1882 S.) ist somit vollkommen.

— S. **Surzycki** modifiziert den Talbot'schen Flußeisenprozeß (s. 1899 T.) in der Absicht, die Schlackendecke zu verringern und so die Einwirkung der Flamme nicht allzusehr zu verlangsamen, dahin, daß er den feststehenden Ofen mit zwei oder drei Abstichöffnungen versieht. Aus der obern kann man eine gewisse Menge Schlacke ablassen, aus der zweiten den Rest der Schlacke, aus der dritten sticht man das fertige Eisen ab.

— **The Svedberg** verbessert die Bredig'sche Zerstäubungsmethode zur Gewinnung von Elementarsolen (vgl. 1899 B.), indem er bei minimaler mittlerer Stromstärke die Spannung bedeutend steigert. Er stellt so Organosole von Gold, Silber, Platinmetallen und von Zinn dar.

1905 E. N. **Trump** konstruiert eine kontinuierliche Meßmaschine, mit der man entweder eine einzelne, feste oder pulverförmige Substanz fortdauernd abmessen und in gleichmäßigem Strom einem Apparat zuführen oder auch die verschiedenen Bestandteile einer Mischung im geeigneten Verhältnis zusammenbringen kann.

— **Vanderbilt** konstruiert einen Wasserrohrkessel für Lokomotiven, der drei untere in der Längsrichtung der Lokomotive liegende zylindrische Wasserbehälter und zwei obere Dampfbehälter hat, die mit den ersteren durch einige hundert vertikale oder gebogene Röhren verbunden sind. Der Raum zwischen den Zylindern und den Kommunikationsröhren ist von den Flammen und Heizgasen erfüllt, die Verdampfung dementsprechend sehr lebhaft.

— Francis William **Webb** verbessert seine Verbundlokomotiven (vgl. 1885 W.) so, daß sie bei einer Kesselheizfläche von 2000 Quadratfuß eine Durchschnittsgeschwindigkeit von 100 km per Stunde vor einem vollen Zuge erreichen.

— Paul **Wichmann** in Hamburg konstruiert eine Röntgenröhre für therapeutische Zwecke, die mit Ausnahme einer kleinen Stelle der Wandung aus Bleiglas besteht. Infolgedessen treten nur die zur Nutzanwendung dienenden Röntgenstrahlen aus, wodurch Patient und Arzt gegen schädliche Bestrahlung geschützt sind. Ein an die durchlässige Stelle der Röhre unmittelbar ansetzbares Tubensystem gestattet, die heilsame Wirkung der Strahlung auch auf tiefer gelegene Übel direkt anzuwenden, und dient außerdem bei photographischen Aufnahmen als Blende.

— Die Gebrüder Orville und Wilbur **Wright** in Dayton (Ohio) konstruieren, durch Lilienthal's Versuche angeregt (s. 1890 L.), i. J. 1900 eine Flugmaschine, die in der äußeren Form einem Hargrave-Drachen ähnelt, und, mit einem Benzinmotor versehen, i. J. 1903 einen Gleitflug von 260 m Länge gegen den Wind ausführt. Mit einem anderen Motorflieger legen sie am 20. September 1904 zum ersten Male einen vollen Kreis zurück. 1905 wird der Motorflieger dann so weit verbessert, daß sie angeblich Flüge bis zu $24^1/_5$ engl. Meilen mit einer Durchschnittsgeschwindigkeit von 38 Meilen in der Stunde ausführen. Doch sind zuverlässige Nachrichten über die Leistungsfähigkeit der Wright'schen Flugmaschine bis jetzt überhaupt noch nicht in die Öffentlichkeit gelangt.

— C. **Zenghelis** beweist experimentell, daß viele feste Körper bei gewöhnlicher Temperatur verdunsten, und macht die Verdunstung für das Auge sichtbar, indem er die Dämpfe der zu untersuchenden Körper durch Blattsilber absorbiert, welches dabei eine Farbenänderung erleidet.

— Emil **Ziehl** konstruiert Doppelfeldgeneratoren, welche zuerst bei der Berliner Maschinenbau-Aktiengesellschaft vorm. L. Schwartzkopff gebaut werden.

1906 A. **Albu** und C. **Neuberg** geben in ihrer „Physiologie und Pathologie des Mineralstoffwechsels" eine kritische Zusammenstellung der auf dem Gebiete des Mineralstoffwechsels gemachten Forschungen und wertvolle Tabellen über den Mineralstoffgehalt von Nahrungs- und Genußmitteln, die teils auf den Wolff'schen Arbeiten (vgl. 1880 W.), teils auf eigenen Analysen beruhen.

— Knut **Ångström** konstruiert zur Messung der Intensität der Sonnenstrahlung das Kompensations-Pyrheliometer, das von Aßmann für den Gebrauch bei Luftfahrten adoptiert wird.

— Mit Hilfe eines von dem Grafen **Arco** angegebenen Verfahrens einer veränderten Einschaltung der Mikrophone, deren Schwingungen mit besonders erzeugten ungedämpften Schwingungen überlagert sind, gelingt am 14. Dez. ein Gespräch durch drahtlose Telephonie zwischen Berlin und Nauen auf nahezu 40 km Entfernung. Es ist damit ein neuer bedeutsamer Schritt in der Entwicklung der drahtlosen Telephonie getan.

1906 **August Großherzog von Oldenburg** konstruiert den Niki-Propeller, eine Schiffsschraube, bei welcher die Flügel so versetzt sind, daß jedem Flügel freies Wasser verschafft wird.

— **Ball** und **Weil** arbeiten über Leukocytose und zeigen, daß die Bakterien gewisse, von ihnen „Aggressine" genannte Körper absondern, um sich gegen die Leukocyten zu verteidigen, bez. um den Widerstand der tierischen Zellen zu beseitigen.

— Alexander Graham **Bell** konstruiert einen Flugapparat, dessen Tragfläche aus einer großen Anzahl tetraederförmiger Einzelzellen besteht, welche an der dem Winde zugekehrten Seite offen sind. Hierdurch erhält der Apparat eine große Flächenausdehnung und bietet dem Winde eine sehr große Angriffsfläche. Die Versuche mit diesem Flugapparat geben sehr gute Resultate.

— A. **Bemporad** stellt die Werte für die sogenannte terrestrische Extinktion zusammen. Diese Werte sind teils durch astronomische Absorptionsbestimmungen erhalten, wie die von G. Müller am Säntis (1902), teils durch diaphanometrische Bestimmungen, die 1789 von Saussure, 1848 von Schlagintweit und 1854 von Beer gemacht wurden, teils durch photometrische direkte Absorptionsbestimmungen, die von Wild (1866) und Oddone (1901), teils durch differentielle Absorptionsbestimmungen durch gleichzeitige astrophotometrische Beobachtungen von zwei verschieden hohen Stationen, die von Langley 1884, von Müller und Kempf 1884 unternommen worden sind. Die Bestimmungen nach den verschiedenen Methoden ergeben für die hellsten Strahlen des weißen Lichts eine Absorption durch die Atmosphäre in der Vertikallinie von 7—17 %.

— Bertram Borden **Boltwood** findet in unveränderten primären Mineralien gleicher Herkunft die vorkommende Bleimenge der Uranmenge proportional, in solchen verschiedener Herkunft dieses Verhältnis um so größer, je höher das geologische Alter des Minerals ist. Hierin erblickt er einen Beweis dafür, daß Blei das letzte Zerfallsprodukt des Urans ist. Die in radioaktiven Mineralien gefundenen Heliummengen entsprechen der Annahme, daß Helium nur durch den Zerfall des Urans und seiner Produkte entsteht. (S. 1905 B.)

— Bertram Borden **Boltwood** findet in einer Aktiniumlösung nach Verlauf von mehreren Monaten eine unzweifelhafte Vermehrung des Radiumgehaltes und will im Aktinium die Muttersubstanz des Radiums erkennen.

— Jules **Bordet** entdeckt den Erreger des Keuchhustens.

— John **Brown & Co.** in Sheffield erbauen für die Cunard-Linie den Turbinendampfer „Lusitania", der 239,24 m lang und 26,82 m breit ist, einen Brutto-Tonnengehalt von 32500 Reg.-Tons, eine Wasserverdrängung von 38000 Reg.-Tons und 10 m Tiefgang besitzt. Zum Antrieb der vier Schraubenwellen dienen zwei Hochdruck-Vorwärts-, zwei Niederdruck-Vorwärts- und zwei Rückwärtsturbinen von zusammen 68000 PS Leistung. Die „Lusitania" erzielt bei ihrer Fahrt im Oktober 1907 eine Durchschnittsgeschwindigkeit von 23,98 Seemeilen und erringt damit das „Blaue Band des Ozeans". (Vgl. auch 1907 S.)

— Nachdem bereits Knöfler (s. 1894 K.) zur Herstellung von Glühstrümpfen eine Kollodiumlösung verwendet hatte, der er die Salze der seltenen Erden in Alkohollösung zusetzte, und Plaissetty 1900 die wasserfreien Verbindungen der seltenen Erden mit wenig Kollodium verwendet hatte, gelingt es W. **Bruno** im Verein mit **Plaissetty**, aus Kupferoxyd-Cellulosefäden mit Thoriumhydroxyd Glühkörper herzustellen, die an Festigkeit alle bisherigen übertreffen.

1906 Thaddaeus **Cahill** baut in New York das „Telharmonium“, eine Einrichtung zur Übermittelung von Musik in die Wohnungen auf elektrischem Wege und ohne musikalische Instrumente, ausschließlich durch Übereinanderlagerung sinusförmiger Wechselströme, welche in die Leitungen gesandt und erst an der Empfangsstation in Tonschwingungen umgesetzt werden.

— Das in den Vereinigten Staaten gebaute, für den Hafen von **Cavite** auf den Philippinen bestimmte Schwimmdock, welches im Frühjahr 1906 durch den Suezkanal nach seinem Bestimmungsorte geschleppt wird, besteht aus einer Hauptabteilung von 98 m und zwei Endabteilungen von je 52 m Länge. Es vermag Schiffe von 20000 t Deplacement zu docken, und ist somit das größte Schwimmdock der Welt.

— **Chablay** reduziert ungesättigte primäre Fettalkohole durch Metallammoniake und gelangt vom Citronellol zu einem Kohlenwasserstoff $C_{10}H_{20}$.

— E. **Charolot** und C. **Laloue** machen pflanzenphysiologische Untersuchungen, indem sie über die Bildung und Verteilung des ätherischen Öles in den verschiedenen Organen von Artemisia absinthium L. Versuche anstellen. Es zeigt sich, daß schon in der ganz jungen Pflanze ätherisches Öl in reichlicher Menge vorhanden ist; bis zum Beginn der Blütezeit nimmt der Gehalt an Riechstoffen zu. Alsdann tritt sowohl in prozentualer wie auch in absoluter Menge Verminderung des Öles ein, und zwar besonders in der Zeit der Befruchtung.

— Die **Chicago & Alton-Bahn** rüstet ihre Schnellzüge zwischen Chicago und St. Louis mit Apparaten für Funkentelegraphie aus und errichtet zur Entgegennahme von Telegrammen für kaufmännische und Betriebszwecke Stationen in Chicago, Springfield und St. Louis, die eine Sprechweite von 65 km haben. Die Einrichtung rührt von der De Forest Co. her.

— Armand **Considère** erfindet als Resultat seiner langjährigen Versuche über Zement-Eisenkonstruktionen den spiralförmig armierten „Béton fretté“, eine neue Form des Eisenbetons.

— Der Arzt **Danneberg** in Dresden schlägt vor, für die Zwecke der Röntgendiagnostik statt des Platincyanürschirmes einen Schwefelzinkschirm zu verwenden, welcher den Vorzug hat, deutliche Nachbilder zu liefern.

— M. **Dennstedt** und F. **Voigtländer** geben in ihrem Buche „Der Nachweis von Schriftfälschungen, Blut, Sperma usw.“ eine eingehende Beschreibung der für die gerichtlichen Untersuchungen von Schriftfälschungen, Blutflecken, Spermaflecken usw. gebräuchlichen photographischen Verfahren und eine genaue Darstellung der biologischen Methoden zur Blutuntersuchung (s. 1901 U.), durch die allein das Blut verschiedener Tiere unterschieden werden kann.

— Der Ingenieur Friedrich **Dessauer** in Aschaffenburg ersinnt eine Methode, durch die eine Behandlung tiefer gelegener Krankheitsherde mit Röntgenstrahlen ermöglicht werden soll. Zu diesem Zwecke durchstrahlt er den Körper des Patienten aus großem Abstande mit sehr intensiven und sehr harten, also sehr durchdringungsfähigen Röntgenstrahlen, die als annähernd homogen betrachtet werden können. Die Brauchbarkeit dieser Methode wird neuerdings von B. Walter in Hamburg in Zweifel gezogen.

— Die **Deutsche Akustik-Gesellschaft** in Berlin konstruiert für Schwerhörige einen „Akustik“ genannten Apparat, der aus einem Mikrophon besteht, das durch ein übersponnenes Kabel mit einem Telephon verbunden ist. Der Redende spricht gegen das Mikrophon, während der Schwerhörige das

Telephon ans Ohr hält. Die zum Betriebe nötige Trockenbatterie ist so klein, daß man sie bequem in der Tasche tragen kann.

1906 Otto **Diels** und Bertram **Wolff** stellen durch Einwirkung von Phosphorpentoxyd auf Malonester das Kohlensuboxyd dar, dem sie die Formel OC—C—CO geben. Verbindungen ähnlicher Art waren 1891 bereits von Berthelot dargestellt worden.

— A. **Eichengrün** stellt ein „Autan“ genanntes Gemisch von polymerisiertem Formaldehyd und Metallsuperoxyden dar, das beim Übergießen mit Wasser sogleich Formaldehyddämpfe und gleichzeitig die zur Übersättigung der Luft nötige Wassermenge entwickelt.

— Willem **Einthoven** gelingt es, durch Vermittelung einer mehrere Kilometer langen Leitung die elektrischen Ströme des Herzens von Patienten im Krankenhause zu Leiden in seinem Laboratorium photographisch zu registrieren. Diese Aufnahmen werden von ihm als „Telekardiogramme“ bezeichnet und für die Diagnose der Herzkrankheiten verwendet.

— Karl **Eloesser** stellt aus einem besonders legierten und gehärteten Stahl Bänder her, die an Stelle der Lederriemen zur Kraftübertragung gebraucht werden. Zufolge der größeren Festigkeit können die Stahlbänder wesentlich schmaler als die Lederriemen gehalten werden. (S. a. 1880 J.)

— Die **Englische Admiralität** erbaut das Schlachtschiff „Dreadnought“, das eine Wasserverdrängung von 18000 Tonnen hat und mit zehn $30^1/_2$ cm-Geschützen, die in Stahltürmen aufgestellt sind, armiert ist. (Vgl. auch 1906 J.)

— H. **Erdmann** stellt krystallisierten Stickstoff dar, indem er trockene, kohlensäurefreie Preßluft verflüssigt und die klare Flüssigkeit in ein gutes Vakuum (10—20 mm Quecksilber) bringt. Namentlich für die Scheidung des Stickstoffs vom Sauerstoff scheint diese neue Krystallisationsmethode wirkungsvoller als die Fraktioniermethode.

— Franz **Fischer** gelingt es, bei 1600—3500° als Produkte der Lufterhitzung, je nach der längeren oder kürzeren Abkühlungsdauer, Ozon bez. Stickstoffmonoxyd festzuhalten. Er erkennt, daß die Bildung von Ozon eine Geschwindigkeitsfrage ist und erreicht sie, indem er aus einer spiralförmigen Düse einen sehr raschen Luftstrom auf einen glühenden Nernststift richtet oder einen Nernststift in Luft rasch rotieren läßt.

— Julius **Franz** veröffentlicht die erste stereographische Karte des Mondes, bei der besonders auch die Randgebiete berücksichtigt sind und die Lage der einzelnen Punkte durch genaue Rechnungen festgelegt ist. Die Karte bedeutet ein neues Stadium der Erkenntnis der Mondoberfläche.

— C. **Fredenhagen** weist auf Grund umfangreicher Untersuchungen nach, daß die in der Bunsenflamme auftretenden Spektren der Alkalimetalle, wie sie zuerst von Kirchhoff und Bunsen beobachtet worden sind, an die Gegenwart von Sauerstoff gebunden sind. (Vgl. 1862 M.)

— Der französische Ingenieur **Gabet** bringt die Frage der Lenkung von Torpedos durch Hertz'sche Wellen (s. 1898 O.) der Lösung näher, indem er einen Schaltapparat in Form eines Schaufelrades konstruiert, das zur Ausführung der elektrischen Befehle dient.

— **Gans** erfindet eine neue, im wesentlichen Sulfocuprobariumpolythionat enthaltende Zündmasse. Die damit hergestellten Zündhölzer lassen sich an jeder Reibfläche entzünden und brennen ruhig und ohne Rauchentwicklung ab.

— Ludwig **Gattermann** beschreibt drei neue Synthesen aromatischer Aldehyde. I. Die Kohlenoxyd-Methode, anwendbar auf aromatische Kohlenwasserstoffe. Man läßt auf diese in Gegenwart von Aluminiumchlorid oder Kupferchlorür ein Gemisch von Kohlenoxyd und Salzsäure einwirken.

II. Die Blausäure-Methode, die zur Einführung der Aldehydgruppe in Phenole und Phenoläther durch Einwirkung von Blausäure und Salzsäure dient III. Die Synthese durch Einwirkung von Ameisenäther auf Organomagnesiumverbindungen.

1906 Ernst **Gehrcke** und Otto **von Bayer** gelingt es, durch Verwendung von Zinkamalgam mit Wismutzusatz als Elektrodenmetall das Licht der Quecksilberdampflampe (s. 1896 A.) in Farbe dem Sonnenlicht ähnlicher zu machen.

— Ernst **Gehrcke** und Otto **Reichenheim** finden in den Interferenzen nicht homogenen Lichtes an planparallelen Platten ein Mittel zu genauen Wellenlängenmessungen.

— Ernst **Gehrcke** und Otto **Reichenheim** gelingt es, Anodenstrahlen nachzuweisen. Eine Hauptbedingung für das Zustandekommen dieser Strahlen liegt in der Anwesenheit von Salzen auf der Anode. Bei Kochsalz und Borax bilden die Anodenstrahlen eine gelbe Fackel von hoher Leuchtkraft, Thalliumchlorid gibt eine prächtige grüne Fackel.

— Die **Germaniawerft** in Kiel vollendet das erste für die deutsche Marine bestimmte Unterseeboot, bei welchem die Pläne des spanischen Ingenieurs d'Equevilley verwendet sind. Die größte Tauchungstiefe beträgt 30 m; das Boot hat zwei Sehrohre, die so lang sind, daß das Boot noch freien Überblick bis zum Horizont hat, wenn es in einer gegen Artilleriefeuer schützenden Tiefe fährt.

— H. D. **Gibbs** findet, daß flüssiges Methylamin für organische Verbindungen ein auffallend gutes Lösungsmittel ist und in dieser Beziehung flüssiges Ammoniak und Methylalkohol weit übertrifft. Dagegen ist es ein weniger gutes Lösungsmittel für anorganische Verbindungen. Es ist außerdem äußerst reaktionsfähig. Nächst dem Lösungsvermögen ist seine charakteristischste Eigenschaft, sich mit gewissen organischen und anorganischen Verbindungen als Krystallmethylamin zu vereinigen.

— Das großartige Unternehmen von David **Gill**, betreffend eine Messung des 30. Meridians in Afrika, zeigt zurzeit folgenden Stand: Vom Kap her ist ein Anschluß gewonnen; die Messungen in Transvaal sind im Gange; in Rhodesia sind vier Breitengrade vollendet. Die Messungen durch den Kongo-Staat und Deutsch-Ostafrika sind vorbereitet.

— Der Astronom James Howard **Gore** nimmt auf Grund der besten photographischen Sternkarten eine Zählung aller noch erkennbaren Sterne vor, bei welcher er die Zahl von 64 184 757 findet, die wahrscheinlich etwas zu klein ist, da bei der Reproduktion die Bilder von schwächeren Sternen verschwinden.

— F. **Grünbaum** in Berlin bringt ein Aluminiumlot in den Handel, das in Verbindung mit einem Flußmittel eine als brauchbar erwiesene Aluminiumlötung gestattet. Bei Herstellung eines Lötmittels für Aluminium hatte die Schwierigkeit namentlich darin bestanden, daß die Oxydbildung an der Lötstelle schwer zu vermeiden war.

— P. **Gruner** in Bern berechnet und veröffentlicht als erster ausführliche Tabellen für die Exponentialfunktion mit negativem Exponenten $y = e^{-x}$.

— M. **Hankel** konstruiert eine Kammerfilterpresse, deren Platten abwechselnd Kanäle für das Preßgut und für Druckwasser enthalten, und bei welcher die Hälfte der Filtertücher durch elastische, undurchlässige Membranen ersetzt ist. Die Membranfilterpresse soll sich gut eignen, um voluminöse, schleimige Niederschläge zu filtrieren.

— Der Engländer A. H. **Harrison** fährt durch die Beringstraße und überwintert am Mackenziestrom unweit von Mikkelsen's Station (vgl. 1906 M.), von wo er nordwärts in das Beaufort-Meer vordringt, ohne Land zu finden.

— A. **Hesse** beschäftigt sich mit der künstlichen Darstellung des Laurineencamphers und mit den Beziehungen zwischen Pinenchlorhydrat und Campherchlorhydrat. Diese Chlorhydrate lassen sich durch ein neues Verfahren zu 70—80 % in Magnesiumverbindungen überführen, die beim Zersetzen mit Wasser denselben Campher vom Schmelzpunkt 153° geben, woraus folgt, daß beide Chloride dasselbe Kohlenstoffskelett besitzen. An der Luft absorbiert Pinenchlorhydratmagnesium Sauerstoff, schließlich wird Borneol bez. Isoborneol erhalten (nach einem besonderen Verfahren), die beide ihrerseits in Campher übergeführt werden können.

1906 **Hoesch** modifiziert den Talbot'schen Flußeisenprozeß (s. 1899 T.), indem er das gesamte Ofenprodukt, also flüssiges Eisen und Schlacke, in eine gemeinschaftliche Pfanne absticht, aus dieser die Schlacke abgießt und das Eisen in den Ofen zurückgibt. (S. a. 1905 S.)

— George F. **Jaubert** stellt eine Verbindung von Wasserstoff und Calcium her, die „Hydrolith" genannt wird, und aus der sich durch bloßes Zusetzen von Wasser in derselben Weise Wasserstoff entwickeln läßt, wie aus dem Calciumcarbid das Acetylen sich bildet. Hydrolith wird durch Einwirkung von metallischem Calcium auf ein Metallsalz gewonnen.

— Am 15. November 1906 läuft auf der Werft in **Jokosuka** in Japan das i. J. 1905 auf Helling gelegte Schlachtschiff „Satsuma" vom Stapel. Das mit vier 30,5 cm-, zehn 25,4 cm- und zwölf 12 cm-Kanonen armierte Schiff hat eine Wasserverdrängung von 19500 Tonnen und ist somit das größte Kriegsschiff der Welt. (Vgl. das bis dahin größte Schlachtschiff „Dreadnought" unter 1906 E.)

— **Kay** und W. H. **Perkin** jr. machen wichtige Synthesen von dem Menthol nahestehenden Verbindungen, indem sie Menthenol und Menthadiën, letzteres sowohl in aktivem als inaktivem Zustande, herstellen.

— B. **Koch** in Stettin konstruiert einen Bagger, der im Gegensatz zu den üblichen Saugbaggern als Druckbagger bezeichnet wird. Der Bagger bewegt sich mit den Schaufeln und Bodenabschneidern gegen den abzugrabenden Boden. Dieser dringt in ein Rohr ein, wird von einem kräftigen Wasserstrom erfaßt und mit diesem vermischt aus der Tiefe zutage gefördert.

— A. **Köhler** zeigt, daß es möglich ist, mit ultraviolettem Licht zu photographieren, und gibt die Methoden an, wie dieses Licht für die Mikroskopie und Mikrophotographie benutzt werden kann.

— Die Berliner Firma Arthur **Koppel** vollendet nach dreijähriger Arbeit die südwestafrikanische Otavi-Bahn von Swakopmund bis zu den Erzminen von Tsumeb und Otavi. Die Bahn hat eine Länge von 578 km und eine Spurweite von nur 60 cm und ist die längste mit dieser schmalen Spur gebaute Eisenbahn der Welt.

— Arthur **Korn** setzt durch seinen Selenkompensator den störenden Einfluß der Trägheit seiner Selenzellen (s. 1902 K.) wesentlich herab und erzielt damit eine bedeutende Vervollkommnung seines fernphotographischen Verfahrens.

— Die Gebrüder **Körting, Elektrizitäts-Gesellschaft m. b. H.,** konstruieren einen Härteofen, der eine fast völlig zuverlässige Erwärmung der Werkzeuge zum Zweck des Härtens gestattet. Im Ofen wird mit Hilfe des elektrischen Stromes Salz von bestimmtem Schmelzpunkt geschmolzen. In diesem Bad werden die zu härtenden Gegenstände zwischen 650 und 1300° unter Luftausschluß erhitzt und dann beliebig abgekühlt.

— Für die **Krain-Küstenländische Bahn,** die Fortsetzung der Tauern- und Karawankenbahn, wird die steinerne Brücke über den Isonzo bei Salcano gebaut, welche die größte steinerne Eisenbahnbrücke darstellt. Ihr mittlerer Bogen hat eine Spannweite von 85 m und wird nur von der Syratalbrücke

(s. 1905 L.) übertroffen, deren Hauptbogen 90 m Spannweite besitzt, die aber nur dem Straßenverkehr dient. Die Gesamtlänge der Isonzobrücke ist 220 m.

1906 Hans **Kuzel** stellt aus den Kolloiden schwer schmelzbarer Metalle, wie Wolfram, Molybdän, Vanadium usw., Glühfäden für elektrische Glühlampen her. Die so erhaltenen Fäden sind Leiter zweiter Klasse, gehen aber bei Erhitzung bis zur Weißglut in den metallischen Zustand über und bilden dann dünne, sehr homogene Drähte von ganz reinem Metall. Die so hergestellten Glühlampen sollen eine Brenndauer von 3000 bis 4000 Stunden bei einem Stromverbrauch von nur 1 Watt auf die Normalkerze haben.

— Albert **Ladenburg** zeigt, daß das von ihm synthetisch hergestellte Coniin (s. 1886 L.), dessen Drehungsvermögen wesentlich höher ist, als das des natürlichen Coniins, ein Isoconiin darstellt und führt es durch Erhitzen auf 300° in Coniin über, das in jeder Beziehung mit dem natürlichen Coniin übereinstimmt.

— Paul **Lebeau** versucht, Verbindungen von Fluor mit Chlor und Brom darzustellen. Mit Chlor vereinigt sich Fluor nicht direkt, löst sich aber in flüssigem Chlor auf. Bei Gegenwart von Wasser tritt Oxydation des Chlors zu unterchloriger Säure ein. Auf Brom vermag Fluor direkt einzuwirken unter Bildung von Bromtrifluorid BrF_3, einer farblosen, stark rauchenden Flüssigkeit von äußerst starker chemischer Wirkung. Mit Wasser entsteht zunächst unterbromige Säure, darauf Bromsäure.

— Die **Lederfabrik Hirschberg** verbessert die Chromgerbung des Leders, indem sie Chromnatriumpyrophosphat verwendet, wodurch die Anwendung freier, dem Leder schädlicher Säure vermieden wird. (S. a. 1883 S.)

— Walter **Löb** gelingt es, die Assimilation der Kohlensäure außerhalb der Pflanze bis zum Zucker durchzuführen. Er unterwirft Kohlensäure und Wasser bei gewöhnlicher Temperatur ohne Hilfe anderer Chemikalien der Einwirkung geeigneter Energiequellen, wie der dunkeln oder stillen Entladung, die eintritt, wenn man hohe elektrische Spannungen sich durch einen Gasraum unter Vermeidung von Funkenbildung ausgleichen läßt. Die Entstehung von Formaldehyd bei dieser Reaktion gibt der Baeyer'schen Hypothese, daß die Kohlensäure in der Pflanze zunächst in Formaldehyd übergehe und dieser sich zu Zucker kondensiere, eine experimentelle Stütze.

— D. T. **Mac Dougal** vom Carnegie-Institut in Washington unterwirft verschiedene Pflanzen, wie Oenothera biennis (Nachtkerze), Begonia usw., der Einwirkung von verdünnten Salzlösungen (Calciumnitrat, Radiumlösungen) und erhält dadurch wesentliche Veränderungen im Charakter der Pflanzen. Bei der Weiterzüchtung solcher veränderter Pflanzen erzielt er Exemplare, die in jeder Beziehung dem neuen Typus entsprechen und keinen Rückfall in den alten Typus zeigen (Vererbbarkeit der neu erworbenen Eigenschaften).

— Der italienische Ingenieur **Majorana** erfindet ein neues Mikrophon, das auf den Veränderungen beruht, die durch die Tonwellen an einer in eine enge Röhre eingeschlossenen Flüssigkeitssäule hervorgerufen werden. Das Flüssigkeitsmikrophon soll das Telephon besonders lauttönend machen, was darauf beruht, daß man mit ihm Induktionsströme von ca. 100 Milliampere erhalten kann, wogegen die bisherigen Mikrophone Ströme von höchstens 20—25 Milliampere erhalten lassen.

— C. **Mannich** spaltet aus Dodekahydrophenylen Wasserstoff ab, indem er es in einem schwachen Kohlensäurestrom über auf 475° erhitztes Kupfer destilliert, und erhält so den Kohlenwasserstoff Triphenylen, das nächst höhere Homologe in der Reihe Benzol, Naphtalin, Phenanthren.

1906 **Marc** erbringt den Nachweis, daß das krystallinische oder metallische Selen in zwei allotropen Modifikationen vorkommt, von denen die eine praktisch gar keine Leitfähigkeit besitzt, die andere aber eine sehr gut leitende Substanz mit negativem Temperaturkoeffizienten ist. Die letztere ist die lichtempfindliche Modifikation.

— Der englische Ingenieur **Marriot** nimmt in den Goldminen von Transvaal Temperaturmessungen vor, die sich bis zu einer Tiefe von 1300 m erstrecken. Die Messungen ergeben eine geothermische Tiefenstufe von 118 m, wobei die höchste beobachtete Temperatur 28,3^0 beträgt. Die Nähe von vulkanischen Massen, selbst wenn deren Entstehung weit zurückliegt, bedingt, wie festgestellt wird, eine schnellere Zunahme der Temperatur in der Erdkruste.

— François **Merklen** begründet die Theorie der Seifenbildung durch Zurückführung auf die Phasenlehre.

— Nachdem Grigoroff die ersten wissenschaftlichen Untersuchungen über das in Bulgarien viel verwendete Yoghurt, eine Art Sauermilch (die aus Schafmilch hergestellt wird) gemacht hatte, empfiehlt Elie **Metschnikoff** dieses Präparat als Ernährungs- und Kräftigungsmittel. Weitere Untersuchungen des Yoghurts werden von Tulbendjan, Macé, Strzygowski, Wilke und namentlich von Cohendy gemacht.

— Adolph **Miethe** studiert die von Crookes zuerst beobachtete Einwirkung der Radiumstrahlen auf Edelsteine und zeigt, daß natürliche Saphire und von ihm nach dem Verneuil'schen Verfahren (vgl. 1900 P.) hergestellte künstliche blaue Spinelle unter dieser Einwirkung eine prachtvolle gelbe Farbe erhalten, welche derjenigen des Topas weit überlegen ist.

— Der dänische Kapitän Einar **Mikkelsen** fährt durch die Beringstraße, überwintert in der Nähe der Herschelinsel und unternimmt von dort aus im Februar 1907 eine Schlittenreise in nördlicher Richtung, die ihn etwa 80 km weit über das Meer führt, ohne daß er Land antrifft. Seine Messungen ergeben für das sogenannte „Beaufort-Meer" die beträchtliche Tiefe von 600 m.

— H. **Molenaar** in München erfindet die Weltsprache „Universal", welche sich durch große Einfachheit der grammatikalischen Regeln auszeichnet.

— Reiner **Müller** und Heinrich **Graef** finden, daß die Typhusbacillen sich auch noch aus geronnenem Blute züchten lassen, und daß sich in den meisten Fällen mit dem bei der Gerinnung austretenden Serum die Agglutinationsprüfung nach Widal und Gruber (s. 1896 W.) anstellen läßt. Dadurch wird es möglich, die Untersuchung auf Typhusbacillen, die bisher nur an frischen Blutproben vorgenommen werden konnte, auch an solchen Proben vorzunehmen, die von auswärts an das Laboratorium eingesandt werden.

— Alexander **Nathanson** weist auf die Bedeutung der vertikalen Wasserbewegung für die Produktion des Planktons im Meere hin.

— Albert **Neißer** macht im Anschluß an die Entdeckung von Metschnikoff und Roux (s. 1903 M.) über die Empfänglichkeit der höheren Affen für Syphilis mehrjährige Forschungen an Affen in Batavia, die zu dem Ergebnis führen, daß auch die niederen Affenarten für Syphilis empfänglich sind.

— Walther **Nernst** gelingt es, unter Annahme der Hypothese, wonach die freie und die gesamte Energie chemischer Reaktionen zwischen festen und flüssigen Körpern beim absoluten Nullpunkt und in dessen Nähe einander gleich sind, chemische Gleichgewichte aus thermischen Messungen zu berechnen und annähernde Übereinstimmung mit den Beobachtungen nachzuweisen.

— F. **Obermayer** und E. P. **Pick** stellen fest, daß es durch Einführung chemischer Gruppierungen (Jod-, Nitro-, Diazogruppe) in das Eiweißmolekül gelingt, den genuinen Eiweißstoffen die, bei den biologischen Antikörper-

die Regeln fest, nach denen Normalrüben auf die Zuteilung der wichtigsten Nährstoffe (einzeln und kombiniert) reagieren.

1906 Josef **Rosenthal** in München konstruiert eine neue Röntgenröhre, die er als „Innenfilterröntgenröhre" bezeichnet. Bei seiner Konstruktion passieren die von der Antikathode ausgehenden Strahlen vor dem Auftreffen auf die Glaswand ein Filter, wodurch alle schädlichen Strahlen beseitigt werden.

— Franz **Sachs** entdeckt eine neue Darstellung für aromatische Amine, indem er die Natriumsalze von Sulfosäuren aromatischer Kohlenwasserstoffe, von Naphtholen und Naphthylaminen mit Natriumamid und Naphthalin oder mit Natriumamid allein verschmilzt, wobei an die Stelle der Sulfogruppe oder eines Wasserstoffatoms die Aminogruppe tritt. Beim Erhitzen von Naphthalin mit Natriumamid und Oxydationsmitteln entsteht α-Naphthylamin und 1—5-Naphthylendiamin.

— Alberto **Santos-Dumont** befaßt sich neben der Verbesserung des lenkbaren Luftballons (s. 1901 S.) auch mit dem Aeroplan. Er durchfliegt damit am 23. Oktober 1906 eine Strecke von etwa 100 m in wirklichem (nicht nur Gleit-) Fluge, womit er den vom Flugtechniker Archdeacon gestifteten Preis gewinnt. Am 13. November 1906 legt er eine Strecke von 220 m zurück.

— **Schimmel & Co.** in Leipzig bringen den reinen Riechstoff des natürlichen Moschus, den sie durch Fraktionierung des aus Moschus durch Destillation gewonnenen ätherischen Öls erhalten, und der ein Keton darstellt, unter dem Namen „Muscon" in den Handel. Dieser Riechstoff hat nichts mit dem Moschus Baur, der eine Nitroverbindung ist, zu tun.

— Friedrich Wilhelm **Semmler** weist nach, daß der Hauptbestandteil des Eberwurzöls (Carlina acaulis), in welchem er bereits i. J. 1889 ein Sesquiterpen „Carlinen" aufgefunden hatte, die Bruttoformel $C_{13}H_{10}O$ hat, und daß der Körper gleichzeitig ein Furan- und Benzolabkömmling ist. Semmler synthetisiert das durch Reduktion aus $C_{13}H_{10}O$ erhaltene $C_{13}H_{14}O$, das ein Phenylfurylpropan darstellt.

— Friedrich Wilhelm **Semmler** macht Untersuchungen über Fenchon, um seine im Gegensatz zur Wallach'schen Formel stehende Auffassung zu bestätigen. Es gelingt ihm, im Natriumamid ein Mittel zur Aufspaltung solcher cyclischer Ketone zu finden, die benachbart von der Ketongruppe keinen leicht ersetzbaren Wasserstoff enthalten; hierbei entstehen Amide. (Vgl. 1905 S.)

— Friedrich Wilhelm **Semmler** und **Mac Kenzie** klären die Konstitution des Buccocamphers $C_{10}H_{16}O_2$ auf. Es wird gezeigt, daß derselbe ein hydriertes Phenol ist und den ersten bekannten zu dieser Klasse gehörigen Körper darstellt.

— **Siemens & Halske** verlegen das erste Fernsprech-Seekabel nach dem Pupin-System (s. 1899 P.) im Bodensee zwischen Friedrichshafen und Romanshorn.

— Frederick **Soddy** gibt eine Methode zur Erzeugung eines hohen Vakuums an. Wenn man Calcium in einem verschlossenen evakuierten Glasrohr im elektrischen Ofen über die Erweichungstemperatur des Glases erhitzt, so absorbiert das Calcium alle noch vorhandenen Gasreste mit Ausnahme von Argon. Barium und Strontium verhalten sich ähnlich wie Calcium. Diese Versuche werden von K. Arndt (1907) bestätigt.

— **von Soden** und **Treff** machen Versuche über das Nerol und sehen es als ein stereoisomeres Geraniol an.

— Dem Physiker Johannes **Stark** in Göttingen gelingt es, teilweise im Verein mit seinen Schülern, den schon i. J. 1903 von ihm vermuteten Dopplereffekt an den Kanalstrahlen, zunächst im Wasserstoff, experimentell nachzuweisen. Er gründet darauf Schlüsse über die Träger der Linien- und Bandenspektren der Elemente.

1906 Frederick W. **Taylor** und Maunsel **White** stellen den Neuschnellstahl oder Vanadiumstahl dar, der eine besondere Legierung ist und sich von den naturharten Stahlsorten durch einen mäßigen Gehalt von Vanadium und einen höhern Anteil an Wolfram und Chrom unterscheidet, im übrigen aber nach dem früher geübten Verfahren (s. 1900 T.) behandelt wird.

— Die funkentelegraphische Station in Nauen bei Berlin wird von der Gesellschaft **Telefunken** dem Betrieb übergeben. Es gelingt, von dieser Station die Verbindung mit dem Lloyddampfer „Bremen" auf seiner Fahrt nach Amerika bis auf 2500 km herzustellen.

— Th. **Tommasina** gibt der Leidener Flasche eine Form, welche den Verlust der Ladung infolge Leitendwerdens der Glasoberfläche durch Feuchtigkeit ausschließt. Er benutzt zu diesem Zwecke zwei conaxiale zylindrische Glasgefäße von gleicher Wandstärke, zwischen denen ein etwa 2 mm dicker Luftring bleibt. Der innere Zylinder trägt die innere, der äußere die äußere Belegung. Der Rand des inneren Zylinders ragt über den des äußeren hinweg und ist ein wenig nach außen über ihn hinausgebogen. In dem Luftring zwischen beiden Zylindern befindet sich eine 3—4 cm hohe Schicht von Glaswolle, die mit Schwefelsäure getränkt ist und infolgedessen die Glasoberflächen stets trocken hält. Tommasina nennt seine Flasche „Serbokondensator".

— P. **Uhlenhuth** gibt angesichts der Wirkung des Atoxyls auf Spirochaeten die Anregung, auch die Syphilis mit Atoxyl zu behandeln. Die ersten größeren Versuchsreihen mit Atoxyl werden von P. Salmon in Paris gemacht.

— Daniel **Vorländer** stellt fest, daß der krystallinisch flüssige Zustand bei chemischen Verbindungen von der Struktur, insbesondere von der Anwesenheit gewisser Atomgruppen wie C : O, C : C, N : N, N·O·N in Parastellung bedingt wird, die auch Farbe, Lichtbrechung usw. beeinflussen. Er stellt auf Grund dieser Resultate zahlreiche synthetische Verbindungen dar.

— Otto **Wallach** untersucht das Pinen und erörtert besonders ein Derivat, das Pinocarveol $C_{10}H_{15}OH$. Er ist der Ansicht, daß dieser Alkohol möglicherweise als Ester in den hochsiedenden Anteilen des ätherischen Öles von Eucalyptus Globulus vorkommt.

— August **Wassermann** erbringt durch Untersuchung der das Zentralnervensystem umspülenden Flüssigkeit neue Beweise für den schon immer auf Grund klinischer Beobachtung angenommenen Zusammenhang zwischen Paralyse und Syphilis. Seine Methode verspricht für die Feststellung, ob ein Mensch syphilitisch infiziert ist oder nicht, von erheblicher Bedeutung zu werden.

— Richard **Willstätter** macht Untersuchungen über das Chlorophyll und stellt fest, daß es frei von Phosphor und eine komplexe Magnesiumverbindung ist.

— Max **Wolf** entdeckt am 22. Februar auf photographischem Wege einen neuen Planetoiden TG, der eine Umlaufszeit von 12 Jahren hat und eine so exzentrische Bahn besitzt, daß sie teils außerhalb, teils innerhalb der Jupiterbahn liegt. Die Entfernungen von der Sonne schwanken zwischen 655 und 920 Millionen Kilometer. Die Bedeutung dieser Entdeckung beruht namentlich darin, daß durch diesen Planeten zum erstenmal die Tatsache festgestellt wird, daß die Jupiterbahn nicht die äußerste Grenze der Asteroidenzone bildet.

— Richard **Wolffenstein** stellt die Perhydrate der Alkalien und alkalischen Erden dar, indem er ihre Alkoholate mit Wasserstoffsuperoxyd behandelt. Die Perhydrate sind starke Basen und bilden allgemein Salze. Sie dienen zum Bleichen und für therapeutische Zwecke.

— **Woltereck** erfindet ein Verfahren zur Gewinnung von Ammoniak und anderen

1907 Nachdem Rutherford darauf hingewiesen hatte, daß nicht das Aktinium, sondern ein bei diesem sich vorfindendes unbekanntes Produkt der Erzeuger des Radiums sei (vgl. 1906 B.), gelingt es Bertram Borden **Boltwood**, das hypothetische Zwischenprodukt, das er mit dem Namen „Ionium" belegt, aus Aktinium und auch aus Emanation abzuscheiden und dasselbe als eine neue radioaktive Substanz zu erweisen.

— W. **Branco** und **Stremme** benutzen die Röntgenstrahlen mit Erfolg, um gewisse im Innern von Versteinerungen verhüllte Organisationsverhältnisse zu erforschen.

— Louis **Brennan** erfindet einen Eisenbahnwagen für einschienige Bahnen, dessen Gleichgewicht durch zwei gegenläufige und zwangsläufig miteinander verbundene elektrisch angetriebene Gyroskope aufrecht erhalten wird.

— Karl **Buttenstädt** konstruiert zur besseren Ausnutzung des Windes im Gegensatz zu den bisher vertikal rotierenden Windmotoren einen horizontal rotierenden Motor, der ohne Umsteuerung mit allen Winden aus irgend einer Himmelsrichtung läuft.

— George **Calvert** und C. O. **Bastian** verwenden bei der Glühlampe an Stelle der in die Glaswand eingeschmolzenen Platindrähtchen gewöhnliche sehr dünne Kupferdrähtchen, deren Ausdehnung mit der des Glases übereinstimmt, so daß dadurch Luftdichtigkeit erhalten bleibt und die Luftleere im Lampeninnern nicht gestört wird.

— N. **Caro** bewirkt die Vergasung geringwertiger Brennstoffe in großen Generatoren in einem Gemisch von Luft und hocherhitztem Wasserdampf. Es gelingt ihm hierbei beispielsweise, sehr nassen Torf mit 50—55 % Wassergehalt bei gleichzeitiger bedeutender Steigerung der Ausbeute an Ammoniak zu verarbeiten.

— F. D. **Chattaway** findet für die Spiegelfabrikation ein Verfahren zur Herstellung einer haltbaren Kupferbelegung auf Glas. Das Verfahren ähnelt dem für die Herstellung von Silberspiegeln. (Vgl. 1843 D.)

— Der amerikanische Ingenieur **Cody** erbaut das erste Militärluftschiff „Nulli secundus" für die englische Armee. Dasselbe hat 100 Fuß Länge und 30 Fuß Durchmesser und ergibt bei einer Probefahrt im September eine Geschwindigkeit gegen den Wind von 3 km in der Stunde. Das Luftschiff wird im Oktober durch einen Orkan vollständig vernichtet.

— **Cowper** und **Coles** bilden zur elektrischen Gewinnung des Kupfers den sogenannten Zentrifugalprozeß aus, bei welchem sie mit der geringen Stromspannung von nur 0,75 Volt, aber mit einer Stromstärke von 200 Ampere auf jeden Quadratfuß der Niederschlagsfläche arbeiten. Letztere besteht aus einem in der Flüssigkeit mit großer Schnelligkeit rotierenden Mantel, dem ein ringförmiges Kupferblech als Anode gegenübergehängt ist. Das durch den elektrischen Strom ausgeschiedene Kupfer setzt sich auf den kreisenden Flächen ab.

— N. **Debonnet** erfindet eine Rettungsboje für Unterseebote, welche bei einem dem Fahrzeuge zustoßenden Unfall sofort zwei Kabel entrollen und mit den Enden derselben zur Wasseroberfläche emporsteigen soll. Es soll dadurch eine telephonische Verständigung mit der Besatzung und sogar die Zuführung elektrischer Kraft ermöglicht werden.

— Louis **Denayrouze** konstruiert eine Glühlampe für flüssige Brennstoffe, bei welcher auch ein minderwertiges, ungereinigtes Benzin verwendet werden kann, und die sich durch große Leuchtkraft und sehr billigen Betrieb auszeichnen soll. Die Lampe wird unter dem Namen „Lusollampe" in den Handel gebracht.

— Der Aeronaut **Deutsch de la Meurthe** überweist sein vom Ingenieur Henri Kapferer erbautes lenkbares Luftschiff „Ville de Paris" der französischen

Militärverwaltung als Ersatz für den verloren gegangenen Ballon „Patrie". (S. 1907 J.) Das Luftschiff charakterisiert sich durch seine wurstförmigen Stabilisierungsflächen am hinteren Ende, hat 62 m Länge und 3200 cbm Fassungsraum. Der 70pferdige Motor gibt dem zweiflügeligen Propeller 900 Umdrehungen in der Minute.

1907 **Deutschmann** gewinnt, von der Idee ausgehend, daß Hefe die Produktion von Schutzstoffen im Organismus steigere, durch Behandlung von Tieren mit Hefe ein Serum, das sich nach Denechi bei croupöser Pneumonie und nach Friedlieb bei infektiösen Augenkrankheiten von hervorragender Wirkung zeigt.

— Thomas Alva **Edison** macht Vorschläge für eine neue Art des Häuserbaus. Er will zu diesem Zwecke eiserne Gußformen verwenden, welche die gesammte Form des Hauses wiedergeben. Dieselben sollen an der Baustelle aufgestellt und mit Zement ausgegossen werden, so daß nach dessen Erhärtung und nach Wiederentfernung der Gußformen das Haus in allen seinen Hauptelementen (Wänden, Decken, Treppen usw.) fertig dasteht. Edison meint, daß sich im Falle der Einführung bestimmter Normaltypen von Wohnhäusern und der dadurch ermöglichten steten Wiederverwendbarkeit der Gußformen die Baukosten auf ein Zehntel der jetzigen und vielleicht noch weiter herabsetzen lassen würden.

— Felix **Ehrenhaft** gelingt es, in Gasen eine der Brown'schen Molekularbewegung (vgl. 1827 B.) ähnliche Erscheinung mit dem Ultramikroskop nachzuweisen. Hans Molisch zeigt, daß es in manchen Fällen gelingt, das Phänomen in Gasen mit einem gewöhnlichen Mikroskop nachzuweisen.

— A. **Eichengrün** stellt mit Th. **Becker** und Hugo **Guntrum** neue Acetylcellulosen her, von denen die wichtigste, das „Zellit", sich wie Nitrocellulose in Essigäther und in Campher löst und mit letzterem plastische Massen gibt, die weich und biegsam wie Stoff und Leder oder dehnbar wie Guttapercha und dabei glasklar durchsichtig, wasserbeständig und zugleich feuerbeständig sind.

— G. **Eiffel** und **Rith** machen Untersuchungen über den Luftwiderstand. Ihre Fallversuche, die an dem 300 m hohen Eiffelturm vorgenommen werden, führen zu dem Ergebnis, daß innerhalb der Versuchsgrenzen, d. h. zwischen 18 und 20 m Geschwindigkeit, der Luftwiderstand dem Quadrat der Geschwindigkeit ziemlich proportional ist. (Vgl. auch 1892 C.)

— **Emmerich** und **Löw** gewinnen aus dem Bacillus pyocyaneus die Pyocyanase, ein bakterienlösendes Enzym, das die Bacillen der Diphtherie, der Cholera, des Typhus, der Pest und des Milzbrandes löst. Die Heil- und Schutzwirkung der Pyocyanase bei Diphtherie wird von Escherich und Pfaundler mit gutem Erfolge erprobt.

— In Glasgow erfolgt der Stapellauf des von der **Fairfield-Gesellschaft** für die englische Marine erbauten Kriegsschiffs „Indomitable", des zurzeit größten und zugleich schnellsten Kreuzers der Welt. Das Schiff ist 162 m lang und 23,80 m breit; die Wasserverdrängung beträgt 17 250 t. Die Turbinen entwickeln 41 000 indizierte Pferdekräfte, die Geschwindigkeit ist auf 25 Knoten veranschlagt, die jedoch bei den Probefahrten um 2—3 Knoten überschritten worden ist. Die Armierung besteht aus acht 30,5 cm-Geschützen neben einer entsprechenden Anti-Torpedobootsartillerie. Die Panzerung hat eine Stärke von 178 mm.

— Henry **Farman** verbessert seinen Aeroplan durch den Umbau des Zellensystems so, daß der gesamte Flieger um 30 kg erleichtert wird, und ermöglicht dadurch eine Mehrleistung des Motors von 5 PS, die für die Beweglichkeit und Flugfähigkeit des Aeroplans von großer Wichtigkeit ist. Er gewinnt am 26. Oktober den Preis für 150 m, die er in einem geschlossenen Kreise durchfliegt. (Vgl. 1908 F.)

1907 J. H. J. **Fenton** gelingt es, Kohlensäure zu Formaldehyd zu reduzieren, indem er auf wässerige Kohlenhydroxydlösung metallisches Magnesium bei niedriger Temperatur einwirken läßt.

— J. **Ferreol-Monnot** gelingt es, Stahl und Kupfer durch autogene Schweißung (s. 1905 F.) so dauerhaft miteinander zu verbinden, daß die Kombination der beiden Metalle sich wie ein homogenes Metall verarbeiten läßt und der fein ausgezogene Draht auf seiner ganzen Länge durchaus das gleiche Verhältnis zwischen Stahl und Kupfer zeigt, wie es der Knüppel enthält, aus dem der Draht gewalzt oder gezogen wird (Kupferstahldraht).

— Emil **Fischer** gelangt bei seiner Synthese der Polypeptide zu einem Oktadekapeptid, das 15 Glykokoll- und 3 l-Leucingruppen enthält und mit seinem Molekulargewicht 1213 zu den kompliziertesten synthetischen Körpern gehört. Die Eigenschaften dieses Polypeptids kommen denen der natürlichen Proteine sehr nahe.

— Nachdem bereits i. J. 1900 A. Belopolsky versucht hatte, das Doppler'sche Prinzip (s. 1842 D.) an Lichtstrahlen im Laboratorium nachzuweisen, gelingt dieser Nachweis dem Fürsten B. **Galitzin** in Gemeinschaft mit J. **Willp.** Sie benutzen nach dem Vorgange Belopolsky's zwei Rädersysteme, die am Umfange Spiegel tragen und in entgegengesetztem Sinne (entweder in der einen oder in der anderen Richtung) schnell rotieren. An Stelle der von Belopolsky benutzten Prismen verwenden sie ein Michelson'sches Stufengitter von weit größerer Auflösungskraft.

— Nachdem schon 1905 von Braun und Siemens & Halske bezügliche Versuche vorgenommen worden waren, stellt die **Gesellschaft für drahtlose Telegraphie** auf den Strecken Berlin—Beelitz und München—Tutzing—Murnau Versuche an, fahrende Eisenbahnzüge durch drahtlose Telegraphie zu sichern. Die Anwendung der Funkentelegraphie für den Sicherungsdienst erweist sich dabei als durchaus betriebssicher.

— Während Herschels Riesenteleskop nur einen Spiegeldurchmesser von 1,22 m hatte, wird für das Observatorium auf dem Mount Wilson in Kalifornien der Bau eines Fernrohrs mit einem Teleskopspiegel von 2,5 m Durchmesser, 0,33 m Dicke nnd 15,25 m Brennweite begonnen. Die Glasscheibe wird im Rohguß von der **Glasfabrik St. Gobain** geliefert, ihre Fertigstellung und die Herstellung des Fernrohrs soll unter den Auspizien von E. C. Pickering erfolgen.

— **Gordon** konstruiert eine Handbohrmaschine für den Gebrauch der ungelernten eingeborenen Arbeiter im Transvaal. Die Maschine wird mit komprimierter Luft angetrieben und gestattet das Arbeiten in Abbauen, die nicht höher als 30—36 Zoll englisch sind. Der Apparat wiegt nur 27 kg.

— Hans **Groß,** Kommandeur des preußischen Luftschifferbataillons, baut in Verbindung mit dem Ingenieur Basenach ein lenkbares Luftschiff nach dem sogenannten „halbstarren" System. Das Luftschiff kreuzt am 29. Juli über den Straßen Berlins und beweist seine volle Steuerbarkeit. Im August unternimmt dasselbe eine Dauerfahrt von 8 Stunden 10 Minuten.

— K. **Gruhn** beobachtet, daß eine Reihe von Metallen, wie Kupfer, Zink, Zinn, Aluminium usw., einen charakteristischen Geruch haben. Nach längerem Erwärmen nimmt der Geruch ab und tritt erst wieder auf, wenn das Metall sich bei Zimmertemperatur wieder erholt hat. Gruhn erklärt dies aus dem Vorhandensein spezifischer Emanationen. (S. a. 1905 Z.)

— Otto **Hahn** findet, daß manche Thoriumpräparate beim längeren Liegen einen höheren Radiumgehalt aufweisen, und vermutet, daß in solchen Präparaten ein unbekanntes Zwischenprodukt, das er „Mesothorium" nennt, enthalten sei. Die Boltwood'schen Arbeiten über Ionium (vgl. 1907 B.) scheinen darauf hinzuweisen, daß Mesothorium nichts anderes als Ionium ist.

1907 Hugo **Hergesell** stellt Versuche an, um freifliegende Registrierballons vom Lande oder vom Schiff aus mittels elektrischer Wellen zu beliebiger Zeit zum Sinken zu bringen.

— **Hesse** zeigt als Ergebnis einer ausgedehnten Versuchsreihe, daß bei den Wirbeltieren die Größe des Herzens einen Maßstab für die Lebhaftigkeit des Stoffwechsels abgibt.

— Paul **Heyl** von der Philadelphia Central High School weist durch Versuche nach, daß sichtbare und unsichtbare Lichtstrahlen dieselbe Fortpflanzungsgeschwindigkeit haben, und gewinnt damit den Uriah A. Boyden-Preis des Franklin-Instituts. Seine Versuche beruhen auf Photographien des in die Spektralfarben zerlegten Lichtes des Sternes Algol, namentlich der unsichtbaren ultravioletten Strahlen.

— Nachdem Mohr schon 1870 den Vorschlag gemacht hatte, Kraftmaschinen mit Kohlensäure zu betreiben, gelingt es dem Ingenieur Fritz **Hildebrand**, einen praktisch brauchbaren Kohlensäuremotor herzustellen, indem er Luft durch Kompression erhitzt und derselben so viel flüssige Kohlensäure zuführt, als im Moment der Höchstkompression durch die Kompressionswärme verdampft und überhitzt werden kann. Das Kohlensäureluftgemisch dehnt sich aus, erzeugt Druck und treibt den Kolben arbeitsleistend vor. Nachdem die Maschine ausgepufft hat, beginnt das Spiel von neuem.

— Der österreichische Major Hermann **Hoernes** erfindet einen Schraubenpropeller für die Zwecke der Luftschiffahrt, der nach der Meinung des Erfinders an Wirksamkeit alle bisherigen übertrifft. Das Prinzip der Neuerung besteht darin, daß den Schrauben während ihrer Rotation noch eine zweite Drehbewegung, und zwar um eine ihnen allen gemeinsame Drehachse gegeben wird, d. h. daß man sie eine Planetbewegung ausführen läßt.

— H. **von Hoeßle** erfindet eine Amalgampaste für Spiegel, die von der chemischen Fabrik von Heyden in Radebeul hergestellt wird. Die zu bespiegelnden Gegenstände werden mit dieser Paste bestrichen, nach etwa einer Stunde in ein Wasserbad gebracht, an der Luft getrocknet und schließlich mit einem Lacküberzug versehen. Das ganze Verfahren nimmt nur etwa drei Stunden in Anspruch.

— Das **Hüttenwerk Ferrum** in Oberschlesien erfindet ein Verfahren, welches das Zerschneiden von Eisen oder Stahl, das Ausschneiden von Löchern aus Eisen- oder Stahlblechen, aus Rohren, Dampfkesseln usw. mittels des Gasgebläses zum Gegenstand hat. Das Verfahren wird von der Deutschen Oxhydric-Gesellschaft in Düsseldorf ausgebeutet.

— A. D. **Jones** gibt ein Verfahren zum Fernsprechverkehr zwischen den fahrenden Zügen und den Stationen bez. dem Streckenpersonal an, bei welchem die leitende Verbindung zwischen dem auf der Lokomotive befindlichen Telephon und der am Bahnkörper entlang führenden Drahtleitung dadurch hergestellt wird, daß aus einem aus der Lokomotive seitwärts herausragenden Rohr ein mit gewissen Chemikalien leitend gemachter Dampfstrom gegen die Drahtleitung gerichtet wird.

— Die französische Heeresverwaltung nimmt den Bau einer Luftschiffflotte von sechs Schiffen in Angriff, welche nach dem Entwurfe des Ingenieurs **Julliot** (s. 1903 L.) hergestellt werden sollen. Der zuerst gebaute, später durch Entfliegen verloren gegangene Ballon „Patrie" hat 3600 cbm Fassungsvermögen und etwa 14 m Eigenbewegung in der Sekunde.

— **Knoll & Co.** stellen den α-Monobromisovalerianylharnstoff her, der unter dem Namen „Bromural" als Schlafmittel verwendet wird.

1907 Der Ingenieur Max **Koller** in Winterthur verbessert das Laufrad. Seine Konstruktion besteht aus einem Rad mit relativ großem Durchmesser, das weit nach außen schief gestellt, in seinem Innern Raum zur Aufnahme des Fußes gewährt. Hierdurch kommt der Berührungspunkt des Rades mit dem Boden direkt unter die Fußsohle, wie dies beim Schlittschuh der Fall ist. Das seitliche Umkippen wird durch Beinschienen verhindert, die durch Gelenke dem Fuß volle Bewegungsfreiheit lassen.

— G. **Kraemer** und **Weger** kommen auf Grund ihrer langjährigen Arbeiten über die Frage der Erdölbildung zu Resultaten, die im großen und ganzen mit Engler's Ansichten (vgl. 1897 E.) übereinstimmen. Sie halten das von Algen gebildete, auch heute noch in großen Mengen vorkommende Wachs für die wahrscheinlichste Ausgangssubstanz des Petroleums, das hieraus durch Spaltung unter Druck, nicht durch Destillation, wie Engler annimmt, entstanden sei.

— E. **de Laire** in Paris gelingt es, in einer Mineralquelle große Mengen von Helium aufzufinden und dieses Gas so der wissenschaftlichen Welt zu mäßigen Preisen zugänglich zu machen.

— J. E. **Lea** erfindet einen „Graphischen Wassermesser", der den Verbrauch von Wasser in größeren Mengen nicht nur mißt, sondern auch sofort graphisch darstellt. Der Apparat wird von Glenfield & Kennedy Ltd. in Kilmarnock gebaut.

— Der schwedische Ingenieur Karl **Leon** erfindet eine selbstwirkende schwimmende Mine, die wie ein Torpedo aus den üblichen Lancierrohren eines Kriegsschiffes abgefeuert werden kann und so konstruiert ist, daß sie nicht sinkt, sondern unter Wasser in einer gewissen Tiefe, auf die sie eingestellt wird, eine ebenfalls beliebig zu bemessende Zeit sich schwebend erhält.

— Egbert **von Lepel** erfindet ein neues System für drahtlose Telegraphie. Er erzeugt ungedämpfte Schwingungen nicht durch einen Lichtbogen, sondern durch Entladungen zwischen Metallelektroden.

— Die Pennsylvania Steel Company beginnt nach den Entwürfen von Gustav **Lindenthal** den Bau der ihr übertragenen Blackwell-Island-Brücke in New York. Die gesamte Brückenkonstruktion hat fünf Spannungen von 470, 1182, 630, 984 und 492 Fuß Länge. Hierzu kommt die Rampe auf der Manhattan-Seite mit 1051 Fuß und diejenige auf der Long Island-Seite mit 3455 Fuß, so daß sich eine Gesamtlänge der Anlage von 8231 Fuß ergibt.

— Die **Lübecker Maschinenbau-Gesellschaft** erbaut für die Strombauverwaltung in Danzig einen Sandbagger mit einer Leistung von 3 cbm Boden in der Minute. Es ist dies, so weit bekannt, der erste Bagger mit elektrischem Antrieb. Die elektrische Anlage ist von den Siemens-Schuckert-Werken geliefert.

— Auguste und Louis **Lumière** gelingt es mit Hilfe eines geeigneten Materials in Form von gefärbten Stärkekörnchen und mittels besonders konstruierter Maschinen das Problem der über die ganze Platte regelmäßig verbreiteten Miniaturfilter zu lösen und Platten herzustellen, deren jede die Filter unter der Emulsionsschicht trägt, die also keines besonderen Rasters bedürfen. Sie tragen hierdurch wesentlich zur Vervollkommnung der Farbenphotographie bei.

— Everett **Mac Adam** erfindet einen elektrischen Lichtpausapparat, der mit zwei Quecksilberdampflampen, die in einem rotierenden Glaszylinder angebracht sind, arbeitet und ein ununterbrochenes Kopieren gestattet.

— **Marage** konstruiert einen „Vokalsirene" genannten Apparat, der Laute erzeugt, die den einzelnen Vokalen vollkommen gleichen, und der in mannigfacher Weise sowohl zu medizinischen als auch zu technischen Zwecken dienen kann. Namentlich läßt sich mit dem Apparat die Gehörschärfe genau bestimmen.

1907 Karl **Marbe** benutzt die manometrischen Flammen (s. 1872 K.) zur graphischen Aufzeichnung der Herztöne.

— H. **Martel** beobachtet, daß die Kalksalzablagerungen, welche die Tuberkelherde im Rind- und Schweinefleisch kennzeichnen, für Röntgenstrahlen weniger durchlässig sind als das gesunde Gangliengewebe. Er schlägt vor, diesen Umstand zu benutzen, um mit Hilfe von Röntgenstrahlen Tuberkeln im Fleisch nachzuweisen.

— Hermann **Martus** erbringt auf mathematischem Wege den Nachweis, daß die Ringgebirge des Mondes großenteils durch Hineinstürzen von kleinen Körpern entstanden sind, wobei er jedoch nicht Meteorite im gewöhnlichen Sinne im Auge hat, sondern einen die Erde nach Art des Saturnringes ehemals umgebenden Trabantenring annimmt, dessen Bruchstücke zum Teil auf den Mond geschleudert worden seien.

— Gustaf **Melander** kommt durch die Tatsache der positiven Ladung der Luft und der negativen Ladung der Erde bei klarem Wetter auf die Vermutung, daß die Sonnenstrahlen bei dieser Elektrizitätsentwicklung von Einfluß sind, und findet seine Ansicht, daß nicht allein durch mechanische, sondern auch durch strahlende Energie elektrostatische Ladungen auf Körpern hervorgerufen werden können, durch den Versuch bestätigt.

— Hans **Molisch** zeigt, daß Purpurbakterien ebenso wie Leuchtbakterien ein überaus feines Reagens für die kleinsten Mengen von Sauerstoff abgeben, die durch kein anderes Mittel mehr nachweisbar sind. (Vgl. auch 1881 E.)

— A. **Nägel** in Dresden macht neue Versuche über die Zündgeschwindigkeit explosibler Gasgemische (vgl. 1875 M.), zu denen er sich einer kugelförmigen Bombe und zentraler Zündung bedient, wie sie zuerst Langen 1903 zu ähnlichen Zwecken verwendet hatte. Auch diese Versuche geben noch keine entscheidenden Resultate in bezug auf die tatsächlichen Zündungsvorgänge in der Gasmaschine, haben aber, wie Verfasser sich ausdrückt, „den Wert einer ersten Anregung zu einem neuen Untersuchungsverfahren".

— Der Staat **New York** beginnt die Vergrößerung des Erie-Kanals, des Schiffswegs zwischen den Großen Seen und dem Atlantischen Ozean. Der Kanal soll in seiner ganzen Länge (710 km) von 1,83 m auf 3,66 m vertieft werden und großartige neue Schleusen und Wehre erhalten. Die Gesamtkosten der Anlage sind auf 101 Million Dollars veranschlagt.

— **Owen** konstruiert eine automatische Flaschenmaschine, die fähig ist, in 24 Stunden etwa 15000 Halbliter-Bierflaschen oder 13000 Literflaschen zu erzeugen.

— O. **Picht,** Lehrer an der Königlichen Blindenanstalt in Steglitz, richtet eine Punktschrift-Schreibmaschine für Blinde zur Darstellung erhabener Buchstaben ein, welche aus Punktzusammenstellungen bestehen. Die Maschine hat sechs Tasten, deren jede einem Punkt entspricht. (Vgl. auch 1907 A.)

— Der Mediziner C. **von Pirquet** in Wien gibt eine Methode zur frühzeitigen Feststellung einer etwa vorhandenen Tuberkulose an. Man gibt auf die Haut zwei Tropfen 25prozentiges Tuberkulin und bohrt dazwischen den Impfbohrer leicht ein. Nach 6 bis spätestens 24 Stunden bildet sich die Impfblase, wenn das geimpfte Kind tuberkulös ist.

— William **Ramsay** erhält, indem er Kupfersalzlösungen der Wirkung der Emanation aussetzt, in der Lösung einen neuen Bestandteil, den er als Lithium identifiziert. Da das Metall sich nicht aus der Emanation gebildet hat, und die angewendeten Kupferverbindungen absolut rein waren, scheint es festzustehen, daß das Kupfer sich in seine Urbestandteile gespalten hat und die entstandenen Elektronen sich neu gruppiert haben.

1907 F. **Raschig** zeigt, daß Hypochlorit und Ammoniak augenblicklich und glatt zum Amid der unterchlorigen Säure, dem Monochloramin zusammentreten. Es gelingt ihm, durch Zersetzung des Monochloramins mit Ammoniak unter Zusatz von Eiweiß, Casein usw. als negativen Katalysatoren, neben Stickstoff und Salmiak beträchtliche Mengen von Hydrazin zu erhalten.

— John William Strutt **Rayleigh** entdeckt, daß der Beryll Helium eingeschlossen enthält.

— Dem Zahnarzt **Redard** in Genf gelingt es, festzustellen, daß man eine mehrere Minuten dauernde vollkommene Narkose erzielen kann, wenn man die Strahlen einer blauen elektrischen Lampe auf das Auge wirken läßt und dabei alle anderen Lichtstrahlen fernhält.

— Isidor **Rosenthal** zeigt, daß komplizierte chemische Verbindungen im schwankenden magnetischen Kraftfeld in ganz gleicher Weise zerlegt werden, wie dies durch Enzyme geschieht. Die Wirkung hängt davon ab, daß die Schwingungen eine ganz bestimmte Periode haben. Die Stärke, auf die er seine Versuche insbesondere erstreckt, wird in lösliche Stärke, Dextrin, Malzzucker und Traubenzucker gespalten.

— Der Mediziner Adolf **Schmidt** in Halle untersucht die Darmfunktionen. Er macht zu diesem Zweck analog den Mageninhaltsuntersuchungen mittels des „Probefrühstücks“ (vgl. 1885 E.) systematische Untersuchungen der Darmentleerungen nach mehrtägigem Gebrauch einer ganz bestimmten „Probekost“. Er zeigt, daß man dadurch bestimmte Krankheitsbilder, wie die gastrogenen vom Magen ausgehenden Formen, die durch Störung der Pankreastätigkeit bedingten Darmaffektionen und die sogenannte intestinale Gärungsdyspepsie abgrenzen kann.

— Die **Schütz'sche Glasindustrie-Gesellschaft** in Großalmerode fabriziert Telegraphenstangen aus Glas, die gegen die gewöhnlichen hölzernen Telegraphenstangen Vorteile bieten sollen.

— A. W. **Schwarzlose** konstruiert ein Maschinengewehr, dem gegenüber dem Maximgewehr größere Einfachheit nachgerühmt wird. Das Gewehr ist in Österreich eingeführt.

— Alois Farkas **Serényi** in Berlin verwendet das Farbenzerstäubungsverfahren von Cadgène (s. 1898 C.) zum Anstreichen großer Flächen, namentlich von Häusern. Er verbessert die Apparate und das Verfahren so weit, daß er flüssige Farben jeder Art, gleichviel ob sie mit Spiritus oder irgendeinem Öl angesetzt sind, verwenden kann.

— Die **Singer-Nähmaschinen-Gesellschaft** in New York errichtet auf dem Broadway in New York ein Wohnhaus, das nach seiner Vollendung 47 Stockwerke haben und sich 186,5 m hoch über dem Straßenniveau erheben wird.

— Die Schiffswerft von **Swan, Hunter** und Wigham **Richardson** in Wallsend erbaut für die Cunard-Linie den Dampfer „Mauretania“, der etwa die gleichen Abmessungen wie die „Lusitania“ (s. 1906 Br.) erhält.

— J. J. **Thomson** untersucht die Eigenschaften der positiven Elektrizität an den Kanalstrahlen (s. 1886 G.) und benutzt zu seinen Experimenten das Mineral Willemit, das in ein eigentümliches Leuchten gerät, sobald es von den Kanalstrahlen getroffen wird.

— Die **Universal-Schreibmaschinen-Gesellschaft** in Berlin konstruiert Silben-Schreibmaschinen sowohl nach dem Typenhebel- als auch nach dem Typenschiffchensystem, die sich, obschon sie bedeutend komplizierter sind, als die gewöhnlichen Schreibmaschinen, gut bewähren.

— G. **Urbain** gelingt es, das Ytterbium in zwei Elemente zu spalten, deren eines er Lutetium nennt, während er für das andere den Namen Ytterbium beibehält.

1907 **Vaillant** in Paris entdeckt, daß die inneren Organe des menschlichen Körpers im Leben für die X-Strahlen durchlässig sind, während sie schon wenige Minuten nach dem Tode undurchlässig werden, und gründet darauf eine Methode, durch Röntgenstrahlen den eingetretenen Tod sicher festzustellen.

— **Vaillard** und **Dopter** berichten der Pariser Akademie über ein wirksames Serum zur Bekämpfung der Dysenterie.

— August **Wassermann** verwendet die Komplementbindungsmethode zur Diagnose der Syphilis. Diese „Serodiagnose" genannte Methode erweist sich nach A. Neißer's Urteil als unbedingt zuverlässig bei Mensch und Tier, selbst vor Auftreten des Primäraffektes.

— Richard **Willstätter** und Ferdinand **Hocheder** stellen aus dem Chlorophyll einen Alkohol, das Phytol dar, der, da er sich durch sämtliche Pflanzenklassen findet, zweifellos ein wesentlicher Bestandteil des Chlorophyllmoleküls ist.

— N. Th. M. **Wilsmore** erhält bei Einwirkung eines Flammenbogens auf Essigester, Aceton oder Essigsäureanhydrid das einfachste Keten C_2H_2O, das sehr reaktionsfähig ist. Das Gas verdichtet sich bei — 100° C. zu einer farblosen festen Masse.

— Der Bakteriolog **Wolff-Eisner** gibt eine Reaktion zur Erkennung der Tuberkulose (Ophthalmoreaktion) an, die darin besteht, daß er auf die Bindehaut einen Tropfen zehnprozentiger Tuberkulinlösung bringt, wodurch bei Tuberkulösen eine Rötung und Schwellung hervorgerufen wird. Die Reaktion wird von Calmette nachgeprüft und empfohlen.

— R. W. **Wood** weist zuerst die Beeinflussung einer Absorptionsbande eines Gases durch die Anwesenheit eines fremden chemisch inerten Gases an einer Quecksilberbande nach.

— Graf Ferdinand **von Zeppelin** erzielt bei seinen 9 Jahre hindurch mit großer Beharrlichkeit fortgeführten Versuchen (s. 1898 und 1900 Z.) bemerkenswerte Resultate. Er legt mit seinem schon i. J. 1906 in Vorversuche genommenen Luftschiff Modell 3 (Länge 126 m, Dicke 11,70 m, 4 Schrauben, — im übrigen ähnlich der Konstruktion v. J. 1900) eine Strecke von 360 km in 6 Stunden zurück, wobei sich eine volle Manövrierfähigkeit des Luftschiffs und eine Eigenbewegung von 15 m in der Sekunde ergibt.

— Hermann **Zimmermann** beweist zahlenmäßig, daß für Pendelversuche zur Bestimmung des Luftwiderstands mit leichteren Pendelkörpern und großen Ausschlagswinkeln viel genauere Ergebnisse erreicht werden, als mit schweren Pendelkörpern und kleinen Ausschlagswinkeln. Er zeigt, wie man die Anordnung wählen muß, um eine möglichst große Genauigkeit bei einfacher Rechnung zu erhalten.

— Nachdem schon Reisinger (s. 1818 R.) den Gedanken gehabt hatte, die getrübte Hornhaut des Menschen durch die eines Tieres zu ersetzen, und v. Hippel (s. 1877 H.), sowie Sellerbeck (1878) dieses Verfahren, jedoch ohne bleibenden Erfolg, ausgeübt hatten, gelingt es E. **Zwirn** in Olmütz, mit der Hornhautpfropfung (Keratoplastik) einen dauernden Erfolg zu erzielen, wobei er allerdings insofern vom Zufall begünstigt war, als er das Pfropfmaterial dem Auge eines 11jährigen Knaben entnehmen konnte, das infolge einer Eisensplitterverletzung herausgenommen werden mußte.

1908 Der italienische Ingenieur Lorenzo **d'Adda** schlägt als Panzermaterial für Kriegsschiffe und Panzertürme ein metallisches Gitterwerk vor, das mit einer Mischung von Sand, Kalk und Bruchstücken von Porphyr und Basalt ausgefüllt und außen mit dünnen Eisenplatten bekleidet wird. Es ist noch nicht zu übersehen, ob dieser anscheinend monierähnlichen Konstruktion ein besonderer Wert beizumessen ist.

1908 R. **Bassenge** gelingt es, durch Abschwemmen von 24stündigen Typhus-Agarkulturen mit Lecithin-Emulsion ein zur Immunisierung brauchbares Toxin herzustellen.

— Ignaz **Bloch** und Fritz **Höhn** stellen aus Wasserstoffpersulfid durch fraktionierte Destillation Hydrotrisulfid H_2S_3 und Hydrodisulfid H_2S_2 (das Schwefelanalogon des Wasserstoffsuperoxyds) dar.

— Die **Chemische Fabrik Griesheim** gibt ein Schneideverfahren für Eisen und Stahl an, wozu sie sich des Gasgebläses unter Mitwirkung von Sauerstoff bedient. (Vgl. auch 1907 H.)

— Der Ingenieur **Delagrange** überfliegt am 11. April das Manöverfeld von Issy. Sein Flugrekord beträgt offiziell 3925 m, die in 6 Minuten 30 Sekunden zurückgelegt werden. (Vgl. auch 1908 F.) Im Mai macht er in Rom zehnmal die Runde um die Piazza d'Armi in Höhe von 4—$7^1/_2$ m. Er verbleibt 15 Minuten 26 Sekunden in der Luft und durchfliegt eine Strecke von 12750 m.

— Henry **Farman** gewinnt in Paris am 13. Januar 1908 mit seinem Aeroplan, einem Zellendrachen mit Achtzylindermotor von 50 PS und zweiflügeliger Schraube (vgl. auch 1907 F.), den Deutsch-Archdeacon-Preis für Durchmessung einer Strecke von 1000 m in kreisförmigem Fluge. Nach offizieller Messung beträgt die Fluggeschwindigkeit hierbei 36,4 km in der Stunde. Später macht Farman einen Rekordflug, der offiziell mit $2^1/_2$ km gemessen wird, die er in 4 Minuten und 9 Sekunden zurücklegt, und am 6. Juli einen Flug von 18 km, die er in 20 Minuten zurücklegt und womit er den 10000 Frs.-Preis gewinnt.

— **Harland** und **Wolff** in Belfast erbauen ein Sechsmast-Segelschiff „Navahoe", das bei 10000 t Ladefähigkeit und 8000 Brutto-Reg.-Tons 137 m Länge, 17,67 m Breite und 10 m Raumtiefe besitzt. Der neue Segler übertrifft hiermit die Abmessungen des bisher größten Segelschiffs „Preußen" (vgl. 1903 T.) um ein beträchtliches. Die Pumpen, Segelwinden usw. werden mit Dampf betrieben.

— Charles **Henry** konstruiert einen Kraftmesser für physiologische Versuche, der aus einem Gummiball besteht, der mit Quecksilber gefüllt ist, das unter dem Druck der Hand oder der Finger in einem Metallrohr auf verschiedene Höhe ansteigt. Eine vom Quecksilber angehobene Eisenmasse teilt ihre Bewegung einer Zeichenfeder mit, welche die Druckstärken auf dem Registrierzylinder aufzeichnet.

— Nachdem schon Leydig (vgl. 1857 L.) besondere Sinnesorgane an Wassertieren nachgewiesen hatte, zeigt B. **Hofer** durch viele Versuche an verschiedenen Fischen, daß die Seitenlinie (Linea lateralis) ein Sinnesorgan darstellt, das reich mit Nerven durchsetzt ist und auf äußere Reize in durchaus gleichbleibender einheitlicher und typischer Weise reagiert.

— Heike **Kamerlingh-Onnes** in Leiden gelingt es, Helium bei —268° C. zu verflüssigen. (Vgl. 1906 O.)

— Eugen **Krompecher,** Max **Goldzieher** und Johann **Angyan** stellen fest, daß der Erreger des Flecktyphus ein Protozoon ist, das Ähnlichkeit mit dem Malaria-Erreger hat und wie dieser durch einen Zwischenwirt auf den Menschen übertragen wird. Es scheint, als ob beim Flecktyphus-Erreger das häusliche Ungeziefer die Rolle des Zwischenwirts spielt.

— Der Major **Le Clement de Saint-Marcq,** Kommandeur der belgischen Luftschiffertruppen, nimmt den Bau eines lenkbaren Luftschiffs zu Schnell- und Dauerfahrten in Angriff. Dasselbe soll zum Zwecke der Rettung der Insassen bei Unfällen mit einer Fallschirmvorrichtung ausgestattet werden.

— Maria Gräfin **von Linden** macht Versuche über Kohlensäureassimilation durch Schmetterlingspuppen. Sie zeigt, daß die Puppen unter dem Einfluß des roten Lichtes, wie Pflanzen, die Kohlensäure zerlegen, und daß sie durch Kohlenstoffaufnahme ihr Gewicht erhöhen, während sie unter normalen Verhältnissen im Übergangsstadium zum Schmetterling leichter werden. Dieses Ergebnis ist geeignet, die Grenzen zwischen Tierreich und Pflanzenreich zu verwischen.

1908 Gabriel **Lippmann** erfindet ein Verfahren der Photographie, welches gestattet, ohne Objektiv und Camera auf einer einzigen photographischen Platte in der Durchsicht ein stereoskopisches Bild mit allen Perspektiven zu erzeugen. Er nennt sein Verfahren „Reliefphotographie".

— Norman **Lockyer** entdeckt im Spektrum des Rigel im Orion einige der stärksten Linien des Schwefels und stellt damit das Vorkommen von Schwefel auf Fixsternen außer Zweifel.

— Percival **Lowell** gelingt es, durch Spektraluntersuchungen das Vorhandensein von Wasserdämpfen in der Atmosphäre des Mars festzustellen.

— **Marage** gelingt es, mit einem von ihm erfundenen Apparat die Vibrationen der menschlichen Stimme photographisch zu fixieren. Die Photographien geben ein scharfes Bild der Stimmwellen und ermöglichen es, Fehler in der Stimmbildung zu erkennen. (Vgl. a. 1907 M.)

— **Marpmann** stellt ein Serum gegen Scharlach her.

— Das **Metallanstrich-Syndikat** in Berlin erfindet ein Verfahren zum Verzinnen, Verzinken und Verbleien von Metallgegenständen, das darin besteht, daß eine Metallmischung mit einem Pinsel aufgestrichen und nach dem Trocknen mit einer Lötlampe oder einer Gasflamme aufgeschmolzen wird. Die Überzüge sind gleichmäßig und haften fest auf der Oberfläche.

— Die **Metropolitan Life Insurance Co.** in New York beginnt in der Nähe des Madison Square den Bau eines Geschäftshauses aus Marmor und Stahl, das sich 200 m über der Erde erheben soll.

— A. **Müntz** und **Lainé** finden, daß gewisse Mikrobakterien ihre Tätigkeit besonders stark entfalten, wenn sie auf Torf gezüchtet werden und gründen hierauf ein Verfahren der Salpetergewinnung.

— Das **Preußische Ministerium der öffentlichen Arbeiten** beschließt, den Dampfbetrieb der Eisenbahnlinien Leipzig-Bitterfeld-Magdeburg und Leipzig-Halle in elektrischen Betrieb umzuwandeln. Es ist ein völlig durchgeführter Vollbetrieb beabsichtigt, der auch den Güterverkehr umfaßt. Als motorische Kraft ist Wechselstrom in Aussicht genommen.

— Der Ingenieur **Puff** in Spandau konstruiert ein Infanteriegewehr mit einem im Bodenteile aufgewulsteten Geschosse, wobei von dem Grundsatze ausgegangen ist, daß das Laufkaliber zur völligen Ausnutzung der Pulvergase möglichst groß, das Geschoßkaliber zur Überwindung des Luftwiderstandes möglichst klein gehalten sein muß. Das Gewehr erzielt eine Mündungsgeschwindigkeit von 892 m bei einem Gasdrucke von 3170 Atmosphären. Das 12,7 g schwere Geschoß durchschlägt ein 5,1 mm dickes Nickelstahlblech auf 200 m Entfernung glatt.

— Josef **Rieder** zeigt, daß kohärerähnliche Vorrichtungen, wenn sie von elektrischen Wellen getroffen werden, auch unter Lichtabschluß Einwirkungen auf empfindliche Bromsilber-Trockenplatten zeigen, daß somit die durch die elektrischen Wellen in solchen Apparaten gebildeten Funken photographisch aufgenommen werden können.

— Der Mediziner **Riehl** führt die innere Beleuchtung des Magens aus, indem er ein schlauchförmiges Rohr, wie es für die Speiseröhre benutzt wird, und durch dieses hindurch ein anderes mit einer kleinen Glühlampe versehenes Rohr vom Mund aus bis in den Magen vorschiebt. (S. a. 1889 E.)

— W. **Scheffer** stellt eine Formel auf, welche die Beziehungen zwischen den Bedingungen der Aufnahme und Betrachtung stereoskopischer Bilder feststellt und es ermöglicht, räumliche Vorstellungsbilder zu bekommen, die den Aufnahmegegenständen geometrisch ähnlich sind (Stereophotographie). In Scheffer's Formel ist die Gesetzmäßigkeit eines psychologischen Vorgangs mathematisch ausgedrückt.

— W. **Scheffer** stellt durch mikroskopische Untersuchungen fest, welche Vorgänge bei der Entwicklung, der Verstärkung und der Abschwächung photographischer Platten sich abspielen. Diese Untersuchungen erstrecken sich sowohl auf die Art und Gestalt der Plattenkörner, wie auch auf ihre räumliche Anordnung in der Schicht.

— Otto **Schönherr** erfindet ein überaus einfaches Verfahren, das mit stabilen Lichtbögen von bisher unerreichter Länge den Stickstoff der Luft zu oxydieren gestattet. Die Konzentration der erhaltenen nitrosen Gase ist eine sehr hohe.

— H. **Strebel** gibt an, daß durch Hochfrequenzströme Hauttuberkulose, Flechten, bösartige Geschwüre und Krebskrankheiten bestimmter Art günstig beeinflußt und selbst geheilt werden können.

— Der Gesellschaft **Telefunken** gelingt es, von ihrer funkentelegraphischen Station bei Nauen mit dem vor Teneriffa liegenden Dampfer „Kap Blaroo" Funkensprüche bis zur größten bisher erreichten Entfernung von 3700 Kilometern zu wechseln.

— John J. **Thornycroft & Co.** erbauen den Torpedobootszerstörer „Tartar", der das zur Zeit schnellste Kriegsschiff darstellt. Das Schiff, das für eine kontraktliche Geschwindigkeit von 33 Knoten erbaut ist, erreicht bei der Probefahrt während einer Zeit von 6 Stunden eine Durchschnittsgeschwindigkeit von 35,363 Knoten. Das Fahrzeug wird durch Parsons-Turbinen angetrieben; der Dampf wird in Thornycroft-Kesseln erzeugt, die mit Masut geheizt werden.

— **Tissot** konstruiert einen Atmungsapparat, bei welchem die Atmung lediglich durch die Nase erfolgt. Zu diesem Zwecke werden in die Nasenöffnungen zwei hermetisch schließende Schläuche eingesetzt, wodurch der Strom der eingeatmeten Luft vollständig von dem der ausgeatmeten getrennt wird. Angeblich kann man sich mit dem Apparat 5 Stunden ohne Atmungsbeschwerden in giftiger Atmosphäre aufhalten.

— G. **Urbain** findet für das Lutetium das Atomgewicht 173,82, für das Ytterbium 171,70. Die unabhängig von Auer von Welsbach aus Ytterbium erhaltenen Elemente Aldebaranium mit dem Atomgewicht 174,5 und Cassiopeium mit 172,90 scheinen mit Urbain's Elementen identisch zu sein.

— Nachdem schon Borodin (1822) und Monteverde (1893) aus alkoholischen Blätterauszügen krystallisiertes Chlorophyll erhalten hatten, stellen R. **Willstätter** und M. **Benz** diese Krystalle in reinem Zustande her und weisen nach, daß dieselben eine reine Magnesiumverbindung darstellen. Außer dem krystallisierten Chlorophyll erhalten sie noch ein amorphes Produkt, das im Gegensatz zum krystallisierten Produkt bei der Verseifung Phytol liefert.

— Graf Ferdinand **von Zeppelin** erbaut unter Benutzung seiner bisherigen Erfahrungen (s. 1898 Z, 1900 Z, 1907 Z) ein vergrößertes Luftschiff (Modell 4), das sich bei einer am 1. Juli nach der Schweiz unternommenen 12stündigen Probefahrt ausgezeichnet bewährt. Eine zweite, bis nach Mainz ausgedehnte Probefahrt glückt anfänglich gleichfalls. Doch geht das Luftschiff auf der Rückfahrt am 5. August in einem Gewittersturm zugrunde.

Personenverzeichnis.

Personenverzeichnis

Personenverzeichnis.

Die hinter den Namen befindlichen Nummern geben die Jahreszahlen an.

69*

Sachverzeichnis.

Sachverzeichnis.

Die hinter den Stichworten befindlichen Nummern geben die Jahreszahlen an Vom Jahre 1800 ab ist zur leichteren Auffindung hinter die Jahreszahl der Anfangsbuchstabe des betreffenden Personennamens gesetzt.

73*

75*

76*

77*

78*

79*

Druckfehler-Verzeichnis.

S. 6 Z. 5 v. o. setze ein Komma hinter Rundschiffe
S. 30 Aretaeus von 50 auf das Jahr 200 zu setzen
S. 51 Z. 21 v. u. lies „den" Geysirn
S. 53 Z. 21 v. o. lies „nicht" über
S. 89 Z. 24 v. o. lies Mezereum
S. 95 Z. 24 v. u. lies Telegraphie
S. 102 Z. 22 v. o. versetze den Artikel Ludolf van Ceulen hinter den Artikel Hälle
S. 120 Z. 21 v. o. setze an die Spitze der Zeile die Jahreszahl 1639
S. 121 Z. 17 v. o. lies del Cinchon
S. 121 Z. 19—25 v. o. Wie überzeugend nachgewiesen worden ist, ist der Brief der Marion Delorme eine Fälschung von Berthoud; der Artikel ist demnach zu streichen
S. 129 Z. 22 v. u. lies Couteaux
S. 147 Z. 22 v. u. lies Wassermörtel
S. 150 Z. 20 v. o. lies aequatorea
S. 152 Z. 30 v. u. lies Pampus
S. 153 Z. 9 v. u. lies Engelbert statt Engelbrecht
S. 160 Z. 7 v. o. lies Jean Mery
S. 160 Z. 16 v. u. lies Zenodoros
S. 163 Z. 17 v. o. lies beruhe
S. 164 Z. 22 v. o. Dominique nicht fett
S. 168 Z. 9 v. o. lies Vieussens
S. 172 Z. 10—11 v. o. setze den Artikel Bestuscheff auf S. 171 vor Dufay
S. 172 Z. 14—15 v. u. setze den Artikel Amman auf das Jahr 1724
S. 180 Z. 27 v. o. lies vgl. 1696 R
S. 220 Z. 11 v. u. lies Vgl. 77 Plinius
S. 263 Z. 19 v. o. lies S. 78 n. Chr. Plutarch
S. 275 Z. 26 v. u. lies 1890 statt 1870
S. 296 Z. 23 v. u. lies „erlangten" und „erfanden"
S. 310 Z. 18 v. u. lies Vgl. 1905 B
S. 323 Z. 12 v. u. lies Woburn statt Wobarn
S. 335 Z. 1 v. u. lies Berkinshaw statt Birkinshaw
S. 387 Z. 8 v. u. lies Artemisia cina
S. 394 Z. 23 v. o. lies 1844 statt 1842
S. 395 Z. 1 v. o. lies 1817 C statt 1817 B
S. 398 Z. 3—5 v. o. streiche den Artikel Dublanc
S. 443 Z. 15—19 v. o. streiche den Artikel Althans
S. 538 Z. 15 v. o. lies Beketow statt Beketon
S. 607 Z. 10 v. o. lies Abbot statt Abbet
S. 610 Z. 11 v. o. lies Pararosanilin
S. 617 Z. 2 v. o. lies Desintegrator statt Disintegrator
S. 620 Z. 7 v. u. lies Körperhöhlen
S. 655 Z. 14 v. o. streiche ein „nicht"
S. 711 Z. 22 v. o. lies m statt cm
S. 731 Z. 19 v. o. lies „die Lage" statt der Lage
S. 738 Z. 3 v. u. lies Eulenburg statt Eulenberg
S. 755 Z. 3 v. o. lies Becquerel
S. 889 Z. 15 v. o. lies Nitroglycerin
S. 898 Z. 27 v. o. lies Lumbalpunktion.